湖北省“四化同步”
示范乡镇规划的探索与实践

中共湖北省委财经办（省委农办）　湖北省住房和城乡建设厅　编

中国建筑工业出版社

图书在版编目（CIP）数据

湖北省"四化同步"示范乡镇规划的探索与实践 / 中共湖北省委财经办（省委农办），湖北省住房和城乡建设厅编．—北京：中国建筑工业出版社，2015.1
ISBN 978-7-112-17650-2

Ⅰ．①湖… Ⅱ．①中… ②湖… Ⅲ．①乡村规则-研究-湖北省 Ⅳ．①TU-982.296.3

中国版本图书馆CIP数据核字（2015）第003072号

责任编辑：何　楠　陆新之
书籍设计：锋尚制版
责任校对：张　颖　赵　颖

湖北省"四化同步"示范乡镇规划的探索与实践
中共湖北省委财经办（省委农办）　湖北省住房和城乡建设厅　编

*

中国建筑工业出版社出版、发行（北京西郊百万庄）
各地新华书店、建筑书店经销
北京锋尚制版有限公司制版
北京顺诚彩色印刷有限公司印刷

*

开本：880×1230毫米　1/16　印张：27¼　字数：811千字
2015年11月第一版　2015年11月第一次印刷
定价：238.00元
ISBN 978-7-112-17650-2
（26874）

《湖北省“四化同步”示范乡镇规划的探索与实践》编委会

摘 要

中共十八大报告提出："坚持走中国特色新型工业化、信息化、城镇化、农业现代化道路，推动信息化与工业化深度融合、工业化与城镇化良性互动、城镇化与农业现代化相互协调，促进工业化、信息化、城镇化、农业现代化同步发展。"在新时期"四化同步"发展战略中，小城镇的地位和作用日益凸显：小城镇是新型城镇化的宜居地和扩展地，是优化城镇体系格局的重要层级及农村富余人口转移的重要空间载体；小城镇是新型工业化的延伸地，将从工业化初期的洼地逐步走向产镇融合发展的高地；小城镇是农业现代化的主阵地，是组织和实施农业现代化的主要战场；小城镇是信息化的受益地，信息化发展将大大提升小城镇各项事业发展水平；小城镇也是城乡统筹和解决"三农"问题的关键地，是城乡统筹的关键节点，也是解决中国"三农"问题的落脚点。

本书以湖北省小城镇为研究对象，以湖北省委、省政府组织实施的全省21个"四化同步"示范乡镇规划为主要案例，系统探讨了小城镇发展特征及问题、乡镇规划理念、编制体系、编制内容及编制方法的创新思路。

全书按照"发展研究—编制研究—规划实践探索"的技术路线，设置了"乡镇发展研究"、"乡镇规划编制研究"、"'四化同步'示范乡镇规划实践探索"三大板块进行研究。

在第一个板块"乡镇发展研究"中，作者在湖北省乡镇现状发展水平测度和评价的基础上，结合湖北21个"四化同步"示范乡镇及其他部分乡镇案例，探讨了乡镇主要类型及发展特色，乡镇"四化同步"发展的路径模式，乡镇农村居民点建设类型及对策，乡镇空间资源节约集约利用的途径与方法，以及乡镇建设的体制机制创新方向，系统地揭示了乡镇发展与建设的共性规律，提出了乡镇发展控制的关键领域及对策思路。

第二个板块"乡镇规划编制研究"中，作者结合湖北省"四化同步"示范乡镇镇村系列规划的体系建构，探讨了乡镇规划编制体系、编制内容及编制方法创新问题，并对镇域规划、镇区规划、村庄规划这三种主要规划类型的内容及深度要求进行了规范化总结，对乡镇产业发展、美丽乡村、土地利用这三个主要专项规划的内容和方法进行了探索性研究，最后，运用"行动规划"的方法，为促进规划落地，提出了乡镇规划项目库编制的理论与方法。

在第三个板块"'四化同步'示范乡镇规划实践探索"中，作者将湖北省21个"四化同步"示范乡镇划分为"大城市城郊型"、"平原地区"、"山地地区"三种类型，系统解析了各类乡镇发展的共性特征及规划对策思路，并对各个案例乡镇现状发展及建设特征、规划目标及定位、"四化同步"发展模式、镇域规划布局及关键控制领域、镇区规划布局及特点，规划编制思路和方法创新进行了具体的总结。

目前，我国还没有全国统一、规范的乡镇规划编制办法，湖北省"四化同步"示范乡镇系列规划的体系建构，在实践探索方面是走在全国前列的。本书全方位展现了湖北省在乡镇规划方面的探索与实践成果，可为全国乡镇规划编制体系的建构、编制内容及方法的创新提供借鉴，为全国点多面广的乡镇规划实践提供参考借鉴。

目 录

上 篇 乡镇发展研究

中 篇 乡镇规划编制研究

下 篇 “四化同步”示范乡镇规划实践探索

上　篇

乡镇发展研究

1　乡镇发展和建设水平测度与评价

1　湖北省乡镇基本情况

湖北省地处我国中部，长江中游、洞庭湖以北，面积18.59万km²（图1-1）。截至2012年，湖北省全省辖1个副省级单位（武汉市），12个地级单位（11个地级市、1个自治州），103个县级单位（38个市辖区、21个县级市和3个直管县级市、38个县、2个自治县和1个林区）以及1232个乡级单位（298个街道、45个城关镇、703个建制镇、188个乡）。本文研究范围为湖北省建制镇和乡，不包含城关镇（图1-1、表1-1）。

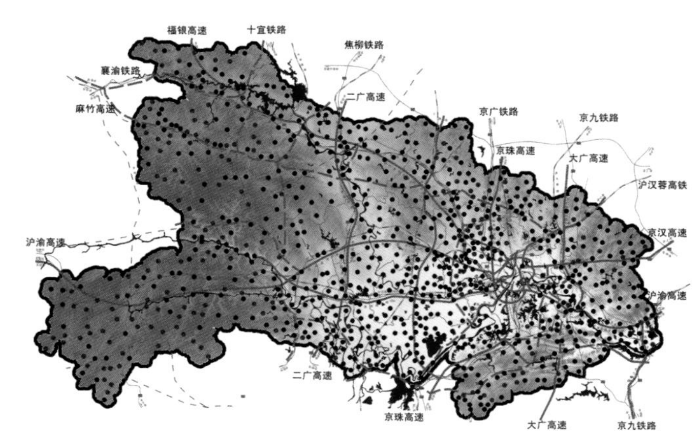

图1-1　湖北省乡镇分布示意图

图片来源：作者自绘

湖北省行政区划一览表　　表1-1

行政单位	合计	街道办事处	镇	乡	行政单位	合计	街道办事处	镇	乡
武汉市	160	150	6	4	咸宁市	70	6	52	12
黄石市	36	8	27	1	随州市	45	7	34	4
襄阳市	103	25	74	4	恩施自治州	88	5	40	43
荆州市	115	13	89	13			直管县级单位		
宜昌市	110	23	66	21	仙桃市	18	3	15	0
十堰市	119	13	69	37	潜江市	17	7	10	0
孝感市	108	13	72	23	天门市	25	3	21	1
荆门市	59	7	50	2	神农架林区	8	0	6	2
鄂州市	25	4	18	3					
黄冈市	126	11	97	18	合计	1232	298	746	188

资料来源：湖北省民政厅区划地名处

2　湖北省乡镇总体发展水平测度与评价

乡镇发展的内涵非常丰富，既包括人口的聚集、区域的扩张，也包括生产要素的聚集、经济社会的繁荣，还包括乡镇功能的完善和人们生活方式的转变。总体来说，乡镇发展包括经济发展、社会发展、环境发展和城镇建设四个方面。本文通过将湖北省乡镇总体发展水平与中部六省和沿海发达省份对比，评价湖北省乡镇总体发展特点。

2.1　乡镇经济发展

2.1.1　镇域经济发展

（1）产业结构

随着乡镇经济的发展，乡镇产业结构逐渐由一产主导向二、三产业主导转变。二、三产业比重越大，乡镇经济发展的层级越高。2011年，湖北省建制镇二、三产业就业比重为60.5%，高于中部六省，但也与江苏和浙江还存在一定差距（图1-2）。

（2）企业发展

湖北省建制镇的企业发展具有一定基础，福娃、稻花香和福星科技等都是湖北省在全国范围内具有影响的驰名商标和名牌产品。2011年，湖北省建制镇共有38.8万家企业，平均每个镇拥有516家企业、186个工业企业。虽然湖北省平均每个建制镇拥有的企业数量和工业企业数量均处于中部地区前列，但工业企业比重不高（图1-3）。

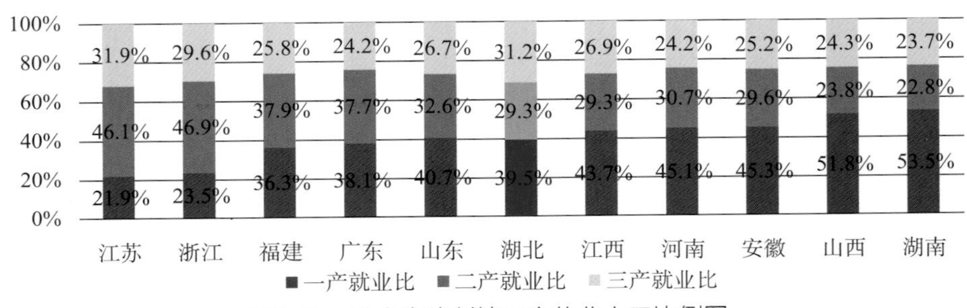

图1-2　11个省建制镇三产从业人口比例图

资料来源：2012年全国建制镇统计资料

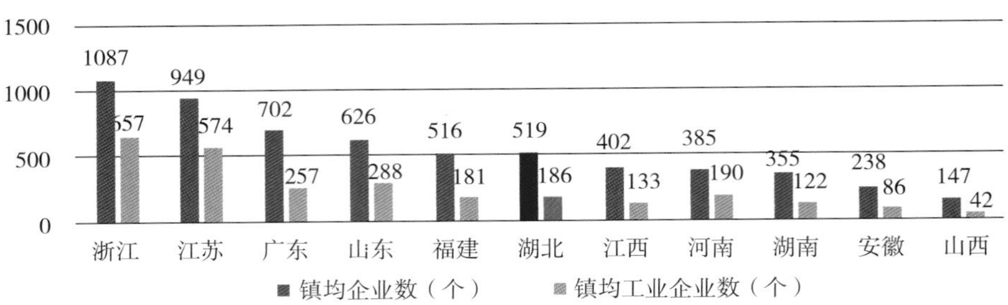

图1-3　11个省平均每个建制镇拥有企业数量情况

资料来源：2012年全国建制镇统计年鉴

2.1.2　农村经济发展

（1）农民纯收入

随着农村经济的不断发展，农民纯收入不断增加。2011年，湖北省农民纯收入为6898元，虽然处于中部地区首位，但与中部地区其他省份差距并不大（图1-4）。

（2）乡镇企业

2011年，湖北省共有29.6万家乡镇企业，平均每个乡镇拥有317个乡镇企业，乡镇企业平均产值541.2万元（图1-5，图1-6）。湖北省乡镇企业虽然数量较多，但平均产值不高，特别是从事第三产业的乡镇企业平均产值较低（表1-2）。

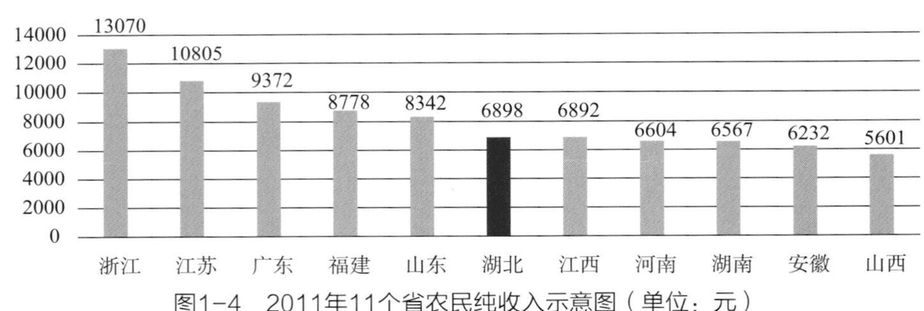

图1-4　2011年11个省农民纯收入示意图（单位：元）

资料来源：2012年全国建制镇统计年鉴

11个省从事三次产业的乡镇企业平均产值　　表1-2

省份	从事一产的乡镇企业平均产值（万元）	从事二产的乡镇企业平均产值（万元）	从事三产的乡镇企业平均产值（万元）
山东	2105.0	1865.3	475.1
河南	148.3	885.6	235.9

续表

省份	从事一产的乡镇企业平均产值（万元）	从事二产的乡镇企业平均产值（万元）	从事三产的乡镇企业平均产值（万元）
山西	264.0	2200.7	485.5
广东	205.0	1338.2	132.5
安徽	180.0	304.7	108.8
江苏	793.3	2342.6	393.3
江西	168.2	928.1	160.2
福建	322.0	1369.3	180.6
浙江	2885.0	944.3	274.1
湖南	89.3	260.3	75.9
湖北	**578.8（排名第 4）**	**1205.8（排名第 6）**	**140.8（排名第 10）**

数据来源：2012年中国乡镇企业与农产加工业年鉴

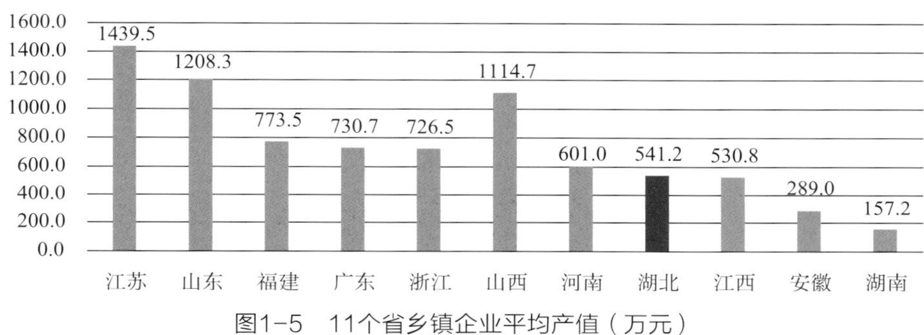

图1-5　11个省乡镇企业平均产值（万元）

数据来源：2012年中国乡镇企业与农产加工业年鉴

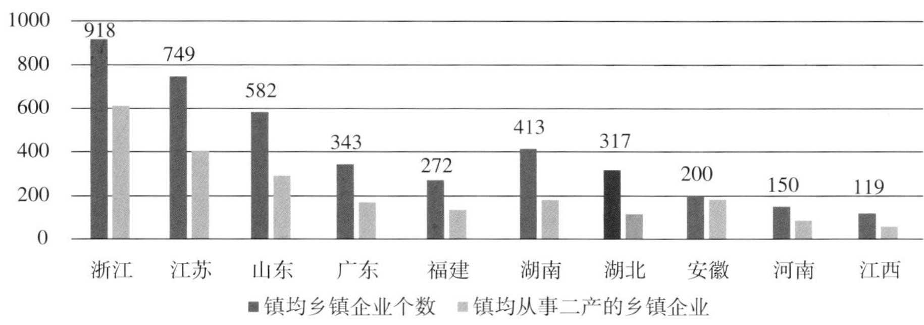

图1-6　10个省平均每个建制镇拥有企业个数

数据来源：2012年中国乡镇企业与农产加工业年鉴

（3）农业生产条件

受自然条件影响，湖北省平均每公顷耕地投入3.6个劳动力，相比其他省份人力投入较高（表1-3）。比较各省每公顷耕地农用总动力与耕地有效灌溉率，湖北省两项指标均处于中部六省和沿海发达省份的末位（图1-7，图1-8）。东部省份（例如江苏、山东）地势平坦、水道众多，有利农业生产、基础建设和工业建设，后期的用地扩展也容易进行。而湖北省由于受到自然条件的影响，农业生产中机械化和设施化水平较低，耕地生产效率不高。

8个省农业人力投入情况一览表 表1-3

省份	湖南	湖北	河南	江西	山东	安徽	浙江	江苏
每公顷耕地投入人力（人）	4.4	3.6	3.4	3.1	2.9	2.8	2.8	1.9

数据来源：2012年中国农村统计年鉴

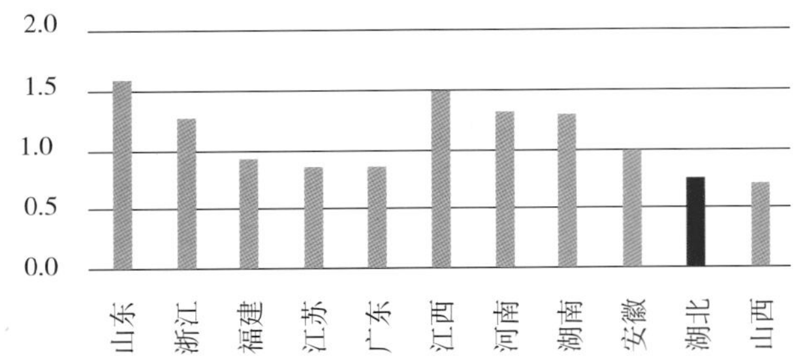

图1-7 11个省每公顷耕地农用机械总动力（kW）

数据来源：2012年中国农村统计年鉴

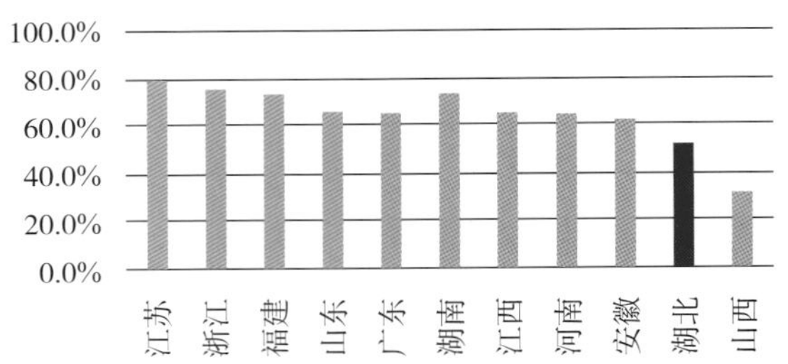

图1-8 11个省耕地有效灌溉率（%）

数据来源：2012年中国农村统计年鉴

2.2 乡镇社会发展

“十一五”期间，湖北省以推行“百镇千村”示范工程为重点，对100个重点镇进行专项资金扶持，大力加强乡镇基础设施配套、公共服务设施建设，实现了一定的提升。但从总体上看，湖北省乡镇公共服务设施建设还是较为薄弱。比较2011年中部六省及沿海五省的建制镇平均公共服务设施数量，湖北省除敬老院、影剧院的数量排位靠前外，其余的服务设施数量均位于下游水平，与沿海五省的差距较大（表1-4）。

2012年11个省平均每个建制镇公共服务设施数量 表1-4

地区	小学	中学	幼儿园	图书馆、文化站	影剧院	体育场馆	医院、卫生院	敬老院、福利院	总计	序位
山东	10.6	2.8	20.3	5.0	0.5	0.9	2.9	1.8	44.6	1
江苏	5.3	2.5	9.5	3.0	0.9	1.1	3.8	1.8	27.8	6
浙江	3.8	1.9	10.6	3.5	0.5	0.5	2.3	1.4	24.4	9
广东	12.2	2.3	7.9	1.8	0.4	0.7	1.9	1.6	29.0	4
福建	8.1	1.9	10.3	1.8	0.3	0.4	1.3	0.8	24.8	8
河南	15.9	2.4	12.3	4.1	0.3	1.2	1.7	1.6	39.6	2
山西	11.7	2.1	9.5	3.9	0.3	1.4	2.1	0.7	31.6	3
安徽	12.6	2.6	5.9	1.9	0.2	0.5	2.8	1.7	28.2	5
江西	11.6	1.7	9.7	1.5	0.2	0.3	1.5	1.1	27.7	7
湖北	8.7	2.0	6.4	2.2	0.5	0.5	0.2	1.8	23.9	10
湖南	8.7	1.9	5.8	1.3	0.3	0.2	1.7	1.2	21.0	11

资料来源：2012年全国建制镇统计资料

2.3 乡镇环境发展

良好的卫生环境是促进乡镇发展、提升乡镇竞争力的重要内容。然而财政收入不足，往往使得乡镇卫生环境建设较为落后，特别是农村地区的生活垃圾处理和农业面源污染，是农业地区卫生环境较差的主要原因。湖北省镇区绿化面积比重在中部六省及沿海发

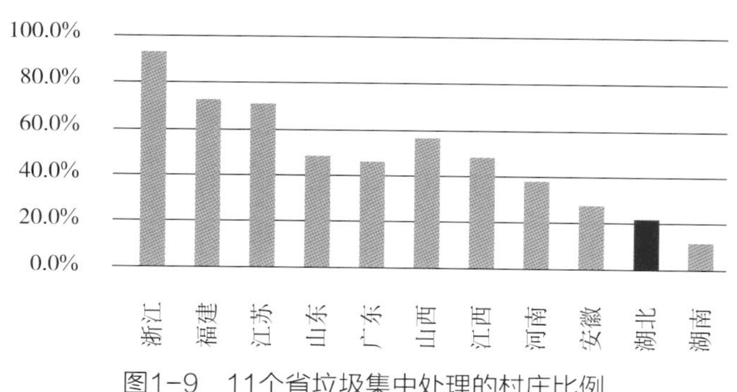

图1-9　11个省垃圾集中处理的村庄比例

数据来源：2012年全国建制镇统计资料

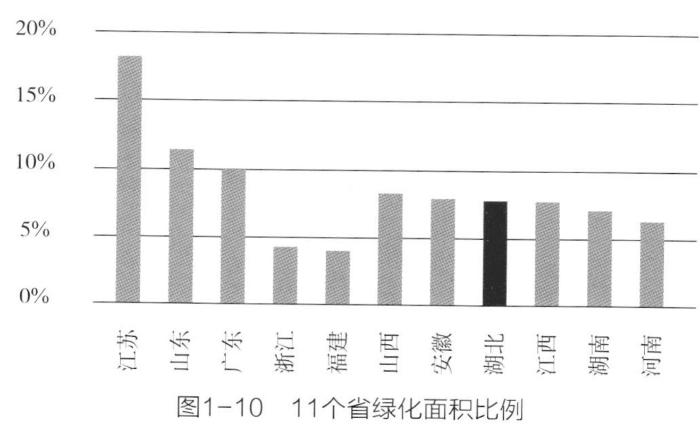

图1-10　11个省绿化面积比例

数据来源：2012年全国建制镇统计资料

达省份处于中游，然而垃圾集中处理的村庄比重仅高于湖南，农村的卫生环境堪忧（图1-9，图1-10）。

2.4　湖北省乡镇发展水平评价

2.4.1　乡镇经济实力较强

湖北省处于中部地区的地理中心，区位交通条件较好。2010年，国务院正式批复同意《武汉市城市总体规划（2010-2020年）》，明确武汉市为中部地区的中心城市。湖北省和武汉市在中部地区中发展较好，在中部崛起战略中起到重要的带头作用。受中心城市辐射带动作用以及整体发展环境影响，湖北省乡镇发展整体实力在中部地区也较强。从各省的比较分析可知，湖北省乡镇产业结构层级较高、乡镇企业数量较多、人民收入也较高，整体经济发展虽然与沿海省份存在一定差异，但在中部地区较为领先。

2.4.2　城乡发展差距较大

尽管湖北省乡镇经济实力较强，然而受自然条件和农业技术落后的影响，湖北省农业生产条件较差，乡镇企业发展不足，农村经济发展一般，城乡差距也因农村经济和城镇经济的悬殊而加大。“三农”问题一直是阻碍中部地区乡镇发展的瓶颈，湖北省山区和丘陵面积较多，自然和景观资源也多，农村经济发展可从特色种（养）植和旅游业入手，促进一、三产业联动发展，走特色化的发展道路。平原地区农村应努力提高农业生产条件，大力发展机械化、标准化种植。大力发展农村经济，缩小城乡差距。

2.4.3　乡镇发展“软实力”不足

受财政收支制度影响，湖北省乡镇财政收入普遍不高，乡镇公共服务设施和环境设施建设存在资金缺乏、配套不足等问题。乡镇配套服务和环境建设是影响乡镇“软实力”的重要内容。乡镇发展“软实力”不足，不但居民的生活品质受到影响，乡镇吸引人口就地转移和居住的动力也会不足。在区域协调和城乡统筹发展背景下，提高乡镇发展“软实力”，是缓解大城市居住和就业压力、促进新型城镇化和大中小城镇和谐发展的关键。未来湖北省乡镇发展，应在保持经济增长、提高居民收入的同时，更加注重经济、社会和环境的协调发展，不断完善城镇功能，提升居民的生活水平和居住的环境品质，增强城镇“软实力”，促进农村剩余劳动力的有序转移。

2.4.4　小结

纵观国内外乡镇发展历程，乡镇发展从起始阶段到成熟阶段，总是由低水平均衡发展到不平衡发展，再到高水平平衡发展的过程。乡镇发展往往也是由经济优先发展，然后带动社会、环境协调发展；由城镇优先发展，然后带动城乡协调发展（表1-5）。湖北省乡镇发展相对沿海地区起步较晚，经济实力较弱，

乡镇发展阶段及其特点　　表1-5

发展阶段	发展初期	发展中期	成熟期
发展特点	低水平均衡、 城乡差距小、 社会经济发展相对协调	发展不平衡、 城乡差距大、 社会经济发展不协调	高水平均衡、 城乡差距小、 社会经济发展协调

城乡发展不平衡以及社会、经济和环境发展不平衡等问题，说明湖北省乡镇发展处于向发展中期迈进的阶段。在这一阶段，湖北省乡镇发展仍应以经济发展为重点，并不断促进乡镇社会、环境发展。

3 湖北省乡镇建设水平测度与评价

《统计大辞典》中指出，乡村（镇）建设是指为繁荣农村经济，方便农村居民生活，不断改善农村生产、生活条件的基础设施而进行的公用事业建设及乡村（镇）房屋建设。《中国农村工作大辞典》对乡镇建设定义为乡镇行政区域范围内进行的企业（包括乡村企业、镇办企业，以及社员联营的合作企业、个体企业）建设，农民住宅建设，乡镇公共设施（如道路、交通运输、供电、供水、绿化、能源设施等）建设，公益事业（教育、文化科学、医疗卫生、商业服务业、幼儿园、敬老院以及公共文化福利事业等）建设和环境建设。《马克思主义百科要览・下卷》将小城镇建设定义为一定区域内小城镇体系的建立、改造和发展工作，包括一定区域内小城镇的密度、规模、功能和空间分布问题，每一个区域内的小城镇，要尽可能做到密度适当、规模合理、功能互补、布局均衡。

综上所述，乡镇建设从乡镇体系层面来看，包括乡镇密度、建设规模等；从乡镇个体层面来看，包括房屋建设、公共设施建设和环境建设等方面。此外，从社会经济层面考虑，乡镇建设还包括公益事业建设和企业建设。在新型城镇化的大背景下，用地集约程度也成为乡镇建设关注的重点。

由于乡镇数量众多，本文以县域为基本单元进行统计。此外，由于湖北省乡镇地理区位条件差异较大，为便于统计，将湖北省乡镇划分为大城市城郊型地区、平原地区和山地地区三种类型（图1–11）。本文相关数据来源于住房和城乡建设部的城乡建设统计信息管理系统。

3.1 乡镇密度

2012年，湖北省乡镇密度为50.2个/万km^2，建制镇密度为40.1个/万km^2，建制镇和乡镇密度均处于沿海五省以及中部六省末位（图1–12）。以县域为基本单元，湖北省乡镇密度较高的县域单元多集中在武汉市周边或江汉平原地区（图1–13）。

3.2 乡镇建设规模

改革开放以来，湖北省乡镇建设进入了一个新的快速发展时期，乡镇建设也初具规模。2011年，湖北省建制镇平均人口规模和镇区平均人口规模均处于中部六省首位，乡镇吸纳人口的能力较强，连接城乡的作用明显，但与山东、江苏、广东等沿海发达省份还有一定差距（图1–14）。

《镇规划标准》（GB 50188–2007）中以人口数量为划分，将镇区和村庄规模分为特大型、大型、中型和小型四类。虽然湖北省乡镇镇域及镇区人口规模在中部地区较大，但按照国家标准，湖北省乡镇镇区及村庄人口规

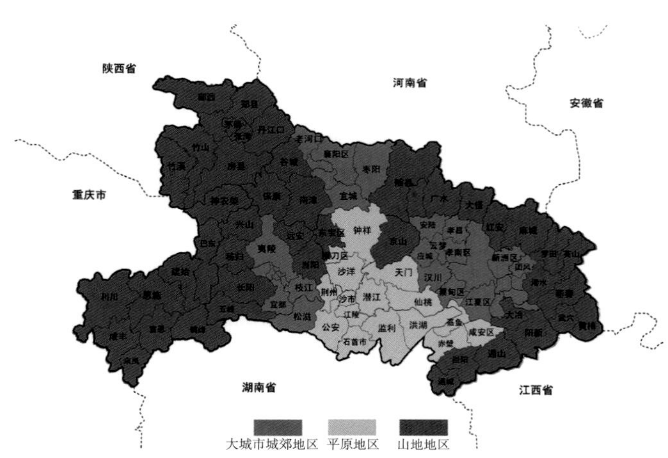

图1–11 湖北省大城市城郊地区、平原地区、山地地区县域示意图

图片来源：作者自绘

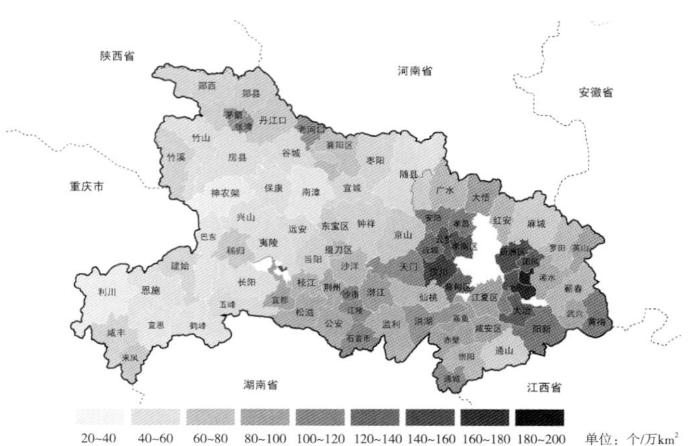

图1–13 湖北乡镇密度示意图

图片来源：作者自绘

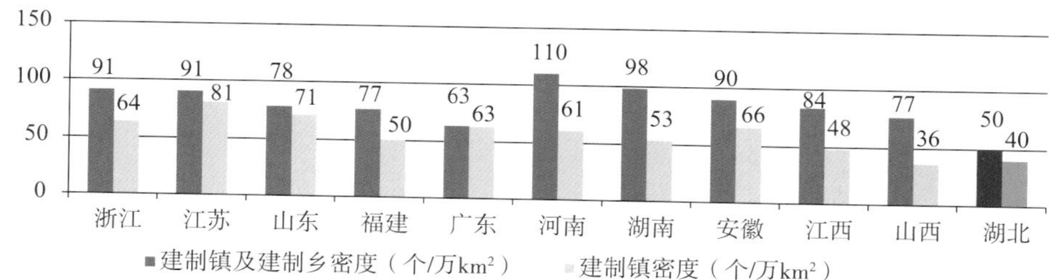

图1-12　湖北省与部分省份建制镇密度和乡镇密度示意图

资料来源：2013年中国统计年鉴

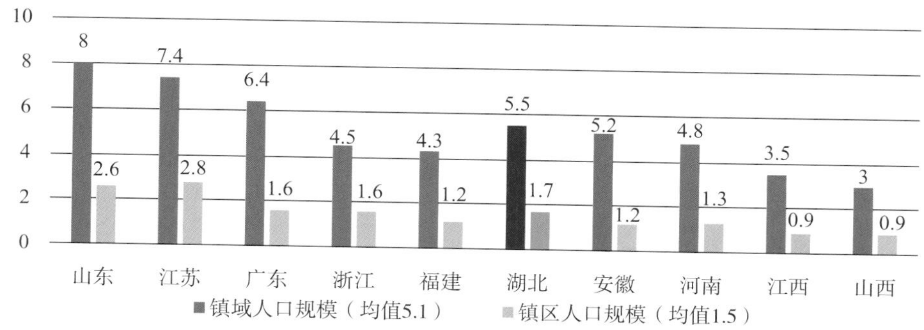

图1-14　10个省建制镇镇域及镇区人口规模

资料来源：2012年全国建制镇统计年鉴

模均以中小型为主（表1-6，表1-7，图1-15，图1-16）。

3.3　乡镇建设用地

以人均建设用地面积来衡量乡镇建设用地集聚度，人均建设用地面积越大，乡镇建设用地集聚度越弱，反之则越强。镇区人均用地面积114m²/人，村庄平均综合容积率为147m²/人。镇区和村庄建设用地集聚度均是大城市城郊最高，平原地区次之，山区用地建设集聚度最低。

《村镇规划标准》（GB50188-93），村镇人均建设用地指标分为5级，最低为50m²/人，最高为150m²/人。湖北省镇区及村庄人均建设用地面积情况如下（图1-17，图1-18，表1-8，表1-9）。

3.4　乡镇房屋建设

以“综合容积率”（总建筑面积与建设用地的比值）来衡量乡镇房屋建设强度，综合容积率越高，房屋建设强度大，反之则越小。镇区平均综合容积率为0.40，村庄平均综合容积率为0.36。镇区和村庄房屋建设强度较

湖北省乡镇镇区人口规模分组情况　　表1-6

镇区人口规模	>50000（特大型）	30001 ~ 50000（大型）	10001 ~ 30000（中型）	≤ 10000（小型）	合计
镇个数（个）	7	37	253	367	664
比例（%）	1.1	5.6	38.0	55.4	100
乡个数（个）	0	0	17	179	196
比例（%）	0	0	8.7	91.3	100

数据来源：2013年湖北省村镇基本情况基层表

湖北省乡镇村庄人口规模分组情况　　表1-7

村庄人口规模	>1000（特大型）	601 ~ 1000（大型）	201 ~ 600（中型）	≤ 200（小型）	合计
村庄个数（个）	8085	16807	37684	61950	124526
比例（%）	6.5	13.5	30.3	49.7	100

数据来源：2013年湖北省村镇基本情况基层表

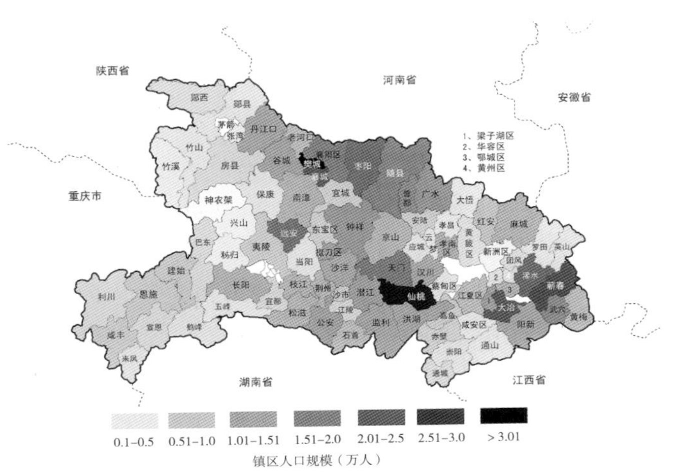

图1–15　镇区人口规模示意图（单位：万人）

图片来源：作者自绘

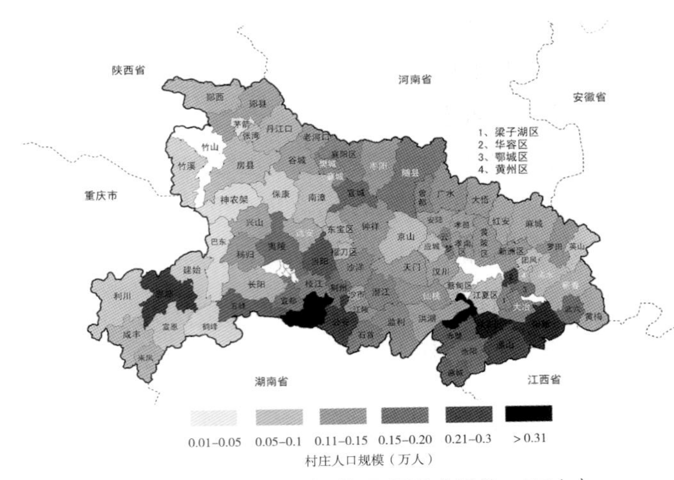

图1–16　村庄人口规模示意图（单位：万人）

图片来源：作者自绘

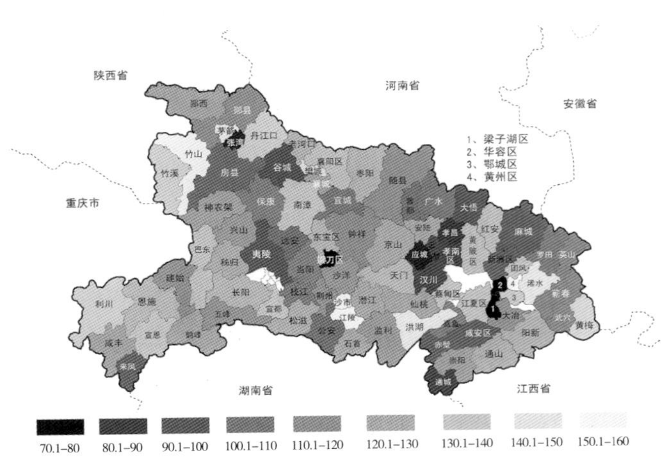

图1–17　湖北省镇区人均建设用地面积示意图（单位：m²/人）

图片来源：作者自绘

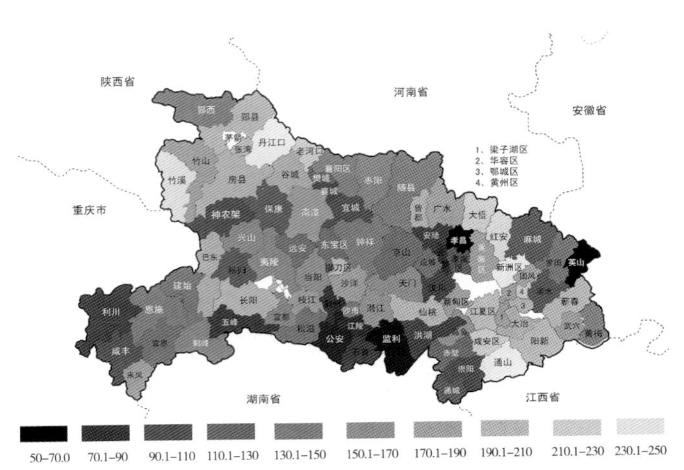

图1–18　湖北省村庄人均建设用地面积示意图（单位：m²/人）

图片来源：作者自绘

湖北省乡镇镇区人均建设用地面积分组情况　　表1–8

人均建设用地面积（m²/人）	50~70	71~90	91~110	111~130	131~150	＞150	合计
比例（%）	12.3	16.1	24.4	16.6	12.5	18.1	100

数据来源：2012年湖北省村镇基本情况基层表

湖北省村庄人均用地面积分组情况　　表1–9

人均用地面积（m²/人）	50~80	80~110	110~140	140~170	170~200	＞200	合计
比例（%）	20.7	21.7	15．0	12.9	11.4	18.3	100

数据来源：2012年湖北省村镇基本情况基层表

高的县域均集中在江汉平原沿长江的县域，以及靠近襄阳、宜昌、十堰的山区县域，镇区房屋建设强度较高的区域还集中在靠近恩施的山区县域。相反，靠近武汉的县域房屋建设强度不高。在大城市城郊、平原地区和山区县域中，平原地区县域镇区和农村房屋建设强度均最高，大城市城郊和山区县域镇区与农村房屋建设强度相当（图1-19，图1-20）。

3.5　乡镇公用设施建设

（1）道路建设

以人均道路面积来衡量乡镇道路建设强度，人均道路面积越大，道路建设强度越高。镇区平均人均道路面积为13.9m²/人，村庄平均人均道路面积为20.1m²/人。各县域镇区人均道路面积差别不大，而村庄人均道路面积在各县域差别较大。在大城市城郊、平原地区和山区县域中，大城市城郊县域的镇区及村庄人均道路面积均较高。

（2）市政设施建设

以给水管道密度（管道长度/用地面积）来衡量乡镇市政设施建设强度，给水管道密度高，市政设施建设强度越高。镇区平均给水管道密度为11.1km/km²，村庄平均人均给水管道密度为8.1km/km²。各县域镇区给水管道密度在大城市周边及鄂西山区密度较高，平原地区相对较低。农村给水管道密度在各县域差别较大（图1-21，图1-22）。

3.6　乡镇环境建设

以镇区绿化覆盖率和有生活垃圾收集点的行政村比例两项指标来衡量乡镇环境设施建设强度，指标越高，则乡镇环境建设水平越高。镇区平均绿化覆盖率为15.6%，农村地区有生活垃圾收集点的行政村比例为40.4%。各县域镇区绿化覆盖率在山区较低，平原地区与大城市周边地区相当（图1-23）。有生活垃圾收集点的行政村比例大城市

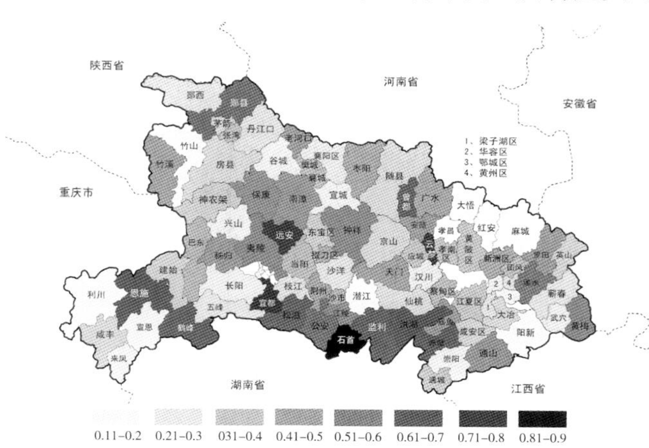

图1-19　湖北省镇区房屋建设强度示意图（综合容积率）

图片来源：作者自绘

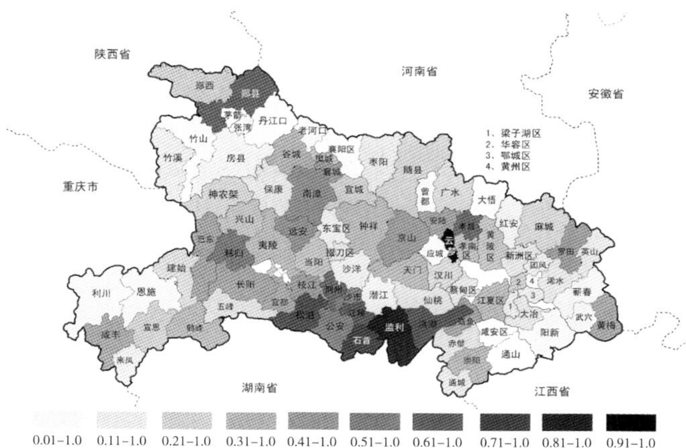

图1-20　湖北省村庄房屋建设强度示意图（综合容积率）

图片来源：作者自绘

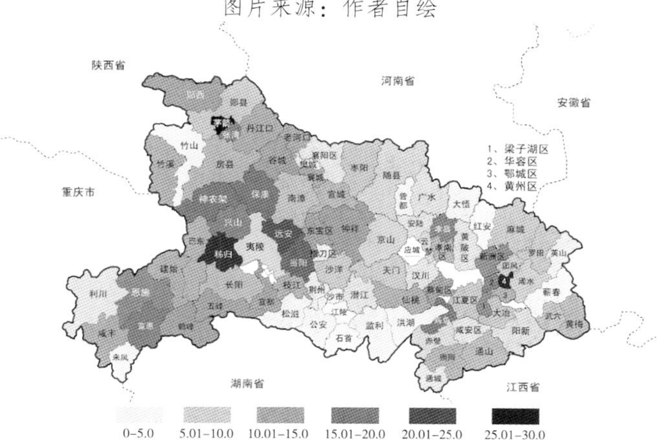

图1-21　湖北省镇区给水管道密度（单位：km/km²）

图片来源：作者自绘

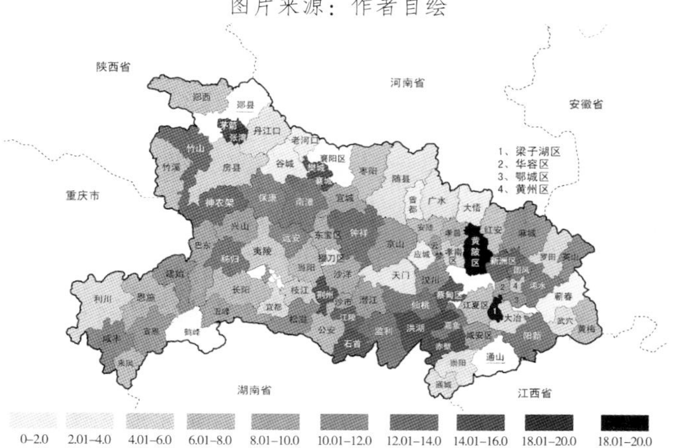

图1-22　湖北省村庄给水管道密度（单位：km/km²）

图片来源：作者自绘

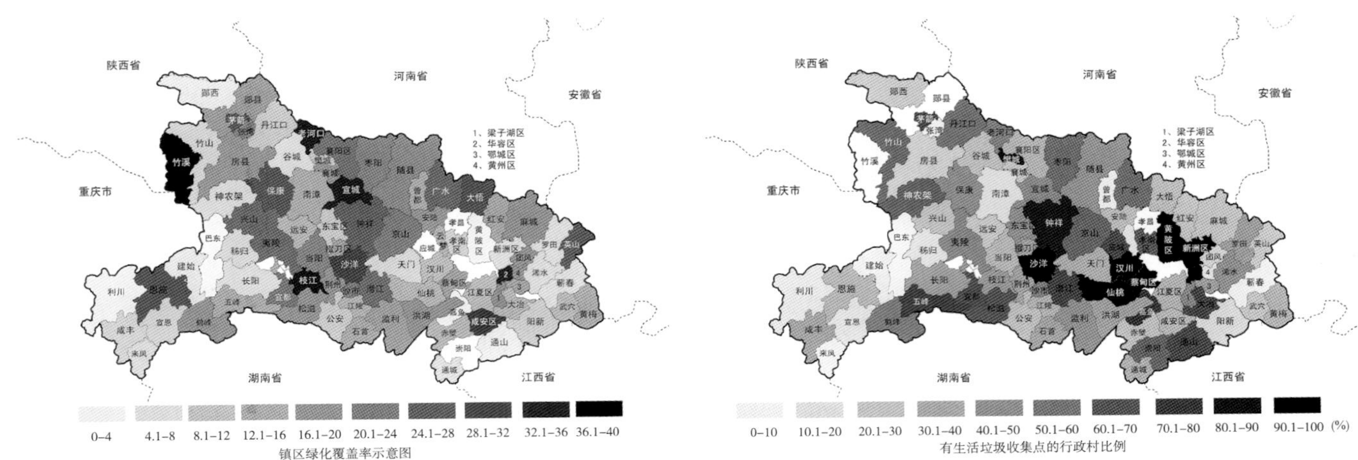

图1–23　湖北省镇区绿化覆盖率（%）示意图

图片来源：作者自绘

图1–24　湖北省有生活垃圾收集点的行政村比例（%）

图片来源：作者自绘

大城市城郊、平原地区和山区县域的乡镇各项建设指标平均值　　表 1–10

类别	建设用地		房屋建设		道路建设		市政建设		环境建设	
建设指标	镇区人均建设用地面积	村庄人均建设用地面积	镇区综合容积率	村庄综合容积率	镇区人均道路面积	村庄人均道路面积	镇区给水管道密度	村庄给水管道密度	镇区绿化覆盖率	有垃圾收集点的村庄比例
单位	m^2/人	m^2/人	—	—	m^2/人	m^2/人	km/km^2	km/km^2	%	%
城郊	109.3	118.9	0.39	0.34	13.6	19.2	11.9	8.4	18.1	63.5
平原	118.1	128.2	0.49	0.45	11.0	18.4	7.3	9.6	19.2	51.3
山区	115.8	157.3	0.38	0.31	12.0	18.0	12.1	7.3	13.7	34.8

郊区最高，平原地区次之，山区最低（图1–24）。

综合3.3节~3.6节的各项建设指标，湖北省大城市郊区、平原地区和山区县域的各项建设指标平均值见表1–10。

3.7　乡镇建设总体水平测度

3.7.1　测度指标体系

结合乡镇建设的内涵，从建设规模、建设密度、建设强度三个方面构建湖北省乡镇建设水平评价指标体系（参见表1–14）。

3.7.2　测度方法

层次分析法是一种综合了定性分析和定量分析的系统工程方法，目前被广泛应用于确定指标权重。层次分析法把复杂的问题分解为各个组成因素，并将这些因素按支配关系分组形成有序的递阶层次结构[2]，通过两两比较的方式确定层次中诸因素的相对重要性的总的顺序。

层次分析法可分为四个步骤：

（1）建立递阶层次结构模型。将复杂问题分成若干层次（目标层、准则层、指标层和变量层）。

（2）构造两两比较判断矩阵。在构建的层次结构模型的基础上，运用比例标度的方法对各指标进行两两对比打分，用1~9标度方法（表1–11）形成一个判断矩阵R=（rij）n×n。rij表示元素i对于因素j的相对重要性，rij=1/rij。

（3）计算相对重要度及一致性检验。

①计算判断矩阵每一行元素的乘积$M_i=\prod_{j=i} r_{ij}$，i=1，2，…，n；

②计算M_i的n次方根$\overline{W_1}=\sqrt[m]{M_1}$；

③对向量$\overline{W_1}=[\overline{W_1},\overline{W_2},\cdots,\overline{W_n}]^T$归一化处理$\overline{W_1}=\frac{W_1}{\sum_{j=1}^{n} W_j}$，则W=[W1，W2，…，Wn]T即所求的元素权重；

1~9 标度方法及其含义　　表1–11

标度	含义
1	i，j 元素同等重要
3	i 元素比 j 元素稍微重要
5	i 元素比 j 元素明显重要
7	i 元素比 j 元素强烈重要
9	i 元素比 j 元素极端重要
2、4、6、8	上述两相邻判断的中间值

④计算判断矩阵的最大特征根 $\lambda_{max}=\sum_{i=1}^{n}\frac{(RW)_1}{nW_2}$，其中（RW）$_1$表示向量RW的第i个元素；

⑤对判断矩阵进行一致性检验，一致性指标 $CI=\frac{\lambda_{max}-n}{n-1}$，当随机一致性比率 $CR=\frac{CI}{RI}<0.10$ 时，可以认为层次单排序的结构有满意的一致性，RI 为平均随机一致性指标（其对应 1～9 阶判断矩阵的取值见表 1-12）。

平均随机一致性指标RI　　表1-12

n	1	2	3	4	5	6	7	8	9
RI	0.00	0.00	0.58	0.90	1.12	1.24	1.32	1.41	1.45

（4）层次总排序

层次总排序即计算最底层元素对系统目标的合成权重，是最高层次到最低层次权重的乘积。

3.7.3　评价指数

乡镇发展是一个综合发展的过程，在追求经济高度发展的同时，要实现与社会、空间、环境等方面的高度和谐，在其发展过程中时刻存在着一个水平状态和协调状态。本文采用水平综合指数（LI）来衡量乡镇发展的现状和特点。

综合指数用来衡量乡镇发展状态与功能完善程度。首先确定各层指标的权重值，然后进行无量纲化处理，最后由线性加权可得到综合评价指数，用来评价小城镇发展综合水平。指数值越大，说明乡镇发展过程中经济社会和自然资源发展状态越好；反之，则越差。公式为：

$$LI=F=\sum_{t=1}^{m}ai\times Fi$$

LI为发展水平综合指数，Fi为主成分指数，ai表示各主成分权重。

3.7.4　统计分析

（1）指标的无量纲化处理

指标的无量纲化就是按照一定的方法对原始数据求其标准值，以消除原始指标值量纲的影响。本文均采用归一法对原始数据进行标准化处理，正、负指标数据的变换公式分别为：

$$Ui=\frac{Z_i-Z_{min}}{Z_{max}-Z_{min}} \cdots\cdots\cdots\cdots\text{正向指标（1）}$$

$$Ui=\frac{Z_{max}-Z_1}{Z_{max}-Z_{min}} \cdots\cdots\cdots\cdots\text{逆向指标（2）}$$

式中：U_i为标准值，Z_i为原始值，Z_{max}为参考值中的最大值，Z_{min}为参考值中的最小值。

（2）指标权重的确定

本文构建的乡镇建设指标体系中，包括5个层次、7项分类指标。指标权重是考察各指标在整个指标体系中相对重要和对结果的影响程度。本文采用层次分析法确定各指标的权重，具体方法在上文已经详细介绍。

通过求解最大特征根及相对应的特征向量，并进行一致性检验，结果表明判断矩阵具有满意的一致性（表1-13）。

在建设规模指标值中，人口规模与人均建设用地面积指标权重各占0.5。基础设施建设强度指标中，人均道路面积和管道建设密度指标权重各占0.5。镇区与村庄指标各占0.6和0.4，得到乡镇建设总体水平评价指标权重（表1-14）。

（3）乡镇建设评价结果

用上文介绍的研究方法，根据乡镇建设水平综合评价指数 LI 的计算公式，以湖北省860个乡镇（不计街道、城关镇和数据不全的乡镇）2012年的相关数据为基础，计算得到湖北省各乡镇建设水平综合指数。

湖北省860个乡镇中，建设水平得分最高为0.702，社会经济发展水平得分最高为0.154。从空间分布来看，湖北省乡镇社会经济发展较好的乡镇多位于沿江城镇带、“一主两副（武汉、宜昌、襄阳）”中心城市周边（图

建设水平判断矩阵及一致性检验　　表1-13

	X1	X2	X3	X4	X5	Wi
X1	1.0000	0.500	2.0000	3.0000	3.0000	0.250853
X2	2.0000	1.0000	3.0000	5.0000	5.0000	0.440341
X3	0.5000	0.3300	1.0000	1.0000	2.0000	0.129501
X4	0.3333	0.2000	1.0000	1.0000	2.0000	0.108031
X5	0.3333	0.2000	0.5000	0.5000	1.0000	0.071274

λ_{max}=5.29；CI=0.02；RI=1.12；CR=0.01<0.1

乡镇建设总体水平评价指标权重　　表1-14

目标层	准则层	指标层	单位	权重
乡镇建设水平	乡镇密度（X1）	乡镇密度（Y1）	个 / 万 km^2	0.251
	建设规模（X2）	镇区人口规模（Y2）	人	0.132
		镇区人均建设用地面积（Y3）	m^2/ 人	0.132
		村庄人口规模（Y4）	人	0.088
		村庄人均建设用地面积（Y5）	m^2/ 人	0.088
	房屋建设强度（X3）	镇区综合容积率（Y6）	—	0.078
		村庄综合容积率（Y7）	—	0.052
	基础设施建设强度（X4）	镇区人均道路面积（Y8）	m^2/ 人	0.032
		镇区管道建设密度（Y9）	km/km^2	0.032
		村庄人均道路面积（Y10）	m^2/ 人	0.021
		村庄管道建设密度（Y11）	km/km^2	0.021
	环境建设强度（X5）	镇区绿化覆盖率（Y12）	%	0.043
		有垃圾收集点的行政村比例（Y13）	%	0.029

1-25）。大城市城郊型和平原地区乡镇建设水平普遍高于山区，而大城市城郊型和平原地区乡镇建设水平差别不大（表1-15）。

大城市城郊、平原地区和山区县域乡镇建设总体水平指数　　表1-15

县域类型	大城市城郊	平原地区	山区
建设总体水平指数	0.439	0.419	0.293

3.8 湖北省乡镇建设水平评价

随着经济的发展，乡镇的建设资金投入也有所增加，湖北省的乡镇面貌有了一定改观，道路、公共绿地、市政等基础设施的数量和质量不断提升。同时，随着城镇居民及农村居民收入的提升，镇区居民及农民新建房屋的建设质量也不断提升。然而，湖北省乡镇建设总体水平不高，主要表现出以下特点。

3.8.1 乡镇密度小、地域规模大

湖北省地貌类型比较多样，山地约占全省总面积的55.5%，丘陵和岗地占24.5%，平原湖区仅占20%。在中部地区及沿海发达省份中，湖北省山区和丘陵的面积比例仅低于福建，与山西相当（表1-16）。此外，湖北省还是千湖之省，湖区的面积也相对较大。由于受自然环境的分割，湖北省乡镇密度较小，但人口规模较大，乡镇分布呈现"大分散、小集中"的特征，单个乡镇平均总用地面积较大（图1-26）。

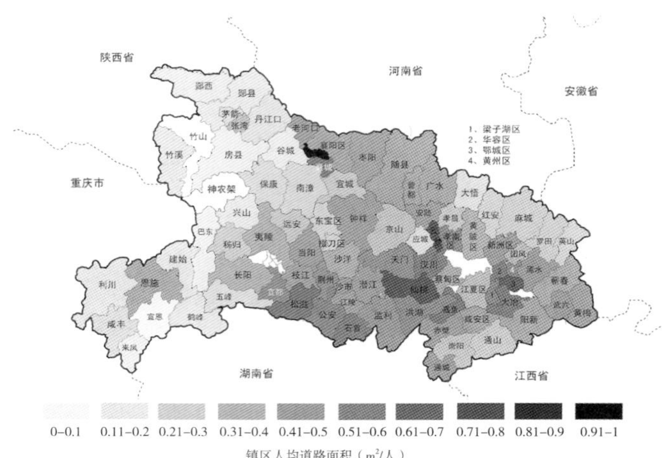

图1-25　乡镇建设总体水平示意图

图片来源：作者自绘

11个省山区和丘陵面积比例一览表　　表1-16

省份	浙江	江苏	广东	山东	福建	安徽	江西	山西	河南	湖南	湖北
山区和丘陵面积比例(%)	70.4	31.3	76.3	46.3	90.0	58.3	78	80.1	44.3	66.7	80.0

资料来源：各省统计年鉴

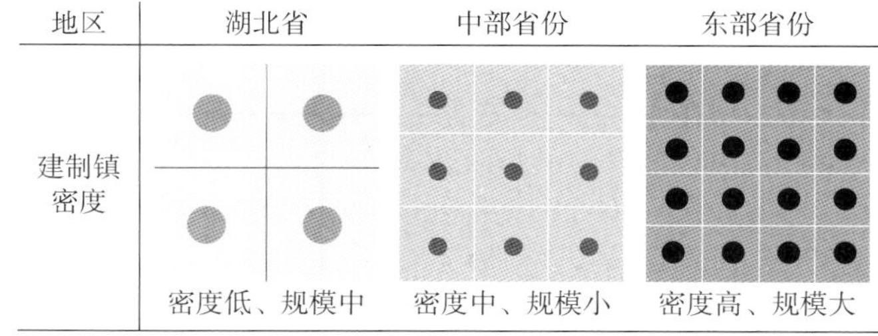

图1-26　湖北省与中部及沿海省份乡镇密度与人口规模特征示意图

图片来源：作者自绘

3.8.2　平原地区乡镇建设用地不集约

随着工业化和城镇化进程的加快，乡镇得到迅速发展。与此同时，也出现了耕地锐减、用地效益低下等现象。从湖北省各乡镇数据来看，只有24.4%的乡镇人均建设用地面积在91~110 m^2之间，还有18.1%的乡镇人均建设用地面积超过150m^2，18.3%的乡镇人均村庄用地面积超过200m^2。由于缺少合理有效的用地调控手段，湖北省大部分的乡镇发展都是在增量土地上进行的，粗放式外延扩张的用地模式导致土地浪费的现象十分严重。镇区建设多呈现沿一条主干道展开的带状格局，用地集聚性差，以分散零星建设为主，居住和商业功能混杂，整体呈现较无序的状态，增加了基础设施的负担。

对比湖北省与中部和沿海发达省份，湖北省平原地区的镇区人口密度排位靠后，而丘陵和山区的镇区人口密度靠前，湖北省平原地区乡镇镇区土地利用不集约现象突出（图1-27）。

此外，由于农村土地所有制严格地将大量农民限制在农村，以及城乡分割的户籍制度和福利制度，“离土不离乡”的乡镇企业应运而生。这也从一开始就决定了乡镇企业不能以集聚的方式进入城镇。湖北省平均每个镇的乡镇企业数量相对中部其他省份较多，所有制的分割使得集体办的乡镇企业分散在乡村中，造成建设用地分散。

3.8.3　房屋建设强度差异大、风貌趋同

湖北省各乡镇中，乡镇综合容积率从0.1～0.9均有分布，房屋建设强度差异较大（图1-28）。综合容积率较高的乡镇多距离大城市或城关镇较近。同时，接近50%的乡镇综合容积率处于0.21～0.4之间，房屋建设强度总体较低（表1-17）。此外，湖北省乡镇建筑风貌较为趋同，许多城镇的街景设计、重要地段和重要建筑物的设计都十分单调（图1-29，图1-30）。

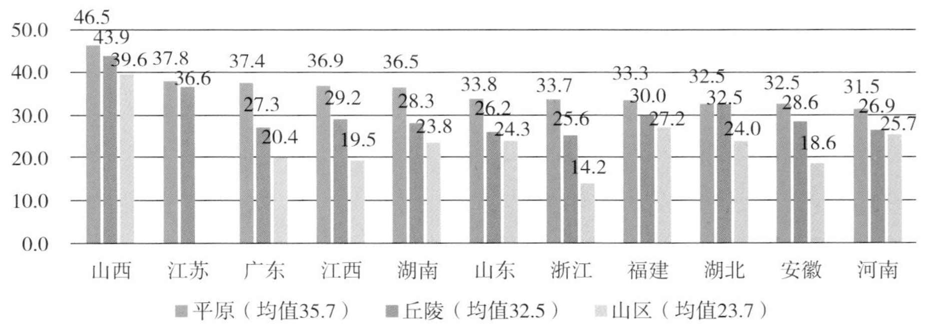

图1-27　2011年11个省份区域镇区人口密度（人/hm^2）

数据来源：2012年全国建制镇统计资料

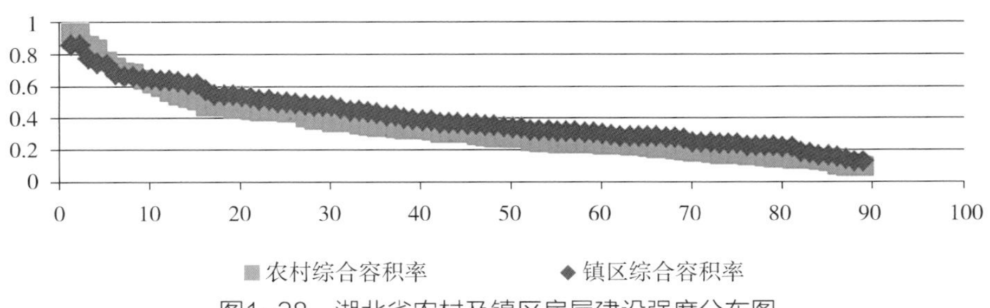

图1-28　湖北省农村及镇区房屋建设强度分布图

湖北省乡镇综合容积率分组情况 表1-17

综合容积率		0.1~0.2	0.21~0.4	0.41~0.6	0.61~0.8	0.81~1.0
镇区	比例（%）	6.7	47.9	25.7	14.5	2.2
农村	比例（%）	24.7	45.1	19.1	6.7	4.4

数据来源：2012年湖北省村镇基本情况基层表

图1-29　经济弱镇——夹河镇

图1-30　经济强镇——彭场镇

基础设施和环境设施省域间的比较 表1-18

省份	人均道路面积（m^2）	人均公园绿地面积（m^2）	绿化覆盖率（%）	用水普及率（%）
湖北	9.9	2.7	15.6	86.1
河南	10.0	0.7	7.6	73
江苏	16.6	10.97	19.4	91.9

数据来源：各省统计年鉴

3.8.4　基础设施及环境设施建设不足

基础设施建设不足往往是阻碍乡镇发展建设的短板。2012 年，湖北省乡镇人均道路面积为9.9m^2，人均公园绿地面积为2.66m^2，用水普及率86.1%，集中供水的乡镇比例为95.7%，平均每个乡镇有2.1个生活垃圾中转站。近年来，湖北省乡镇道路、供水、供热等市政公用基础设施的建设力度不断加强。经济发达地区一批乡镇基础设施建设颇具规模，有的甚至接近邻近城市水平。然而，由于投入资金有限，湖北省大多数乡镇给、排水工程设施和环卫设施基础薄弱。与发达地区乡镇相比，基础设施建设现状整体水平普遍较低（表1-18），且不同地区的乡镇基础设施建设差别较大，特别是山区乡镇基础设施和环境设施建设比较薄弱。

3.8.5　小结

从湖北省内部来看，由于受到自然环境的影响，湖北省乡镇发展在地域间存在较大差异。大城市城郊型和江汉平原地区乡镇受到大城市和沿江经济带的辐射带动作用，建设总体水平较高，但也存在乡镇建设用地浪费的问题。城镇经济的快速发展也伴随着城镇建设用地规模的扩张，耕地面积减少、土地资源浪费和生态环境破坏等问题。中部地区是我国的粮食主产区，乡镇发展不能再重复东部沿海地区粗放式的发展模式。湖北省在未来乡镇建设的过程中，应尽量使用存量土地，促进人口向社区集中、企业向园区集中、土地向规模经营集中，以保证耕地面积和生态安全。湖北省山区乡镇建设水平普遍较低，设施配套不足是影响乡镇发展和建设的主要因素。在未来乡镇建设中，应不断完善配套设施，促进乡镇和谐发展。

作者单位：华中科技大学建筑与城市规划学院
作者：肖璇，黄亚平

2　乡镇类型与发展特色

1　乡镇类型研究概述

关于乡镇分类的研究，国内外学者研究多集中在小城镇分类的研究，并从区域自然地理特征、城镇职能、空间形态、发展模式、发展依赖路径等不同维度提出了不同的分类。

按照区域自然地理特征，乡镇类型划分为平原型、山地型、滨水型、海岛型；按照小城镇职能分类，乡镇类型划分为商贸型、工业主导型、交通枢纽型、旅游服务型、“三农”服务型、其他专业型和综合型；从空间形态上分类，乡镇类型划分为以城镇密集区存在的小城镇和以独立形态存在的小城镇，其中，独立存在的小城镇，按其空间位置，又分为城市周边地区发展和远离城市独立发展两种类型；从发展模式上分类，可分为经济推动型、城镇辐射型、外贸推动型、科技推动型、交通促进型、产业集聚型；而依据城镇发展依赖路径，小城镇又可划分为七种类型：郊区卫星城型、综合开发型、工业主导型、生态旅游型、市场带动型、农业产业化主导型及文化产业发展型。

龙花楼（2009）等从产业发展状况出发，将乡镇类型分为工业主导发展型、商旅服务业发展主导型、农业发展主导型、均衡发展型四类。

在实践中，贵州省为推动小城镇建设，全面提高城镇化水平，省政府提出建设小而精、小而美、小而富、小而特的“四小”小城镇建设要求，并按照贵州省的特点，将小城镇划分为交通枢纽型、旅游景观型、绿色产业型、工矿园区型、商贸集散型、移民安置型六种类型。

2　“三类六型”的湖北省21个示范乡镇分类

从以上分类研究可以看出，乡镇类型的划分从不同的维度出发，可以有不同的类型分类。

湖北省作为中部内陆地区，地势呈三面高起、中间低平、向南敞开、北有缺口的不完整盆地，其社会经济发展与宏观地理条件具有很大关联性。2010年，湖北省共有103个县级行政单元（县38个，自治县2个，县级市24个，市辖区38个，林区1个），其中有24个县市为国家级贫困县，主要分布在省域东西边境地区的秦巴山、大别山、武陵山、幕阜山等大型山系。

本文针对湖北省21个示范乡镇的实际情况，从宏观地理环境和发展路径两个维度出发，将其类型分为“三类六型”，即大城市城郊型乡镇、平原地区乡镇、山地地区乡镇三个大类，大城市功能组团型乡镇、大城市郊区新城型乡镇、工贸型乡镇、商贸型乡镇、旅游服务型乡镇和工矿型乡镇六个亚类（表2-1，图2-1）。

湖北省21个四化同步示范乡镇分类一览　　表2-1

类	型	个数	示范镇名称
大城市城郊型乡镇	功能组团型	2	武湖街、龙泉镇
	郊区新城型	5	五里界街、奓山街、双沟镇、尹集乡、安福寺
平原地区乡镇	工贸型	8	新沟镇、彭场镇、管珰镇、沉湖镇、熊口镇、岳口镇、汀祖镇、潘家湾
	商贸型	1	小池镇
山地地区乡镇	旅游服务型	3	松柏镇、茶店镇、龙凤镇
	工矿型	2	陈贵镇、杨寨镇

资料来源：作者根据相关规划归纳整理

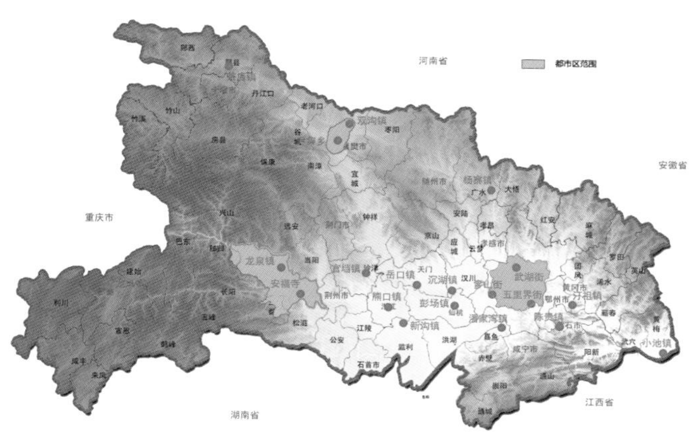

图2-1　湖北省21个“四化同步”示范乡镇地理分布图

图片来源：作者自绘

3 外力驱动的大城市城郊型乡镇发展特色

“大城市辐射”的外力作为乡镇发展的主推动力，是大城市城郊型乡镇的共同特点。这类乡镇的发展，依托自身土地及人工成本低廉的优势，根据自身的区位条件、自身资源条件及发展特点，承接大城市的产业转移和城市功能，把自身的发展纳入都市区整体产业发展战略之中。同时，通过吸引人口、产业的不断集聚，加强公共服务设施、市政配套设施的建设，强化与大城市的各方面联系，最终发展成为大城市功能区的一部分或近郊新城。从这类乡镇功能发展的特色来看，可以分为功能组团型和郊区新城型两类。

3.1 功能组团型乡镇：高度融合

此类小城镇的发展动力直接决定于其区位条件及上位大城市的经济辐射能力，与大城市中心城区功能高度融合是其发展的典型特征。在21个示范乡镇中，武汉市武湖街、宜昌市龙泉镇属于此类，且以武湖街最为典型。

3.1.1 都市区宏观战略和区域格局影响下的产业发展特色

（1）从大城市产业战略导向中明晰产业发展方向

武湖街位于武汉中心城区边缘，与武汉市三环线仅有一桥之隔，是城市产业扩散的近郊地区，具有良好的产业基础和区位条件，其未来产业发展方向受到武汉整体战略发展的深刻影响。

《武汉市2049年远景发展战略规划》提出打造金融中心、贸易中心、创新中心与高端制造中心4大功能目标，《黄陂区“十二五”产业布局规划》提出临空产业、高新技术产业、现代商贸物流业、先进制造业、现代都市农业生态旅游业、旅游商品配套产业等7个重点发展产业，武湖街的产业选择耦合市、区等宏观战略，选择的是信息技术、节能环保、高新科技、高端制造和高端服务的绿色增长产业体系，明确了向高科技、高附加值和低能耗转型的产业发展方向。

（2）从都市区产业格局中谋求产业发展路径

针对武汉提出的打造大临空、大临港、大车都、大光谷四大产业板块构想，武湖街从区域格局中谋求发展路径，即嵌入“大临空”、“大临港”的产业集群：主动融入大临空经济辐射圈层、寻求差异化发展，承担航空产业链条中的航空配套产品加工制造和相关物流配送产业；联动大临港产业集群，发挥紧邻港口作业区优势，承担港口作业、装备制造、重工业市场物流以及相关研发、展示职能；延伸汉口北市场群产业链，依托专业市场，重点发展加工制造、工业设计、综合物流和信息服务等相关产业（图2–2）。

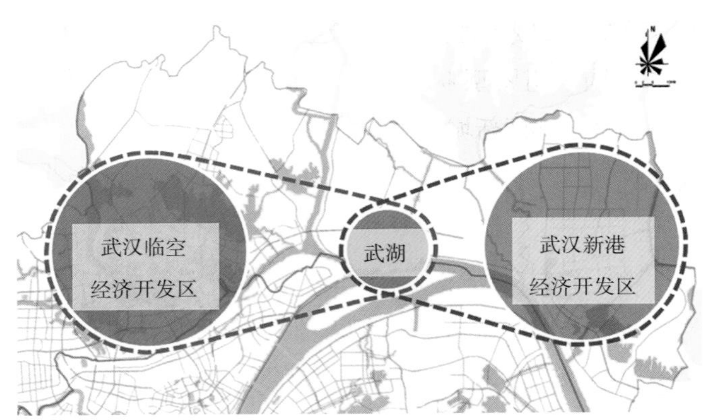

图2–2 武湖街与大临港、大临空板块的空间关系

图片来源：《武湖街“四化同步”试点规划》

3.1.2 “大城市综合型功能组团”的职能特色

武湖街作为武汉主城区边缘乡镇发展起来的城市功能组团，与主城区原有功能组团相比，综合性更强。在《武汉市都市发展区“1+6”空间发展战略实施规划》中，提出武湖街为以农产品加工、研发为主，兼有家具、建材等物流配送功能的综合性组团，以及明确了武湖组团属于北部新城组群的组团服务中心之一的目标定位（图2–3）。

3.1.3 “集聚重构”的城乡居民点空间发展态势

在农业经济主导时期，组团型乡镇的村庄空间主要按照耕作半径在原有地域聚落自发蔓延。随着工业化、农业现代化的发展，原有依附于耕地的传统生产方式将会发生根本改变，原有“均质分散”的城乡居民点聚落形态将走向“集聚重构”的城乡居民点空间发展态势。

很长一段时间，武湖街村庄空间主要按照原有地域聚落自发蔓延，呈现西密东疏的格局。在城镇化加速发展中，西部城镇周边村庄正在逐步就地城镇化，融入武湖镇区；东部村庄由于地形条件的限制，在沙口地区呈现集聚扩张的态势。随着中部地区科技农业、现代农业项目的空间聚集进一步凸显，现有村庄的迁出集并成为必然，其村落空间态势将从分散走向集聚，实现由二元城乡向全域城镇转变（图2–4）。

3.2　大城市郊区新城型乡镇：借“城”兴“镇”

不同于组团型乡镇的发展动力直接取决于大城市功能拓展，郊区新城型乡镇的发展动力来自于大城市产业转移的间接拉动。在21个示范乡镇中，武汉市五里界街、奓山街，襄阳市双沟镇、尹集乡，以及宜昌市安福寺属于此类，且以五里界街最具有代表性。

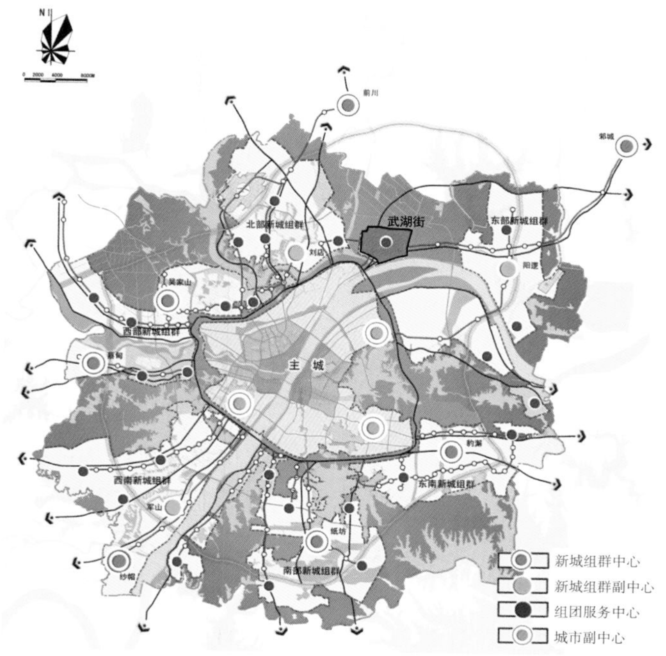

图2-3　武汉市都市发展区“1+6”新城格局图

图片来源：《武汉市都市发展区“1+6”空间发展战略实施规划》

3.2.1　“承接大城市产业转移”的产业发展特色

（1）“一产特色化、二产高端化、三产协同化”的产业发展方向

五里界街生态资源禀赋高，且处于梁子湖国际生态旅游区北翼。在一产的选择上，摈弃以往传统农业种植模式，按照一、三产业联动发展的原则，发展集观光农业、设施农业和生态农业于一体的都市观光休闲农业；在南部乡村片区，打造“七色梁湖”主题景区，走农业景观化、特色化道路。

五里界街具有与东湖示范区深度融合的地理区位优势，充分承接东湖示范区向南拓展。根据五里界街产业发展定位，五里界街将以发展智慧型高新技术产业为主导，努力建设“大光谷”的新兴产业园区。因此，规划第二产业为光电子信息产业、生物技术产业和节能环保产业等高端产业。

三产上，以发展休闲旅游为基础的现代服务业为先导，选择为旅游服务业、移动互联网产业和文化创意产

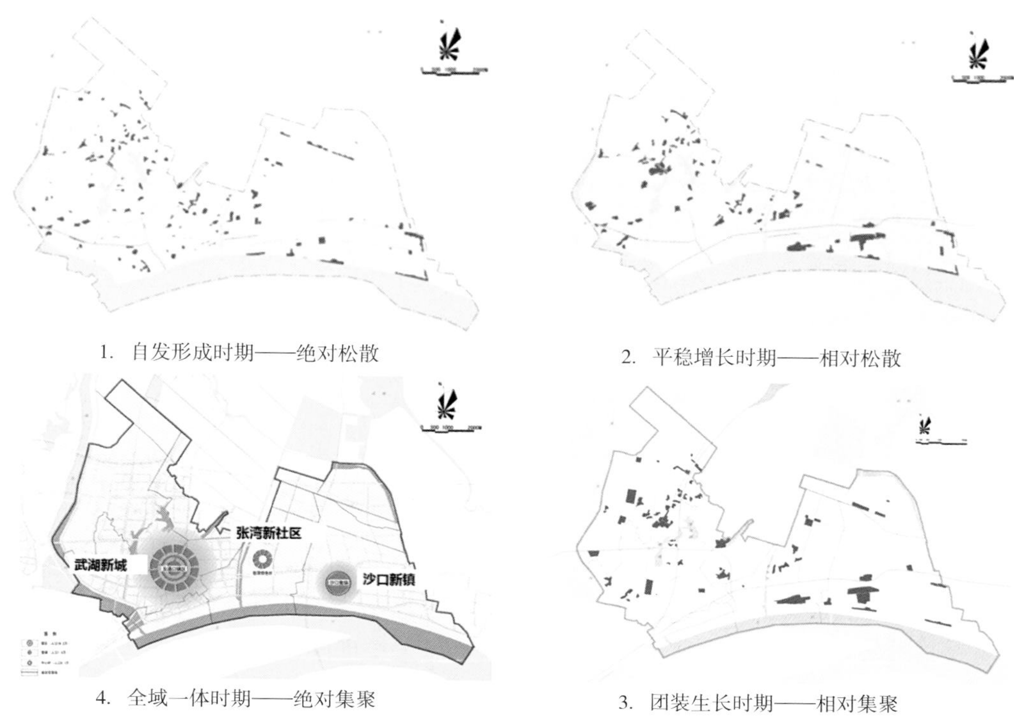

图2-4　武湖街城乡空间演变分析

图片来源：根据《武湖街“四化同步”试点规划》整理

业，全面建设武汉“大光谷”综合配套服务的特色产业基地，与周边开发区协同发展。

（2）“嵌入型产业为主导、内生型产业为特色”的产业发展模式

嵌入型产业将成为五里界街的主导产业。五里界街充分利用其区位交通及生态环境优势，承接东湖国家自主创新示范区的产业辐射转移，选择以光电子信息产业、节能环保产业、生物技术产业等外来产业为主导。

以根据自身的资源和区位优势，依托于本地资源禀赋的“内生型”产业为特色产业。借助武汉发展赏花经济的历史机遇以及本地的资源优势，以梁湖大道为依托，以农庄休闲项目为主体，打造集休闲、旅游为一体的农家乐旅游带，成为周边城市城镇居民休闲首选目的地。

3.2.2 “多重使命”的大城市郊区新城的职能特色

大城市郊区型新城在规划意义上主要作为构建大城市的开敞式、多中心空间结构的地域发展单元，实现变“单中心城市”为“组群城市”（顾竹屹等，2014）。新城职能也被赋予“多重使命”。

一方面，优越的自然地理环境和宏观区位，使五里界街承担着支撑武汉都市区发展、产业空间拓展，促进武汉“1+8”多中心地域结构形成的任务。镇区将成为武汉都市区高新技术产业转移地，承担武汉建设国家中心城市的部分重要功能，乡村地区则将以都市农业的形式为大城市提供旅游休闲服务。另一方面，五里界街是统筹城乡发展的桥头堡，五里界街镇区仍将发挥其带动乡村经济、服务乡村的作用，成为现代农业生产的服务中心和农民城镇化的前沿阵地，而乡村地区则仍将通过都市农业生产发挥其农业生产作用。

3.2.3 “全域景区、一村一品”的乡村居民点建设

南部的乡村发展片区，是五里界街都市观光农业、旅游业的重要空间载体，规划了“一心一带、三新十特、三环镶嵌、七彩缤纷”的布局结构（图2–5）。“一心”是指江夏环梁子湖国际生态旅游区综合服务中心，“一带”指南部滨湖生态带，“三新”指三个新农村中心社区（风情小镇），“十特”指十个特色精品村，“三环”指三组旅游环线，“七彩”指多个特色农业园区；并根据每个精品村不同的资源禀赋，按照休闲旅游服务型特色村、渔家农耕文化型特色村、康体养生配套型特色村

图2–5 五里界街美丽乡村规划结构图

图片来源：《五里界街“四化同步”试点规划》

三种不同特色进行打造，打造“全域景区、一村一品”的乡村居民点建设模式。

4 内力驱动的平原地区乡镇发展特色

“工农业并举的内生力”为主驱动力，是平原地区乡镇的共同特点。一方面，基于现有工业基础，强化主导产业，延长产业链，实现产业集群发展，提升小城镇工业化水平，以工业化带动城镇化，吸引人口、产业的不断积聚，实现工业化和城镇化协调互助发展；另一方面，依托农业产业化和周边特色农业资源，培育特色农业资源深加工、精加工为主导产业，利用小城镇与农业和农村经济天然联系，依托农业和农村形成一个完整经济体系，推动农村、城镇协调发展，以多种形式促进“龙头企业+农户”共同体形成，以工农关联解决“三农”问题。

4.1 工贸型乡镇：双轮驱动

平原地区的工贸型乡镇一般都具有良好的工业基础、丰富的农业资源和便利的交通等优势，“农业支撑，工贸驱动”是其乡镇发展路径。在21个示范乡镇中，新沟镇、沉湖镇、彭场镇、岳口镇、官垱镇、小池镇、熊

口镇、汀祖镇和潘家湾镇9个乡镇属于此类，且以新沟镇最具代表性。

4.1.1 “夯实基础，拓展延伸”的产业发展方向

监利县新沟镇是一个典型的工贸型乡镇，工业发展（农产品加工业为主）在经济发展中占主导地位。2011年，新沟镇GDP占监利县的比重也由2010年17.3%上升为20.6%，位居监利县各乡镇首位。

在未来产业的发展方向上，呈现“夯实基础，拓展延伸”的特征。一产上，做特做优第一产业，规模化发展优质粮油种植和特种水产生态化养殖。在二产方面，仍以农副产品深加工为主体，在做强做大农副产品深加工这条产业链的基础之上，产业链适当向上下游拓展。同时对“粮油规模化种植—农产品深加工—现代物流”这一最为重要的产业链进行重点关联设计，走出一条“农业支撑，工贸驱动”的发展道路（图2-6）。

4.1.2 “特色农产品产销一体”的职能特色

新沟镇是典型的平原水网地区，形成了“良田为底、水系密布、特色点缀”的生态基底。特色种植业和牧业已经成为新沟镇农业发展的重要支柱，是重要的稻谷和油菜籽种植基地。从周围乡镇来看，一是其周边乡镇的农业资源丰富，原材料供给充足；二是各乡镇工业农副产品深加工产业发展不足，与新沟镇形成了错位互补之势。因此，新沟镇发展农副产品深加工大有可为，具有承担周边乡镇农副产品集散和深加工中心职能的潜力。

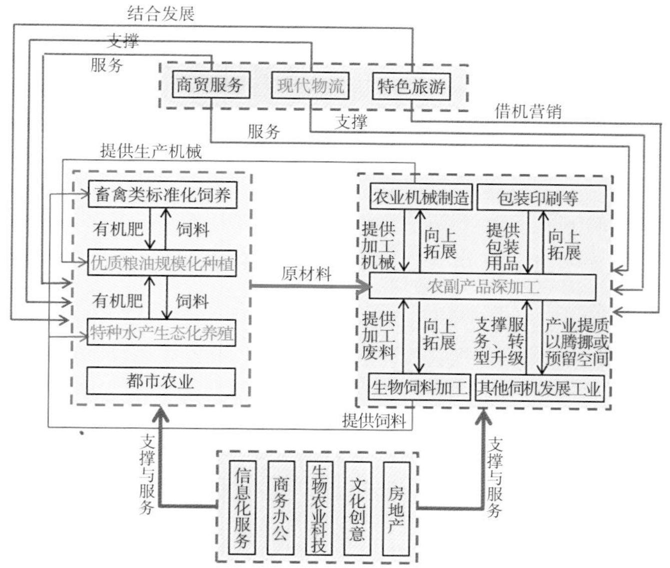

图2-6　新沟镇各类型产业之产业合作与产业链延伸关系图

图片来源：《新沟镇“四化同步”试点规划》

4.1.3 “中心极化、节点集聚、有机分散”的适度聚集居民点体系

新沟镇“良田为底、水系密布、特色点缀”的生态基底特征和农产品生产基地的职能特点，决定了其居民点建设具有“中心极化、节点集聚、有机分散”的特点。

在镇区，规划提出“强心扩城，建设新区”的思路，加快“东拓南进”，老镇区南部为农产品龙头企业（福娃集团）与粮食深加工园区拓展空间，老镇区东侧为城镇新区拓展空间，吸纳农民进城。在乡村，以交通网络体系为导向，加快镇域的社会服务设施和基础设施的一体化，实施“分类撤并、适度集聚”的村庄整合策略，打造4个大型村、8个中型村，实现人口的节点集聚。以农产品生产基地为依据，对农业生产服务型村落进行撤并、布局，形成“有机分散”小型农业生产村落的格局（图2-7）。

4.2 商贸型乡镇：工贸联动

“工贸联动为根本，专业市场建设为支点”是这类乡镇的发展特征。它以“工贸联动”为根本动力，依托当地特色产品生产基地和消费市场，实现商品的快速全面集聚与流通。商贸型小城镇可分为农产品商贸基地和工业产品商贸基地两类。21个乡镇中，黄梅县小池镇属于综合型商贸基地，以服务中部地区建材家居、五金机电、汽车、汽车配件、农副产品、小商品批发为主，规划定位为“面向中部地区，以集散式物流产业为主导的现代商贸物流区”。

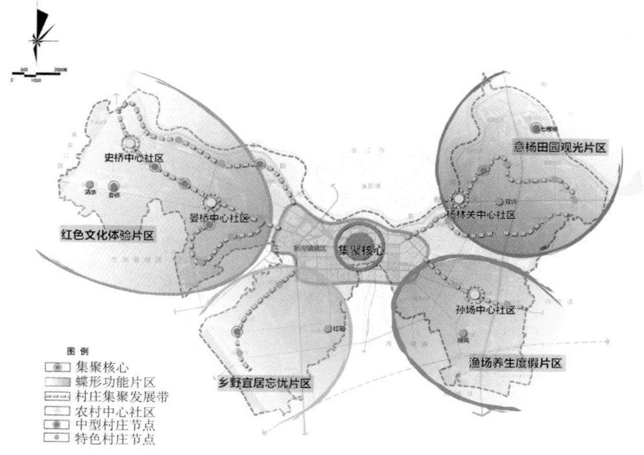

图2-7　新沟镇镇村体系规划图

图片来源：《新沟镇“四化同步”试点规划》

4.2.1 面向市场的“商贸突破、捆绑发展”产业发展方向

此类乡镇产业发展，多以商贸物流业为突破口，再利用专业市场的优势，使市场对生产和消费起引导作用，发展专业性加工或工业园区，走“专业市场+特色农产品生产基地+专业性园区”的产业发展模式，构建面向消费的现代产业体系。小池镇规划中，借助5000t新港项目，寻求与九江港捆绑发展，拓展机械加工、装备制造、信息技术、生物化工等先进制造业，与商贸物流中心契合；在商贸物流业方向上，先进制造品和特色农产品集散双轨运行，促进城乡协调发展。

4.2.2 “区域化服务”的职能特色

服务不同层级区域是商贸型乡镇职能发展特点。一般农产品商贸型乡镇，按照服务的市场级别，可以分为镇级、市级、省级、大区级等不同的职能作用层级。小池镇是区域级的商贸流通型乡镇，以服务鄂、赣、皖三省为服务区域，这决定了其建设规模大于一般乡镇，具备向小城市转型发展的潜力。

5 特色促进的山地地区乡镇发展特色

利用山区特色资源，走跨越工业化实现产业非农化的绿色城镇化道路是行不通的，现阶段急需“农业养民”的中国山区县市，受地理环境、技术条件所限，难以全面推广农业规模化，农业三产化水平也有限，难以支撑山区县域城镇化发展。我国中部欠发达山区县市应当走出一条“工贸带动、特色促进、梯度推移、节点集聚型的绿色城镇化”道路（黄亚平，2013）。充分发挥山地地区特色资源优势，以“优势特色资源”为促进力，是山地地区乡镇区别于其他类型乡镇的发展特色。

5.1 旅游服务型乡镇：内“源”外“卖”

充分挖掘乡镇内部丰富的林业生态资源、旅游文化资源，通过向区域提供良好的旅游服务和生态资源促进乡镇发展，是旅游服务型乡镇的特点。在21个示范乡镇中，松柏镇、杨寨镇、茶店镇、龙凤镇都提出发展旅游服务业，其中，神农架林区松柏镇更是提出“世界山林、养生旅游名镇、华中避暑度假第一目的地”的发展定位，重点发展旅游服务业。

5.1.1 经济发展和生态保育双重要求下的产业发展特色

符合“双重要求”的“密集型、生态化”产业发展方向

与其他地区相比，生态脆弱的山区县市城乡差异大，工业化和农业现代化水平低，产业拉力不足，人口推力较大，故加快劳动密集型产业发展、扩大就业是当前山区县域城镇化发展的关键（黄亚平，2013）。松柏镇依托本地丰富的农特产品和大量珍稀的中草药材资源，发展新农业，打造密集型产业：林果基地、蔬菜基地、药材基地，以及绿色食品、无公害食品、有机食品等农林产品基地和药材加工、土特产加工制作、林果加工包装等农林产品加工业。

生态旅游型乡镇生态敏感性和林地资源优势，决定了在产业发展方向上，专业化、生态化是其产业发展方向。在一产发展上，主推本地特色种植；在二产发展上，依托一产进行农副产品深加工，走专业化道路；在生态旅游发展上，打造“一镇一品”，走生态旅游道路。松柏镇结合本镇资源基础和特色，一产通过林果基地、蔬菜基地、药材基地的建设，以绿色食品、无公害食品、有机食品等“三品”建设为龙头带动；二产以农林产品加工业为主导，重点发展药材加工、土特产加工制作、林果加工包装；三产重点发展旅游服务，打造以避暑休闲、商务会议和神农旅游为特色的旅游业（图2–8）。

5.1.2 “生态化服务”的职能特色

生态旅游型乡镇具有优越的资源环境，生态旅游、生态保育的生态化服务是其区别于其他类型乡镇的特色职能。在松柏镇的发展定位中，其被定位为“世界山林养生旅游名镇、华中避暑度假第一目的地”，为华中地区乃至世界提供原生态林地特色的旅游服务将是其主要职能。

松柏镇森林茂密，树种繁多，森林覆盖率达79.6%。海拔1600m以下，为常青阔叶、落叶阔叶混交林带，是我国“天保工程”的一部分，对改善地区气候条件、保护生态多样性起着重要作用，具有重要的生态价值。发挥生态保育功能，将始终成为松柏镇发展过程中的特色职能。

5.1.3 “沟域集聚，有机分散”的非均衡居民点体系

山地地区自然地理条件和资源条件决定了其经济作

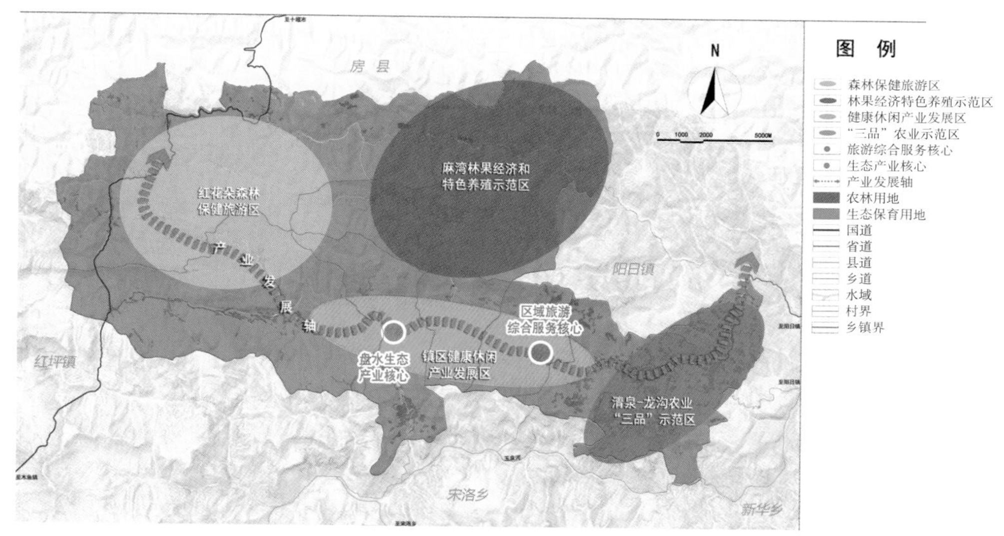

图2-8　松柏镇域产业空间结构图

图片来源：《松柏镇"四化同步"试点规划》

物特色化种植、旅游服务的农业现代化道路，镇区多位于沟域地区，农村居民点有机分散，这也决定了其居民点体系具有"沟域集聚，山区有机分散"的特征。除镇区是行政意义上的核心外，各个分散的居民点依托农业生产和各个景区有机分散。各居民点相对独立发展，具有相对完善的旅游服务设施，服务于所在旅游片区。

松柏镇在综合考虑了居民意愿、地质安全、旅游服务各项因素后，构建了"1+4+11"的新型镇村体系，即1个极化重点镇、4个基层村庄、11个服务农业生产和旅游景点的村湾居民点（图2-9）。

5.2　工矿型乡镇：活化转型

除拥有丰富的旅游资源外，丰富的特色矿业资源也是山地地区乡镇的发展优势。在21个乡镇中，大冶市陈贵镇是以工矿产业为绝对主导的小城镇，其近年来的经济腾飞完全依赖与矿产相关的产业。但是，矿业资源枯竭是工矿型乡镇发展普遍面临的瓶颈。因此，如何活化矿业、转型发展，走出一条可持续发展道路，是工矿型乡镇需要破解的难题。

5.2.1　"矿业转型、多元支撑"产业发展方向

经过多年发展，工矿型乡镇的矿产资源一般都面临着国际市场钢铁产能过剩、自身资源枯竭和生态保护的三重压力，"矿业转型、多元支撑"成为工矿型乡镇的产业发展方向。针对这种局面，大冶市陈贵镇提出了"生态保育、活化矿业"的产业发展思路。第一，控制矿山资源开采强度，对现有开采格局进行布局调整，加强重要优势资源储备与保护。第二，逐步修复废弃矿产生态环境，变废为宝，打造工业旅游新功能，提出"博物馆+公共游憩+创意产业"的"活化矿业"思路。另一方面，依托大冶市整体产业转型战略部署，积极探索产业转型的新思路。通过逐步引入食品加工、纺织服装、部分器械制造等新兴产业，培育替代产业转型，实现产业的"多元支撑"（表2-2）。

5.2.2　"矿业文化"的大地风貌特色

工矿乡镇由于长时期的矿业发展，一般具有鲜明的"矿业文化"的大地风貌特色。黄石—大冶地区纵横千年的矿业文化，留下了中国不同历史时期矿业文化的成果和遗址，如铜绿山古矿遗址—冶萍煤铁厂

陈贵镇矿业转型一览　　表2-2

矿业公司	开采储量（万吨）	开采年限（年）	近期发展建议	远期发展建议
安船矿业公司	33	3	尽快停止开采，实施生态修复	退产还耕
刘家畈矿业公司	50	3	尽快停止开采，实施生态修复	退产还耕
大广山矿业公司	460	8～10	逐步缩减矿山开采规模，实施生态修复工作	采空区修复，退产还耕
铜山口矿业公司	87	8～10	逐步缩减矿山开采规模，实施生态修复工作	通过矿山修复，打造工业旅游功能

资料来源：《陈贵镇"四化同步"试点规划》

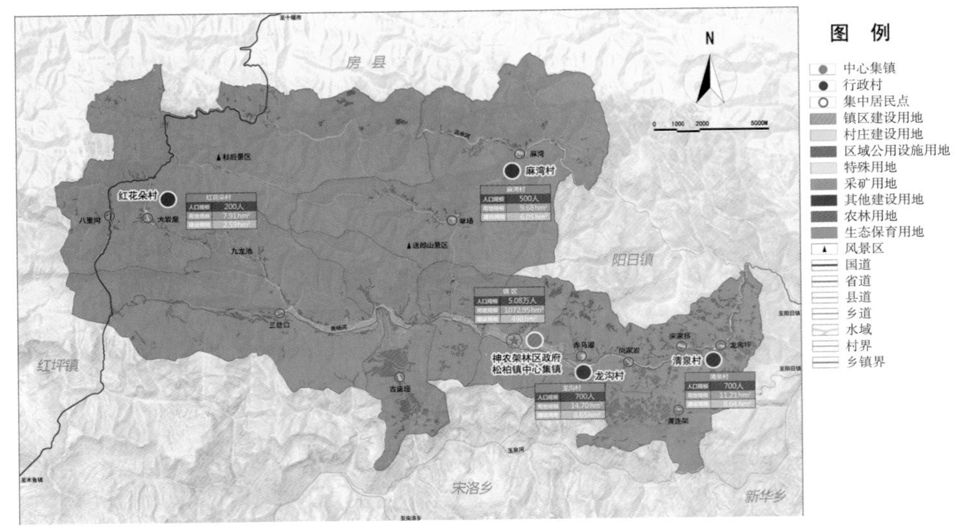

图2-9　松柏镇域镇村体系规划图

图片来源：《松柏镇“四化同步”试点规划》

矿—国家矿山公园。陈贵镇具有坚实的矿冶文化基础，作为大冶市重要的矿业基地，境内散布着11处唐宋时代冶炼古遗址，以及铜山口矿区（40年矿龄）、刘家畈矿区、大广山矿区等现代矿区。因此，陈贵镇充分继承、利用矿业基地，依托王祠古矿、铜山口矿区，突显矿冶之乡文化特质，开发工业休闲旅游，形成矿业寻根为主题的工业旅游轴线，规划打造了独具特色的“矿业文化”景观风貌（图2-10）。

图2-10　陈贵镇全域规划图

6　结语

据统计，湖北省有900多个乡镇，根据不同的特点，被划分为不同的类型，并进行差异化的特色发展，对其社会经济发展具有重要意义。本文以湖北省21个示范乡镇“四化同步”系列规划为研究样本，探讨了“三类六型”的不同类型乡镇的发展特色，以期为乡镇发展提供有价值的借鉴。

作者单位：华中科技大学建筑与城市规划学院

作者：王卓标，黄亚平

3　农村居民点现状特征及建设路径模式

1　农村居民点建设案例借鉴

1.1　宣城市泾县黄田村

1.1.1　黄田村村庄建设概述

黄田村位于皖南泾县榔桥镇东侧，历史悠久，于2006年被列为国家一级文物保护单位。现在保存完好的古民居就有以笃诚堂（洋船屋）、思永堂等为代表的多达40余处，建筑总面积约26000余平方米。经过长期发展，古村人口容纳能力已经相当有限，再加上文物保护的限制，只有以新居民点建设的方式解决人地关系紧张的矛盾。

黄田村新建设的居民点位于井冈山南侧山坳，用地面积较小。根据周边山形地貌以及原古村落的建筑布局形态，新区内建筑朝向一律为西南朝向，与古村建筑肌理保持一致；充分利用原有的环状简易道路和两条十字交叉的道路作为新村的交通主干道；村民广场结合村中主要的公共服务设施布置，如村委会、文化站、老年活动室、幼儿园、卫生室；结合各住宅之间的空闲用地规划自留地，依托主干道旁边的空闲用地设置公共晒场，居住建筑设置晒台；按照技术规范要求，建设给排水、电力电信、环卫、三防设施等基础设施建设。

1.1.2　新建型居民点的建设经验借鉴

（1）依据原居民点的历史文化，在新建的居民点建设过程中保留相关的建筑风貌特征、乡村形态肌理，使新建居民点与原居民点建筑风格协调一致。

（2）尽量依托现有村村通道路建设新居民点道路，使现有资源得到最大化利用。

（3）在新居民点还建房建设过程中要充分考虑农民的生活劳作习惯，在还建房建设的过程中予以实现。

1.2　南京市六合区竹镇镇大张营村

1.2.1　大张营村村庄建设概述

南京市六合区竹镇镇大张营村位于六合区竹镇镇的西北部丘陵岗地地区，与安徽省来安县交界。建设依据“延续特色、整治旧村、完善配套设施、加强景观建设、引导乡村旅游项目”的思路，注重保护传统地域特色和乡村风貌。由于该村庄规模不大，不能形成完整的街巷空间，建设过程中着重对院落空间进行设计。结合宅前屋后发展生产和旅游服务，大张营村每一户的宅基地都分为后院（园）、主房、辅房、前院四部分，户与户之间往往是隔着辅房，结合旅游需要，对宅基地及院落进行整治。构造以农家乐旅游和村民生活居住为导向的两种院落空间，分类进行整治。基础设施配套要求：有达到饮用水标准的生活用水，有符合卫生要求的厕所，有集中的垃圾收集转运点，有集中的排水沟渠和简单生活污水净化水塘，有满足基本生活的电力、通信、广电设施。

1.2.2　整改型居民点建设经验借鉴

（1）整理建设过程中村庄平面布局结构保持原大张营自然村村庄肌理，按照不同功能构成，将村庄分成村民生活区、农家乐农户区、耕作体验区和公共服务中心。

（2）院落空间设计依据农民生活和劳作习惯布置。

（3）村内道路交通保持原有农村特色，不做硬化处理，将人车分流。

（4）注重基础设施的建设。

1.3　南京市高淳县薛城村第九自然村

1.3.1　九村村庄建设概述

南京市高淳县薛城村第九自然村位于南京市高淳县城北侧，紧邻江苏省级历史保护文物“薛城遗址”，是原薛城镇政府所在地。建设前村庄沿着主要道路发展，村民自建的住宅集中于村庄北部，建筑密度较大，建设也较为凌乱，村庄内公共服务设施配套水平较低，卫生状况较差；住宅建筑陈旧，急需翻新建设，村民更新住房的现实需求日益强烈。九村在建设工程中采用整改与新建相结合的建设模式。针对九村土地及建设空间利用过度分散的现状，对大的村域空间和村庄内部空间分两个层面进行空间整合，积极提高村庄土地使用效率；将村委西侧、沿街的一些职能衰退、质量低下的公共建筑予以拆除，新建一些公寓和低层住宅，配以适宜的环境整治，积极引导附近尤其是遗址空间内的十村村民向规划住宅区集中居住。在村庄内部空间利用方面，构建"街巷—院落—宅院"三级结构的村庄空间布局，形成层次丰富的多级空间。九村建设在空间处理上力求从村庄现状出发，以环境整治和空间梳理为主线，不破坏原有村庄机理，通过"街巷—院落—宅院"等多重空间处理手法，积极改善村庄空间环境。针对九村公共设施配套水平较低的现状，利用村庄现有校舍和广场空间，设置一所小学和一个幼儿园，有效解决九村及附近村民子女的上学问题；在村庄入口处设置农贸市场和文化室，并在建筑设计中充分结合当地建筑风格，融入当地建筑元素。通过在村庄内规划相应的公共设施，创建高效、均等的基本公共服务体系，实现城乡基本公共服务均等化，使村民实现"学有所教、劳有所得、病有所医、老有所养、住有所居"。

1.3.2　整改与新建相结合的居民点建设经验借鉴

（1）完善规划方法

基于城乡统筹发展的新农村规划工作应积极引导多方主体参与规划编制，突出规划编制地方特色。通过政府组织、农民参与确保新农村规划能够切实地为农民改善生活环境，服务于农村发展；通过因地制宜、突出特色保证地域特色、地方文化，编制富有地方特色的规划，有效引导村庄建设发展。

（2）统筹村庄建设内容

统筹建设村域空间，积极引导村庄各类空间综合利用，构筑丰富的村庄空间层次。

2　湖北省乡镇农村居民点现状特征

2.1　大城市城郊型乡镇农村居民点特征

2.1.1　人少户多的人口特征

根据表3–1的统计数据，大城市城郊型乡镇相较于平原地区和山地地区乡镇，农村常住人口较少，但农村户数较多。大城市城郊型乡镇村湾户均人口只有3.06人，低于平原乡镇的4.03人和山地乡镇的3.87人（图3–1）。这是由于受到大城市城市吸引力和农村土地流转的影响，农村劳动力外出务工比例较高，劳动力就近外出打工，以离土不离乡的形式非农化就业。

大城市城郊型乡镇村湾人口情况表　　表3–1

序号	乡镇名称	行政村数（个）	自然村湾数（个）	农村总人口（人）	农村人口总户数（户）	农村户均人口（人/户）
1	武汉市武湖街	20	70	26831	—	—
2	武汉市五里界街	8	97	14388	5043	2.85
3	武汉市爹山镇	43	293	52568	—	—
4	襄阳市尹集乡	7	35	14001	4341	3.23
5	襄阳市双沟镇	42	281	63600	—	—
6	宜昌市龙泉镇	19	111	44094	13251	3.33
7	枝江市安福寺镇	25	121	40919	14437	2.83
	平均值	23.43	144	36628.7	9268	3.06

资料来源：湖北省"四化同步"示范乡镇系列规划

2.1.2　均质化分布的农村居民点空间分布特征

根据表3–2的统计数据，大城市城郊型乡镇农村居民点数量相较于其他类型乡镇较少，平均每个行政村6.4个自然村湾，低于平原地区7.26个村湾和山地地区9.73个村湾。且自然村湾现状规模较大，平均每个自然村湾6.80hm^2，大于其他类型乡镇居民点平均规模，且农村人均建设用地规模较大（图3–2）。以上数据说明大城市城郊型乡镇居民点集聚程度相对较高，导致人均用地水平较高。

在地域分布角度看，大城市城郊型乡镇农村居民点受到都市型农业、村镇工业发展等经济发展因素的影响，部分向镇区或是企业、工厂区集聚；但是在离镇区较远的农村地区由于农民农耕的便利，农民通常依田而居均呈现用地布局松散，人均用地量大的均质化分布，村湾用地较分散。农村人均建设用地面积偏高，开发强度较低。由于市场开发，土地流转比例相对于其他类型乡镇较高（图3–3，图3–4）。

2.1.3　低效落后的农村居民点设施配套

由于农村土地利用的粗放，土地利用效益低，分散、粗放的结构导致了居民点配套的基础设施和公共服务设施的缺乏和落后。

大城市城郊型乡镇居民点情况表

表3-2

序号	乡镇名称	行政村数(个)	自然村湾数（个）	行政村平均村湾数（个）	自然村湾平均人口（人）	自然村湾平均户数（户）	村庄建设用地（hm^2）	自然村湾平均规模（hm^2）	农村人均建设用地面积（m^2/人）
1	武汉市武湖街	20	70	3.50	383.30	—	396.56	5.67	147.80
2	武汉市五里界街	8	97	12.13	148.33	51.99	227.87	2.35	158.38
3	武汉市奓山镇	43	293	6.81	179.41	—	1119.73	3.82	213.01
4	襄阳市尹集乡	7	35	5.00	400.03	124.03	383.83	10.97	274.14
5	襄阳市双沟镇	42	281	6.69	226.33	—	1201.67	4.28	188.94
6	宜昌市龙泉镇	19	111	5.84	397.24	119.38	729.14	6.57	165.36
7	枝江市安福寺镇	25	121	4.84	338.17	119.31	1688.20	13.95	412.57
	平均值	23.43	144	6.40	296.12	103.68	821.00	6.80	222.89

资料来源：湖北省“四化同步”示范乡镇系列规划

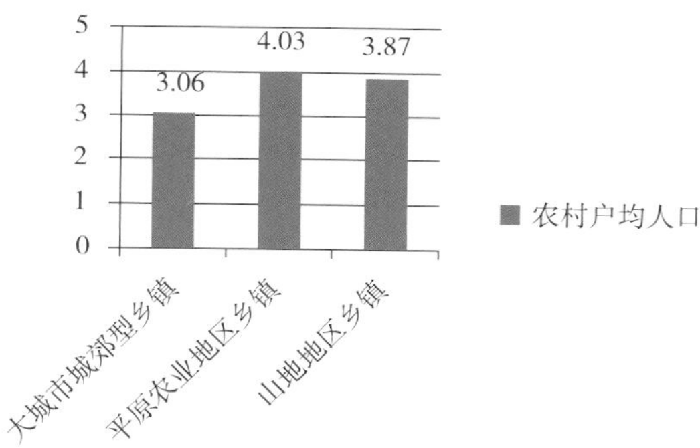

图3-1　乡镇户均人口对比图（单位：人/户）

资料来源：作者自绘

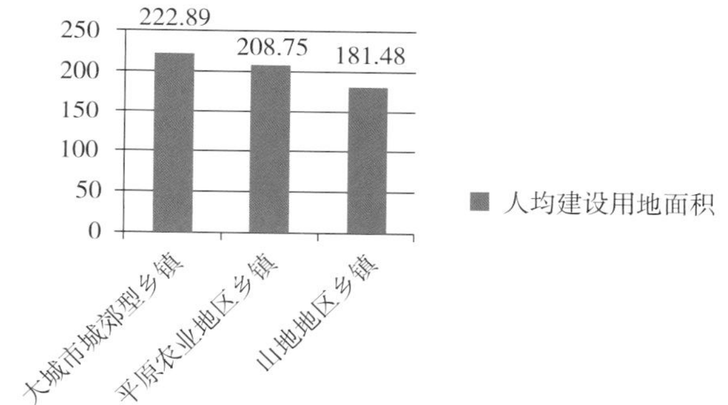

图3-2　人均建设用地面积对比图（单位：m^2/人）

资料来源：作者自绘

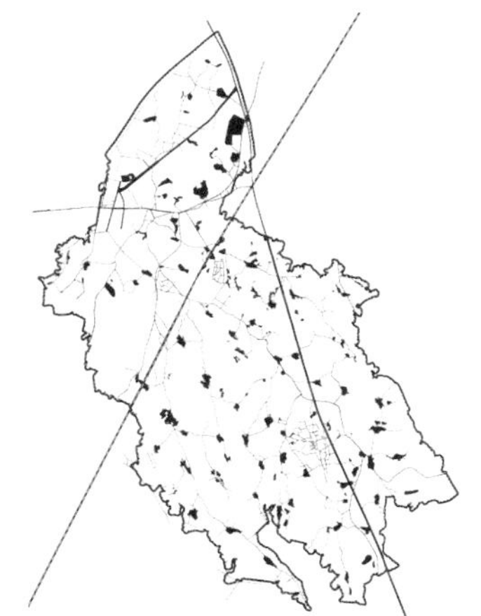

图3-3　武汉五里界农村居民点现状分布图

资料来源：作者自绘

图3-4　襄阳双沟镇农村居民点现状分布图

资料来源：作者自绘

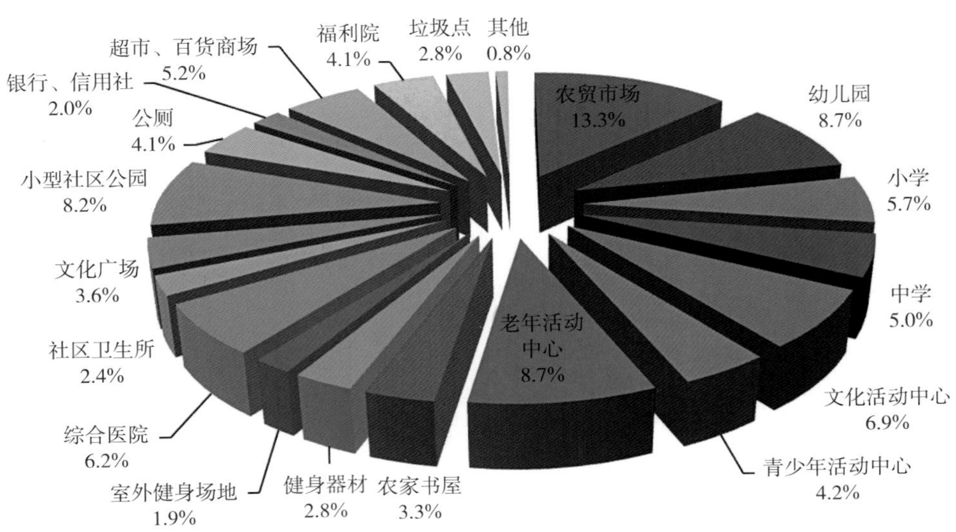

图3-5 武汉市江夏区五里界迫切需要建设的公共设施居民意愿分析图

资料来源：《武汉市江夏区五里界街全域规划（2013-2030）》

以武汉市江夏区五里界街为例，镇区配套市政设施大多是区域性公用设施，而配套服务镇区的设施却较为缺少，尤其是供水、污水处理、环卫消防等市政设施。镇区公共服务配套设施相对不足，园林绿化水平较低，镇区现状没有居民活动的广场。

从调查问卷中得到五里界街公共设施满意度不到30%。最为迫切需要建设的公共设施为农贸市场、老年活动中心以及小型社区公园等公服设施（图3-5）。

2.1.4 沿路傍水的村庄形态

大城市城郊型乡镇大部分村庄外部为农田、林地或水体。村湾居民点规模较小，整体沿道路和水塘建设，整体空间内部结构呈现无中心、无序均质的分布特征。村庄内部道路普遍以土路为主，放射状或尽端路，道路宽度小于3m，路面质量较差，机动车通行性比较差。民居依据自然形态或村庄内部道路自然分布，多为2层式砖混结构房屋或1层为主，建筑质量普遍较差（图3-6、图3-7）。

图3-6 武汉五里界街李家店村火烧刘现状图

资料来源：作者自绘

2.2 平原农业地区乡镇农村居民点特征

2.2.1 人多户多的农村居民点人口特征

根据表3-3统计数据，平原农业地区乡镇相较于大城市城郊型乡镇和山地地区乡镇，农村常住人口较多，案例乡镇平均人口为51916.90人，且农村户数较多，案例乡镇平均户数为13906.67户。村湾平均人口为347.24人，远大于其他类型乡镇。平原乡镇村湾户均人口为

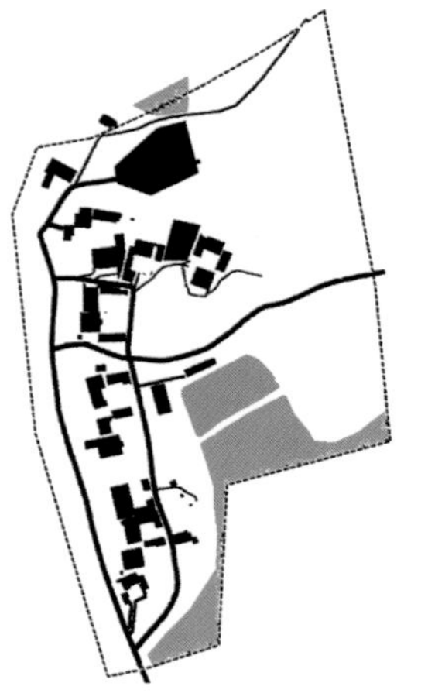

图3-7 襄阳尹集镇姚安村莫家古驿现状图

资料来源：作者自绘

平原农业地区乡镇村湾人口情况表　　表3-3

序号	乡镇名称	行政村数（个）	自然村湾数（个）	行政村平均村湾数（个）	农村总人口（人）	农村人口总户数（户）	农村户均人口（人/户）
1	仙桃市彭场镇	50	325	6.50	51900	—	—
2	监利县新沟镇	45	337	7.49	45743	10206	4.48
3	沙洋县官垱镇	24	211	8.79	31500	8131	3.87
4	汉川市沉湖镇	11	62	5.64	58395	—	—
5	潜江市熊口镇	24	137	5.71	39965	—	—
6	天门市岳口镇	51	372	7.29	87535	23383	3.74
7	鄂州市汀祖镇	19	115	6.05	47676	—	—
8	嘉鱼县潘家湾镇	11	117	10.64	52621	—	—
9	黄梅县小池镇	—	—	—	—	—	—
	平均值	29.38	209.50	7.26	51916.90	13906.67	4.03

资料来源：湖北省“四化同步”示范乡镇系列规划

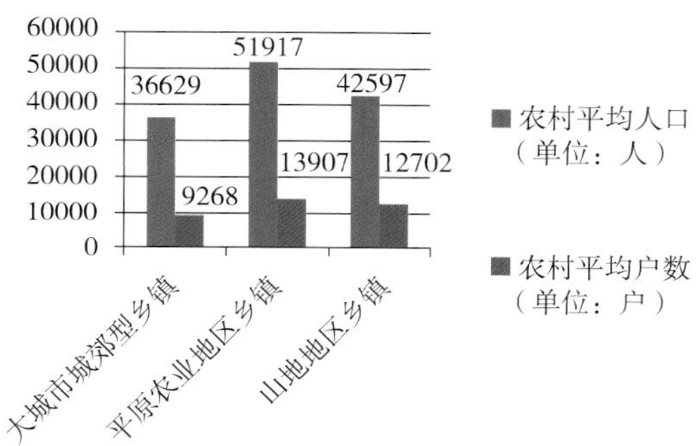

图3-8　乡镇人口户数对比图

资料来源：作者自绘

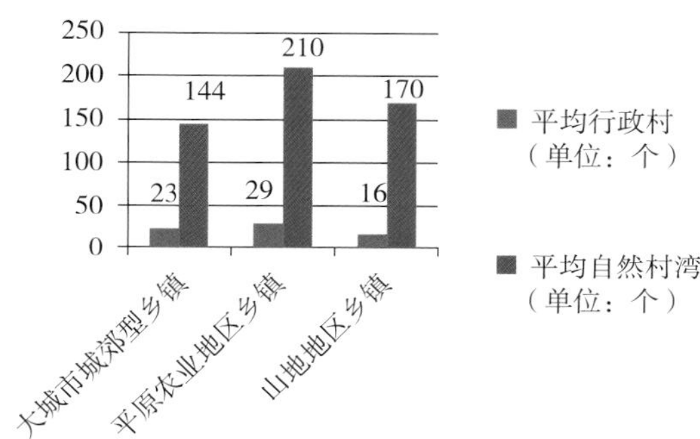

图3-9　平均村湾数量对比图

资料来源：作者自绘

4.03人，高于大城市城郊型乡镇的3.06人和山地乡镇的3.87人（图3-8）。

这是由于平原农业地区主要以农业经济为主，家庭农场、规模化农业及其衍生产业吸收了大量农业人口，且平原农业地区乡镇农村外出务工人员占比相对较少。

2.2.2　带状均衡分布的农村居民点

根据表3-4统计数据，平原农业地区乡镇农村居民点数量相较于其他类型乡镇较多，平均209.50自然村湾，远高于大城市城郊型乡镇村湾数和山地地区村湾数。平原农业地区人口基数较大，自然村湾人口较多，且村湾建设用地总面积平均值相较其他类型乡镇较大（图3-9，图3-10）。以上数据说明平原农业地区乡镇居民点集聚程度相对较高，居民点人均密度较大。

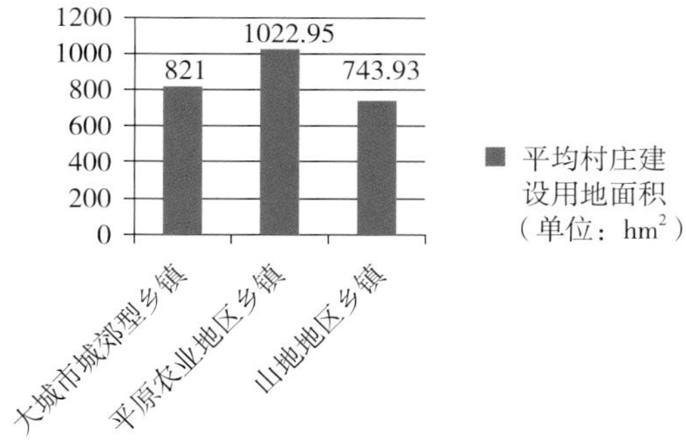

图3-10　平均村湾建设用地面积对比图

资料来源：作者自绘

在地域分布角度看，平原农业地区乡镇农村居民点按照农耕半径均质分布，且由于农耕需要，呈现沿道路或沿水系的带状与散点分布相结合的线状均衡的村镇格局。

平原农业地区乡镇居民点情况表 表3-4

序号	乡镇名称	行政村数（个）	自然村湾数（个）	行政村平均村湾数（个）	自然村湾平均人口（人）	自然村湾平均户数(户)	村庄建设用地（hm^2）	自然村湾平均规模（hm^2）	农村人均建设用地面积（m^2/人）
1	仙桃市彭场镇	50	325	6.50	159.69	—	1190.74	3.66	229.43
2	监利县新沟镇	45	337	7.49	135.74	30.28	1490.05	4.42	325.74
3	沙洋县官垱镇	24	211	8.79	149.29	38.54	1255.70	5.95	398.63
4	汉川市沉湖镇	11	62	5.64	941.85	—	814.37	13.14	139.46
5	潜江市熊口镇	24	137	5.71	291.72	—	566.44	4.13	141.73
6	天门市岳口镇	51	372	7.29	235.31	62.86	1668.80	4.49	190.64
7	鄂州市汀祖镇	19	115	6.05	414.57	—	851.50	7.40	178.60
8	嘉鱼县潘家湾镇	11	117	10.64	449.75	—	346.00	2.96	65.75
9	黄梅县小池镇	—	—	—	—	—	—	—	—
平均值		29.38	209.50	7.26	347.24	43.89	1022.95	5.77	208.75

资料来源：湖北省“四化同步”示范乡镇系列规划

2.2.3　亟待改善农村居民点设施配套

平原农业地区乡镇带状散点分布的农村居民点现状直接导致了农村公共服务设施和基础设施的难以完善和配套。

以天门市岳口镇为例，岳口镇在公共服务设施建设方面相关配套服务半径较大，无法满足日常需要，同时通过问卷调查发现仅有16%的农村居民对公共服务设施满意，医院、菜场等公共服务设施更是农村居民迫切需要的（图3-11）。

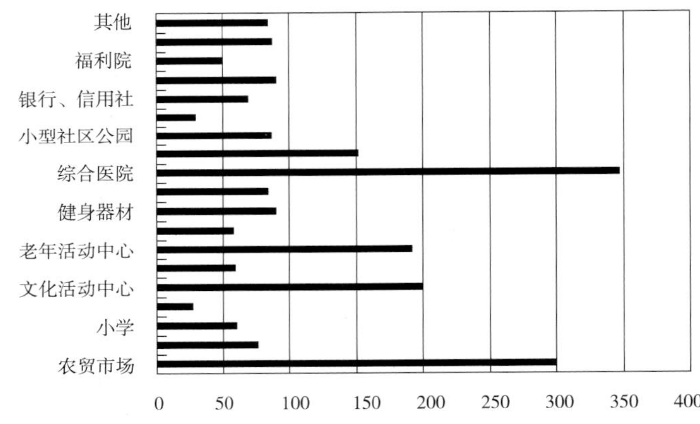

图3-11　岳口镇迫切需要建设的公共设施公众意见分析图

在基础设施方面，岳口镇村庄自来水普及率较低，部分村庄仍使用地下水，饮用水卫生标准得不到保障；农村地区污水一般为就地排放进入附近河沟、池塘等，对水体造成污染。农田水利系统失去灌溉功能，部分沟渠存在堵塞，通水能力低。

2.2.4　依水而建的村庄形态

平原农业地区地势平整、水网密布（图3-12，图3-13），自然村湾多沿通村道路或水体沟渠呈线性分布。自然村湾在形成过程中多为行列式布局，用地较为分散，多数村庄道路网络虽已成型，但道路等级结构不完善，而且道路宽窄不一，且路面质量不佳。民居多为2层式砖混结构房屋或1层为主，建筑质量普遍较差，土地使用效率不高。

2.3　山地地区乡镇农村居民点特征

2.3.1　多点集聚农村居民点人口规模特征

由于山地地区特殊的地形地貌特征，山地农村居民人口分布不同于大城市城郊型乡镇与平原农业地区乡镇的均衡分布，呈现节点集聚的特征。山地地区农民以农业生产为主，但受到自然环境的影响，人口规模小于平原地区乡镇。农村人口多向山谷、河谷或道路周边集聚（表3-5）。

图3-12　潜江市熊口镇赵垴村现状图

资料来源：作者自绘

图3-13　嘉鱼县潘家湾镇三湾村现状图

资料来源：作者自绘

山地地区乡镇乡镇村湾人口情况表　　表3-5

序号	乡镇名称	行政村数（个）	自然村湾数（个）	行政村平均村湾数（个）	农村总人口（人）	农村人口总户数（户）	农村户均人口（人/户）
1	恩施州龙凤镇	19	148	7.79	69294	20225	3.43
2	广水市杨寨镇	23	250	10.87	49574	11332	4.37
3	神农架林区松柏镇	8	19	2.38	9149	—	—
4	大冶市陈贵镇	19	307	16.16	60071	—	—
5	郧县茶店镇	11	126	11.45	24895	6549	3.80
	平均值	16	170	9.73	42596.6	12702	3.87

资料来源：《湖北省“四化同步”示范乡镇系列规划》

2.3.2　沟域带状的农村居民点空间分布特征

山地地区乡镇居民点大多位于河谷沟域之中。地势较平坦，水源充足，土壤肥沃，有灌溉条件，良好的资源组合为农业生产提供了好的基础（表3-6）。山地地区农村居民点相对大城市城郊型乡镇和平原农业地区乡镇农村居民点平均面积较小，且农村人均建设用地面积较小（图3-14）。自然村湾沿河道两岸成明显的带状分布，村镇空间格局呈沿河谷沟域带状生长的自然形态。较平原地区而言，村庄密度较小，村庄建设用地较少，在空间分布上星罗棋布，缺乏规律（图3-15，图3-16）。

还有部分山地型村镇居民点都依托国道、省道以及重要的乡镇道路发展，大型的村镇建设用地一般都是处于国道与国道或国道与省道的交叉节点。

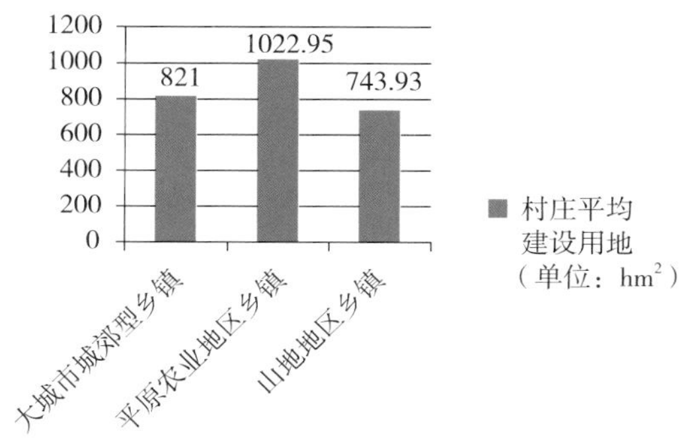

图3-14　村湾平均建设用地对比图

资料来源：作者自绘

山地地区乡镇居民点情况表

表3-6

序号	乡镇名称	行政村数（个）	自然村湾数（个）	行政村平均村湾数（个）	自然村湾平均人口（人）	自然村湾平均户数（户）	村庄建设用地（hm^2）	自然村湾平均规模（hm^2）	农村人均建设用地面积（m^2/人）
1	恩施州龙凤镇	19	148	7.79	468.20	136.66	1152.63	7.79	166.34
2	广水市杨寨镇	23	250	10.87	198.30	45.33	823.33	3.29	166.08
3	神农架林区松柏镇	8	19	2.38	481.53	—	191.41	10.07	209.21
4	大冶市陈贵镇	19	307	16.16	195.67	—	1095.80	3.57	182.42
5	郧县茶店镇	11	126	11.45	197.58	51.98	456.50	3.62	183.37
	平均值	16	170	9.73	308.26	77.99	743.93	5.67	181.48

资料来源：湖北省"四化同步"示范乡镇系列规划

图3-15　神农架林区松柏镇农村居民点现状分布图

资料来源：作者自绘

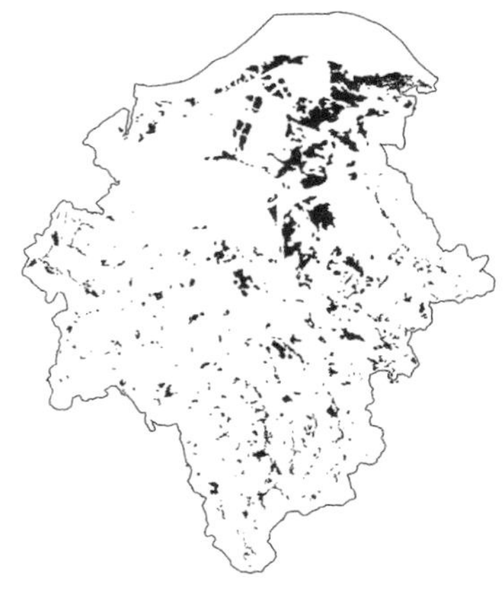

图3-16　郧县茶店镇居民点现状分布图

资料来源：作者自绘

2.3.3　匮乏落后的农村居民点设施配套

山地地区乡镇农村整体市政建设水平落后，公共服务设施配备不足，部分山区农村居民吃水难、行路难、就医难、上学难、通信难的问题仍不同程度存在。大部分农村居民点现有公共服设施比较陈旧，存在质量较差、配备不足、服务水平较低等问题。

2.3.4　自然散布的村庄形态

山地地区村庄所处外部环境相较其他类型乡镇村庄更优美，自然资源和景观元素更丰富。村庄规模相对较小，民居布局受地形地貌的影响较大，民居建筑更具特色。村庄内部道路通行性较差，多为放射状或尽端路（图3-17，图3-18）。

3　农村居民点的建设模式

3.1　拆迁集中还建的建设模式

对于发展环境较差的村湾，应该使用拆迁集中还建的建设模式，通过将村庄整体搬迁到环境适宜的地区建设独立新村或农村社区，并对老宅基地进行复垦还耕。该模式可以改善由于原自然环境、交通等诸多因素带来的不便，从而在一定程度上改善农民的生活环境。该模式可以很好地解决农村宅院过多过宽、宅基地面积普遍超标造成用地浪费的问题，也可解决农民的生活问题，使生活环境与质量得到极大的提高。但由于被搬迁村庄需要整理、搬迁并与别的居民点合并，因此可能对农民的生活生产带来一些消极影响。

3.1.1　建设目的

拆迁集中还建的建设模式主要针对原村湾居民点不适宜建设的村庄，如自然环境条件恶劣、交通不便、信息不畅的偏远地区农村或者由于迁村腾地需要搬迁的村湾。通过村湾的迁并和新居民点的新建，达到迁村腾地和完善农村社区基础设施和公共服务设施配套的目的。

3.1.2　建设特征

该模式下搬迁的原农村居民点可以同新建设的中心

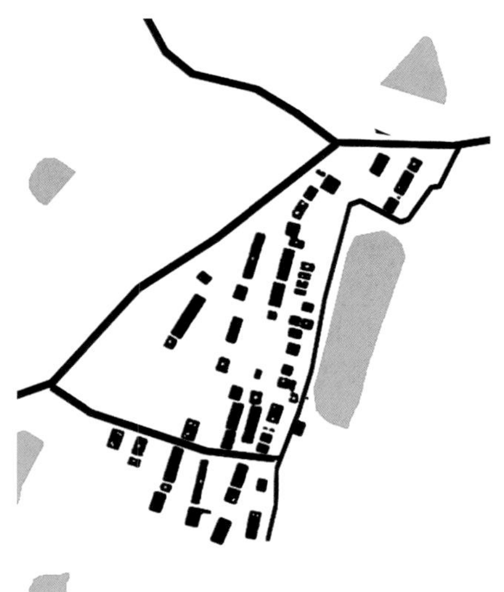
图3-17　广水市杨寨镇丁湾村现状图

资料来源：作者自绘

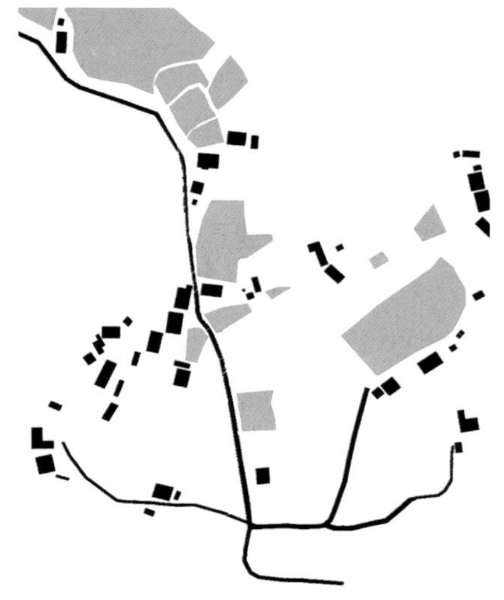
图3-18　神农架松柏镇赤马灌村现状图

资料来源：作者自绘

村乡村型住区合并，也可以使临近镇区的居民点直接合并到镇区形成城镇型农村住区。

3.1.3　实施路径

该模式在政府主导、尊重市场运作规律的前提下，将企业作为推动新型城镇化项目融资建设的运营主体及组织开发的实施主体，由企业出资完成拆迁旧村和建造安置社区，对村民进行安置。企业购买农村土地所有权或租赁一定面积的土地，通过土地开发获得利润。

3.1.4　实施案例介绍

（1）襄阳市双沟镇东王岗村

集中安置社区位于东王岗村西南部，原为耕地和林地，用地较平坦，适宜建设，毗邻东王岗水库。建设过程中将朱庄、宋冲、东王岗村、夏营等居民点逐步拆除，在集中安置社区还建（图3-19）。

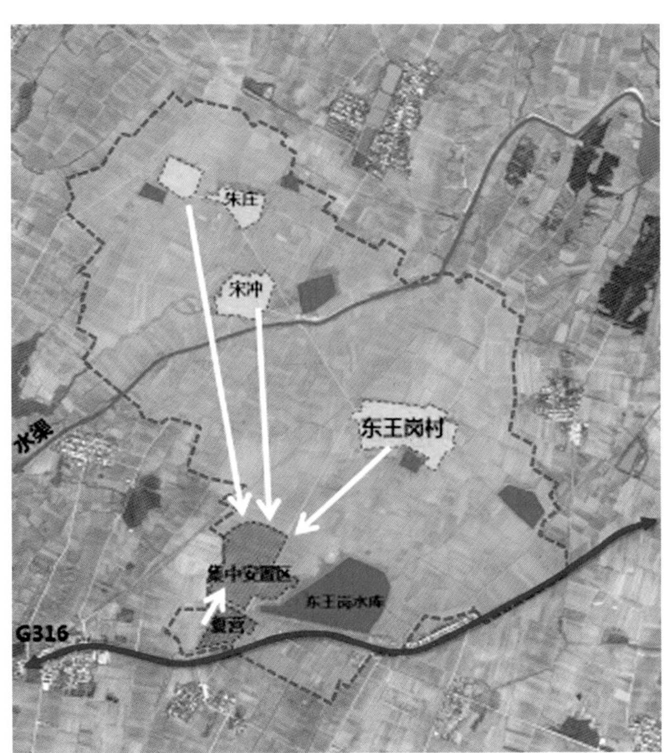

图3-19　东王岗村村庄迁并

社区规划提取“如意”的形象，形成一个综合服务核心、两大居住板块和8个居住组团，用地面积36.16hm^2。居住社区建设完成后可安置居民548户，共计2501人，节省建设用地28.77hm^2。

社区建设完成后形成等级分明的道路交通系统，在滨水地段集中布置村委会、文化活动中心等社区级公共服务设施。结合中心绿地布置部分公共服务设施，以健身和日常休闲功能为主。产城融合，沿水库周边发展游、乐、购、玩功能综合的龙头农家乐项目。围绕村庄周边农田开展体验农业等活动。沿水库形成一条特色滨水休闲栈道（图3-20，图3-21）。

（2）荆门市沙洋县官垱镇城区新型社区

城区新型社区位于官垱镇区南部，原为零散建设用地、水体和空闲建设用地，用地较平坦，适宜建设。新社区主要容纳农村人口进城居住的需要。

社区规划为“一轴、三带、三区”的结构，形成

图3-20　东王岗村村庄规划总平面图

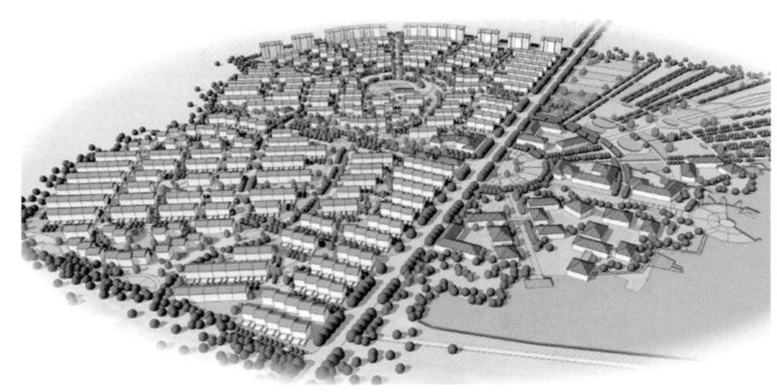

图3-21　东王岗村村庄规划效果图

资料来源：《双沟镇“四化同步”示范乡镇系列规划》

一条主要景观轴线、三个居住组团、两条商业街的形态。用地面积21.22hm^2，安置人口1296户，4536人（图3-22，图3-23）。

3.2　整改与新建相结合的建设模式

对于自然条件较好且具备拓展空间的村庄，可以采用整改与新建相结合的建设模式。通过在原村庄居民点进行整治，改善村容村貌及基础设施建设，并在旧村周围的拓展空间新建农村居民社区。扩建改扩型村庄应处理好旧区改建与新区扩建的关系，旧区应保留空间肌理与社会网络，完善公共设施；新区应提高布局紧凑性，提倡多层公寓和联体住宅，吸引农村人口、产业集聚。

3.2.1　建设目的

整改与新建相结合的建设模式能够通过旧村整治挖掘自身潜力，提高土地利用效率；通过集中建设新社区，完成农村人口迁移，迁村腾地，完善社区基础设施配套。

3.2.2　建设特征

整改与新建相结合的建设模式的主要特征是能依托原居民点的资源或环境优势，在此基础上通过居民点内部整治，完善老居民点的设施，同时依据原有肌理建设新居民点，满足人口集聚对于空间的需求。

3.2.3　实施路径

该模式以村民为村庄整改的实施主体，完善旧村环境整治和设施配套；通过企业开发带动人口向新社区集聚，企业通过获得土地给拆迁农民经济补偿。

经济技术指标

序号	项目			数量	单位
1	规划总用地			21.22	公顷
2	规划净用地			16.05	公顷
3	居住户数			1296	户
4	户均人口			3.5	人
5	居住人口			4536	人
6	总建筑面积			159492.58	平方米
7	其中	住宅建筑面积		130535.93	平方米
		公共建筑面积		28956.65	平方米
		其中	商业建筑面积	25849.65	平方米
			社区服务中心建筑面积	1604	平方米
			幼儿园建筑面积	1503	平方米
8	户均住宅建筑面积			100.72	平方米
9	人均住宅建筑面积			28.78	平方米
10	建筑密度			20.63	%
11	容积率			0.99	——
12	绿地率			30.6	%
13	停车位			1224	个
14	停车率			0.8	——

图3-22　官垱镇新型社区总平面图

资料来源：《官垱镇示范乡镇系列规划》

图3-23　官垱镇新型社区效果图

资料来源：《官垱镇示范乡镇系列规划》

图3-24　五里界街湖畔小镇总平面图
资料来源:《五里界示范乡镇系列规划》

图3-25　五里界街湖畔小镇效果图
资料来源:《五里界示范乡镇系列规划》

图3-26　广水杨寨镇丁湾村桃源居社区总平面图
资料来源:《杨寨镇示范乡镇系列规划》

图3-27　广水杨寨镇丁湾村桃源居社区效果图
资料来源:《杨寨镇示范乡镇系列规划》

3.2.4　实施案例介绍

（1）武汉市五里界街李家店村湖畔小镇

湖畔小镇位于李家店村北部，原为火烧刘和坑上李两个居民点，用地较平坦，适宜建设。建设过程保留坑上李、火烧刘共74户居民，251人。在保留村湾的周边建设中心社区，分期迁移小章湾、叶斋公等24个村湾，共计451户居民、1753人在集中安置社区还建。建设完成后可腾地34.57km^2。采用一户一基配比少量的“3+1”模式住宅，建筑面积85m^2~180m^{2}不等，容积率0.6~1.0，建筑密度不大于40%。

社区规划共形成了“一心、二带、三组团”的结构，“一心”为保留的乡村风貌核心，“二带”分别为社区公共服务带及旅游服务带，“三组”团分别为“田”、“林”、“水”三个特色村民居住组团。完善和提升了旧村湾公共服务设施和基础设施配套（图3-24，图3-25）。

（2）广水市杨寨镇丁湾村桃源居社区

桃源居社区位于丁湾村东部，原为付家畈村，周边自然环境良好，地势较平坦适合建设。建设过程中保留原付家畈村湾居民点，迁移杨家岗、松林湾、陈家湾、柯家湾村共436户居民到桃源居社区。

社区总用地面积6.5hm^2，是集乡村观光旅游、特色农家乐、情景住宿、古韵文化街区、餐饮娱乐、民俗体验等旅游综合服务功能为一体的可居可游、特色鲜明、功能完备的安置村落。完善保留村湾公共服务设施和基础设施配套（图3-26，图3-27）。

3.3　整改的建设模式

对于部分农村中心村湾、具有一定发展特色的村湾或是历史悠久、居民户多、用地范围较大不适合搬迁

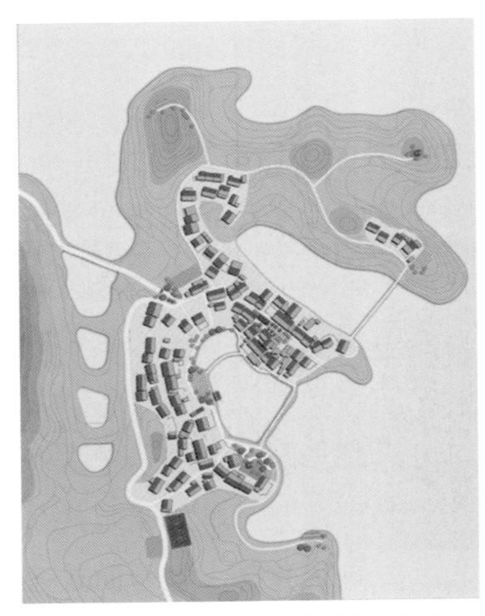

图3-28　鄂州市汀祖镇石桥村

资料来源：《汀祖镇示范乡镇系列规划》

图3-29　鄂州市汀祖镇石桥村塘角沈及王家边效果图

资料来源：《汀祖镇示范乡镇系列规划》

的居民点，即采取整改的建设模式。该模式通过合理布局、节约用地的原则，进行统一建设。对老宅基地进行统一调整、优化布局，将村庄改造为基础设施齐全、景观优美的现代农村住区。

3.3.1　建设目的

整改模式能够充分利用村庄现有的闲置地和废弃地，通过统一规划建设不断提高土地利用的集约化水平，完善村湾居民点的基础设施建设。

3.3.2　建设特征

该模式下的农村居民点通过挖掘自身潜力，充分利用村庄闲置地，提高土地利用效率；通过村庄环境整治，提升居民点环境风貌；通过加强基础设施建设，改善居民点人居环境。

3.3.3　实施路径

该模式以村民为村庄整改的实施主体，政府整合各类惠农资金，按以奖代补形式建设公共服务设施。村庄整治由政府提供规划指导农户自行建设。

3.3.4　实施案例介绍

（1）鄂州市汀祖镇石桥村塘角沈及王家边

塘角沈及王家边两个自然村地理位置相邻，在村湾改造过程中将它们作为一个自然村湾进行改造。塘角沈及王家边位于石桥村西南部，石桥水库西岸。塘角沈及王家边两个自然村依湖塘水岸而建，保留了许多传统民居建筑，但建设前现状新旧建筑混杂，且缺乏体育活动场地、绿化游园等公共空间。

规划主要通过荆楚风格自然村试点建设指引打造原村庄作为荆楚文化风情展示区，结合石桥水库建设滨水游园区。通过改善居民点内部交通组织，结合村内现状道路，组织步行线路并串联各个景观节点。通过增加垃圾收集设施，加强垃圾收集，整治环境卫生，改善村容村貌（图3-28，图3-29）。

（2）武汉市奓山镇友爱村

友爱村位于奓山街镇域南部，是代表奓山村庄山水特色的典型村庄，建设方式以保留村庄现状和整治为主。友爱村村域面积152hm^2，居民232户，共计823人。

村湾建设环湖公路和土桐公路作为村庄发展轴线，建设综合服务中心和游客中心并打造村庄六大片区发展旅游业，同时对村庄环境进行治理，完善村域基础设施建设（图3-30，图3-31）。

图3-30　武汉奓山镇友爱村总平面图

资料来源：《奓山镇示范乡镇系列规划》

图3-31　武汉奓山镇友爱村节点效果图

资料来源：《奓山镇示范乡镇系列规划》

4　不同类型农村居民点与建设方式的关联

4.1　居民点现状特征与建设模式选择的影响因素

农村地区对自然环境场所的依赖程度比城市地区要高。自然环境条件影响着农村居民点的总体空间格局和功能布局结构及所选择的建设发展模式。对农村居民点建设产生影响的主要因素包括村湾地形地貌、村民点周边农地资源、村民点水文条件、生态环境、农林景观资源等。

4.1.1　农村居民点的地形地貌

农村居民点是一种人类与自然环境相容共生的良好生态群落形式，自然环境条件中的地形地貌对农村居民点的选址与建设模式的选取有很大的影响作用。如平原地区农村居民点现状多呈片状、块状分布；狭长状的河谷、台地、山麓地带多形成条状、带状布局的居民点；山地地区居民点多呈点状、簇群状分布。

4.1.2　居民点周边的农地资源

农地资源的条件优劣影响农村的生产水平、产业形式、发展模式等。特别是在平原农业地区，耕地面积以及农业耕作半径所达的范围影响着村湾居民点的大小及形态。

4.1.3　生态农林景观

农村的生态农林景观是以大地为背景，由自然山水景观、农村聚落景观、农业林业种植景观等共同构成的景观综合体。乡村田园景观资源，也成为近年来观光农业、乡村旅游、度假居所发展的基础，也是居民点建设模式选择的重要依据。

4.1.4　基础设施的影响

村湾的基础设施配套为农民生产、生活提供基本支撑保障。包括生产、生活道路，农田水利、灌溉配套设施，水、电、气供给设施，环卫设施，教育设施和医疗设施等项目的建设。这些基础设施的建设情况也是居民点建设模式选取的重要依据。

4.2　不同类型居民点建设模式选取的量化指标

4.2.1　建设用地适宜性分析

基于多因素叠加分析和ArcGis空间分析方法，利用模糊层次分析法确定指标权重，选取土地利用现状、交通便捷性、坡度、区域市政基础设施等构成村庄居民点用地适宜性评价指标体系（表3-7）。

4.2.2　不同类型农村居民点建设模式影响因素指标体系

结合居民点现状情况，对自然村湾的发展要素和限制因素进行评分，最后统计总和进行比较，对于位于适宜及特别适宜建设范围内的村湾，分值高于20的可进行保留改造。其他村湾应根据分值高低，确定拆迁时序（分值越低，表示其拆迁诉求越高）（表3-8）。

村庄建设用地适应性评价因子等级划分标准 表3-7

评价指标	分类条件	评价分值	分级依据
土地利用现状	湖泊	0	虽然耕地因地势平坦、坡度较小、交通方便的优势，是最适合进行村庄建设的土地类型，但是本着珍惜和合理利用土地、保护耕地资源的原则，村庄建设用地应优先利用土地质量较差的未利用地等，实现村庄扩展和耕地保护的“双赢”
	水田	1	
	交通、水利、未利用地	3	
	水塘	5	
	园林、其他农用地、林地	6	
	旱地	7	
	村庄	9	
道路适宜性	0~50m 缓冲区	5	道路红线 50m 范围以外便于村民生活、生产
	大于 50m	0	
区域市政基础设施	0~25m 缓冲区	0	区域市政基础设施两侧 25m 为禁建区
	大于 25m 缓冲区	5	
坡度	小于 5°	5	坡度小于 5° 适宜村庄建设；坡度大于 5° 小于 20° 一般适宜村庄建设；坡度大于 20° 不适宜村庄建设
	5~20°	3	
	大于 20°	1	

资料来源：作者自制

村湾拆迁各因子分析评价表 表3-8

编号	村湾名称	迁移难度		发展潜力					限制因素	总值
		户数（3）	离中心村距离（5）	建筑质量（5）	村庄环境 自然环境（5）	文物古迹（2）	区位优势 周边发展空间（5）	区位优势 农地资源（5）	设施影响因素（-5）	
1	居民点 1									
2	居民点 2									

资料来源：作者自制

作者单位：华中科技大学建筑与城市规划学院
作者：王铂俊，黄亚平

4　乡镇“四化同步”发展模式及路径

中共十八大会议上首次提出“坚持走中国特色新型工业化、信息化、城镇化、农业现代化道路”。推动“四化同步”发展已成为我国实现全面、协调、可持续发展的重要途径。乡镇具有城和乡的双重特征，是我国未来实现城乡一体化发展、解决“三农”问题的重要战场。2013年9月，湖北省率先开展了21个“四化同步”示范乡镇规划编制工作，期望通过乡镇试点积累经验，将“四化同步”发展实践进一步向县市拓展。具体示范乡镇为中心城市武汉的3个乡镇，副中心城市襄阳、宜昌各2个乡镇，其余14个地市州各1个乡镇（图4-1，表4-1）。本文以湖北省21个示范乡镇为例，借鉴运用统计学等相关分析方法，分析乡镇“四化”发展的现状特征和问题，通过总结“四化”内在互动机制、“四化”发展动力要素，研判示范乡镇“四化同步”发展动力趋势，重点研究乡镇“四化同步”发展的模式及路径，以探索“四化同步”理论在乡镇规划实践中的应用。

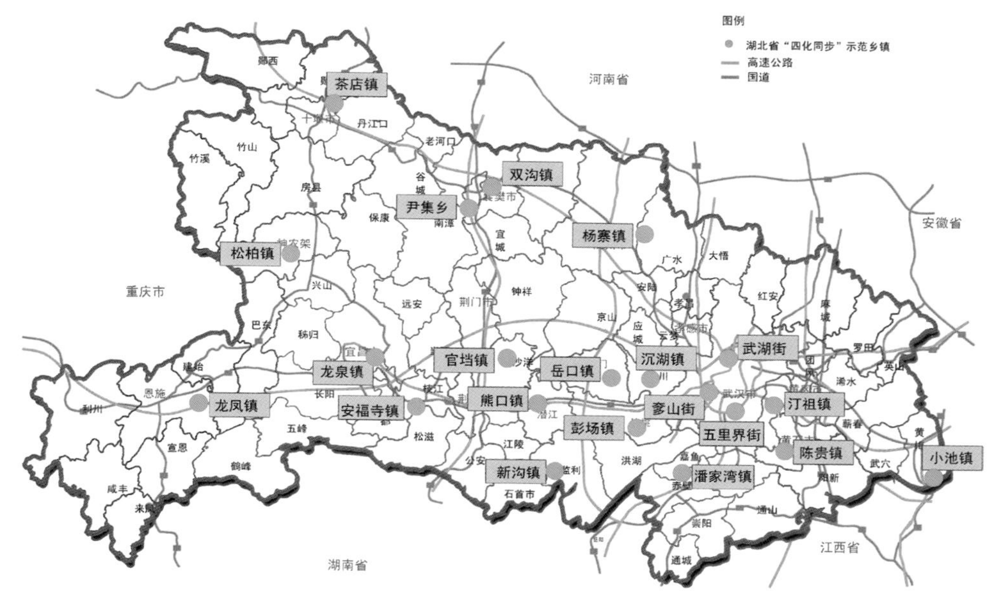

图4-1　湖北省“四化同步”示范乡镇分布图

图片来源：作者自绘

湖北省21个示范乡镇一览表　　表4-1

序号	乡镇名称	所在区域	乡镇类型	序号	乡镇名称	所在区域	乡镇类型
1	武湖街	武汉市黄陂区	城郊型	12	彭场镇	仙桃市	平原型
2	五里界街	武汉市江夏区	城郊型	13	熊口镇	潜江市	平原型
3	蒌山街	武汉蔡甸区	城郊型	14	小池镇	黄冈市黄梅县	平原型
4	尹集乡	襄阳市襄城区	城郊型	15	汀祖镇	鄂州市鄂城区	平原型
5	双沟镇	襄阳市襄州区	城郊型	16	潘家湾镇	咸宁市嘉鱼县	平原型
6	龙泉镇	宜昌市夷陵区	城郊型	17	龙凤镇	恩施州恩施市	山地型
7	安福寺镇	宜昌市枝江市	城郊型	18	茶店镇	十堰市郧县	山地型
8	新沟镇	荆州市监利县	平原型	19	松柏镇	神农架林区	山地型
9	官垱镇	荆门市沙洋县	平原型	20	杨寨镇	随州市广水市	山地型
10	沉湖镇	孝感市汉川市	平原型	21	陈贵镇	黄石市大冶市	山地型
11	岳口镇	天门市	平原型				

资料来源：湖北省“四化同步”示范乡镇系列规划

1 "四化同步"的内涵

1.1 历史演变

"四化同步"是由"三化同步"演变而来，是对"三化同步"的继承和发展。"十二五"规划首次提出"三化同步"，即"在工业化、城镇化深入发展中推进农业现代化"。"三化同步"为我国"三农问题"的解决提供了新思路。党的十七大进一步提出了全面认识工业化、信息化、城镇化的重要性。十八大将"四化"作为一个整体进行战略思考，在历史上还属首次。党的十八大报告明确提出，"坚持走中国特色新型工业化、信息化、城镇化、农业现代化道路，推动信息化和工业化深度融合、工业化和城镇化良性互动、城镇化和农业现代化相互协调，促进工业化、信息化、城镇化、农业现代化同步发展"。

1.2 概念解析

工业化主要是指工业在一国经济中的比重不断提高以至取代农业，成为经济主体的过程。新型工业化是指坚持以信息化带动工业化，以工业化促进信息化，走出一条科技含量高、经济效益好、资源消耗低、环境污染少、人力资源优势得到充分发挥的新型工业化路子。信息化指国民经济或社会结构框架的重心从物理性空间向信息或知识性空间转移的过程。城镇化指农村人口不断向城镇转移，二、三产业不断向城镇聚集，城市的生活方式不断向城市以外地区扩散的过程。农业现代化指从传统农业向现代农业转化的过程和手段。

2 湖北省"四化同步"示范乡镇发展现状特征与问题

2.1 工业化水平差异大，总体处于工业化初中期阶段

2012年，21个示范乡镇平均人均GDP为7166美元。其中潘家湾镇人均GDP最优，为17231美元；而松柏镇以人均GDP为474美元排在末位。乡镇非农就业率平均为65%，其中第二产业就业人员占比为35%。图4–2展示了21个示范乡镇三次产业结构的大致情况。遵循钱纳里工业化阶段理论，参照工业化不同阶段标志值（表4–2），对21个示范乡镇工业化发展阶段进行了判断（表4–3）。分析统计数据得出，21个乡镇总体处于工业化初中期阶段；其中龙泉镇、沉湖镇、陈贵镇工业化发展领先其他乡镇，已进入工业化中后期阶段；接近八成的乡镇处于工业化中期阶段。五里界街、龙凤镇和松柏镇工业化发展稍微落后，仅处于工业化初期阶段。现状乡镇的主导工业类型为农产品加工、建材、机械制造和矿业，处在以加工、装配工业为重心的高加工度化阶段。乡镇工业类型体现了一定的地域差异性：城郊型乡镇主要依托于大城市发展，乡镇主导工业部分是从城区转移出来的；平原地区农业积累、工业化水平高，以发展农产品加工为主；而山地地区依托当地自然资源，主要发展工矿、建材等低端制造业。

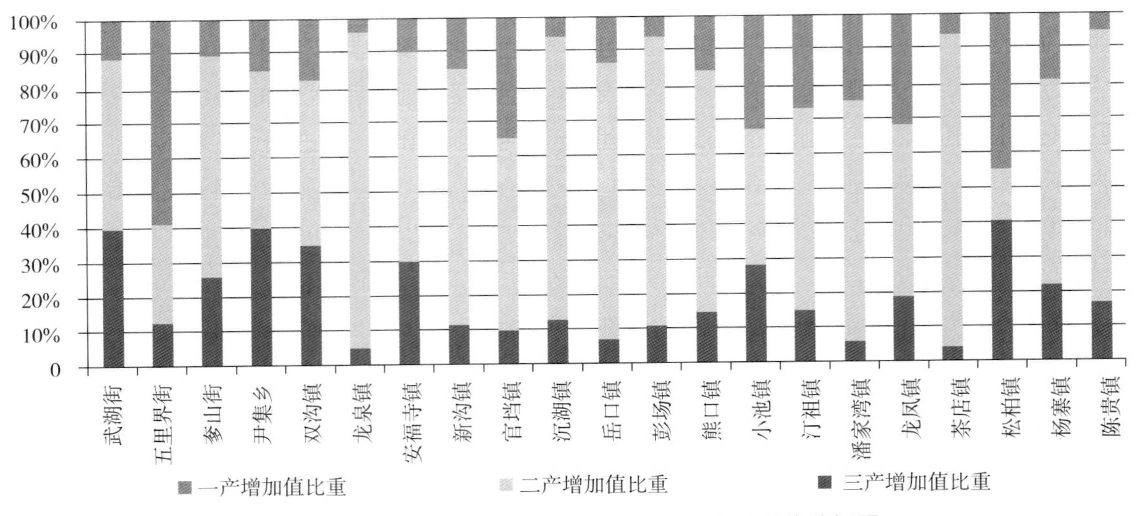

图4–2 湖北省"四化同步"示范乡镇三次产业结构分析图

图片来源：作者自绘

工业化不同阶段的标志值

表4-2

指标	前工业化阶段（1）	工业化实现阶段			后工业化阶段（5）
		工业化初期（2）	工业化中期（3）	工业化后期（4）	
人均GDP（2005年，美元）（PPP）	745~1490	1490~2980	2980~5960	5960~11170	11170
三次产业产值结构（产业结构）	A＞I	A＞20%，且A＜I	A＜20%，I＞S	A＜10%，I＞S	A＜10%，I＜S
工业增加值占GDP百分比	20%以下	20%~40%	40%~70%	下降	下降
第一产业就业人员比（就业结构）	60%以上	45%~60%	30%~45%	10%~30%	10%以下
工业内部结构	农业经济占主导的阶段	以原料工业为重心的重工业化阶段	以加工、装配工业为重心的高加工度化阶段	技术集约化阶段	—

注：A代表第一产业，I代表第二产业，S代表第三产业，PPP表示购买力平价。

资料来源：陈佳贵，黄群慧等．中国工业化进程报告［M］．北京：科学出版社，2007.

2012年湖北21个示范乡镇工业发展现状一览表

表4-3

序号	乡镇名称	人均GDP（美元）	三次产业结构比	三次产业就业人员比	工业内部结构	工业化阶段
1	武湖街	7374	11：49：40	16：40：44	农产品加工	中期
2	五里界街	4071	59：28：13	70：21：9	机械、铸造、建材	初期
3	奓山街	9226	10：64：26	43：36：21	车零部件、机械制造、电子电器	中期
4	尹集乡	7224	15：45：40	4：47：49	农产品加工	中期
5	双沟镇	5475	18：47：35	46：41：13	农副产品加工	中期
6	龙泉镇	9930	4：91：5	12：79：9	食品工业	中后期
7	安福寺镇	3245	10：60：30	26：58：16	果蔬食品加工	中期
8	新沟镇	4976	14：75：11	44：32：24	高新技术产业、农产品加工	中期
9	官垱镇	11556	35：55：10	30：33：37	农产品加工	中期
10	沉湖镇	7729	6：81：13	40：39：21	冶金、化工、塑料、家具、造纸	中后期
11	岳口镇	9431	13：80：7	20：31：49	纺织、服装、医药化工、农产品加工	中期
12	彭场镇	3346	6：83：11	26：37：37	无纺布制品加工	中期
13	熊口镇	5592	16：69：15	30：28：42	农产品加工	中期
14	小池镇	1773	33：39：28	28：31：41	医药化工、农副产品加工	中期
15	汀祖镇	6535	27：58：15	33：37：30	矿业	中期
16	潘家湾镇	17231	25：70：5	33：26：41	化工产业	中期
17	龙凤镇	5056	32：49：19	58：23：19	采矿、建材、铸造	初期
18	茶店镇	11083	6：91：4	60：18：22	汽车改装、建村、化工	中期
19	松柏镇	474	45：13：41	50：21：29	药材加工	初期
20	杨寨镇	4437	19：59：22	70：9：21	冶金、建材、农副产品加工	中期
21	陈贵镇	14717	5：78：17	8：59：33	矿业、畜禽加工产业、服装纺织	中后期
平均		7166	20：61：19	35：35：30	—	—

资料来源：湖北省“四化同步”示范乡镇系列规划

2.2　信息化处于起步阶段，未广泛运用

示范乡镇网络基础设施尚未完善，提供的服务也相当有限。镇区移动通信网络、互联网网络基本满足需求，但地理基础数据库、物联网等高级信息基础设施落后。21个乡镇中17个乡镇能够实现“村村上网”，而新沟镇只有27%的村庄通宽带，信息化发展明显滞后。15个乡镇实现了“村村通有线电视”，其余乡镇有线电视村庄覆盖率为60%~80%。多数乡镇本地生产及生活信

息服务完全依赖于外部信息服务商，信息化应用水平较低。大中型企业实现数字化设计、数控化生产、数字化管理营销的比例依然较低，电子商务、政务普及程度很低，基本无独立的政务服务网络和产业信息平台。

2.3　土地城镇化快于人口城镇化，城镇化水平低、质量差

目前21个乡镇的城镇化突出地表现为土地城镇化而非人口城镇化，主要停留在征地“盖房子征地”的层面，土地城镇化与人口城镇化不匹配。从2008~2012年期间，湖北省建制镇城镇建设用地和人口增长速度分别为9.70%、3.30%，用地弹性系数（即城镇建设用地增长率与城镇人口增长率之比）为2.94，而同期21个“四化同步”示范乡镇城镇建设用地和人口增长速度也只有9.60%、4.90%，用地弹性系数为1.96，虽然低于全省建制镇水平，但高于全国城镇平均1.51、全省城镇平均1.03的弹性系数，说明示范乡镇仍然存在一定的土地空心化问题。2012年全国城镇化平均水平为52.57%，湖北省平均水平为53.50%，而21个示范乡镇平均城镇化水平为38.28%，低于全国及湖北省平均水平近14个百分点。图4–3为21个乡镇城镇化率统计图，可以看出，乡镇之间城镇化水平差距较大。武湖街城镇化水平最高，城镇化率高达79.00%；潘家湾镇城镇化水平最低，城镇化率仅为15.19%，只达到武湖街城镇化率的五分之一。7个城郊型乡镇平均城镇化率为41.05%，8个平原型乡镇为37.94%，6个山区型乡镇为35.50%。可以看出，21个示范乡镇中城郊型乡镇平均城镇化水平高于平原型乡镇，而山区乡镇最差。21个示范乡镇平均镇域面积105.61km^2。镇区平均规模为2.63万人，4.59 km^2。具体情况见表4–4。

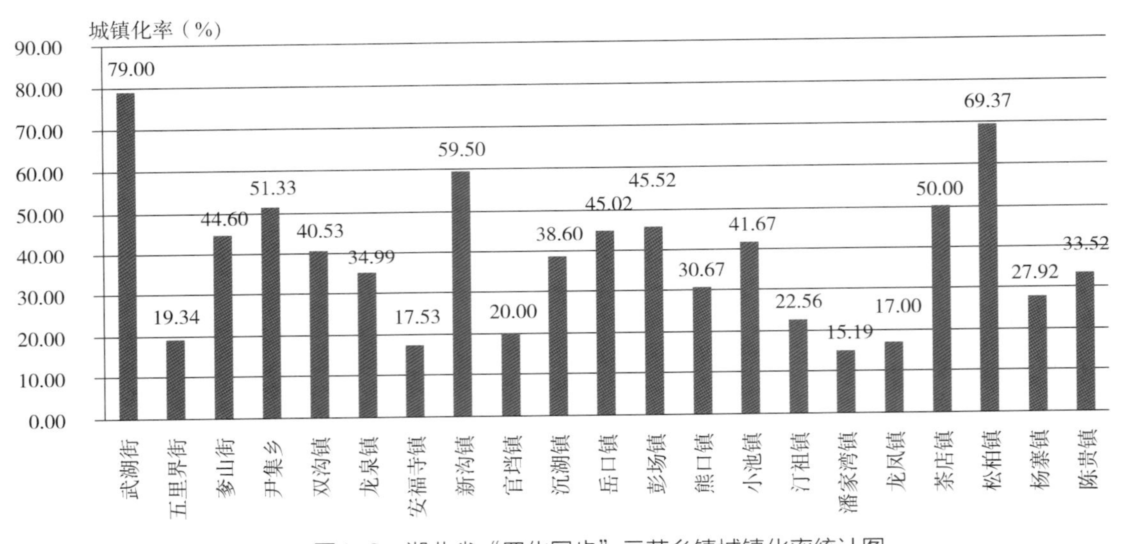

图4–3　湖北省“四化同步”示范乡镇城镇化率统计图

图片来源：作者自绘

2012年湖北21个示范乡镇城镇化发展现状一览表　　表4–4

序号	乡镇名称	镇域常住人口（万人）	镇区常住人口（万人）	城镇化率（%）	镇域面积（km^2）	镇区面积（km^2）	镇区占镇域面积比（%）	城镇人均建设用地（m^2）
1	武湖街	6.10	4.82	79.00	74.51	7.20	9.66	149.41
2	五里界街	1.29	0.25	19.34	47.43	1.64	3.46	658.90
3	奓山街	7.17	3.20	44.60	122.03	8.36	6.85	261.25
4	尹集乡	1.69	0.87	51.33	49.87	0.98	1.97	113.20
5	双沟镇	9.97	4.04	40.53	143.36	4.20	2.93	103.91
6	龙泉镇	5.24	1.83	34.99	261.39	3.20	1.22	174.48
7	安福寺镇	4.96	0.87	17.53	221.80	3.10	1.40	356.36

续表

序号	乡镇名称	镇域常住人口（万人）	镇区常住人口（万人）	城镇化率（%）	镇域面积（km^2）	镇区面积（km^2）	镇区占镇域面积比（%）	城镇人均建设用地（m^2）
8	新沟镇	10.44	6.21	59.50	161.02	4.50	2.79	72.45
9	官垱镇	3.80	0.76	20.00	156.00	0.93	0.60	122.37
10	沉湖镇	8.55	3.30	38.60	101.55	4.50	4.43	136.36
11	岳口镇	12.86	5.79	45.02	125.00	9.00	7.20	155.44
12	彭场镇	11.60	5.28	45.52	156.99	8.50	5.41	160.98
13	熊口镇	6.26	1.92	30.67	148.60	2.65	1.78	138.02
14	小池镇	12.00	5.00	41.67	154.00	14.00	9.09	280.00
15	汀祖镇	6.16	1.39	22.56	76.25	1.90	2.49	136.69
16	潘家湾镇	6.20	0.94	15.19	169.00	0.35	0.21	37.14
17	龙凤镇	6.83	1.16	17.00	286.00	3.20	1.12	275.46
18	茶店镇	3.40	1.70	50.00	99.00	5.67	5.73	333.53
19	松柏镇	2.99	2.07	69.37	336.32	9.00	2.68	434.32
20	杨寨镇	5.44	1.52	27.92	112.28	1.66	1.48	109.21
21	陈贵镇	6.62	2.22	33.52	160.40	1.93	1.20	86.98
平均		6.65	2.63	38.28	105.61	4.59	3.51	204.59

资料来源：湖北省乡镇统计数据

示范乡镇城镇化质量较差，主要存在以下问题：乡镇建设较粗放，土地利用强度低，闲置用地和已批未建用地较多；居住用地以多层居民自建房或者企业集中建设为主，商品房开发项目较少，人均居住面积大；公共服务设施配置品质偏低，随着区内工业、市场等产业发展迅速，生产性服务设施配套明显滞后；工业企业分布比较分散，且与居住相混杂，居民生活环境一般；道路断面变化较多，路幅窄，有的道路呈枝状尽端式，尚未形成有机高效的道路交通系统；河道水网资源丰富，但均未得到充分利用，景观营造欠缺，平原水网特色格局尚不明显。

2.4　农业现代化水平低，处在传统农业转型期

2012年，全国和湖北省农民居民人均纯收入分别为7917元、7852元，21个乡镇平均农民人均纯收入为9221元，高于全国和湖北省水平约16%。乡镇平均耕地面积4025hm^2。我国农民人均耕地面积2.03亩，湖北省农民人均耕地面积2.00亩，21个示范乡镇农民人均耕地面积1.50亩，说明示范乡镇人均耕地面积低于全国和湖北省平均水平，农村劳动力释放潜力巨大。示范乡镇有效灌溉面积占耕地面积比为70%，武湖街、岳口镇已实现100%耕地灌溉，松柏镇受山地地形影响灌溉率仅为8%。示范乡镇平均复种指数为240%，平均农作物播种面积为9584hm^2，平均粮食占播种面积比重为52%。总体来说，平原乡镇耕地面积较多，如双沟镇和沉湖镇耕地面积占行政区域面积的比值最大，接近60%；山地乡镇耕地面积明显偏少，如松柏镇只有2%的行政区域面积是耕地。基于耕地条件，农业现代化水平体现了一定的地域差异性。总体来说，平原乡镇强于城郊型乡镇，强于山地乡镇。武湖街虽是城郊型乡镇，但由于政策扶持，农业现代化程度较高（表4-5）。

2.5　“四化”发展不协调、不融合

目前，乡镇“四化”发展不同步现象突出。首先，信息化与工业化、城镇化、农业现代化不匹配。信息化与工业发展相关度不强，乡镇产业仍以劳动密集型加工业为主。信息化与居民生产生活融合性低，对城镇化质量提升和农业信息服务推广作用不强。其次，城镇化滞后于工业化。国际上通常采用城市化率与工业化率的比值来衡量工业化与城镇化协调发展的状况，比值越高，表明工业化对城镇化的贡献越大。21个乡镇城镇化率/工业化率为 1.5，我国为1.1，武汉市为1.7，示范乡镇低于武汉市水平，远低于发达国家平均水平（美国、英国、法国为4.1，日本为2.5）。第三，农业现代化滞后于工业化、城镇化。与工业化、城镇化相比，农业现代化长期不受重视，农村“三农”问题突出，乡镇农业规模化、机械化生产必须得到强化。

2012年湖北21个示范乡镇农业发展现状一览表 表4-5

序号	乡镇名称	农民人均纯收入（元）	耕地面积（hm^2）	农民人均耕地面积（亩）	有效灌溉面积占耕地面积比重（%）	复种指数（%）	农作物播种面积（hm^2）	粮食占播种面积比重（%）
1	武湖街	13275	1193	1.40	100	77	913	38
2	五里界街	11398	1743	2.52	63	271	4729	44
3	奓山街	11182	3344	1.26	89	214	7153	55
4	尹集乡	9598	1062	1.94	52	259	2752	58
5	双沟镇	9818	8059	2.04	69	199	16044	78
6	龙泉镇	12302	2905	1.28	47	272	7911	45
7	安福寺镇	12199	5782	2.12	64	241	13949	51
8	新沟镇	6293	8467	3.00	90	245	20712	55
9	官垱镇	8450	5065	2.50	98	207	10492	63
10	沉湖镇	8643	4141	1.18	94	200	8266	45
11	岳口镇	7800	5921	1.26	100	197	11653	37
12	彭场镇	10000	6848	1.63	99	238	16299	43
13	熊口镇	8840	3618	1.25	84	216	7798	45
14	小池镇	7300	5297	1.14	88	224	11871	44
15	汀祖镇	6100	1408	0.44	41	399	5620	49
16	潘家湾镇	9888	6875	1.96	90	302	20739	41
17	龙凤镇	4815	3669	0.97	11	292	10730	64
18	茶店镇	9877	2838	2.13	25	326	9260	52
19	松柏镇	5268	520	0.85	8	189	982	62
20	杨寨镇	10303	3093	1.18	91	205	6346	60
21	陈贵镇	10282	2671	0.91	77	263	7036	69
	平均	9221	4025	1.50	70	240	9584	52

资料来源：湖北省乡镇统计数据

3 湖北省示范乡镇“四化同步”发展动力机制

3.1 “四化”互动关系解析

3.1.1 工业化与信息化深度融合

工业化是信息化的物质基础和市场基础。工业革命催生了信息技术的萌芽，工业的发展也为信息技术的发展和应用提供了资金积累和生产条件。工业化水平的提升会有效地刺激各产业对信息技术及其应用和服务的需求，进而提高整个社会运用信息技术的能力。

信息化能够推动工业化向纵深发展。信息化通过带动多媒体技术、通信技术、智能计算机技术和交互式网络技术等一系列信息技术和产业的高速发展，改造传统工业，使工业实现自动化和智能化，朝着高附加值和可持续的方向发展。

3.1.2 工业化和城镇化良性互动

工业生产中存在着规模经济和范围经济，这种规律必然导致产业、劳动力和资本在地域空间的聚集，这是城镇化的原动力。伴随工业化发生的科学技术进步、产业结构优化都有利于城镇化的发展。工业产值的增长、经济效益的提升、产业聚集效应的增强，将促进城镇规模的不断扩大、城市服务功能的不断完善、人居环境的不断优化。

城市化具有的聚集效应、规模效应、外部性和优位效应能够促进工业化的发展。城镇化为工业结构的转变提供空间支持。随着城镇人口的不断增加，将形成一个巨大的潜在消费市场，拉动对国内工业产品的需求。城镇拥有相对完善的公共基础设施，能够满足工业化对水电、咨询、通信、法律等配套设施和服务的需求。

3.1.3 城镇化和农业现代化相互协调

城镇化有助于加快农村剩余劳动力向城镇非农产业聚集。城镇化将提供巨大的潜在消费市场，促使农业生产向多样化、高品质、高附加值的方向发展，农业向农产品加工业以及第三产业发展。城镇化为农业现代化提供了资金支撑和技术支撑，一些优秀的乡镇企业可以为农业现代化提供资金和技术层面的支撑，推动农业机械化和农业科技的应用普及。城镇的公共基础设施和服务逐渐向农村延伸，可促进农民生产方式和生活方式的转变，提高农民生活水平，改善农村居住环境，推动城乡一体化的发展。

农产品的剩余是城镇化发展最根本的条件。随着农业现代化发展，农业生产力将不断提高，农业部门将产生大量的剩余产品，一方面能加大农产品的供给，满足城镇人口对农产品日益增长的需求，另一方面也将使得部分农民从农业部门中转移出来从事其他非农产业。农村居民的消费水平将随着农民收入的增加而提高。

3.2 “四化”发展影响因子检测

首先运用AHP层次分析法对传统的影响工业化、城镇化、信息化、农业现代化水平的各类指标进行聚类与分层，然后运用SPSS偏相关分析法，判断列举的指标与21个示范乡镇“四化”发展水平的相关性，结合SPSS显著性检测，分别得出各自相关性等级（>0.8：强相关；0.3~0.8：较相关；<0.3：弱相关或不相关），去除不相关因子和微弱相关因子，按照相关性由强到弱对剩余影响因子进行排序。

工业化影响因子排序：二产产值、二产就业比重、固定资产投资、工业企业就业人数、工人人均产值、道路面积密度。

信息化影响因子排序：电子信息产业增加值占GDP比重、信息产业从业人员比重、网络普及率、电话普及率。

城镇化影响因子排序：二三产增加值比重、一产增加值比重、农民人均纯收入、人均耕地面积、二三产就业比重、人均固定资产投资、人均地方财政收入、中心城市影响、人均公共服务设施占有水平。

农业现代化影响因子排序：农村居民人均纯收入、农田有效灌溉率、机械耕种比重、人均耕地面积。

3.3 乡镇“四化同步”发展动力趋势研判

综合分析检测出的乡镇“四化”发展相关影响因子数据，得出各乡镇工业化、信息化、城镇化、农业现代化的发展潜力大小存在差异性。结合规划引导方向，可将发展21个乡镇的“四化同步”发展动力趋势分成四类：一是城镇化带动型，代表乡镇为武湖街、五里界街；二是工业化拉动型，代表乡镇为奓山街、潘家湾镇、岳口镇、杨寨镇、陈贵镇、汀祖镇、茶店镇、小池镇；三是双轮驱动型，代表乡镇为尹集乡、双沟镇、龙泉镇、安福寺镇、新沟镇、官垱镇、沉湖镇、彭场镇、熊口镇；四是综合推动型，代表乡镇为龙凤镇、松柏镇。

4 城镇化带动型“四化同步”发展模式及路径

4.1 城镇化带动型发展模式

城镇化带动型发展模式为“城镇化引领，工业化、农业现代化联动，信息化融合”。该模式适用于受到大城市极强辐射影响、现状城镇化水平较高的城郊型乡镇。在大城市迅速发展过程中，外围地区由原先受农业支配的非城市地域逐渐转化为非农产业为主的城市地域，周边乡镇将成为未来特大城市城镇化发展的热点地区。该类型乡镇主要通过承接主城区人口和功能转移进行发展。随着大城市人口规模增加、用地规模扩张，乡镇将逐渐转化为大城市外围综合新城，城镇化水平趋于稳定。

4.2 城镇化带动型发展路径

城、镇、村三层级集聚的人口转移路径。乡镇通过农业现代化快速发展释放剩余劳动力，农村人口一部分向新城转移，一部分向镇区集中，新城和镇区通过高质量设施建设留住人口，实行就地城镇化，而剩余农村人口则集中安置于保留的特色村湾和结合农业园区、农业景区布点的新农村社区内。武湖街规划结合空间历史演变梳理、居民意愿和迁村并点实施情况，提出“一城、一镇、一村”的城乡体系，即依托五通口镇区打造武湖绿色新城，控制人口19~20万人；依托东部金属交易中心和农村新社区建设沙口新镇，控制人口1~1.5万人；依托中部传统生态农业地区的农业产业园和观光园，打造张湾水乡美丽乡村，控制人口0.2~0.3万人。

关联区域的产业转型发展路径。结合大城市整体产业规划和乡镇周边经济开发区产业发展门类，立足自身发展优势，优先选择区域配套型产业或错位型产业作为主导产业类型。武湖街西邻武汉临空经济开发区，东接武汉新港经济开发区，处于“水陆空铁”交错的黄金三角带。规划综合考虑武湖街资源禀赋、宏观趋势以及区域格局，以融合精致农业、绿色工业、智慧服务业的“第六产业”为发展主轴线，以大临空、大临港、大市场配套产业为补充，构建了工农互动与服务链接的产业体系。

全域一体的空间发展路径。该类型乡镇城镇化水平、城镇化用地规模远超过其他类型乡镇，城区、镇区

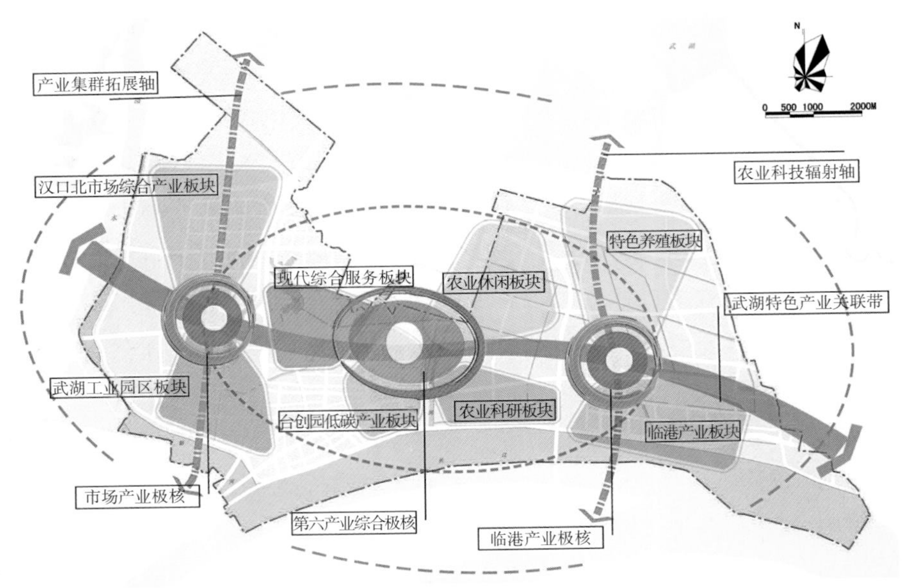

图4-4　武湖街产业空间布局结构图

图片来源：武湖街“四化同步”系列规划

建设已基本成型，乡镇以城区、镇区作为主要的发展集核。故空间规划以镇域为单元，统筹各大功能板块。武湖街产业空间布局规划形成“一带串三极、双轴八板块”的空间结构（图4-4）。镇域内依托汉口北大道串联镇域东、中、西的产业核心和板块，打造贯穿武湖的特色产业关联带。在镇域中部依托台湾农民创业园，融合一、二、三产业发展农业休闲、农业研发、低碳工业和现代综合服务业，打造第六产业综合极核。镇域西部依托汉口北市场群，大力发展汉口北市场综合产业板块和武湖工业园板块，打造市场产业极核。镇域东部大力发展特色养殖业和临港产业，打造临港产业极核。

5　工业化拉动型“四化同步”发展模式及路径

5.1　工业化拉动型发展模式

工业化拉动型发展模式为“工业化主导，农业化、信息化联动，城镇化支撑”。工业发展是该类型乡镇经济发展的主导动力，表现为工业化现状发展水平较高，工业化发展潜力远强于其他三化，因而通过优先大力发展工业为其他三化发展积累资金，从而带动城镇化健康发展，提高农业规模化、机械化水平以及信息化在生产、生活中的普及应用。

5.2　工业化拉动型发展路径

园区周边、农村社区双集聚的人口转移路径。工业园区的建设将创造大量的就业岗位，是拉动农村人口、外来人口向镇区迁移的主要动力。镇区人口主要向工业园区周边居住区集中，农村人口一部分迁移至镇区从事非农产业，一部分集中安置于农村社区。奓山街现状三大工业园区的建设吸引了大量外来人口，带动了人口的迅速增长。规划在镇区西部物流高新产业区和东部常福工业园间打造综合服务中心区，为园区周边居住区提供公共服务。规划选取综合得分较高、现状规模较大、位置适中、交通便捷的村庄作为中心村，建设农村社区，农村人口主要集中在农村社区中，少量在一般村中。

做大、做强工业的产业发展路径。乡镇工业发展应更加注重技术进步、结构优化以及产业升级。奓山街是武汉打造“中国车都”的重要组成部分，境内常福工业园是武汉新型示范园之一，重点发展汽车及零配件、电子信息和机电产业。奓山街规划全力发展支柱型主导产业，包括商用汽车及汽车零部件产业、汽车综合服务产业、白色家电产业；积极培育战略支撑产业，包括电子信息产业、高端装备制造业。全面提升基础配套产业，即都市农业、商贸物流产业、休闲旅游产业。

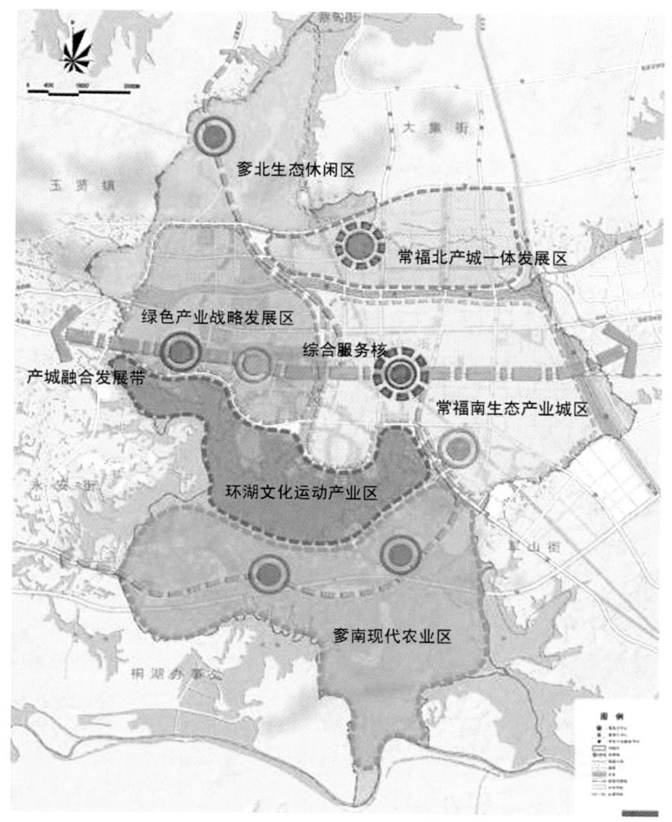

图4-5　夌山街产业发展布局图
图片来源：夌山镇“四化同步”系列规划

产城融合的空间发展路径。夌山街改变以往以“单纯工业厂房”的粗放发展、园区与城区各自为政的建设模式，规划构建“特色空间+产业组团+城镇生活区”的城镇空间格局（图4-5）。以自然环境为基质，将生态保护、园区发展与城镇居民点融合；打造新型的公共服务空间、融合的生活居住空间、现代的产业发展空间。

6　双轮驱动型“四化同步”发展模式及路径

6.1　双轮驱动型发展模式

双轮驱动型发展模式为“工业化、农业现代化并举，城镇化、信息化联动”。该模式适用于工、农产业关联性强的平原乡镇以及工业、农业发展势头均好的大城市卫星城类乡镇。通过工业化、农业现代化优先发展积累资金、释放农业人口，从而加速城镇化进程，带动信息化发展。

6.2　双轮驱动型发展路径

双向城镇化的人口转移路径。尹集的新型城镇化首先是就地城镇化，农民在原住地一定空间半径内，依托镇区和乡村综合体，就地就近实现非农就业化和市民化；随着乡村综合体效能的显现，对襄阳中心城区人口形成反向磁吸效应，实现双向城镇化。

工农并举的产业发展路径。根据工、农产业关联性强弱，可以将产业发展路径划分为两种类型。路径一：“龙企带动，农工一体”。代表乡镇为新沟镇、官垱镇、沉湖镇、彭场镇、熊口镇等。龙头企业带指以龙头企业为主体，围绕一项或多项产品，形成“公司+农户”、“公司+基地+农户”、“公司+批发市场+农户”等农产品产、加、销一体化的经营组织形式。如新沟福娃集团、龙泉稻花香集团带动当地农产品加工业迅速发展。乡镇应注重农业向规模化、设施化发展，提高农业生产效率，为农产品加工业提供丰富原材料；传统优势产业要注重提档升级，打造核心竞争力，提高现有产品档次和生产效率，增加高附加值产品比重；同时结合现有设备和产品方向，引进下游产业，形成完整产业链。路径二：“双轮驱动，特色引领”。代表乡镇为双沟镇、龙泉镇、安福寺镇。该类型乡镇未来将作为大城市的卫星城进行相对独立的建设。农业以发展都市农业为主，并在原有农产品加工优势支柱产业基础上，配套发展旅游业和现代物流业。工业向园区集中发展，突破发展生物产业、新能源、新材料等战略性新兴产业。

均衡集聚的空间发展路径。新沟镇现状村庄空间形态以“带状+散点”为主（图4-6），这也是大部分平原乡镇村庄的主要空间形态特征。规划形成镇区团

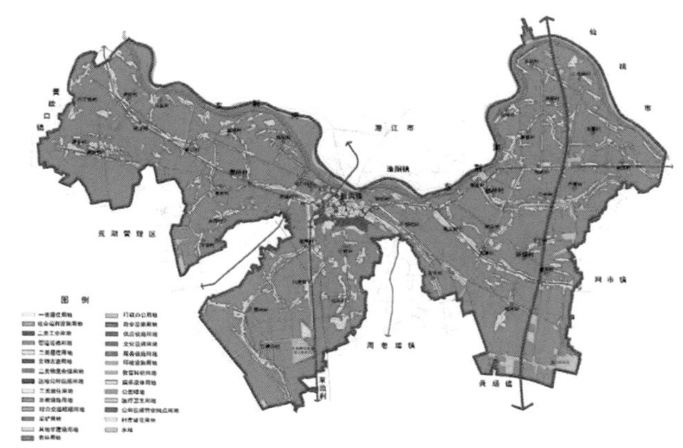

图4-6　新沟镇用地现状图
图片来源：新沟镇“四化同步”系列规划

图4-7　新沟镇镇村体系规划图
图片来源：新沟镇“四化同步”系列规划

块、农村社区点状分布的空间形态（图4-7）。遵循“以带为主、撤点融带、扩村建居”的农村社区建设思路，推进点状村庄向带状、块状村庄集聚，推进带状村庄向带加块型、块型村庄改建，提高农村土地集约度，降低设施敷设成本，促进给排水、电力电信、燃气等城市基础设施向农村延伸。产业空间规划形成“一心、四片”的总体结构。“一心”指镇区核心，为镇域工业和服务业集中发展区域。“四片”分别指西北片“农业大户”和“公司+基地”模式的粮油规模化种植基地，南部片“公司+基地”模式的订单农业示范区，以及东北片、东面片两个特色化的粮油规模化种植基地。

7　综合推动型“四化同步”发展模式及路径

7.1　综合推动型发展模式

发展模式为“三产特色引领，四化协同发展”。该模式主要适用于旅游型和商贸型等特色乡镇，以山地乡镇为主。这类乡镇受地理条件、交通条件、区位条件的制约可能不利于发展农业现代化或是工业化，信息化难以开展，现状“四化”发展水平均不强，因而以三产为主导发展经济，需要四化协同共促发展。

7.2　综合推动型发展路径

向镇区、农村居民点集聚的人口转移路径。松柏镇以中心镇区为主，村庄逐步从山地迁往沟域，适度向镇区、集镇集聚，形成沿沟域及交通走廊的轴线串珠模式，采用“生产在园区、居住在城镇”的城镇化模式。这既有利于生态资源的保护，也有利于基础设施的共建、共享，减少投资。

三产特色化引领的产业发展路径。乡镇应结合其自身的资源禀赋条件，大力发展特色产业。松柏镇现状产业结构是“一、三、二”，属于农林大镇、工业弱镇、旅游新镇。现状旅游发展是有景无区，旅游接待能力有限。产业规划战略为“强三、转一、升二”，即引入优势资源，重点发展强大旅游服务业；通过转变生产方式和利用市场平台提升第一产业，尤其是农业；依托产业园区建设，加强产业研发能力，培育优势产业，形成经济集聚态势，辐射周边地区，最终完成经济结构调整，实现松柏镇跨越发展的基本目标。

集聚非均衡的空间发展路径。受山地地形影响，部分区域不适于进行开发建设，故规划建设用地呈现非均衡的分布形态。松柏镇现状村庄建设用地沿道路散开，

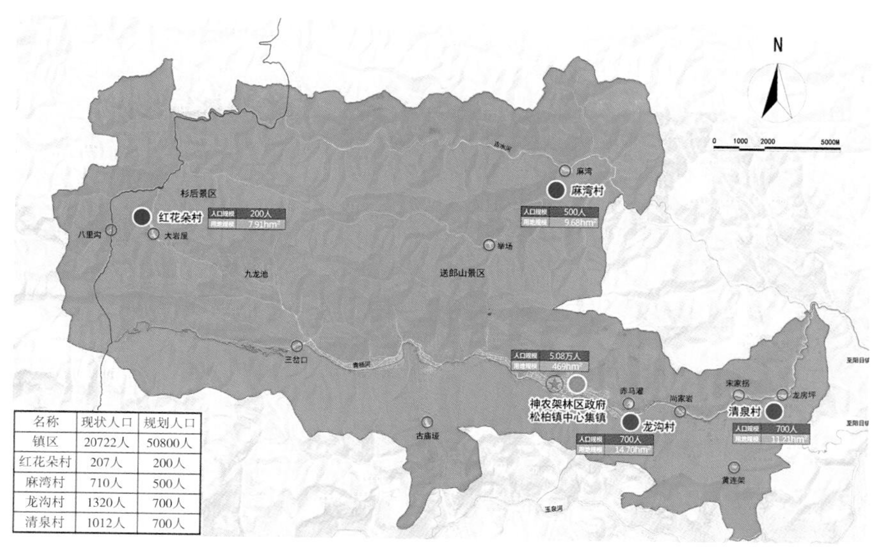

名称	现状人口	规划人口
镇区	20722人	50800人
红花朵村	207人	200人
麻湾村	710人	500人
龙沟村	1320人	700人
清泉村	1012人	700人

图4-8　松柏镇镇村体系规划图

图片来源：松柏镇“四化同步”系列规划

经过迁村并点规划，松柏镇镇域形成“1+4+11”的新型镇村体系结构，分别对应：1个中心集镇、4个行政村和11个集中居民点（图4-8）。

8　总结

“四化同步”的本质是“四化”互动，是一个整体系统。就“四化”的关系来讲，工业化创造供给，城镇化创造需求，工业化、城镇化带动和装备农业现代化，农业现代化为工业化、城镇化提供支撑和保障，而信息化推进其他“三化”。以乡镇作为“四化同步”发展试点利弊兼具，优点在于与县市相比，乡镇实践更易操作，主要体现在镇域面临的问题和瓶颈制约比较容易解决，需要的启动资金也不多，人力和财力也能承受；而难点在于乡镇经济基础薄弱，“三农”问题突出，基础设施和服务设施极不完善，“四化”发展水平较差，实现“四化同步”发展任重而道远。乡镇以“四化同步”作为发展目标时，应注重坚持规划先行，全域规划；大力推进主导产业发展；因地制宜建设新型农村社区；大力提高现代农业发展水平；注重城乡一体化的设施规划；加强生态环境建设；充分保障农民合法权益。

作者单位：华中科技大学建筑与城市规划学院

作者：叶杉，黄亚平

5 乡镇空间资源节约集约利用的途径与方法

1 湖北省乡镇空间资源节约集约利用存在问题和迫切需求

1.1 湖北省小城镇空间资源节约集约利用存在问题

当前湖北省小城镇处于发展初级阶段，建设过程中存在过度重视生产开发、挤占生态空间、忽视生态宜居等问题，使得“三生”用地联系不紧密，导致小城镇用地结构协调不足，空间利用效益亟须提升。同时，与大中城市相比，湖北省小城镇用地在规模扩张的同时，由于产业发展和基础配套设施建设的相对滞后，综合吸引与配置能力相对较弱，整体呈现人口集聚落后于用地规模集聚，农业人口异地城镇化明显的迹象，城镇空间的资源承载潜力尚需进一步释放。

1.2 湖北省小城镇空间资源节约集约利用迫切需求

党的十八届三中全会进一步提出了完善城镇化健康发展体制机制，强调推动大中小城市和小城镇协调发展，小城镇在城镇战略体系中地位得到凸显，可以预见，在湖北省城镇化和经济发展高速增长进程中，小城镇将成为大城市人口、产业“双转出”及农村人口就近城镇化的重要承载空间，对建设用地需求将进一步扩大。但在我省耕地保护与建设用地矛盾日益突出背景下，小城镇的蓬勃发展势必进一步加剧建设用地的供需矛盾，迫切需要在乡镇各层次规划中落实空间资源节约集约利用理念，引导小城镇空间资源利用由外延扩张向内涵挖潜、由粗放低效向集约高效转变，提升乡镇规划编制的科学性，推动湖北省小城镇“四化同步”协调发展。

2 乡镇空间资源节约集约利用途径

围绕国家推进新型城镇化以及湖北省“四化同步”对资源节约集约的要求，以“全域覆盖、层次分明，规土融合、科学评价，因地制宜、生态宜居”为理念，通过“现状评价—编制导控—规划反馈”等手段，从规划编制环节入手，明确乡镇空间资源节约集约利用途径，实现乡镇规划编制“评价与导引相统一”、“集约与均衡相统一”、“节约与发展相统一”，形成乡镇空间资源“大均衡、小集中”的合理利用态势，促进空间资源节约集约（图5-1）。

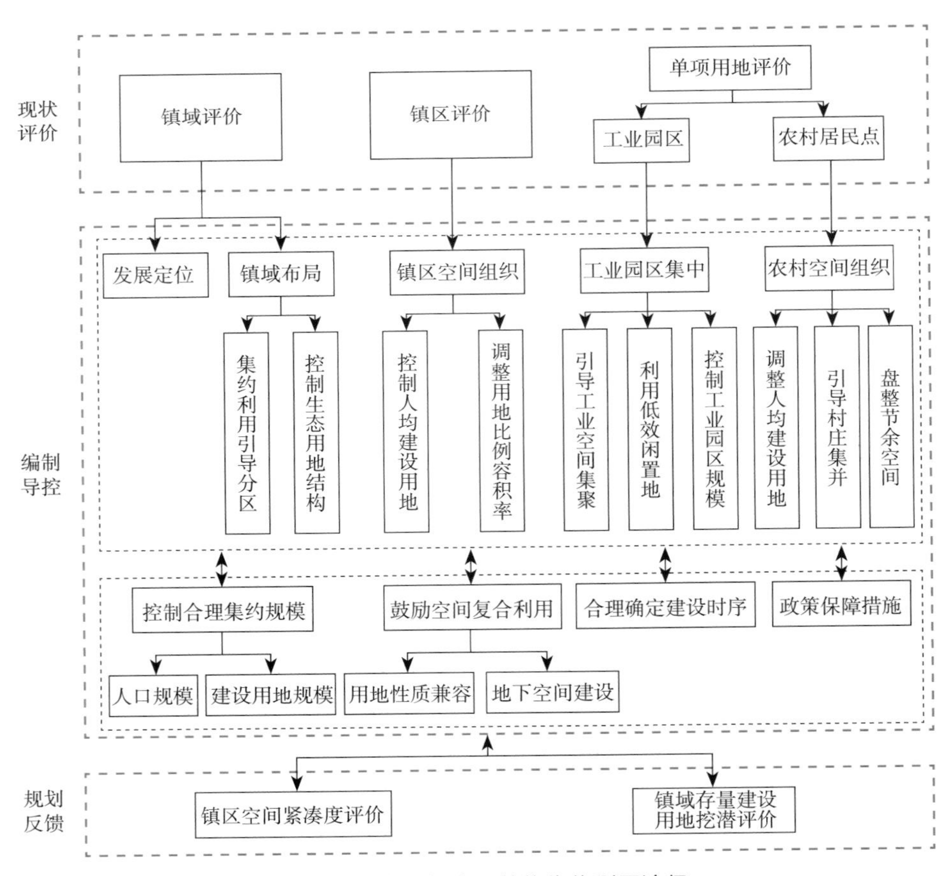

图5-1 乡镇空间资源节约集约利用途径

2.1 现状评价

建立镇域、镇区、单项建设用地三类评价体系，通过定性与定量相结合的评价方法，研究镇域、镇区和单项建设用地利用状况与人口、经济发展的匹配程度，促使节约集约理念贯穿规划全过程，为规划关键性指标确定提供依据。

2.2 编制导控

结合现状节约集约利用水平评价，针对乡镇现实发展基础和诉求，在乡镇产业和空间导向分类基础上，提出生产、生活、生态空间的节约集约利用导控标准，从科学制定发展定位、集约优化镇域布局、紧凑组织镇区空间、集中安排工业园区、高效盘整农村资源、合理控制人口规模、重点鼓励复合利用、合理安排建设时序、系统提出政策建议等9个方面，明确以空间节约集约利用为导向的规划实施路径。

2.3 规划反馈

规划编制过程中，可通过镇域存量建设用地挖潜度和镇区空间紧凑度评价，对规划方案进行节约集约水平校核。

3 乡镇空间资源节约集约利用实现方法

3.1 构建指标体系，开展现状评价

3.1.1 评价对象

镇域评价以乡镇规划范围内全部现状建设用地为评价对象；镇区评价以现状居住、公共设施用地为评价对象；单项建设用地以现状农村居民点、工业用地为评价对象。

3.1.2 评价内容

通过对镇域现状人口结构、经济发展、生态保护与土地利用相互作用关系，对镇区居住、公共服务设施用地现状建设强度，对农村居民点人均村庄建设用地面积指数和工业单位用地生产总值指数的评价，判断乡镇空间资源现状节约集约利用水平（表5-1）。

空间资源节约集约利用评价指标汇总表

表5-1

评价体系	指标类型	分指标	指标值
镇域评价	发展阶段评价指数	城镇化率	
		工业化率	
	资源匹配评价指数	人口用地弹性系数	
		经济用地弹性系数	
	生态资源评价指数	生态用地结构比	
镇区评价	居住用地评价指数	平均容积率	
	公共设施用地评价指数	平均容积率	
单项用地评价	农村居民点评价指数	人均建设用地面积	
	工业用地评价指数	单位用地生产总值	

3.2 依托现状评价，全程导控编制

3.2.1 科学制定发展定位

以镇域现状城镇化率与工业化率比值为依据（1.4～2.5为合理值），结合镇域自然条件、资源基础和发展潜力，合理确定三次产业结构、城镇化水平，科学引导全镇发展定位和社会经济发展目标制定。

3.2.2 集约优化镇域布局

通过对镇域生态用地规模占比指标的控制（不小于50%），为制定镇域生态优先战略和生态保护策略提供数据支撑。

结合镇域城镇建设用地、村庄建设用地现状利用水平，在镇域土地利用布局、生态格局、空间管制分区基础上，划定高集约度、较高集约度、一般集约度等三类集约利用引导分区。其中，高集约度引导区主要为镇区核心建设区，是镇域城镇空间形象建设重点；较高集约度引导区是镇区其他建设区、镇村体系中的中心村（农村新社区）和独立建设工业园区；一般集约度引导区是镇村体系中的村庄（农村一般社区）。

3.2.3 紧凑组织镇区空间

根据镇域现状资源匹配度分析（人口增长与建设用地增长比值、地区生产总值增长与建设用地增长比值），按照乡镇地形地貌分类，对《镇规划标准（GB50188）》中规定的规划人均建设用地指标提出调整建议，适当控制镇区规划建设用地规模（表5-2，表5-3，表5-4）。

人口增长与建设用地增长比值分析

表5-2

数据状况	指标值分布	空间资源集约利用趋势类型
人口增长，用地减少或不变	量化指数 <0	集约挖潜
人口增长，用地增长	量化指数≥0.5/<0.5	集约扩张 / 低效扩张
人口减少或不变，用地减少或不变	量化指数≥0	发展迟滞
人口减少或不变，用地增加	量化指数 <0	粗放扩张

地区生产总值增长与建设用地增长比值分析　表5-3

数据状况	指标值分布	空间资源集约利用趋势类型
经济增长，用地减少或不变	量化指数 <0	集约挖潜
经济增长，用地增长	量化指数≥ 0.5/<0.5	集约扩张 / 低效扩张
经济减少或不变，用地减少或不变	量化指数≥ 0	发展迟滞
经济减少或不变，用地增加	量化指数 <0	粗放扩张

注：空间资源集约利用趋势为Ⅰ集约挖潜>Ⅱ集约扩张>Ⅲ低效扩张>Ⅳ发展迟滞>Ⅴ粗放扩张

镇区人均建设用地标准调整系数表　表5-4

判定方法（人口增长与建设用地增长比值、地区生产总值增长与建设用地增长比值之间）	镇区人均建设用地面积规划调整幅度与调整系数			
	增值		减值	
	平原型	丘陵山地型	平原型	丘陵山地型
Ⅰ、Ⅱ混合型	1.0		0.7	0.6
Ⅰ、Ⅱ与Ⅲ、Ⅳ、Ⅴ混合型	0.9	0.95	0.9	0.8
Ⅲ、Ⅳ、Ⅴ混合型	0.8	0.85	1.0	

注：以《镇规划标准（GB50188）》规划人均建设用地指标规划调整幅度区间上限值为基数乘以修正系数后得出修正区间。

根据镇区居住和公共设施现状容积率，按照乡镇地形地貌分类，对《镇规划标准（GB50188）》中规定的居住、公共设施占建设用地比例及其规划容积率提出调整建议（表5-5，表5-6）。

镇区居住、公共设施用地结构调整系数表　表5-5

类型	现状平均容积率		上限调整系数
	平原型	丘陵山地型	
居住用地结构调整系数	≤ 0.6	≤ 0.5	0.7~0.8
公共建筑用地结构调整系数	≤ 1.0	≤ 0.8	0.8

注：用地结构调整系数以《镇规划标准（GB50188）》中规定的居住、公共设施用地占建设用地比例（%）区间上限值为调整基础。

镇区居住、公共设施用地建设强度调整系数表　表5-6

类型	现状平均容积率		规划增加幅度	
			高集约度引导区	较高集约度引导区
居住用地强度调整系数	平原型	≤ 0.6	增加 1.0~1.6	增加 0.6~1.2
	丘陵山地型	≤ 0.5	增加 0.8~1.4	增加 0.5~1.0
公共建筑用地强度调整系数	平原型	≤ 1.0	增加 0.8~1.5	增加 0.5~1.0
	丘陵山地型	≤ 0.8	增加 0.7~1.3	增加 0.5~1.0

注：规划增加幅度是指不同类用地规划平均容积率指标与现状平均容积率指标的差值。

3.2.4　集中安排工业园区

以工业用地评价水平为依据，工业园区选址和布局应在同类产业集中布局基础上，向高集约水平地区集聚。按照乡镇工业发展趋势，结合产业发展类型，预测乡镇工业总产值年均增长率和地均工业产值年均增长率，控制工业园区建设规模（表5-7）。对存在重大项目、区域交通环境和宏观政策调整等影响因素的乡镇，增加工业用地规模需进行专题论证。

工业用地集约发展限定指数　表5-7

控制指标 \ 产业类型	都市产业承接型	工业资源型	农业资源型	生态旅游型
工业总产值年均增长率（基准年前 5 年平均数，含基准年）可增加百分点	≤ 8%	≤ 6%	≤ 4%	≤ 2%
工业地均产值年均增加率（基准年前 5 年平均数，含基准年）	≤ 6%	≤ 4%	≤ 3%	≤ 3%

注：可增加百分点指在规划期内工业总产值年均增长率和工业地均产值年均增加率可增加百分点值。

针对现状低效、闲置工业用地和工矿废弃地，对分散于都市区远郊或远离镇区、交通不便的用地，应对其进行生态修复、复垦；对占地面积较大，地段较好的用地，可将其改拆规划为城镇空间拓展用地或农村居民点还建地。

3.2.5　高效盘整农村资源

根据镇域现状资源匹配水平评价指数，按照乡镇地形地貌分类，对《湖北省村庄规划编制导则》中规定的规划村庄人均建设用地指标提出调整建议（表5-8）。

村庄人均建设用地标准调整系数表　　表5-8

判定方法（人口增长与建设用地增长比值、地区生产总值增长与建设用地增长比值之间）	人均建设用地面积调整系数	
	平原型	丘陵山地型
Ⅰ、Ⅱ混合型	1.0	
Ⅰ、Ⅱ与Ⅲ、Ⅳ、Ⅴ混合型	0.9	0.95
Ⅲ、Ⅳ、Ⅴ混合型	0.8	0.85

注：以《湖北省村庄规划编制导则》村庄人均建设用地指标区间上限值为基数乘以修正系数得出修正区间。

根据农村居民点现状集约水平评价指数，结合镇域迁村并点整体发展设想，增强农村居民点改造类型划分的科学性。改扩建型村庄应妥善处理旧区改造和新区扩建的关系。在合理延续原有村庄建筑风格、景观环境和空间格局基础上，改、扩建部分应按照调整后的村庄人均建设用地指标进行建设。保留型村庄在保护好地方特色和传统风格的基础上，应严格控制现状建设规模，禁止扩张性建设。迁移型村庄腾出的农村建设用地指标，首先要复垦为耕地，其次应优先满足农村各种发展建设用地需求。新建型村庄应在与自然环境相协调基础上，以节约用地为原则，严格按照调整后的村庄人均建设用地指标要求，合理布局、科学分区。改扩建、新建型村庄建设用地的扩展应尽量利用低丘缓坡、荒滩和工矿废弃地，不占或少占耕地，严禁占用基本农田。

迁村并点后整理出的建设用地指标，在满足村民还建安置、村办企业、农村基础设施和公共服务设施等农村建设用地需求后，余下指标可调剂到城镇使用（即镇区拓展区或新建开发区）。

3.2.6　合理控制人口规模

按照当地计划生育政策，控制乡镇人口自然增长合理水平。根据乡镇常住人口与户籍人口间的关系，判断乡镇人口变化类型（常住人口>户籍人口，为流入型；户籍人口>常住人口，为流出型），并依此预测乡镇人口机械增长合理水平。结合人口自然增长和机械增长率，预测人口合理规模（表5-9）。人口规模不得突破生态承载力测算人口规模。

人口机械增长率限定指数　　表5-9

控制指标 \ 类型	人口流出型	人口流入型
人口机械增长率（基准年前5年平均数，含基准年）可增加百分点	≤ 3%	≤ 6%

对存在重大项目和宏观政策调整等影响因素的乡镇，增加人口规模需进行专题论证。

3.2.7　重点鼓励复合利用

鼓励城镇建设用地中居住用地、公共设施用地、生产设施用地、仓储用地、工程设施用地、广场用地和绿地等用地相互兼容，根据用地使用特性，提出各类用地允许和有条件允许兼容要求（表5-10）。农村建设用地可参照执行。

用地兼容性建议表　　表5-10

用地类型 \ 兼容程度	允许兼容	有条件允许兼容
R	C2、C3、C4、G、S2	C1、C5、C6、M1、W1、U
C1	G、S2、R	C3、C5、U
C5	G、S2、C6、R	C1、C3、M1、W1、U
C6	G、S2、C5	R、M1、W1、U
M1	G、S2、W1	C1、C5、C6、U
M2	G、S2、W1	C5、C6、U
W1	G、S2、C6、M1	C1、C5、M2、U
G、S2	—	C3、C5、W1、U

注：1．表中代码以《镇规划标准（GB50188）》中规定的镇用地的分类和代号为标准；

2．允许兼容指可完全混合，有条件允许兼容指须通过规划论证进一步明确兼容的约束条件。

同时，在高集约度引导区内，结合规划用地使用要求及地质条件，划定地下空间鼓励建设区。该区用地面积应不少于高集约度引导区面积的20%，地下空间建设规模应不小于地上建设规模的15%。

3.2.8　合理安排建设时序

在编制近期建设规划时，以先期启动高、较高集约度引导区为导向，明确近期重点产业布局和城乡建设用地布局，安排公共服务设施、交通及市政公用设施等近期建设用地和建设项目，提出项目库和建设实施行动计划。

3.2.9　系统提出政策建议

制定规划措施时，应明确节约集约利用相关政策措施。首先，对存量建设用地中的批而未供、已批未用、部分闲置、低效利用等各类土地采取二次开发、主体调整、收购储备、收取土地闲置费等措施进行有效激活。其次，充分利用城乡建设用地增减挂钩政策，对农村建设用地、工矿废弃地进行土地整治，同时探索建立农村宅基地自愿有偿退出机制，通过政策激励引导农民向镇区和中心村集中，缓解乡镇建设用地空间紧张矛盾。其三，在确保生态环境安全的前提下，充分利用低丘缓坡、荒滩等土地综合开发利用试点政策，科学开发和合理利用低丘缓坡、劣质农用地或未利用地，拓展乡镇建设用地空间。其四，适当提高工业用地准入门槛，形成“批项目、核规模、定强度”机制，严格落实新引进项目预评价制度，建立工业用地集约利用动态考核及淘汰退出机制，促进工业用地的集约利用。

3.3　引入结论评价，落实规划反馈

3.3.1　镇域存量建设用地挖潜评价

测算存量建设用地挖潜度（规划期末迁村并点节余村庄建设用地面积、工矿废弃地整治面积之和与新增建设用地规模的比值），如果该值大于1，表示乡镇建设用地拓展以存量潜力释放为主，在近期建设规划中应尽量安排农村居民点迁并和工业用地改拆等项目计划；如果该值小于1，表示乡镇建设用地拓展以增量为主，在近期建设规划项目安排时应尽量减少对农用地的占用，强化低丘缓坡等未利用地的开发使用。

3.3.2　镇区空间紧凑度评价

测算镇区空间紧凑度（镇区规划建设用地集中区面积与镇区规划区面积比值），当紧凑度指数达到表5-11中不同类型乡镇需调整临界值时，将通过调整镇区建设用地空间布局方案，使其空间紧凑度指数达到合理要求。

镇区紧凑空间引导评价指数　　表5-11

计算方法	需调整临界值	
	平原型	丘陵山地型
镇区规划建设用地集中区（将规划建设用地外围轮廓最大化连接的区域）面积与镇区规划区面积的比值	>0.7	>0.75

作者单位：武汉市规划局地空中心

执笔人：熊威

6　乡镇规划管理及体制机制创新

1　乡镇规划管理体制机制创新的背景

1.1　政策新要求

走“四化同步”、“城乡一体”下的新型城镇化道路。中共十八大报告明确了中国特色的“四化同步”与“城乡一体”的目标，要求坚持走中国特色新型工业化、信息化、城镇化、农业现代化道路。十八届三中全会通过的《中共中央关于全面深化改革若干重大问题的决定》进一步强调了“中国特色新型城镇化道路”的内涵，即“推进以人为核心的城镇化，推动大中小城市和小城镇协调发展、产业和城镇融合发展，促进城镇化和新农村建设协调推进”。从外延上看，新型城镇化扩大了城镇化的涵盖面，即在传统城镇的基础上，更加注重城乡一体化，强调农村集镇、中心村、农村社区的建设。从内涵上看，新型城镇化深化了城镇化的理念，即在单纯的城市建设用地与人口扩张的基础上，更加注重发展质量，强调城镇化与工业化、信息化、农业现代化的协同作用。乡镇是联结城市和农村的紧密纽带，是实现农民就近、就地就业转移的有效平台，是构建“四化同步”、“城乡一体”发展的重要空间载体。

1.2　空间新动态

（1）乡镇土地流转和征用加快

农村劳动力的大量外流增加了实际人均耕种面积，土地流转需求旺盛。更多拥有土地承包经营权的农户将土地经营权转让给其他农户或经济组织，土地流转速度明显变快。同时，随着建设用地的扩张，近年来大量乡镇农用地被政府征用，特别是在城镇周边地区，开发区、新区的快速建设以及城市产业功能的外向疏解正在快速侵蚀集体土地。

（2）乡镇土地增减挂钩全面开展

随着近年来开发建设的热潮，许多乡镇正面临新一轮的开发热。工业项目、住宅项目、旅游项目以及现代农业基地遍地开花。由于土地规划所确定的建设用地指标有限，新项目的开发建设必须从土地增减挂钩中取得建设用地指标。当前各地乡镇高度重视土地增减挂钩工作，积极引导村庄采取土地整理、集中建设、耕地复垦的方式，将城镇建设用地增加与农村建设用地减少相挂钩，为新增开发项目获取建设用地指标。

（3）现代农业产业化发展对土地向规模集中的需求与日俱增

随着农村生产力的大幅提升以及金融资本的进入，农业劳动者、劳动资料、劳动对象、科学技术和社会需求等各个方面要求重新优化配置土地资源，要求“一家一户”的小生产与社会化大生产的有效对接，以适应农业和农村经济发展新形势的客观要求。另一方面，大量农村劳动力向城市转移，为农业由传统的精耕细作模式向规模化经营模式提供了可能，当前部分非农化程度较高的乡镇已经存在土地规模化经营的趋势，具体表现在优势区域率先集中、主导产业推动规模、大户龙头集聚土地。

1.3　管理新趋势

（1）由一元化社会管理转向市场化公共服务

在传统意义上，向社会公众提供公共服务一直是公共组织的“专利”，但自1980年代以来，市场价值的重新发现和利用改变了这种观念，政府不是公共服务的唯一提供者，私营部门、非营利性组织完全可以承担这方面的职责。公共服务由一元供给走向多元化、市场化供给，成为当代西方公共服务改革的基本趋势，以实现社会管理的公平、效率、效益等价值目标。

（2）由指令型管理转向服务型管理

在新公共管理运动、治理理论以及新公共服务理论等理论的推动下，西方国家推行政府治理范式的改革。政府视公众为客户，根据顾客和市场的需求向顾客提供服务，以顾客为中心，以顾客需求为导向，赋予顾客进行选择的权利，通过强化社会管理职能、优化政府组织结构、推进公共服务供给模式的多元化等举措，来为社会公众提供优质、高效的公共产品和公共服务，构建服务型政府。

（3）由科层式管理转向扁平式管理

在以往等级森严的科层制组织架构中，组织上情下达、下情上呈的情况完全取决于中间层运作，高层和基层缺乏直接的沟通与协调。所谓“扁平化”，就是指各类组织的中间层被大量削减，因为信息的传递和加工不再需要中间层去承上启下，组织的高层便完全可以与基层部门乃至某个成员进行信息沟通、交流，进而组织的控制也相应地更具成效。

2 乡镇规划管理体制机制的现状特征与主要问题

从管理学角度来说，体制是指国家机关、企事业单位的机构设置和管理权限划分及其相应关系的制度，限于上下之间有层级关系的国家机关、企事业单位，如学校体制、领导体制、政治体制等。而机制是指管理系统的结构及其运行机理，强调系统内各要素之间的相互关系。因此本文对体制的分析侧重于组织机构与权责划分及其相关的制度，对机制的分析则侧重于实施运行、评价奖惩、监管约束。

2.1 乡镇规划管理体制的现状特征与主要问题

2.1.1 现状特征

（1）管理主体多元

乡镇规划管理主体的层级多元、归口多元。根据《城乡规划法》、《土地管理法》、《村庄和集镇规划建设管理条例》的相关规定，在国有土地的规划建设管理领域，乡镇规划管理主体涵盖两级行政部门，包括乡、镇人民政府和城市、县人民政府的相关主管部门，而集体土地的管理权则分属乡镇、村和自然村三级集体组织，并且可分别归口于规划口、土地口和建设口。在实际操作层面，管理主体多元的现象同样存在，仅就城乡规划管理机构而言，部分乡镇的规划管理机构为城市、县人民政府城市规划主管部门的派出机构，也有部分乡镇在建设局、建设环保局等机构内设规划科（室），城乡规划主管部门只承担规划编制、实施以及对下指导、监督职能。

（2）条块分割，以条为主

乡镇规划、土地、建设管理机构在行政上隶属于当地政府，同时在业务上受上级相关行政主管部门指导。县级的相关行政主管部门将乡镇与规划管理有关的所（站）视为派出机构，对其进行垂直管理和监督管理。由于乡镇规划管理审批权与执法权属于县级以上人民政府城乡规划主管部门，同时在人权、事权、财权上不依赖于本级乡镇政府，因此乡镇政府对他们的属地管理权名存实亡，出现乡镇政府“责任无限大，权力无限小”，存在明显的条块分割。2004年乡镇综合配套改革后，湖北省乡镇规划建设管理机构被取消，现在对乡镇管理大多是以“服务中心”这种中介组织形式出现，综合了城乡规划管理、土地规划管理和建设规划管理的职能，但只能提供咨询，没有行政管理职能和执法权限，乡镇规划管理“块”的管理形式被进一步弱化，形成乡镇规划管理“条块分割，以条为主”的体制特征。

（3）管理制度较为健全

《城乡规划法》、《村庄和集镇规划建设管理条例》、《土地管理法》明确了乡镇规划管理的制定、实施、监督检查等各项职能。湖北省内有《湖北省城乡规划条例》、《湖北省城乡规划行政许可证书发放领取管理办法》，省住建厅、国土资源厅也出台了《关于进一步规范建设项目选址管理工作的通知》、《湖北省国土资源监督检查条例》等系列管理制度，在省内有较强的指导作用。

（4）权力配置头重脚轻

根据《城乡规划法》第四十一条，乡村建设规划管理的行政主体是乡、镇人民政府和城市、县人民政府城乡规划主管部门。《城乡规划法》明确规定，乡、镇人民政府负责乡村建设项目的申请审核，城市、县人民政府城乡规划主管部门负责对乡村建设项目申请的核定和核发乡村建设规划许可证。因此，乡、镇规划管理的核心权力仍属于城市、县人民政府城乡规划主管部门，乡、镇人民政府对规划建设项目没有完整的审批权，却有管理责任。类似的现象同样存在于乡镇土地管理和建设管理中（表6-1）。

（5）集体土地产权制度模糊

1982年的《宪法》、1987年的《民法通则》、1988年的《土地管理法》和1993年的《农业法》都对农村集体土地所有权作了相关规定，但均存在法定权利主体的多级性和不确定性。农民集体是全体农民的集合，是一个抽象的集合群体，不是法律上的组织。现行法律没有对集体作出清晰界定，导致了农村土地产权模糊不清，所有权主体虚置，缺乏明确的实体化代表。

乡镇规划管理权力分配一览表　　表6-1

	县人民政府及相关主管部门	乡（镇）人民政府
规划编制管理	组织编制县人民政府所在地镇的总体规划、控制性详细规划	组织编制其他镇的总体规划、控制性详细规划、乡规划、村庄规划
规划审批管理	审批乡规划、村庄规划、新增耕地	审批新增宅基地、村内空闲地和其他土地
建设用地规划许可	核发	—
建设工程规划许可	—	核发（建制镇）
乡村建设规划许可	核发	—
违建查处	查处镇规划区内的违建行为	查处乡、村庄规划区内的违建行为

资料来源：《中华人民共和国城乡规划法》、《村庄和集镇规划建设管理条例》

现行城乡规划管理机构类型比较图表　　表6-2

规划管理机构类型	行政隶属关系	法律地位	管理效果评价	城市类型特征
规划局	政府一级组成局或政府工作局归口建委或城建局	一级法人单位 受市府委托独立执法	行政独立、法律主体突出、有利于规划管理	大城市多为此类型
规划处、办	建委、城建局、国土局二级机构	非一级法人单位受建委委托执法	行政地位低、法律地位低、不利规划管理	县级市及县多为此类型
规划科、室	建委、城建局、国土资源局内设科室	非法人单位无执法权	无行政地位、无执法权、极不利规划管理	镇多为此类型

资料来源：周晓曼. 中小城市城乡规划管理模式优化研究[D]. 安徽建筑大学，2013.

2.1.2　主要问题

（1）组织机构不健全

县城以上城市、城关镇一般设有独立的规划主管部门，城镇规划建设的管理组织机构较为健全，但我国大多数乡镇的规划管理机构还不完善，许多地方没有独立的规划管理机构，或者管理机构设置层级较低，没有足够的执法权（表6-2）。

（2）人员、经费匮乏

乡镇一级的城乡规划管理人员十分缺少，很多乡镇基本没有专职人员负责镇乡的规划管理工作。在实际操作层面，县级城乡规划行政主管部门大多是在业务上给予镇里一定的指导，而具体的行政管理工作则由镇里来负责，乡镇的规划管理人员不仅要负责镇区内道路、绿化、上下水、路灯、市容管理、环卫等基础设施的建设、管理、维护工作，还要代表乡镇政府对本镇规划实施进行监督，工作效果显然难以达到要求。乡镇政府对规划管理工作的重视不足，规划编制经费短缺，不能满足工作的需要，而且没有稳定的经费来源，规划管理难以胜任。

（3）部门协调不足

乡镇规划管理主要面对县以下的各级行政管理单元，包括建制镇、集镇、乡和村庄，管理过程涉及规划、土地、建设、环保等多个部门。然而，部门之间的“条条”分割和地域“块块”分割使不同管理主体协调不够。城乡规划与农业、产业、服务业、交通、信息化、基本公共服务等均有着密切的联系，但各部门之间的协调不足导致城乡规划的统筹作用未得到充分体现，令城乡规划的权威地位遭受挑战。同时，部门之间的协调不足造成规划实施与规划方案脱节。农村土地利用规划和计划主要是由县、乡（镇）的国土管理部门负责管理，但在规划的落实过程中，很多具体问题则需要城乡规划管理部门进行管理，由此导致乡镇农村土地利用规划以及编制计划和实施过程中存在诸多不便。

（4）管理主体权责不对等

宪法赋予了乡镇人民政府管理本行政区域内的行政工作的职能，相关法律也明确了乡镇人民政府负责本行政区域内的村庄、集镇规划建设管理工作。然而，乡镇人民政府与城市、县人民政府相关主管部门之间的权力配置失衡、权责不对等的状况存在于乡镇规划管理的各个领域，建设用地规划许可、乡村建设规划许可等核心管理权力仍属于县级以上的相关主管部门——建制镇没有建设用地规划许可的权力，集镇、乡村没有乡村建设规划许可的权力。例如，根据《村庄和集镇规划建设管理条例》、《土地管理法》的相关规定，乡（镇）村企业、乡（镇）村公共设施、公益事业建设的审批管理须县级人民政府建设行政主管部门与县级人民政府土地管理部门同意，而乡级人民政府仅有原有宅基地、村内空闲地和其他土地的审批权，同时要全面负责本行政区域的村庄、集镇规划建设管理工作。

（5）非建设用地、集体土地管理缺乏制度保障

由于集体土地产权问题以及管理主体多元，相关制度安排并未将城镇建设用地范围之外规划建设的许可、审批权赋予城乡规划主管部门。根据《村庄和集镇规划建设管理条例》第十八条规定，耕地的审批是由乡级人民政府审核、县级人民政府建设行政主管部门审查同意并出具选址意见书后，方可向县级人民政府土地管理部门申请用地，经县级人民政府批准后，由县级人民政府土地主管部门划拨土地。而原有宅基地、村内空闲地和其他土地，由乡级人民政府根据村庄、集镇规划和土地利用规划批准。城乡规划主管部门对保证规划区内的建设活动符合法律和规划的要求负有责任，但《城乡规划法》只赋予规划主管部门在城镇建设用地范围内进行规划行政许可的权力。

2.2 乡镇规划管理机制的现状特征与主要问题

2.2.1 现状特征

（1）城乡二元

乡镇规划管理的地域按照土地所有权可划分为国有土地和集体土地，据此，《城乡规划法》事实上在实施管理中将规划区划分为两大类：城市和镇的规划区、乡和村庄的规划区，并分别对这两类规划区实行不同的管理措施。按照《宪法》第十条的规定，对于城市和镇而言，其规划区的核心范畴是国有土地；而对于乡、村庄而言，其规划区的核心范畴是集体土地。区别城市型规划区和乡村型规划区，还因为它们适用不同的规划行政许可手段，《城乡规划法》第三十七、三十八和第四十条规定，建设用地规划许可证和建设工程规划许可证适用于城市型规划区；第四十一条规定，乡村建设规划许可证适用于乡村型规划区。乡镇规划管理涵盖了这两类管理实施对象，要对镇规划区、乡规划区与村庄规划区内的规划建设行为实施管理。建制镇（含城关镇）规划区的规划管理主体与手段不同于乡（镇）、村庄规划区，前者范围内的规划建设许可须经由城市、县人民政府核发建设用地规划许可证、由本级（镇）人民政府核发建设工程规划许可证，后者范围内的规划建设许可须经由城市、县人民政府核发乡村建设规划许可证。

（2）重建设管理，轻综合管理

长期以来，乡镇规划管理在规划建设领域有一系列的制度支撑，在实施管理过程中通过建设用地规划许可、建设工程规划许可和乡村规划建设许可予以严格管控，同时也是相关主管部门的工作重点，取得了较好的效果。然而，乡镇普遍轻视综合管理，未建立长效管理机制，环境面貌变化不明显。城镇路面和路沿石破损、绿化带缺株死株、踩踏等经常性的管理问题，长期得不到解决，乡村私搭乱建、生活垃圾随意堆放、占道和店外经营现象较普遍，沿路围墙上乱贴、乱画、乱写、乱挂等还随处可见。另外，乡镇数字城管建设基本等于空白，整体滞后于建设管理。

（3）监督检查工作积极推进

各地乡镇相继出台了一系列规划监管措施，积极探索划分责任区、日常巡查与双休日巡查相结合、全过程监督、全过程负责等先进工作方法。同时加强了城乡规划的集中统一管理，强调发挥城乡规划的调控作用，严格城乡规划编制、调整和审批程序，实行规划行政责任追究制度。基本做到了责任到人，权责一致。

2.2.2 主要问题

（1）对接农村不力

我国村一级权力属于乡村自治组织，村集体的一切决策和管理均由全体村民共同决定。由村民组成的村民

委员会是乡村规划建设管理的主体，乡镇人民政府对村庄规划建设管理起引导作用。但在实际操作过程中，乡镇人民政府与村民委员会的关系往往在村庄规划建设管理中走向“附属行政化”的极端，即乡镇人民政府仍把村民委员会当作自己的下属行政组织，沿用传统的行政命令对村民委员会进行指挥和管理，随意插手村民委员会自治范围内的各项活动，发布行政指令进行决策，在村庄规划建设管理中，村民委员会作为新农村建设的主体只是被告知、被要求、被接受。

（2）规土分离，管理失效

1999年颁布的《土地管理法》对土地规划与城乡规划的相互关系进行了规定，即土地规划定规模，城乡规划定布局。而随着建设用地增减挂钩政策的出台，城乡规划与土地规划在乡镇层面的矛盾延伸到建设用地布局上。城乡规划主张通过推进农村居民点的拆并，建立集中的农村居民点，将拆并村庄腾挪出的建设用地指标用于城镇建设。但土地规划图对农村建设用地基本上采取了维持现状的表达方式，并不主动谋划村镇建设用地的集中布局，因此土地规划图面上保留了大量分散于农村地区的现状建设用地，如村庄、乡镇企业、风景旅游设施、独立建设用地等。城乡规划对建设用地的布局较为科学，但没有建设用地指标；土地规划手握建设用地指标的分配权，却仅仅着眼于当前现状，无法起到规划引领作用。两规之间的不协调不利于乡镇规划管理的实施，也不利于土地的节约与集约使用。

（3）乡村规划建设许可执行不严格

根据相关法律法规，在乡、村庄规划区内，进行农村村民住宅、乡镇企业、乡村公共设施和公益事业建设，以及确需占用农用地进行建设的，应按要求申请办理乡村建设规划许可证；城乡规划主管部门不得在城乡规划确定的建设用地范围以外作出乡村建设规划许可。然而，乱搭乱建是当前乡镇的一大顽疾，普遍存在未依法取得乡村建设规划许可证或未按照乡村建设规划许可证的规定进行违法建设的现象，以及城市、县人民政府城乡规划主管部门未按规定受理申请、核发乡村建设规划许可证的情况。相比于建设用地规划许可与建设工程规划许可的执行情况，乡村规划建设许可执行明显不够严格。

（4）土地流转管理不规范，不利于现代农业产业化发展

乡镇土地使用权流转过程中的规划管理一直相当薄弱，特别是集体土地使用权的流转与建设脱离城乡规划与土地规划的指导。近年来，全国多个地方虽然相继出现多种类型的土地流转方式，如：反租倒包、土地股份合作和土地转包等形式，但还缺乏规范的土地流转市场和高效合理的流转管理机制，农村土地流转还处于初始的自发阶段，不利于促进土地适度规模经营的形成。

（5）重批前，轻批后

批后管理是目前规划管理过程中明显存在的一个薄弱环节，对核发“两证一书”后的建设项目运作情况缺乏有效的监督手段。现行管理模式对规划实施还未形成一个有效的实施和检查机制，目前的监管主要是对建设项目进行即时性的查处，一旦项目完工，监察随之结束，监察结束后的违章建设与查处不能保证。重事前审批、轻实施管理的做法无法保证规划空间与实际落成空间的一致，给城市空间建设的引导和控制带来麻烦，也让开发商们形成了一种规划图纸审查通过便可钻空子的错觉，不利于规划的贯彻落实，削弱了规划管理的应有效能。

（6）公众参与有效性不足，监管透明度不足

规划实施管理方面的公众参与还不够，没有形成人人关心规划、人人重视城市发展的氛围。特别在乡村地区，公众参与相对更加薄弱，没有体现乡村地区“自下而上”的自治组织要求，而是采用“自上而下”的管理体制，规划管理决策取决于政府部门的领导意志，一些地方政府及部门领导甚至以权代法，违反法定程序、擅自批准进行建设，造成严重损失。信息化平台没有充分开放，社会公众与企业可以“看得见”规划，却仍未“看得清”规划，也没能更多更有效地参与到规划，“够不着”规划。主要原因首先在于公众参与的途径单一，信息单向传递，目前的公共参与的途径主要通过新闻媒体的宣传和展示获取信息，以书面或者口头的形式反馈意见，而规划管理部门缺少对公众意见的及时反馈。其次是公众意见的有效性没有制度保障，无法对规划管理产生实质性的影响，导致公众对参与规划管理的积极性受挫。

3 乡镇规划管理体制的创新

3.1 管理机构与权责划分

（1）独立行政机构，创新乡镇规划管理的组织结构

在乡镇设立受乡级人民政府委托独立执法的一级法人单位，配备专职人员，作为乡镇人民政府的规划建设行政主管部门，同时纳入县（市、区）相关主管部门的垂直指导管理，由乡镇人民政府和县（市、区）相关主管部门实行双重管理。该机构一方面承接乡级人民政府在规划管理方面的权力与责任，负责监督检查行政范围内的建设活动，及时发现、制止、汇报各种违法占地与规划建设行为，另一方面在人权、事权、财权上相对独立于城市、县人民政府的相关主管部门。

（2）整合机构职能，建立乡（镇）、村一体化的管理体制

整合城建管理所、建设管理所与国土管理所的职能，进行合署办公，接受县（市、区）规划、建设和国土部门的指导管理，综合协调管理乡镇的规划、建设、土地和城建监察工作，由整合之后的乡级规划、建设和土地管理部门统一管理乡（镇）、村两级的规划建设工作。逐步将目前实施中的合理的政策性安排内化为体制性安排，并处理好各级财政之间的分担责任。

（3）强化乡镇规划管理机构的“属地管理”职能

下放乡村建设规划许可证的行政许可权、建设用地规划许可权、乡镇规划管理的行政处罚权，为乡级人民政府还权赋能，完整行政组织职、权、责的一致，遵守宪法赋予乡（镇）级人民政府“一级政府，一级规划”的权力。扩权强镇，改善当前乡镇规划管理条块分割的状况，按照“条块结合，以块为主”或者“条块结合，条随块转”的原则，完善乡镇规划管理中的政府分级管理体制，根据“一级政府，一级事权”的要求，将乡镇规划管理重心和管理权限下移，进一步明确区、镇两级政府的管理职能，赋予相应权力。

（4）将城市管理向乡镇延伸

从过去单一的“城区管理”，向广大农村辐射，突出乡镇综合管理职能。推进城市管理重心下移，强化乡镇政府的管理职责，保证乡（镇）、村庄两级工作经费。把村庄管理摆在乡镇综合管理的突出位置，积极推进“城管进村庄”，健全公共服务组织，培育和发展村庄的民间服务组织，促进村民形成自我管理、自我服务的机构。

3.2 制度构建

（1）创新乡镇城乡规划管理制度

认真实施《中华人民共和国城乡规划法》和《湖北省城乡规划条例》，落实城乡一体的规划管理体制，构建“镇域—镇区—新型农村”分层级、体系化的规划管理制度，积极推进地方性城乡规划管理实施办法的制定。完善城乡规划部门对集体土地的规划管理制度，强化村庄规划对各类集体土地使用与村庄建设的引导作用，优化村庄“三生”空间，积极应对当前建设用地增减挂钩、建设新型农村社区的现实需求。在出台《湖北省市（县）城乡总体规划编制导则（试行）》、《湖北省市（县）城乡总体规划工作指南（试行）》、《湖北省建筑日照分析技术规范》基础上，修订控制性详细规划编制导则、修建性详细规划编制导则；着手开展省级重大项目规划选址和历史文化名城保护规划编制等工作指引的研究制定；制定《美丽乡村规划编制导则》、《乡镇空间资源节约集约利用导则》、《乡镇全域规划项目库编制导则》；配合发布实施《“荆楚派”建筑风格规划、设计导则》、《“荆楚派”村镇建设风貌与民居建筑风格规划建设导则》。

（2）创新乡镇建设管理制度

制定省级农村村民住宅建设规划管理制度，现行的《村庄和集镇规划建设管理条例》与《湖北省村庄和集镇规划建设管理办法》对新建宅基地与新增耕地的审批程序予以了明确规定，但尚无法律和法规对原有宅基地与耕地变更、建设有明确管理规定；加强建筑工程质量监督机构的建设，落实质量监督工作实行责任制；端正建筑施工企业经营指导思想，建立健全施工企业技能和质量意识教育制度，提高建筑工程质量管理水平；严格执行建设审批手续，各建设管理部门要对在辖区范围内的建设工程、住宅建设、公共设施等严格把关，切实落实房屋建筑施工安全管理。

（3）创新乡镇土地规划管理制度

制定《农村宅基地“一户一宅”管理实施细则》，为农村集体建设用地流转提供政策驱动力；制定《集体建设用地流转管理细则》，规范农村集体土地使用权流

转的原则、条件、形式、审批程序和管理；积极探索有偿收回农村闲置建设用地使用权的制度，可借鉴城市国有土地的储备制度，由村集体有偿收回农村闲置建设用地使用权，对放弃农村宅基地使用权的农户给予一定的经济补偿，然后把宅基地重新分配给其他农户使用或用于村公共建设；制定新农村宅基地跨村小组（村）使用制度，为农村人口向中心村聚集、迁村并点发展新型农村社区提供住房用地保障。

（4）创新综合管理制度

加快推进乡镇综合管理立法工作，加强稽查执法制度建设，建立完善住房和城乡建设稽查执法体系。着力解决城管工作中职能交叉、权责不明、管理缺位等突出问题，变分散交叉管理为集中综合管理，降低管理成本，提高管理效率。按照责权一致的原则，明确市、区、街道、社区、网格及各部门的城市管理责任，构建统一领导、分级管理、以区为主、街为基础、专业管理相对集中、综合管理重心下移的乡镇综合管理体系。

4　乡镇规划管理机制的创新

4.1　实施运行机制

（1）创新规划编制与审批管理机制

落实编制管理、审批管理的全域管控，鼓励编制城乡一体的、全域管控的镇域规划，实现镇域规划、镇区规划、村庄规划三位一体，推行覆盖全域的乡镇规划项目库编制，实现审批管理数字化全域管控；推行乡村建设总体规划与乡级土地利用总体规划“两规”合一的规划编制，衔接乡镇城乡规划与土地规划，积极引导建设用地增减挂钩，在规划与实施之间搭建桥梁；拓展土地规划编制深度，编制与制定中长期土地管理规划，指导土地储备计划，增强宏观层面的土地调控；应用现代化信息管理手段，建立完善的土地规划与城市规划管理体系，提高土地规划的应用效果，增强城乡规划的可执行性；推动政府和社会对土地规划方案的适时调整和对城市规划实施的适时评估，以更加科学的理念统一土地规划管理与城乡规划实施之间的关系。

（2）创新规划实施管理机制

引进非政府组织进入农村，为村民提供相关规划服务，方便公民咨询、了解城乡规划方案、反馈意见以及办理相关手续；加强历史文化名城、名镇、名村保护的规划管理，与省文化厅建立并推进城乡建设与文化传承战略合作机制建设，会同有关部门积极支持帮助地方政府申报历史文化名城，做好历史文化名城的保护规划审查等相关工作；加强减灾防灾设施建设管理，提高村镇建设的防灾减灾能力，在村镇规划中充分考虑防灾避险和应急疏散的要求，逐步将农村基础设施和公共建筑纳入工程质量监管体系，保障工程的抗灾能力；创新土地整治机制，改变“各自为战”的局面，按照“政府主导、国土搭台、部门联动、公众参与”的要求，遵循“资金性质不变、管理渠道不变、归口申报、各司其职”的原则，聚合各部门管理的项目资金，形成合力。

（3）创新乡镇综合管理机制

创新管理手段，推进城管数字化、信息化，加快推进环卫作业市场化改革，提高城市管理养护水平；研究推动城管向乡镇延伸，完善乡镇城管体制机制，通过政府制定规范性文件来建立部门之间的协作机制，规定市区相关行政管理部门负有积极协助、配合城市管理行政执法机关依法集中行使行政处罚权的义务；完善城市管理行政执法机关与其他各有关行政主体之间的“双向告知”、“意见反馈”以及责任追究机制；创新农村垃圾治理工作的组织形式，改变政府大包大揽的模式，充分发挥农民群众的主体作用，探索建立政府引导，社会力量参与，村民自我服务、自我管理的农村生活垃圾治理的长效机制；加大对违法建设活动的处罚力度，严禁乱搭乱建，建立长效、全方位管理机制，强力维护城乡规划的严肃性，确保工程项目建设符合规划要求。

4.2　评价奖惩机制

（1）创新考核标准

构建涵盖规划管理、建设管理、土地管理与城乡综合管理的综合评价体系；引导政府的服务性职能，努力把地方政府的价值观从市场导向、政绩导向引导到以城市科学、和谐发展的公共利益导向上来，切实改进工作作风，提升服务能力和水平；健全考核机制，省委、省政府将组织专班，定期对城镇化工作进展情况开展督查，不断增强各地推进新型城镇化工作的主动性和创造性，为推进新型城镇化工作创造良好的环境。

（2）创新奖惩措施

引入第三方考核评价机制深入开展全省城市管理工作检查考评，完善检查标准和考评方法，坚持“两暗一明”检查制度。明查实行一个标准掌握，一套班子考核，一把尺子量到底；继续加大暗访比重，通过政府购买服务的方式，采取政府公开招标和竞争性谈判，择优选聘第三方公司实施全省城市管理暗访检查，确保暗访的科学性和可靠性。

4.3 监管约束机制

（1）监督检查与规划实施评估相结合

通过规划管理部门、社会公众、第三方专业机构的规划实施评估，检验规划管理工作的成效，将其作为自查自纠的手段，对建设项目的执行效果进行监督、检查和验收；将建设项目实施效果的好坏有效地反馈到城乡规划编制过程中，从而对规划实施管理和规划编制管理也起到一个指导作用。

（2）规划审批全过程公开透明

公开是公平的前提条件，也是制约规划审批人员自由裁量权的重要环节之一。行政审批制度改革要求规划政务公开越来越高，规划管理体系在工作流程中应建立广泛和有效的参与机制，包括多部门协调、专家咨询、公众参与、社会监督等。规划审批要以公开为原则，不公开为例外。

（3）向村组织下放规划管理权限，实现长效监管

公众参与和政府分权是共生的，管理权限下放实质上为公众参与提供了可能性，真正的公众参与在于政府把某些原来由政府包办的社会功能下放或“交还”给社会。因此，应把乡村规划管理的部分主导权下放给村委会和村民，由村委会组织村民共同参与并完成家园的建设，使村民真正进入到“自治”的良性机制中。

（4）全过程电子化管控

通过对规划行政权的全面、重新梳理，规划管理部门再造一个电子规划管理流程，建立起覆盖全域、全流程的电子政务平台，让涉及规划政务的所有行政权力全部且只能在这个平台上运行。全过程电子化管控既可全面提高规划管理效率和水平，又可对规划权力的运行进行全方位监督，最大限度地减少了自由裁量空间，消除了“玻璃门”、“弹簧门”。而且，这个平台完全公开、透明，有效防止在行政工作中的不作为、慢作为、乱作为。

作者单位：华中科技大学建筑与城市规划学院
作者：卢有朋，黄亚平

中　篇

乡镇规划编制研究

7　乡镇规划编制现状及问题

1　现状特征

湖北省2012年建制镇总数为740个，镇区户籍人口总数946.1万人，建成区总用地达2495.4km^2。从2008年至2012年的5年时间，全省建制镇的平均建成区规模从236.8hm^2/镇扩大到343.2 hm^2/镇；平均镇区户籍人口从1.14万人/镇上升到1.30万人/镇。比较建成区用地年均增长9.7%与建成区户籍人口年均增长3.3%二者的关系，可以看出用地增长速度是户籍人口增长速度的2倍多，而同期全省建制镇暂住人口平均仅为1300人/镇左右，且5年平均水平基本一致；由此可见，在建制镇层面的城镇化也突出地表现为土地城镇化而非人口城镇化，土地城镇化与人口城镇化速度极不匹配。

1.1　以“百镇千村”推动乡镇规划的全面覆盖，规划从镇区开始向村庄延伸

湖北省在“十一五”期间以“百镇千村”示范工程为重点，切实推进小城镇建设，并通过一系列政策、措施，鼓励支持村镇建设发展。在此期间，出台了《湖北省小城镇建设暨百镇千村示范工程建设“十一五”发展规划》、《湖北省新农村建设村庄规划设计导则》、《湖北省新农村建设村庄整治技术导则》、《湖北省农村住宅优秀设计方案》、《湖北省农民住房建设质量控制管理导则》等一系列指导小城镇建设管理和规划编制的文件。到2010年，全省740个建制镇和204个建制乡均已编制完成总体规划，小城镇规划覆盖率达到100%；其中省定的119个重点镇的总体规划实现省级备案核准和镇区控制性详细规划的全覆盖。

1.2　打造重点镇、特色镇，提升了乡镇规划质量，丰富了规划类型

2011年湖北省为加快推进全省新型城镇化，努力构建促进中部地区崛起的重要战略支点，成立“湖北省推进新型城镇化工作领导小组”，并把领导小组办公室设在省住房和城乡建设厅。按照省委、省政府关于加快推进新型城镇化的意见（鄂发〔2010〕25号文），提出大力培育中心镇和特色镇，选择100个重点中心镇实施扩权强镇，促其成为经济强镇和县域副中心；打造100个生态文化旅游特色镇，使其具有鲜明的人文和生态景观特色。在小城镇和农村地区，每年建成200个左右的农村新社区或中心村。另一方面，《湖北省城乡规划条例》颁布施行，乡镇规划的法定地位得以提升，乡镇规划的编制体系、内容和质量等得到完善和充实，特别是针对镇级市试点规划的组织和编制工作，进一步促进了乡镇规划类型的丰富、规划内容深度的拓展和延伸。

1.3　适应乡镇发展多元融合的特点，必须创新规划编制的内容和方法

2012年，《湖北省城镇化与城镇发展战略规划（2012—2030）》发布实施，在省内积极推动绿色低碳重点小城镇示范建设的同时，省政府出台了《关于加快推进黄梅小池开放开发的意见》，小池作为湖北长江经济带开放开发的“桥头堡”，其开放开发上升为“省级战略”，为探索滨江城镇的特色发展道路和体制机制创新，探索小城镇依托大城市跨江跨区域协作发展模式，为湖北省滨江城镇发展提供示范，因而在规划编制上要求高起点、高质量、高水平，突出多类型、多专业规划的统筹协调的特点，创新乡镇规划的编制。特别是通过小池开放开发总体规划、小池城镇建设总体规划、小池土地利用总体规划的“三规”统筹协调，以及“6+1”专项规划之间的衔接，积极探索、创新科学合理的小城镇规划体系和编制方法。

1.4　“四化同步”示范乡镇试点，实现全域乡镇深度规划

2013年，湖北省委、省政府决定，在全省选择21个乡镇（街道）开展“四化同步”示范试点。7月下发了《关于开展全省“四化同步”示范乡镇试点的指导意见》（鄂办发〔2013〕21号），强调规划的引领作用，坚持规划先行、全域规划。要求示范试点乡镇聘请具有甲级资质

的规划设计单位，按照城乡统筹、布局合理、功能完善的要求，注重保持地理和文化特色，切实做到镇村发展总体规划、土地利用总体规划、产业发展规划和新型农村社区建设规划紧密衔接，建设用地控制性详细规划覆盖率达到100%。省“四化同步”示范乡镇试点工作领导小组办公室会同省级业务主管部门，组织专家对规划进行评审，严格审核把关。

围绕“四化同步”、城乡一体化发展的要求，创新规划编制理念和方法，建立“覆盖全域、多规协调”的全域规划体系。首先是系统性地编制“镇域规划”、“镇区规划”、“村庄规划（新型农村社区）”三个层次的空间布局规划；其次，注重生产、生活、生态空间的协调，在全域范围编制产业发展规划、土地利用规划和美丽乡村规划三项全域专项规划；第三是提倡集约高效、节约用地，注重文化、突出特色，依据地方资源禀赋和人文特点开展专题研究，包括城乡建设用地增减挂钩、土地集约节约利用、资源保护与旅游开发等；第四是注重规划的可操作性，建设地区要求控制性详细规划全覆盖，重点地区要编制城市设计，各类规划要明确规划项目建设内容，建立项目库，安排进度计划。

2 存在的主要问题

2.1 注重建设空间规划，忽视区域统筹和不同层次规划的协调

由于目前乡镇层面的城镇化突出地表现为土地城镇化而非人口城镇化，还停留在“盖房子”层面，土地城镇化与人口城镇化不相匹配。从2008~2012年期间，全省建制镇建设用地和人口增长速度分别为9.7%、3.3%，用地弹性系数（即城镇建设用地增长率与城镇人口增长率之比）为2.94，而同期21个“四化同步”示范乡镇建设用地和人口增长速度也只有9.6%、4.9%，用地弹性系数为1.96，虽然低于全省建制镇的水平，但高于全国城镇平均1.51和全省城镇平均1.03的弹性系数，说明示范镇仍然存在一定的土地空心化问题。2012年全省21个“四化同步”示范乡镇建成区中规模最大的乡镇5.3万人、8.5 km^2，最小的仅0.4万人、0.8 km^2，21个乡镇平均规模为2.34万人、4.5 km^2。

在乡镇规划方面，2010年前，全省的乡镇均已按照《镇规划标准》编制完成乡镇总体规划。但乡镇规划中重点在镇区的建设规划，只注重建设空间规划，忽视全域产业发展、土地利用、生态保护、文化传承等方面的规划以及相互之间的统筹协调，忽视“人口的城镇化”，没有把产业、人口、土地、社会、农村等纳入规划中统筹考虑，所以当初的镇的规划距离新型城镇化的要求差距较大。新型城镇化不是简单的城镇规模扩张和人口增加，而是强调在产业支撑、人居环境、社会保障、生活方式等方面实现由“乡”到“城”的转变，实现城乡统筹和可持续发展，决不能以牺牲农村的发展来谋求城镇的进步。因此，强化镇域规划、产业发展规划、镇村体系布局规划、全域公共设施布局规划、生态环境保护规划等不同类型和不同层次规划的统筹协调，是新型城镇化发展的趋势和必然要求。

2.2 传统的乡镇总体规划编制方法难以适应新型城镇化发展需要

湖北省建制镇数量较多，但建制镇密度较低，约40个/万km^2，明显低于其他省份：江苏90.6个/万km^2、浙江73.4个/万km^2、安徽65.0个/万km^2（2008年数据）。空间分布上表现为东密西疏的特征，城市化落后于工业化，乡镇经济发展水平差异、乡镇规模大小也与分布特征基本吻合。一直以来，乡镇的发展并未在“工业反哺农业、城市支持农村”方面真正获益，乡村建设和发展游离于工业化和城镇化进程之外，远未达到工业与农业、城市与农村协调发展的阶段。

正是由于湖北省乡镇数量多、分布散、规模小等原因，所以过去编制的乡镇规划中，过于关注镇区和村庄规划而忽略全域统筹规划，关注城镇建设规划忽视产业发展规划，关注建设用地规模扩大忽视内涵提升，关注资源开发利用忽视生态和环境保护，产业发展与城镇化建设割裂，土地城镇化与人口城镇化不相匹配，“建设性”破坏不断蔓延，乡土特色和民俗文化流失。因此要适应新型城镇化发展需要，必须创新规划编制方法。比如乡镇规划范围必须扩充至全域规划，并且对非建设用地进行空间管制区划，与土地利用规划、农业生产布局相衔接；镇域、镇区规划有必要进行分区控制引导，建立“三区、四线”控制体系，建立近期建设项目

库等。

2.3　村镇规划编制起点不高、理念不新，规划质量有待进一步提升

目前村镇规划编制所需设计资质要求并不高，加之湖北省乡镇规模偏小，因此大量的乡镇规划一般都由当地的规划设计单位编制，具有甲级规划资质的大型规划设计机构参与编制乡镇规划的比例较低，村庄规划或农村社区规划基本上都是资质较低的地方小型规划设计机构在承担编制任务。另外，地方对乡镇和村庄规划的重视程度远不及城市规划或各类开发区规划，所以目前乡镇规划虽然规划覆盖率很高，但编制机构的技术水平参差不齐，地方政府重视程度不一，导致乡镇规划质量差别很大，规划的整体质量不高。

新型城镇化是强调以人为核心的城镇化，也是解决农业农村农民问题的重要途径。目前一些农村地区大拆大建，照搬城市小区模式建设新农村，简单地用城市元素与风格取代传统民居和田园风光，导致乡土特色和民俗文化流失。一些镇区现状建设无序蔓延，编制规划时又盲目扩张建设用地规模，甚至侵占耕地农田，不仅进一步加剧了耕地资源的稀缺，而且导致土地利用不合理、集约化程度低。还有些地方对城镇现代化理解存在偏颇，城镇建设不切实际、贪大求洋的思想严重，甚至片面地认为城镇规模越大，地位就越高，因而超越自身发展条件肆意扩大用地规模。基于以上种种原因，必须改变乡镇规划编制的现状，提高认识、统一思想，必须把规划作为第一位的大事去抓。首先是规划理念要新，突出“以人为本”、“四化同步”、“生态文明”、“文化传承”等先进思想；其次是起点要高，引进发达地区资质更高、经验丰富的规划设计机构，提升规划质量。

2.4　城乡规划的信息平台建设有待完善

湖北省乡镇数量多，城乡规划编制、审批和管理等规划相关信息采集和获取等工作量巨大，目前并未形成良好的城乡规划信息服务体系。

建立和完善城乡规划信息服务体系，管理并处理好规划相关信息，对于实现政务信息公开，提升规划管理部门日常业务处理能力，保障公民对城乡规划的知情权、参与权、选择权和监督权，维护城乡规划的民主性与科学性等工作都具有极其重要的作用和意义，也是规划管理部门与社会公众信息互动、广泛听取民意的需要。

城乡规划涉及部门众多，包括建设、住房、国土、交通、城管、公安、电力、通信等部门，所以建立城乡规划信息服务体系，更有利于相关部门横向协同、信息共享，为规划决策提供强有力的技术支撑。同时，在规划管理部门的各个环节引入信息化技术服务手段，实现精细化规划管理和服务，为规划编制、审批和实施工作提供更大的便利性，可极大提升规划管理工作的规范性和高效性。

作者单位：湖北省城市规划设计研究院

作者：倪火明

8 乡镇规划编制体系与编制方法创新

1 乡镇在新“四化”发展中的地位和作用

改革道路的转型以及发展观念的转变导致规划编制的重构。党的十八大报告凝聚共识、汇集力量，报告强调“四化同步”，提出“坚持中国特色新型工业化、信息化、城镇化、农业现代化道路，推进信息化与工业化的深度融合、工业化与城镇化的良性互动、城镇化与农业现代化的相互协调，促进工业化、信息化、城镇化、农业现代化的同步发展”。

1.1 乡镇是新型城镇化的宜居地和扩展地

1.1.1 优化城镇化格局的重要层级

（1）新型城镇化规划明确了乡镇在优化城镇化发展格局中的地位

《国家新型城镇化规划（2014—2020）》确定新型城镇化的发展目标之一是城镇化发展格局更加优化，明确提出要增强乡镇及小城镇的服务功能。

（2）乡镇的快速发展是我国城镇化的重要动力

改革开放后乡镇的发展大大推进了我国自下而上的农村城镇化，在我国城镇化长期滞后局面的改善上发挥了不可忽视的作用。建制镇从1978年的2173个增加到2010年的19410个，占全国城镇人口的比重从20%上升到29.5%，出现一批具有产业特色和经济实力的小城镇。2006年以来，大中城市人口总量均有不同程度的增减，但是5万人以下的小城镇的数量在不断增长（图8-1）。

1.1.2 大规模农村富余人口转移的重要空间载体

（1）“量广面大”的乡镇将是未来我国大量人口的最终居所

根据中国城市规划设计研究院的有关研究，2030年前后我国城镇化率将保持在65%。2010年我国20万以下人口的小城市与城镇，集聚了全部城镇人口的51%。预计2030年，我国将有9.8亿人口居住在城镇，大城市城市问题过多，中小城市处于经济结构调整之中，不能成为吸纳农村人口的全部出路。

（2）乡镇的公共服务能力提升是吸纳人口的主要动力

发达国家的经验表明，乡镇可以为高度城镇化时代的城市居民提供不可或缺的、多样化的服务，尤其是公共服务的均等化，可以使乡镇成为城市居民向往的场所。

1.2 乡镇是新型工业化的延伸地

1.2.1 乡镇的工业化与城镇化“伴生发展”

工业化的水平直接决定了农村剩余劳动力的转移规模和速度；反过来，随着城镇化水平的提高，乡镇工业生产必需的物资、智力、技术等支持条件不断成熟，也会推动工业化进程。所以新形势下，大量承接了农村剩余劳动力的乡镇将成为新型工业化的延伸地，构成与城镇化的互促机制。我国长三角地区的小城镇发展过程很

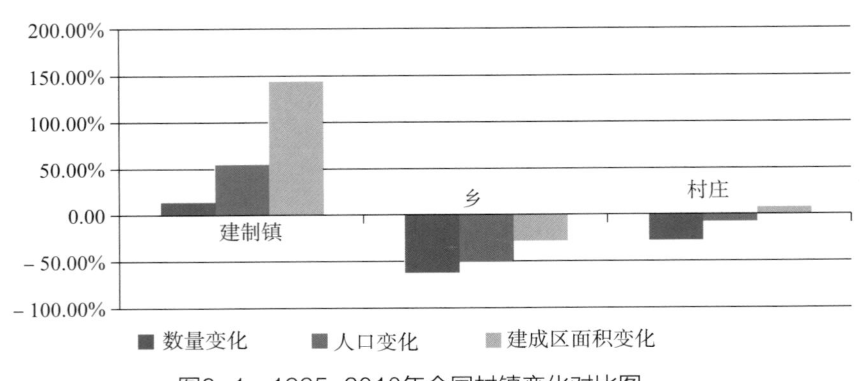

图8-1 1995~2010年全国村镇变化对比图

图片来源：中国建制镇统计年鉴2012

好地反映了乡镇的工业化与城镇化伴生发展的规律。

1.2.2　产城融合是乡镇工业化的新形势

产城融合不仅适用于城市，对于乡镇同样是未来产业化发展的必然趋势。推行镇区与园区共建，形成“山水田园”的空间格局和发展模式。

1.3　乡镇是农业现代化的主阵地

1.3.1　现状农业现代化滞后于工业化与城镇化

根据世界农业现代化概念及内涵认识的演变过程，可归纳为三个阶段。

（1）第一阶段

传统农业与现代工业相结合概念上的农业现代化，形成以机械化、化学化、水利化、电气化为主要标志的农业生产的工业化。

（2）第二阶段

现代科技武装的农业与社会的有机融合，既要采用现代工业先进的物资技术，也要采用科学先进的管理方法，使农业生产整个过程实现社会化。

（3）第三阶段

农业生产与社会发展和自然生态环境保护的有机融合。农业的概念中加入了可持续发展的理念。

随着我国农业富余劳动力的减少和人口老龄化程度的提高，主要依靠劳动力廉价供给推动城镇化快速发展的模式不可持续；随着资源环境瓶颈制约日益加剧，主要依靠土地等资源粗放消耗推动城镇化快速发展的模式不可持续；工业化、信息化、城镇化和农业现代化发展不同步，导致农业根基不稳、产业结构不合理等突出问题，使得农业现代化滞后于工业化和城镇化。

1.3.2　未来乡镇有发展农业现代化不可替代的优势

（1）农业现代化的特点决定了小城镇是农业现代化的主阵地

现代化农业是建立在专业分工基础上的社会化大生产，要求对生产要素和社会服务组织合理分散和相对集中。所以在农业生产系统中，需要有一个为产前、产中、产后提供社会化服务的子系统。而城镇广袤的腹地是乡村，应该以乡镇为依托，建立农业现代化的服务基地。

（2）小城镇的劳动力吸纳力为农业现代化提供人力资源

乡镇是农民就业非农化与人口快速城镇化的重要基地，既有较低的生活成本（据相关部门测算，大城市转移一个农村人口的直接成本约30~40万元，而乡镇不到10万元），又有全面开放的户籍制度，所以为农业现代化提供了充分的人力资源。

1.4　乡镇是信息化的受益地

信息化是一个动态变化的过程，包括“三个层面”、“六大要素”。其中，“三个层面”是指：基础（信息技术的开发和应用）、核心（信息资源的开发和利用）、支撑（信息产品的制造和发展）；“六大要素”是指：信息网络、信息资源、信息技术、信息产业、信息法规环境、信息人才。

1.4.1　乡镇将享受面向“三农”的信息化服务

在建设城乡统筹的信息服务体系的同时，为广大乡镇提供适用的市场、科技、教育、卫生保健等信息服务，支持农村富余劳动力的合理有序流动。

1.4.2　乡镇将享受到电子政务带来的利益

（1）改善公共服务

逐步建立以公民和企业为对象、以互联网为基础、中央与地方相配合、多种技术手段相结合的电子政务公共服务体系。

（2）加强社会管理

整合资源，形成全面覆盖、高效灵敏的社会管理信息网络，增强社会综合治理能力。

（3）强化综合监督

有序推进相关业务系统之间、中央与地方之间的信息共享，促进部门间业务协同，提高监管能力。建设企业、个人征信系统，规范和维护市场秩序。

（4）完善宏观调控

完善财政、金融等经济运行信息系统，提升国民经济预测、预警和监测水平，增强宏观调控决策的有效性和科学性。

1.4.3　乡镇将加强与城市的先进网络文化交流

整合乡镇互联网对外宣传资源，完善互联网对外宣传体系建设，不断提高互联网对外宣传工作整体水平，持续提升对外宣传效果，扩大民族文化的国际影响力。

1.4.4　乡镇将在社会信息化的进程中加强和完善公共服务设施的信息化体系

加快教育科研信息化步伐，持续推进农村现代远程教育，实现优质教育资源共享；加强医疗卫生信息化建设，建设并完善覆盖全国、快捷高效的公共卫生信息系统；完善就业和社会保障信息服务体系，建设多层次、多功能的就业信息服务体系；推进社区信息化，整合各类信息系统和资源，构建统一的社区信息平台，加强常住人口和流动人口的信息化管理，改善社区服务。

1.5 乡镇是城乡统筹及解决“三农问题”的关键地

“三农问题”是个战略问题，中部的发展还面临农村建设需要优化、农业基础薄弱、农民收入不均等问题。破局应从“三农问题”入手，在发展模式和制度上保证经济发展的内生动力，以确保社会经济可持续发展。

1.5.1 乡镇是城乡统筹的关键节点

党的十八大报告明确指出，“要加大统筹城乡力度，促进城乡共同繁荣，形成以工促农、以城带乡、工农互惠、城乡一体的新型工农、城乡关系”。乡镇是促进城乡交流、冲破城乡壁垒、加速城乡一体化进程的关键节点；乡镇是中国城镇化体系中的重要节点，是城之尾、乡之首；乡镇是实现城乡公共服务设施均等化的连接点。

1.5.2 乡镇是“三农问题”解决的落脚点

乡镇是农村人口迁移、提升本地城镇化水平的前沿阵地；乡镇是促进农业现代化的重要平台；乡镇是实现农村居民点体系重构的核心空间载体。

2 规划理念创新

2.1 绿色发展理念——山清水秀，低碳生态

2.1.1 低碳发展

低碳理念强调“低碳生产”和“低碳消费”，以“低碳经济”为发展模式，以“低碳空间”为载体，以“低碳生活”为理念和行为特征。低碳的发展特色主要体现在：产业低碳化、布局低碳化、交通低碳化和资源利用低碳化。

（1）产业低碳化

产业低碳化主要体现在：信息及高科技产业、文化创意及旅游服务业、都市农业。

（2）布局低碳化

布局低碳化首先体现在适宜的开发强度，避免过度开发的高负荷用地，同时避免低强度蔓延的不集约用地；其次体现在土地的混合利用，高效率、节约型的用地布局；最后体现在开放空间结构，以绿楔的形式构建开放空间，达到布局低碳化。

（3）交通低碳化

交通低碳化主要体现在：职住平衡，减少通勤时段的交通堵塞；慢行交通系统，倡导全民投身慢行生活；公交出行，优先发展公交车、地铁等公共交通，减少私家车出行带来的碳排放；低碳社区，社区居民节能节电、节约用水、雨水回收利用、生活垃圾分类和资源化处理、因地制宜推进屋顶绿化等。

（4）资源利用低碳化

资源利用低碳化主要体现在：清洁能源的应用，包括太阳能、风能、海洋能等；资源循环利用，包括水资源、固体废物资源、高分子材料资源、无机非金属资源、金属资源等的循环利用。

2.1.2 生态理念

生态乡镇是基于对环境影响的考虑出发的设计，人类的生活将致力于最大限度地削减能源、水和食物的需求消耗，以及减少控制废弃物热能排放、空气污染（二氧化碳、甲烷等）和水污染的举措。生态发展特色主要表现在绿色产业、绿色建筑、绿色环境、绿色交通和绿色市政。

（1）绿色产业

绿色产业主要体现在：高技术产业，研究开发投入高，但是对环境损坏较小，并且对其他产业的渗透能力强；休闲农业观光，结合生产、生活与生态三位一体的农业在经营上表现为产、供、销及休闲旅游服务等产业于一体的绿色产业形式。

（2）绿色建筑

绿色建筑主要体现在：节能建筑，通过分区、朝向、间距、太阳辐射、风向以及外部空间环境进行研究后，设计低能耗建筑；环保建筑，利用环保材料、装饰、照明，建造环保建筑。

（3）绿色环境

绿色环境主要体现在：花园城镇，因地制宜，将山水田园、生态景观融入城镇风貌；景区乡村，打造看得见山、望得见水、记得住乡愁的美丽乡村。

（4）绿色交通

绿色交通主要体现在：慢行城镇通勤道路，倡导“步行+公交”、“自行车+公交”的通勤方式，以减少汽车尾气污染；绿色乡村游览路线，采用零消耗或清洁能源的游览工具，游览路线避开生态敏感区，尽量减少环境破坏。

（5）绿色市政

绿色市政主要体现在：湿地生态污水处理，运用湿地的自净功能，对污水进行生态处理；中水回用，将中水用于农田灌溉、园林绿化、工业、大型建筑冲洗、消防、环卫等市政杂用；绿色雨洪排水设施等。

2.2　智慧发展理念——智慧设施，智慧服务

智慧乡镇是由智慧社区、智慧设施建设及公共服务、智慧产业形成的综合体，并对社会管理、产业发展、市民服务等领域的各种需求做出智能的响应。

智慧乡镇依托物流网、互联网、云计算、光网络、移动通信等技术手段，特色主要体现在智慧城镇管理、智慧民生服务、智慧产城发展、智慧政务服务。

2.2.1　智慧城镇管理

实现从平面化向立体化的管理模式转变。在对城镇进行“网格规划、精细管理、重点突破、梯次推进”的基础上，按照精细化管理的要求，整合现有管理资源，变专门执法为综合执法，实现空间上的全面覆盖，继而达到管理区域网格化、管理方法科学化、管理内容精细化、管理效率最大化。

2.2.2　智慧民生服务

实现从单向推送向多方互动的服务模式转变。牵头、引导和撬动大量社会资本投入，启动智慧社区试点，开展社区服务、城市管理、居家养老等领域的应用。从组织领导、共享协同、投入模式、研究咨询、宣传推广等方面基本形成有效的民生服务体系。

2.2.3　智慧产城发展

实现以“产用联动，融合创新”为核心的发展模式。致力以产兴城，发挥新型工业化的主导作用，激发城镇发展内生动力；坚持以城促产，发挥新型城镇化的引领作用，打造产业发展平台；促进产城融合，构建乘数关系，培育产业与城镇的良性循环。

2.2.4　智慧政务服务

实现从以政府为中心向以公众为中心的服务模式转变。通过在电子政务、智慧城管、智能交通等方面实施的一批信息化项目，逐步构建形成以高效、惠民为特征的管理和服务模式。政务服务更加精准高效，自我管理运行能力不断提升，更加贴近百姓诉求，行政管理和为民服务效率进一步提升。

2.3　公平发展理念——城乡一体，服务均等

公平乡镇从道路交通、市政设施、公共服务、社会保障、生态环保五个方面实现全方位城乡一体、服务均等。为进城、进镇的农民工提供平等公正的市民待遇，以及稳妥的社会保障和就业机会。为常住城镇的农民提供基本的公共服务，创造就业条件，逐步实现农民产业工人化。

2.3.1　道路交通一体化

按照“城乡均等，网络构建”的思路实现城镇与乡村道路交通的无缝对接。政府主导、社会共管，积极推动市、县、乡（镇）、村（居委会、街道）的道路“四级网络”管理体系。定期检测交通安全形势、源头监管和隐患治理等工作情况，积极协调交通、工商、农机、安检、公安等部门，形成合力，将交通管理行为上升为政府行为，真正完善道路交通一体化的建设体系。

2.3.2　市政设施一体化

实现城乡排水、电力电信工程、竖向、邮政通信工程、燃气工程、环卫、防灾工程基础设施的全覆盖。打破市政设施建设项目大多布局在城镇的传统局面，将其往农村延伸。通过扩大规模，带动周边乡村，形成以城镇带乡村、以乡村促城镇、城乡协调发展的格局。

2.3.3　公共服务一体化

按照“等级构建，需求设置”的原则配建城乡公共服务设施体系，推进教育均衡发展，繁荣文化医疗事业，实现城乡公共服务设施均衡化发展。着力在“农民向市民转变”上探索创新，在教育、医疗、交通、就业、文化、卫生等10项公共服务事业上有“破”有“立”，统筹推进公共服务均等化，逐步缩小城乡差距，让农民享受市民待遇，满足农民日益增长的公共服务需求，促进农民生活形态的市民化。

2.3.4　社会保障一体化

实现养老保险、医疗保险、失业保险的城乡均等，社会保障体系完善，城乡居民“老有所养、病有所医、

业有所归”。把进城落户农民完全纳入城镇住房保障体系，采取多种方式保障农业转移人口基本住房需求。为就地城镇化提供制度保障，确保农村居民在低保、养老、医疗保险等方面与城市居民享受同等政策待遇。

加快建立覆盖城乡的社会养老服务体系，促进基本养老服务均等化。完善以低保制度为核心的社会救助体系，实现城乡社会救助统筹发展。

在农村参加的养老保险和医疗保险规范接入城镇社会保障体系，完善并落实医疗保险关系转移接续办法和异地就医结算办法，整合城乡居民基本医疗保险制度，加快实施统一的城乡医疗救助制度。

完善就业失业登记管理制度，面向农业转移人口全面提供政府补贴职业技能培训服务，加大创业扶持力度，促进农村转移劳动力就业。

2.3.5 生态环保一体化

按照“整体统筹，重点控制”的原则，构建城乡可持续性的生态环保系统，建立生态环境保护措施。以全域视角统筹生态环保建设，摒弃重城轻乡，通过运行城乡垃圾、污水、固体废弃物等的收集与处理，以及保洁长效机制，实现城乡生态环保全覆盖。

2.4 集约发展理念——紧凑集中，节约用地

长期以来，中国城镇大多走的是一条以高增长、高消耗、高排放、高扩张的粗放型发展道路。在这种发展模式下，中国城镇发展出现了无序和低效开发、城乡区域发展失调、社会发展失衡、城市蔓延、“城市病”凸显等诸多弊端，不协调性、不平衡性、不可持续性、非包容性突出。

中国水泥消费占全球的56.2%，钢铁表观消费量占44.9%（2010年）；一次能源消费占19.5%，其中煤炭占46.9%（2009年）。中国二氧化碳排放已占世界的21.0%（2007年），单位GDP二氧化碳排放强度是世界平均的3.16倍（2007年），OECD的5.37倍（2007年）。

自2014年9月1日起实施《节约集约利用土地规定》，根据实践中探索出的成功经验，我国提出城乡土地利用应体现布局优化的原则，引导工业向开发区集中、人口向城镇集中、住宅向社区集中，推动农村人口向中心村、中心镇集聚，产业向功能区集中，耕地向适度规模经营集中。鼓励线性基础设施并线规划和建设，集约布局、节约用地。

2.5 人文发展理念——地域风格，美丽乡村

2.5.1 突出民俗文化特色，建设“记得住乡愁、看得见山水”的美丽乡镇

突出乡镇人文传承，少数民族聚居地区要突出民族文化特色，引领具有“记得住乡愁、看得见山水”的美丽城镇和乡村建设。加强历史文化遗产保护，发展有历史记忆、地域特色、民族特点的美丽城乡。注重传统村落保护，增强传统村落保护利用和可持续发展等方面的综合能力。

2.5.2 文化资源成为驱动，特色文化村落保护受到重视

文化资源也已成为新型城镇化的主要驱动因素。随着经济和社会发展，特别是老龄化问题日益严重，特色村落的自然生态与休养生息价值彰显出来。特色村落的生态价值及自主的慢生活方式，成为城镇望尘莫及的优势。在“接地气”基础上，促进传统文化资源与现代文化资源相结合，促进乡村文化资源与城镇文化资源的有机融合，逐渐成为工作重点。

2.6 安全发展理念——整合空间，科学防灾

2.6.1 科学选择乡镇发展用地

一是要从城乡区域的角度考虑建设用地的选择，力求使发展用地的选择有利于区域整体的防灾减灾。二是应深入研究可供选择的发展用地的防灾条件，避开那些有潜在灾害隐患的区域。三是在新区开发中应补充旧城区对新型灾害的应对能力，在新区的发展用地范围内预留储备用地，以便在发生突发性事件时进行临时建设之用。

2.6.2 塑造功能综合且结合防灾的用地形态

开放空间的规划应该与城镇防灾规划紧密地结合起来，形成户外防灾空间体系。城镇生命线工程中的能源设施用地应分散布局，并应与别的功能区之间设有足够的安全隔离区域。在城镇开发建设中，对一些重大项目的选址要综合考虑防灾要求，进行防灾体系多方案比较。

2.6.3 控制乡镇规模与环境容量

理性、客观地控制城市规模和环境容量，在某种程度上会减少城镇灾害隐患，提高防灾救护工作的效率。

2.6.4　建立间隙式的乡镇空间结构

间隙式的空间结构是指在保持集约用地的同时，保留一些非建设的空间，在区域范围内表现为串珠式的跳跃型空间发展，在城镇内部体现为建成区与农田、森林、绿化等生态绿地或开敞空间间隔相嵌的空间肌理。建立间隙式的城镇空间结构有利于城镇防灾、减灾的空间格局的形成。

3　规划编制体系及内容创新

3.1　规划编制体系的创新构建

乡镇规划编制体系以法定规划为核心、非法定规划为补充，注重法定规划与非法定规划的相互支撑与相互补充。作为具有最重要指导意义的一系列规划，法定规划作为规划实施的主要依据，主要由“镇域、镇区、村庄”三个层面构成。为应对法定规划的缺陷，非法定规划应运而生。对于重点领域、重点地区，非法定规划补充了法定规划，主要为产业发展、土地利用、美丽乡村三个专项规划（图8–2）。

3.2　全域规划

全域规划主要分为六大层面：识别与判断、目标与策略、框架与布局、产业与设施、生态与特色、行动与保障，主要进行全域统筹、城乡一体的规划编制。

3.2.1　确定全域管控的具体内容和措施

确定全域的生态管控、空间管控、重要设施管控（包括市政基础设施与公共服务设施）、交通设施管控的具体内容，以及管控的具体措施，以统筹其他法定规划，指导专项规划与设计。

3.2.2　确定总体定位和发展目标

首先要对自然条件、资源环境条件、经济基础、人口素质等基本情况进行充分了解与分析。之后根据上位规划和区域发展环境研判，综合评价全域与邻近区域的优、劣势，判断可能实现的区域分工条件，从而提出总体定位，以及适合规划区全域的发展目标。

3.2.3　确定总体发展路径和方向

明确全域总体目标、产业发展方向和发展重点，提出三类产业发展的主要目标和发展措施，充分发挥全域内不同分区内的发展优势，扬长避短，构建操作性强、有针对性的可持续发展路径。

3.2.4　确定全域城乡用地布局

全域规划的核心就是搭建一个全域统筹的空间平台，规划用地分类覆盖到全域，以节约集约为原则，对全域范围内的建设用地和非建设用地的空间布局进行科学划分和管理控制，并保证建设用地与非建设用地的范围与土地利用规划一致。

3.3　镇区规划

3.3.1　功能分区与空间布局

镇区是全域的职能中心、产业服务中心。镇区规划主要的内容是依据全域规划，提出镇区发展战略和社会经济发展目标，确定镇区性质定位和发展规模，制定包括经济社会发展、基础设施、资源与生态环境等内容的发展调控指标。在此基础上，明确产业发展方向和产业布局，合理安排镇区建设用地，布局基础设施及公共服务设施。

3.3.2　特色风貌营造

明确镇区特色风貌营造的原则要求和分类管理措施，重点从“两大系统、五大要素”提出镇区建设与整治的整体要求，确定传统文化和特色风貌以及山、水、田、林等各类景观资源的总体治理目标和保护对策。其中，“两大系统”是指绿地系统、景观风貌系统；“五大要素”包括外部的山水田园风貌，内部的景观中心、特色风貌区、生态景观廊道、重要景观节点。

3.3.3　分区控制指引

分区单元的划分有五大原则：

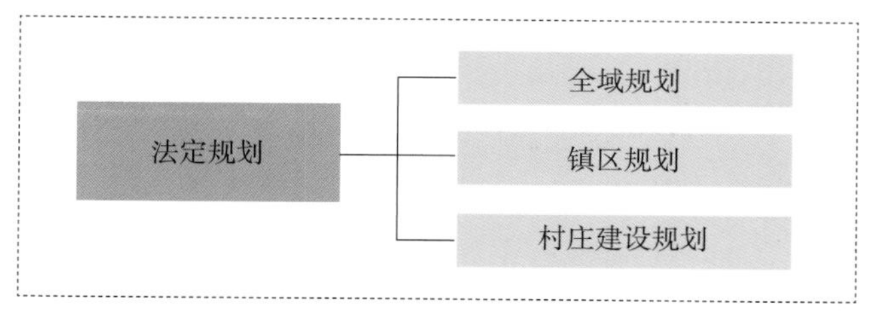

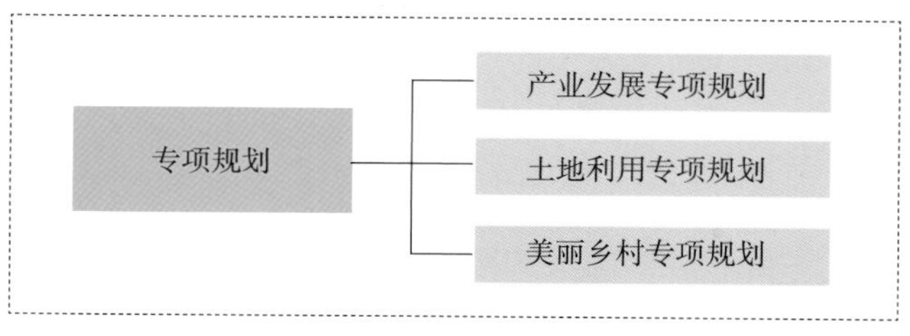

图8–2　规划编制体系框架图

① 以“控规编制”中的管理单位为单位尺度，3~4个管理单位为分区控制指引单位；

② 用地功能相对单一，主导功能突出；

③ 新区划分可适度增大，旧城区、中心区或用地相对混合区域划分可适度减小；

④ 划分需有利于景观风貌特色营造；

⑤ 分区具有相对完整性。

每个分区单元，按照四大领域进行控制指引：土地开发、生态建设、道路交通、环境形象；并且对重点地段空间提出设计意向，为下一层次规划提供导向与依据。

3.4 村庄建设规划

农村居民点主要通过居民点中住户的搬迁和居住用房的重建，对原来的农村居民点按照“两规”的要求，进行土地资源整合，形成结构紧凑、科学合理集约用地的规模居民点。农村居民点的集中建设，作为政府与农村集体的共同行动，推动城镇空间的节约集约利用与高效合理布局，完善就地城镇化。

3.4.1 拆迁新建型

对象：现状规模小、分散、产业较弱、位置偏远、交通不便的村庄。

目标：集约集中的新建居民点，便利规模的新型社区。

新建的选址应符合镇（乡）域村镇体系规划要求，结合土地利用规划，尽量不占或少占耕地，规避地质灾害地区。新建居民点应与自然环境协调，用地布局合理，功能分区明确，设施配套齐全，人居环境清新优美，充分体现浓郁乡风民情特色和时代特征（图8–3）。

3.4.2 原址整改型

对象：现状规模较大、产业较强、位置适中、交通便利，或因具有典型历史文化风格和建筑风貌等客观原因需保护，且在规划期内难以搬迁的村庄。

目标：体现文化记忆、历史遗存的古村新貌。

原址整改型居民点在保护好传统风格的前提下，可以对传统住宅进行内部装修，进行局部整改，以适应现代生活要求。纳入历史文化名村保护范畴的村庄、现存比较完好的传统特色村落，应划定严格保护区、一般保护区、环境协调区，保护好历史文化古村的整体风格，协调保护与发展的关系，结合发展乡村旅游的需求，妥善处理好新建住宅与传统村落之间的关系（图8–4）。

3.4.3 新整结合型

对象：不具有特色文化保留价值，但是现状具有一定规模、位置适中、交通比较便利的村庄。

目标：局部修整，改善环境，完善设施，彰显特色。

新整结合型村庄应妥善处理旧区改造与新区扩建之

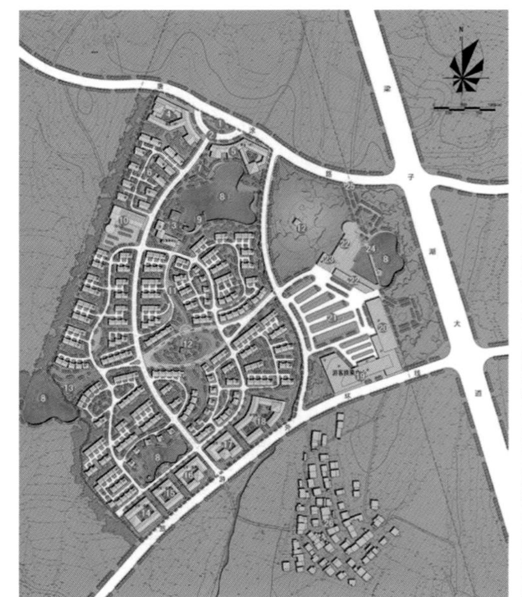

图8–3 拆迁新建型村庄

图8-4　原址整改型村庄

图8-5　新整结合型村庄

间的关系，积极推进旧村的改造和整治，合理延续原有居民点的空间格局，有序建设新区。新区要与原有在建筑风格、景观环境等方面有机协调，统筹衔接新、旧区公共设施与基础设施配套建设（图8-5）。

3.5　专项规划与设计

3.5.1　重视产业发展是基础

产业发展是乡镇发展建设的基础，也是其核心动力。随着沿海产业转移不断深化，乡镇整体产业结构不断演化及乡镇功能日趋完善，建设产城融合乡镇成为未来重要发展趋势。乡镇要重视城镇产业支撑和产业配套建设，统筹规划全域、镇区以及乡村的产业发展，进一步将乡镇建设与其产业建设相结合，强化乡镇单一职能，突出产业特色，提高其集聚效应（图8-6，图8-7）。

3.5.2　对接土地规划是保障

对接土地规划是乡镇发展建设的保障，也是其关键因素。随着城乡一体化的推进，注重统筹城乡成为提乡镇发展动力、优化城乡二元结构、缩小城乡差距、实现“协调发展与整体跨越”的必然要求。这需要城镇规划建设尽快对构建新型城乡关系加以创新与强化，更加注重推进与完善城乡规划编制工作，实现各层级各类规划有机衔接；通过“多规协调”编制的工作模式，可以将“两规”对于城乡建设的引导作用进行统筹协调；“两规”合二为一，互为补充，共同促进城乡协调发展（图8-8，图8-9）。

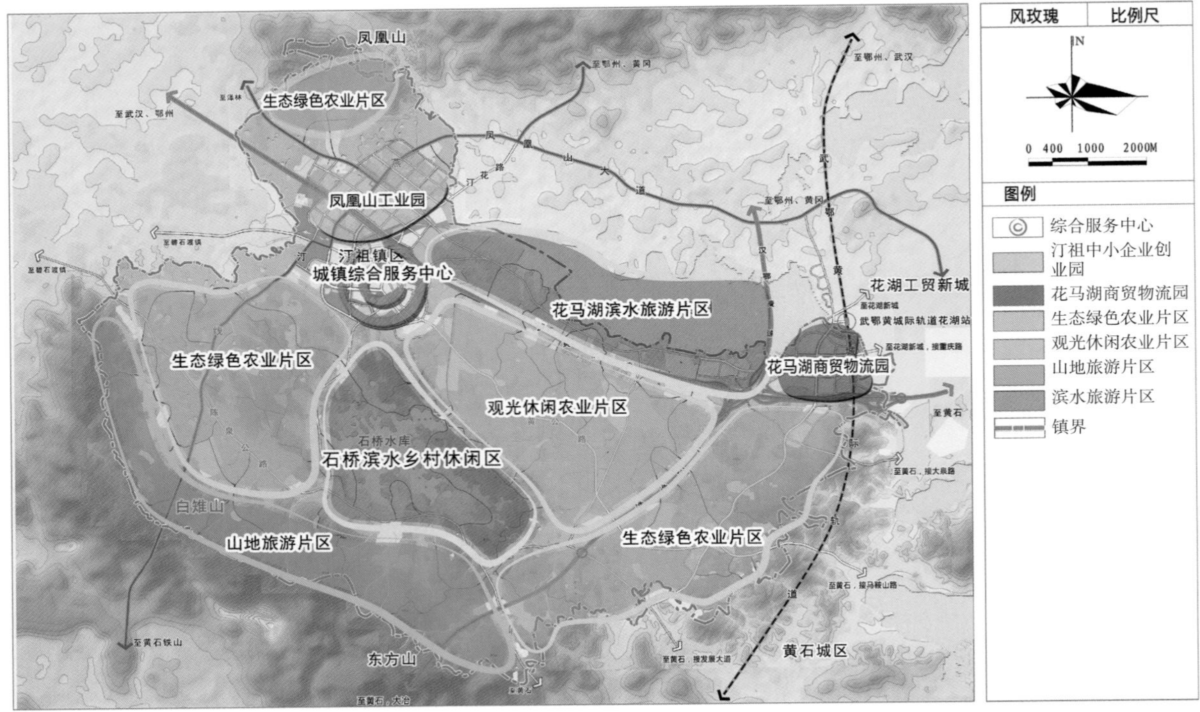

图8-6　鄂州市汀祖镇产业发展专项规划图

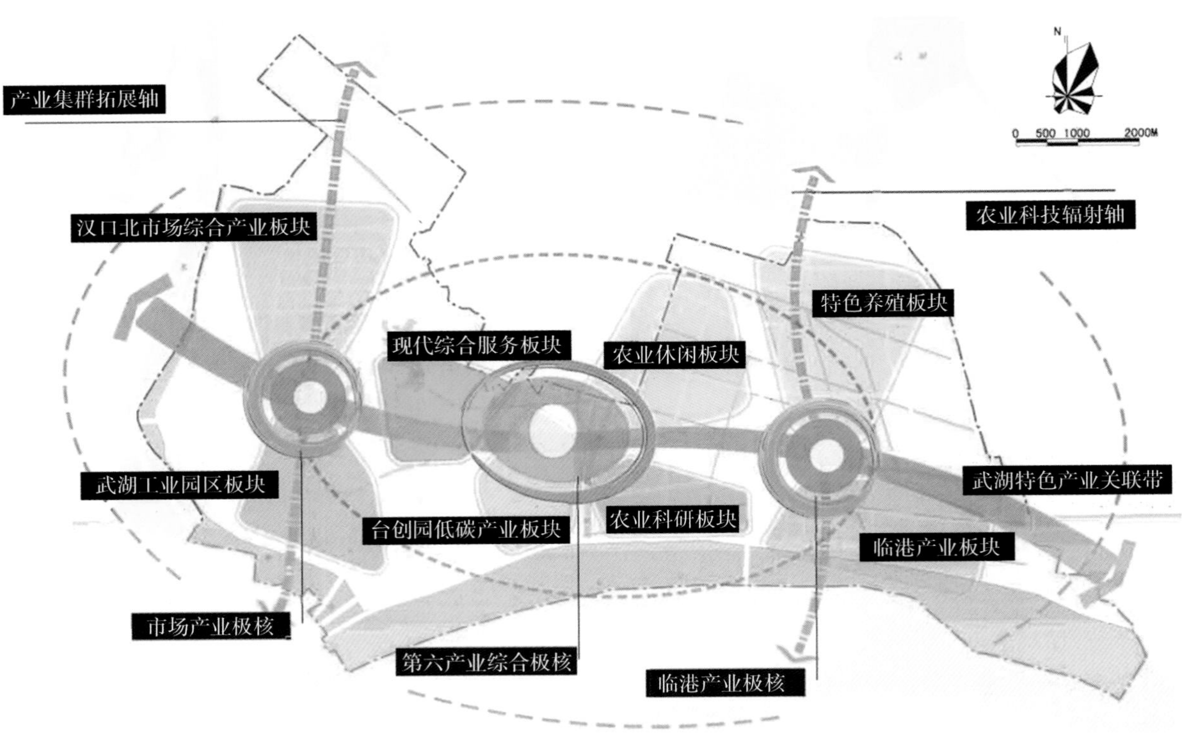

图8-7　武汉市武湖街镇产业发展专项规划图

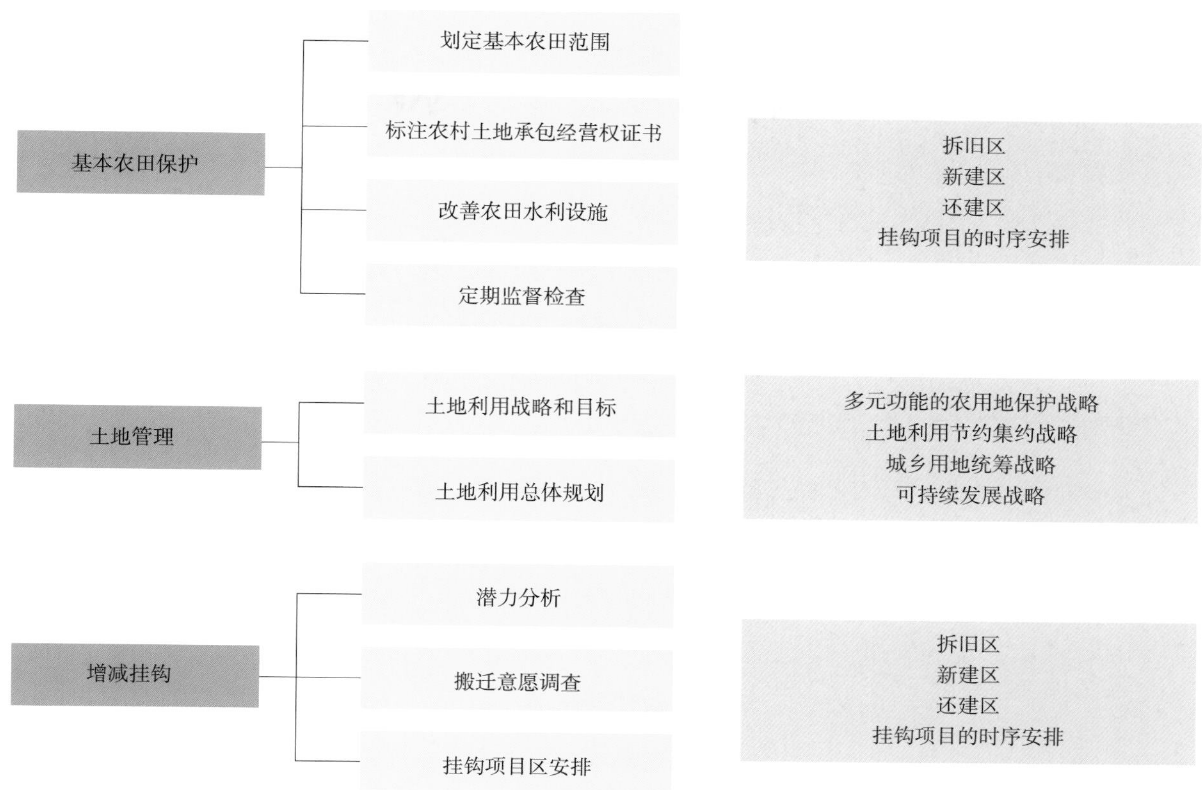

图8-8　土地利用专项规划框架图

图8-9　嘉鱼县潘家湾镇用地布局规划图与土地利用总体规划图

3.5.3 创建美丽乡村是方向

美丽乡村是乡镇发展建设的特色发展方向。要科学编制镇域规划、镇区规划。按照“生产空间集约高效、生活空间宜居适度、生态空间山清水秀”的要求，确定乡镇城乡空间规划布局。镇域规划编制中，要注重将产业发展及美丽乡村建设相结合，以城市和县城为龙头，区域中心镇为节点，中心村为基础，引导人口向县城、集镇和中心村集中发展，二三产业向城镇集聚，实现人口、劳动力在城乡经济、社会结构上的转移和调整；规划中要重点突出城镇功能，明确基础设施建设、产业布局、市场体系、公共服务和社会管理等方面的发展目标、重点以及相关政策措施（图8–10，图8–11）。

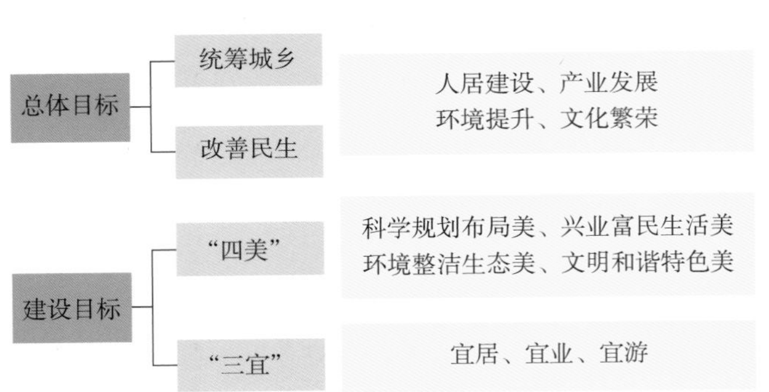

图8–10 美丽乡村专项规划框架图

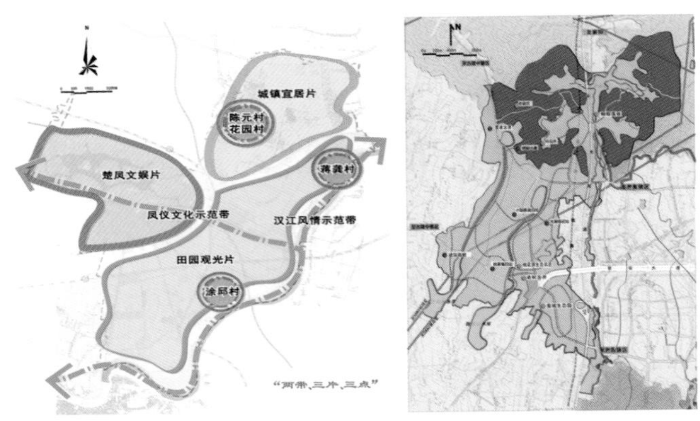

图8–11 汉川市沉湖镇美丽乡村专项规划图

4 规划编制方法创新

4.1 综合协调，“四化同步”规划方法

“四化同步”规划方法总结为：“一化引领，三化联动”。

4.1.1 信息化引领工业化与农业现代化

信息化带动新型工业化，发展高技术产业及科教研发产业。信息化融合农业现代化发展，提升农业产业链全程的信息化水平。

（1）面对新型工业化的信息化融合

信息化有序推进相关业务系统、工业企业之间的信息共享，促进部门间业务协同，提高监管能力。建设整体产业、企业、个人系统，规范和维护生产秩序。

（2）面向“三农”的信息化服务

在建设城乡统筹的信息服务体系的同时，为广大乡镇提供适用的市场、科技、教育、卫生保健等信息服务，支持农村富余劳动力的合理有序流动。

4.1.2 农业现代化与工业化双向联动发展

在城镇大力打造产业集聚中心；在乡村大力发展现代农业、休闲观光特色农业，促进农业现代化与工业化双向联动发展。

（1）推进规模农业，设施农业的比例

加快推动高效设施农业标准化和现代化进程，推进农业生产规模化集中，推行“苗、生产、贮运、销售”为一体的设施农业链条，建立政府组织推动、企业统一经营、农民积极参与的运作模式。

（2）集中集聚农村工业企业，加强农产品深加工制造

整合资源，创新机制，破解瓶颈，力促集中农村的工业企业，使产业规模由小到大、产业层次由低到高、产业竞争力由弱到强、产业集群由散到聚的蜕变，为农业现代化与工业现代化共荣发展铺筑光明之道。

（3）做好乡村旅游为代表的乡村现代服务业

以提高乡村旅游吸引力为核心，以完善旅游功能为支撑，突出“美、精、特”的乡村旅游特点，大力发展集休闲观光、田园生态为一体的乡村旅游业，促进乡村现代服务业的升级。

4.1.3 以新型城镇化作为人口及产业集聚的空间载体

新型城镇化是新型工业化空间载体，同时也是农业

规模经营背景下乡村人口转移集聚的空间载体。

新型城镇化推动产业结构转型升级和布局优化，过程必然伴随着产业转型升级，为调整产业结构、推动产业结构转型升级提供机遇。一方面通过新型城镇化建设，加快乡镇现代产业体系建设，优化产业结构，壮大优势产业，改造提升传统产业，大力发展战略性新兴产业，为承接大城市产业转移做好准备；另一方面通过新型城镇化，进一步优化产业发展空间布局，优势产业向园区集聚。

4.2　城乡一体，"全域管控"规划方法

4.2.1　"三标一体"的全域管控

全域统筹应遵循"三标一体"的全域管控模式，即发展目标、空间坐标、建设指标统筹管控。由于条块分割的管理体制原因，各部门负责组织编制的相关规划种类繁多，不同类型规划间缺乏统筹、相互矛盾。

4.2.2　"双级四核"的生态全域管控

全域统筹还应遵循"双级四核"的生态全域管控模式。通过前期评价，确定全域发展现状以及建设用地适宜性评价，保证农耕土地面积；宏观控制在于协调全域和镇区、镇区和农村居民点之间的关系；用地布局主要确定土地利用情况以及建设用地指标；具体实施则是对环境生态、综合交通、公共服务、基础设施等一系列进行相应管控。

4.3　注重整合，"多规协调"规划方法

建立有效的协调机制，减少规划间的冲突，实现规划战略、目标、内容的融合。努力实现"一张图"具有实时动态性的规划行动，将土地利用总体规划、产业发展规划、土地利用总体规划的相关信息综合为"一张图"平台。通过"多规合一"的信息平台，实现以下三个"统一"。

国民经济和社会发展规划、城乡规划、土地利用总体规划作为我国经济社会发展和空间利用的三大主要规划，以及其他部门行业规划对各自领域进行专业安排，并最终落实到城乡规划和土地利用规划确定的空间布局上。

通过使多个规划整合互通、无缝对接，能够使各类资源要素在各个规划系统中相互融合，形成一个高效、有机的规划系统，解决规划之间互不统一、相互制约、相互矛盾的问题。

4.4　规划项目化，"行动计划"方法

根据开发时序、融资途径等，将项目分为三期：近期、中期、远期。

根据项目类别与性质，形成"五大板块、八大计划"的分类计划，形成"一文、一表、一图"的具体指引（图8-12，图8-13）。

4.5　公众参与，"合作规划"方法

规划编制单位通过村民、村集体、城镇乡政府以及各行政管理部门，进行公众参与动态协调监督。"多方参与，合作互动"，通过现场踏勘、村民访谈、村集体座谈、问卷调查、市（镇、乡）政府以及部门意见征询的方式，把公众参与作为合作规划的重要方法。

4.5.1　村民

走访了解村民的五大现状：社会文化现状、公共服务设施现状、家庭经济现状、住房与出行现状、土地与产业现状。

村民参与是提升村庄规划管理质量和效益的重要途径，让村民参与规划管理的过程，有利于镇村政府与村民之间进行良性互动，促进社会管理的有效运行。因此，在社会发展复杂变化的背景下，应努力增加村民的参与渠道，丰富参与形式，为村庄建设营造良好的工作氛围。

4.5.2　村集体

访谈村集体，对村庄建设四大方面进行深度交谈：

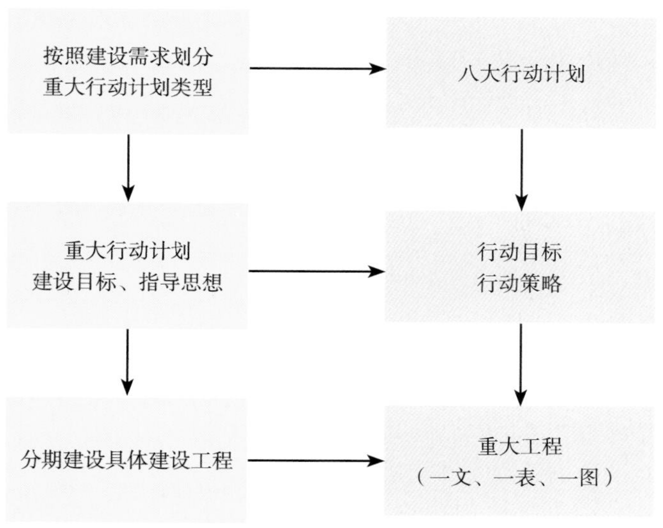

图8-12　项目库制定思路图

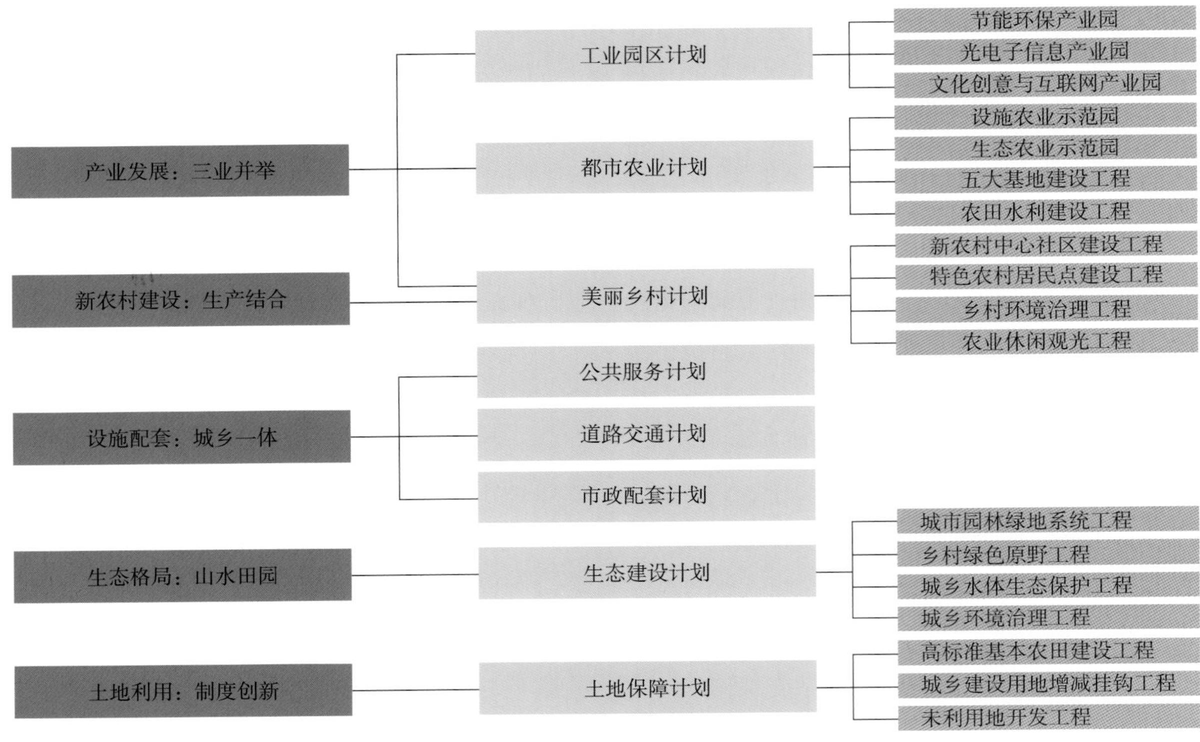

图8-13　八大计划分类图

村庄公共服务设施、村庄市政设施、道路交通设施、农村居民点。

村集体是提高农民组织化程度的重要载体，是坚持和完善村庄发展与建设的基础。村庄规划建设，不仅关系到农民的切身利益，同时也关系到村集体的发展，因此村集体的全力参与至关重要。

4.5.3　市镇乡政府

针对市县、乡镇二级政府，对辖区内的三大方面进行调查了解：产业发展、公共服务设施、市政基础设施。

市县、乡镇二级政府的参与关系到全域、镇区、村庄三个层面的总体定位与产业发展，对公共服务设施、市政基础设施等重要的公益性设施建设有着关键性作用。

4.5.4　各行政管理部门

走访各行政管理部门，分别对三个方面的发展状况进行了解：产业发展、公共服务设施、市政基础设施。

作为辅助规划的各行政管理部门可针对分管领域的现状提供资料，并对未来发展提出专业性意见与建议，对规划编制单位进行规划编制工作起到重要帮助。

作者单位：华中科技大学建筑与城市规划学院

作者：陈霈，黄亚平

9　镇域规划编制内容和方法

1　“四化同步”与镇域规划

1.1　“四化同步”对小城镇发展提出了新的要求

党的十八大指出，要“坚持走中国特色新型工业化、信息化、城镇化、农业现代化道路，推动信息化和工业化深度融合、工业化和城镇化良性互动、城镇化和农业现代化相互协调，促进工业化、信息化、城镇化、农业现代化同步发展”。小城镇是连接城市和乡村的重要纽带，是实现农民就近就地就业转移的有效平台，具有向上承接中心城市产业转移，向下服务带动周边乡村地区的先决优势，是四化同步协调发展的重要抓手和核心载体，需要加快完善城乡发展一体化体制机制，促进城乡要素平等交换和公共资源均衡配置，形成以工促农、以镇带村、工农互惠、城乡一体的新型工农、城乡关系。

1.2　镇域规划应当成为新形势下小城镇“四化同步”发展的重要“抓手”

目前，在湖北省小城镇规划编制过程中，大多数规划的编制重点都落在镇区空间规划上，缺乏从全域层面对镇域社会经济、土地利用、空间发展、环境资源保护和城乡一体化建设的全面考虑，已经无法满足新形势下“四化同步”发展的整体要求。因此，镇域规划需要按照“全域统筹、多规协调”要求，将规划工作向广大农村地区延伸，以现代理念统筹城镇、村庄规划建设，形成科学合理的镇村规划体系，以融合各部门规划于一体的综合性规划，为全域建设发展提供行动纲领和建设指引，切实推动城乡一体、全域统筹。

2　镇域规划的编制目标

镇域规划是湖北省在新型城镇化背景下探索城乡统筹发展，构建“镇域、镇区、村庄（新型农村社区）”三个层面镇村规划体系的新尝试。镇域规划要以科学发展观为指导，以加快推进新型城镇化为目标，以促进农业转移人口市民化为重点；按照促进生产空间集约高效、生活空间宜居适度、生态空间山清水秀的总体要求；优化城镇化布局和形态，提高城镇建设用地利用效率以及城镇建设和管理水平，提出多元可持续的资金保障机制，努力建设全域统筹、布局合理、配套完善、功能健全、生态宜居、经济繁荣的新型小城镇。

3　镇域规划的编制思路及重点

3.1　以生态集约为先导，构建镇域绿色低碳的发展模式

镇域规划应当按照新型城镇化的总体发展要求，坚持科学发展观，贯彻节约资源和保护环境的基本国策，把人与自然和谐发展作为重要理念，实施生态优先和集约节约两大发展策略，充分发挥低碳发展模式的先导性和基础性作用。在规划中，应当充分利用现有的山、水、林、田等自然要素，构建网络化、层级化的生态格局，加强对镇域空间系统的生态本底控制；同时坚持城乡紧凑发展要求，妥善处理好镇村规划布局集中与分散的关系，加强镇村各类用地建设规模控制，因地制宜地对不同类型小城镇发展中城乡建设用地集约利用方式提出相关措施和路径，全面构建健康、可持续的城乡空间发展框架。

3.2　以“三生”空间融合为统领，谋划镇域总体发展框架

在“四化同步”协调发展的要求下，镇域规划需要以生产、生活、生态“三生”空间的有机融合为统领，科学引导城乡一体化发展，形成城乡发展要素相互关联、公共资源均衡配置的内生发展框架。第一，规划应当在明确镇域生态格局的基础上，以产城融合、职住平衡的思路提出城镇化发展路径，引导外出务工经商人员回乡创业和农村剩余劳动力依托城镇就近就地转移，推动镇区效率发展；第二，积极推进农业生产经营模式创新，强化对于农业现代化建设与村

庄居民点布局的统筹考虑，确保农村居民生产、生活条件的全面改善；第三，全面强化城乡设施一体化布局，构建均等化的设施配套和公共服务体系；第四，依据地方资源禀赋和人文特点，坚持对城乡风貌传承的要求，尊重农村地区文化的多样性和差异性，突出历史文化资源、传统建筑民居特色，延续村镇历史文脉，强化村镇文化和特色塑造。

3.3 以多规协调为手段，提出镇域全方位、多角度的合力发展路径

在小城镇发展过程中，各部门规划相互割裂、缺乏整合，已经成为镇域统筹发展的重要制约。镇域规划作为"四化同步"协调发展的重要"抓手"，应当充分整合国民经济和社会发展规划、城乡总体规划、土地利用总体规划以及其他部门专项规划，以多规协调的编制方法，构建覆盖全域的城乡规划空间平台。在城乡规划的空间平台上，全面落实各部门的建设发展要求，整合空间资源，统一管理标准，落实国家、省、市、县重要发展片区和重点发展项目，全面发挥镇域规划对经济、社会、环境协调发展的指导作用。

3.4 以项目建设为重点，制订镇域规划"下沉"的实施措施

为了加强规划的指导性和实施性，更好地发挥对城乡建设的引导和调控作用，镇域规划应当重点关注项目建设对城乡发展的带动作用。因此，规划应系统梳理各口径、各部门计划和设想，通过建设发展"项目化"、空间发展"分期化"、近期行动"具体化"的编制方法，按照整合资金、分类指导、近远结合、有力实施的原则，提出近期及远期实施项目库，以项目实施的可行性来验证规划的合理性，同时配合创新体制机制，使规划与计划同步协调、同步衔接，确保规划实施的时序性和可操作性。

4 镇域规划的主要编制内容

4.1 明确镇域总体发展目标和模式

镇域规划工作首先要做的就是对自然条件、资源环境条件、经济基础、人口素质等基本情况进行充分了解与分析。之后根据上位规划和区域发展环境研判，综合评价镇域与邻近区域的优、劣势，判断可能实现的区域分工条件，从而提出适合本镇域的发展方向，确定全域发展定位和社会经济发展目标。

在总体发展目标导向下，镇域规划需要根据地区城乡发展特征，按照"四化同步"的发展要求，因地制宜地提出具有针对性的城乡统筹发展模式，确定城镇效率增长和解决"三农"问题的发展战略，制订产业发展、人口流动、生态保护等分项发展策略，谋划全域产业结构调整的主要目标和发展思路；全面分析镇域人口构成及历年人口变化情况，确定合理的人口增长速率以及引导城乡人口迁移流动的措施，合理预测全域人口规模和城镇化水平，提出城镇化发展路径；明确全域生态保护和特色彰显的主要思路。

4.2 构建全域生态格局和空间管制措施

实现镇域空间布局全覆盖，首先需要按照主体功能区的战略发展定位，构建科学合理的城市化格局、农业发展格局、生态安全格局。根据生态环境、资源利用、公共安全等限制条件划定管制分区，落实生态优先战略，确定有关生态环境、土地和水资源、能源、自然与文化遗产等方面保护与利用的目标和要求。结合用地条件分析，在全域划定禁建区、限建区、有条件建设区和允许建设区的范围，提出全域空间管制原则和措施（表9–1）。

4.2.1 禁止建设区

禁止建设用地边界所包含的空间范围，是具有重要资源、生态、环境和历史文化价值，必须禁止各类开发建设活动的区域。按照国家规定需要有关部门批准或者核准的、以划拨方式提供国有土地使用权的建设项目，确实无法避开禁止建设区的，必须经法定程序批准，服从国家相关法律法规的规定和要求。

4.2.2 限制建设区

限制建设区的范围是指除允许建设区、有条件建设区、禁止建设区外的其他区域，区内原则禁止村镇建设区域。在该区内，有关部门批准或者核准的建设项目在控制规模、强度的前提下经审查和论证后方可进行。

4.2.3 有条件建设区

限制建设区的范围是指城乡建设用地规模边界之外、扩展边界以内的区域。在不突破规划建设用地规模控制指标的前提下，区内土地可以用于规划建设用地区的布局调整。

禁建区和限建区划定表　　表9-1

要素	序号	要素大类	具体要素	空间管制分区	
				禁建区	限建区
地质	1	工程地质条件	工程地质条件较差地区	—	●
			工程地质条件一般及较好地区	—	—
	2	地震风险	活动断裂带	—	●
			25° 以上陡坡地区	—	●
	3	水土流失防治	泥石流危害沟谷	—	危害严重、较严重
			水土流失重点治理区	—	●
			山前生态保护区	—	●
			泥石流、砂土液化等危险区	—	●
	4	地质灾害	地面沉降危害区	—	危害较大区、危害中等区
			地裂缝危害区	所在地	两侧 500m 范围内
			崩塌、滑坡、塌陷等危险区	●	—
	5	地质遗迹与矿产保护	地质遗迹保护区、地质公园	—	●
			矿产资源保护	—	●
水系	6	河湖湿地	河湖水体、水滨保护地带	—	●
			水利工程保护范围	—	●
	7	水源保护	地表水源保护区	一级保护区	二级保护区、三级保护区
			地下水源保护区	核心区	防护区、补给区
	8	地下水超采	地下水严重超采区	—	严重超采区
			地下水一般超采及未超采区	—	—
	9	洪涝调蓄	超标洪水分洪口门	●	—
			超标洪水高风险区	—	●
			超标洪水低风险区、相对安全区和洪水泛区	—	—
			蓄滞洪区	●	—
绿地	10	绿化保护	自然保护区	核心区、缓冲区	实验区
			风景名胜区	特级保护区	一级保护区、二级保护区
			森林公园、名胜古迹区林地、纪念林地、绿色通道	—	●
			生态公益林地	重点生态公益林	一般生态公益林
			种子资源地、古树群及古树名木生长地	●	—
农地	11	农地保护	基本农田保护区	●	—
			一般农田	—	—
环境	12	污染物集中处置设施防护	固体废弃物处理设施、垃圾填埋场防护区、危险废物处理设施防护区	—	●
			集中污水处理厂防护区	—	●
	13	民用电磁辐射设施防护	变电站防护区	110kV 以上变电站	—
			广播电视发射设施保护区	保护区	控制发展区
			移动通信基站防护区、微波通道电磁辐射防护区	—	●
	14	市政基础设施防护	高压走廊防护区	110kV 以上输电线路的防护区	—
			石油天然气管道设施安全防护区	安全防护一级区	安全防护二级区
	15	噪声污染防护	高速公路环境噪声防护区	—	两侧各 100m 范围
			铁路环境噪声防护区	—	两侧各 350m 范围
			机场噪声防护区	—	沿跑道方向、距跑道两端各 1~3km，垂直于跑道方向、距离跑道两侧边缘各 0.5~1km 范围
文物	16	文物保护	国家级、市级文物保护	文保单位	建设控制地带
			区县级文物保护单位、历史文化保护区	—	●
			地下文物埋藏区	—	●

4.2.4 允许建设区

允许建设区是指城乡建设用地规模边界所包含的范围，是规划期内新增城镇、工矿、村庄建设用地规划选址的区域，也是规划确定的城乡建设用地指标落实到空间上的预期用地区。建设用地总量必须严格执行土地利用规划要求，贯彻保护耕地的国策。

4.3 确定全域产业空间布局和发展路径

镇域产业发展需要依据区位、资源、产业基础等自身条件，确定市场范围大小，从而谋划产业门类、集聚程度和分布状况。产业规划应当针对近郊产业型城镇、平原农耕型城镇、山地林特型城镇等不同类型城镇进行分类产业引导，明确镇域产业结构调整目标、产业发展方向和重点，提出三类产业发展的主要目标和发展措施；积极鼓励农业产业化发展，第二产业应以解决城乡富余劳动力的就地安置问题为首要目标，全面推动产城、产村融合发展；深度挖掘区域发展潜力；建立以种养业、农副产品加工业以及农村燃料结构转化为主体的循环经济模式；统筹规划镇域三类产业的空间布局，合理确定农业生产区、农副产品加工区、产业园区、物流市场区、旅游发展区等产业集中区的选址和用地规模，力求镇域内各经济要素布局和分工协作的合理性，充分发挥不同产业分区内的发展优势，扬长避短，构建操作性强、可持续发展能力强的镇域产业发展路径。

4.4 统筹镇村体系和城乡用地布局

4.4.1 镇村体系规划

在资源条件和产业布局的引导下，镇域规划应当从职能结构、规模等级结构和空间结构三个方面，构建科学合理的村镇体系。

镇村职能结构体系应当从区域协调发展的角度分析镇村的发展方向，依托区域发展态势对村镇的影响，因地制宜、差异互补地分析村镇在镇域中可能扮演的角色，从而对各村镇进行发展定位；镇村等级规模结构应从镇域统筹发展的角度出发，根据镇域内各村区位条件、资源要素、交通条件和人口集聚程度等，综合确定镇域范围内的中心镇区、中心村（农村中心社区）、一般村（农村一般社区），并在建设用地指标配给、基础设施和公共服务设施配建、发展政策扶持等方面，予以相应的部署。

4.4.2 城乡用地布局

镇域规划的核心就是搭建一个全域统筹的空间平台，来承载各项发展要求。因此在城乡用地布局中，首先要将规划用地分类覆盖到全镇域，以节约集约为原则，对镇域范围内的建设用地和非建设用地的空间布局进行科学划分和管理控制。同时，保证建设用地和非建设用地的边界与土地利用规划一致，保证非建设用地的分类与土地利用规划充分衔接。

4.4.2.1 建设用地布局

（1）城镇建设用地

在镇域规划中，对于城镇建设布局应当结合全域整体发展策略，开展总体谋划和发展指引。首先需要结合全域及镇区社会经济、资源条件等情况，提出镇区总体发展目标，明确职能定位，并提出特色城镇建设要求；同时根据镇区人口规模预测以及土地利用总体规划确定的城镇用地指标，明确镇区空间发展方向，合理确定镇区建设用地规模和范围；在规划建设区内，进一步开展镇区空间结构布局和功能组织，提出各类主要建设用地的空间布局，明确镇区主干道路走向，提出镇区开发强度控制总体要求及特色风貌景观规划要求。

（2）村庄建设用地

村庄建设用地布局是小城镇规划内容向农村地区延伸和覆盖的重要体现，在规划过程应当按照方便生活、有利生产、联系合理、节约用地、结合民意的原则，对村庄建设发展进行预估。按照改扩建、新建、保留、迁移四种类型，明确村庄发展方向；并结合镇域自然条件、交通条件、建设水平、地缘关系、村民意愿和农业产业化模式等方面的要求，明确农村人口流动方向，科学进行农村居民点调整。在农村居民点调整过程中，要保证规模较大、设施完备、吸收劳动能力强、职能比较明显、正处于发展上升阶段的村庄能够得到合理有序的持续性发展，使其成为村庄经济发展的核心。对于经济发展潜力不大的村庄，鼓励按照产业发展路径，进行整合调整，最终促使合理的镇村体系和等级结构的形成。在明确了农村居民点调整方向后，需要结合农村居民点的人口规模，按照人均建设用地指标控制在120m^{2}以内的要求，确定农村居民点建设用地规模，并在确保耕地和基本农田保护目标的前提下，结合地形条件和实际建设需要划定村庄建设用地范围。

4.4.2.2 非建设用地

非建设用地布局是落实生态优先发展和农业现代化的重要部署，也是建设美丽乡村的重要保障。在规划中应当结合现状自然资源、产业基础和土地利用规划，对耕地、林地、草地、山地、水体等用地进行统筹安排，明确农业种养用地、农业设施和农田水利建设工程的建设规模和空间分布；完善水土保持、林地保育等生态空间，合理规划苗圃、生态林、经济林等林地及其种植范围；根据需要，确定草地的规模及范围，提出草场相应的控制和改良措施；提出山地保护控制范围和山区农林产品、旅游开发、矿藏采掘等开发利用措施；统筹安排、合理制订水源保护和水体环境整治方案，科学安排水系和农田灌溉设施布局，提出水资源利用和保护规划（表9-2）。

4.5 明确各类设施布局和建设要求

4.5.1 公共服务设施布局

传统小城镇规划中，公共服务设施重点布局在中心镇区，甚少考虑农村地区的公共服务设施建设情况。“四化同步”发展背景下的镇域规划更强调城乡统筹、城乡一体化发展，应按照按镇区、中心村（农村中心社区）、一般村（农村一般社区）三个等级合理配置行政管理、教育机构、文体科技、医疗保健、商业金融、社会福利、集贸市场等7类公共设施，保障城乡居民能够享受均等化的公共服务（表9-3）。

城乡空间利用表

表9-2

用地类型	分类	开发利用	设施建设	生态保育
山区	植被覆盖	农林产品种植、旅游开发	山林管理设施、旅游服务设施	依据生态敏感度评价，实行分级保护
	裸岩砾石	旅游开发、矿藏采掘	旅游服务设施、矿产采掘设施	
水面	河流湖泊	水产品养殖、滨水旅游、农业灌溉	养殖设施、旅游服务设施、取水设施	严格保护水面范围
	水库坑塘	水产品养殖、滨水旅游、农业灌溉	养殖设施、旅游服务设施、取水设施、防渗设施	
	滩涂	水产品养殖、滨水旅游	养殖设施、旅游服务设施	
	沟渠	农业灌溉	沟渠疏浚、防渗设施	
林地	园地	林果种植、茶叶种植、其他经济林种植（橡胶、可可、咖啡等）、采摘旅游	林业管理设施、林区作业路、旅游服务设施、防（火）灾设施	依据生态功能评估，实行较严格保护，园地与林地之间、林地与农田之间可进行一定的转用
	林地	用材林木、竹林、苗圃、观光旅游	林业管理设施、林区作业路、旅游服务设施、防（火）灾设施	
农地	水田	水生农作物种植、观光农业	排涝设施、节水灌溉设施、机耕路、旅游服务设施	严格保护田地范围，保育水土条件，进行土地整理
	水浇地	旱生农作物种植、采摘农业	灌溉渠网、灌溉设施、大棚等农业设施、机耕路、旅游服务设施	严格保护田地范围，保育水土条件、进行土地整理
	旱地	旱生农作物种植、采摘农业	节水灌溉设施、防旱应急设施、大棚等农业设施、机耕路	较严格保护，符合规划的条件下可转用为建设用地、进行土地整理
草地	牧草地	牲畜养殖、旅游开发	生产设施、防灾抗灾设施	实行以草定畜，控制超载过牧
村镇	镇区	城镇建设	基础设施、公共服务设施、经营设施等	村镇绿化建设及矿区复垦等
	村庄	农村居民点建设	基础设施、公共服务设施、经营设施等	
	产业园区与独立工矿区	工业开发、矿产采掘	工矿基础设施、配套生活服务设施	
设施	基础设施用地	—	交通设施、公用工程设施、水利设施、生产通道	—

城乡公共服务设施配置表 表9-3

类别	序号	项目名称	镇区	中心村（农村中心社区）	一般村（农村一般社区）
行政管理	1	党、政府、人大、政协、团体	●	—	—
	2	法庭	○	—	—
	3	各专项管理机构	●	—	—
	4	居委会、警务室	●	—	—
	5	村委会	○	●	○
教育机构	6	专科院校	○	—	—
	7	职业学校、成人教育及培训机构	○	—	—
	8	高级中学	○	—	—
	9	初级中学	●	○	—
	10	小学	●	●	○
	11	幼儿园、托儿所	●	●	○
文体科技	12	文化站（室）青少年及老年之家	●	●	○
	13	体育场馆	●	—	—
	14	科技站、农技站	●	○	—
	15	图书馆、展览馆、博物馆	○	—	—
	16	影剧院、游乐健身场所	●	○	○
	17	广播电视台（站）	●	—	—
医疗保健	18	计划生育站（组）	●	○	○
	19	防疫站、卫生监督站	●	—	—
	20	医院、卫生院、保健站	●	●	○
	21	休疗养院	○	—	—
	22	专科诊所	○	○	○
商业金融	23	生产资料、建材、日杂商品	●	●	○
	24	粮油店	●	●	○
	25	药店	●	●	○
	26	燃料店（站）	●	—	—
	27	理发馆、浴室、照相馆	●	●	○
	28	综合服务站	●	○	○
	29	物业管理	●	○	—
	30	农产品销售中介	○	○	—
	31	银行、信用社、保险机构	●	—	—
	32	邮政局	●	○	—
社会保障	33	残障人康复中心	●	—	—
	34	敬老院	●	○	—
	35	养老服务站	●	●	○
集贸设施	36	蔬菜、果品、副食市场	●	●	○
	37	粮油、土特产、市场畜禽、水产市场	●	○	○
	38	燃料、建材家具、生产资料市场	○	—	—

4.5.2　综合交通系统布局

在镇域规划中，应从镇域对外交通规划、镇区综合交通规划、乡村道路交通规划三个层面完善镇域综合交通基础设施网络建设，全面实现交通基础设施向农村地区的延伸。规划需要落实铁路的线形走向及形式，明确铁路廊道控制宽度以及火车站场的等级和功能；明确各等级公路的线路走向和宽度控制，提出全域公共交通线路走向及各类设施布点；在水网地区，应当结合相关规划，明确航道等级、走向和港口布局。涉及机场用地的，还应落实机场用地范围和净空管制要求。

4.5.3　市政基础设施布局

基础设施规划应以县(市)域城镇体系规划为依据，按照区域一体化的原则，对基础设施进行统一规划、分期建设、联网供应，逐步实现城市基础设施向农村延伸。规划需要在镇域供水及能源、环境保护、防灾减灾等方面提出明确的建设措施，科学确定全域供水方式和水源，提出水资源保护和利用措施，制定城乡生产和生活用水保障措施；确定主要能源供应方式和设施布局，明确农村清洁能源利用方式；提出垃圾处理、污水治理、人及畜禽粪便处理等方面的建设措施，切实推进城乡环境保护；以行政村为防灾减灾基本单元，确定防洪排涝、消防、人防、抗震、地质灾害防护等规划原则、设防标准及防灾减灾措施。

4.6　塑造全域历史文化和景观资源保护框架

镇域历史文化和景观资源保护规划应当在乡镇特色资源普查的基础上，按照片区、廊道、节点的要求分类开展空间布局和制订管理措施，确定传统文化和特色风貌以及山、水、林、田等各类景观资源的总体整治目标和保护对策。对于存在自然保护区、风景名胜区、特色街区、名镇名村等历史文化和特色景观资源的镇，应参照相关规范和标准编制相应的保护和开发利用规划（或采用规划专题的形式）。

4.7　制定近期行动计划和建设项目库

为提高规划的可操作性与实施性，加强各项开发建设的统筹与调控，镇域规划应当以国民经济和社会发展规划为依据，确定近期产业发展重点和产业空间布局，确定近期人口和建设用地规模，确定近期建设用地范围和布局，确定近期主要道路交通设施布局，确定近期各项基础设施、公共服务设施的建设规模和选址，确定近期农村居民点的安排和布局，确定近期历史文化的保护措施，以及绿地系统、河湖水系、生态环境等保护、整治和建设的措施。近期建设内容应当以项目化的形式，在文本和图纸上进行明确表述，项目库列表应当包括项目位置、规模、建设内容、投资概算及实施年限等主要内容。

4.8　提出规划实施管理措施

针对不同发展类型的城镇，应当深入研究并提出城乡规划管理的体制机制创新思路，提出规划实施措施和路径，加强重点领域和关键环节改革，建立统筹城乡发展的体制机制，促进公共资源均衡配置和生产要素自由流动，推动城乡经济社会互动发展，形成城乡经济社会一体化格局，在行政管理、土地制度、财政金融、社会保障、农村产权和经营等方面进行体制机制创新，确保规划的有效实施。

作者单位：武汉市规划研究院

作者：胡冬冬

10　镇区规划的内容与方法

1　镇区规划编制的总体要求

镇区建设的主要任务是在镇域规划的指导下，根据镇区现状发展基础和条件分析，科学确定镇区规划目标，明确产业发展方向和产业布局，确定用地空间布局，以及风貌控制、环境整治要求及分区控制指引，合理配置镇各项基础设施，处理好远期发展与近期建设的关系，指导镇区有序发展。

镇区规划期限与镇域规划一致，远期一般为10~20年。近期建设规划期限可根据所在镇国民经济和社会发展5年规划的期限，与之吻合，一般为5年。

镇区规划由镇级人民政府组织编制。镇区规划成果报送审批前应当将规划草案予以公示，并采取座谈会、论证会等多种形式广泛征求镇区居民和有关专家意见，公示的时间不得少于30日，对有关建议采纳或未采纳予以书面回复并公布。镇区规划成果经镇人民代表大会审查同意后由镇人民政府报上一级人民政府审批。镇区规划成果批准后，镇人民政府应按法定程序向公众公布、展示规划成果，并接受公众对规划实施的监督。

2　镇区规划编制的内容和方法

2.1　总体要求

依据镇域规划，分析镇区现状发展基础和条件，确定镇区的发展目标，明确产业发展方向和产业布局，合理安排镇区建设用地，明确空间结构和功能分区，布局基础设施及公共服务设施，提出风貌控制与环境整治要求。

2.2　规划目标

主要内容：提出镇区发展战略和社会经济发展目标，确定镇区性质定位和发展规模。

首先收集镇区经济社会发展数据、自然条件和资源禀赋等资料，通过发展潜力综合分析，提出镇区发展战略和社会经济发展目标，确定镇区性质定位和发展规模，制定包括经济社会发展、基础设施、资源与生态环境等内容的发展调控指标。

2.3　产业发展规划

主要内容：提出镇区产业发展方向、发展选择和发展布局。

依据全域产业布局和区域分工，确定镇区产业发展方向与发展选择，按照产城融合要求，鼓励集中布局，强调职住平衡、环境保护、安居乐业。提出镇区产业发展方向、发展选择和发展布局，并制作镇区产业布局规划图。

2.4　用地布局

主要内容：确定镇区发展方向、用地范围、中心位置、功能分区，空间结构；确定各类建设用地布局。

首先通过现场踏勘了解镇区土地利用的现状情况，根据镇区人口规模预测及土地利用总体规划确定的城镇用地指标，分析区位和自然条件，占地的数量和质量，现有建筑和工程设施的拆迁和利用，交通运输条件，建设投资和经营费用，环境质量和社会效益，以及具有发展余地等因素，经过技术经济比较，择优确定镇区发展方向、用地范围，按照结构清晰、布局紧凑、节约用地、近期建设与远期发展有机协调的原则，确定镇区中心位置、功能分区，空间结构，确定各类建设用地布局。

其中，确定各类用地的指引：

居住用地布局：综合考虑区位、周边环境、用地条件、生产生活要求、人居适宜等因素，相对集中布局，并与公共交通、公共设施、公共安全及居住现状结合，按照交通便利、服务便捷，环境适宜、区域安全及逐步改造等要求，确定居住用地分类和建设标准、人口容量和布局结构，安排居住用地，确定人口布局。

公共设施用地：结合镇域规划，考虑镇区人口布局、镇区中心选址、对外交通、社区生活网络等因素，配置行政管理、教育机构、文体科技、医疗保健、商业金融、社会福利、集贸市场等7类公共设施的布局和用地，形成类型完善、规模适当、分布合理、突出公益、服务均衡的公共服务体系。

工业用地：以有利生产、方便生活、相对集中、控制污染为布局原则，根据自然环境、交通、市政等条件，统一设置若干工业区，形成环境安全、空间上相对集中、具有规模经济的工业园区和产业集聚基地。镇区内禁止布置三类工业用地，鼓励布置一类工业用地、二类工业用地与居住用地及敏感的公共设施用地之间必须保持必要的环境卫生隔离空间。

物流仓储用地：以交通方便、服务便利、地势适宜、安全环保为布局原则，依托港口、机场、铁路、轨道、高速公路等交通基础设施进行布局。

绿化与广场用地：按照充分保护与积极利用自然环境条件、保障公共需求、营造美丽城镇的要求进行用地选择与布局，形成由公园绿地、防护绿地、广场用地组成，点、线、面相结合的园林绿地系统。

2.5　风貌控制与环境整治

主要内容：在用地布局的基础上完善对镇区的风貌控制和环境的整治。

首先收集镇区园林绿地、文物古迹资料、风景名胜区、自然保护区、历史文化名镇等资料，明确镇区风貌建设与环境整治的原则要求和分类管理措施，重点从空间格局、景观风貌等方面提出镇区建设与整治的整体要求，确定传统文化和特色风貌以及山、水、田、林等各类景观资源的总体治理目标和保护对策。

着重确定镇区需要保护的风景名胜、文物古迹、传统街区，划定保护和控制范围，提出保护措施；对于历史文化名镇必须编制专门的保护规划。

提出旧区改建更新的原则和方法，确定逐步改善旧区生产、生活环境，进行必要的拆迁安置的要求和措施；改建旧区居住街巷，应因地制宜，体现传统特色和控制住户总量，并应改善道路交通、完善公用工程和服务设施，为居民营造良好的绿化环境。

2.6　基础设施规划

主要内容：制定道路交通及竖向、给水排水、供电、通信、广电、燃气、环境卫生设施等道路及市政工程设施规划，有条件的地区还可编制供热工程规划，制定环境保护、防灾减灾规划。

在镇域基础设施规划的指导下，结合镇区用地布局，完成镇区的基础设施规划，具体内容包括：

（1）道路交通及竖向规划

依据镇（乡）域规划，兼顾区域服务需求，提出镇区交通发展战略，确定镇区交通结构，确定道路等级系统、组织形式与断面宽度；确定镇区对外交通系统的布局，以及车站、铁路站场、港口等主要交通设施的规模、位置，确定主要广场、停车场的位置。

规定各级道路的红线、断面、控制点坐标和标高；规定各地块土地整理原则、工程处理措施及场地控制高程、排水流向。

（2）市政工程设施规划

依据镇（乡）域规划，积极考虑区域服务需求，综合协调并确定镇区给水、排水、燃气、电力、信息网络、供热等设施的发展目标和总体布局，确定镇区各工程管线的位置、管径及工程设施用地范围；确定镇区环境卫生设施发展目标及总体布局，确定各环卫设施的位置及用地范围。

（3）环境保护规划

依据镇（乡）域规划，根据镇区生态环境保护要求，确定镇区环境保护目标、保护分区与质量标准，提出生态修复、保护以及污染控制、防治的措施。

（4）综合防灾规划

依据镇（乡）域规划，根据镇区防灾要求，提出镇区防洪排涝、抗震、消防、人防、地质灾害防治等规划目标、标准和总体布局及措施要求。

2.7　分区控制指引

主要内容：依据镇区空间结构，确定镇区的分区控制单元，并对各分区的用地实行属性控制和相关要素控制。

分区控制指引的主要内容包括：

（1）确定分区控制单元

分区控制单元应覆盖镇区规划期内规划建设用地的全部地域范围。相邻单元范围不重叠，实现无缝衔接，同时应综合考虑相邻编制单元之间各相关要素的协调。

分区控制单元应综合考虑镇区自然地貌、城镇特征、功能区划分、主要道路、重要基础设施、城镇空间景观组织、社会组织等要素确定，其“四至”界线应明确、稳定。

分区单元面积一般以100hm^{2}左右为宜，用地功能相对单一的地区宜适当划大，用地功能相对混合的地区宜适当划小；城市新区宜适当划大，旧城区、城市中心区等宜适当划小；城市特色风貌区、风景园林、历史街区等待定意图区的控制单元划分，应有利于保护和塑造城镇特色。

（2）用地属性控制

确定土地使用性质及其兼容性等用地功能控制要求，明确各类用地建设适用范围，规定各类用地内适建、不适建、有条件可建的建筑类型。

（3）主要控制内容

针对各单元地块，提出开发强度、生态保护、环境控制等控制指标；提出基础设施、公共服务设施和公共安全设施配置的内容标准、用地规模、布局控制要求；提出建筑体量、体型、色彩等风貌控制的导引；划定规划用地范围内各种基础设施用地的控制界线（黄线）、各类绿地范围的控制线（绿线）、地表水体保护和控制的地域界线（蓝线）、历史文化保护街区、单体控制的地域界线（紫线）等“四线”的界限，并提出控制要求。

2.8　分期建设规划

主要内容：确定镇区分期开发建设时序，并对镇区远景发展作出轮廓性的规划构想。

依据社会经济发展规划和对镇区发展方向的分析，确定镇区分期开发建设时序；确定近期建设目标与重点、用地发展方向与规模；重大内容与部署，确定近期建设项目库；对镇区远景发展作出轮廓性的规划构想。提出规划分期实施步骤、措施和路径的建议，提出引导与支撑的政策建议。

作者单位：湖北省城市规划设计研究院

作者：田涛，李红

11　村庄规划编制的内容与方法

1　村庄规划编制的总体要求

1.1　总体内容

村庄规划总体内容包括村域规划和农村居民点（或农村社区，下同）建设规划两大部分，村域规划主要针对村庄用地空间、产业发展、居民点体系组织、资源环境与历史文化保护、各项设施统筹配置、安全防灾、发展时序等作出总体部署。农村居民点建设规划则主要针对村域规划确定的居民点，在村域规划指导下编制详细的建设规划，既可全面编制各乡村居民点的建设规划，也可选择其中的重点居民点或中心居民点或特色居民点等部分居民点进行编制。具体编制数量和对象根据村庄经济基础、发展条件、发展趋势、发展分期及分区、发展要求等具体确定，一般多选择重点居民点或中心居民点或特色居民点等部分居民点进行编制，未来根据发展状况与发展要求，有条件或有必要时，逐步推广覆盖全域。

1.2　规划范围确定

村庄规划范围指行政村（不含城镇规划建设用地范围内的行政村）管辖范围，若是多村并一村的，以调整后的行政村范围为规划范围。镇区规划建设用地范围内的行政村纳入镇区规划统筹规划。

1.3　规划编制依据

村庄规划编制应当以县域国民经济和社会发展规划、镇（乡）域规划或镇（乡）总体规划作为依据，并与土地利用规划相衔接。

1.4　规划期限确定

村庄规划规划期限与所在乡镇的镇（乡）域规划或镇（乡）总体规划期限一致，一般为10~20年。对于规划期限已过或明显不适应发展要求的村庄规划，应及时进行调整和修编。

1.5　规划技术路线

村庄规划编制应遵循以下技术路线：

依据镇（乡）域村镇体系和土地利用总体规划，结合城镇发展以及村庄现状基础条件，进一步明确村域发展定位、农业结构调整、产业布局和社会经济发展目标，确定农村居民点（包括新型农村社区）体系、建设位置、建设规模和标准，统筹安排各类区域性基础设施和公共设施，对农村居民点建设用地内的居住建筑、公共建筑、道路广场、公共绿地、公用工程设施等用地进行合理全面的布局。

1.6　规划技术原则

村庄规划编制应遵循以下技术原则：

（1）统筹城乡，和谐发展

村庄建设与城镇发展相协调，引导从事第一产业的农村人口在行政村集中居住，鼓励长期稳定从事第二、三产业的农村人口向城镇转移，推进城镇化进程。

（2）集约建设，合理布局

以整治、扩建村庄为主，以新建村庄为辅，建设紧凑型新型社区。合理安排用地布局，充分利用丘陵、缓坡和其他非耕地，实现集约用地和合理用地。

（3）综合配套，服务一体

突出社区化生活方式，配套完善基础设施和公共服务设施，方便群众生活。

（4）弘扬特色，生态优先

尊重农村地区的多样性和差异性，注重自然景观和传统村落保护，体现地域特色、乡村特色和民族特色，强化村镇文化和特色塑造。

（5）政府引导，农民主体

发挥政府引导作用，充分尊重农民意愿，突出农民主体地位。

1.7　规划阶段分期

新农村建设的系统性和长期性特点决定了必须重视新农村建设近期建设与长远发展的统筹协调，近期建设与长远发展并重，因此，村庄规划不但需要对村庄近期建设进行深入细致的考虑，也要兼顾村庄长远发展的需要，配套相应的公共政策。具体而言，村庄规划首先应对农民需求进行分析，分清主次、轻重和缓急，编制规划方案时必须统筹兼顾，分步解决村庄所面临的问题。对于近期建设，应详细罗列建设项目和投资测算，对于长远发展进行规划控制和投资估算，合理分配资源，并制定配套公共政策，通过政府侧重监督、村庄主导实施的方式，从整体上协调村庄近期建设和长远发展的关系。

1.8 规划公众参与

村庄规划必须加强公众参与力度。公众参与一向是我国规划的"短板"，村庄规划作为实效性、实施性要求很高的规划类型，更应加强村民的参与力度，并且要贯穿始终。在规划编制前期，通过座谈会、问卷调查的形式，倾听村庄居民的生活需求、发展愿景，并通过专业的分析与整理，形成村庄规划编制的重要依据；在村庄规划编制完成后，通过规划公示、宣讲的方式，让村庄居民了解村庄未来的蓝图，并及时总结反馈意见，修改形成具有较强操作性、符合当地村民意愿的村庄规划。

1.9 规划编制组织

村庄规划由镇（乡）级人民政府组织编制，由乡、镇人民政府报上一级人民政府审批，报送审批前，应当经村民会议或者村民代表会议讨论同意。

2 村域规划编制的内容和方法

主要内容：根据村域发展现状和基础条件，确定村庄的发展目标、总体定位和主导功能，明确产业发展方向和布局，明确空间结构和功能分区，合理确定村域居民点体系布局和建设位置及规模、标准，布局区域基础设施和公共服务设施。

2.1 确定发展目标

规划编制人员应综合研究村域自然条件、资源禀赋和社会经济发展水平，分析村庄发展潜力，在此基础上，提出村域发展战略，确定村域发展定位和社会经济发展目标。发展目标应突出地方传统文化保护、基础设施和公共服务设施配建的目标和措施。

2.2 产业发展布局

发展乡村经济是新农村建设的重要目的之一，村庄规划的内涵决不应局限在风貌整治、改善环境、基础设施建设等物质规划层面，规划编制人员应将村庄建设与产业引导相结合，依据镇（乡）域规划或镇（乡）总体规划和村庄产业基础及特色，通过综合分析村庄产业特点，总结村庄产业发展需求，提出村庄产业发展方向，规划协调村庄产业空间布局和生产性基础设施建设，鼓励区域合理分工、"一村一品"，提出农业产业化发展建议。

要具有针对性地建设相关生产服务设施，促进村庄传统农业的升级和转型，提高产品附加值，从根本上解决农民增收的问题。例如，以旅游为主的村庄根据其资源条件，结合村庄公共服务设施的建设，增加部分旅游服务功能，推动村庄经济的发展，形成村庄自身的"造血"功能，保证新农村建设的可持续性。

2.3 用地空间区划

规划编制人员应对现有居民点进行调查、分析、评价，确定适合保护、保留、整治、撤并、改扩建的范围，划定保护区、控制区、建设区，并提出相关控制要求。

应在确保耕地和基本农田保护目标的前提下，结合生态保护、居民点建设与生产生活的需要，划定村域山区、水面、林地、农地、草地、居民点建设用地、基础设施建设用地等用地空间的范围，提出各类用地空间的开发利用、设施建设和生态保育措施。

2.4 确定居民点体系

确定居民点体系是村域规划的重点。规划编制人员应依据镇（乡）域规划或镇（乡）总体规划提出的发展目标和产业布局，统筹分析人口转移趋势和流向，研究居民点消亡、改造、扩张、新建及集并的方向，提出村域内居民点体系和发展类型。根据发展基础、功能配置、规模大小的因素，可分中心居民点或中心社区、一般居民点或一般社区两个等级，并确定各居民点或社区人口规模，确定建设区位。中心居民点或中心社区一般规模较大、功能配置较全、发展基础条件较优，并常为村委会驻地，是鼓励发展、引导村民集聚的居民点，也是居民点建设规划编制的重点。

2.4.1 居民点体系布局原则

居民点体系布局应遵循下列原则：

① 应适应农业产业化、农村现代化、农民生活及生产服务均等化的要求，深入调查、结合民意，逐

步归并和减少居民点数量，缩小人均住宅或宅基地占地规模，提高土地利用效率；

② 应尊重现有的乡村格局、脉络及地缘关系，注重保护当地历史文化、宗教信仰、风俗习惯、特色风貌和生态环境等；

③ 应分析预测农村人口和建设用地规模，制定村庄发展建设的标准和指标，确定居民点体系布局形态、建设位置及规模；

④ 应对现有居民点进行调查、分析、评价，确定适合保护、保留、整治、撤并、改扩建的范围，划定保护区、控制区、建设区并提出相关控制要求；

⑤ 应在确保耕地和基本农田保护目标的前提下，结合生态保护、居民点建设与生产生活的需要，划定村域山区、水面、林地、农地、草地、居民点建设用地、基础设施建设用地等用地空间的范围，提出各类用地空间的开发利用、设施建设和生态保育措施；

⑥ 引导村民生产更方便、居住更安全、生活更有保障，构建新型农村社区。

2.4.2　居民点体系分类指导

规划编制人员应根据镇（乡）域村镇体系发展设想，结合当地的自然地理环境、村民的生活习惯、现有建设基础、经济发展水平等多种因素，确定居民点体系类型，提出分类指导意见，并制定与之相适应的规划措施、建设标准与发展策略。

居民点按地形条件可分为平原型、丘陵型、山区型等；按区位条件可分为城郊型和乡村型；按照建设发展方向分为改扩建型、新建型、保留型、迁移型等。鼓励以整治为主，以新建为辅。村庄规划编制中一般结合区位特点，按建设发展方向进行划分。各类居民点特点与规划建设引导如下：

① 改扩建型是指现状发展条件优越且具备发展空间，规划对其提质改造和扩大规模的居民点。

改扩建型居民点应妥善处理旧区改造与新区扩建的关系，坚持合理利用的基本原则，积极推进旧村的改造和整治，合理延续原有居民点的空间格局，有序建设新区。

居民点旧区改造应重视保护和利用历史文化资源。注意保护原有村庄的社会网络和空间格局，加强村庄绿化和环境整治，公用基础设施和公共服务设施的配套建设，在对现有建筑进行质量综合评价的基础上，确定保护、整饬、拆除的建筑，全面提高居民点人居环境质量。

居民点新区扩建要与旧区在建筑风格、景观环境等方面有机协调，统筹安排新、旧区公共设施与基础设施配套建设，形成良好衔接。在原有居民点基础上综合考虑交通条件、土地供给、农业生产等因素确定发展方向，尽量形成组团状紧凑布局，避免无序蔓延。

② 新建型是在现状农村居民点以外另行规划选址建设的居民点。新建型居民点的选址应符合镇（乡）域村镇体系规划要求，结合土地利用规划，尽量利用好荒坡地、废弃地，不占或少占耕地，规避地质灾害及其他不安全因素。

新建居民点应与自然环境协调，用地布局合理，功能分区明确，设施配套齐全，人居环境清新优美，充分体现浓郁乡风民情特色和时代特征。全面综合地安排居民点各类用地，节约用地，严禁占用基本农田和泄洪道。合理制定农民住宅、基础设施和公共设施的配套建设标准以及环境建设要求和实施措施。

③ 保留型是指因具有典型历史文化风格和建筑风貌的老村庄等客观原因需保护或维持现状以及发展潜力一般且在规划期内难以搬迁的村庄。

保留型居民点应充分利用自然条件，充分挖掘地方文化内涵，保持地方特色的延续。在保护好传统风格的前提下，可以对传统住宅进行内部装修，进行改水、改厕、改厨，适应现代生活要求。纳入历史文化名村保护范畴的居民点、现存比较完好的传统特色村落，应坚持保护和科学利用相结合的原则，划定严格保护区、一般保护区、环境协调区，保护好历史文化古村的整体风格。在居民点保护的环境影响范围内，严禁建设影响保护风格的项目。要协调保护与发展的关系，结合发展乡村旅游的需求，整治影响和破坏传统特色风貌的建、构筑物，妥善处理好新建住宅与传统村落之间的关系。应按照有关文物和历史文化保护法律法规的规定，编制专项保护规划。

④ 迁移型是指综合考虑经济、社会与环境等因素后，规划确定需要迁移的居民点。包括存在严重自然灾

害安全隐患且难以治理的居民点。如位于行洪区、蓄滞洪区、矿产采空区的居民点和受到滑坡、泥石流、崩岩和塌陷等地质灾害威胁且经评估难以治理的居民点，空心化的居民点，以及基础设施及公共服务设施建设条件差、投入成本巨大的居民点。

事实上，绝大多数居民点并不一定可以准确地被定义为某种特定的类型，多种类型特征混合是我国乡村普遍存在的现象，因此，村庄规划不可教条地照搬居民点类型的界定和相应的规划要求，而应根据实际情况综合多种类型的规划要求编制规划。在确定好居民点类型的基础上，确定规划目标和构思，作为空间布局规划的依据。

2.4.3　居民点人口规模分类

居民点人口规模可结合实际情况和完善配套设施需要确定。一般大型居民点不低于300户，中型居民点不低于200户，小型居民点不低于100户。居民点配套设施内容和标准应与规模相当（表11-1）。

居民点人口规模　　表11-1

类型	户数（3.5人/户）
大	≥ 300户
中	200 ~ 300户
小	100 ~ 200户

注：户均人口按3.5人计算，当户均人口大于3.5人时，又恰处于两种类型的结合点上，可提高一个等级，如户数不足300户，人数大于1050人，可提为大型；户数不足100户，人数大于350人可提为中型。新建居民点应尽可能超过100人，对原有100人以下、交通不便、自然条件不好的居民点要按照村域居民点布点规划逐步引导撤并。

2.5　区域性设施配套

规划编制人员应依据镇（乡）域规划或镇（乡）总体规划提出的村域范围内区域性公共服务设施及市政基础设施等，同时结合居民点体系布局及生产、生活方式，合理安排布局各类设施。

（1）区域性公共服务设施

应在村域范围内统筹布点，按中心居民点或社区、一般居民点或社区两个等级配置公共服务设施，安排行政管理、教育机构、文体科技、医疗保健、商业金融、社会福利、集贸市场等7类公共服务设施的布局。

（2）区域性公用基础设施

应在村域范围内确定道路交通、给水、排水（污水处理）、供电、电信、广电、垃圾处理、能源供应、农田灌溉、雨水集蓄、环境治理与保护、防灾减灾等设施的选址、布局及规模。

3　农村居民点（社区）建设规划编制的内容和方法

主要内容：依据农村居民点（社区）体系规划所确定的居民点建设位置、建设规模和标准，以及各类区域性基础设施和公共设施支撑服务条件，通过用地评价分析，确定居民点规划建设用地范围，对建设用地内的居住建筑、公共建筑、道路广场、公共绿地、公用工程设施等用地进行合理全面的布局。

3.1　居民点建设总体要求

居民点建设一般分新建居民点和整治居民点两大类，规划编制人员应明确建设与整治的原则要求和分类管理措施，重点从空间格局、景观风貌等方面提出建设的整体要求，并参照《村庄整治技术规范》要求执行。

（1）新建居民点：可按规划选定评价因子对用地进行建设适宜性评价，注重村庄安全建设与资源配置，加强生态保护，防止填湖、毁林，合理利用地形地貌、树木植被、河湖塘堰，节约建设用地，创建符合现代化文明生活需要的和谐发展的新型农村社区。

（2）整治居民点：包括更新整治、撤并扩建、历史文化名村保护等类型，要因地制宜、因势利导、区别对待。整治居民点首先应对现状地物、建筑、树木及基础设施等进行实地调查，结合整治需要，有针对性地绘制现状图。整治居民点要以完善基础设施、发展公共事业、清理违章搭盖、收回多占或闲置宅基、制止无序建房为重点，改善卫生环境，提高生活质量。

3.2　居民点建设用地选择

（1）应符合镇域规划及村域规划所确定的村庄改扩建、新建、保留和迁移的原则和要求。

（2）应对规划范围内的建设用地及建设的适宜性作出评价，并结合实际情况和规划目标，因地制宜地采取规划对策。

（3）应注意与基本农田保护区规划相协调，合理用地，节约用地和保护耕地。选择水源充足、水质良好、便于排水、通风向阳和地质条件适宜的地段，并充分利用符合安全、卫生要求，适宜建设的荒山、岗地、坡地及其他非耕地等。

（4）应符合相关专业规划确定的禁建区、控建区和各级各类保护区的要求。避开山洪、风口、滑坡、泥石流、洪水淹没、地震断裂、地方病高发区、重自然疫源地、各类保护区、有开采价值的地下资源和地下采空区等自然灾害影响以及生态敏感的地段。

（5）应与生产作业区联系方便，村民出行交通便捷，对外应有两个以上出口。避免被铁路、重要公路、高压输电线路等基础设施廊道穿越，避免沿过境道路展开布局。靠近铁路、公路、堤防建设的，应按相关规定后退防护距离。

（6）根据当地实际情况，引导构建新型农村社区，明确选址及规模，全面综合协调安排社区各类用地。原则上应集中紧凑布局，适当预留发展用地，避免无序扩张，尽量不推山、不填塘、不砍树、不刻意裁弯取直道路。

3.3　居民点建设用地布局

3.3.1　用地布局原则

① 应适应农业产业化、农村现代化、农民生活及生产服务均等化的要求，深入调查、结合民意，逐步归并和减少居民点数量，缩小人均住宅或宅基地占地规模，提高土地利用效率。

② 应尊重现有的乡村格局、脉络及地缘关系，注重保护当地历史文化、宗教信仰、风俗习惯、特色风貌和生态环境等。

③ 应依据居民点体系规划确定的居民点建设用地规模、标准和指标，确定居民点建设用地范围、布局形态及空间边界。

④ 应对现有各类建筑物进行调查、分析、评价，确定适合保护、保留、整治、撤并、改扩建的类型，并提出相关引导控制要求。

⑤ 引导村民生产更方便、居住更安全、生活更有保障，构建新型农村社区。

3.3.2　空间组织方式

以亲缘关系为纽带的空间聚居是我国乡村的一个典型社会特征，表现在乡村空间上就是同姓、同宗或者具有血缘关系的农民更喜欢集中居住，居民彼此熟悉，有利于形成良好的社会关系网络，传承家族传统。居民点规划应采用适应乡村社会特征的空间组织方式，重视对乡村社会关系与空间布局关系的梳理，在原有布局基础上，采用“独立居民点－住宅组群－院落”的方式组织乡村空间；同时，在建设新居民点时，也应注意延续旧居民点空间肌理，以有利于对传统文化的继承和发展。

3.3.3　生态空间保全

乡村是不同于城市的人类聚居形态，其传统风貌与空间肌理表达了地域文化特征、社会结构、自然环境特点等诸多方面的信息，乡村用地空间设计与布局必须充分尊重乡村原生态特征。

乡村规划应对乡村空间形态、布局及其成因进行分析，尊重乡村所在地域的地形地貌、自然植被、河流水系等环境要素，延续乡村原有空间结构与外观风貌，引导新居民点建设在空间布局、建筑组合方式、建筑形式、色彩等各个方面与旧居民点相协调，将新居民点与旧居民点融合成有机的整体，从而使乡村的历史文化、社会结构、自然环境特色得以传承。

除此之外，乡村的空间设计还应与产业发展相结合。庭院经济和乡村旅游是其中两种重要途径，一方面结合以乡土树种、经济作物种植为主的庭院经济塑造乡村变化丰富的绿化景观；另一方面通过乡村与“农家乐、田园风光游”等乡村旅游项目的结合，形成多元化、多层次的乡村景观。

应结合生态保护、居民点建设与生产生活的需要，划定山区、水面、林地、农地、草地、居民点建设用地、基础设施建设用地等用地空间的范围，提出各类用地空间的开发利用、设施建设和生态保育措施。

3.3.4　特色空间塑造

居民点用地布局要重视特色空间的塑造，村庄的特色空间主要指村庄标志性的街巷空间、滨水空间、村口空间等公共空间，是村庄历史文化、乡风民俗、生态环境等特征的集中反映。街巷空间可结合现状条件，采用商业街巷、水巷、历史街巷等多种形式，组织富有地域特色的街巷系统；滨水空间主要是在现有水系的基础上进行梳理、组织，尽量保持自然岸线，注重临水住宅、公建的设计和水空间节点的设计，形成村庄的公共活动空间；村口空间可以通过建筑物、构筑物、植物和自然环境等形成村庄入口的公共空间，起到村庄入口的提示作用，形成村庄标志性景观区域。

3.4 居民点建设用地标准

居民点人均建设用地指标应根据自然条件、发展因素因地制宜的进行规划。人均建设用地标准按三类控制。Ⅰ类为60~80m²/人，适用于现状人均建设用地低于80m²，人均耕地不足1亩的村庄；Ⅱ类为80~100m²/人，适用于现状人均建设用地低于100m²，人均耕地不足1.5亩的村庄；Ⅲ类为100~120m²/人，适用现状人均用地超过100m²，人均耕地大于1.5亩的村庄。历史文化名村、传统村落、特色景观旅游名村、生态文明村等人均建设用地指标可适当放宽，但应结合当地实际予以确定。最大规模应控制在120m²/人以内（表11-2）。

3.5 住宅建设原则

（1）结合村民生产生活需要和地区传统建筑特色，按照安全、经济、实用、美观的原则，做好特色民居住宅设计工作。

（2）住宅平面设计应尊重村民的生活习惯和生产特点，同时注重引导村民培养卫生、舒适、节约的生活方式。

（3）住宅建筑风格应适合乡村特点，体现地方特色，与周边环境相协调。

（4）对具有传统建筑风貌和历史文化价值的住宅、祠堂等建筑应进行重点保护和修缮。

（5）住宅设计应遵循环保、节能的原则，在符合工程质量要求的基础上，积极推广节能、绿色环保建筑材料。

（6）住宅组团应结合地形，灵活布局，避免过于单一呆板的布局方式。建筑空间层次要丰富，户型设计需多样化。

3.6 住宅建设要求

（1）新建住宅可按以下两种类型进行规划设计：

① 公寓型。作为移民搬迁非农业生产的新建村庄住宅选型。以4～6层为主，平均每户建筑面积80 m²～120m²，容积率1.5～1.8，建筑密度不大于30%，层高不超过3m。

② 村湾型。适宜作为以农业生产为主的村民住宅选型。以2～3层为主，平均每户建筑面积140 m²～180 m²，容积率为1～1.2，建筑密度不大于40%，层高不超过3m。

（2）住宅布局要与地形、水面、树木等环境相协调，将不同类型的住宅高低搭配连体组合，错位排列，形成富于变化的院落空间。住宅朝向与间距须满足日照、通风和防火要求。我省大多数地区住宅朝向宜在南偏东、偏西15°～20°之间选择，房屋间距一般不小于1：1.2H。

（3）新建居民点应考虑配置农用车辆和大型农机具停放场所。

3.7 公共服务设施配置

3.7.1 公共服务设施布置原则

① 公共服务设施的配置应根据居民点人口规模和

农村居民点人均建设用地指标　　表11-2

序号	用地类别	占总建设用地比例（%）	人均用地指标（m²/人）		
			Ⅰ类	Ⅱ类	Ⅲ类
1	住宅用地	50 ～ 70	30 ～ 56	40 ～ 70	50 ～ 90
2	公共设施用地	6 ～ 12	4 ～ 10	5 ～ 12	6 ～ 15
3	道路广场用地	8 ～ 12	5 ～ 10	7 ～ 12	8 ～ 15
4	绿化用地	4 ～ 8	3 ～ 7	4 ～ 8	4 ～ 10
5	生产用地	6 ～ 12	4 ～ 10	5 ～ 12	6 ～ 15
6	其他用地	4 ～ 8	3 ～ 7	4 ～ 8	4 ～ 10
7	村庄总建设用地	100	60 ～ 80	80 ～ 100	100 ～ 120

注：公共设施用地包括公共建筑用地和公用工程用地。

产业特点确定，与地区经济社会发展水平相适应。以适用、节约的原则确定配套设施的规模。

② 公共服务设施宜相对集中布置在方便村民使用的地方（如居民点出入口或主要道路旁）。根据公共设施的配置规模，其布局可以分为点状和带状两种主要形式。点状布局应结合公共活动场地，形成居民点公共活动中心；带状布局应结合居民点主要道路形成街市。

3.7.2　公共服务设施配套指标体系

① 公共服务设施配套包括村委会、文化中心（站、室）、中小学（可根据需要设置）、幼儿园、商业服务网点、医务室等公共设施，以及村民从事体育、休闲与社交活动的场所。公共设施除中小学、幼儿园外，可以集中设计成综合楼形式，结合集中绿地布置。

② 公共服务设施配套指标按每千人1000m^2～2000m^{2}建筑面积计算。经济条件较好的村庄，可适当提高。公益性公共建筑项目参照表11–3配置。

③ 经营性公共服务设施根据市场需要可单独设置，也可以结合经营者住房合理设置。规划应确定独立设置的商业设施的位置和规模，可与公益性公共建筑集中布置，形成规模。

公益性公共建筑项目配置　　表11–3

项目名称	额定单位		建筑面积（m^2）	用地面积（m^2）	备注
村委会	10~12人		20~25 m^2/人	25~30 m^2/人	包括村委会干部办公、医疗服务
文化中心	每居民点一座	大型	500	1000	附有不小于300 m^{2}的硬质铺装多用途活动场地
		中型	400	800	
		小型	300	600	
小学	根据村人口数测算学生人数		6~8 m^2/人	18~20 m^2/人	每班45人，独立地段
幼儿园	根据村人口数测算学生人数		5~7 m^2/人	7~9 m^2/人	每班25人，独立地段

3.8　绿化与景观建设要求

（1）规划编制人员应通过分析研究，提出对传统文化、特色风貌以及山、水、田、林等各类景观资源的具体保护内容和措施。应根据社区规划布局形态，采用点、线、面相结合的方式，体现当地的地域特色风貌，与周围环境相协调。

（2）要为村民营造良好的绿化环境，居民点外围的生态资源和居民点内部的现状树木要加强保护，合理利用。古树名木要建档、挂牌、重视护理，“四旁”（村旁、宅旁、路旁、水旁）要充分绿化，不留死角。

（3）可按人均1.5m^2～2.0m^{2}的用地标准结合住宅群落规划布置相对集中的绿地，作为村民民主议事、开展和谐村组创建活动、休闲和锻炼身体的场所。主要包括公共绿地、宅旁绿地、道路绿地等。

（4）集中绿地要以植物绿化为主，硬质铺装的活动场地面积不大于30%，适当设置健身器械和休息坐凳。庭院绿化应以经济植物为主，兼顾观赏、收获、遮阴等要求。

（5）绿地植物应以乡土树种为主，按照适地适树原则，可种树、植竹、栽果，注重乡村气息，呼应田园风光。

3.9　基础设施建设

农村居民点（社区）建设制定道路交通、竖向、给水、排水、供电、通信、广电、工程管线综合等基础设施规划，配套规划建设清洁能源利用、环境卫生、防灾减灾等各项设施，建立健全社区安全保障体系。

3.9.1　道路交通工程

① 道路交通工程规划包括道路等级、断面形式、平面线形、横纵坡度、交叉口、停车场设置等。

② 道路系统。主干路及干路的间距宜为300m左右。根据居民点规模的不同，应具体选择与居民点规模

相适应的道路等级系统。道路的组织形式与断面宽度也要因地制宜地确定。

③ 道路等级。居民点内部道路分为主干路、干路、支路、巷路等四级。

④ 道路宽度。主干路路面宽度为10m~14m，建筑控制红线16m~20m；干路路面宽度为8m~10m，建筑控制红线12m~16m；支路路面宽度为6m~8m，建筑控制红线10m~12m；巷路路面宽度为3.5m。

⑤ 道路坡度。不宜小于3‰，不宜大于8%。

⑥ 道路照明。主干路和干路应当规划路灯照明设施。

⑦ 停车场。农机具及停车位，应按每户1~2个停车位的标准配置，结合住宅建筑和公共建筑，采取分散和集中灵活布局。

3.9.2 竖向规划

地形地貌复杂的居民点应做竖向规划。居民点的竖向规划包括地形地貌的利用、确定道路控制高程、建筑室外地坪规划标高等内容。相关要求参照《城市用地竖向规划规范》(CJJ83-99)执行。

3.9.3 给水工程

① 给水工程规划包括用水量预测、水质标准、供水水源、水压要求、输配水管网布置等。

② 用水量应包括生活、消防、绿化、管网漏水量和未预见水量。综合用水指标选取80~160升/人·日，水质应符合现行生活饮用水卫生标准，供水水源应与区域供水、农村改水相衔接。

③ 输配水管网的布置，应与道路规划相结合。

④ 在水量保证的情况下，可充分利用自然水体作为居民点的消防用水，或设置消防水池安排消防用水。

3.9.4 排水工程

① 排水工程规划包括确定排水体制、排水量预测、排放标准、排水系统布置、污水处理方式等。

② 排水量应包括污水量、雨水量，污水量主要指生活污水量。生活污水量按生活用水量的80%~90%计算。雨水量宜按邻近城镇的标准计算。

③ 新建居民点排水宜采用雨污分流制，以沟渠排雨水，管道排污水；整治改造的居民点可采用合流制，有条件地区可采用分流制。污水排放前，应采用三级化粪池、人工湿地等方法进行处理。有条件地区可设置一体化污水处理设施、污水资源化处理设施、高效生态绿地污水处理设施进行污水处理。雨水就近排放到天然水体。

④ 布置排水管渠时，雨水应充分利用地面径流和沟渠排放；污水应通过管道或暗渠排放；雨水、污水管、渠应按重力流设计。

3.9.5 供电工程

① 供电工程规划应包括预测村所辖地域范围内的供电负荷及范围、确定电源位置和供配电电压等级、层次及配网接线方式，布置供电线路，配置供电设施。预留变配电站的位置，确定规模容量等。

② 供电电源的确定和变电站站址的选择应以乡镇供电规划为依据，并符合建站条件，线路进出方便和接近负荷中心。重要公用设施、医疗单位或用电大户应单独设置变压设备或供电电源。

③ 确定中低压主干电力线路敷设方式、线路走向及位置。

④ 配电设施应保障居民点道路照明、公共设施照明和夜间应急照明的需求。

⑤ 各种电线铺设方式宜采用地下管道铺设方式，鼓励有条件的居民点地下铺设管线。

3.9.6 通信工程

通信工程规划包括确定邮政、电信设施、有线电视、广播网络的位置、规模、设施水平和管线布置。

① 邮电工程规划应包括确定邮政、电信设施的位置、规模、设施水平和管线布置。

② 电信设施的布点结合公共服务设施统一规划预留，相对集中建设。电信线路应避开易受洪水淹没、河岸塌陷、土坡塌方以及有严重污染等地区。

③ 确定镇—村主干通信线路敷设方式、具体走向、位置，确定居民点内通信管道的走向、管位、管孔数、管材等。电信线路铺设宜采用地下管道铺设方式，鼓励有条件的居民点采用地下铺设管线。

④ 有线电视、广播网络根据居民点建设的要求应全面覆盖，其管线宜采用地下管道敷设方式，有线广播电视管线原则上与通信管道统一规划、联合建设。乡村道路规划建设时应考虑广播电视通道位置。

3.9.7　工程管线综合

统筹安排村庄各类工程管线的空间位置，综合协调工程管线之间以及与其他各项工程之间的关系。鼓励有条件的居民点各项管线地下敷设，可参照《城市工程管线综合规划规范》执行。

3.9.8　清洁能源利用

保护农村生态环境、大力推广节能新技术，积极推广使用沼气、太阳能利用、秸秆制气等再生型、清洁型能源，构建节约型社会。大力推进太阳能的综合利用，可结合住宅或新农村社区建设，分户或集中设置太阳能热水装置。

3.9.9　环境卫生设施

① 保护农村生态环境、大力推广节能新技术，积极推广使用沼气、太阳能利用、秸秆制气等再生型、清洁型能源，构建节约型社会。

② 推广生活垃圾分类收集方式，积极鼓励农户利用有机垃圾作为有机肥料，实行有机垃圾资源化。有条件的村庄应指定专人定期清扫、收集垃圾，集中堆放和处理。

③ 结合农村改水、改厕，逐步提高无害化卫生厕所的覆盖率，推广水冲式卫生公厕。

3.9.10　防灾减灾

按照镇（乡）域村镇体系规划、镇（乡）总体规划等相关规划中消防规划、防洪规划、抗震防灾和防风减灾的规划要求建设。

① 消防。按规范保证建筑和各项设施之间的防火间距，设置消防通道，主要建筑物、公共场所应设置消防设施。在水量保证的情况下，可充分利用自然水体作为村庄消防用水，否则应结合村庄配水管网安排消防用水或设置消防水池。

② 防洪排涝。结合居民点内道路建设，沿路修建排水沟，避免内涝。居民点所处地域范围的防洪规划，应按现行《防洪标准》的有关规定执行。通常按照10～20年一遇标准，安排各类防洪工程设施。邻近大型工矿企业、交通运输设施、文物古迹和风景区等防护对象的居民点，当不能分别进行防护时，应按就高不就低的原则，按现行《防洪标准》的有关规定执行。人口密集、乡镇企业较发达或农作物高产的乡村防护区，其防洪标准可适当提高。地广人稀或淹没损失较小的乡村防护区，其防洪标准可适当降低。江湖河流地区，应结合当地农用水利设施防洪排涝标准统一考虑建筑地面安全超高，一般高于最高渍水位0.5m。

③ 地震及地质灾害防治。根据地震设防标准与防御目标，提出相应的规划措施和工程抗震措施。山区应注重防山洪与泥石流、滑坡等地质灾害，提出地质灾害预防和治理措施。

④ 防疫规划。提出疫情预防和治理措施。

3.10　主要经济技术指标（表11-4，表11-5）

农村居民点（社区）用地汇总表　表11-4

序号	项目	计量单位	数值	比重（%）	人均面积\（m^2/人）
一	村庄规划建设用地	hm^2			
1	居住建筑用地	hm^2			
2	公共建筑用地	hm^2			
3	道路广场用地	hm^2			
4	绿化用地	hm^2			
二	其他用地	hm^2			
	村庄规划总用地	hm^2			

注：其他用地包括公用设施、生产性服务设施用地。

主要技术指标一览表　　表11-5

项目		计量单位	数值
居住户数		户	
户均占地面积		m^2/户	
居住人数		人	
总建筑面积		m^2	
其中	住宅建筑面积	m^2	
	公共建筑面积	m^2	
户均住宅建筑面积		m^2	
停车位		辆	
绿地率		%	

作者单位：湖北省城市规划设计研究院

作者：李红，田涛

12　乡镇产业发展专项规划的内容与方法

1　引言

乡镇是链接城市和农村的纽带。繁荣乡镇经济是城乡统筹发展背景下国家经济工作的核心。乡镇产业发展作为乡镇繁荣的动力源泉，是促进区域国民经济和社会进步的基础。而乡镇产业发展规划通过对产业发展方向、产业结构、产业布局的科学筹划和决策，有利于构建和完善现代产业体系、优化生产力布局、提升经济综合竞争力，有效壮大乡镇产业经济，带动社会就业，推进城镇化建设和城乡一体化发展。随着经济的快速发展和科学决策意识的增强，各级政府、产业园区和企业愈发认识到产业发展规划的重要性。乡镇产业发展规划的内容能否体现前瞻性、系统性和可操作性，编制方法是否科学合理，从而是否能够推动乡镇产业在未来一定时期健康、有序、高效发展，是需要关注的重要问题。

2　编制乡镇产业发展规划的必要性

2.1　实施落实国家城乡统筹发展战略的基础

城乡统筹发展是进入21世纪，我国经济社会发展的重要战略之一。从党的十六大提出"统筹城乡经济社会发展"，到十七大提出"统筹城乡发展，建立以工促农、以城带乡长效机制，形成城乡经济社会发展一体化新格局"，再到十八大提出"推动城乡发展一体化"，并确定"坚持走中国特色新型工业化、信息化、城镇化、农业现代化道路，推动信息化与工业化深度融合、工业化和城镇化互动、城镇化和农业现代化相互协调，促进工业化、信息化、城镇化、农业现代化同步发展"的发展思想，体现了我国经济社会发展战略的不断深化。在此背景下，发展壮大链接城市经济和村域经济的乡镇经济，必然成为实施统筹城乡方略的中坚节点内容。而围绕这一内容，制定科学合理的乡镇产业发展规划，是夯实乡镇产业经济基础，完善从城市到乡村的产业体系，推进"四化同步"建设，形成以工促农、以城带乡、工农互惠、城乡一体新局面的关键基础环节。

2.2　适应当前城乡规划发展形势的要求

当前，受国家推动城镇化建设扩大内需、建设重点由偏重城市向城乡统筹转变、推进新农村建设等一系列政策的影响，乡镇地区的开发建设活动非常活跃。具体表现在：国家、地方政府、企业和个人在乡镇地区进行投资建设，呈现出投资主体的多元化；农工商贸业，特别是众多休闲度假旅游类型的项目纷纷到乡镇地区寻找发展空间，呈现出投资项目类型的多样化；不论是发达地区，还是欠发达地区的乡镇，开发建设行为均较活跃，呈现出投资地域的广泛化。为避免发生由投资势头强劲、新上项目发展迅猛带来的产业发展失控无序现象，必须对乡镇地区的产业规模、产业结构、产业用地空间布局等进行审视、优化与重构。而国家颁布的《村庄和集镇规划建设管理条例》、《村镇规划编制办法》、《城乡规划法》中涉及乡镇产业发展的相关规定，都不能完全适应形势发展的需要，这就需要制定产业发展规划进行调控和引导。

2.3　推进乡镇产业经济转型升级的前提条件

目前，我国乡镇地区普遍存在一些问题：产业结构不合理，主导产业不突出，力量薄弱；传统产业生产模式落后，新兴高科技产业发展严重不足，社会、经济和生态效益难以综合体现；第一、二、三产业关联度低，产业化程度不高；产业发展基础设施建设滞后，社会化配套服务缺失等。这些问题导致产业经济总量、经济质量、经济效率偏低，迫切需要推进乡镇产业经济由高能耗高污染、低附加值、粗放型发展方式向低能耗低污染、高附加值、集约型的高级方式转型升级。制定乡镇产业发展规划，立足自然资源禀赋，深入挖掘乡镇区域产业的特色和优势，明确产业发展的主攻方向；科学系统地分析区域产业发展的总体导向，优化调整乡镇产业结构及布局，实施与周边区域产业的互补性和差异性发展，提升市场竞争能力；构建三次产业联动融合发展的有效载体，加强基础设施建设力度，制定落实产业发展的资金技术保障措施，提高产业化发展支撑和服务能力等举措，对于推进乡镇产业经济转型，实现产业经济跨越式发展意义重大。

3 乡镇产业发展规划的含义与特点

3.1 乡镇产业发展规划的含义

产业发展规划是依据一国或者一个地区的自然资源禀赋、社会经济发展情况、产业发展基础和态势，以产业要素或者资源的合理配置为原则，通过理性分析和经验判断，提出未来一定时间产业发展方向、产业经济规模与结构、产业空间布局的具体安排，并确定相应的产业发展保障措施，来实现区域产业结构的合理化和高度化。

乡镇产业发展规划，即以乡镇行政区域的产业为规划对象，预测产业的发展并管理各项产业资源以适应其发展的具体方法或过程，用来指导乡镇产业的未来发展；是确定产业的规模和发展方向以及制订产业中各类实体的总体布局的专项规划；是对产业发展不同时期需要限制、提升或对产业发展的目标、结构、发展重点等作出具体布置的规划。乡镇产业发展规划的对象，不仅包括镇区的产业发展，而且还包括乡镇辖区的自然村、行政村。

3.2 乡镇产业发展规划的特点

乡镇产业发展规划一般具有以下几方面的特点。①全局性。是指从乡镇所处的区域经济发展的全局出发，统筹城乡发展、统筹区域发展、统筹经济社会发展、统筹人与自然和谐发展，注重与“三农”、生态环境相联系，既考虑发展产业，努力解决“三农”问题，加快推进城镇化建设，也要注重生态的保护，走可持续发展之路。②战略性。战略不是指具体的安排，而是今后产业发展的指导思想、方针和行动纲领的谋划；产业发展规划是涉及小城镇产业发展的长远性、宏观性、根本性、总体性的问题，规划要超前。③稳定性。产业发展规划是一个长期的谋划方案和行动纲领，一般时间比较长；所确定的方针、原则在规划期内要保持相对稳定和持续地执行下去，不能朝令夕改。④可控性。产业发展规划必须具有科学性、趋前性和可操作性，但也不是一成不变的，它可以根据各种因素的变化，可以通过一定程序进行纠正和修订，以完成产业发展规划所确定的目标。⑤政策性。产业发展规划一般要经过一定的法定程序予以确定并公布执行，一经批准，带有一定的指导性和约束性。

乡镇产业发展规划在产业经济学和城乡规划学两个学科领域具有不同的特点。两个领域在规划的工作流程、所需基础资料、编制方法和规划图纸成果方面具有相似性，但在规划目的、规划内容、规划侧重点、规划性质方面具有差异性。产业经济学领域的规划是以促进产业发展、带动乡镇的城镇化进程为目的，通过政策和经济分析，研究产业的选择、产业发展的规模和结构、产业布局的合理化，侧重强调产业发展的指导思想和思路，属于指导性规划。城乡规划学领域的规划是以产业发展空间预留为目的，研究产业的土地利用、基础设施建设布局等，侧重强调产业发展对城乡规划的功能性要求，属于强制性法定规划。在规划工作中，要从乡镇产业发展规划的实际需要出发，对不同规划领域的内容有所选择和侧重。

4 乡镇产业发展规划的内容与方法

乡镇产业发展规划是以设计区域产业系统在空间和时间上的发展轨迹为核心的专项规划。与研究空间功能布局及对各项建设进行综合部署安排的乡镇域总体规划和研究土地资源的合理开发、利用和保护的土地利用总体规划不同，乡镇产业发展规划主要研究产业发展现状和特征、产业发展战略定位和目标、主导产业选择和集群构建、产业发展规模预测和布局以及产业发展实施策略等内容。

4.1 规划背景与意义

编制乡镇产业发展规划首先需要明确规划的背景与原因、规划的作用与意义，即回答为什么要编制规划的问题。应以国家、省、市（县、区）对于推进乡镇发展的政策文件精神、指导意见以及乡镇所在市（县、区）城市总体规划、土地利用总体规划、社会经济发展规划、环境保护规划、旅游规划等上位规划为依据，明确乡镇产业发展规划对于落实区域社会经济发展战略、构筑完善区域现代产业体系、实现区域产业经济跨越式发展等方面的作用、意义与必要性。

4.2　产业现状和特征分析

产业现状与特征分析，是指对产业发展基础因素的研究，是编制乡镇产业发展规划的基础。应对规划区的区位交通条件、自然资源条件、宏观社会经济发展状况、产业发展现状、企业发展水平、政策支持力度等情况进行分项分析，明确规划区第一、二、三产业的经济总量、经济效率、产值结构、用地布局、企业构成等特征，并综合产业发展的要素资源、宏观政策环境等条件，归纳总结出三次产业发展的优势、劣势、机遇与挑战，理清产业发展的有利因素和不利因素，为后续规划提供依据。

产业发展现状和特征分析作为规划的起点，决定了规划的总体走向。分析技术方法以定性分析为主，具体方法包括利益主体意见法、SWOT分析法、波士顿矩阵等。其中比较常见的是SWOT分析法，虽然该分析方法最初普遍运用于企业的发展规划中，但考虑到其仅仅是一种分析工具，而且可以系统清晰地展现事物的现状特征及其发展态势，且没有包含太多的技术壁垒，分析结果直观易懂，因此常常将其拓展应用于产业发展规划之中。

4.3　产业发展战略定位和目标

产业发展战略是指从区域产业发展的全局出发，分析构成产业发展全局的各个局部、因素之间的关系，找出影响并决定经济全局发展的局部或因素，而相应确定对产业发展方向、思路、定位的筹划和决策。对于制定乡镇产业发展战略而言，要在产业现状分析的基础上，按照“优化产业结构、发展新兴产业、提高科技含量、发挥特色优势”的要求，通过与产业发展上位规划对接，分析规划区上级区域的产业门类构成、布局与发展趋势，明确规划区在构建和完善区域产业体系中的产业发展定位；与城市对乡镇的产业转移和产业配套需求对接，分析规划区对城市产业辐射的接受能力与可行性，明确城乡产业联动发展的思路；与周边区域的产业资源进行比较，分析规划区产业资源的比较优势与特色，明确差异化发展方向，进而提出具有针对性的产业发展战略定位，统筹确定产业发展的重点类别与提升意向。并以此为依据，从实际情况出发，与国家和本地区的中长期发展规划相结合，通过借鉴国内外发达地区相近产业业态的区域发展经验，预测确定未来一段时期包含总产值、三次产业增加值、结构优化、税收、投入强度、产出强度、创新水平、就业带动等一系列的乡镇产业发展目标。

4.4　主导产业选择和集群构建

主导产业是指技术先进、增长率高、产业关联度强，对整个区域经济发展有较强带动作用的产业，其种类决定了产业结构的主要类型，一定程度反映了区域产业结构的合理化与高度化水平，对于区域经济的发展至关重要。乡镇产业发展规划必须分析选择具有生命力的、拥有强劲增长能力和发展潜力的主导产业，作为区域产业经济核心和经济增长极，以促进区域产业结构的调整优化。乡镇产业发展规划需要以发展战略确定的三次产业发展重点类别为选择对象，从区域比较优势、产业综合效益、产业增长潜力等多个方面建立主导产业选择指标体系，通过分析评价，确定乡镇区域的主导产业发展类别。同时，在乡镇产业发展规划过程中应该重视产业集群的建立，即要以主导产业、基础产业、配套产业为类别，规划建立完备的、具有一定竞争力的市场型产业集群，形成能够发挥综合效益的产业系统，突显规模经济和完善产业链条。

主导产业选择的技术方法以定量分析方法为主。首先依据现状产业基础、区域产业辐射、上位规划产业定位等产业判断元素，综合得出适合在规划区发展的产业预选组；然后针对产业预选组，分别建立包含比较优势指数、需求收入弹性系数、产业增长潜力指数、生产率指数、吸纳就业能力指数、可持续发展指数等指标的选择评价指标体系，并对指标数据进行标准化处理，测算各预选产业的综合得分；最后通过得分排序和比较，确定出三次产业发展的主导产业。一般而言，第一产业指标体系应包含区域比较优势基准（区位商、综合比较优势指数）、产业增长潜力基准（市场占有率、平均增长率）、产业综合效益基准（人均产量系数、增长作用率）；第二产业指标体系包含技术进步基准（生产率、科技经费比率）、产业发展潜力基准（需求收入系数、比较劳动生产率）、综合效益基准（总资产贡献率、成本费用利润率、污染处理率）、就业能力基准（就业吸纳率、投入创造就业率）；第三产业指标体系包含比较优势基准（比较产值规模、比较固定资产规模、比较就业规模）、经济效益基准（相对投入产出率、产业相对生产率）、收入弹性基准（需求收入系数）。

4.5 产业发展规模预测和布局

产业发展规模预测能够确定产业在未来一定时间的发展状态和发展前景，是指导产业用地布局和就业人口规划的依据。乡镇产业发展规模预测的对象主要包括产业经济规模、用地规模和就业人口规模。预测方法一般采用定性与定量相结合的分析方法。产业经济规模预测一般采用AHP法，以产业经济效益、产业竞争优势、产业发展基础、产业环境效益等指标作为准则层，分别确定三次产业下各细分产业的发展权重，再依据前述制定的产业发展总产值或增加值目标，估算得到规划期末各产业的经济规模。产业用地规模和就业人口规模则要根据预测的产业经济规模结果，按照国内外发达地区同类产业的劳动生产率和土地生产率资料进行反推估算得到。

产业发展布局是指产业在区域内的分布和组合，是实现产业发展规划由虚调型规划转向实控型规划的关键。乡镇产业发展布局包含空间布置和时间安排两个内容，在空间布置上主要包括总体空间功能分区、产业用地空间布局；在时间安排上主要体现在产业建设发展时序方面。总体空间功能分区即根据乡镇的城镇化发展趋势、区块资源差异、用地类型区别、产业功能实现要求、现有产业园区和产业聚集区分布等特点，结合产业发展规模预测的结果，将规划区划分为若干功能区，如三次产业功能区、配套服务功能区、预留发展区等，以便于开展差别化政策指引、分区块招商和针对性管理工作。产业用地空间布局即在功能分区的基础上，充分考虑产业现状布局、交通运输、配套设施、劳动力供给、生态环保等因素，进一步研究确定产业各行业、各业态在各功能区块上的用地组合与调整。产业建设发展时序即根据战略定位和分期发展目标，坚持“分期、分区建设”的原则，合理安排具体的产业开发建设时间，确定逐步启动不同分区、不同产业项目的建设次序，以便于加强分区建设引导，实现滚动建设，渐进发展。

4.6 实施策略与保障措施

制定产业发展规划的实施策略和措施，是保障规划能够落地实施的关键。规划的实施策略主要包括产业集群园区化发展策略、产业发展立体招商策略、产业发展项目公共服务平台建设策略、产业发展多元主体开发策略、产业品牌创立和营销策略等。规划的保障措施一般涉及规划实施的领导和组织管理、法律法规制定、土地流转利用、劳动力就业培训、招商引资政策、综合配套服务机制等。实施策略与保障措施一定不能泛泛而谈，一定要有针对性和可操作性，如此才能切实保障规划的实施。

5 结语

大力发展乡镇产业是推进国家城乡统筹战略和“四化同步”发展战略的重要内容。制定具有科学性、系统性、前瞻性、可操作性的乡镇产业发展规划是推进乡镇产业健康、快速、高效发展的基础。在编制乡镇产业发展规划时，应采用科学的技术方法，重点研究产业发展现状和特征、产业发展战略定位、主导产业选择和集群构建、产业发展规模预测和布局等几个方面的内容，并注重产业发展实施策略和措施的制定，确保规划能够落地实施。

作者单位：武汉现代都市农业规划设计院

作者：龚琦，董桥锋，林育敏

13　乡镇土地利用专项规划的内容与方法

1　乡镇土地利用专项规划的定位

1.1　土地利用规划体系中的“专项规划”

在我国土地利用规划运行体系中，土地利用总体规划是指各级人民政府依法组织对辖区内全部土地的利用以及土地开发、整治、保护所作的综合部署和统筹安排，分为全国、省（自治区、直辖市）、市（地、州、盟）、县（区、旗）和乡（镇）5级。乡级土地利用总体规划作为实施性规划，是地方政府开展土地利用行政管理的重要依据。

土地利用专项规划是指在一定区域范围内，为了解决某个特定的土地利用问题在空间上和时间上所作的安排，如土地整治规划、基本农田保护区规划、低丘缓坡土地综合开发规划等。与土地利用总体规划相比，土地利用专项规划具有针对性、专一性和从属性，是对土地利用总体规划的补充和深化。

1.2　“四化同步”示范乡镇规划体系中的“专项规划”

湖北省“四化同步”示范乡镇试点赋予了土地利用规划更多的内涵。《关于创新国土资源管理机制促进“四化同步”示范乡镇建设的指导意见》（鄂四化同步组发〔2014〕1号）、《省委财经办（省委农办）省国土资源厅关于全省“四化同步”示范乡镇土地利用总体规划编制的指导意见》（鄂土资发〔2014〕6号）等文件，都对这次土地规划工作的性质作了界定：“四化同步”示范乡镇土地利用规划的编制，是针对现行乡级土地利用总体规划（以下简称“现行规划”）的一次“修编”。这样的定位，便于与目前正在执行的第三轮土地利用总体规划进行衔接，确保规划的法定效力。同时，在示范乡镇“全域规划”的体系当中，土地利用规划也履行着“专项”职能——通过土地资源的配置和土地利用的组织，为区域城乡建设、产业发展和生态安全等相关规划提供空间上的支持与限定。因此土地利用规划是其他规划的重要基础。

1.3　规划编制的重点把握

通过以上的论述不难发现，“四化同步”示范乡镇土地利用专项规划的编制，必须同时兼顾好“总”和“专”两方面的功能。作为“总规”，土地利用规划的内容应符合《乡（镇）土地利用总体规划编制规程》（TD/T 1025-2010）（以下简称《规程》）等相关文件的规定，规划控制指标应与现行规划保持一致，规划成果必须按照法定程序报批。作为“专规”，土地利用规划应切实做好与主导规划（镇域规划）及其他规划在基础数据、规划目标、空间布局、项目安排等规划内容的紧密衔接。

2　乡镇土地利用专项规划编制的总体要求

作为湖北省新型城镇化道路的探索，“四化同步”示范乡镇试点规划编制应体现“高标准、重创新、有特色、接地气”的要求，包括以下4个方面。

2.1　规划理念的转变

首先，强调前期土地利用的战略研究，找准区域土地利用的主要症结，把握土地利用的政策导向；其次，规划方案弱化指标，强化空间，体现在坚持“建设用地总量不增加、耕地保有量不减少、基本农田布局不变”的前提下，突出建设用地内部结构优化，制定差别化的空间管制规则；再次，改变以往各类规划“先编制、再衔接”的弊病，土地规划与城乡规划、产业规划等同步编制、即时互动，真正实现“全域规划、多规协调”；第四，重视规划实施保障措施，着力改善重编制轻实施的现状，体现土地利用规划作为政策的可操作性。

2.2　体现规划的综合性

土地利用专项规划编制应体现以耕地保护为前提、土地节约集约利用为核心、盘活农村集体建设用地资源为抓手的特点，通过规划内容和手段的改革创新，夯实农业基础，保障产业发展，促进农民就近就地就业，注重保护生态环境，实现从单一地就土地谈土地到土地利用与经济发展、社会稳定、生态安全兼顾的转变。

2.3 兼顾刚性与弹性

为同时确保土地利用规划权威性和可操作性，土地利用专项规划必须在保持一定刚性的前提下，具有适度弹性。其中，在战略指导思想、任务和内容、规划指标的数量和结构、用途分区及用途管制规则和规划管理程序等方面应具有严肃性和法定性；而在确保规划应有功能的前提条件下，通过规划指标的预留与浮动、管制规则中设置规划修改的条件，增强规划编制和实施管理的灵活性、可调整性和应变能力。

2.4 突出专家领衔、部门合作和公众参与

专家领衔为规划编制的科学基础提供了保障，部门合作充分发挥土地利用规划的综合作用，形成公共政策合力，公众参与提高了规划的透明度。规划方案应当通过组织听证、论证、公示等方式征求专家和公众的意见，规划成果材料中应包括对意见采纳情况，对未采纳的意见应当说明理由。

3 乡镇土地利用专项规划任务和内容

作为一次乡级土地利用总体规划修编，乡镇土地利用专项规划的编制首先应符合《规程》的规定。作为“四化同步”示范乡镇试点的专项规划，乡镇土地利用专项规划又不能等同于乡级总规，其规划内容应更加全面，问题研究应更加深入，规划方法应更加多样化。

3.1 乡镇利用土地专项规划的任务

乡镇利用土地专项规划的主要任务是：根据上级土地利用总体规划的要求和本乡（镇）自然社会经济条件，综合研究和确定土地利用的目标、发展方向，统筹安排各类用地，协调各项规划和各业用地矛盾，确定各类用地规模，划定土地用途区和建设用地管制分区，重点安排好耕地、生态用地及其他基础产业、基础设施用地，确定村镇建设用地和土地整理、复垦、开发的规模和范围，以控制和引导城乡土地利用。

3.2 乡镇利用土地规划专项的内容

乡镇利用土地专项规划的内容一般包括：① 研究规划期间社会经济发展对土地利用的需求，确定规划的主要任务；② 提出未来土地利用的战略目标，明确土地利用的重点和方针；③ 调整土地利用结构和布局，制订全域各类用地控制的具体指标；④ 规划生态保护和城乡建设用地；⑤ 安排交通、水利及能源等重点项目用地；⑥ 划定土地用途区，并制定各区土地利用管制规则；⑦ 制定近期规划；⑧ 拟定实施规划的措施。

4 乡镇土地利用专项规划编制的主要方法

4.1 土地利用现状分析

（1）土地利用的自然与经济社会背景分析

对气候、地貌、土壤、水文、植被、矿藏、景观、灾害等自然条件、自然资源和历史沿革、人口、城镇化、经济社会发展、基础设施建设、生态环境等条件进行分析、比较，明确区域土地利用的有利条件与不利因素。

（2）土地资源数量、质量及动态变化及原因分析

分析、比较各类土地的面积、分布、质量和人均占有量，以及多年土地利用的变化情况，研究引起土地利用变化的原因；分析土地利用变化对经济、社会、环境产生的影响。

（3）土地利用结构与布局分析

结合土地资源条件，分析区域内各类土地比例、分布，重点对农用地特别是耕地、建设用地的比例、分布、增减去向进行分析，总结土地利用的规律和特点。

（4）土地利用程度与效益分析

计算土地开发利用率、各类用地实际利用率、集约利用水平和土地产出率，并与先进水平或现有技术经济条件下可以实现的最大利用率、生产率相比较，评价土地利用程度与效益的高低。

（5）土地利用现状综合分析

分析总结土地利用特点、问题及原因，结合现行规划实施评价结果，明确规划修编的重要性、提出需要解决的土地利用重大问题。

4.2 土地供需分析

（1）土地需求预测

对规划期间各类用地需求及布局发展趋势进行的测算。预测应符合区域实际和科学客观，与当地自然状况、经济社会发展、生态环境等条件相适应。

（2）土地供给分析

在资源状况分析、土地适宜性评价等研究的基础上，考虑各类用地的实际利用水平、集约利用潜力以及土地整理、复垦、开发的潜力，确定规划期间各类用地的供应规模，提出镇域内各类用地可调整的可能性。

（3）土地供需平衡分析

在土地利用现状分析、土地需求预测、土地供给潜力分析等调查研究的基础上，对土地需求和供给状况进行土地供需平衡分析，明确供需形势特点及存在的问题，依轻重缓急提出解决问题的途径和相关建议。

4.3　规划目标确定

规划目标一般包括：耕地和基本农田保护，基础设施等重点建设项目保障，城镇村等各类建设安排，土地整理、复垦等整治活动，未利用地适度开发，土地利用效率等集约利用目标；生态建设与环境保护用地安排等。确定规划目标的依据一般有：国民经济与社会发展规划；上级规划的要求；区域资源环境与经济社会状况；主要的土地利用问题。

4.4　土地利用结构和布局调整

（1）土地利用结构与布局调整的原则：① 优先安排生态屏障用地；② 协调安排基本农田和基础设施用地；③ 优化城镇村用地布局，合理安排重点城镇用地规模；④ 各类用地的扩大应以内涵挖潜为主，集约利用，提高土地产出率；⑤ 各类用地结构调整和布局安排应符合上级规划要求，与土地利用调控目标协调一致。

（2）依据自然地貌的连续性，稳定镇域内森林、江河湖泊、滩涂苇地、海岸线等生态网络体系，保护具有生态功能的耕地、园地、林地、草地、水面等生态用地，形成基本生态屏障。

（3）应利用农用地分等定级成果，将质量较好、农业基础设施完善、随市场变化可调整为耕地的其他农用地纳入耕地保护方案，促进农业结构调整向有利于保护耕地的方向进行。

（4）根据社会经济发展、产业集聚、人口城镇化等因素，确定城镇、中心村建设用地规模、发展方向。城镇新增用地布局，依托城镇已有的基础设施，少占耕地和水域，避让基本农田、地质灾害危险区、泄洪滞洪区和重要的生态环境用地。各类园区必须在城镇工矿用地规模内控制。采矿、能源、化工、钢铁等生产仓储用地以及其他高污染性、危险性用地的布局应保持安全距离。农村居民点新增用地，应当主要用于中心村建设。

（5）交通、水利等基础设施用地，应当与城乡建设用地空间格局相协调。基础设施用地新增规模应符合有关产业政策、行业规划与用地标准。基础设施用地布局应当避让基本农田、生态屏障用地。规划期间暂时无法明确定位的基础设施建设项目，可预留新增建设用地指标，在规划图上示意项目选址、选线位置，编制基础设施用地项目表。

（6）在对各类用地结构、布局和规模进行审核、达到综合平衡的基础上，协调、拟订土地利用结构和布局调整方案。

4.5　土地用途区划定

土地用途区划分，应依据《规程》并结合区域用途管制的需要而划定，可细分。土地用途区不相互重叠。土地用途区可不覆盖规划范围内的全部土地。土地用途分区方案与各类土地利用结构与布局调整方案应协调一致，满足主要规划目标的要求。

4.6　近期规划安排

在综合考虑资源现状、产业政策和环境保护要求的前提下，应根据资金和实施条件，对乡镇辖区内近期的土地利用和重要建设项目作出用地安排。

4.7　规划实施保障措施

专项规划编制中，应制定行政、经济、技术与社会等规划实施措施，确保规划有效实施。规划实施措施应具有可行性与针对性，与当地政府和国土资源行政主管部门职责权限一致。

作者单位：永业行（湖北）土地房地产评估咨询有限公司

作者：李冀云

14　美丽乡村专项规划的内容与方法

党的十八大提出"要努力建设美丽中国，实现中华民族永续发展"。统筹城乡发展，必须着力改善农村基础设施、生活环境、文化氛围和公共服务。本文通过归纳乡村发展的现状和发展趋势，借鉴发达国家乡村建设的路径与经验，提出美丽乡村规划原则，建立美丽乡村专项规划的内容框架，总结其方法特点，从而为湖北省乡村发展研究与规划建设提供理论与方法层面的探索。

1　乡村建设现状分析

1.1　现存主要问题

目前，湖北乡村建设主要存在三方面问题：一是"简单化"，重硬件、轻软件，重建设、轻管理，对乡村建设长期性、艰巨性认识不足；二是"一刀切"，而农村条件千差万别，乡村建设不能用一个模式包打天下；三是"只顾眼前"，只解决简单、表象的问题，对事关农村长远发展，缺乏足够重视，措施乏力。

1.2　乡村建设趋势

一是要激活农村生产要素，确保农民增收。由于各种严格的限制，农民的承包地、宅基地、住房不能作为资本流动，很难带来财产性收入。

二是由"涂脂抹粉"转向"生态文明"建设。应突破最初的村容村貌整治，坚持以经济转型升级为路径，以全民素质提升为根本，探索一条经济与环境、城镇与乡村、经济与社会互促共进的科学发展路子。

三是要推进公共资源均衡配置和社会保障水平提高。应大力推进城乡基本公共服务均等化，使发展成果惠及城乡居民。

2　美丽乡村规划原则

2.1　生态优先原则

将生态安全性作为先决条件，大力发展生态经济；推进生态人居建设，引导村庄集约发展，促进用地合理布局，提升乡村居住品质；改善生态环境，实现可持续发展；弘扬生态文化，突显乡村特色，形成民主、和谐的良好氛围。

2.2　因地制宜原则

充分尊重地方实际，增强规划可操作性。一是明确乡村建设的差异化策略，实现分类指导；二是合理安排乡村建设时序，循序渐进地推进乡村建设工作。

2.3　以人为本原则

突出村民的主体地位，重视村民的全面发展；规划编制过程中引导村民积极参与，关注村民各项需求；规划管理和实施中，尊重村民意愿，体现民主精神。

2.4　文化特色原则

尊重农村地区文化的多样性和差异性，保护自然景观和传统村落；同时倡导和推广现代文明生活方式，形成积极向上的文明风尚。

3　美丽乡村专项规划内容框架

3.1　建设条件分析

从生态、生产、生活三个角度进行分析，提炼乡村特色资源，存在主要问题以及建设需要加强和完善的方向，为美丽乡村总体战略的制定提供依据。

3.1.1　生态系统

从现状山、水、田、林等自然地景以及湿地、饮用水源、风景资源等生态保护区的角度分析美丽乡村建设在生态系统方面的资源条件，并总结现状建设在该方面存在的主要问题。

3.1.2　生产系统

从现状乡村农业、乡村工业、乡村旅游业等的角度分析美丽乡村建设在生产系统方面的资源条件，并总结现状建设在该方面存在的主要问题。

3.1.3　生活系统

从现状乡村居民点、物质文化遗产、非物质文化遗产等的角度分析美丽乡村建设在生活系统方面的资源条件，并总结现状建设在该方面存在的主要问题。

3.2　总体战略

3.2.1　明确总体要求和定位

以“统筹城乡、改善民生”为主要方针，以“四美、三宜”为建设标准，以“全域创建”为整体目标，提出美丽乡村建设总体要求。综合考虑各地不同资源禀赋、区位条件和经济社会发展水平，确定美丽乡村建设总体目标和定位。

3.2.2　确定规划结构

划分美丽乡村功能区及示范带，以此确定整体规划结构；对各功能片区进行风貌、特色定位，引导村庄发展方向；挖掘示范带沿线资源特色，塑造品牌，提出景观规划相关措施，指导下位村庄规划建设。

3.2.3　完善居民点建设布局

以农村土地综合整治、集约集聚利用为目标，分析镇域人口转移趋势和流向，在镇村体系基础上，确定各居民点分类调整应具备的基本条件以及居民点迁移流向的基本原则（表14-1）。

3.3　四大行动体系

3.3.1　人居建设行动

按照“科学规划布局美”的要求，推进农村土地综合整治和宜居农房改造建设，改善农民居住条件，构建科学合理的农村人居体系。具体包括以下措施：

（1）宜居农房改造建设。提升农房改造建设水平，提高村庄空间品质。按照平原型、丘陵型、山区型的村庄地形分类以及改扩建型、新建型、保留型、迁移型的居民点建设方向分类，分别制定宜居农房改造的原则和措施（表14-2）。

（2）完善乡村基础设施。提出适合农村特点的道路、农村公交、给水排水、电力电信、燃气等方面的规

美丽乡村居民点分类基本条件参考　　表14-1

编号	分类	基本条件
1	改扩建型	（1）人口规模较大； （2）经济水平、交通运输等发展条件比较优越； （3）自然条件较好且具备发展空间。
2	新建型	（1）有必要的村庄建设用地以及基本农田和农业产业支撑； （2）有第二、第三产业提供的就业机会； （3）有必要的工程基础设施和社会服务设施； （4）具备良好发展前景。
3	保留型	（1）具备典型历史文化特色和风貌特色； （2）发展潜力一般，但在规划期内难以搬迁。
4	迁移型	（1）人口规模过小，缺乏基本农田和农业产业支撑； （2）不通公路或缺乏基本的基础设施和社会服务设施； （3）严重空心化，基础设施和公共设施建设成本高； （4）生态环境恶劣，没有发展潜力； （5）处在文物古迹、风景名胜区、滞洪蓄洪区、地质灾害区等。

美丽乡村农房改造分类引导参考　　表14-2

编号	分类	特色	改造的重要内容
1	平原型	“田”	规划布局：集中布置公共设施，村庄紧凑布局，凸显乡村气息。 建筑设计：街巷丰富多变，尽量运用地方建筑材料。 景观风貌：保持乡土特色，营造田园风光。
2	丘陵型	“坡”	规划布局：采用集中或组团式，充分利用低丘缓坡。 建筑设计：错落台地布局，灵活选用建筑样式。 景观风貌：充分利用地势变化，步步有景、景随人行。
3	山区型	“山”	规划布局：保持山体完整、保护自然植被、合理利用缓坡地。 建筑设计：结合地形、加强防灾安全、强调山地特色。 景观风貌：注重生态环境保育与修复、塑造丰富山村景观。

划措施；注重加强农业生产基础设施引导。

（3）完善乡村公共服务体系。以城乡基本公共服务均等化为目标，完善农村基本公共服务功能，并按规划镇村体系分级、分类提出配建标准。

（4）逐步建立农村信息服务体系。巩固农村信息资源共享平台；建立和完善“镇—中心村”两级的农村信息网络体系；优化农村信息服务模式。

3.3.2　产业发展行动

按照“兴业富民生活美”的要求，制定农村产业发展战略，推进产业集聚，发展新兴产业，促进农民创业，构建高效的农村产业体系。具体包括以下措施：

（1）确定产业功能区。在上位规划的基础上，以美丽乡村整体功能结构为依据，确定镇域乡村产业功能区划，并相应提出各村产业引导或布局。

（2）发展乡村农业。以乡村农业规模化、现代化为目标，推进现代农业园区、粮食生产功能区建设，提出发展生态循环农业等方面的规划措施。

（3）发展乡村工业。以乡村工业集约化、减量化为目标，严格执行产业准入门槛和污染物排放标准，推动乡村企业到工业功能区集聚。

（4）发展乡村旅游业。以系统化、特色化为目标，发展各具特色的乡村休闲旅游业，形成以景区为支撑，以“农家乐”为基础的乡村旅游业格局。

3.3.3　环境提升行动

按照“环境整洁生态美”的要求，以保护农村生态本底为基础，突出重点，连线成片，构建优美的农村生态环境体系。具体包括以下措施：

（1）生态安全格局构建。与镇域空间管制相协调，以村庄、山体、河流水系、农田等为载体，构建镇域生态安全格局；从基本农田保护、水土流失防治、提高村庄绿化水平等角度入手，提出加强生态安全格局维护的规划措施。

（2）生态环境综合整治。划定镇域污染防控分区，制定针对性污染治理方案，提出农业面源污染综合整治措施，提出水环境综合整治措施，按照集中和分散相结合的原则，完善农村垃圾、污水收集处理体系。

（3）环境风貌塑造引导。分析镇域环境景观要素，建立以村庄景观、滨水沿路景观、田园山水景观为主的、“点—线—面”结合的环境风貌体系，并结合景观要素的类型和特征，对不同景观要素进行分类引导。

（4）生态环保应用推广。推进农村节能节材，提倡生物质能、可再生能源的利用，推广绿色生态建筑；培育村民良好生活习惯，倡导农村低碳生活。

3.3.4　文化繁荣行动

按照“文明和谐特色美”的要求，以提高农民文明素养、形成农村文明新风尚为目标，加强农村地方文明风尚的培育。具体包括以下措施：

（1）培育文化特色村。编制特色文化村落保护规划，制定保护政策；在充分挖掘和保护古村落、古民居、古建筑、古树名木和民俗文化的基础上，优化美化村庄人居环境，以特色文化旅游为导向，培育文化底蕴深厚的特色文化村。

（2）建设乡风文明。深入开展文明村镇创建活动，把提高农民文明素养作为重要创建内容；开展形式多样的乡村文明知识宣传、培训活动和创建活动，形成农村文明新风尚。

（3）促进乡村和谐民主社会。积极探索民主选举法制化、民主决策程序化、民主管理规范化、民族监督制度化的工作机制，提出有序引导农民合理诉求，维护农村社会和谐稳定等方面的措施。

3.3.5　“四大行动”建设指标

建立美丽乡村建设指标体系。建设指标体系分为约束性指标和引导性指标两大类，宜结合地方实际和规划镇村体系分级列出。其中约束性指标是美丽乡村建设和考核的主要依据，引导性指标可参考执行（表14–3）。

3.4　近期建设计划

3.4.1　近期试点村建设提升

结合近期试点村所在功能区片及所属示范带，明确“四大行动”中的相关规划措施，起到镇域示范和引导试点村近期规划建设的效果。

3.4.2　建立近期建设项目库

明确近期美丽乡村建设重点，安排近期美丽乡村“四大行动”中的具体建设项目，明确项目名称、建设内容、计划投资、开工时间等内容（表14–4）。

3.4.3　实施策略

借鉴沿海美丽乡村先行先试地区的实践经验，针对不

美丽乡村产业发展行动指标体系参考　表14-3

指标				单位	建设标准		
					镇区	中心村	一般村组
美丽乡村产业发展行动	约束性指标	总体发展	“三农”投入占财支比重	%	≥ 20	≥ 20	≥ 20
			特色产业产值比例	%	—	≥ 90	≥ 90
		农业	农业规模化生产比例	%	—	≥ 40	≥ 35
			农村土地流转率	%	—	≥ 50	≥ 30
		旅游业	旅游收入所占比重	%	≥ 5	≥ 2	≥ 2
			乡村旅游经营户占农户比	%	—	≥ 40	≥ 40
		人民生活	收入水平	元	—	≥ 15000	≥ 15000
			恩格尔系数	%	< 35	< 40	< 40
	引导性指标	工业	工业向镇区和园区集中，其他乡村原则上不设置工业				
		农业	引导设施农业和高效农业，提高农业发展科技含量和资本密度				

美丽乡村近期建设项目库格式参考　表14-4

序号	项目名称	项目建设内容	计划投资（万元）	计划开工时间	备注
1	旅游接待中心	秦家塝村	400	2015 年	
2	休闲观光农业基地	a）宇隆桃缘新村；b）金东方安福乐园；c）安福桃缘 d）安福寺生态园			
3	高标准农田建设示范工程项目	a）秦家榜、蔡家嘴等 5 村；b）三藏寺、徐家嘴、罐头嘴及找儿岭林场	9300	2014 年	分 3 年建设
4	板块基地建设项目	a）野鸭湾村等地 1000 亩；b）三藏寺村、徐家嘴村、火山口村等地 1000 亩	200	2014 年	分 2 年建设
5	水产标准化养殖示范区	a）玛瑙河沿岸 250 亩；b）横溪河流域 250 亩；c）邹家冲片 250 亩	300	2014 年	分 3 年建设

同发展类型城镇，提出镇域美丽乡村实施和保障的体制机制创新思路，包括组织机制、投入机制、建设机制、管理机制、考核机制等，确保规划的有效实施和管理。

4　美丽乡村专项规划方法特点

美丽乡村专项规划具备两大特点，即总体框架系统综合和行动计划面向操作。后者是前者的细化和落实，同时也是前者的重要支撑（图14-1）。

4.1　总体框架系统综合

4.1.1　系统综合的规划思维

首先，对象的群体属性决定了规划方法的整体性。镇域美丽乡村专项规划应当考虑地域共性的存在，以整体性的思维进行规划编制，将镇域村庄当成一个整体进行考虑。

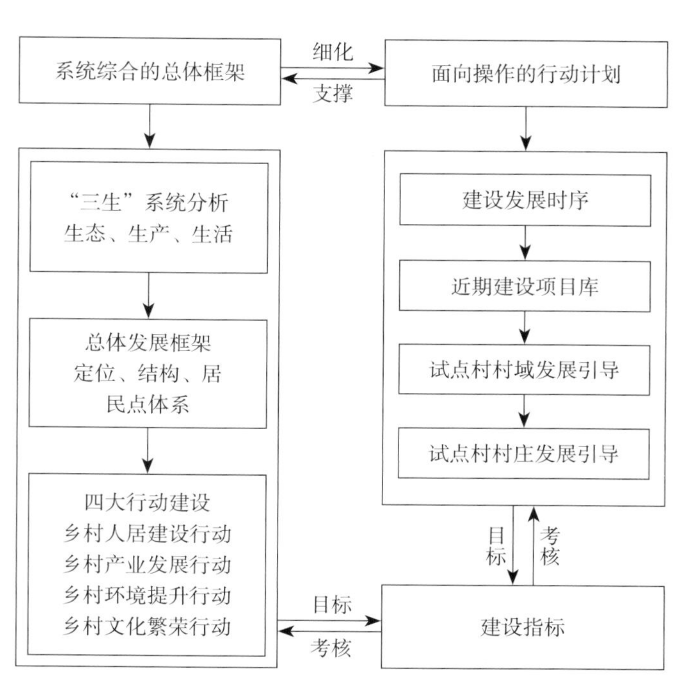

图14-1　美丽乡村规划方法特点

其次，规划内容的复杂性决定了规划方法的综合性。镇域美丽乡村专项规划并非单一内容的专项规划，其内容涵盖乡镇生态、生产、生活、文化等多个方面，因此必须建立综合性的思维，从而建立起专项规划内容的内在联系，使之紧扣美丽乡村建设的主题。

再次，规划对象的等级和层次性，决定了规划方法的系统性。美丽乡村专项规划是以镇域为规划范围，镇域村庄不仅是规划的对象，同时也是规划的空间载体。由于村镇体系的等级和层次性，美丽乡村专项规划需以此为基础，系统化地制定规划方案。

4.1.2　系统综合的总体框架

镇域美丽乡村专项规划从"三生"（即生产、生活、生态）系统分析，到总体发展框架制定，再到四大行动建设，形成了系统综合的总体框架。

（1）"三生"系统分析

"三生"系统分析是挖掘美丽乡村特色资源、制定总体战略和建设行动的重要依据。根据其分析的结果，结合镇域各村资源禀赋来制定规划方案。

例如在《枝江市安福寺镇美丽乡村专项规划》中，对安福寺镇域内的生态环境要素进行系统分析，得出生态敏感性的空间分布；对镇域特色农业、乡村工业、乡村旅游业进行摸底，明确其产业优势和空间布局；对镇域多质化的村庄聚落、丰富的物质与非物质文化遗产进行梳理和挖掘，提炼其主题与特色。这些对于引导城乡各类资源的配置，指导方案形成起到了重要作用。

（2）总体发展框架

美丽乡村专项规划的总体发展框架系统综合。一方面，可借助镇的优势条件、发展资源、平台效应，合力建设美丽乡村；另一方面，通过功能区、示范带的建设，突出重点，强化美丽乡村意向；再一方面，基于居民点体系的美丽乡村建设方案，也能更好地实现城乡发展一体化和各类设施的均等化。

例如在《汉川市沉湖镇美丽乡村专项规划》中，提出了"凤舞汉江、福临沉湖"的总体定位，确定了"两带、三片、四点"的总体结构，即形成"汉江风情"和"凤仪文化"两大示范带，串接楚凤文化片、南部的田园观光片、北部的城镇宜居片三大功能片区，通过缤纷的文化要素串联组织，强化沉湖镇的幸福景观、幸福经济、幸福生活、幸福人文（图14–2）。

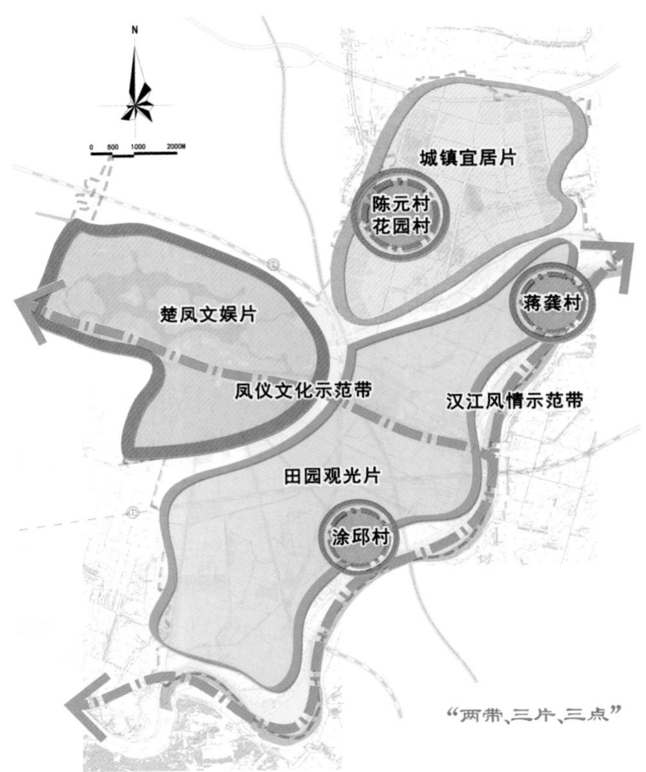

图14–2　美丽乡村专项规划总体结构

（3）四大行动建设

四大行动是美丽乡村建设的具体抓手，从人居、产业、环境、文化四个角度，立体化地诠释美丽乡村总体发展框架。通过四大行动建设，构建舒适的农村人居体系、高效的农村产业体系、优美的农村环境体系、和谐的农村文化体系。

为体现规划的综合性，四大行动建设并非单独考虑，往往存在相互的联系。例如在《枝江市安福寺镇美丽乡村专项规划》中，将产业发展与景观环境塑造相结合，东西两侧的丘陵主要通过柑橘、桃的种植构成了优质的背景景观；将人居建设与环境提升相结合，运用人工湿地处理系统作为污水处理的补充，同时起到一定的景观作用（图14–3）；此外，该规划还将安福寺特色的文化要素与乡村旅游相结合，特别是对桃文化的挖掘，突显了地方特色。

4.2　行动计划面向操作

4.2.1　面向操作的规划思维

面向操作的规划思维，主要体现在美丽乡村专项规

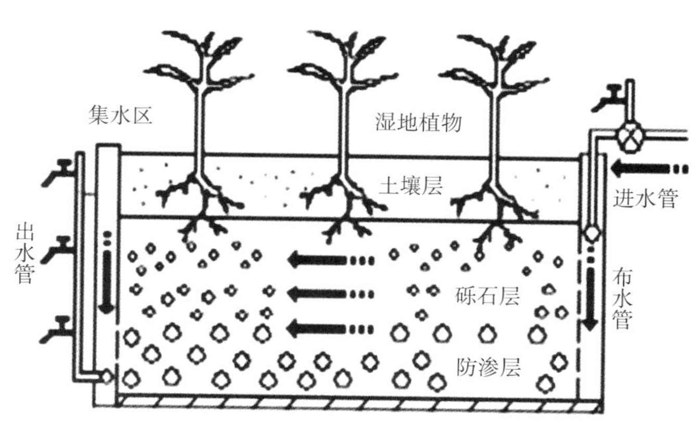

图14-3　人居建设与环境提升的结合——人工湿地处理系统

划的因地而制、因时而动、因事而谋、因人而异。

第一，镇域的村庄群体，不仅数量众多，而且发展基础、发展阶段、发展条件均各异。以同样的措施和力度建设镇域美丽乡村并不可取，需要有重点地展开，内容深度有所不同，力求做到“点要走得进去，面要看得过去”。

第二，规划成果的示范效应决定了规划思维需因时而动。确定合理的实施步骤，实现“重点突破、分步推进、全面覆盖”。

第三，规划管理与实施的要求决定了规划思维需因事而谋。建立近期建设项目库，明确近期美丽乡村“四大行动”的建设项目，并且明确每个项目的责任主体，确保规划具体实施。

第四，以人为本的规划理念要求规划思维因人而异。规划立意中突出村民的主体地位，重视村民的全面发展；规划编制过程中引导村民积极参与，关注村民各项需求；规划管理和实施中，尊重村民意愿，体现民主精神。

4.2.2　面向操作的行动计划

美丽乡村专项规划从确定分期发展时序、建立近期建设项目库、试点村（含村域、村庄）建设引导，形成了面向操作的行动计划；此外，还通过建设指标，对规划的实施设定目标，并且考核规划的执行效果。

例如，在《汉川市沉湖镇美丽乡村专项规划》中，将规划实施分为“试点示范、稳步推进、全面覆盖”三个阶段，并针对近期制定详细行动计划，明确了近期镇域美丽乡村建设项目的名称、规模、建设内容、责任单位、预期效益等，并对石剅村等试点村村域、村庄的人居建设、产业发展、环境提升、文化繁荣等提出规划措施，指导试点村具体建设。

5　结语

美丽乡村是推进“四化同步”的客观需要，是村庄整治建设转型的必然要求，是促进农民增收、提高农民生活质量的重要途径。作者认为需要处理好以下三个关系：一要处理好经济和文化的关系；二要处理好传统和现代的关系；三要处理好形式和内容的关系。同时仍然存在着以下几个问题，有待于今后思索与探讨：① 乡村工业能否成为美丽乡村可持续发展的主要动力，还是要重新认识现代农业的地位？② 乡村系统和城市系统属于两个截然不同但相互平等的组织体系，其发展路径需要继续进行深入分析与研究。③ 乡村规划与建设如何借鉴城市规划的理论与方法，并能够妥善保护区域生态环境与地方特色文化？

作者单位：浙江省城乡规划设计研究院

作者：钟卫华，蒋跃庭，龚松青，赵华勤，范征，徐之琪，江勇

15 乡镇规划项目库编制的内容与方法

15.1 乡镇规划项目库的编制及应用

1 总则

1.1 背景

为贯彻落实党的十八大提出的“促进工业化、信息化、城镇化、农业现代化同步发展”的战略要求，中共湖北省委办公厅、湖北省政府办公厅联合下发《关于开展全省“四化同步”示范乡镇试点的指导意见》（鄂办发〔2013〕21号），在全省选择21个乡镇作为示范试点，开展镇村全域规划的编制工作。全域规划包括三个层面：镇域、镇区、村庄（新型农村社区），以及相关重要的专项规划。在规划编制的同时，为了加强规划的指导性和可实施性，更好地发挥对城乡建设的引导和调控作用，引入了项目库规划的编制手段，配合创新体制机制，使规划与计划同步协调、同步衔接，实现城乡经济社会、空间、土地的有效结合。

1.2 适用范围

本导则适用于省政府制定的示范试点镇的镇级项目库编制。

全域规划中，镇域、镇区、村庄规划及重要专项规划的规划项目库编制应依据本导则。

1.3 项目库构建意义

1.3.1 项目库是实现多规协调的载体

项目是经济社会发展规划、城乡规划、土地利用规划及各专业规划实施的载体。项目库的构建是在规划阶段将多规协调的内容进行前置，为今后项目审批简化协调过程，提高规划实施效率。在项目库构建的过程中，将项目审批需要审核的各环节预先研究，综合平衡，提出围绕国民经济社会发展目标和符合土地指标要求、产业导向、城镇发展方向的项目。

1.3.2 项目库是促进节约集约的有力抓手

项目库的构建基于政府财政预算、土地利用计划，遵循节约集约的原则，通过对项目规模、投入资金和产出效益的评估，择优录取，同时围绕重点产业、重点区域集中投入，体现规模效益。

1.3.3 项目库是体现城乡统筹的有效手段

改变以往投资集中在城镇建设区，而造成城乡二元结构明显、差距加大的状况。通过项目库的建设，合理分配资源，赋予农村地区平等的发展权，甚至向农村倾斜。如资金优先用于新型农村社区基础设施和公共服务设施等建设项目，实现城市反哺农村，工业反哺农业的城乡统筹目标。

1.4 项目库构建原则

1.4.1 整合资金，分类指导

整合土地整治、产业结构调整、生态补偿、林地建设、农田水利、村庄改造等各类项目和专项资金，按照“渠道不变、管理不乱、集中投入、各计成效”的原则，将规划项目化、项目资金化落到实处。

1.4.2 近远结合，聚焦近期

项目库以3年近期为重点，提高可操作性与可实施性，提出详细的项目时间表，明确主体、资金，加强年度考核，促进示范乡镇试点建设。

1.4.3 政府搭台，鼓励多元

结合镇乡当前发展阶段，以政府搭台为主，引导龙头企业参与建设，在基础设施、公用事业等领域向社会推出一批符合产业导向、有利于转型升级的项目，制定清晰透明、公平公正的市场准入机制，为民间投资参与市场竞争“扫清路障”，以多种渠道积极吸纳和筹措社会资金。

1.4.4 注重操作，有利实施

在实现区域统筹发展的同时，从战略、实施层面充分尊重地方经济实力和地域文化特色，考虑政策导向和政策限制，根据实际制定可操作性强、有利于实施的计划方案，建立实施项目库和评价标准，稳步推进“四化同步”建设。

1.5 编制机构与工作要求

镇级项目库由主导单位负责编制。镇级项目库应在汇总全域规划各层面规划的项目库的基础上，经综合平衡和筛选后形成。

2　项目库要素

项目库要素是对项目审批管理各要件的提炼，反映项目的主要属性，为决策、执行、监督提供参考依据。

项目库要素包括：项目名称、项目规模、所在区域、建设内容、项目时序、资金估算、投资渠道、所属行业、项目领域、实现效益。

2.1　项目名称

辨识项目的主要标志。可以按项目筹资方式（投资主体）的不同划分若干子项目。如文化广场作为一个总项目，其下可分解为图书馆新建项目（政府投资）、影剧院新建项目（市场）、便民中心新建项目（政府投资）等若干子项目，以便于后续项目立项。

2.2　项目规模

点状项目表达项目用地面积、建筑面积，如图书馆新建项目，项目规模需表达用地面积和总建筑面积；线性项目表达长度和宽度，如沿路绿化带建设项目，需表达绿化带长度和宽度；面域项目表达项目区总面积，如土地整治项目区、增减挂钩项目区，需表达项目区总面积。

2.3　所在区域

按照镇域、镇区、××社区、××中心村、××村进行表达，明确是否在规划确定的重点区域内，如发展建设区、近期启动区、重点整治区域等。

2.4　建设内容

表述项目的主要建设内容。点状项目表述新建、改造、拆除等动态内容；线性项目表述包含的工程；面域项目表述包含的工程。

2.5　项目时序（近、远期）

按照项目实施时序，可划分为近期项目和远期项目。项目时间明确的进一步表述预计立项时间至竣工验收时间。近期指2014年至2017年，中期指2018年至2020年，远期指2021年至2030年。

2.6　资金估算

按项目周期测算的总投资额。

2.7　投资渠道（筹资方式）

投资渠道主要指项目资金来源。一般分为政府投资（通过财政拨付）、市场投资、个人投资（集体）、混合投资四种方式。

政府投资是指政府为了实现其职能，满足社会公共需要，实现经济和社会发展战略而投资项目。按资金来源划分，政府投资项目包括财政性资金项目（包括国债在内的所有纳入预算管理的资金项目）、财政担保银行贷款项目和国际援助项目。按建设项目性质划分，政府投资项目又包括经营性项目和非经营性项目两大类。经营性项目包括港口、机场、电厂、水厂以及煤气、公共交通等设施项目，建成后有长期、持续、稳定的收益，项目自身具备一定的融资能力，除政府投资外，还可吸收企业和外商投资。非经营性项目包括文化、教育、卫生、科研、党政机关、政法和社会团体等投资建设项目，是为社会发展服务的，由政府作为单一主体投资建设，建成后由有关单位无偿使用，难以产生直接回报。

市场投资项目是指通过供求关系、价格杠杆等一系列经济手段，自主引导市场的投资项目。企业、外商等追求投资的利润率和回报率，依靠市场无形的手实现资源配置的最优化，项目一般通过土地公开交易市场取得土地开发权。

个体投资项目一般指农村集体经济组织或私人进行的投资项目。由于个体投资项目只能在既定范围内规划、布局和建设，虽可要求政府部门提供周边环境的配套，但不具有强制性和支配性，在现有环境中所占比例较小。

混合投资项目是指由多种投资主体共同投资的项目，常见的有：政府+企业、政府+个体、企业+个体、政府+企业+个体等形式。

2.8　所属行业

按照行业类型，可分为：土地、农业、林业、水利、电力、交通、电力、电信、水务、环保、绿化、环卫、产业、商服、教育、民政、人社、科技、文化、卫生、体育、计生、广电等行业。

2.9　项目领域

按照项目所属建设领域，可分为：产业发展、城镇建设、农村居民点建设、基础设施建设、生态环境保护等项目领域。

2.10 实现效益

表述项目所体现的生态环境效益、城乡统筹效益、产业发展效益。生态环境效益主要包括现状建设用地减量、现状污染排放减量和生态功能用地的增量；城乡统筹效益主要包括提高本地城镇化水平（非农就业人口占总就业人口的比例）、增加农村居民家庭人均年可支配收入、提高农业生产水平以及增加当地集体经济组织收益、改善当地农民生活居住条件等；产业发展效益主要包括年税收、年利润、增加非农就业岗位、新增服务容量和提高农业现代化水平等。

3 项目库成果要求

3.1 项目划示的要求

项目库力求做到“图文对应”，便于“一张图”管理。项目通过点、线、面的形式表达：

点状项目：涉及具体地块，一般地块面积较小，与周围其他地块保持相对独立。点状项目在图上分布较为分散，常见的有学校、医院、法院等特定地物。点状项目落图应确保街坊精度。项目明确的，关联控详规划图则中地块编号。

线性项目：指涉及市政交通、绿化带等廊道建设的项目，包括河流、公路、铁路、农村道路、沟渠、田坎、林带等线状地物的构建和完善。在图上可用线性图形表示。线性项目落图应确保街坊精度的位置、长度。项目明确的，可进一步标明主要线状地物的准确位置，并作为图斑界线。

面域项目：一般指整体性、系统性的项目区，常见项目包括农业项目、增减挂钩项目和土地整治项目。规划落图应大致划示项目区边界，以虚线表示（后续边界规模、资金等可调）。项目区明确的，以实线表示（明确的项目具有优先权）。

3.2 项目库成果形式

项目成果采用统一规范的格式，形成“一图、一表、一文”。

“一图”是指项目汇总图。在图上通过点、线、面标示项目位置，各项目进行编号，编号与表格项目序号对应。底图为镇域用地规划图。提交的成果形式为GIS文件，属性表应反映项目库各项要素。另附JPG格式文件。

“一表”是指项目汇总表。包含项目名称、规模、所在区域、建设内容、时序、资金估算、投资渠道、所属行业、项目领域、实现效益等内容。成果形式即为GIS文件中的属性表。另附EXCEL格式文件（附录一）。

“一文”是指对图表的文字解说和数据统计。通过简明扼要的文字，阐述项目筛选的原则和条件，统计项目库要素的相关数据，总结近期重点项目个数、投资领域拨款比例、行业部门拨款比例、资金总额、实现效益等关键数据。成果形式为WORD文件。

4 项目库管理与应用

4.1 项目确立的条件

在示范镇乡全域规划编制完成后，各层面规划（镇域规划、镇区建设规划、土地利用规划、产业规划、村庄规划为必备）均应形成本规划的实施项目库。镇级项目库编制时，应提出项目筛选的条件，对符合要求的项目予以入库，入库项目条件应当符合以下原则。

4.1.1 依据规划

各层面规划确定的项目可能重复或矛盾，原则为“项目从上”，即以上层次规划确定的整体性、系统性项目为主，下位规划重复提出或有不一致的项目则不列入。同时各规划应有重点区域划示，如集中建设区域（允许建设区）、重点整治区域、近期启动区等，这些重点区域中的项目应有优先，以确保项目实施体现规模效益。

4.1.2 依据功能

项目筛选应以公益性、系统性为主导。市场项目应不涉及政府财政投资，可不列入项目库，同时能走市场的尽量走市场。公益性、系统性是城镇发展的基础和保障，主要考虑民生服务、基础设施等项目，原则这类项目应纳入项目库。

4.1.3 依据规模

本次示范镇乡规划确定的项目投资规模各有不

一，资金来源也分不同层面，如省级、市级、县级、镇级等，为避免提出的项目小而繁杂，原则项目库内项目投资规模应达到镇级项目才可入库。暂以300万元投资为界，以上的可入项目库，以下的以镇、村级层面资金解决。

4.1.4 依据进程

项目区分缓急，这在项目库要素中以近、远期表示，但项目推进同时应考虑进程的一致，如绿化带建设、市政管线铺设应与道路建设同步、进程一致；土地整治项目尽量与增减挂钩项目同区域同步实施。在项目筛选中对项目进程进行判断，以保证投资建设的效益最大化。

4.2 项目库的更新

项目库建设与维护是项目管理的重要组成部分，做好项目库的更新与维护，加强项目的前期准备工作，有助于实现项目管理的规范化、程序化和科学化，提高项目库使用效率，促进小城镇规范化建设和健康有序发展。

将项目库管理作为“四化同步”示范乡镇职能部门的日常工作，实行专人管理，对库内项目实行动态管理和更新，以便及时了解和掌握项目发展情况。入库项目如发生重大变化，应及时进行修改、补充和完善，并书面通知上级库进行调整、更新相关资料，为项目实施提供准确依据。同时根据“论证一批，上报一批，淘汰一批，储备一批”的原则，在项目向上级申报入库后，及时充实新的优秀项目，保证各级项目库内项目资源能满足小城镇建设工作的需要。

4.3 项目库的应用

项目库构架应形成“省级——市级——县级——镇级”四级体系。各级政府负责编制各级项目库，下级项目库向上级项目库汇总，最终构成省级汇总项目库，实现信息化、精细化管理。

项目库应进一步开发数据库软件，实现项目搜索、查询和修改等功能。并且由独立机构维护，向各相关部门开放，提高信息透明度，加强信息对接力度。

附录一：镇级项目汇总表示例

<table>
<tr><th>项目序号</th><th colspan="2">项目名称</th><th>项目规模（面积/建筑面积）</th><th>所在区域</th><th>建设内容</th><th>项目预测起止时间（近、中、远期）</th><th>项目资金估算</th><th>投资渠道（筹资方式）</th><th>所属行业（主导类型）</th><th>项目领域</th><th>实现效益</th></tr>
<tr><td>1</td><td colspan="2">自来水厂</td><td></td><td>镇区近期启动区</td><td></td><td>近期</td><td>4500万元</td><td>混合投资（BOT）</td><td>水务</td><td>基础设施</td><td></td></tr>
<tr><td>2</td><td rowspan="6">文化广场</td><td>图书馆</td><td></td><td rowspan="6">镇区近期启动区</td><td></td><td rowspan="6">近期</td><td rowspan="6">16000万元</td><td>政府投资</td><td>文化</td><td rowspan="6">城镇建设</td><td></td></tr>
<tr><td>3</td><td>文化站</td><td></td><td></td><td>政府投资</td><td>文化</td><td></td></tr>
<tr><td>4</td><td>青少年宫</td><td></td><td></td><td>政府投资</td><td>民政</td><td></td></tr>
<tr><td>5</td><td>影剧院</td><td></td><td></td><td>市场投资</td><td>商贸</td><td>年税收、年利润</td></tr>
<tr><td>6</td><td>信息中心</td><td></td><td></td><td>政府投资</td><td>电信</td><td></td></tr>
<tr><td>7</td><td>文化广场</td><td></td><td></td><td>政府投资</td><td>绿化</td><td></td></tr>
<tr><td>8</td><td colspan="2">体育场</td><td></td><td>镇区近期启动区</td><td>包括5000座体育馆与400m塑胶运动场</td><td>近期</td><td>6700万元</td><td>政府投资</td><td>体育</td><td>城镇建设</td><td></td></tr>
<tr><td>9</td><td colspan="2">三级客运站</td><td></td><td>镇区</td><td>包括2000m²候车大厅、停车场、公交站等</td><td>近期</td><td>2400万元</td><td>政府投资</td><td>交通</td><td>基础设施</td><td>年客运量、车次</td></tr>
</table>

附录二：相关概念解释

1. 项目库

基于城乡规划、土地利用规划和产业规划协调编制基础上，确立的项目汇总。由“省—市—县—镇”四级项目库组成。

2. 镇域规划

按照统筹城乡发展、“四化同步”的战略要求和全域规划的理念，着眼县（市）域范围，研究示范乡镇试点发展潜力与条件，协调社会经济、土地利用和城乡建设等主要规划内容，科学确定全域经济社会发展战略、城乡空间格局、主导产业发展方向、村庄布点、重要建设用地安排、生态环境与文化传承保护要求，统筹配置全局性交通设施、公共服务设施和基础设施，有序促进人口相对集中。着力构建现代产业体系，增强产业支撑能力。提出“四化同步”的政策性指导意见。

3. 镇区规划

镇区规划包括镇区建设规划和详细规划。

镇区建设规划要体现地方特色，明确城镇性质、镇区空间布局和规模、产业发展方向结构与产城融合发展路径，统筹镇区重要城乡基础设施和公共服务设施，明确生态环境和文化传统保护要求。镇区建设规划主要内容应基本达到控制性详细规划的重点内容要求和深度。

详细规划包括控制性详细规划和修建性详细规划。重点发展区域和近期建设地区控制性详细规划覆盖率要达到100%；依据需要应当在镇区主要地段、重点景观区、广场、公园、主要交通枢纽、镇区主要出入口、大型公共设施以及其他重要地块编制修建性详细规划。

4. 村庄（新型农村社区）建设规划

按照“重点建设中心村、全面整治保留村、科学保护特色村、控制搬迁小型村”的思路，做好美丽乡村规划编制工作，确保村庄整治保持田园风光、传承优秀文化、体现农村特色。对城中村、园中村、镇中村，采取拆旧建新的改造；对中心村和实力较强的平原村，采取合并组建；对经济条件一般的村，主要进行环境整治；对高山、库区的贫困村，结合下山脱贫异地迁建；对文化特色村，采取保护修建。新型农村社区规划要突出“五新”（即新在“和谐”、新在“量力”、新在“集约”、新在“特色”、新在“尊重”）要求，统筹农村生产生活，科学布局社区社会服务设施与基础设施，保护自然生态和文化遗存，集约农村建设用地，提高农村生活社会化服务水平。

5. 近期建设规划

近期建设规划以重要基础设施、公共服务设施和中低收入居民住房建设以及生态环境保护为重点内容，明确近期建设的时序、发展方向和空间布局。其具体内容是：依据总体规划，遵循优化功能布局，促进经济社会协调发展的原则，确定城市近期建设用地的空间分布，重点安排城市基础设施、公共服务设施用地和中低收入居民住房建设用地以及涉及生态环境保护的用地，确定经营性用地的区位和空间分布；确定近期建设的重要的对外交通设施、道路广场设施、市政公用设施、公共服务设施、公园绿地等项目的选址、规模，以及投资估算与实施时序；对历史文化遗产保护、环境保护、防灾等方面，提出规划要求和相应措施；依据近期建设规划的目标，确定城市近期建设用地的总量，明确新增建设用地和利用存量土地的数量。

6. 建设内容

指项目的建设动态或包含的工程，如新增、改造、拆除等活动。

7. 近期启动区

指镇区重点建设范围，时序安排以3年为周期。

附录三：混合投资模式参考

1. BOT（Build-Operate-Transfer）

即“建设—经营—转让”，有时称为“公共工程特许权”，是私营企业参与基础设施建设，向社会提供公用服务的一种方式。指政府部门就某个基础设施项目与私人企业（项目公司）签订特许权协议，授予签约方的私人企业来承担该基础设施项目的投资、融资、建设、经营与维护，在协议规定的特许期限内，这个私人企业向设施使用者收取适当的费用，由此来回收项目的投融资、建造、经营和维护成本并获取合理回报；政府部门则拥有对这一基础设施的监督权、调控权；特许期届满，签约方的私人企业将该基础设施无偿或有偿移交给政府部门。

收费公路、收费桥梁、铁路等运输项目一般都采用

BOT模式。动力生产项目通常采用BOT、BOOT或BOO模式。电力的分配和输送，天然气以及石油等关系到国计民生的行业项目，一般都采用BOT或BOOT模式。

2. BOOT（Build-Own-Operate-Transfer）

即“建设—拥有—经营—转让”。项目公司对所建项目设施拥有所有权并负责经营，经过一定期限后，再将该项目交给政府。

BOOT与BOT的区别有二。一是所有权的区别。BOT方式，项目建成后，私人只拥有所建成项目的经营权；而BOOT方式，在项目建成后，在规定的期限内，私人既有经营权，也有所有权。二是时间上的差别。采取BOT方式，从项目建成到移交给政府这一段时间一般比采取BOOT方式短一些。

3. BOO（Build-Own-Operate）

即“建设—拥有—经营”。指私人投资根据政府赋予的特许协议，建设并经营某项产业项目，但是并不将此项基础产业项目移交给公共部门。私人机构拥有项目的所有权、收益权，不受任何时间限制地拥有并经营项目设施。

每一种BOT形式及其变形，都体现了对于基础设施部分政府所愿意提供的私有化程度。BOT意味着一种很低的私有化程度，因为项目设施的所有权并不转移给私人。BOOT代表了一种居中的私有化程度，因为设施的所有权在一定有限的时间内转给私人。最后，就项目设施没有任何时间限制地被私有化并转移给私人而言，BOO代表的是一种最高级别的私有化。

4. TOT（Transfer-Operate-Transfer）

即“移交-经营-移交”。TOT是BOT融资方式的新发展，是国际上较为流行的一种项目融资方式。它是指政府部门或国有企业将建设好的项目的一定期限的产权和经营权，有偿转让给投资人，由其进行运营管理；投资人在一个约定的时间内通过经营收回全部投资和得到合理的回报，并在合约期满之后，再交回给政府部门或原单位的一种融资方式。（TOT也是企业进行收购与兼并所采取的一种特殊形式。它具备我国企业在并购过程中出现的一些特点，因此可以理解为基础设施企业或资产的收购与兼并。）

TOT和BOT都是项目融资的主要方式，由于TOT越过了建设阶段，因此对于投资人的风险较小，投资收益也自然较BOT低。TOT是用已经建成的项目进行融资，与房地产行业中“买地—抵押—买地”的循环较为相似，主要目的是尽快变现资产获得现金，以便进行扩张经营。

可适用于桥梁、公路等建设好的公共工程项目。

5. BT（Build-Transfer）

即“建设-移交”，是BOT的一种变换形式。政府利用非政府资金（国外资金或民间资金）进行基础非经营性设施建设的一种融资模式。项目工程由投资人负责进行投融资，具体落实项目投资、建设、管理。基础设施建设完工后，经政府组织竣工验收合格，资产交付政府；政府根据回购协议向投资人分期支付资金，投资人确保在质保期内的工程质量。

BT模式能够发挥大型建筑企业在融资和施工管理方面的优势，采用BT模式建设大型项目，具有工程量集中、投资大的优点。

6. PPP（Public-Private-Partnership）

即“公共部门-私人企业-合作”的模式，通常译为“公共私营合作制”。是指政府与私人组织之间，为了合作建设城市基础设施项目，或是为了提供某种公共物品和服务，以特许权协议为基础，彼此之间形成一种伙伴

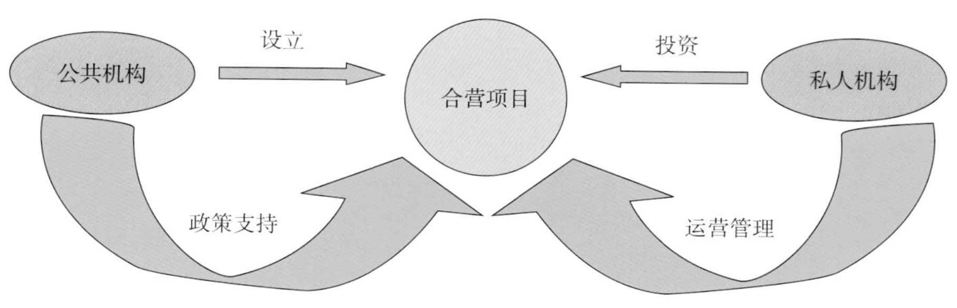

PPP模式典型结构图

式的合作关系，并通过签署合同来明确双方的权利和义务，以确保合作的顺利完成，最终使合作各方达到比预期单独行动更为有利的结果。

在公共基础设施领域，尤其是在大型、一次性的项目，如公路、铁路、地铁等的建设中扮演着重要角色。

PPP与BOT这两种融资模式，相同点是：当事人都包括融资人、出资人和担保人，都通过签订特许权协议使公共部门与民营企业发生契约关系，都以项目运营的盈利偿还债务和获取投资回报，一般以项目本身资产作担保抵押，不同点是：BOT融资模式下公共机构与民营机构缺乏有效协调机制，追求单方利益最优，PPP虽没有达到自身利益的最大化，但社会效益是最大化的，显然更符合公共基础设施建设的宗旨。

PPP典型的结构为：政府部门或地方政府通过政府采购的形式与中标单位组建的特殊目的公司签订特许合同（特殊目的公司一般是由中标的建筑公司、服务经营公司或对项目进行投资的第三方组成的股份有限公司），由特殊目的公司负责筹资、建设及经营。政府通常与提供贷款的金融机构达成一个直接协议，这个协议不是对项目进行担保的协议，而是一个向借贷机构承诺将按与特殊目的公司签订的合同支付有关费用的协定，这个协议使特殊目的公司能比较顺利地获得金融机构的贷款。采用这种融资形式的实质是：政府通过给予私营公司长期的特许经营权和收益权来加快基础设施建设及有效运营。

7. BTO（Build-Transfer-Operate）

即“建设—移交—运营”。指私营企业负责项目的建设。项目的公共性很强，不宜让私营企业在运营期间享有所有权，须在项目完工后将所有权移交给政府，随后政府再授予私营机构经营该项目的长期合同，使其通过向用户收费，收回投资并获得合理回报。

适合于有收费权的新建设施，譬如水厂、污水处理厂等终端处理设施。

作者单位：上海市城市规划设计研究院

作者：殷玮

15.2 基于行动规划的乡镇规划项目库编制探讨

1 行动规划引领下的乡镇规划

近年来，学术界对规划实施性、落地性的关注日益升温，而伴随着新型城镇化战略的提出，规划也越来越关注乡镇领域。城乡规划走向行动规划是必然的趋势，乡镇规划在编制过程中也要注重规划的可操作性。

1.1 从蓝图式规划到行动规划

1.1.1 规划从蓝图走向行动

蓝图式规划，即终极理想型的规划，长期以来是我国城市规划的基本范式。然而城市的发展是一个动态的过程，蓝图式规划因其静态化、周期长、调整困难，使得规划失效、开发失控的情况屡见不鲜。在目前城市快速发展的背景之下，静态的蓝图式规划已经难以适应我国城市发展的需求。

行动规划，或者称“Action Plan”，最早出现在20世纪六七十年代的美英，强调了规划的执行力与实施性。近年来，我国在规划理论与实践探索中对其给予了较大的关注。行动规划因其动态性、灵活性、可实施性的特征，能够更好地适应规划实施及管理，被越来越多的应用于城乡规划之中（表15-1）。

蓝图式规划与行动规划比较　　表15-1

名称	相关概念	特征	优点	缺点
蓝图式规划（Blueprint Plan）	传统规划；静态规划	注重结果；理想型、目标型、	稳定性强；战略指导	不够灵活；难以预测
行动规划（Action Plan）	新型规划；动态规划	注重过程；现实型、调整型	实效性高；操作性好	统筹性弱；变动性大

资料来源：作者自绘

1.1.2 我国行动规划研究回顾

自2000年以来，以厦门、深圳、天津、上海等城市为代表，我国各地区都相继在规划中进行了行动规划的实践与理论探索。

目前国内对于行动规划的理论研究大致可分为两个方向：一是从工作方法入手，对现状我国城市规划编制及实施中的问题进行梳理，并由此提出行动规划的概念，强调规划的行动力，以王富海（2003）、何明俊（2004）、王红（2005）、陈玮玮（2007）、柳成荫（2008）等为代表，均对我国规划编制中引入行动规划的工作方法及其理念、工作框架等进行了探讨；二是从规划实践入手，总结各地区在规划过程中对于行动规划的利用，例如陈云亮（2009）、罗勇等（2011）、何子张等（2012）、邹兵（2013）等分别以江津市、广州市、厦门市、深圳市在规划编制中创立项目库、改革编制思路与方法以及行动规划实践中的各类探索及问题进行了总结与分析。

同时，针对乡镇领域，在近年来也出现了对于项目带动农村发展的相关理论与实践的探索，例如黄叶君、谢正观（2009）提出了以定量化的目标体系为指引，以整合资源的项目库为统一操作平台的新农村建设实施体系；荆万里等（2011）以河南省遂平县城区近期行动规划为案例，思考了欠发达地区行动规划的编制方法；赵迎雪等（2012）以广州市番禺区石楼镇为例，探讨了以村镇规划为平台，引入项目库分析研究的相关方法。

1.1.3　项目库与行动规划

行动规划的特征在于其可实施性，项目库则是编制行动规划的重要工作方式。在乡镇规划中，首先通过将各类项目进行分门别类的梳理与统计，形成动态可控的项目库，再以项目库为基础与指导，制定科学合理的行动计划与方针，能有效指导规划的落实。因此，项目库是编制行动规划的基础性内容及成果表达方式（图15-1）。

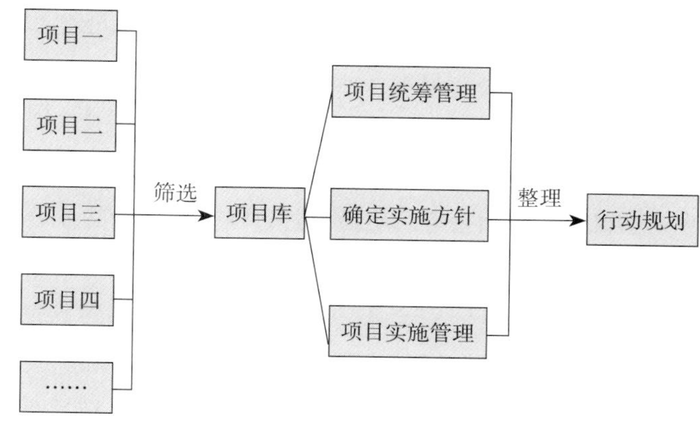

图15-1　项目库与行动规划关系示意

资料来源：作者自绘

1.2　乡镇规划中行动规划的特点

1.2.1　全域覆盖，范围扩大

乡镇规划的行动规划范围与城市规划不同，其行动规划的覆盖面较城市行动规划的覆盖面更大。城市规划中的行动规划，其覆盖面为城市规划区范围；而乡镇规划中行动规划为全域覆盖，其覆盖范围为乡镇全部，规划项目并不局限于镇区范围，大量规划项目位置处于镇区之外。

1.2.2　领域综合，"三农"突出

城市行动规划中，基本以人工设施的建设为主体内容，例如城市道路管网、电力通信设施等等；而对于乡镇行动规划，其领域更为全面，环境政治、农田水利、交通环卫等方面项目偏多，并且农业、农村综合，具有更为明显的"三农"地域特征。

1.2.3　层级构建，系统整合

乡镇行动规划中的项目，从镇域、镇区到社区、中心村、基层村，具有明确的等级与层次，在规划项目时要求更为精准；同时通过对各层次项目的分类梳理，将庞杂的项目内容进行系统性的整合，最终形成内容丰富的项目库成果（表15-2）。

城市与乡镇行动规划特点比较　表15-2

类别	覆盖范围	覆盖领域	项目特点
城市行动规划	规划区	人工设施	重点突出
乡镇行动规划	全域	"三农"综合	层级构建

资料来源：作者自绘

2　乡镇规划项目库建构的理论基础

乡镇规划项目库的编制，既要符合行动规划与项目库编制的一般要求，又要突出乡镇自身的特点。

2.1　实施主体——政府主导

现代城市发展是政府、市场和公众三种力量的综合产物。市场"无形的手"与政府有意识的宏观调控共同作用，促成了规划的有效实施。但由于市场调节具有其自身的不确定性及不可预测性，因此，行动规划更多强调对可控项目的规划，即由政府主导实施的、基于政府维度的行动计划。如此，通过对能够被政府主动干预并引导的项目进行合理的安排与调控，能够在更大程度上确保规划的贯彻实施。

2.2 领域侧重——公益导向

市场调节以盈利性的项目为主要内容，而政府调节则更多的考虑到公众利益。因此，在行动规划的领域选择上，公共产品、公共服务以及相关政策扶持是其侧重点。对于大部分公用产品及公共服务，是市场调节的空白领域，需要通过政府的投资与管理来提供；而部分涉及国计民生的产业及项目，则需要政府与市场共同调节，政府在这些领域内通过政策扶持影响项目的进程。

2.3 项目类别——公共为重

基于以上分析，以公共利益为导向，行动规划中的建设项目可以大致分为以下三类：一是公共产品，以道路交通、邮政通信等基础设施为主要内容；二是准公共产品，以文、教、卫、体等项目为主；三是政策扶持产品，具体到乡镇建设中则以保障房建设、农村居民点建设为代表。

3 乡镇规划项目库编制的内容建构

乡镇规划项目库是以项目为基础，通过规划分析进行统筹与协调。在进行项目库建构时，重点需要确定项目内容与项目实施主体，以确保项目信息特征明晰，项目实施路径明确。

3.1 项目内容按领域划分

大量的项目经过筛选后进入项目库，规划项目库内项目数量众多，需要按照一定的特征将其分门别类组织起来。在统筹项目库项目时，可依据各项目所属领域进行归纳。

根据行动规划政府主导、公益导向的特点，按照所涉及的国民经济不同方面，结合乡镇规划及建设的具体特征，可以将项目库内的各项目按照基本属性划分为3个大类，同时按领域划分为13个小类（表15–3）。

3.1.1 公共产品

这里的公共产品指纯公共产品，即为社会公众所消费，在消费过程中具有非竞争性和非排他性的产品。纯公共产品基本由政府提供。

公共产品主要包括以下五类：

（1）行政管理：以政府服务为主的行政办公设施等都属于这一类别，包括政府大楼、社区服务中心等。

（2）道路交通：以道路交通设施城镇公路、村镇通村路等为代表的道路建设以及以信号灯、信号灯、交通标志、路面标线、护栏等为代表的交通设施属于此类别。

（3）市政基础：包括与城市发展与人民生活息息相关的能源设施、供排水设施、邮电通信设施、防灾设施等。

（4）环保环卫：生态环保领域涉及到与绿地建设、环境保护相关的各项建设活动，如垃圾收集与处理、污

各领域主要建设项目　　表15-3

属性	领域	主要建设项目
公用产品	行政管理	政府大楼、社区服务中心
	道路交通	镇区道路、通村路、交通设施
	市政基础	给排水、电力电信、燃气
	环保环卫	环境整治、垃圾收集及处理
	园林绿化	绿地建设、公园建设
准公用产品	文化娱乐	文化馆、艺术馆、青少年宫
	科技教育	中学、小学、科研机构
	医疗卫生	医院、卫生院、卫生室
	体育运动	体育馆、运动场、健身设施
政策扶持产品	土地整治	基本农田保护、增减挂钩、未开发用地管理
	农田水利	农田灌溉、农田排水
	产业发展	工业园区、现代农业、农田水利
	住区建设	城镇居住区、农村居民点

资料来源：作者自绘

染治理等。

（5）园林绿化：绿地建设、公园建设等等与城市绿化相关的活动属于此类别。

3.1.2　准公共产品

准公共产品介于纯公共产品与私人产品之间，其特点是由政府与市场共同开发，公众在使用时需付出一定的成本。

准公共产品主要包括以下四类：

（1）文化娱乐：与群众文化生活相关的建设项目，例如文化馆、艺术馆、青少年宫等。

（2）科技教育：包括各中小学校以及相关科学研究所等。

（3）医疗卫生：镇区医院、卫生院及村镇卫生所等。

（4）体育运动：体育馆、运动场等相关场所及社区健身设施等。

3.1.3　政策扶持产品

政策扶持产品基本上属于市场参与开发建设的项目，但由于在某些方面与城镇建设与发展有着密切的关系，需要政府通过政策进行引导与支持。

政策扶持产品主要包括以下四类：

（1）土地整治：土地整治领域主要包括基本农田建设、增减挂钩以及未开发用地的管理。

（2）农田水利：与农田建设相关的灌溉设施、排水设施等都需要政府引导市场进行建设。

（3）产业发展：产业发展是经济建设的重要内容，主要包括工业发展以及农业发展两个方面。与工业及农业发展相关的建设项目均属于产业发展领域。

（4）住区建设：住区作为乡镇规划中的重要内容，包括有城镇住区建设及农村居民点建设两个方面。

3.2　项目实施主体按行业落实

以政府为实施主体的项目库，在进行项目梳理后，需要明确各项目对应的具体主管部门，以便于后续的项目具体落实与操作管理。在确定政府实施主体时，可根据项目的行业划分进行对应。

3.2.1　按行业划分项目

国民经济行业分类（GB/4754-2011）中，将国民经济各行业共划分为20个大类。在此，参考国民经济行业分类（GB/4754-2011），结合行动规划的工作与管理特征，将乡镇规划项目库内的项目按行业划分为：农业、林业、制造业、电力、热力、燃气、供水、交通运输业、仓储业、邮政电信业、房地产业、科学研究和技术服务业、水利、环卫、教育、文化、娱乐、体育、社会保障等共计19个行业。

3.2.2　按政府部门确定实施主体

各级地方政府是项目库内各项目进行具体实施的主要承担者，因此在确定个项目负责部门时，要对各级政府部门的职能分工有具体的认识。

目前我国地方政府的层级设置较为复杂，大致说来，分为省、自治区、直辖市、特别行政区政府—地区、地级市、自治州政府—县、县级市政府—镇、乡政府共四级。由于地级政府的某些职能权限与省级、县级有重叠，在此根据宪法确定的三级地方政府，即省（自治区、直辖市）—县（自治州、自治县、市）—乡（民族乡、镇），来分析各级地方政府对应项目库实施的重点部门。其中，省级与县（市）的政府部门设置较为统一，乡（镇）级的政府部门根据各地情况的不同，其部门名称及职能设置等均有一定差异（表15-4）。

各级地方政府参与项目实施的主要职能部门　表15-4

地方政府层级	参与项目实施的主要职能部门
省级	国土资源厅、水利厅、商务厅、财政厅、住房和城乡建设厅、农业厅、文化厅、教育厅、人力资源和社会保障厅、交通运输厅、卫生厅、环境保护厅、旅游局、林业局、体育局、广播电影电视局
县（市）级	发改委、经信委、住建局、农委、财政局、教育局、劳动保障局、科技局、外经贸局、国土资源局、交通局、水务局、林业局、环境保护局、文化局、卫生局、体育局、旅游局、广播电视局
乡（镇）级	政法民政办公室、科教文卫办公室、工业办公室、农业办公室、财政所、农经站（办）、城镇建设规划所（办）、农业综合服务站，文化工作服务站、乡镇企业管理服务站，城镇建设管理服务站、广播站、农业技术推广站、农机站、经管站、林业站、交通管理站（所）、水利管理站、邮电所

资料来源：作者自绘

3.2.3　各行业对应的政府实施主体

项目库项目的实施基本由政府部门负责与主管，因此需要针对不同的项目在编制中明确各自对应的部门。根据我国“省—市（县）—乡（镇）”各级政府部门的设置及职能分工，下表对于各行业对应的政府实施主管部门进行了说明（表15-5）。

各行业对应的政府实施主体　　表15-5

行业类别		政府实施主体		
序号	行业	省级	县（市）级	乡（镇）级
1	农业	农业厅	农委	农业办公室 经管站
2	林业	林业局	林业局	林业站
3	制造业	—	经信委	工业办公室 经管站
4	电力	国家电网	—	—
5	热力	—	住建局	—
6	燃气	—	住建局	—
7	供水	—	水务局	水利管理站
8	交通运输业	交通运输厅	交通局	交通管理站
9	仓储业	商务厅 交通运输厅	经信委 交通局	经管站
10	邮政电信业	—	邮政局 电信公司	邮电所 电信公司
11	房地产业	住房和城乡建设厅	房产局	经管站
12	科学研究和技术服务业	科学技术厅	科技局	科教文卫办公室
13	水利	水利厅	水务局	水利管理站
14	环卫	环境保护厅	环境保护局	城镇建设规划所
15	教育	教育厅	教育局	科教文卫办公室
16	文化	文化厅	文化局	科教文卫办公室
17	娱乐	文化厅 广播电影电视局	文化局 广播电视局	科教文卫办公室
18	体育	体育局	体育局	科教文卫办公室
19	社会保障	人力资源和社会保障厅	劳动保障局	政法民政办公室

资料来源：作者自绘

4　乡镇规划项目库编制方法

在进行乡镇规划项目库编制时，应当从多角度进行考虑，多种方法结合，以保证项目库的编制统筹兼顾、覆盖全面。

4.1　规划引领法

（1）特征：遵循乡镇规划具体内容，确定实施项目。

（2）主要内容：这是项目库编制的最基本方法。项目库内的项目既要来源于规划，也要符合编制的乡镇规划。在编制过程中，通过研究已完成的乡镇规划，了解调整及新建的各类用地；并根据用地调整，确定应当实施的各类项目；最终将由规划提出的各类项目具体化，即将图纸及文转化为各实际项目，形成项目库的重要内容。

4.2　政府申报法

（1）特征：政府依据发展计划，申报建设项目。

（2）主要内容：这是项目库内公共产品及准公共产品项目确定的重要依据。各政府部门均有基于各自实际的年度发展计划。在进行项目库编制时，要主动联系县、镇各政府部门及各村集体，由政府对应乡镇规划的期限、结合自身的计划，申报在规划期内的建设项目。一般此类项目都具有较强的稳定性，并涉及人民生活的方方面面，需要给予重视。

4.3　市场导入法

（1）特征：联系市场开发投资情况，引入开发项目。

（2）主要内容：这是项目库内政策扶持产品相关项目的重要来源。对于非政府投资、但与民生息息相关的各项目，通常采取开发引导、市场导入的方式。联系规划乡镇招商引资及建设意向，通过对乡镇开发情况进行整理和梳理，能够为项目库的编制提供基础资料。

4.4　分期分级法

（1）特征：根据建设期限和重点，项目分期分级。

（2）主要内容：这是对项目库进行编制与整理时的综合方法。通过对已有项目按照时效性与重要性进行归纳，能够有效地突出项目库的重点。一般情况下，根据规划期限，可将项目分为近期（3年及以内）与远期（3年以上）实施项目，以近期项目为主；根据项目规模、区位及目的等特征，可将项目分为重点项目与一般项目，对重点项目的信息要求更为明晰。

5　乡镇规划项目库成果表现

5.1　总体要求：图、表、文对应

项目库的最终成果，应当图、表、文对应，形成乡镇规划项目库"一图、一表、一文"的形式。"一图"即项目汇总图，以在规划图上明确各项目的位置与范围；"一表"即项目汇总表，将项目的各项具体信息以表格形式进行汇总；"一文"即项目说明文本，对项目库的关键数据与内容特征进行总结分析。

在表达过程中，由于图纸大小与项目数量的不确定性，对于项目汇总图可采用分项计划图的表达方式，但始终要保证图纸、表格与文字的统一。

5.1.1　项目汇总图

项目汇总图以直观的形式将项目在图纸上呈现。图纸应当满足以下要求：（1）以乡镇镇域规划图作为底图；（2）在图纸上对项目的重要信息进行说明；（3）以点、线、面等不同形式表达面积、特征及范围不同的各项目。

如图15-2所示，天门市岳口镇产业发展行动计划图将各产业建设项目的位置及名称在图中进行了汇总与说明。

5.1.2　项目汇总表

项目汇总表是反映项目属性与具体信息的重要载体。汇总表应当包含以下内容：（1）项目基础信息，包括项目序号、项目名称、项目面积、所在区域、建设期限；（2）项目特征属性，包括具体建设内容、领域划分、所属行业；（3）项目建设属性，包括投资资金估算、投资主体、政府实施主体。

如图15-3所示，五里界街道路建设项目汇总表将涉及道路工程的各项目进行汇总，并列表标注出了各个项目的基本信息。

5.1.3　项目说明文本

项目说明文本是对整个项目库进行的分析与总结，反映出项目库内项目的总体特征。项目说明书需要对以下内

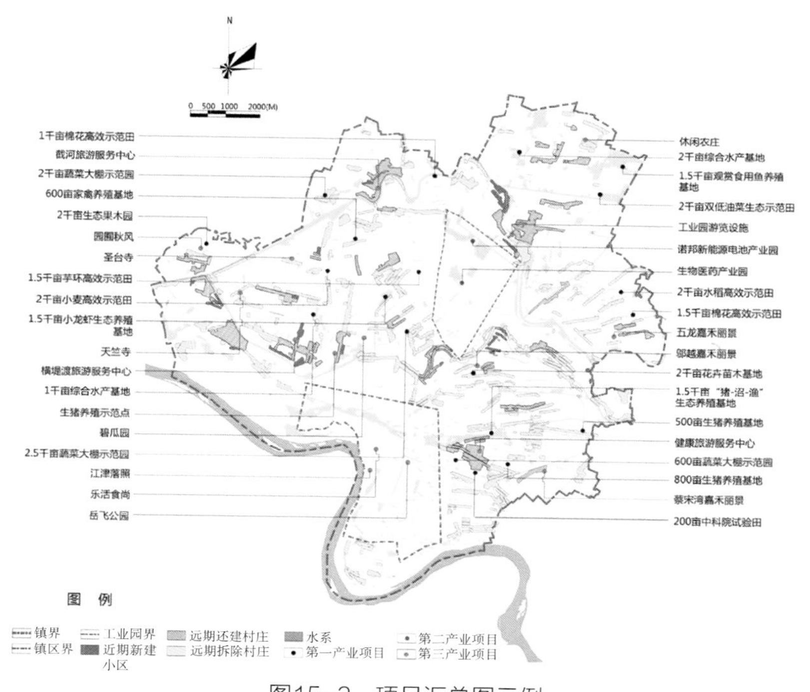

图15-2　项目汇总图示例

资料来源：天门市岳口镇镇域规划

项目类型		序号	项目名称	建设规模	所在区域	建设内容	建设分期	投资估算（万元）	投资来源	项目类型
交通畅达行动计划	道路系统工程	1	镇区主干道一期工程	14.08hm^2（4.12km）	镇区	1. 界兴路拓宽改造工程；2. 界南路；3. 山水大道	2014~2016	7700	混合投资	基础设施建设
		2	镇区次干道一期工程	13.81hm^2（5.1km）	镇区	1. 五伊路；2. 唐涂路；3. 万里路；4. 中五路；5. 工创路	2014~2016	5000	混合投资	基础设施建设
	道路系统工程	3	镇区支路一期工程	11.1hm^2（6.58km）	镇区	1. 伊托邦路；2. 毛家畈路；3. 锦五路；4. 科五路；5. 工腾路；6. 剧场路；7. 安防路	2014~2016	2600	混合投资	基础设施建设
		4	镇域主干道一期工程	12.25hm^2（6.1km）	镇域	界梁路扩建	2014~2016	5512	混合投资	基础设施建设
		5	慢行内环工程	12.98hm^2（10.82km）	镇域	道路土方、路基及配套工程	2014~2016	2063	混合投资	基础设施建设
	交通设施工程	6	公交首末站	用地面积0.90hm^2；建筑总面积4500m^2	文化创意产业研发片	建设调度管理用房、站场管理用房、休息用房、停车坪、回车道、上下车区、候车廊；采用生态节能方式建设	2016	1600	政府投资	基础设施建设
		7	社会停车场一期工程（共3处）	用地面积0.59hm^2；建筑总面积3540m^2	镇区	每处停车场应建管理用房、停车坪、回车道；建设方式采用生态停车场	2014~2016	830	政府投资	基础设施建设
	绿道建设工程	8	镇区绿道一期工程	25.43hm^2（10.17km）	镇区	道路土方、路基及配套工程	2014~2016	5100	混合投资	基础设施建设
	小计	合计项目8个，总投资30405万元。其中混合投资项目6个，总投资27975万元；政府投资项目2个，总投资2430万元。								

图15-3　项目汇总表示例

资料来源：五里界街全域规划

容进行数据统计：（1）项目总数与投资总量；（2）分期项目比重；（3）不同投资主体项目比重；（4）不同领域项目比重，等等。

如图15-4所示，在完成项目库编制后，五里界街对整体规划项目库的内容按照不同性质进行了统计与数据分析。

5.2　具体表达：分项制定行动计划

分期统筹是项目库编制中重要的方法之一，同时，对于乡镇规划项目库中各项目，可按照一定特征属性进行分类，制定不同类别的行动计划，以指导项目的进一步落实。如图15-5所示，乡镇规划中的近期行动计划，大致可分为以下六大方面：（1）推动产业发展的行动计划；（2）普及公共服务的行动计划；（3）完善市政交通的行动计划；（4）塑造生态环境的行动计划；（5）推进宜居社区的行动计划；（6）统筹土地农田的行动计划。

在具体编制过程中，可根据不同乡镇的具体特点，以上述6个方面为基础进行灵活划分。以五里界街全域规划为例，其项目按照近、中、远期进行统筹，并按照五大方面制定了专项行动计划，分别为：工业园区计划、都市农业计划、美丽乡村计划、公共服务计划、交通畅达计划。针对五大计划，不仅对整体项目安排进行了文字及图纸的说明，并重点表现了近期将要实施的具体项目（图15-6，图15-7）。

3、“近中远”三期统筹分项建设

规划项目合计208个，总投资约143.74亿元。其中：

市场投资48个，共计92.48亿元，占投资总额64.34%，市场为主要投资来源；

政府投资63个，共计26.29亿元，占投资总额18.29%；

集体经济3个，共计0.25亿元，占投资总额0.17%；

混合投资94个，共计24.95亿元，占投资总额17.36%。

近期（2014~2017年）：合计项目69个，占项目总数33.17%；总投资57.06亿元，投资占比39.70%。

中期（2018~2020年）：合计项目55个，占项目总数26.44%；总投资42.62亿元，投资占比29.65%。

远期（2021~2030年）：合计项目84个，占项目总数40.38%；总投资44.07亿元，投资占比30.65%。

图15-4　项目说明文本示例

资料来源：五里界街全域规划

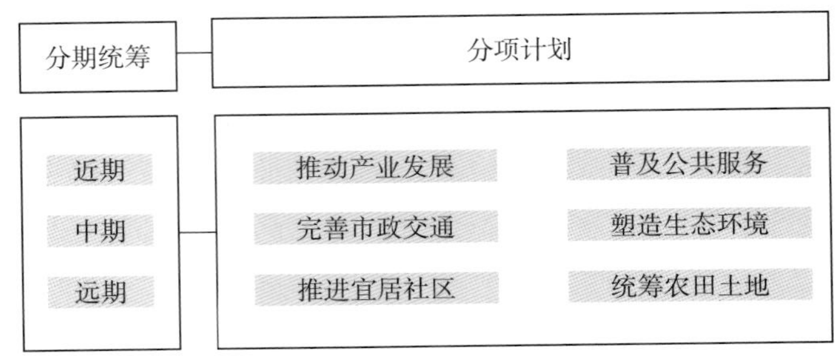

图15-5　分期、分项计划内容

资料来源：作者自绘

1、工业园区计划

合计项目17个，总投资729160万元。其中：
近期项目7个，总投资323360万元；
中期项目5个，总投资277040万元；
远期项目5个，总投资128760万元。

➢ 行动目标：

根据工业园区紧邻光谷的科技优势，把握智慧城市产业发展的大趋势，努力把它打造成华中智慧城市产业集聚中心。

➢ 行动策略：

对接区域，优先发展智慧型产业强化集聚，集中建设新型工业化园区。

➢ 重大工程：

节能环保产业园、
光电子信息产业园、
文化创意与移动互联网产业园。

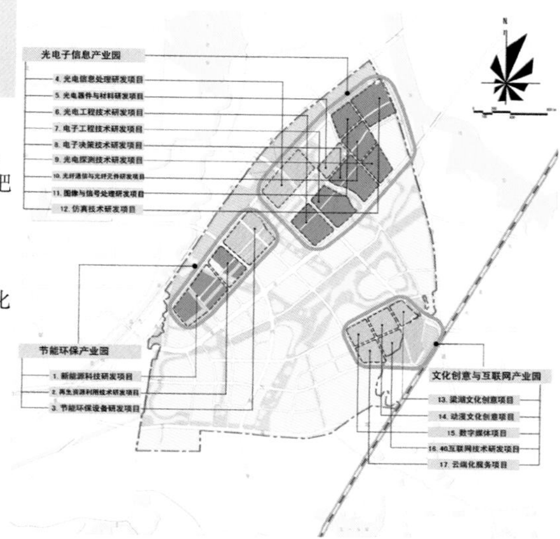

图15-6　五里界街工业园区计划总体说明

资料来源：五里界街全域规划

1、工业园区计划

节能环保产业园

近期项目2个：
新能源科技研发项目、
再生资源利用技术研发中心项目。

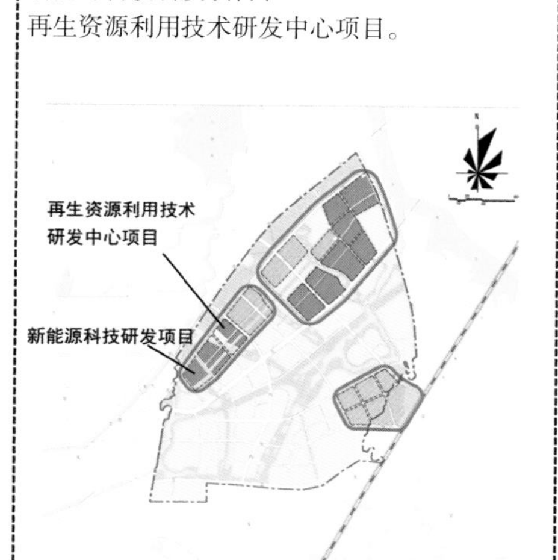

光电子信息产业园

近期项目5个：
电子决策技术研发项目、光电探测技术研发项目、光纤通信与光纤元件研发项目、图像与信号处理研发项目、仿真技术研发项目。

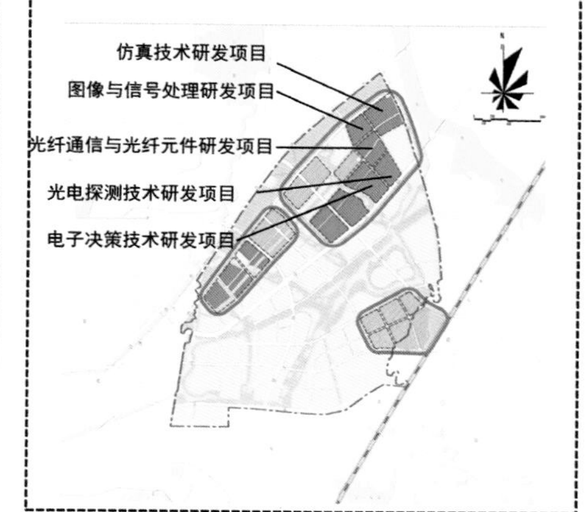

图15-7　五里界街工业园区计划近期项目

资料来源：五里界街全域规划

作者单位：华中科技大学建筑与城市规划学院

作者：杨晨，黄亚平

16 乡镇规划“多规协调”的路径与方法

1 小城镇规划编制中规划分立的弊端

我国规划类型众多，相互关系复杂。由于分属不同主管部门，长期以来，“多规”独立编制，缺乏协调配合，出现了相互重叠、脱节甚至冲突等现象，不仅浪费了规划资源，更使实施部门无所适从，严重影响并制约了其规划效率的发挥。

1.1 国民经济与社会发展规划缺乏空间载体，规划操作性差

国民经济和社会发展规划关注发展目标与策略，重宏观、轻建设，政策缺乏空间载体，项目难以落地。而被视作发展规划向空间领域迈进的主体功能区规划由于过多地考虑功能区的政策属性，忽略了空间属性和发展属性，致使其“雷声大雨点小”，未能有效实施。

1.2 城乡规划与土地利用规划空间布局不一致，影响规划实施效率

城乡规划和土地利用规划均属于空间规划，是指导城乡建设和土地利用的行动纲领。从指导思想看，土地利用规划落实国家“保护耕地，节约集约利用土地”的政策要求，注重对建设用地规模、边界的约束，以及对耕地资源的保护；而城乡规划体现各级人民政府的发展诉求，注重对城市内部空间结构的优化和外部扩张。从编制技术看，两者在用地分类与划分标准、统计口径、编制范围和深度、实施年限等方面均存在着较大差异。由此，造成城乡规划与土地利用规划空间布局不衔接，严重影响了规划的严肃性和实施效率。

1.3 城乡规划偏重对空间形态研究，缺乏对建设用地总量控制和耕地保护的统筹考虑

城乡规划关注的是城镇规划区内土地的用途、开发强度，以及不同区位土地用途的合理空间关系、土地开发的时机等内容，往往缺乏对建设用地总量控制和耕地保护的统筹考虑，导致城市建设侵占耕地，使得耕地保有量达不到标准。

1.4 土地利用规划对经济社会动态发展考虑不足，弹性空间较小

土地利用规划以耕地保护为主要约束条件，自上而下、刚性地分配土地利用指标，主要是耕地保有量与建设用地规模，对经济社会动态发展考虑不足，弹性空间较小，往往与地方经济发展模式难以取得有效协调。

1.5 各部门行业规划约束能力弱，缺乏与城乡规划、土地利用规划衔接

各部门编制的行业规划，一方面由于缺乏空间布局，或者空间布局仅有体系过于宏观，其规划约束力能力弱，实施效果打折；另一方面部门行业规划往往缺乏与城乡规划、土地规划衔接，出现相互重叠、脱节现象。造成具体建设项目在用地报批阶段，不符合城乡规划、土地利用规划控制要求，落位困难，甚至需要重新调整项目选址。

2 “多规协调”编制的内涵及意义

2.1 各类规划编制的侧重点解析

发展和改革部门负责编制的国民经济和社会发展规划，是对地区重大建设项目、生产力分布和国民经济重要比例关系等作出安排，为国民经济发展远景规定目标和方向。由于其涉及经济和社会发展的总体目标，被赋予空前的战略地位和高度，使其成为统领各规划的依据。

城乡规划管理部门负责编制的城乡规划，是对城乡空间资源的合理配置，其根本目的是促进城乡经济社会全面协调可持续发展。从《城乡规划法》对城乡规划的定义不难看出，城乡规划的实质就是政府在其管治范围内提供公共物品、建立空间秩序、落实发展规划的重要手段。

国土资源管理部门负责编制的土地利用规划，是各级人民政府依法组织对辖区内全部土地的开发、利用、治理、保护在时空上所作的总体安排和布局。其确定的耕地保护红线、占补平衡原则、建设用地规模、布局和计划指标审批制度，是国家进行宏观调控的最有力手段，因而成为覆盖范围最广、执行最严格、影响面最大

的空间规划。

其他各部门，主要是农业、水务、环保、旅游、交通、城建等相关部门，结合各自职能，编制的行业规划，在其专业领域内发挥着指导和管控作用。

2.2　“多规协调”编制的内涵及意义

国民经济和社会发展规划、城乡规划、土地利用规划以及其他部门行业规划的“多规协调”，不是要把多个规划合并成一个规划，亦不是以一个规划包揽其他规划。在现行的法律制度和管理体制下，要将分属不同行业和部门的规划整合为一个规划是不可能的。因此，建立有效的协调机制，减少规划间的冲突，实现规划战略、目标、内容的融合，不失为解决“多规冲突”的一种现实途径。

“多规协调”的规划编制方法实质是要构建“三规主导、多规支撑”的规划编制体系和技术方法，分清各个规划的职能，明确各个规划的重点，避免规划内容重叠，充分发挥各个规划特长和作用。国民经济和社会发展规划、城乡规划、土地利用规划作为我国经济社会发展和空间利用的三大主要规划，应在经济发展和城市建设中发挥主导作用，其他部门行业规划对各自领域进行专业安排，并最终落实到城乡规划和土地利用规划确定的空间布局上。通过使多个规划整合互通、无缝对接，能够使各类资源要素在各个规划系统中相互融合，形成一个高效的、有机的规划系统，解决规划之间互不统一、相互制约、相互矛盾的问题。

目前，许多专家学者在“三规合一”和“多规合一”的理论基础和实践方面进行了有益的探索。一般认为，国民经济和社会发展规划作为经济社会发展目标和各行各业发展目标的统领，城乡规划重点关注空间布局的合理安排，土地利用规划突出规模控制和指标管控，各部门行业规划作为三个主干规划的补充、延伸和支撑，通过建立协调机制，可以形成一个均衡、稳定、高效、可持续的“多规协调”的总体框架（图16-1）。

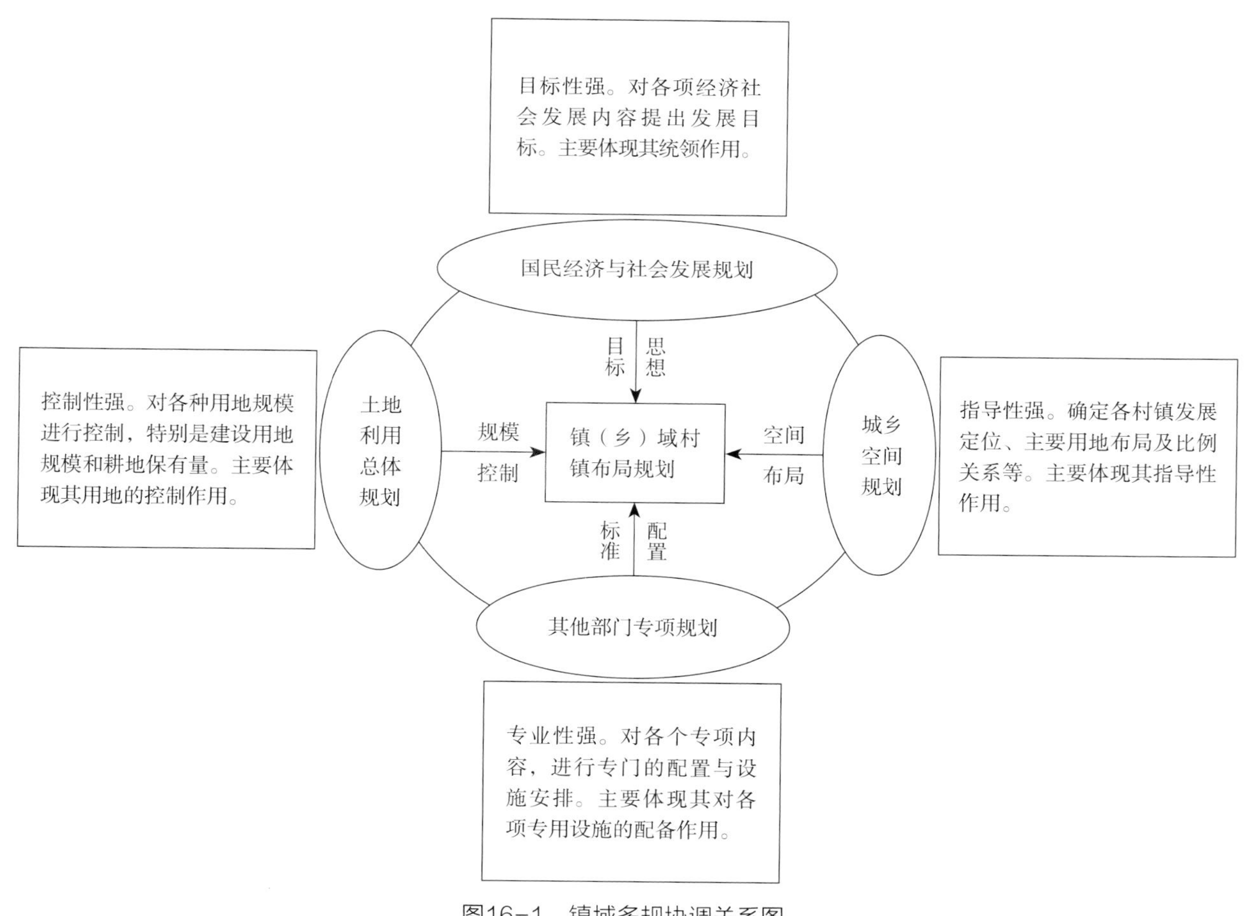

图16-1　镇域多规协调关系图

资料来源：林志明等，“多规协调”下的镇（乡）域村镇布局规划探索与实践

3 “多规协调”编制方法和内容

3.1 以信息共享为手段，统一基础数据平台

由于采用的基础数据不一致，导致各类规划之间的规模预测和规划目标存在着较大差异。在现状用地数据上，城乡规划采用的现状用地数据根据基础地形图、影像图，结合实地调查绘图统计而成，可根据现实需求进行补充调查，但数据延续性较差。土地利用规划采用的现状用地数据依据国土资源管理部门历年土地利用现状变更调查数据、城镇地籍调查数据，并逐级上报国土资源部审定，数据延续性好。在社会经济数据方面，因为各类规划主管部门的不同，导致规划编制时间存在着差异，在向公安、计生等部门收集人口社会经济数据时，也存在着收集数据的不一致。为避免因基础数据不一致带来的规划之间不协调，在规划编制过程中，应采用统一口径的社会经济、人口、土地利用现状统计等基础数据，实现信息共享。

3.1.1 社会经济和人口数据

社会经济数据以基准年的统计年鉴为基础。在人口统计方面，各类规划采用统一的城市人口数据来源（包括城镇人口、常住人口、流动人口以及农村居民点人口数据），统一采用公安部门统计的常住人口数据。

3.1.2 土地利用现状数据

为确保土地利用现状数据的权威性和准确性，划定城镇建成区界线。在建成区外，采用土地利用现状变更调查数据。建成区内，以1/2000地形图、城镇地籍调查数据为基础，对镇区、工业园区等局部重点地区开展实地踏勘、校核和补充测量。

3.1.3 其他相关数据

建立统一的基础数据平台，将资源环境、重要设施、地形图、影像图、土地利用现状图、相关规划和重大建设项目信息集成到一个平台，各部门可以通过共享平台调阅资料、反馈信息、实现资源互享。

3.2 以统筹兼顾、协调发展为目的，统一发展战略和目标

国民经济和社会发展、城乡规划和土地利用规划在空间资源配置上的导向不同，是导致相互冲突的原因之一。例如，土地利用总体规划过分强调耕地资源保护，对经济社会和城市空间发展的必要性和必然性关注不够，导致其设定的目标总是表现出对“发展”支持不够的印象；城乡规划过分强度城市拓展的理性研究，也常常不自觉地忽略了耕地保护的战略意义。国民经济社会发展规划目标性强，对各项经济社会发展内容均提出了具体目标，具有统领地位。

“多规协调”的规划编制方法要求，在制定发展战略时，立足于区域发展的现状和趋势，统筹各经济社会发展和空间规划目标，构建安全、高效、协调一致的可持续发展的战略定位和目标，并以此为导向深化完善相关规划内容。

具体而言，在制定人口、经济、用地、生态等各类指标控制体系时，应该以经济社会发展规划的目标为导向，以区域空间资源的可承载为基础，充分考虑经济发展、耕地和生态保护的战略要求，统筹兼顾、综合平衡，合理确定未来一定时期内的控制目标，并按照目标约束力的强弱，将控制目标划分为引导性和强制性目标，切实增强规划的协调性和可操作性。各部门规划在国民经济社会发展、城乡规划和土地利用总体等3个主干规划确定目标控制体系的基础上，制定各自分项控制目标，深化和落实主干规划的控制要求。

3.3 以镇域规划和土地利用总体规划为载体，统一空间布局

3.3.1 统一划定城镇扩展边界，引导人口和产业集聚

2011年湖北城镇化率达到51.83%，湖北从农业大省进入到了以城市社会为主的新成长阶段。城镇快速发展的同时，不容回避的是城镇建设用地无序扩展，消耗大量农地资源，破坏生态环境质量。

划定城镇建设用地扩展边界是化解经济增长与耕地保护、生态建设矛盾，以及调控城镇无序蔓延的技术手段和政策措施。具体编制方法是首先对城乡空间容量进行分析，其次镇域规划和土地利用总体规划统一划定城镇建设用地扩展边界。该边界是较长时期内城镇扩展的理性发展边界，以控制城镇无序扩张，保护自然生态资源；扩展边界内根据土地利用总体规划给定的城镇建设用地指标划定规模边界。规模边界可以根据实施情况进行调整，这样既控制了城镇建设用地总规模，又给予了

城镇拓展方向一定的灵活性。

3.3.2　统一划定生态保护底线，分类处理禁建区内已批和已建的不相容用地

城镇建设用地扩展边界的划定较好地解决了土地利用规划规模控制与城乡规划远期用地布局之间的矛盾，因此“两规”在空间管制上的矛盾主要集中在禁建区的划定和禁建区内已批、已建项目的处理方面。

禁建区是维系城市生态安全最根本的生态保护区域，镇域规划和土地利用总体规划划定统一生态保护底线。在禁建区内存在部分已批和已建项目，不符合禁建区准入要求的项目，予以全面清理，并根据调查结果制订分类处理方案。对于符合准入要求、对生态保护无不利影响的项目，按现状、现用途保留使用（即保留型）；对于符合准入要求、对生态保护有不利影响的项目，引导相关权利人进行改造和产业转型，逐步转为与生态保护不抵触的适宜用途（即整改型）；对于虽不符合准入要求，但已审批尚未开工的建设项目，置换到禁建区外根据规划进行建设，或者实行政府土地储备（即迁移型）。

3.3.3　构建产业布局结构，引导各类产业项目入驻

国民经济和社会发展规划是统领，产业发展规划是支柱骨架。改变以往有产业体系无空间布局，有产业项目无地可供的现象，在镇域总规划和土地利用总体规划中对接国民经济和社会发展规划、产业发展规划，构建产业空间格局，引导各类产业项目落地。

一是分析产业发展现状，城镇在区域格局所处的地位和面临的机遇，确定产业发展方向，产业调整体系思路，及与之对应的空间调整体系思路；二是在此基础上，构建产业布局结构，制定产业发展模式指引，明确各个板块具体的主导产业类型、产业项目入驻门槛、产业项目投资产出要求等；三是研究“先征后转”、“先储后供”新增建设用地供应创新模式，改善投资软环境的招商引资策略，“筑巢引凤”，吸引优质企业和项目入驻。

3.3.4　对接各部门行业规划，落实其保护与建设内容

一是协调相关部门，收集与整合各部门编制的行业规划，将其具体保护内容和发展建设思路尽可能落实到空间；二是在镇域规划和土地利用总体规划编制过程中，将其保护与建设空间要素进行分析、对接与落实。如对环境保护部门提出的水体、山体保护要求，水务部门提出的水体控制线进行衔接，合理划定水体、水体保护线并纳入生态底线区，对各部门提出的各类社会发展、交通水利市政基础设施、旅游、土地综合整治项目，落实到空间布局；三是基于社会经济发展的动态性，对于不能落位的各类建设项目，将其纳入重点建设项目库。

3.4　以合理配置空间资源为导向，统一管控要求

主体功能区规划、城乡规划和土地利用总体规划均有各自空间管控要求。但三者对空间管制区的内涵界定、划定方法、管控要求方面存在一定的交叉与差异。为有效合理配置空间资源，有必要协调和衔接，统一管制区划定和管控措施。

3.4.1　主体功能区规划、城乡规划、土地利用规划空间管控要求比较

主体功能区是指依据资源环境承载能力、现有开发密度和发展潜力，统筹考虑区域未来的人口集聚流动、经济发展态势、国土利用和城镇化格局以及生态功能，从区域空间开发适宜性的角度，将区域划分为具有特定主体功能定位的不同空间单元，包含优化开发、重点开发、限制开发、禁止开发4类主体功能区。

城乡规划划定城镇建设区、适建区、禁建区、限建区4个空间管制区。城镇建设区指划定的规划期限内允许布局的城镇建设用地。适建区指为远景控制建设用地，又称发展备用地，规划期内应严格控制使用，确需使用的，经规划实施评估，规划城镇建设用地使用已达80%以上，无法满足重大项目的建设要求的情况下可启动。限制建设区指自然条件较好的生态重点保护地或敏感地区，对相关建设用地有严格限制条件。禁止建设区是保障城市生态安全的重要地带及生态建设的首选地，只允许少量必要设施或相关设施的建设。

土地利用规划划定允许建设区、有条件建设区、限制建设区和禁止建设区4个空间管制区。允许建设区指城乡建设用地规模边界所包含的范围，是规划期内新增城镇、工矿、村庄建设用地规划选址的区域。有条件建

设区指城乡建设用地规模边界之外、扩展边界以内的范围。禁止建设区指是具有重要资源、生态、环境和历史文化价值，必须禁止各类建设开发的区域。限制建设区指除允许建设区、有条件建设区、禁止建设区外的其他区域，区内土地主导用途为农业生产空间。

三者空间管制区在内涵和管制规则方面存在一定差异。一是禁建区内涵不一致。土地利用规划禁建区强调的是对城市现状的自然、生态、历史文化资源核心区域的保护；而城市规划禁建区不仅包括上述区域，还包括为营造完整的生态框架体系与生态安全格局。二是适建区和有条件建设区管制规则要求有差异。城乡规划强调适建区是在城镇建设用地使用已达80%以上，无法满足重大项目建设要求的情况下启用；而土地规划中有条件建设区可以与允许建设区进行布局置换，即规划实施时，允许规划城镇建设用地发生形态调整。

3.4.2 统一空间管制区划定和管控措施建议

通过以上对比，主体功能区规划、城乡规划和土地利用规划管制分区基本上能够建立良好的对应关系。主要是主体功能区的优化开发区、重点开发区，对应城乡规划的城镇建设区，土地利用规划的允许建设，城乡规划的适建区与土地利用规划的有条件建设区相对应，其他空间管制区均为禁止建设区和限制建设区。主要需要解决的矛盾是禁止建设区内涵界定。对于禁建区的划定，应该强调更为深层和更为广度的保护要素，指为保护自然资源、生态、环境、景观等特殊需要，规划期内原则上禁止各类开发建设的空间区域。按照土地的主导用途，具体包括主干河流、大型湖泊湿地及周边控制区，主要河湖的蓄滞洪区，堤防及护堤地，饮用水水源一级保护区，保护完整的山体及周边控制区，自然保护区、风景名胜区、森林公园、地质公园的核心区和缓冲区，列入省级以上保护名录的野生动植物自然栖息地以及需特殊保护的重要遗迹，地质灾害高危险地区、地下矿产储藏区及采空区，大型城市生态公园及动植物园的核心区，城市生态楔形绿地的核心区，城镇组团生态隔离区，重大市政通道控制带以及其他生态敏感性较高或基于空间完整性必须控制的生态区等。严格禁止建设区管制要求，禁止区内土地的主导用途为生态与环境保护，禁止与主导功能不相符的各项建设。

3.5 以专项规划和项目库为支撑，明确建设重点和方向

针对镇域经济社会发展和生态资源保护的重大问题、重点领域和薄弱环节编制的专项规划，是对总体规划的展开和深化，可以指导具体的建设活动，而项目库则使规划目标和规划内容具体化，是实现规划理念的重要手段。

专项规划应充分结合自然资源状况、经济社会发展水平，选择事关当地人民切身利益的若干主要方面开展，如交通市政专项规划、村庄建设规划、城市设计、土地整治规划等。专项规划编制应符合总体规划的要求，并与总体规划相衔接，注重实施性和可操作性。项目库建设则要从区域比较优势出发，在符合国家产业政策，和产业发展方向的前提下，从优化配置劳动力、资本和自然资源的角度出发，策划一批技术可行、经济效益高、生态环境影响小的建设项目，明确近期建设的重点领域和方向，确定建设的时序，以项目建设为抓手，推进规划实施，进而达到促进经济社会全面发展的目的。

4 “多规协调”实施管理建议

4.1 统一规划期限，实现多规同步编制

协调统筹发展的任何一个规划都是针对一定时间尺度的。在经济社会发展的一定阶段，规划方案是优化的，而发展到另一阶段这种优化将不复存在。因此有必要对规划时限作出界定，结合经济发展周期确定规划期限，统一规划编制的基期和目标年，设定近、中、远和展望期限，做到同步编制。近期以3~5年为期限，中期以10年为期限，远期以15~20年为期限，可展望至30年。其他相关规划也应按规划期限进行编制，不得随意改变规划期限。

4.2 明晰规划边界，制定法律保障

用法律形式，将各类规划的规划范围、性质、任务和内容，以及编制、论证、审批、颁布、实施和修订的一整套基本程序固定下来。规范规划管理方案、方法与

程序，明确规划决策、执行、监督部门的分工合作，保障“多规”实施。

4.3 集成基础数据与法定规划信息，搭建“一张图”管理平台

一是建立现状信息库，统一标准与口径。通过资料集中收集与数据标准化处理，集成经济、人口、用地现状、基础地理信息、规划审批等数据，实现减少数据重复收集与预处理，避免由于统计口径不一致造成的信息偏差。二是建立法定规划信息库，统一信息公开发布。将通过合法程序审批或审查后的国民经济和社会发展规划、城乡规划、土地利用规划、各部门规划、其他专项规划进行公开发布，并建立更新、反馈机制，增加公众参与的可能性，保障“多规”在公开、规范、高效的环境下得以实现。

4.4 建立相关部门协审制度，优化建设项目审批管理流程

通过“一张图”管理信息平台，将“多规”协调管理思路贯穿于整个建设项目报批周期。建设项目在发展和改革部门办理立项、核准、备案手续；城乡规划管理部门办理选址意见书、规划许可证；国土资源管理部门办理用地预审、建设用地报批、土地供应；相关部门办理使用林地等、压占文物等手续时，由各部门进行协同审查，积极指导建设项目按照规划要求实施。对于不符合产业政策、城乡规划和土地利用规划等要求的建设项目，原则上不予审查通过及核发行政许可。

作者单位：武汉市规划研究院

作者：徐晶，石义，王昆，谢新朋，陈本荣，吴聪

下　篇

“四化同步”示范乡镇规划实践探索

第一部分
大城市城郊型乡镇规划实践探索

17　大城市城郊型乡镇发展特征及规划对策

随着市场经济和新型城镇化快速发展，我国大城市经历了从传统的单一城市空间格局发展为以大城市为核心、融合周边地区形成大城市都市区格局的区域化过程。这一过程伴随着由大城市产业经济发展、功能提升和规模扩张带来的产业、人口、资本、信息、设施等生产要素在区域空间层次的大规模扩散。大城市城郊型乡镇在空间和功能上与大城市紧密联系，是大城市功能辐射和要素扩散的首要承接和吸纳地。与此同时，大城市“一极化”的单中心集聚趋势也在不断加强，对周边区域形成了强大的“集聚阴影”。大城市的“扩散作用”和“极化作用”的共同作用使得城郊型乡镇在不同的发展阶段呈现出不同于一般乡镇的发展特征。

大城市城郊型乡镇处于联结大城市与周边农村腹地的特殊地理区位，其发展对于优化大城市都市区空间结构，提高中心城市空间绩效，引导农村地区城镇化等方面都有着重要作用。如何在区域视角下探寻大城市城郊型乡镇发展路径与模式，使其形成对中心城市的“反磁力”，成为实现区域统筹协调发展的重要内容。本文所研究的大城市城郊型乡镇指位于大城市（或特大城市）主城区外围，处于大城市空间辐射和功能直接扩散范围内，在经济、社会、空间和职能等方面与大城市紧密联系的乡镇。

1　大城市城郊型乡镇发展现状特征及成因分析

1.1　大城市区域化带动下的差异化快速发展

区域基础设施的建设使得大城市中心城区与城郊型乡镇的联系更加紧密，大城市的集聚和扩散效应也更加明显。大城市城郊型乡镇独特的区位条件决定了其发展受到大城市快速城镇化和空间急剧扩张的强烈影响，在城市区域化的作用下优先成为大城市功能扩散地，其经济和城镇化发展速度普遍高于一般乡镇。如2007～2012年，武汉市城郊的武湖街和襄阳市城郊的龙泉镇的城镇化率分别提高了19%和30%，年均提高3.8%和6.0%，高于湖北省平均水平的1.8%（从44.3%到53.3%），且呈现城镇化发展不断加快的趋势，城镇建成区面积年均增长率约为13.2%。城郊乡镇受大城市的辐射作用的影响，往往依托主要交通干道建设形成了镇区轴向扩张、农村居民点均质散布的镇村空间形态特征。

大城市快速发展的强大吸聚力也带来了城郊型乡镇生产要素大量外流、内生性发展动力羸弱的问题。由于大城市城郊型乡镇自身的地理区位、资源条件、发展机遇、发展阶段等因素的不同，各个乡镇的发展的水平并不均衡，发展特征存在显著的差异性（表17–1，表17–2）。

2012年湖北省“四化同步”示范乡镇分类发展情况统计表　　表17-1

乡镇类型	总用地面积（km^2）	总常住人口规模（万人）	建成区面积（km^2）	城镇常住人口（万人）	建成区面积占总用地面积的比例（%）	城镇化率（%）
大城市城郊型乡镇	920.4	36.4	28.7	15.9	3.1	43.6
平原农业地区乡镇	1160.2	78.0	72.9	32.5	6.3	41.7
山地地区乡镇	737.3	32.0	20.5	8.4	2.7	26.3
合计	2817.9	146.4	122.1	56.8	4.3	38.8

资料来源：湖北省“四化同步”乡镇规划基础资料

2012年湖北省“四化同步”示范乡镇中大城市城郊型乡镇发展情况统计表　　表17-2

乡镇名称	总用地面积（km^2）	总常住人口规模（人）	建成区面积（km^2）	城镇常住人口（人）	建成区面积占总用地面积的比例（%）	城镇化率（%）
武湖街	74.5	61000	7.2	48190	9.7	79.0
五里界街	47.4	12870	1.6	2489	3.4	19.3
奓山街	122.0	71746	8.4	32000	6.9	44.6
双沟镇	143.4	99727	4.2	40421	2.9	40.5
尹集乡	49.9	16864	1.0	8657	2.0	51.3
龙泉镇	261.4	52420	3.2	18340	1.2	35.0
安福寺镇	221.8	49618	3.1	8699	1.4	17.5
合计	920.4	364245	28.7	158796	3.1	43.6

资料来源：湖北省“四化同步”乡镇规划基础资料

1.2　生产要素梯度转移下的产业阶段性分异

大城市对于区域的影响类似磁铁的磁场效应，随着距离的增加而减弱，并最终被附近其他城市的影响所取代。大城市城郊型乡镇作为承接大城市产业转移的重要地域，其产业发展也随着与中心城区距离的增加而呈现圈层式的近郊高度非农业化、中郊工业主导型、远郊农业主导型的分异特征。而以农业产业为主导的产业结构和高度非农化的产业结构可以视为大城市城郊型乡镇发展的不同阶段，因此，大城市城郊型乡镇产业发展具有阶段性分异的特征（图17-1）。

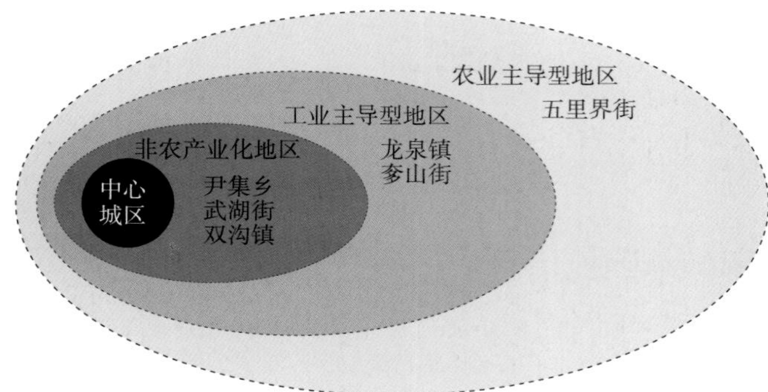

图17-1　大城市城郊型乡镇产业结构圈层式阶段性分异示意图

图片来源：作者自绘

1.2.1　近郊乡镇的高度非农化型

紧邻大城市中心城区的近郊乡镇，从原来农业生产为主的非城市地域逐渐转化为以非农产业为主的城镇化地域，其产业发展受到资源和中心城产业因素的影响，呈现高度的非农产业化，具有工业化中后期发展特征。乡镇的产业构成一般表现为“二产优、三产强、一产弱”，一产比重维持在低水平，农业生产功能退化并向都市农业转型；二产发展水平不断提升，与大城市中心城区产业功能接轨，区域产业分工基本形成；三产快速发展势头明显，与二产共同构成了乡镇经济发展的主体（图17-2）。

以武汉市近郊的武湖街为例，武湖街位于黄陂区东南部，与武汉市中心城区仅一桥之隔。2012年，武湖街人均生产总值4.6万元，远高于黄陂区的平均值（2.8万元）；三产总产值比重为11∶49∶40，二产与三产的比重保持在较高水平，非农产业比重达到了89%；三产从业人员比重为16∶40∶44，二产和三产从业人员比重也达到了84%，人口和产业的非农化水平均高于湖北省乡镇平均水平。乡镇范围内的武湖工业园和台湾创业园发展势头迅猛，形成了以食品加工业、农产品加工业、服

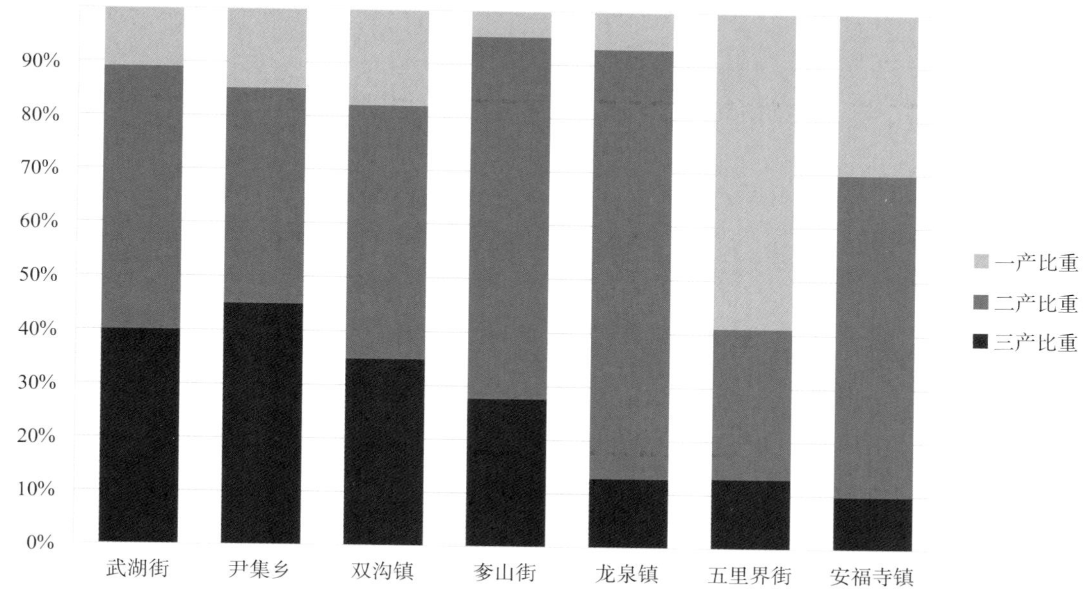

图17-2　湖北省“四化同步”示范乡镇大城市城郊型乡镇三产比重图

资料来源：湖北省“四化同步”乡镇规划基础资料

装制造业、建材为主，房地产业、批发零售、住宿餐饮为辅的产业结构，三产结构趋于合理（表17-3）。

1.2.2　中郊乡镇的工业主导型

中郊乡镇同时受大城市和周边农村地区的共同影响，其产业发展同时具有城市和乡村的产业结构特点。这些乡镇的产业构成表现为“二产不优、一产不精、三产不足”，一产仍然占据了较大的比例，传统农业生产和现代化观光农业形式共存。随着大城市的产业结构不断调整，一些劳动密集型产业逐渐向土地价格较低、交通条件相对较好的中郊乡镇转移，使这些乡镇的工业化水平得到了提升，二产逐渐成为了乡镇产业发展的主力，但存在产业层级低、产业结构内部功能单一重构、对资源环境破坏性较强的问题。三产发展基础薄弱，在产业结构中占据较低的比例，无法有效地为一产和二产发展提供产业链上的支撑。整体经济水平和产业结构呈现工业化中期发展特征，三次产业结构有待优化。

以襄阳市城郊的龙泉镇为例，龙泉镇距襄阳市中心城区约14km^2。三产总产值构成比例为4：91：5，三产从业人员比重为12：41：47，二产在产业构成比例较大，工业化主导的产业结构特征明显。龙泉镇的主导产业为以稻花香酒业为核心的产业集群，产业种类单一，无法形成产业多元化集聚的外部性效益，规模大但是效益不高，抵御风险能力弱，产业结构不尽合理。

2012湖北省“四化同步”示范乡镇中大城市城郊型乡镇产业结构信息统计表　表17-3

乡镇	距中心城区距离（km）	三产增加值结构比重	三产从业人员比重	主导产业类型	产业特征
武湖街	3	11：49：40	16：40：44	食品加工业、农产品加工业、服装制造业、机电建材为主导	非农产业化
尹集乡	6	15：40：45	3：53：44	农副产品加工业、教育科研	非农产业化
双沟镇	10	18：47：35	49：47：4	粮食加工、服装纺织	非农产业化
峪山镇	14	10：64：26	9：79：12	装备制造（汽车）	工业主导型
龙泉镇	14	4：91：5	12：41：47	农副产品加工业（酒类）	工业主导型
五里界街	19	59：28：13	16：58：26	种植业	农业主导型
安福寺镇	距宜昌30km，距枝江20km	10：60：30	38：23：39	食品加工产业	非农产业化

资料来源：湖北省“四化同步”乡镇规划基础资料

1.2.3 远郊的农业生产主导型

距离中心城区较远的远郊乡镇由于受到现状地理区位、资源环境等方面的限制，大多数仍然以农业生产及其延伸产业为主。乡镇的产业构成一般呈现“一产主导、二产不强、三产羸弱”的特征，一产占产业结构中的主导地位，但是农业产业化水平低、配套基础设施建设不足，农业发展的后续动力不足；二产和三产基础薄弱，缺乏对生产要素的吸引力，发展速度缓慢。

以武汉市城郊的五里界为例，2012年五里界农业总产值23.7亿元，工业企业总产值11.3亿元，三产产值比重为59：28：13，三产就业人数比值为70：21：9。五里界的农业生产在产业结构中占主导地位，而农业产业模式仍然较为落后。全域农林用地面积约35km^2，占全域总用地面积的73.7%，农业生产仍然以传统的种养模式为主，仅有2家农业加工企业。工业发展滞后，产业层级较低；第三产业为低端传统商业，吸纳剩余劳动力能力十分有限。

1.3 区域调控机制缺失下的土地低效、无序利用

大城市城郊型乡镇处于城市与乡村的联结地带，其土地构成包含了城镇建设用地、乡村建设用地和农村农业用地，用地构成结构复杂并具有过渡性和动态性。在大城市区域化过程中，大城市都市区的空间向外急剧扩张，内部结构不断调整优化，大城市城郊型乡镇面临着快速发展的机遇。然而，由于纵向和横向的区域调控机制的缺失，大城市城郊型乡镇在土地开发利用上普遍呈现低效率、无序化特征。

1.3.1 用地构成的过渡性与动态性

一般而言，从城市中心城区、边缘区到郊区的土地利用类型呈现从城市型向农村型演变的距离衰减圈层结构特点。城郊型乡镇在土地利用性质、强度、地域空间结构及地理景观等方面形成了城市向农村过渡的特征。随着大城市中心区的扩张，城郊型乡镇靠近城市内边缘区的部分逐渐城镇化与大城市融合，城镇边界不断向外推移，用地性质的动态变化从长远来看是农村用地不断转化为城市用地的过程（图17–3）。

1.3.2 用地开发的低效性和无序化

中心城市与城郊乡镇发展的纵向区域协调机制的缺失，使得大城市城郊型乡镇在区域发展中缺乏平等话语权，常常成为城市空间的附庸甚至是牺牲品。中心城市吸引了大量的生产要素，而政府对中心城区的基础设施建设都保持较大的投入力度，对城郊乡镇的投入无论在时序还是力度上都明显逊于中心城，这就导致城郊乡镇与中心城的差距不断拉开。而城郊型乡镇在与中心城市的利益博弈中处于下风，为了寻求经济发展，往往被动选择以低成本土地去交换发展机会，大量的廉价土地供给导致了土地的低效率、低强度开发。同时，城乡纵向调控机制缺失也导致了城郊型乡镇的土地利用的二元化现象突出。乡镇的城市空间纳入了城市规划的范畴，而剩下的乡村空间成为了规划的盲区，不是规划关注的主要内容，进一步导致了城郊乡镇土地的不合理利用。

横向区域协调机制的缺失使得不同乡镇发展时各自为政，各乡镇之间横向联系松散，职能分工模糊，功

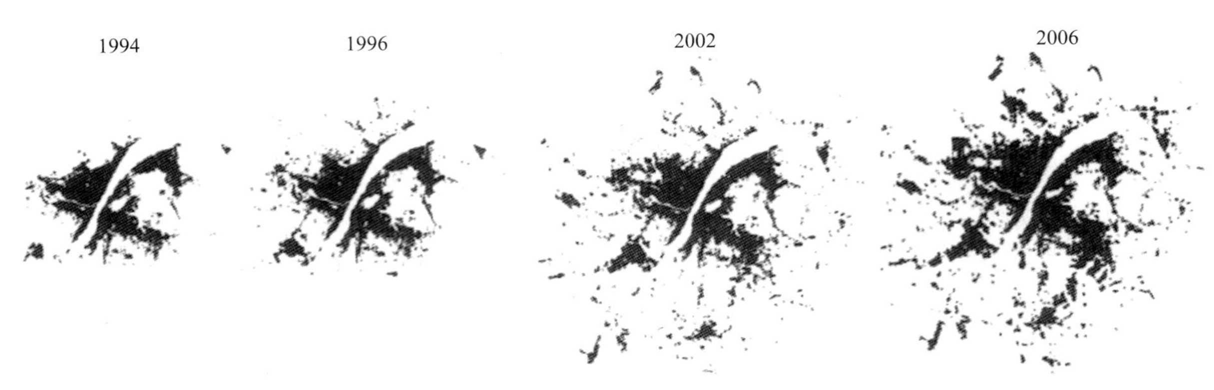

图17–3 武汉市中心城区用地边界扩张过程示意图

资料来源：武汉市国土规划局土地出让信息系统

能重叠。在用地开发时，基础设施和城镇建设缺乏统一的规划和区域协调，导致了建设用地混乱无序、重复建设、土地浪费等现象。

1.4 大城市“一极集中”下的空间轴向扩张与村镇体系扁平化

1.4.1 城镇空间的轴向扩展

张宁（2010）等认为城市边缘区扩展分为三种类型，分别为：向外扩张型，即由上一时期的乡村腹地转化为本时期的城市边缘区的地域；内部填充型，即在两时期同属于城市边缘区的地域，这部分地域在类型归属上没有变化，但在其内部如用地、景观等方面发生了某些变化；转换核心型，即由城市边缘区转化为城市核心区的地域，也是城市核心区向外扩张的地域。中部大城市城郊型乡镇的空间扩展上以外向扩张性和内部填充型为主要模式，大城市中心城区空间的快速扩张，城郊型乡镇的建成区范围也不断扩张，乡镇内部的空间和用地结构等都不断转化为城镇形态。为了获取相对于中心城市的交通区位优势，乡镇往往沿主要交通轴线扩展，形成沿交通轴线的连绵发展带。而这种轴向的空间扩展模式也带来了一些问题：城郊乡镇与中心城市之间的交通压力较大，交通拥堵会使中心城市的带动作用随空间距离的增加而急速衰减；轴向的建设模式给基础设施的配建增加了难度，同时交通道路将城镇空间割裂开来，难以形成具有吸引力的城镇空间（图17–4）。

1.4.2 村镇体系扁平化与居民点匀质散布

大城市的“一极集中”发展使得城郊乡镇难以形成有活力的增长极，乡镇的农村建设严重滞后，村庄之间的联系较差，村镇体系呈现扁平化。同时，大城市城郊型乡镇一般地势较为平坦，山体和水系等对自然条件对乡镇的空间发展并没有带来过多的限制，居民点布局往往较为分散，呈现匀质化散布（图17–5）。

1.4.3 较为完善的空间支撑体系

乡镇空间发展的支撑体系包括公共设施和基础设施系统。大城市城郊型乡镇具有邻近中心城区、与大城市交通联系便捷等优势，其基础设施与公共设施建设的数量和质量往往高于一般乡镇。但是在乡镇与大城市公共客运交通的接轨方面往往成为了规划的空白，由于许多体制机制上的障碍，区域空间支撑体系的城乡一体化还

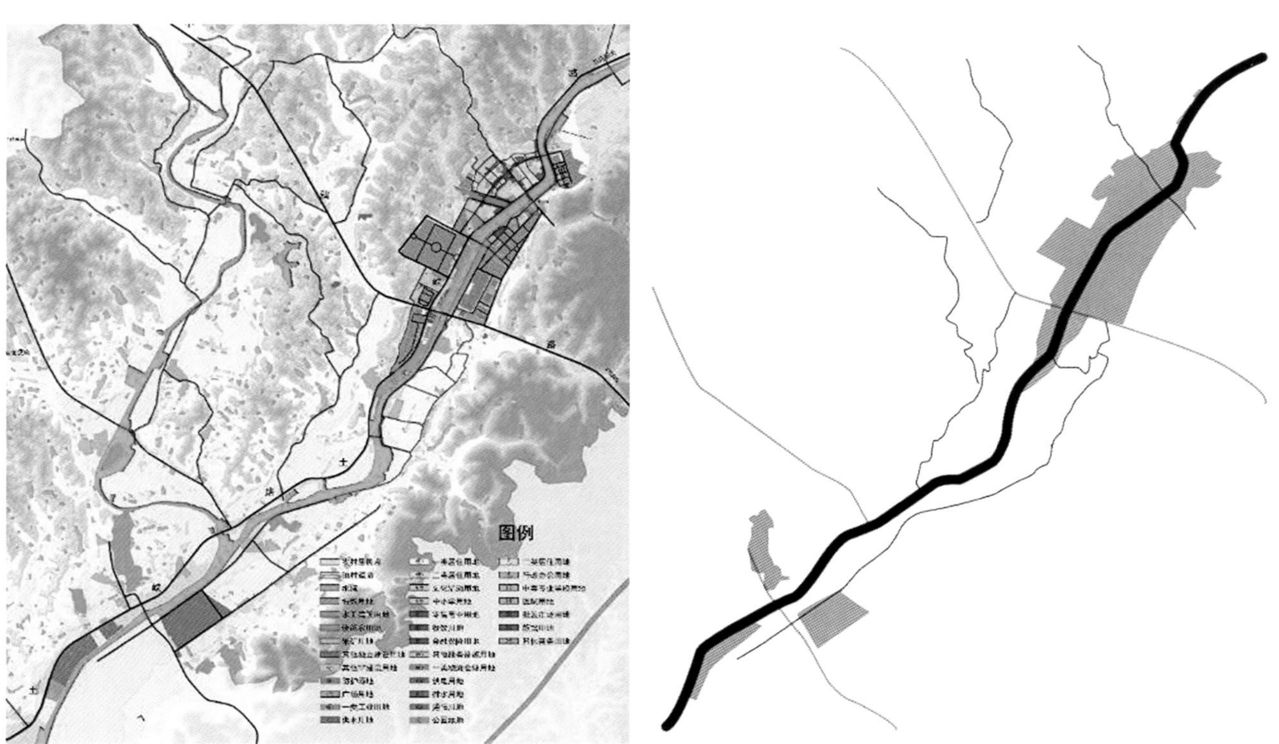

图17–4　大城市城郊型乡镇镇区空间轴线扩张示意图（以龙泉镇为例）

图片来源：南京大学城市规划设计研究院有限公司编制的《襄阳市双沟镇“四化同步”试点规划》

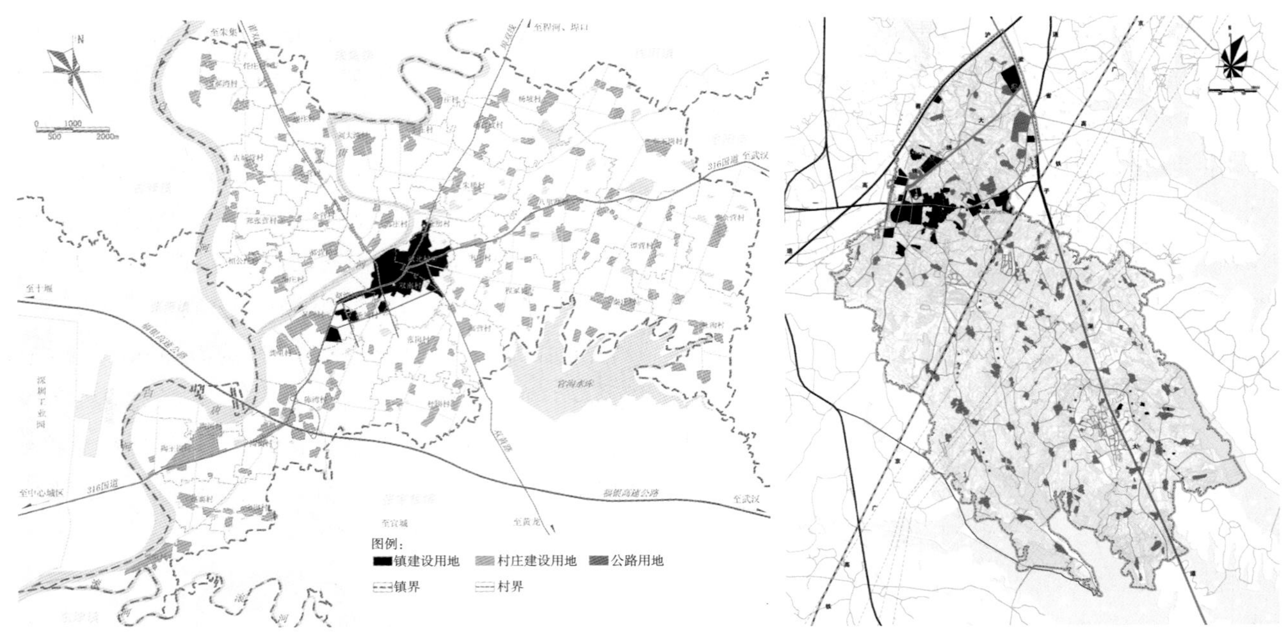

图17-5　大城市城郊型乡镇居民点空间均质散布示意图［以双沟镇（左）和五里界街（右）为例］

图片来源：南京大学城市规划设计研究院有限公司编制的《襄阳市双沟镇“四化同步”试点规划》；华中科技大学编制的《武汉市江夏区五里界街“四化同步”试点规划》

难以实现。

1.5　城乡联结地带的高生态环境敏感性

大城市城郊型乡镇是城乡生态空间相互融合的地带，以乡村生态要素为生态基底，生态功能构成复杂。由于其所处的特殊地理区位，城郊型乡镇生态系统除一般生态系统所承担的如为野生动物提供栖息地、保护乡土物种、维持生物多样性等生态功能外，还具有改善市区生态环境的功能，以及为市民提供近郊游憩地，为城市设施提供分布空间，为市区提供农副产品，接纳市区疏散的人口，协同市区发展经济等社会功能和经济功能等。

一般而言，乡村自然生态环境较城市生态环境相比具有较高的自然属性，也具有比城市更高的生态稳定性。然而大城市近郊乡镇是城市生态环境向乡村生态环境演进的过渡地带，其生态系统受城市发展影响强烈。在城市建设用地扩张的过程中，农村用地被大量侵蚀，林地数量急剧减少，农业和乡村生态环境系统自循环机制遭到破坏，区域景观的多样性和异质性大幅降低，生态抗干扰能力大幅下降，其生态环境的敏感性甚至比城市和乡村地区更高，生态环境呈现剧烈的动态变化特征，在持续缺乏保护的情况下极易转化为生态环境不稳定的地区，从而危害到城市人民的生产和生活的安全和健康。

2　大城市城郊型乡镇发展动力机制

2.1　动力机制动态模型构建及作用机理

目前，学术界对乡镇发展的“动力”概念并没有一个很清晰的界定，研究的侧重点不同，选取的分析因子也不尽相同。在系统学原理中，动力机制是指“致使特定系统向前发展的动力来源、结构与作用原理”。高靖蓉（2012）在借鉴经济学对动力的解释，将小城镇发展的动力机制概括为“推动小城镇发展所必需动力的产生机理，以及维持和改善这种作用机理的各种经济关系、组织制度等构成的不同作用力要素的系统总和”。研究大城市城郊型乡镇发展的动力机制就必须对动力来源、动力之间的组织关系和作用原理等方面进行解释。乡镇发展是一个长期累积和长期发展的渐进式过程，在不同的阶段带动大城市城郊型乡镇发展的动力机制也并非一成不变的。因此，本文针对大城市城郊型乡镇的发展特征，依据乡镇的发展阶段来构建城郊型乡镇发展的动力机制动态模型。

一般认为，乡镇的发展的作用力来源于政府、市场和社会这三个主体，三者的互动构成了乡镇发展的动力机制。其他学者还提出了新时期下乡镇发展出现的一些与以往不同的动力来源，比如自然环境资源的保护与开发、科学技术的革新、全球化与新经济发展、城市及乡镇文化特质等。从湖北省大城市城郊型乡镇不同发展阶段的特征来看，城郊乡镇发展是外源性动力主导驱动、内生性动力助推，内、外动力不断互动作用下的结果，其中外源性动力为大城市的要素扩散作用于城郊乡镇，内生性动力为乡镇内部的自发发展潜力和要素集聚能力。在城郊型乡镇发展之初，内生性动力是作为一种潜在的动力，需要施加一定的外力才能转化为发展的直接动力。随着大城市的辐射带动作用不断增强，城郊型乡镇发展的外源性动力不断激发乡镇的内生潜力，使乡镇“自动地‘卷入’到区域经济体系中来，并按照区域经济体系分工的要求进行相关资源开发”，从而带动乡镇经济的自主发展。

2.2　外源性动力层面主要作用

大城市城郊型乡镇发展的外源性动力主要来源于大城市中心城区快速发展的空间外部性，具体来说，为政府的调控外部性、市场的产业外部性以及社会的需求外部性（图17-6）。

2.2.1　政府的调控外部性

政府的调控外部性对于大城市城郊型乡镇发展的作用主要体现在基础设施建设投入的带动力和制度改革的保障力。基础设施与配套服务是乡镇发展的物质基础，它直接关系到企业生产与居民生活的便利性问题。大城市对外交通条件的不断完善，在客观上为城郊乡镇的发展提供了便捷的条件。大城市中心城区的公共基础设施向城郊乡镇延伸，可以有效缓解城郊乡镇政府财力不足的瓶颈，改善城郊乡镇的公共服务供给的情况，促进小城镇的进一步发展。另一方面，政府的产业激励制度、户籍制度、土地制度等方面的改革也会对大城市城郊型的发展提供制度上的保障力。产业激励制度可以通过“经济之手”有效地引导产业及其生产要素向城郊乡镇集中，而我国长期以来城乡隔离的户籍制度严重阻碍了城乡经济的统筹发展，户籍制度和土地制度的改革则是乡镇可持续发展的重要保障。

2.2.2　市场的产业外部性

根据“集聚—扩散”理论，在大城市的发展逐渐达到并超过最佳规模的时候，城市的拥挤效应开始出现，土地价格上涨、生活成本攀升等会促使产业及其生产要素向城郊的乡镇转移，这对区域城镇体系的优化与城郊型乡镇成长有着重要的推动作用。大城市的许多企业会优先向外转移到大城市周边土地价格较低、交通条件好、配套服务体系较健全的城郊乡镇中去。这种现象也通过企业和产业等知识载体的知识外溢效应，使得城郊乡镇生产技术水平低下的瓶颈得到了根本性的改善，小城镇的工业产出水平由此得到极大的提高。

2.2.3　社会的需求外部性

在城郊型乡镇发展的过程中，大城市的商业服务会对大城市城郊乡镇的消费力形成巨大的吸引力，这种吸引力

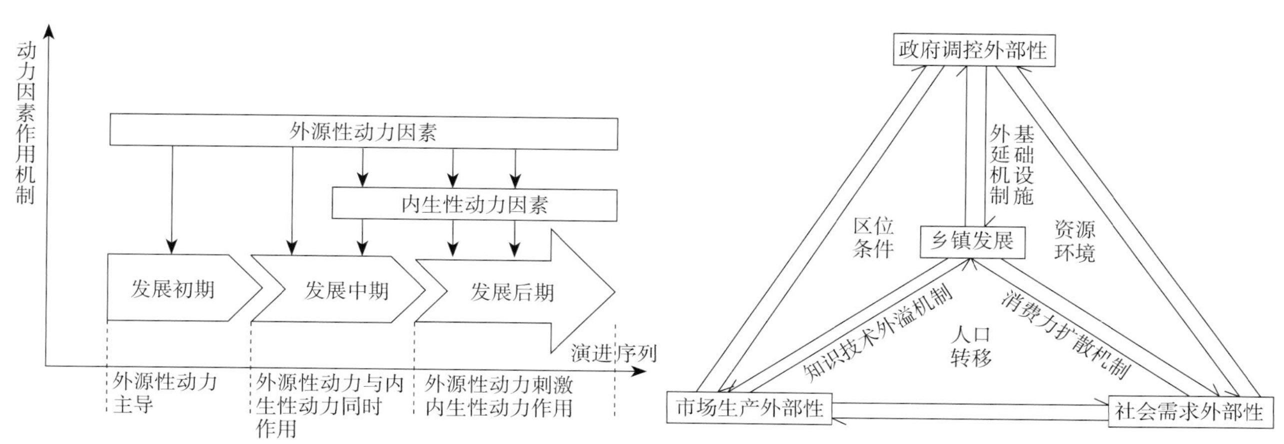

图17-6　大城市城郊型乡镇发展动力机制作用机理及模型

图片来源：作者自绘

在乡镇发展初期尤为明显。随着大城市发展过程中环境遭到了破坏，城市居民对城市有毒有害的农产品、毫无新意的工业消费品、单调无聊的休闲方式、挤不堪的生活环境开始感到厌倦，转而对农村天然有机的农产品、贴近自然的田园生活以及富于特色的传统文化产生了日益增长的浓厚兴趣。当各种各样的都市观光农业在城郊乡镇兴起，越来越多的城市居民回到周边乡村地区体验生活和居住，大城市的消费力扩散机制便缓解了乡镇商业服务业发展过程中遇到的本地消费力外流、门滥需求不足等发展瓶颈，也推动了乡镇商业服务能力的增强。

2.3 内生性动力层面主要作用

2.3.1 区位条件的优势度潜力

根据"集聚—扩散"理论，当城市发展到一定规模后，开始出现城市要素向周边地区扩散的趋势。而这个趋势都是从与大城市空间联系最紧密的城郊型乡镇开始。在大城市的要素扩散过程中，存在着"距离衰减"规律，即距离中心城区越近，就越容易接受来自中心城区迁移出来的人口、产业和资金，也越容易从中心城区获取知识、信息和新技术，乡镇发展就越快。但是区位优势最初是一种发展潜力，只有在大城市要素扩散作用的催化下才能凸显出它的作用力。

2.3.2 资源环境条件的双向作用力

资源环境因素对于乡镇发展具有显著影响。在大城市城郊型乡镇发展过程中，资源环境条件既是促进力也是制约力。对于具备优良自然资源环境条件的乡镇只要改善其区位交通条件，制定合理的产业发展策略，就可以很大程度地利用其优势积极发展，变资源优势为经济发展优势。同时，乡镇的资源环境在一定程度上也限制了城郊型乡镇的进一步开发，成为了制约乡镇空间扩展的瓶颈。

2.3.3 区域比较优势下的人口转移力

目前，大城市城郊型乡镇的人口资源优势表现在乡镇的人口数量、人口分布密度、人口的构成和人口素质。大城市城郊型乡镇比一般乡镇具有更为良好的发展条件，在区域比较优势下容易成为人口迁移的目的地。人口的文化素质、思想意识和劳动技能等方面也是促进乡镇发展的重要因素，外来人口的受教育程度越高，克服迁移障碍的能力就越强。

3 大城市城郊型乡镇发展模式

乡镇的发展是一个动态演进的过程，不同的发展基础、条件、面临的发展机遇等等都会对乡镇发展产生影响，尤其是与大城市和农村发展都息息相关的城郊型乡镇，更应结合自身的发展条件和发展现状确立差异化的发展路径与模式。本文将大城市城郊型乡镇发展模式概括总结为三种，分别为："功能组团型"、"近郊新城型"和"特色小镇型"。

3.1 "功能组团型"发展模式

大城市都市区是一个功能高度复合的有机系统，内部不断进行着物质流、能量流、人员流和信息流的交换。邻近大城市中心城区的城郊型乡镇的发展已经突破行政边界，与大城市中心城区在社会经济、空间、功能等方面都相互渗透、相互影响，成为了大城市区域功能运转重要组成部分。这些乡镇适宜发展"功能组团型"模式，即大城市都市区功能扩展区的组成部分。"功能组团型"发展模式要求将乡镇置于区域的大背景中，并不强求乡镇内部产业门类的多元化，而是从宏观的区域视角对乡镇的产业发展进行规划，以新型工业化和信息化为主导，避免忽视市场经济发展规律、人为的将乡镇从区域大环境里割裂开来的"闭门造车"的现象。

以襄阳市尹集乡为例，襄阳市城郊的尹集乡的三产发展较快，农业和工业发展并没有明显的区域优势，主要依靠紧邻主城的地理区位优势和产业项目来推动经济发展。尹集乡内的新落户的湖北文理学院理工学院和襄阳汽车职业技术学院推动了尹集乡教育科研类的2.5产业的发展。因此，尹集乡在规划中着力发展以教育科研为主体的生产性服务业，一方面完善了区域产业分工体系，带动大城市中心城区的生产要素向乡镇扩散；另一方面也在乡镇内部实现了产业集聚，为乡镇提供了充足的就业岗位。如果尹集乡一味追求产业发展的"大而全"，反而会失去了发展的重心，无法形成在区域产业分工系统中的竞争力，不利于区域和乡镇的发展。

3.2 "近郊新城型"发展模式

距离大城市中心城区有一定距离的，社会经济水平、产业发展、经济辐射能力和人口规模具有一定水平的，具备市域中心镇地位的城郊型乡镇，适宜发展"近郊新城”模式。类似于大城市周边的卫星城，在空间和功能上具有一定的独立性，但在行政管理、经济、文化以及生活上同它所依托的大城市有密切的联系，与中心城区有一定的距离，由便捷的交通联系。“近郊新城型”发展模式是一种以“高级城市化”发展为主导的模式，要求在承接大城市产业转移的同时，依托但不依赖于大城市，有主导产业但产业多元、功能复合，有较为完善的住宅和公共设施，能够有效分散中心城市的人口和产业，并能够对周边城镇的发展产生带动作用。

如襄阳市城郊的双沟镇，在发展的过程中承接了大量的中心城区转移的劳动密集型产业，吸引了农村剩余劳动力向城镇集中，人口流出比例低于周边乡镇，城镇化发展迅速。双沟镇的产业发展是以现代农业为基础，农产品加工为主导的模式，发展目标定为“承担襄阳都市农业促进中心、生态宜居的近郊特色新市镇；鄂西北的农产品加工与流通中心；国家现代化生态农业创新示范基地”。通过一定时间的发展，“近郊新城型”乡镇在三产联动发展下会逐渐形成大城市都市区网络化空间结构中的一个重要的节点。

3.3　“特色小镇型”发展模式

对于发展需要中心城区带动，但是受资源环境条件、现有产业结构等因素的影响，短期内并不具备形成区域发展的“极核”条件的乡镇，适宜发展“特色小镇型”模式。这种类型的乡镇在城郊型乡镇中占据主体地位。“特色城镇”发展模式，强调依托城乡环境资源特征，突出乡镇的产业特色。可以是旅游主导型特色城镇，如法国的历史文化名镇萨拉小镇、云南的特色旅游小镇；也可以是工业发展型特色城镇，或是市场为主导的特色城镇。“特色小镇型”发展模式对于带动农村城镇化、推进社会主义新农村建设、促进城乡统筹发展具有重要意义。

4　大城市城郊型乡镇发展对策

4.1　功能发展：大都市区整体统筹，注重乡镇特色培育

大城市城郊型乡镇是构成大城市都市区空间体系的重要组成部分，与区域产业经济发展密不可分，立足区域视角、将大城市城郊型乡镇放在区域联动发展的大背景下进行分析和规划是十分必要的。一般而言，区域联动发展共分为三个方面：一是产业联动发展，二是设施联动，三是产城结合。产业联动发展主要是指产业门类的上下游衔接配套，形成完整的产业链，集中发展；设施联动发展是指工业区的配置应体现出资源共享节约，产业设施应与周边地块在基础设施、交通、信息、组织管理等方面保持一致或互补；产城结合发展，是指产业发展与城区发展的对接，工业与服务业应形成功能互动，工业园区以产业发展为主，居住为辅，主城区以行政、居住、文化娱乐为主，两者分工明确，互有所长。大城市城郊型乡镇拥有优越的区位条件，在承接大城市中心城区产业转移时处于优先地位，应在大城市都市区的视角下积极对接大城市中心城区的功能溢出。

同时，结合自身的发展条件差异化发展，注重乡镇特色的培育，避免各乡镇经济结构重构，促使区域协调发展。“功能组团型”乡镇在作为大城市都市区功能扩展区的组成部分，主导功能往往比较单一，应强化自身在区域中的分工，并积极与大城市中心城区和其他功能组团进行功能的交流与互动。“近郊新城型”乡镇作为大城市中心城区周边的相对独立的乡镇，在与大城市发展密切联系的同时，应积极完善自身的产业结构、居住及公共服务等各项功能，以完成疏解大城市中心城区过分集中的人口和产业的作用。“特色小镇型”乡镇是大城市城郊型乡镇发展中较为初级的一个阶段，往往无法快速地对大城市中心城形成有力的“反磁力”，在发展中应结合自身的资源环境特色，突出乡镇的主导功能，促进农业现代化与城镇化协调发展。

4.2　空间发展：区域整体构架，乡镇内部有序集聚

大城市城郊型乡镇是大城市都市区空间结构中联结城市和乡镇的一个重要纽带，不应将乡镇从区域的整体中割裂出去，而应将区域作为一个有机联系的整体，以区域整体空间构架为引导，积极融入区域空间的大框架中。传统的城镇体系规划在确定城镇等级的基础上确定不同级别的城镇的发展方向，虽然也强调城镇体系的整体性和系统性，但它以城镇个体为对象，建立在中心地系统的等级基础上，忽视城镇之间的联合和联系，没有

产生有效的区域协调作用，对于快速发展的大城市都市区来说，对空间发展的引导作用有限。以都市区的发展理念的区域协调机制，从区域的视角统筹安排各种空间要素，将乡镇作为大城市都市区发展的重要组成部分进行有机整合，突破了行政边界和传统的城乡二元空间划分，形成城乡高度一体化的发展态势，可以有效促进乡镇之间的协作和交流，避免了各乡镇在发展过程中被中心城市“一极集中”的空间格局所绑架和乡镇政府为了追求经济发展盲目低效开发的恶性循环，使乡镇可以在区域统筹下进行高效、有序的空间组织。

从前文中的分析可以看到，大城市城郊型乡镇空间上趋向于镇区轴向集聚、农村居民点匀质散布的特点。镇区内沿道路轴向集聚往往成为了限制乡镇与中心城区联系的瓶颈，而农村居民点的匀质散布则为农村地区的基础服务设施的配置带来了更大的困难。因此，在大城市城郊型乡镇空间发展的过程中，应积极促进乡镇内部空间有序集聚，引导人口向城镇集聚、居住向社区集聚、产业向园区集聚、土地向规模集聚，使乡镇内部的空间组织更加有序，保障乡镇发展能在一个高效、合理的空间内进行。

4.3 设施支撑：与区域高度对接，提升乡镇设施支撑质量

乡镇的基础设施与公共服务设施支撑体系是保障乡镇健康发展的基础。便捷的交通服务是大城市城郊型乡镇快速发展的重要保障，应重视乡镇的交通规划、建设与管理，将乡镇交通纳入到大城市都市区的交通体系中进行整体布局和统筹协调。加快交通干道的规划建设，在实现与大城市及其他乡镇的快速沟通的同时，注重城乡一体化的公共交通客运服务网络的构建，加快大城市中心区的公共交通向乡镇延伸，提升乡镇对外和对乡村的公交辐射范围，形成安全便捷的城乡一体化公共交通客运体系。

4.4 资源环境：整合生态格局，保育生态环境

大城市城郊型乡镇的生态系统构成复杂，环境敏感性高，对于维护区域生态安全格局的稳定有着重要作用。对于大城市城郊型乡镇而言，生态环境保护是乡镇建设的重要目标，但“绝对保护”式的生态环境保护并不能有效地解决生态环境保护与发展的之间的矛盾。因此，在对大城市城郊型乡镇生态环境保护进行规划时应该突破强制保护的思路，强调生态用地的保护与适度建设，兼顾乡镇的“发展”与环境的“保护”，引导乡镇可持续发展。

4.5 风貌塑造：因地制宜，彰显乡镇风貌特色

在大城市都市区空间不断扩展、城镇化快速发展的今天，乡镇的景观特色与风貌塑成为规划领域的一个重要组成部分，也是人们“留得住乡愁”的重要途径之一。大城市城郊型乡镇的风貌塑造不仅仅是城镇地区的景观绿化，更多的是农村地区风貌特色保护与塑造。而目前生态环境破坏、环境污染、景观特色缺失、民俗风貌文化消逝等等都是大城市城郊型乡镇发展存在的问题，经济的快速发展和社会的变革都使得农村地区的传统景观不断遭到冲击。大城市城郊型乡镇的景观风貌塑造，应结合乡镇的资源环境特色，建立一种“区域—城市—乡村”的多尺度风貌塑造模式，逐级梳理不同尺度内的生态环境与景观网络，将农村自然生态基底、传统人文风俗等与乡镇风貌塑造融合，营造出富有特色与活力的乡镇风貌。

作者单位：华中科技大学建筑与城市规划学院
作者：廖文秀，黄亚平

18　“高端打造、特色引领”的五里界街规划

1　基本情况及现状特征

1.1　基本情况

五里界位于武汉市江夏区的东部，武汉都市发展区内。北靠庙山经济开发区、藏龙岛经济开发区，南倚梁子湖，东连牛山湖，西接江夏纸坊中心城区，全域总用地面积约为47.43km²。街办驻地为毛家畈村，距江夏中心城区（纸坊）约7km，距武汉市中心城区约14km，交通条件十分便利。五里界行政辖区共包括1个社区和8个行政村。2012年，五里界户籍总人口为17838人，城镇化率为19.34%（图18-1）。

1.2　现状特征

1.2.1　区位条件好，经济总量低

五里界位于武汉都市发展区内梁子湖——汤逊湖生态绿楔的西侧、东湖国家自主创新示范区与南部新城组群的结合部，是未来武汉都市发展的拓展区，区位和后发优势十分明显。然而，五里界现状产业仍呈现“一二三”的结构类型，2012年，三次产业产值比重分别为59%，28%，13%，工业总产值在江夏区属中下等水平。产业发展呈现出以下特点：一产比重较高，农业产业模式较为落后；二产发展滞后，产业类型低端；三产低端传统商业占主导，吸纳农村剩余劳动力能力有限。

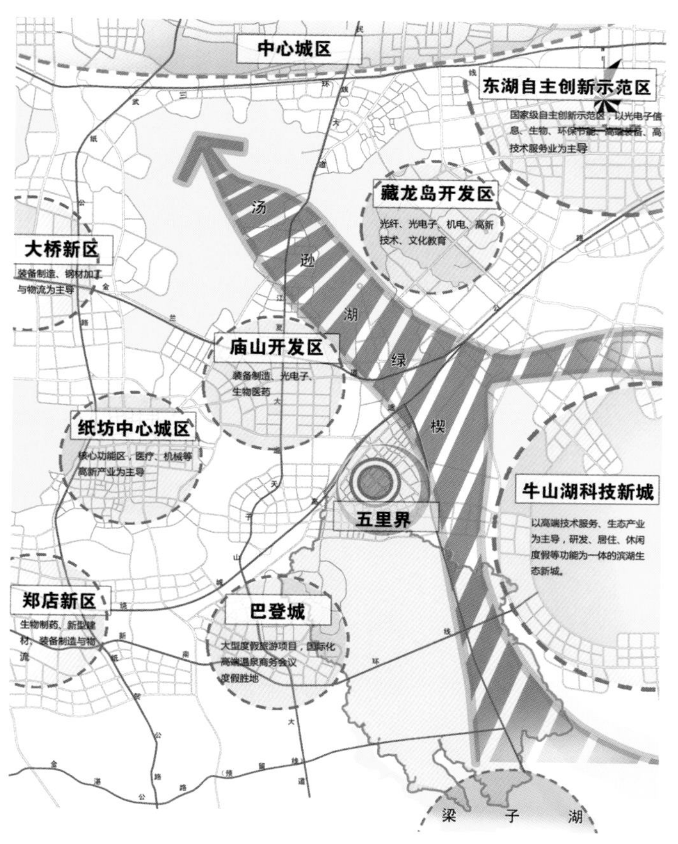

图18-1　五里界周边功能区关系图

1.2.2　农地资源禀赋好，农业产业化水平低

五里界全域以农用地为主，生态环境保育较好。农林用地面积3494.19hm²，占总面积的73.67%。农用地中以耕地为主，高产农田占比高，但农业产业化水平较低，具体表现在：（1）农业机械化水平不高，2012年农用排灌机械台数在江夏区排第8位，属中等水平；（2）农业产业化组织程度不高，目前只有5家农民专业合作社及1家专业协会；（3）农业产业化经营主体不强，目前只有2家农业加工企业，除渔业、界豆已形成产品深加工链外，其余均未形成完善的产业链，龙头企业实力不强且数量较少；（4）农业发展模式落后，目前以传统种养模式为主，未形成规模效应，带动就业率低，农民增收困难。

1.2.3　非农化程度高，城镇化水平低

国际经验表明，当人口城镇化与就业结构非农化相互关系达到比较适度和协调时，非农化率与城镇化率之比值大致趋近于1.20。2012年五里界的非农化率与城镇化率分别为53.4%、19.34%，两者之比为2.76，表现出较明显的“非农化程度高，城镇化水平低”的现象。究其原因，一方面，近年来五里界大部分土地实现了征用和流转，特别是镇区南部大多数农村近60%～70%的土地流转，失地农民演变成本地产业工人或外出务工者，因此出现了“被动非农化”的现象；另一方面，由于五里界属于城郊型小城镇，武汉城区对五里界具有强有力的集聚作用，吸纳了五里界近90%以上外出务工者，使其呈现出较为明显的“异地城镇化”的现象。

1.2.4　镇区建设规模小，自然村湾散布多

2013年五里界镇区建设用地面积为1.64km^2，总人口为3450人，人均建设用地面积为475m^2/人，人均建设用地指标高，土地利用集聚能力不足。同时，村庄建设用地面积为227.87hm^2，自然村湾97个，村落平均建设面积仅为2.33hm^2。居民点分布较分散，点多面广，土地利用与开发强度低，不利于基础设施的集中配套。

1.2.5　内部通村路完善，区域交通通达性差

2013年全域现状通村路总长达130.48km，占全域道路总长度的81.9%。目前，五里界全域内仍以通村路为主，镇区道路网骨架尚未拉开，镇区空间主要依托界兴路拓展。

根据《南部新城组群规划（2012）》，五里界境内规划有东西向的界兴路、新南环线以及南北向的梁子湖大道。其中，梁子湖大道为沟通五里界与武汉城区的对外交通干道，而界兴路、新南环线为五里界镇区联系庙山开发区、江夏纸坊城区等周边地区的对外交通干道。目前，全域只形成了梁子湖大道及界兴路两条南北向的对外交通干道，东西向的新南环线尚未建设，区域的通达性有限。

1.2.6　生态资源禀赋高，景观风貌格局差

五里界位于武汉都市发展区基本生态框架“两轴两环、六楔多廊”中的“汤逊湖”楔形生态廊道区域内，生态环境条件优越。现状农林用地及水域面积分别占总用地面积的73.67%、14.87%，是五里界生态系统最基本的组成部分。但五里界正处于工业化、城镇化起步阶段，生态开放空间建设明显滞后于城镇建设。虽然斑块绿地和水塘星罗棋布，但大多没有经过整合和规划。城镇绿化系统和水体破碎，镇区公园绿地规模严重不足，东坝港、幸福港水体常年淤积干涸，水体连续性降低，景观风貌差，生态开放空间格局亟须整合重构。

2　规划目标及定位

2.1　发展目标

2.1.1　总体发展目标

以建设“生态智慧新城镇，田园休闲新农村”为总体发展目标，发展低碳产业，建生态城乡；依托高新产业，创智慧城乡；借助旅游开发，造休闲城乡；突出城镇特色，筑宜居城乡；努力打造“大城市城郊型乡镇‘四化同步’发展样本，生态、智慧新城镇典范”。

2.1.2　分项目标

（1）经济发展目标：“两化联动，三业并举”

以推进“两化联动，三业并举”为目标，实现“新型工业化与农业现代化联动，智慧型高科技产业、旅游服务为基础的现代服务业及都市农业并举”的经济发展新格局。

（2）社会发展目标：“城乡均等，‘四金’农民”

以实施“城乡均等，四金农民”为目标，实现“城乡均等”，引导城乡公共服务同步发展，保证城乡居民公共服务及社会保障均等化。逐步推广“四金”（薪金、租金、保金、股金）农民，实现农民可持续增收和农村经济可持续发展。

（3）环境发展目标：“绿色城乡，生态梁湖”

以构建“绿色城乡、生态梁湖”为目标，建立梁子湖地区的生态环境保护措施，构建城乡可持续性的生态景观系统，将五里界建成为“低碳生态新城镇，绿色田园新农村，蔚蓝港湾新梁湖”。

（4）城镇发展目标：生态智慧、花园新城

突出生态和智慧的理念，研究制订“生态城镇”、“智慧城镇”相关的一系列控制性指标和引导性指标，作为管理国际生态智慧城发展建设的量化标准，并制定相关配套政策。以现有良好的生态景观资源为基础，塑造城市乡村景观风貌，建设“花园城镇、景区乡村”。

2.2　发展定位及发展规模

2.2.1　发展定位

立足五里界现有区位优势和资源禀赋、湖北省“四化同步”的战略要求，抢抓武汉建设国家中心城市的时代机遇，将五里界逐步打造成“大武汉都市区生态智慧新城镇，滨水宜居花园城镇，梁子湖田园休闲旅游区。”

（1）大武汉都市区生态智慧新城镇

以“大光谷”板块为依托，建设以高技术产业、科技研发为主导的智慧产业之城；以“生态建设”为契机，建设以低碳产业（高技术产业、都市农业）为特色的生态之城；以“生态智慧”理念为导向，把五里界建成为大武汉都市区生态智慧新城镇。

（2）滨水宜居花园城镇

依托“大光谷板块”，利用优越的自然景观资源，建设大光谷南部后花园。以绿色低碳为方向，打造碧水、蓝天、绿地的宜居五里界；以高新产业为支撑，打造社会和谐稳定的宜业五里界；以旅游服务为先导，打造景区优美配套齐全的宜游五里界；力争将五里界建设为全域景区化、精品盆景化的花园城镇。

（3）梁子湖田园休闲旅游区

优美的自然环境和梁子湖生态资源是五里界发展休闲旅游的夯实基础。未来五里界将建设成为江夏梁子湖国际生态旅游区的休闲观光农业旅游板块，是以特色农业、休闲观光农业为主导的都市农业旅游区。

2.2.2　发展规模

至规划期末（2030年），五里界全域人口规模为8.5万人。其中：规划镇区为8.0万人，农村0.5万人。按照镇区人均建设用地90m^2/人、村庄人均建设用地150m^2/人计算，则五里界城乡居民点建设用地规模约为863hm^2。

3　“四化同步”发展模式

按照“四化同步”发展的战略要求，抢抓武汉市建设国家中心城市的时代机遇，立足五里界现有发展基础，构建五里界“一化引领、三化联动、政企合作、全域统筹”的“郊区新城发展模式”（图18-2）。

3.1　一化引领：信息化引领工业化与农业现代化

3.1.1　信息化引领新型工业化

信息化引领新型工业化，是指信息化为工业化过程提供了众多的支持，主要包括技术、资源、管理和市场等多个方面，为工业化的快速发展营造了较好的外部环境和技术供给系统，为工业生产提供信息与技术知识、信息社会基础建设与国际市场机会，以及大量的企业和产业发展提供众多的机会，即信息化引领工业化发展方向及全过程，并与工业化形成高度融合模式发展。以信息化为基础的高技术产业、文化创意产业、科技研发产业是五里界未来发展的支柱产业，光电子产业、文化创意产业及移动互联网产业等是五里界新型工业化发展的重要方向（图18-3）。

3.1.2　信息化引领农业现代化

信息化引领农业现代化，实质是充分利用信息技术的最新成果，全面实现在“产前——生产——加工——流通——消费”全过程的信息化建设，通过实施农业信息化战略，以农业电子政务建设为切入点，建立标准统一、功能完善、安全可靠的农业服务管理系统，进而促进农村经济社会发展。

3.1.3　信息化引领新型城镇化

通过信息化逐步推进城乡公共资源和公共服务的均衡配置，实现在利用信息资源和享受信息服务方面的城乡一体化。建设公众融合服务平台，使公众享受便捷的个性化信息服务。改变传统的城镇管理模式，利用“智慧城市”的理念使城镇建设更智能、更协调、更高效。普及市民卡，实现社会保障全覆盖，完善社会保障、公共交通、公共服务、电商支付等应用功能；建设医疗服务信息平台、医疗专网、医疗数据中心，为全镇居民建立电子健康档案；以镇域数据中心为载体，构架基础数据库和各类专业数据库，建立政务云数据中心，建设电子政务外网、政务内网，打造政府跨部门的“政务服务平台”。

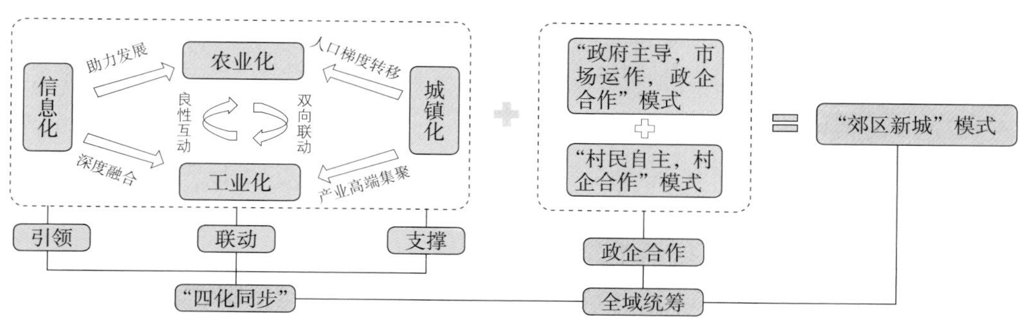

图18-2　五里界“四化同步”发展模式示意图

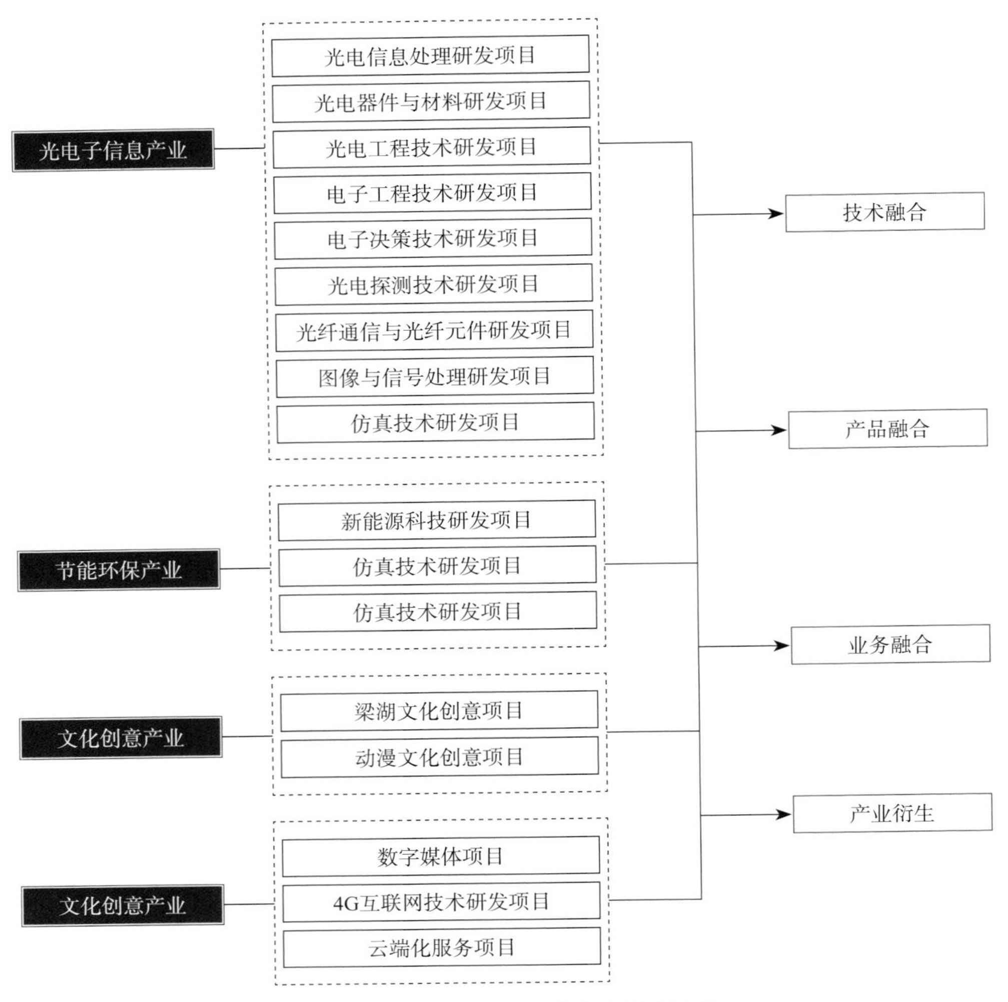

图18-3　信息化与工业化高度融合过程

3.2　三化联动：工业化、农业化、城镇化联动发展

3.2.1　工业化与农业现代化双向联动发展

（1）在城镇大力推进新型工业化

未来将在镇区大力推进新型工业化。利用自身区位优势，主动对接五里界周边的牛山湖科技新城、庙山开发区和藏龙岛开发区等重点发展区域，以智慧型高技术产业为主导，实现产业的错位式、集聚化、园区化发展。

（2）在农村大力发展农业现代化

未来将在农村地区大力推进农业现代化。借助自身优越的生态环境资源及农业发展基础，以发展都市农业、休闲观光特色农业为主导，利用现代化信息科学技术，促进现代农业产业结构的优化，提高现代农业经营管理水平和生产水平。

（3）两化联动，协同发展

五里界在未来发展中，要注重新型工业化、农业现代化协同发展，工业化的发展将为农业现代化提供技术支持和保障，农业现代化将为工业化提供基础支撑，两者相互促进、良性互动。

3.2.2　新型城镇化作为人口及产业集聚的空间载体

（1）新型城镇化是乡村人口转移的空间载体

规划2030年，五里界北部三村（毛家畈村、锦绣村、东湖街村）农民将全部向镇区集中，南部五村（唐涂村、孙家店村、李家店村、群益村、童周岭村）也将近有30%～40%的农民向镇区集聚，新型城镇化将成为农业规模经营背景下乡村人口向城镇转移的重要空间载体。

（2）新型城镇化是外来人口集聚的空间载体

根据人口规模预测，2030年五里界全域人口将达到8.5万人，其中通过产业吸引的外来人口将接近6万人，占到全域总人口的70%。外来人口将成为推进五里界城镇化发展的主要动力，新型城镇化也将成为外来人口集聚的主要空间载体。

（3）新型城镇化是二、三产业集聚的空间载体

五里界未来二、三产业主要以光电子信息业、移动互联网业、节能环保业、文化创意业为主导，并以园区形式向镇区集聚。五里界镇区作为二、三产业发展主要的空间载体，将为其发展提供必要的基础设施和公共服务，二、三产业的发展也将推动五里界新型城镇化建设。

3.3　政企合作、全域统筹

3.3.1　政企合作，建设生态智慧新城镇

目前五里界政府已建立政企合作模式，形成了良好的政企互动，并已建立了若干大型投资项目，带动五里界发展。未来五里界将在政府主导下，尊重市场运作规律的前提下，将企业作为推动新型城镇化项目融资建设的运营主体及组织开发的实施主体。通过土地整治和产业发展的手段，鼓励和引进生态、低碳的高新技术企业，实现产业集聚，吸引人口就地就业，促进城镇化发展。

3.3.2　村企合作，打造田园休闲新农村

在南部农村地区，以“村民自主，村企合作”的新方式推进社会主义新农村建设，推动休闲观光农业发展，实现全域景区化建设，着力打造田园休闲新农村。建议发展农业科技园、农业庄园、家庭农场等多种合作形式，实现农业发展规模化、产业化和特色化，并提供非农就业岗位。

3.3.3　立体构建，全域统筹

推进五里界镇、村深度融合发展，统筹打造“镇区—中心社区—特色村”三级城乡网络体系，层级联动、互促共进。

4　镇域规划布局及关键控制领域

4.1　“差别有序”的城乡空间结构

全域空间规划的总体发展思路为“差别有序、特色打造、轴线带动、城乡一体”，规划提出“一镇三心，五轴双环、七彩缤纷”的总体结构（图18-4）。

“一镇”指五里界全域，具体包括：北部生态智慧新城区、中部巴登城国际旅游度假区、南部七彩梁湖乡村旅游区。

“三心”指南部三个新农村中心社区，分别为：李家店新农村中心社区（湖畔小镇）、唐涂新农村中心社区（溪湾小镇）、童周岭新农村中心社区（月亮小镇）。

“五轴”指梁子湖大道综合发展轴、界梁路旅游发展轴、新南环线区域发展轴、锦绣大道城镇发展轴、环梁子湖旅游大道发展轴。

“双环”指连接各农业观光园区的旅游专用道外环及慢行旅游道内环。

“七彩缤纷”是指在南部按照“五里花香、七彩梁湖”的主题规划形成七大主题乡村田园休闲景区。具体是指：橙色梁湖（橙意乐园）、黄色梁湖（馥郁养生）、红色梁湖（文化梅林）、绿色梁湖（翠蔬揽绿）、蓝色梁湖（浪漫风情）、白色梁湖（樱花满地）。

4.2　“有机弹性”的镇村居民点体系

4.2.1　多主体参与的意愿调查

规划前期采取多主体参与的意愿调查方法，对五里界8个行政村、97个村湾及周边区域居民进行问卷、访谈和踏勘，对其社会特征、家庭经济来源、住房情况、交通出行情况、产业发展情况、土地发展情况、公共设施情况等方面进行综合评价，总结村庄发展的现状问题。

4.2.2　多因子评析村湾发展潜力

评价采取“发展潜力预测法”，根据区位因子、建设用地空间、工农业总产值、村域总人口、政策指引等影响因素，对五里界各行政村发展条件和发展潜力进行综合评估。

4.2.3　“1+3+X”的镇村体系格局

全域镇村体系规划秉承“集中与分散相结合，保留与迁建并举”的原则，按照“1+3+X”的弹性布局理念。近期形成“1330”（1个镇域中心、3个新农村中心社区、30个特色农村居民点）镇村体系结构，并逐步推进，至远期构建“1310”（1个镇域中心、3个新农村中心社区、10个特色农村居民点）镇村体系结构（图18-5）。

4.3　“全域统筹”的城乡用地布局

全域城乡居民点建设根据镇村体系格局进行有机布

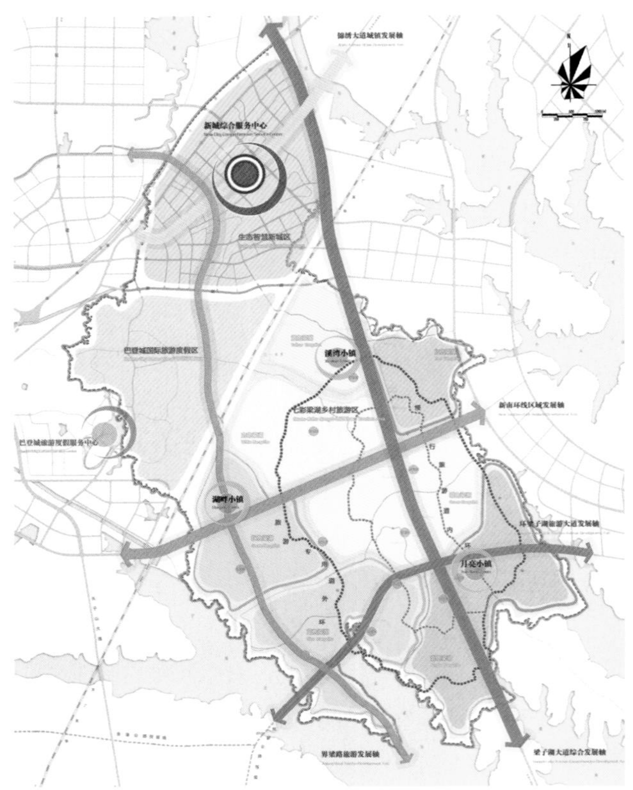

图18-4　城乡空间结构规划图

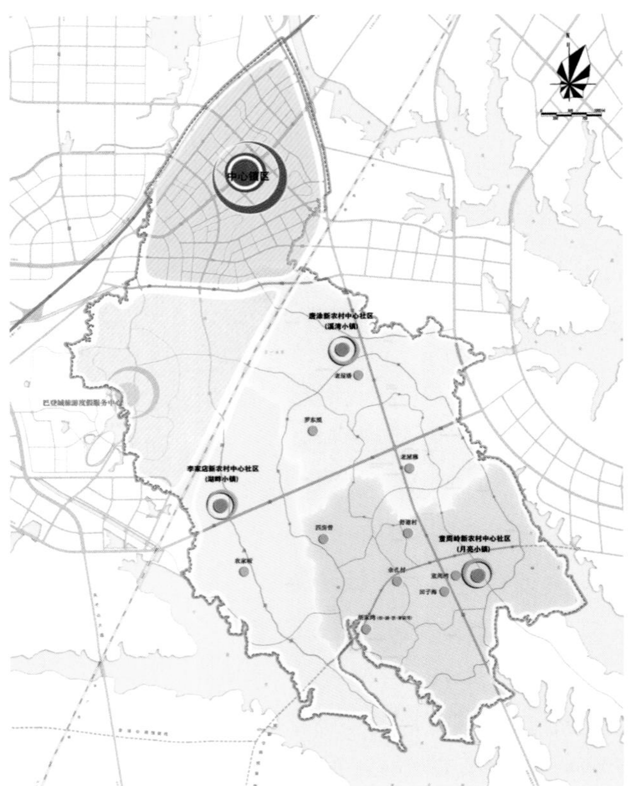

图18-5　远期镇村居民点体系结构图

局，北部镇区按照“产城一体”的发展思路进行城镇建设用地布局，南部新农村中心社区按照“产村一体”的发展思路进行村庄建设用地布局。规划至2030年，城乡居民点建设用地（H11）总面积为863.45hm^2，占全域国土面积的18.20%，占建设用地的68.86%；城镇建设用地（H12）面积760.15 hm^2，占建设用地面积的60.62%；村庄建设用地（H13）面积103.30 hm^2，占建设用地面积的8.24%（图18-6，表18-1）。

为满足南部旅游配套服务需求以及兼顾梁子湖生态保护因素，在五里界南部七彩梁湖乡村旅游区内，结合3个新农村中心社区（旅游小镇）和保留的特色农村居民点，提出相对分散地配套布置生态建设用地（H9）。规划远期生态建设用地总面积214.76 hm^2，占全域总用地面积的4.53%，占建设用地面积的17.13%。

4.4　“高端引领”的产业发展规划

结合区域发展背景，依托五里界的区位、交通及生态环境等方面的优势条件，未来产业发展的总体思路为“高端引领，板块打造”。规划对全域产业发展定位为：以发展智慧产业和高新技术产业为主导，以发展休闲旅

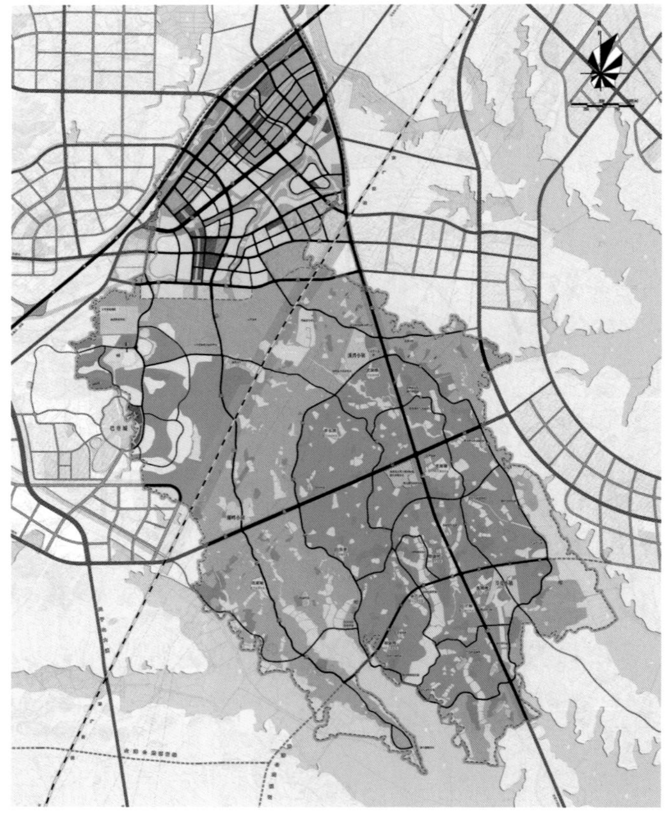

图18-6　远期城乡用地规划图

全域城乡远期规划用地构成表

表18-1

编号	用地代码			用地名称	用地面积（hm²）	所占用地比例（%）	人均用地面积（㎡）
1		H		建设用地	1253.93	26.44	147.52
	其中	H1	H11	城乡居民点建设用地	863.36	18.2	101.58
			H12	城镇建设用地	760.06	16.03	
			H14	村庄建设用地	103.3	2.18	
		H2		区域交通设施用地	175.72	3.7	20.67
		H9		其他建设用地	214.76	4.53	25.27
2		E		非建设用地	3489.4	73.56	410.52
	其中	E1		水域	614.95	13.53	75.53
		E2		农林用地	2847.45	60.03	334.99
3			总计		4743.33	100	558.04

游为基础的现代服务业为先导，以发展都市观光休闲农业为特色。

产业总体布局结构为“三区五园”。“三区”是指：依托武汉大光谷板块，在北部形成高新技术产业区；对接巴登城国际旅游区，在中部形成现代服务产业区；利用梁子湖生态旅游特色资源，在南部形成都市农业产业区。“五园”从北至南包括光电子信息产业园、节能环保产业园、移动互联网产业园、文化创意产业园、“七彩”农业产业园（图18-7）。

4.5　“区线控制”的空间管制规划

五里界处于武汉市“汤逊湖”楔形生态廊道区域，南依梁子湖国家级湿地自然保护区，西邻汤逊湖郊野公园，全域生态敏感程度较高。依据《武汉市基本生态控制线规划》，五里界镇区及巴登城国际休闲度假区范围为城镇建设区，南部七彩梁湖主题园区为生态发展区，而濒临梁子湖湿地自然保护区的范围为生态底线区。在良好的区域生态格局基础上，规划对城乡协调发展、资源综合利用、生态环境保护、重大基础设施建设等方面的强制性内容进行统筹规划，明确提出全域“四区、三线”管制范围及管制要求，以建立良好的生态空间秩序，引导区域合理发展。“四区”具体包括：城镇建设区、适建区、限建区及禁建区。三线是指：① 以湖泊水域线最高控制水位为蓝线，此区域是湖泊保护的主体和重点；② 以湖泊（河流）水域线为基线向外延伸不少于30m为绿线，此区域是保护湖泊的绿化用地，主要功能为湖泊保护、城市备用水源保护、调蓄防洪、生态养殖等；③ 以湖泊绿化用地线为基线向外延伸不少于300m

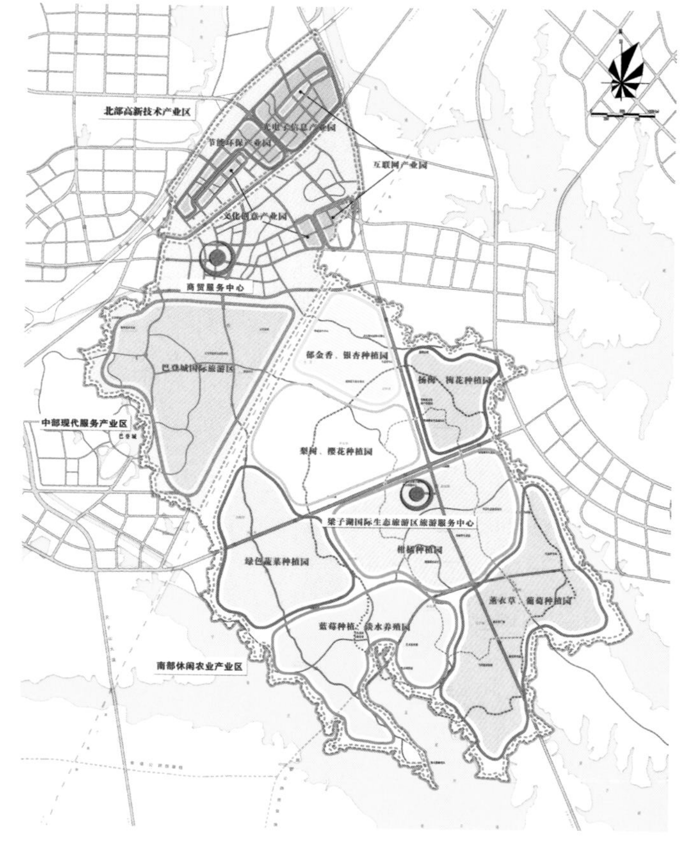

图18-7　城乡产业布局规划图

为灰线，此区域现有土地用途可以不作改变，但禁止新（扩）建污染类建设项目（图18-8）。

4.6　“全域景区”的景观风貌塑造

规划综合LAC景观特征评估体系与基于层次分析法建立的生态景观资源评价指标体系，对五里界全域景观资源条件、环境条件和开发条件等3个方面进行了综合的景源分析和评价。结合五里界山水环境、历史人文资

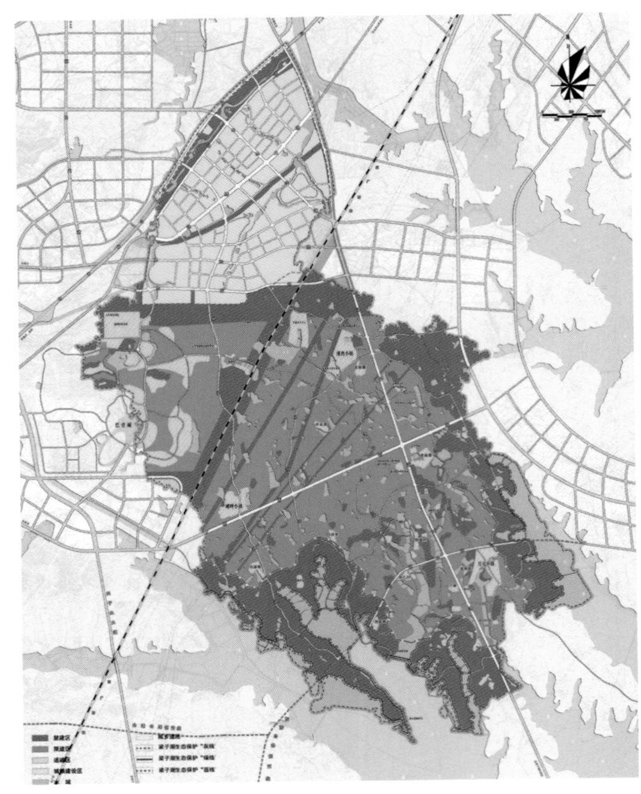

图18-8　城乡空间管制规划图

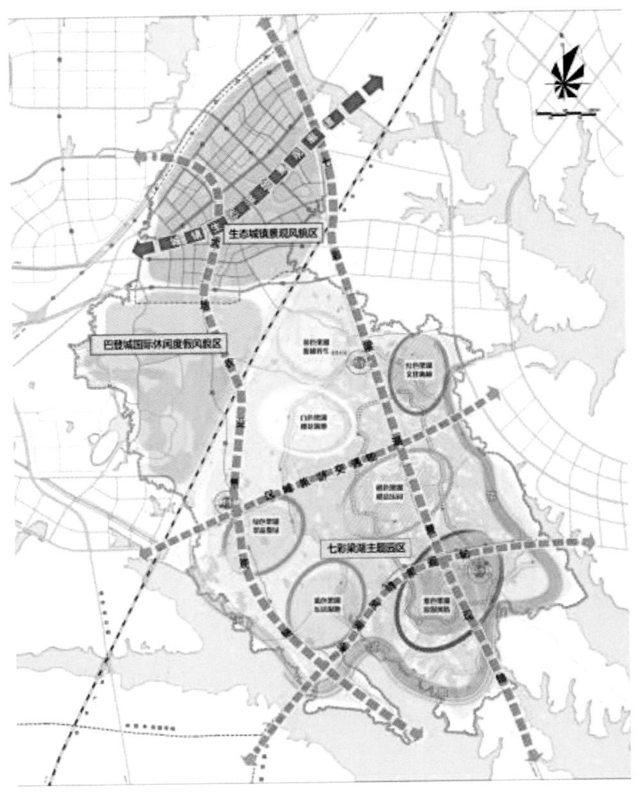

图18-9　景观风貌空间结构图

源、城镇产业等方面，按照全域景区化的思路，将五里界全域景观形象定位为："花园城镇、景区乡村、蔚蓝湖湾"。规划形成"一廊、四轴、三区，两环、七园一带"的景观空间结构（图18-9）。

5　镇区规划布局及特点

5.1　"双城"目标下的规划理念与特色

基于对武汉建设国家中心城市的发展目标和相关规划的解读和落实，在全域规划总体发展目标和定位的指导下，将五里界镇区发展定位为大武汉都市区"低碳生态智慧城"和"滨水宜居花园城"。在"双城"目标的引导下，凸显镇区规划理念与特色。

5.1.1　低碳生态、智慧引领

依托城镇网络化生态廊道，倡导低碳之城；发展低碳产业，建生态之城；依托高新产业，创智慧之城。打造"绿廊延百里，智慧满城贾"的城镇特色。

5.1.2　复合社区、宜居宜业

以TOD模式为引导，以多混合功能布局城镇生活空间为主导，围绕城镇公共中心、滨水绿色生态和慢生活环，采用居住和邻里单元的结构形式，建设复合型居住社区，打造"雅舍有花香，邻里布繁市"的城镇生活空间特色。

5.1.3　绿色交通、慢行休闲

发展"生态、节能、环保、人性化"的绿色交通模式。结合镇区公共活动场所，打造慢行系统，引导居民采用"步行+公交"等慢行组合出行方式，创造"徐徐滨水游、悠悠绿道行"的城镇特色。

5.1.4　资源循环、雨废回用

以一、二级生态廊道雨水收集沟渠，以及三级雨水收集管沟为特色的雨水收集系统，实现污水截留回灌、中水回收利用，形成城镇绿网，建设"夏雨集清塘，渠港通碧湖"的生态之城。

5.1.5　产城一体、城产共融

五里界产城融合特色主要体现在"以产促城，聚集人口；以城促产，提升能级；产城融合，一体布局"。在镇区促进产业集群化发展，产业空间园区化集中，引导人口向园区集聚；注重培育城镇公共服务职能，形成

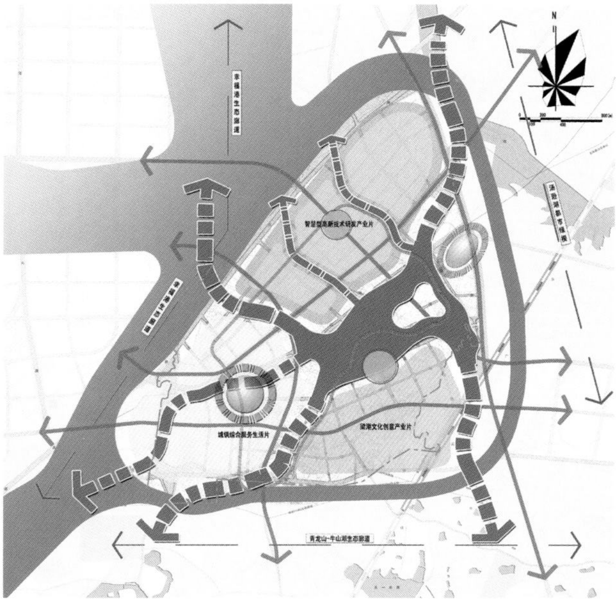

图18-10　镇区空间结构规划图

图18-11　镇区总体布局深化方案图

多元复合的城镇职能；大力发展生产性服务业和生活服务业，建设多功能一体化的现代化城区。

5.2　空间布局优化

在全域规划的指导下，依托镇区现状，以“低碳生态智慧城”和“滨水宜居花园城”发展目标为核心，五里界镇区空间规划结构特点为：“一环”显低碳、“双心”优服务、“三片”谋发展、“五轴”连城乡、“多廊”造特色（图18-10，图18-11）。

“一环”是指依托城镇网络化生态廊道构筑的一条城镇慢生活环，倡导城镇低碳生活，推行低碳城镇建设。

“双心”是指城镇综合服务中心和生产性服务中心，全面加快城镇服务设施水平提升，满足全域生产、生活发展需要。城镇综合服务中心是指在镇区的西南部集中规划一片集行政文化、旅游服务和商贸服务于一体的城镇公共中心。生产性服务中心是指在镇区的东中部集中规划布局一片集商务、休闲旅游服务和生产服务于一体的城镇公共中心。

“三片”是指智慧型高新技术研发产业片、梁湖文化创意产业片和城镇综合服务生活片。以三片城镇功能区为依托，建设城镇经济可持续发展的重要载体。

“五轴”是指三条东西向和两条南北向城镇发展轴。依托五条城镇发展轴，加强镇区与周边的城镇空间和南部的“七彩梁湖”乡村旅游区的整体联系。三条东西向城镇发展轴是指山水大道、界兴路、锦绣大道（伊托邦大道）。两条南北向城镇发展轴是指梁子湖大道、花界路。

“多廊”是指以两港（幸福港和东湖街港）为主体的网络化城镇生态廊道系统。依托绿色生态廊道建设，强化休闲服务设施配套，构建城镇慢生活平台，形成五里界镇区独有特色的网络化绿色生态空间。

5.3　生态花园城镇特色营造

以《武汉市生态框架保护规划》和《2013武汉市基本生态控制线规划》为依据，在全域规划的总体指导下，依托镇区综合现状条件，重点从两方面来引导花园城镇的特色营造，一方面是镇区绿地系统规划，另一方面是镇区景观风貌系统构建。

5.3.1　绿地系统规划

镇区内部的绿地系统规划构筑绿色生态空间的网络化结构，其特点为“园网一体、港廊相依、廊带相连”。“园网一体”是指依托“两港”，构筑镇区内部网络状的绿色生态空间和城镇各类公园统一体。“港廊相依”是指依托幸福港（伊托邦港）和东湖街港（伊水湾）的连通，布局绿廊，相互依存。“廊带相连”是指结合港廊，整合库塘和林地相互连接，以休闲公园为主均衡布局，构建伸入各片城镇功能区（街区或社区）的绿带，并相互连通（图18-12）。

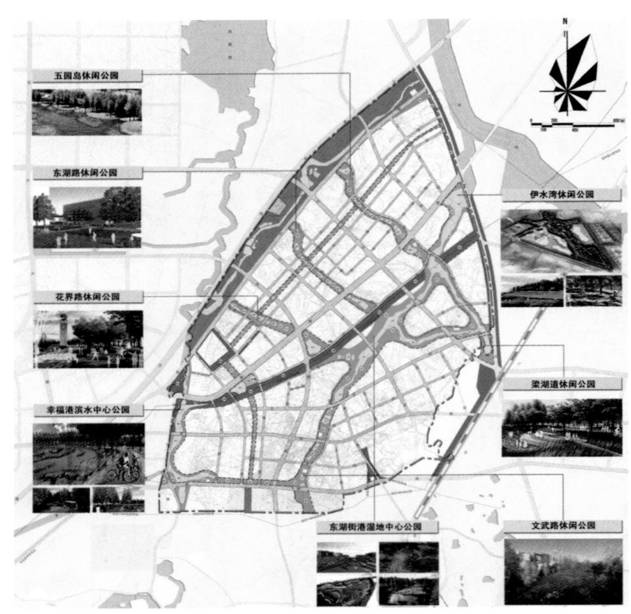

图18-12　镇区绿地系统规划结构图

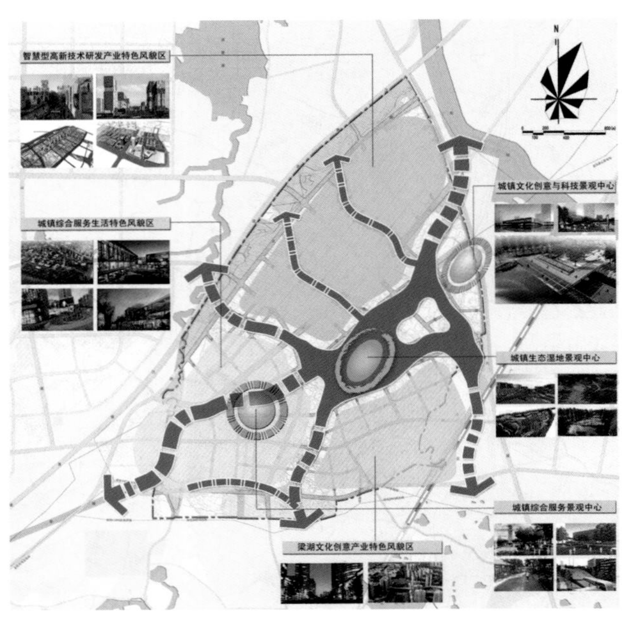

图18-13　镇区景观风貌规划图

5.3.2　景观风貌系统规划

依托五里界镇区综合现状，在全域规划的指导下，以镇区发展目标和定位为核心，将五里界镇区的总体景观形象定位为：武汉梁子湖畔的花园城镇。依托东湖街港（伊水湾）和幸福港（伊托邦港）的两条生态湿地休闲景观廊道、六条城镇生态休闲景观廊道、三大城镇公共景观中心和三个特色景观风貌区，构建“两港串三心、六廊联三区”景观风貌特色（图18–13）。

6　规划编制思路及方法创新

6.1　积极探索大城市城郊型乡镇创新发展思路

作为武汉都市区大光谷板块的一个重要功能组团，五里界不能只承担乡镇产业及功能性服务中心职能，而是要融入区域发展整体格局，积极探索大城市城郊型乡镇创新发展之路。本规划从产业规划、城乡建设、新农村发展和体制机制等方面对城郊型乡镇规划方法进行了创新探索，力求对新时期城郊型小城镇转型发展具有一定的指导意义。

6.1.1　低碳智慧的产业规划

五里界地处汤逊湖及梁子湖之间，生态敏感性高，注定其不可能走粗放型工业化、城镇化道路，在产业选择上势必要提高产业引入门槛，避免高污染、高排放类型企业的进驻；同时，五里界周边均为武汉市以发展高新技术为主的重点发展区域，在发展定位上也面临着产业高端化发展的要求与机遇，发展低碳智慧产业才是首选之道。

本规划提出的产业发展定位为：以发展智慧产业和高新技术产业为主导，努力建设武汉“大光谷”南部的新兴产业园区；以发展休闲旅游为基础的现代服务业为先导，全面建设武汉“大光谷”南部综合配套服务的特色基地；以发展都市观光休闲农业为特色，率先建成梁子湖国际生态旅游区的地标板块。在产业发展模式上，依附资源禀赋，以“嵌入型”产业为主导，以“内生型”产业为特色，发展以低能耗、低污染、低排放产业为基础的经济模式。

6.1.2　全域一体的城乡建设

五里界注重城乡一体化建设，以“镇区—中心社区—特色村”三级城乡网络体系的构建来实现城镇与乡村的协调发展，保证城乡建设的整体性与平衡性。

建设生态花园城镇，以“低碳生态智慧城、滨水宜居花园城”为目标。秉承“伊托邦”生态、智慧城市建设理念，充分保留和恢复乡土生态骨架，完善和营造都市牧野意境；采用创新的“SoLoMo”规划建设模式，即工作、居住、休闲“三位一体”，校区、园区、社区“三区合一”，置业、产业、创业“三业一城”的规划与运营模式。

开发全域景区乡村，以“锦绣五里梦、七彩梁湖情”为乡村建设目标，遵循自然，回归“乡土中国”；以“‘连绵起伏岗地’的原貌保护、原生态廊道的人水和谐、以人为本的绿色交通出行”为特色，追求生态居住的田园生活。

6.1.3　统筹三农的新农村发展

探索了应对城郊型乡镇“三农”问题的新路径，实现让居民“望得见山，看得见水，记得住乡愁，融得进都市生活”的新愿景。在农业发展方面，从传统农业走向产业化农业、生态化农业，从“一村一品”走向“统合精品”的产业化模式，从“家庭经营”走向“公司农场”的经营模式，从传统种植、养殖业走向1.5产业，发展乡村旅游服务业、观光农业、生物农业、设施农业及智能农业等。在农村建设方面，从“分散村湾”走向“新特村落”，从“空心农村”走向“特色村落”，从“搬、建、整”并举，走向村庄建设的弹性发展。在农民生活方面，让农民向农业产业工人转变，逐步推广“四金”（薪金、租金、保金、股金）农民，实现农民可持续增收和农村经济可持续发展。

6.1.4　政企合作的体制创新

2013年中央城镇化工作会议指出，建立多元可持续的资金保障体制，鼓励社会资本参与城市公用设施投资运营，引入市场力量参与到城郊型城镇建设，是当前制度创新的一个重要手段。这一方面可以降低政府的资金风险，缓解公共财政压力；另一方面也有利于政府将有限的财政资金投入到社会更需要支持的方面。在“政府主导，市场运作，政企村企合作”的模式主导下，五里界已与大都公司建立了良好的合作关系，在全域开发建设了智慧产业园及生态农业示范区项目，使得五里界的规划能够将开发企业对利益的诉求与政府的期望较好地结合在一起，实现政府主导、权利让渡、权责对等、合作共赢。

6.2　规划模式与方法创新

6.2.1　“双层级”的生态控制规划模式

规划通过对全域生态评价与农地资源评价的双重评估，实现了全域与镇区并行的“双层级”生态控制规划模式，从而指导全域城乡用地布局，引导绿色交通设施与生态基础设施规划。

6.2.2　“公众参与”的合作型规划方法

在主体参与形式上，规划采用“区/镇—村—民”三层级的合作型规划方法。前期经过5000份详实的入户问卷调查及随机访谈，详细了解村民的搬迁意愿；对五里界8个行政村、97个村湾及周边区域居民进行走访座谈、田野踏勘，仔细摸清村庄发展情况与发展潜力，在公众参与的原则下开展镇村体系规划。同时，与江夏区政府、镇政府各职能部门进行了多轮多方案汇报交流，最终确定全域规划方案。

6.2.3　“三标一体”的全域管控体系

规划将发展目标、空间坐标与建设指标进行统筹管控，使“发展目标能落地，落地项目有指标”。在发展目标上，采用分片区制定发展定位、项目类型；在空间坐标上，明确每个开发项目的空间区位；在建设指标上，明确每个项目的用地面积、开发指标、环境指标等容量指标。

6.2.4　“三规对接”的空间规划协调

在全域规划的编制过程中，全面对接《五里界街土地利用总体规划（2010—2020年）》与《五里界街产业发展专项规划》。在建设用地规模、基本农田保护等方面与《五里界街土地利用总体规划（2010—2020年）》对接；在产业发展目标、城乡产业布局等方面与《五里界街产业发展专项规划》对接。

通过“三规对接”的编制方法，在编制年限、发展规模、城镇发展目标、城乡居民点体系与城乡空间布局等方面进行全方位对接，协调三个规划之间矛盾，并借助本次全域规划将三个规划落实到一个共同的空间平台上。

6.2.5　“绿色可达”的基础设施规划理念

按照智能化、绿色可达的规划理念，坚持高起点规划、高标准建设的原则。对给水、排水、污水、电力、通信、垃圾处理等专项规划进行了实践创新，如采取污水就地生态净化处理的模式、利用酶促湿地脱氮除磷技术处理南部农村污水；采用植草沟（明沟）设施处理镇区和南部乡村地区雨水排放；推广太阳能风能庭院灯及太阳能、风能路灯照明系统；合理利用沼气池、发酵池为村民日常生活提供能源；逐步在社区推广垃圾生化处理方式。

作者单位：华中科技大学建筑与城市规划学院
执笔人：黄亚平，刘法堂，周敏
项目负责人：黄亚平，刘法堂
项目组成员：谢来荣，陶德凯，周敏，肖璇，严寒，叶杉，廖文秀，王铂俊，李义纯，杨晨，王卓标，杨柳，陈霈，刘劲宏，刘杰，沈潇，周维思

19 “全域一体、精细发展”的武湖街规划

1 基本情况及现状特征

武湖街面积74.51km^2，镇域现状总人口6.1万人，区位、交通条件优越，镇区西距盘龙新城中心区13km，距天河机场25km，东接阳逻深水港，南与主城江岸区隔府河相望，距汉口城市中心区也仅有20km。镇域大部分地区处于武汉市生态绿楔中，受武汉市基本生态控制线管控面积达到58.1km^2，占全域面积78%（图19-1）。

作为武汉市历次小城镇发展改革的“排头兵”，武湖街经济发展势头迅猛，在近年武汉市乡镇排名中多次居首。武湖以花卉苗木、蔬菜种植、水产养殖为代表的现代都市农业与以农副食品加工、服装制造为代表的轻工业发展基础较好，现状呈现“五高、五低”的城乡发展特征：产业化发展水平高、城镇化发展质量低；土地集约化程度高，土地开发存量低；农业现代化程度高，城乡均等化水平低；区域交通通达性高，内部交通联系度低；生态资源禀赋高，特色景观建设水平低。结合当前“四化同步”发展要求，武湖街面临着“四化”关联同步和空间整合的挑战。

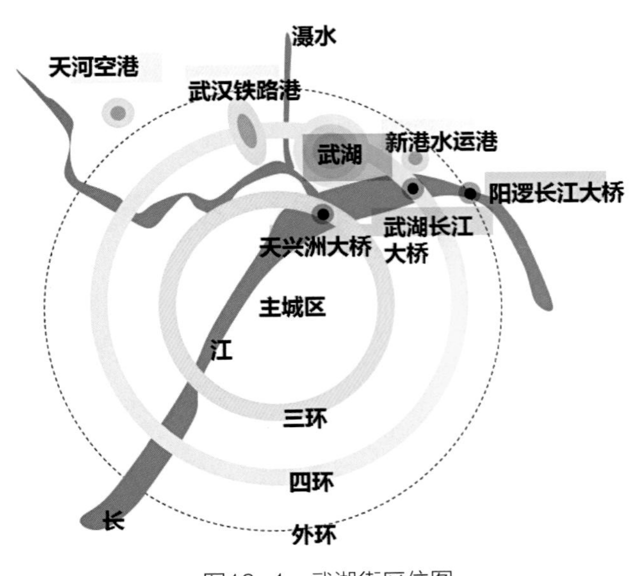

图19-1 武湖街区位图

2 “四化同步”发展思路

2.1 发展目标和定位

规划立足农业科技资源禀赋，在充分发挥近郊区位交通优势，全面落实生态引领、产城联动、科技支撑的发展要求的基础上，提出农业科技导向的关联产业示范、低冲击导向的城乡发展示范、集约节约导向的土地利用示范以及高品质导向的智慧服务示范四大发展目标。通过目标引导，逐步将武湖打造为产城融合田园生态城、现代农业智谷先导区、临港临空联动战略区和智慧城乡示范引领区。

2.2 发展模式和策略

2.2.1 生态优先和低冲击开发下的“精细化”发展模式

作为一个具有良好经济产业基础且受到严格生态约束的特大城市近郊城镇，武湖街只有通过“四化”的关联同步，贯彻生态低碳理念、建设空间存量优化、产业发展提档升级来缓解和避免未来可能出现的建设无序、环境污染、职住失衡、运行低效等“城市病”。因此，规划提出了生态优先和低冲击开发下的“精细化”发展模式。

2.2.2 “四集”向“四极”转变的发展策略

根据武湖街“精细化”发展的要求，规划提出工业化集群发展、城镇化集约拓展、农业化集变突展和信息化集成的“四集”发展策略，促进武湖向构建转型增长极、新城活力极、生态维护极和发展驱动极四大发展极点迈进，全面实现“四化”同步发展。

具体四大发展策略包括：

新型工业化方面，规划提出集群化发展思路，通过产业体系与空间体系调整，推动工业化与城镇化、农业现代化互动发展。

新型城镇化方面，规划提出强化“生态优先”和“低冲击”的发展思路，以集约节约发展理念，推进城镇化与工业化、农业现代化共荣发展。

农业现代化方面，规划提出促进农业园区向农业景

区转变和农业科技向农业产品转变的发展思路，实现农业现代化与城镇化、工业化的协调。

信息化方面，规划提出双轮驱动的发展思路，通过构建信息处理平台和农业科技服务平台，推进信息化与城镇化、工业化、农业现代化集成发展。

3 镇域规划主要内容

3.1 "自发演变"到"强边活心"，合理优化城乡用地布局

3.1.1 城乡体系规划

结合武湖空间历史演变梳理、居民意愿和迁村并点实施情况，规划提出"一城、一镇、一村"的城乡体系。即依托五通口镇区打造武湖绿色新城，控制人口19～20万人；依托东部金属交易中心和农村新社区建设沙口新镇，控制人口1～1.5万人；依托中部传统生态农业地区的农业产业园和观光园，打造张湾水乡美丽乡村，控制人口0.2～0.3万人（图19–2）。

3.1.2 基于"反规划"理念的城乡用地规划

引入"反规划"理念，分析武湖周边的长江、滠水、武湖等生态基底及内部城乡道路防护绿带、河渠、农田等生态要素的生态价值，构建全域网状生态安全框架。同时引入元胞自动机（CA）模型进行空间拓展分析，结合地形地貌、交通、公共服务设施、自然资源等因素评估武湖空间增长终极规模，确定武湖城乡空间增长边界，在空间增长边界内进行武湖城乡用地布局。规划至2030年，城乡居民点建设用地2312.1hm^2。其中，城镇建设用地主要集中分布在武湖新城和沙口新镇，武湖新城建设用地面积为2084.8 hm^2，沙口建设用地面积为213.8 hm^2，村庄建设用地13.3 hm^2。

3.2 "规模增长"到"关联转型"，着力推进产业转型升级

结合武湖城市近郊城镇和临近城市重大发展极点的特征，规划从耦合宏观战略、联动区域、立足优势、拓展外延出发，提出武湖产业发展应以融合精致农业、绿色工业、智慧服务业于一体的"第六产业"为发展主轴线，以大临空、大临港、大市场配套产业为补充，构建工农互动与服务链接的产业体系。进一步明确产业发展门类，一是强力打造以特色有机蔬菜、种苗培育、特色水产品养殖为主导的特色农业；二是加快培育以农产品

图19–2 城乡用地布局规划图

精深加工、生物工程、加工制造为主导的低碳工业；三是有效推进以农业科技创新、商贸服务、物流配送和休闲观光为主导的现代服务业。

产业空间布局规划形成"一带串三极、双轴八板块"的空间结构。镇域内依托汉口北大道串联镇域东中西的产业核心和板块，打造贯穿武湖的特色产业关联带。在镇域中部依托台湾农民创业园，融合一、二、三产业，发展农业休闲、农业研发、低碳工业和现代综合服务业，打造"第六产业"综合极核。镇域西部依托汉口北市场群，大力发展汉口北市场综合产业板块和武湖工业园板块，打造市场产业极核。镇域东部大力发展特色养殖业和临港产业，打造临港产业极核（图19-3）。

3.3　"低质短板"到"便捷均享"，全面支撑城乡四化发展

设施规划以"人的城镇化"为核心，结合平原城镇人口分布密度，按照"纵向分层，横向分类"的全域公共服务设施体系，弹性划定各类设施服务半径，确定行政管理、教育、医疗卫生、文化体育、社会福利、市场体系等各类社会服务设施建设标准和布局，实现公共服务设施的均等化、聚集化配置。同时依托现有市政设施基础，整合各类专项规划，对镇域范围内的各类基础设施提出了进行了合理布局和统筹安排。

为提升武湖水陆空综合运输能力和交通节点地位，在区域性对外交通方面，规划四环线、天阳港物流通道、腾龙大道以及江北快速路四条东西向贯通通道，与南北向黄武公路一起构筑联动区域的交通主骨架。在镇域内部交通方面，积极构建"五纵、五横"的骨架路网结构，完善次支路网，从而形成镇域内部以镇区为中心的15min交通联系圈，全面保障镇域范围内居民出行能力和效率。

3.4　"低效管理"到"精细引导"，开启全域规划管控

3.4.1　融合土地利用控制，提升用地集约利用水平

对武湖街用地利用情况进行评价，主要结论是现状存量建设用地处于低度利用或闲置状态，存量挖潜空间巨大。针对这一结论，规划创新性地提出目标性指标和过程性指标两类土地利用控制指标，前者指规划期末力争达到的土地节约集约利用目标，包括城乡建设用地人口密度，地均二、三产业增加值，城市用地综合容积率，建设用地投资强度，单位人口增长消耗城乡建设用

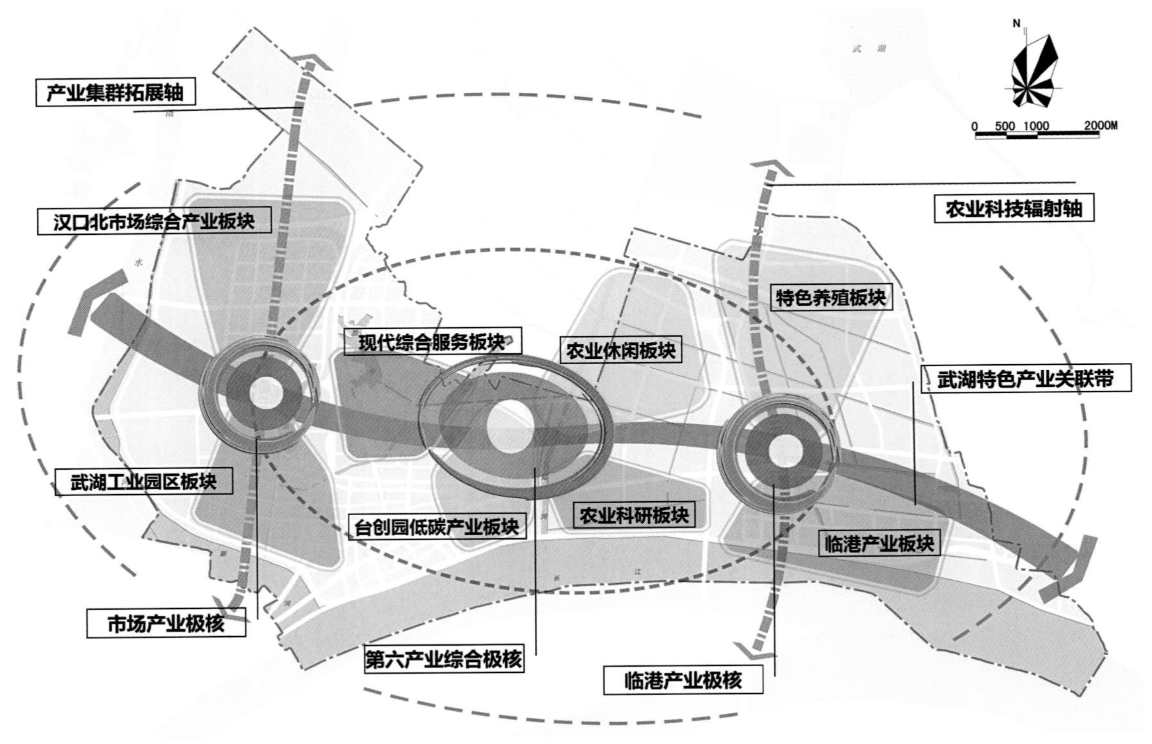

图19-3　武湖街产业布局结构

图19-4　规划集约利用分区引导图

地量，地价实现水平等6项指标。后者指规划实施管理中应采取的控制指标，在规划管理过程中促进土地节约集约利用程度逐步提高，最终实现目标性控制指标，具体包括年均新增建设用地规模，中、低度利用建设用地占建设用总规模的比重年均下降率，征地率，供地率，建成率，招拍挂出让土地比重，单位建设用地二、三产业产值年均增长率，经济增长与建设用地增长弹性系数等8项指标。

同时，规划对区域建设用地集约利用现状水平与规划用地功能、结构、生态环境承载力、公共服务设施等级分布等规划要素进行空间叠加分析，提出4类土地集约利用引导分区，并进一步给出指导规划用地布局的规划集约利用分区引导指标表和区划图（图19-4）。

3.4.2　促进生态建设，严格生态空间管控

参考国内外低碳城市、生态城市规划指标体系，规划在水资源管理、空气质量、植物绿化、碳排放、能源利用、建筑节能6个方面提出19项低碳生态控制指标，进一步将城镇建设区整体的低碳生态目标分解、落实到各个地块之中，最终以控制图则的形式加以表达，使得抽象的低碳生态理念转化为可实施、可监管的具体措施。

武湖镇域内有大量用地是位于武汉市基本生态控制线所确定的生态控制区内，相关规定明确这些地区是具有保护城市生态要素、维护城市总体生态框架完整、确保城市生态安全等功能，需要进行保护的区域，因此，针对这些生态区域的产业发展需要严格进行引导。在充分研究国内成都、北京、杭州等地的生态控制区建设经验基础上，集合武湖街道的以“第六产业”为主的产业发展方向，规划提出13类准入项目指引，并针对准入项目的少量建设活动提出严格的建设指标指引。

3.4.3　强化设施引导，建设集约高效城市

规划提出镇区空间建设应以以大运量、高效率的公共交通、大型公共服务等设施为节点，适当进行高密度的商业、写字楼、住宅等综合开发，提升空间活力和实现土地价值最大化。具体结合《武汉主城区建设强度分区指引》、《武汉市新型工业化空间发展规划》和镇区规划设施的空间叠加分析，划定武湖街镇区的强度控制分区和管理单元，实施有效的建设强度管控。

生态型市政基础设施建设是实现城市可持续发展的

重要支撑条件，规划通过构建给水排水、环卫、能源供应、邮电通讯、城市防灾、道路交通等7大系统指标，充分保障在资源约束条件下建设绿色低碳和集约高效的现代新城规划目标。

3.4.4 控规覆盖全域，推进城乡规划管理一体化

针对现有城市规划管理无法有效管理乡村地域空间的问题，规划提出了覆盖全域的控制性规划导则体系。一是充分考虑融合镇域总体规划、镇区规划、土地利用规划、产业规划和美丽乡村，把所有重要的空间规划要素信息都转化为控规语言，实施全要素控制，既包括功能定位、人口、用地规模、用地强度、设施配套等常规控制指标，也包括本地物种指数、透水地面铺装率、单位GDP碳排放量等生态控制指标。二是全域空间覆盖，城市地区以自然、地理界限（如河流、沟渠、铁路）、土地使用性质的同一性、主次干道围合等原则进行分区控制单元划定并提出控制指标；乡村地区重点参照自然、地理界限（如河流、沟渠、铁路）、产业功能分区进行划定并提出控制指标。

4 镇区规划主要内容

4.1 探索精明增长，打造“四生”城镇

综合武湖镇区增量建设用地匮乏、生态保护压力大的核心特征，镇区规划提出探索这些发展约束下的精明增长模式，打造生态之城、生长之城、生活之城、生机之城相互融合的“四生”城镇。结合国内外绿色城市和产城融合建设理论和经验，规划提出尊重自然生态的低冲击开发、存量挖潜的空间利用、全域均衡的设施配套、产城融合的功能优化四大发展路径，发展路径落实到空间形成四大支撑体系：

生态结构体系——整合区域生态基底与水系、绿道等生态要素，构建“一环、六廊道”的生态格局，强化绿色廊道对各功能组团的有机划分与联系，凸显主要道路景观骨架与内部水系骨架，塑造生态之城。

空间优化体系——规划整合公共设施、生态景观、轨道交通对城镇生长的引导和带动作用，形成“五轴串接、精明增长”的空间增长脉络，提升生长之城。

功能结构体系——在现有产业空间格局上，强化镇区生产和生活服务融合,全面促进产城共生共荣的平衡发展，规划“一心六片，复合共生”的功能结构，打造生活之城。

城市场所体系：以提升市民生活为起点，从市民的吃、穿、住、行、游五个方面配置相应的公共设施和公共空间，构筑区级、邻里等多层级“五觉”场所，塑造城镇综合服务中心，营造邻里空间，修复邻里关系，营造生机之城。

4.2 落实规划下沉，策划“快慢”新城

为落实湖北省住建厅提出的“规划下沉”要求，结合产城融合与绿色城市的规划理念，规划对镇区7大功能板块进行了全方位的功能策划，在强调土地的混合使用和促进社会经济集约、快速、高效的增长的同时，突出以低冲击的生态景观策划与低成本的可持续发展设计为抓手，营造健康、乐活、悠然的小镇慢生活。

促进产城融合下的快增长。在武湖现有资源基础上整合自身发展禀赋，大力发展生产性服务业和强化镇区生产、服务功能的多元复合，整体构建七大各具特色的功能集聚区，包括以生产性服务业为核心，吸纳行政服务、总部管理、研发办公、营销服务、金融投资等功能，形成智汇服务核；结合江汉大学文理学院建设，全强化研发和人才培养工程建设，形成荟萃精英的活力科教区；以汉口北市场群建设需求为基础，打造汉派服装强势崛起的工业配套区；发挥物联网拉动作用，构建华中地区家居建材一流的市场创业区；推动园区产业向高端转型，形成特色产业集群的低碳制造区；改善城市基础设施，提升生活性服务职能，形成富有人文气质的魅力生活区；大力发展绿色食品、花卉加工、市场展示等特色职能，打造华中首位的农业孵化区（图19–5）。

营造绿色城市下的慢生活。一是加强低冲击的生态景观策划。通过梳理镇区水系，启动沟渠治理工程，建设城市公园广场、滨水游憩走廊等，构建武湖特色生态开敞空间。二是引入低成本的可持续发展设计。结合绿色可持续发展理念，从新能源利用、雨水及再生水利用、垃圾分类收集处理、智能管道网络、绿色建筑等几大方面入手，运用高智能、低能耗技术，创建一个典型示范的低碳化、循环化生态城镇（图19–6）。

图19-5　镇区空间结构图

5　美丽乡村规划主要内容

5.1　构建“三生”融合系统，营造智美水乡

充分借鉴国内美丽乡村建设经验，规划提出美丽乡村建设应充分依托和发挥地方生态资源发展产业，尊重村民意愿和把握历史发展脉络，重点关注乡村的产业发展和生态文明建设，鼓励农业发展方式转变和产业形态的多样性，实现生产支撑、生活宜居、生态保护三大系统的和谐共生。

结合武湖生态资源禀赋及传统文化底蕴，提出“智美绿谷、水韵楚风”的主题定位，构建了“一轴、三心、一带、四区”的整体空间结构，包括一条串联“三心”的现代农业服务拓展轴；依托武汉市农科所打造现代农业创新中心，结合农耕年华风情园建设一处旅游接待中心，以及结合现有五七水产养殖基地建设一处特色水产培育中心；结合汉施公路的特色苗木花卉种植建设一条景观带；结合四大产业功能片区打造农耕水乡休闲体验区、水产繁育科普展示区、都市农业博览区、科技农业创新区（图19-7）。

图19-6　慢生活相关设施建设指引图

5.2　着眼规划实施，构建“五大”行动工程

为更好地开展美丽乡村建设，规划在乡村地区功能策划和建设指引基础上，着眼乡村建设规划实施，提出了产业升级工程、幸福安居工程、设施提升工程、环境美化工程、土地整理工程等五大建设行动工程。产业提升方面，行动工程提出武湖乡村地区应以精细化的科技农业、特色化的旅游业和区域化的农产品物流业为主导，重点加强农业实验基地、研发中心、农业体验、观光度假和农产品物流市场等项目建设，全面推动产品农业向服务农业转变，并落实到空间用地。幸福安居方面，规划对农村居民点进行了统筹安排，分类提出了都市型和农村型的社区建设指引，全面推动传统农村向品质社区转变。设施提升方面，行动工程提出加强对生产、生活基础设施、公共服务设施和旅游设施的系统布局和详细建设指引。环境美化方面，规划提出在确保生

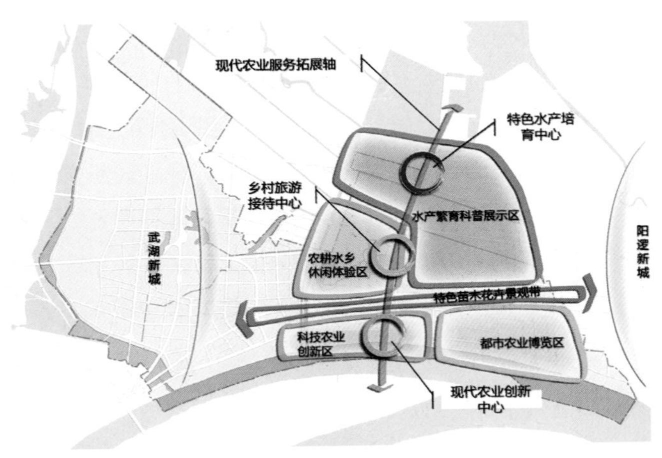

图19-7　美丽乡村空间结构图

态安全格局的前提下，充分发挥武湖生态资源特色，依托特色产业片打造“武湖四卷”特色乡村景观，全面推动农业园区向农业景区转变。土地整理方面，主要结合土地增减挂钩项目提出低效土地整治和村庄还建土地安排，全面促进规划的空间落地。

6　规划编制思路及方法创新

（1）以“反规划”理念，严控生态底线，明确城乡发展规模，落实生态优先要求

通过对本地区重要生态资源的梳理，结合上位规划和法规对于生态控制区的相关要求，构建出镇域生态安全框架。结合城市空间拓展的研究，研究划定武湖街城镇空间增长边界。在增长边界内，结合城市功能布局和远期规划确定城镇增长的终极规模。把现有“建设优先”的城乡空间管理体制转变为生态优先、兼顾生态保护和建设发展的双管控体制。

（2）开展土地集约节约的系统研究，促进城乡效率发展，落实城镇化质量提升要求

土地集约研究重点是以建设用地集约利用为切入点，开展全面评价现状建设用地的节约集约利用水平，制定存量建设用地挖潜和新增建设用地节约集约利用的策略，划分建设用地集约利用引导分区，制定实施对策等4个方面的研究。通过以研究结论为导引，将节约集约利用的理念贯彻至用地布局、产业发展等规划环节，促进城乡效率发展。

（3）开展生态地区保护利用研究，落实生态框架由“被动保护”向“主动实施”转变

生态区的规划引导重点是针对武汉市基本生态控制线管理规定提出的准入产业门类、建设管控要求进行细化和补充，以落实到细化产业门类和对应的用地分类，包括提出明确的产业招商指引和更具有可实施性的生态、建设管理指标。通过主动制定实施性规划管理指标，实现对生态地区的规划引导，以避免依靠仅有的几条管理规定管控所带来的“弹性有余，刚性不足”。

（4）开展多因子指标体系控制研究，落实城乡发展的“精细化”管理要求

结合全域规划提出的“集约、高效、低碳、生态”的要求，构建传统空间控制指标与土地集约利用指标、生态建设指标、设施建设指标相融合的“复合指标”控制体系，以破除现有“重城轻乡”规划管控体系对生态地区、非建设地区管理不足的弊端，实现对全域用地和空间的规划管理控制。

作者单位：武汉市规划研究院

执笔人：余帆

项目负责人：胡冬冬

项目组成员：袁建峰，周小虎，余帆，杨婷，朱小玉，杜瑞宏，唐古拉，徐晶，石义，吴俊荻

20　“城湖一体、功能多元”的奓山街规划

1　现状特征

奓山街全境土地面积122km^2，下辖43个行政村、2个社区，有293个村民小组（含常福新城办事处托管11个村、1个居委会）。2012年，户籍人口59746人，其中农业人口52568人，常住人口7.1万人。

1.1　现状特征

1.1.1　特征一：武汉的西南门户

“1+8”武汉城市圈是湖北省的经济和人口最为密集地区。但从武汉城市圈内部空间来看，武汉具有绝对的引领地位，是拉动城市圈经济发展的重要核心。而以武汉为核心形成汉蓉高速–长江、汉宜高速–汉江、汉丹铁路–汉市、京广铁路–京珠高速四个城镇和产业密集带是武汉城市圈空间拓展的主要地带。进一步从交通联系强度分来看，武汉向西与仙桃、天门和潜江的联系仅次于武汉向东与鄂州和黄石的联系。总体上，从湖北省整体发展层面，鄂西地区是武汉重要的经济腹地之一。

奓山街地处武汉市西郊，蔡甸区中部，距武汉市中心20km，是武汉通往三峡地区的必经地之一，也是武汉与西部仙天潜城镇联络的重要节点。此外，京港澳、沪蓉高速和318国道交汇于此，形成全国唯一的“金十字”经济地理中心，1h从经济圈抵达中部各省，4h从经济圈连接珠三角、长三角、京津冀、成渝经济圈等全国主要经济区，可以说奓山是武汉外通内联重要节点。

1.1.2　特征二：武汉功能拓展的重要部分

在武汉深入推进“工业强市”战略目标下，工业发展“倍增计划”成为武汉城市振兴的主攻方向和发展重心。

武汉都市区的西南新城组群是以武汉经济技术开发区为主体，沿318国道、江城大道延长线、武监高速公路及轨道交通3、10号线等复合交通走廊向西南方向拓展的新城。其中，奓山街核心地区是西南新城的重要功能组团，是武汉打造“中国车都”的重要组成部分。境内常福工业园是武汉新型示范园之一，重点发展汽车及零配件、电子信息和机电产业。

1.1.3　特征三：探索城乡改革的前沿地

奓山作为国家及湖北省的城乡改革先行地，2005年以来的任务包括：全国发展改革试点城镇（武汉唯一）、湖北省四化同步示范乡镇、省级行政体制改革试点镇、省级小城镇建设重点镇、湖北省新农村建设示范乡镇，一共1项国家级使命，4项省级使命（图20–1）。

1.1.4　特征四：生态本底好，自然景观优美

奓山境内低山、丘陵、岗垅、湖泊相交错落，生态本底好。其中，境内湖泊主要有小奓湖、金堆湖和官莲湖部分水面，相毗邻的湖泊包括北部的后官湖和桐湖。此外，境内还分布若干大小水面和滩涂，并与南面洪北河相连。奓山街山体景观丰富，整体坡度较缓，主要分布在奓山街的北部和南部湖区之间。北部集中分布着东西向丘陵岗地，主要有纱帽山、鸡公山和九真山东段部分山脉；中部有奓山，位于奓山街街道西侧；南部湖泊之间分布着低丘矮山，主要有千子山、薛家山、小奓山、金甲山和虎山的北端山脉。

2　规划目标及定位

2.1　发展目标

通过奓山发展基础、区域背景、政策背景和面临问题等多方面分析研究，确定奓山的发展总体目标为：促进产城融合，提升生态环境品质，发挥武汉的新型工业化、新型城镇化、农业现代化和信息化的综合发展示范作用，争当工业倍增战略和西南新城建设的排头兵，建设“功能衔接主城、发展实力突出、人民安居乐业的特色新奓山”。

到2020年，全面夯实发展基础。强化基础设施建设，明确空间框架，实现武汉工业倍增西南增长极的地位；到2030年，产业集群效益显著，城镇服务设施完善，具有一定区域影响力，全域实现城乡居民收入明显增加，高于全国平均水平。

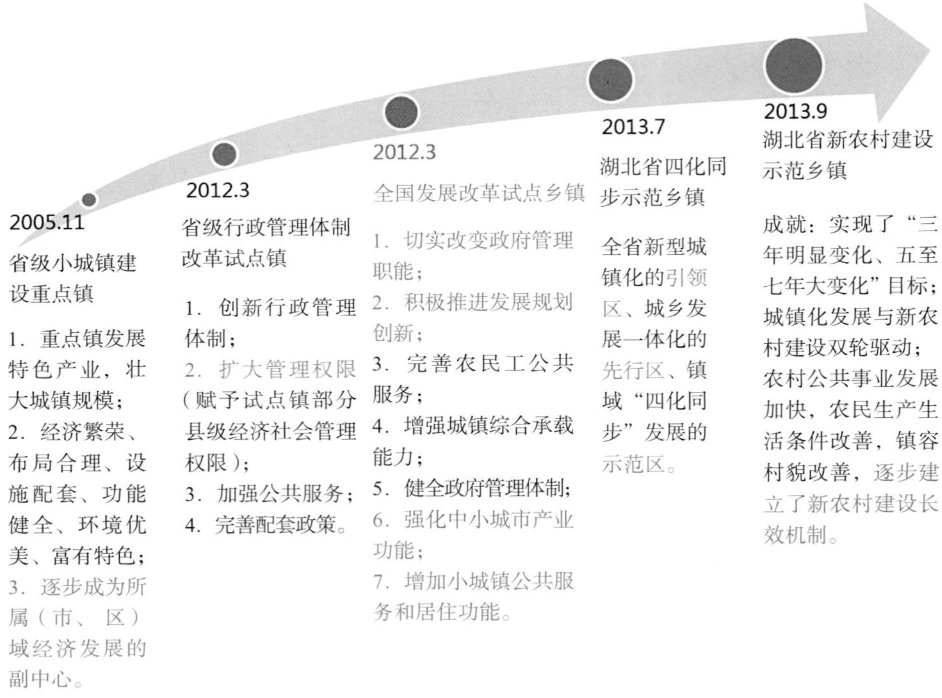

2005.11
省级小城镇建设重点镇

1. 重点镇发展特色产业，壮大城镇规模；
2. 经济繁荣、布局合理、设施配套、功能健全、环境优美、富有特色；
3. 逐步成为所属（市、区）域经济发展的副中心。

2012.3
省级行政管理体制改革试点镇

1. 创新行政管理体制；
2. 扩大管理权限（赋予试点镇部分县级经济社会管理权限）；
3. 加强公共服务；
4. 完善配套政策。

2012.3
全国发展改革试点乡镇

1. 切实改变政府管理职能；
2. 积极推进发展规划创新；
3. 完善农民工公共服务；
4. 增强城镇综合承载能力；
5. 健全政府管理体制；
6. 强化中小城市产业功能；
7. 增加小城镇公共服务和居住功能。

2013.7
湖北省四化同步示范乡镇

全省新型城镇化的引领区、城乡发展一体化的先行区、镇域“四化同步”发展的示范区。

2013.9
湖北省新农村建设示范乡镇

成就：实现了“三年明显变化、五至七年大变化”目标；城镇化发展与新农村建设双轮驱动；农村公共事业发展加快，农民生产生活条件改善，镇容村貌改善，逐步建立了新农村建设长效机制。

图20-1　奓山历年改革试点内容与重点

2.2　总体定位与发展策略

按照新型城镇化的要求，结合奓山的自身特点与发展潜力，规划奓山总体定位为“武汉西南生态城”，具体而言包括以下三大策略：

2.2.1　活力奓山：构建“武汉产城融合示范区”

积极引领奓山从传统工业园区模式向“生态低碳”城区发展模式跨越；发挥现有交通优势，增强武汉对区域辐射带动作用。同时，增强科技进步、自主创新对经济增长的贡献率，节约、集约利用土地资源，提高土地产出效益。以高技术制造业和加工业为导向，以现代服务业为突破，加快推进产业升级，培养、引进优秀人才，促进人口素质的全面提升。

2.2.2　和谐奓山：建设“城乡统筹发展示范区”

提升城乡基础设施水平和公共服务水平，整合政府、集体、村民三方力量，加强对村庄建设指引，打造城乡共荣的示范基地。关注城镇发展的同时，分类型对新农村建设进行指引，推动第一产业“接二连三”，提升基础设施水平和公共服务水平。建设新农村，实现全面小康，提高农民收入水平。

顺应农林业劳动力兼业发展的趋势，促进剩余劳动力在生产上兼顾农林业和城镇就业。鼓励农村剩余劳动力向城镇转移，在保留的农民集中居住点采取设施“城市化”，完善通信、供电、供水、排水、供气、环卫等市政基础设施和道路交通设施；完善文教、医疗等公益性服务设施；并强化景观“乡村化”——保护具有传统特色和风貌的传统村落，鼓励乡村改造地方化、风貌化发展。

2.2.3　魅力奓山：打造“美丽武汉”示范区

探索生态文明引领的绿色发展模式，控制后官湖生态绿楔区域，加快制造业的升级，积极延伸产业链，探索小奓湖生态旅游文化经济圈建设。

以自然环境为基质，以小奓湖和九真山保护为核心，结合特色村庄保护和乡村旅游业、都市农业发展，保护体现湘楚特征的传统风貌；打造新型的公共服务空间、融合的生活居住空间、现代的产业发展空间，引导奓山地方特色塑造。

3　“四化同步”发展模式

3.1　发展现状与问题

3.1.1　发展概况

（1）工业化处于典型中期阶段

以人均GDP度量经济发展阶段。2012年奓山街道人均GDP达到102394元，按照钱纳里提出的发展阶段的判断标准，借助人民币的GDP缩减指数和当年（2003年）汇率，奓山街道2012年人均GDP为9226美元（2003年）。虽然从数值上看，奓山街似乎处于工业化后期初级阶段，但考虑到中国的汇率非市场化和远高于美国的通胀水平，依然可以判断奓山仍然处于工业化中期阶段。

按照产业结构演进的5个阶段及特征来看，奓山街现状工业产值占工农业总产值的比重超过90%，主要处于以汽车及零部件、电器、包装、金属及装备制造、材料等加工装配工业为重心的高加工度化阶段，表明奓山街基本处于工业化中期，即高加工阶段。

（2）城镇化处于快速发展阶段

2012年，奓山城镇化水平为44.5%，正处于城镇化加速发展时期。但是，奓山城镇化质量不高。

从城镇化率来说，户籍城镇化率是与常住人口城镇化率相对应的，按户籍人口计算的城镇化率，反映着某地区城镇化发展的质量。以城镇居民、外来产业人口和本地非农就业人口计算，奓山非农就业水平达到44.6%，但另一方面，奓山街户籍城镇化率仅有12%，位于蔡甸区倒数第二位，低于2012年蔡甸区整体28.56%的户籍城镇化率，与湖北省对四化同步示范乡镇城镇化率要求（高于本区县5%）仍有很大差距（图20-2）。

（3）农业现代化水平较低

奓山农业综合生产能力较高，但农业生产率较低。2012年奓山农业总产值为4.06亿，处于蔡甸区第4位。按可比口径比较，2011年奓山街农机总动力及人均农机动力均位于蔡甸区第1位，农业机械化水平较高。从农业生产率来看，2012年奓山农业生产效率为4.59万/人，而2012年蔡甸区农业产出效率为6.64万/人，奓山农业生产率相对较低。在总量有优势，农业机械化水平较高的条件下，生产率较低，反映出奓山农业的附加值还不够高，仍然有较大的提升空间。

（4）信息化应用水平不足

信息产业发展滞后。从奓山的产业结构看，信息产业落后，几乎无信息产业的企业，本地生产及生活信息服务全依赖外部信息服务商，信息产业发展无法适应未来城镇信息化的要求。

信息基础设施有待完善，信息消费有待提高。信息化基础设施结构问题突出，移动通信网络、互联网网络基本满足需求，但地理基础数据库、物联网等高级信息基础设施落后。同时，信息消费水平低，虽然城镇网络覆盖率达100%，农村网络覆盖达80%，但居民互联网宽带安装率不高。

3.1.2　核心问题：城镇化滞后工业化是奓山“四化同步”主要矛盾

工业化带动不强，城镇化远远落后工业化：奓山步入工业化中期，工业占比67%，工业化主导明显，但工业化质量不高，以工立城、以工促农的带动力仍然不强；而城镇化与非农就业水平分别为12%和44.5%，城镇功能不完善，产城融合度低。若按照惯例，以城市化率与工业化率的比值来衡量工业化与城镇化协调发展的状况，比值越高，表明工业化对城镇化的贡献越大；目前全球城镇化率/工业化率为2.0，城镇化水平远远落后与工业化水平，美国、英国、法国为4.1，日本为2.5，

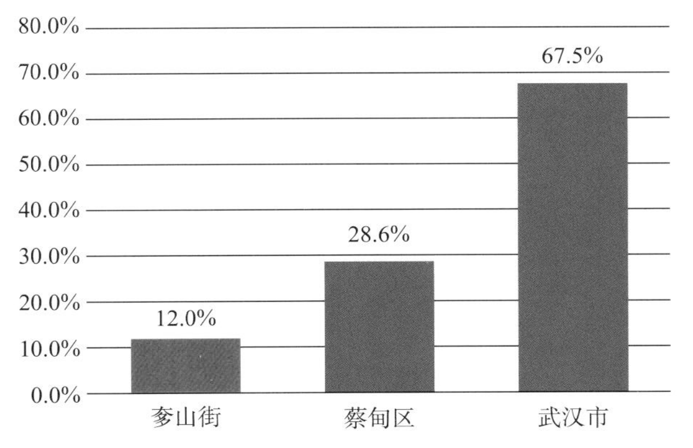

图20-2　奓山非农人口所占比例水平比较分析

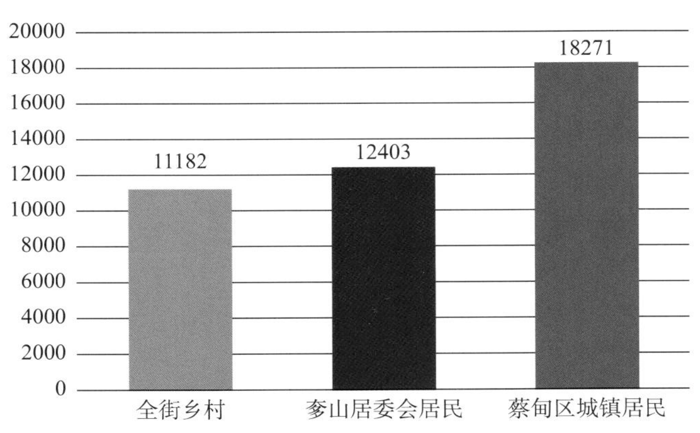

图20-3　奓山居民收入水平比较分析

中国为1.1，武汉为1.7，而奓山这一比值为0.67，显示奓山工业化对城镇化推进作用相当有限，城镇化的发展大大滞后于工业化的发展。此外，从国际经验看，充分成熟的工业化会充分催生生产生活服务等第三产业快速发展和更多业态形成，从而推进城镇化进程。据相关文献，经历工业化充分发展的发达国家，其非农就业比重和非农生产总值比重差距较小，英国分别为98.9%和99.3%，美国为98.5%和98.8%，日本为95.8%和98.5%，二者相差最多不足3个百分点。奓山街道非农就业以非农人口近似计，达44.6%，而非农总产值达94.4%，相差巨大，显示出奓山工业化的发展未能有效地促进农民的非农就业，工业化对城镇化的带动作用远远不够。

城镇化为工业化、农业现代化创造需求有限：奓山城镇化发展较快，但总体城镇化率还较低，城镇功能发育不完善，城镇服务业发展水平较低，生活性服务业档次有限，成熟业态产品不多；生产性服务业难以满足未来奓山产业的规模化发展需求，总体上产与城、城与人在空间布局和时间进程上不够同步、不够协调，城镇化为工业化、农业现代化创造需求有限。

3.2 发展策略

顺应总体发展趋势，应对面临的问题、对接各类发展机遇，本次规划确定奓山街的总体发展战略为：以“四化”战略支撑“四化同步”，促进奓山全域健康发展（图20-4）。

（1）产业高端化：从经开区“配套者”转向“合作者”，构筑武汉最具活力的经济增长极，从而实现区域整合战略，落实武汉城镇发展要求。

（2）功能多元化：工业、现代农业、服务业3种类型平台的共同推进，全面动员城镇和乡村同时发展，实现地区产业与空间合理发展。

（3）生态价值化：关注城镇的同时，分类型对村庄建设进行指引，推动第一产业“接二连三”，提升基础设施水平和公共服务水平，突出城乡统筹发展。

（4）空间特色化：突出不同资源地区各具特色的发展模式，强化重点产业节点和新兴职能的培育，通过特色化的职能分工，支撑镇域的全面发展，体现生态文明与健康城镇化要求。

4 镇域规划布局及关键控制领域

4.1 城乡空间发展现状

4.1.1 上位规划的空间发展要求：三类空间政策区

根据《武汉市城市总体规划（2010—2020）》和武汉市空间和产业发展战略的要求，武汉市全域分为三大不同的发展类型地区，分别为主城区、都市发展区和农业生态区（图20-5）。

奓山境内南部11个村庄属于农业生态区，其余奓山中和北部地区均属于武汉市都市发展区。根据《武汉都市发展区“1+6”空间发展战略实施规划》中划定城市增长边界和生态底线，奓山所属的都市区范围内可以进

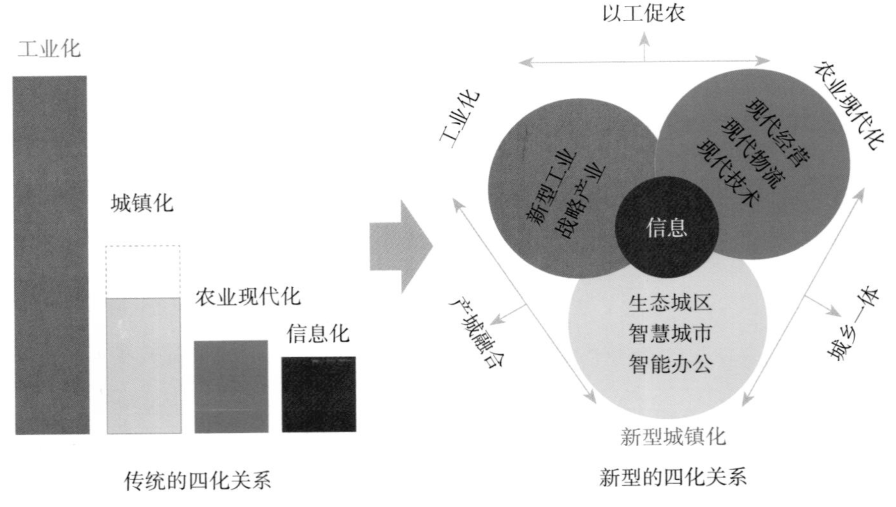

图20-4 四化融合策略

图20-5　武汉市市域空间发展分区示意

图20-6　奓山街“两线三区”空间分布

一步细分为两部分。其中，奓山北部老世陈村、螺丝岗村和三红村处于城市增长边界（UGB）范围外，为武汉生态控制区；奓山街街道和常福工业园及其周边处于城市增长边界（UGB）范围内，属于武汉西南新城组群的重要组成部分。

因此，奓山境内可分为三类空间政策区，分别为：小奓湖以北的奓中地区、奓北地区以及小奓湖以南的奓南地区。其中，奓中地区是奓山街街道和工业园区及其周边区域，为都市发展区的城市增长边界内部地区；奓北地区是奓中地区以北，属于都市发展区的城市增长边界外的生态控制区；奓南地区是奓中地区以南，包括小奓湖和小奓湖南部的农村地区，是武汉市的农业生态区（表20-1）。

奓山镇域内的三大空间政策区　　表20-1

	都市发展区	UGB 范围内	农业生态区
奓中地区	是	是	否
奓北地区	是	否	否
奓南地区	否	否	是

奓中地区作为武汉西南新城的重要部分，是城镇集中建设和产业发展重点地区，该范围内原有村庄地区所受到的影响和变革最大。因此，该区域在大力发展工业的同时，应提升服务水平和生活质量，构建科学合理的城市格局，推进以人为核心的城镇化，提高城镇人口素质和居民生活质量，把促进有能力在城镇稳定就业和生活的常住人口有序实现市民化作为首要任务。

奓北地区应积极探索产业发展与生态保护相结合的发展路径，建设成为城乡生态功能的示范区，改善区域整体品质。

奓南地区属于传统农业地区，是奓山基本农田集中区域地，未来的发展仍然以扶植传统农业为主，发展应探索农业产业化和新型农村社区的建设模式（图20-6）。

4.1.2　城乡空间发展现状

（1）地势平坦，山水资源丰富

奓山街属于浅丘、平原地区，高程在19～22m之间。整个地势由西北向东南方向逐渐倾斜低下。境内低山、丘陵、岗垅、湖泊相交错落，生态本底好。其中，境内湖泊主要有小奓湖、金堆湖和官莲湖部分水面，相毗邻的湖泊包括北部的后官湖和桐湖。此外，境内还分布若干大小水面和滩涂，并与南面洪北河相连。奓山街山体景观丰富，整体坡度较缓，主要分布在奓山街的北部和南部湖区之间。北部集中分布着东西向丘陵岗地，主要有纱帽山、鸡公山和九真山东段部分山脉；中部有奓山，位于奓山街街道西侧；南部湖泊之间分布着低丘矮山，主要有千子山、薛家山、小奓山、金甲山和虎山的北端山脉。

（2）分区明显，村庄内部差异大

从奓山各村庄现有用地资源、建设规模、经济发展水平等方面综合分析，可以发现奓山街境内分区特征明显。从户均非农收入比例、村集体总收入分布来看，北部村庄非农经济发展均高于南部村庄，而各村之间集体经济发展差异大；从村庄用地资源来看，南部村庄人均耕地高于北部地区，而人均总用地来看，环小奓湖村庄明显高于其他地区；从现状农村居民点建设量来看，各村差异明显，并呈现出由中部向南北两端递减的态势。这意味着，奓山街不同地区的村庄发展可采取差异化的发展路径加以引导。

（3）乡村转型，受镇区和交通影响大

自下而上的农村集体经济发展态势好，土地流转和农业规模化经营初具雏形。部分地区已形成特色农业。从空间分布来看，小奓湖以北地区村庄和农业基地沿省道S 106集中；小奓湖南部地区村庄和农业沿县道X106分布；临近常福工业园和奓山街街道村庄非农就业比例高，集体经济开始形成。

（4）空间变革，由均衡向非均衡演进

在工业化和城镇化大规模推进下，传统村庄形态正在破解。撤村并湾，超常规推进下，奓山街境内的行政村和自然村数量将大幅减少，新农村社区将增多。此外，在工业园区建设的推动下，农村和农业也出现规模化和现代化的发展趋势。花卉苗木基地集中在老世陈、霞光、一致、瑠环等村庄；都市农业基地集中在群建、新集、陈家区域；农副加工以祝家周边为主。

（5）工业园区是奓山街当前发展主要类型

常福工业园为主的工业发展平台，带动了周边乡村和街道的城镇建设。除常福工业园外，星光工业园和奓山街联村工业园的建设也在同时推进。村集体工业经济活力足，现有的开发建设呈点状分布，呈现出多头发展的态势，其发展规模和建设模式需要进一步统筹和引导。

现有工业倍增示范园与奓山街街道在空间距离上较近，工业发展可以很好地利用城区的服务业作为配套，形成产城互动发展局面；结合现有的交通优势，联合周边地区推动现代物流园区发展，有助于工业园产业提升；同时，结合现有的乡村资源和集体经济基础，可以进一步拓展如度假区、城乡一体试验区、商贸园等发展平台类型，动员全域进行特色发展。

4.2 空间发展思路

奓山肩负武汉工业倍增和功能拓展的重任。现有村庄和地区的发展基础和发展方向具有明显差异，因此，整合和集中发展资源、构建多样化的空间平台和发展模式，是实现奓山全域发展重要选择。

4.2.1 识别发展机遇，确定分区功能与发展重点

处理好资源环境与城镇产业发展的关系，从奓山街的资源环境背景条件来谋划城镇化和工业化的健康发展。城镇化要充分考虑人口、资源、环境条件，坚持保护环境和保护资源的基本国策，落实建设资源节约型、环境友好型社会的要求，合理利用土地、水等资源，充分考虑地质灾害、防洪等安全问题，走可持续发展、集约式的城镇化道路。工业化要立足武汉发展战略和区域经济基础，处理好近期和长远的关系，协调好园区与城区之间的关系。综合区分各个地区所处发展条件极其在区域发展格局中的作用，进行差异化的引导和控制。

4.2.2 联动区域发展，建立开放的地域空间格局

建立开放的空间结构，以主动融入区域，与周边地区共赢发展。根据区域指向趋势，识别出奓山街镇域内战略性交通空间，包括依托京珠高速走廊、夏蓉高速公路出入口，规划建设轨道交通站点周边地区，以及现状和规划区域性联系通道沿线地区，进而加强与武汉主城区、经开区的对接，促进与外围城镇群的联系。

4.2.3 强化中心集聚，形成新城组群的有机组合

针对奓山街街道现状中心规模小、服务水平低、城市影响力弱的特征，顺应城市综合服务功能集聚发展的空间趋势，整合街道与园区之间、街道与奓山、小奓湖等地区的空间发展资源，有序拓展城市建设用地，优化空间结构，引导人口集聚，促进现代服务业产业发展，提升综合服务水平，发挥中心带动作用和现代服务业引领作用，支撑全域经济、社会整体发展。

4.2.4 重构空间模式，强化空间载体的适应性

改变以往以“单纯工业厂房”的粗放发展，园区与城区各自为政的建设模式，构建“极核群+廊道节点”的城市发展模式。根据发展现状和用地条件约束，提高

用地集约节约利用程度、降低基础设施配置难度、提高用地效率，营造良好生态景观环境。

以奓山街道建成区和常福工业园区之间地区作为全域的服务核心地区，以常福工业区与小奓湖之间地区作为新型产业核心发展区。区内结合自然山水条件，提升整体环境品质。

在交通通道沿线，采取串珠式发展模式，在基础较好、有设施支撑的相对开敞空间集约发展，特别是在重大交通基础设施，如高速公路出入口附近较为平坦的地区，先行规划，防止空间被低效利用。

4.3　镇域空间布局

4.3.1　奓中地区：城镇产业空间特色化

（1）趋势判断

该片区未来将集中大量非农就业人口，城镇化快速推进，人口集聚能力强。城市建成区在对周边地区的产业辐射带动方面，起到了至关重要的作用。周围的农村地区，由于受到城市的辐射带动，也将进一步强化大量的非农就业以及城乡兼业的情况。

奓中片区撤村并点力度较大，现有农村地区向城镇和工业园转变，农村人口向市民转变的过程中，是要努力提高城镇人口素质和居民生活质量，把促进有能力在城镇稳定就业和生活的常住人口有序实现市民化作为首要任务。

（2）片区发展策略

空间模式：“特色空间+产业组团+城镇生活区”

识别特色空间和战略空间，加强山体修复和水系周边等生态敏感空间控制力度，同时合理利用其比较优势，发展特色产业，整体提升人居环境质量，彰显地方特色，增强城市魅力。以自然环境为基质，将生态保护、园区发展与城镇居民点融合；打造新型的公共服务空间、融合的生活居住空间、现代的产业发展空间，塑造展现奓山风采的现代风貌。

奓中片区的工业园之间构建产业关联度高、交通便捷、联系紧密的发展集群，形成特色产业链，作为奓山经济社会发展的核心动力。推进工业化带动城镇化，城镇化促进工业化的路径。保留部分农村居民点，在建设风貌与周边自然环境和生态格局整体控制的基础上，集中建设的农民社区努力向城镇居住区转变。

（3）空间策略

强化城镇功能，提升奓山服务品质。从街道的行政管理中心转为面向区域发展、新城建设的综合性中心。因此，规划布局要充分体现规划公共管理属性，除了完善城市基本公共服务、商业配套、基础支撑、生态涵养等各项功能，还应为承担部分区域性服务功能预留空间，增强城市辐射力和影响力。

融合山水环境，营造现代生态城区。规划布局要改变现状沿交通干线“一层皮”式的用地蔓延态势；打造显山露水，山水通城的特色空间；对于城市特色空间和战略地段，规划中要强化人工建设与自然要素的契合，优化城市人居环境，提高城市吸引力。

提高出行效率，构建多维交通体系。不仅要发挥奓山作为西南通道节点的作用，重视城市各功能的区位特征与交通需求；还要统筹协调城市功能布局与区域性交通设施的联系和衔接，包括与武汉市区的联系，以及与码头港口的通道建设。

4.3.2　奓北地区：生态空间价值化

（1）现状概况

奓北片区包括老世陈村、螺丝岗村以及三红村、长新村、中原村、檀树村和丘林村部分地区。现状常住人口1万人，农村居民点规模大。调研中发现，该地区农业经济效益较高，农村居民对现状生活满意度较高。

在上位规划中，属于都市发展区内上位规划的后官湖生态绿楔范围。现状交通条件好，省道 S 106南北向贯穿，规划武汉后官湖绿道以及待建的东西向旅游公路将进一步优化该地区的交通可达性。现状农业基础好，已形成一定规模的设施农业和花卉苗圃，同时，毗邻九真山风景区的国防园带动了旅游业的发展。但该地区旅游设施不完备，旅游发展和乡村建设未形成联动，农业发展需要有进一步引导。在强化生态保护的同时，如何形成具体的功能化和产业化，从而促进农业地区发展，是该地区发展的重点命题。

（2）片区发展策略

依托毗邻后宫湖和九真山等旅游资源，发展乡村休闲产业；和周边的景区观光旅游、休闲商务等形成有效产业联动，打造特色乡村旅游基地。

① 空间模式——“农村中心社区+农村一般社区”

识别特色和具有战略意义的现代农业项目，满足公共服务均等化是他们的主要作用。需要通过规划，使得各个农村中心社区和农村一般社区具有合理的公共服务半径，覆盖周边农村地区。农业生产方面，提倡机械化、规模化的现代农业生产方式，鼓励土地流转，形成机械化、规模化的现代农业生产区，作为整个片区的基底。

② 片区发展策略

对农村地区进行空心村整治，将废弃的村庄整理成耕地。在公共服务方面，考虑到农业生产的机动化、规模化趋势与低用工量的特点，鼓励农民逐渐向镇区与农村新型社区集中，可以在不耽误农业生产的同时，获取更好的公共服务配套水平，提高生活品质。

农业产业方面，奓北地区有较好的山水绿道规划，连接后官湖游览景区，可以结合现有的特色农业，发展乡村休闲、文化旅游、农家乐等观光农业。老世陈发展素质拓展运动、体育休闲、国防教育等活动；融合当地已经原有的葡萄园、果园等，发展深度农业休闲旅游，如：葡萄酒庄、文化活动等。螺丝岗结合后官湖绿道建设景观节点和服务中心，打造成具有乡土气息的乡村文化休闲街。为了结合特色现代农业的发展，以及在都市发展区内的上位定位，奓北地区可以适当增加土地的开发强度，对农村人口进行适度的集中居住，集约节约利用土地，打造奓北新型农业社区。

（3）空间布局

规划形成"双轴、双核、三区"空间布局。其中，"双轴"是依托省道 S 106和待建旅游公路的发展轴，引导社区建设、设施布局和产业发展向该轴线地区集中。"双核"系景观生态核，以后官湖绿道建设为契机，建设螺丝岗景观和旅游服务核，在构建乡村绿道和山体绿道的同时，整合国防园和九真山风景，规划形成山体为主的景观生态核。"三区"是在老世陈、螺丝岗和檀树村现状农村居民点的基础上，集中建设三大农村新型社区（图20-7）。

4.3.3 奓南地区：农业空间创新化

（1）现状概况

奓南片区位于武汉市的农业生态区，山水景观优美，具有良好的农业基础条件。该片区交通可达性不高，距离奓山街街道和常福工业园较远，目前非农就业

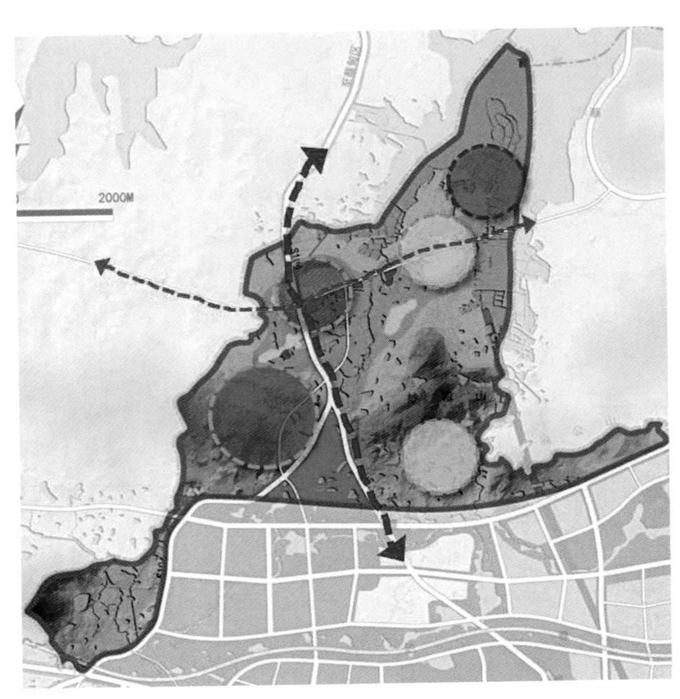

图20-7 奓北地区空间结构示意图

经济水平低于奓山其他地区。该片区是传统的农业区域，农业种植以莲藕为特色，机械化率不高。调研中发现，该地区现状农村居民点较分散，但集中居住强。

良好的生态景观资源，紧邻连片湖泊（小奓湖、桐湖、官莲湖）的村落，以及现有的农业资源，为探索新型农业提供良好的基础。随着星光农业园的投入建设，将对该地区的农业生产模式带来较大的引领作用。而规划新G318国道将极大改善该地区的交通条件，带动农业产业的发展。

（2）片区发展策略

① 空间模式——"农村中心社区+农村一般社区"

保护基本农田和山水生态敏感地区。规划通过改善城乡交通，加强与奓中地区的联系。该地区的农村社区应结合现有村庄条件、产业发展和经济水平，通过引导，适当布置，集中居住规模不宜过大。结合中心村布置基本公共服务设施，公共服务设施服务半径和配套标准可略高于奓山其他地区。

对有特色的传统农庄加以保留，并注入新的功能。鼓励建设生态无污染的农业示范区，进行绿色农业种植，提倡培育良种、增强品质，打造高品质、高附加值的现代绿色农业生产区，作为整个片区的农业本底。

② 片区发展策略

主要在原有村庄建设基础上，结合产业发展条件和交通区位、设施服务半径，有选择地推进农村社区集中，其开发建设强度应加以严格控制，推荐采取就地集中的方式进行建设。注重新G318国道沿线空间的控制，避免出现“一层皮”市的发展模式。以农村中心社区为主，向周边地区提供基本公共服务。

结合资源条件，发展乡村休闲、设施农业、有机农场示范、创意农业、农产品加工、文化旅游、餐饮美食等。以友爱村为示范点，探索传统村庄转型的路径；以新集村为依托，促进农业物流发展，培育新型农业，提高农业产业化水平。

（3）空间布局

规划形成“一轴、双核、三区”的空间布局。其中，“一轴”是指沿县道X106发展的功能集合轴。未来新国道G318建设后，县道X106作为整合南部地区内部的重要通道，发挥农村农业地区和特色交通的通道。“双核”是指以金堆湖和小奓山为核心的特色村落景观核，以及官莲湖与虎形山形成的生态农业景观核；“三区”包括以新集社区、三店社区和祝家社区为中心的新型农村居住片区（图20-8）。

图20-8　奓南地区空间结构示意图

5　镇区规划布局及特点

5.1　生态背景和条件

奓山近年高强度、快速的城市拓展和城市建设，直接导致以下变化：

（1）空间格局的转变：以自然环境为基质，城市作为斑块格局将被打破，转变为城市为基质、自然为斑块的空间格局。但这种空间格局是不稳定的，易受干扰的，若不是有意识地加以维持，自然斑块将最终被人工基质所取代。

（2）土地结构的转变：每一寸土地的整理和改造，原有长期形成的土壤、植物、动物的立体结构体系将被破坏，并波及整体自然环境体系的稳定。

（3）环境结构的转变：大规模的工业建设，对土地地块的完整性的要求，直接冲击奓山的林网、水系、湿地等毛细结构。对水环境的大规模改造，形成水生态系统的胁迫，导致湖泊生态系统的退化。

总结：在奓山这样一个没有明显的自然地质、灾害限制的自然环境建设中，更需要人类有意识、自觉地保护“生态绿地”的存在，并运用生态手段建设生态城市。

5.2　现状概况

奓中地区位于京珠高速公路西侧，沿G318国道分布“一街、一园”。其中，“一街”是指奓山街街道，位于奓山的东侧，小奓湖以北；“一园”系常福工业园。近年，撤村并湾建设的中心社区集中，以及包括常福工业园、星光工业园和联村工业园在内的工业区建设推动该区域的发展。但是，该地区总体上仍具有典型的城乡结合地带特征，布局散乱和市场混杂的城乡接合部形象突出。具体而言，奓中地区建设主要有以下问题：

①“重项目轻规划”的传统方式，用地开发缺乏整体考虑。现状工业开发和居住用地建设用地混杂，社区集中与商品房建设、工业建设和配套设施的步伐不匹配。由于缺乏对空间的利用的甄别与整体控制，区内特色空间地区，如临山、滨水等地区，逐渐被普通工业项目所蚕食。城镇建设和常福工业园的“分而自治”，不仅不利于城市整体环境品质的提升，也不易于形成规模合理、功能完善的配套设施系统，也使得工业园区对城镇发展带动作用较小。对第二产业的偏好，也使得对其

他产业在空间的需求未能加以重视。总体上，城市公共服务和公益性设施开发建设总量小，类型缺乏，区域辐射力小；而商业性服务设施多为沿街布置，数量多、档次低，缺乏一个功能完善、形象鲜明、具有一定规模效益的综合型和特色型商贸功能。

②城市特色风貌逐步消失，缺乏足够的重视和有效的措施。奓中地区紧邻小奓湖，并有奓山位于现状建成区西部，但在实际建设并未得到充分利用；老城区内基础设施不足，而私房建设缺乏控制和管理。新开发中，对一些特征地段，如滨水、临山和城市出入口等门户区域没有统一的规划控制和引导，空间特色不明显，绿地建设的系统性不强，需要进一步强化和提炼。一些景观环境和交通区位条件优良的战略性空间处于常规化开发状态，也造成城区土地总体效益下降。

③依托过境交通的传统乡镇结构，未能形成完善的路网系统。现有道路等级低，路网级配不合理，道路建设落后于日趋增长的交通需求。G318国道和S106省道为城镇和产业发展具有重要的促进作用，但长期以来，缺乏合理的引导和长远谋划，依托过境交通形成的建设骨架，给奓中地区的空间发展和资源整合带来较大负面效应，对城市内部运行造成极大的干扰。分流过境交通是未来城市路网的重要任务。

5.3 职能定位

5.3.1 上位规划要求与已有职责：武汉功能拓展与产业发展的重点地区

武汉城市功能扩展中，赋予奓山新的要求：武汉市“中国车都”的重点区域之一、武汉西部新城组群的组成部分、武汉汽车与机电产业集群核心区、武汉工业倍增示范园（常福工业倍增示范区）、武汉八大物流中心之一。

从蔡甸区对奓山发展得要求来看，主要有：工业园区、新型城镇和新农村建设示范区三大内容。

5.3.2 城镇职能与定位

针对奓山城镇职能的分析论证，考虑到奓山街的区位优势以及便利的交通条件，规划认为奓山应积极探索中国大都市城郊工业镇向现代产业新城发展的模式和路径。作为奓山“四化同步”示范的核心诉求点，奓山是武汉市西南门户，是武汉与湖北西部城市连接的重要节点。通过完成预期工业化产值目标，奓山将成为武汉西南新城组群的重要组成部分。

规划奓山街城镇定位为：武汉市西南新城中心、武汉市现代制造业基地之一、蔡甸区功能服务次中心。其主要职能包括：西南新城商务、商贸、物流三级中心，先进制造业和高新技术产业基地，创意和研发产业基地，以及镇域政治经济文化中心。

5.4 空间结构

规划整合现状各种优势资源，通过“理水、借景、融城”等城市设计方法，统筹考虑街道功能布局，最终形成“双心三轴，绿楔入城”整体空间格局。

“双心”是指街道的服务中心，包括“一主”、“一辅”。“一主”是指位于晓奓湖以北，常泰路和常安路之间，是集街道的行政办公、文体娱乐等于一体的综合中心，是奓山街道作为西南新城组群副中心职能的体现。“一辅”是指位于常安路西侧，常北大道北侧，主要为北部产业园提供商务服务的中心，兼有为其西侧的生活区提供日常平活服务功能。

“三轴”是指奓山街道的公共服务轴，包括“一主”、“两辅”。其中“一主”是指依托常福大道，形成的东西向的城市拓展轴。该轴连接了常福园区组团中心、奓山综合服务主中心、休闲娱乐组团中心和创新研发组团中心，是交通集散、现代居住、生态景观、休闲观光、产业延伸等综合功能的重要组织通道。利用该轴线推动滨湖特色带，优化原镇区和常福园区内部结构，注重与武汉经济开发区的衔接，是街道空间东西拓展的首要支撑，也是塑造有序的城市景观，实现城市内部协调发展的主要骨架。“两辅”是指沿常安路、常北大道的公共服务次轴。常安路公共服务轴自北向南，联系了北部产业区综合中心、中部奓山综合主中心和南部生态居住组团中心，是奓山街道生活空间拓展的主要方向，也是其突破工业围城走向开放结构的首要支撑。常北大道服务轴是东西向，联系北部产业区综合中心和生活组团中心的服务轴。

“绿楔入城”：奓山街道水系发达，青山环绕，田园相依，为构筑良好的人居环境与城镇风貌奠定了基础，是奓山的优势资源，如何处理发展与保护的关系，在奓山城镇快速建设的现阶段显得尤为突出。规划强调以周边山体——小奓山、千子山纱帽山、鸡公山——作为连续的生态背景，梳理重要的水系——晓奓湖及与之连通的沟渠，结合景观道路的建设，组织各个功能区。使城镇空间结构体现奓山的自然和人文特色。规划以“显山露水，城景相依”为总体指导思想，通过“疏山理水”对城镇功能进行调整和再造，将外围环湖田园村落作为创新空间，通过建设滨水的绿色廊道、景观轴线等多项措施，来强化山水格局，将生态绿色空间引入城镇，形成城镇与山水交融的有机整体。

规划结合总体空骨架，有序组织街道的生活空间和生产空间，使其既相互依存，又互不干扰，依托街道现状生活区，确定环境优美的晓奓湖和纱帽山、鸡公山南侧为未来生活区，南北向拓展生活空间。东西两翼的生产空间依托产业类型、交通条件、环境条件的不同将其细化，在环境较好的晓奓湖周边发展研发商务，其他为工业园区；同时在街道西侧蔡汉高速出入口周边发展现代化物流。

5.5 功能布局

规划依据奓山街道的现状条件、空间结构以及与武汉市经济开发区的关系，将其分成8个功能区，分别是新城中心、生态居住区、常福工业园南区、常福工业园北区、联村物流产业园、企业办公研发区，生态绿心和千子山郊野公园。

新城中心：位于汉蔡高速以南，常喜路和常泰路之间，常寿大道以北的区域。该区域对街道现状生活区进行功能调整、优化，逐步疏解工业生产职能，为生活服务功能的重构提供充裕的空间。同时这一区域位于产业生产空间和居住生活空间之间，因此，在建设中应该围绕居民日常生活所需的行政办公、文体娱乐、零售商业以及为产业区服务的行政商务、会议接待等综合功能进行融合，同时还要突出城镇自然和人文特色，成为城镇新形象展示的重点地区，规划强调对基地内自然景观要素加以整理，通过中心水景的建设与晓奓湖相呼应。

生态居住区：位于晓奓湖以北，常福大道以南的区域。该区域现状水塘较多，规划将水塘整合，扩大晓奓湖景观水面，依托优美的人居环境发展生态居住区，是奓山街道未来主要的居住生活空间。

常福工业园南区：位于汉蔡高速以南，京港澳高速以西，常泰路以东的区域。该区域是现状常福工业园建设的重点，发展势头较好，随着园区基础设施的完善，规划提出对组团内现状工业适时地升级改造，提高园区的建设强度，加强与武汉市经济开发区的路网衔接，重点发展汽配、电子、金融服务等多种功能，构建综合型现代产业园区。

常福工业园北区：位于汉蔡高速以北，京港澳高速以西，常喜路以东的区域。随着南区建设饱和，该区域是常福工业园的空间拓展区域，因此规划应制定准入门槛，严格控制产业发展的规模和层次，为未来可能出现的高端生产预留发展空间。

联村物流产业园：位于G318国道以北，常喜路以西，S104省道以东的区域。该区域毗邻汉蔡高速公路互通口，对外交通联系便捷，因此，在高速互通口周边沿S104省道适宜发展现代物流产业。同时结合生态修复工程，整合村办企业的措施，将目前位于村庄中的企业进行重组、升级，向园区集中，既能恢复优美的村庄环境，又能发挥产业的规模效益，节约土地资源。

企业办公研发区：规划确定两处为企业办公研发区，一处是位于晓奓湖的东北边，常寿大道以南的区域，该区域水网密集，环境较好，规划依托常福工业园南区的汽车产业，发展与汽车主题相关的文化创意服务产业，如汽车影院、汽车博览，论坛会议等；另一处是位于G318国道以南、奓山以西、晓奓湖以北的区域，该区域水面较大，与晓奓湖连为一体，规划建议发展生态旅游、产业研发、农庄休闲等功能，同时，作为奓山产业发展的战略储备，应对未来奓山发展的诸多不确定性。

生态绿心：位于街道中部的奓山及周边区域，将该区域的工业迁出，进行功能置换，结合奓山的生态修复发展生态休闲功能，是奓山街道城镇的生态核。

千子山郊野公园：位于晓奓湖的东南边，千子山的周边区域。该区域山水景观条件优越，紧临城镇功能区，随着G318国道的南迁，交通便捷，规划结合山、水、田等景观资源，拓展商务休闲、生态旅游等功能。结合环湖乡村旅游，对晓奓湖—千子山景观进行整体提升，建设成为重要的净利郊野游憩组团。

规划主编单位：中国城市规划设计研究院
执笔人：高捷
项目负责人：高捷，张昊
项目组主要成员：高捷，张昊，介潇寒，邓鹏，许顺才，陈鹏

21 “都市组团、旅游田园”的尹集乡规划

尹集乡位于襄阳都市西南近郊，距中心城区8km，二广高速、G207国道、S305省道贯穿全域。其地处襄阳都市区核心圈层，受中心城区最直接辐射，随着襄阳都市扩展和重大基础设施建设，区位优势愈发明显，为尹集的新一轮建设提供了良好机遇。近郊，决定了“服务都市”是其基本空间角色，尹集以其独特的资源禀赋，明晰了以发展都市休闲度假、特色乡村旅游、生态观光农业为重点，构建都市特异功能组团和特色旅游田园城镇的规划蓝图。

1 基本情况与现状特征

1.1 规划背景

一是“四化同步”要求“尹集先行”，作为先行者的尹集因创新“尹集模式”已获充分肯定，“四化同步”更需尹集从试点走向示范并承担标杆责任；二是“改革攻坚”指明“尹集方向”，从十八届三中全会到中央城镇化工作与农村工作会议，传递了新理念，开拓了新思路，更指引了尹集发展方向；三是“盛都复兴”呼唤“尹集响应”，“盛都复兴”是中国梦的襄阳篇，尹集作为襄阳大都市中特异性角色，需发挥独特作用。

为适应新形势，应答新要求，规划按全域覆盖、多规协调和规划项目化的总体思路，力求突出重点、体现特色。

1.2 规划体系

构建全域、镇区、新型农村社区3个层次的规划体系：全域层面通过产业、美丽乡村、土地利用3个专项规划，空间管制、扩权强镇两个专题研究对其支撑；镇区层面分别开展镇区建设规划、启动区控制性详细规划、中心片区城市设计3项规划；新型农村社区层面选取姚庵新村、青龙碧湾、白云人家3个新型农村社区开展修建性详细规划，并对姚庵新村开展美丽宜居村庄的专题研究。最终形成3个层次的规划，包含3个专项规划、3个专题研究、1个城市设计等14个子项；做到镇村发展总体规划、土地利用总体规划、产业发展规划和新型农村社区建设规划紧密相接（图21-1）。

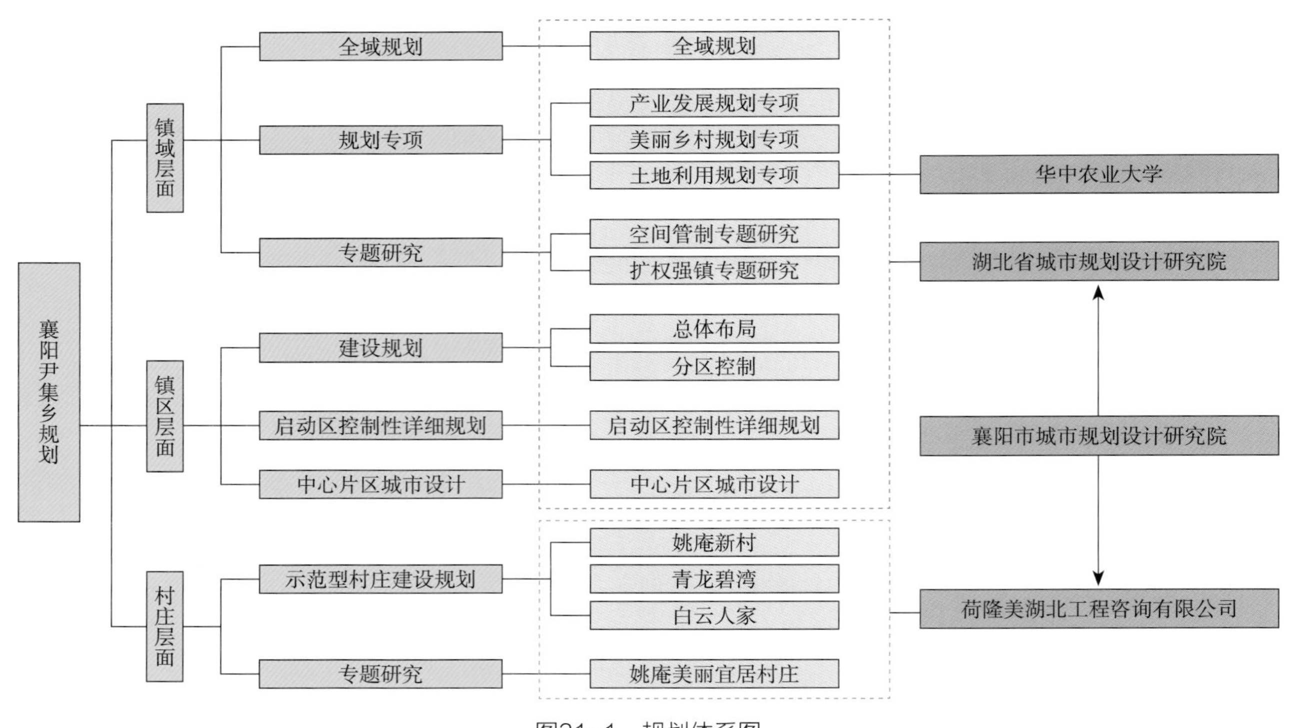

图21-1 规划体系图

1.3　特征辨析

通过把握尹集特征、感知发展态势、了解各方诉求、剖析存在问题这一脉络，力图在此基础上能明确方向，准确把握规划重点所在。

1.3.1　特征把握

尹集呈现四大特征，即紧邻中心城区的城郊乡镇、生态本底优厚的田园乡镇、风景左右逢源的旅游乡镇、以项目促发展的农业乡镇。尹集应时而动，因势而为，从原本积贫积弱的传统农业乡镇，在短短1年多时间内发生了深刻动人的变化，尤其在产业拓展与惠农实效方面，取得了实实在在的绩效。

1.3.2　态势感知

尹集在“四化同步”发展中已然抢占先机，初步实现了“新三农”的成功转型以及产业发展与农村新社区的建设同步。尹集以产业为基、高端起步，加之密集投资带来叠加效应，其后发优势将日益凸显；然而优势位并不等于胜势位，一步领先更要步步领先，须乘势而上，再创辉煌。

1.3.3　诉求倾听

城乡规划具有很强的公共政策属性，规划决策实际上是多元利益诉求的博弈、整合和平衡的过程。城乡规划必须要倾听各方的利益诉求：通过与各级政府座谈，进一步明确地方发展诉求；通过深入调研、项目摸底，基本掌握项目建设投资方的利益诉求。针对尹集特点，研究了如何发挥政府与市场的合力，分析了合理诉求与不当诉求；更重要的是，采取“现场调研、抽样访谈和问卷调查”的方式，充分了解居民发展意愿，倾听民众的呼声。

1.3.4　问题解析

一是亦城亦乡，职能角色需要界定；二是城乡建设起步，基础设施支撑不足；三是文化建设滞后，地域特色尚未彰显；四是经济基础薄弱，产业项目需要落地；五是耕地保护红线约束，产业发展空间受制；六是建设用地面临瓶颈，体制机制需要突破。

1.3.5　重点确定

规划旨在定位精准的发展目标、构筑精巧的体系结构、实施精细的空间管控、制定精密的行动计划，核心思考内容是如何依托资源、整合优势、凸显特色，力求在尹集诠释不一样的“四化”，探索尹集模式的“四化同步”之路。

2　发展定位与目标

2.1　区域视角

从襄阳都市远景发展宏图视角来审视尹集，若将襄阳古城喻为凤首，以盛都复兴为目标的大襄阳都市则同凤凰展翅，“四化同步”引领下的尹集则如丹凤衔来的瑞草——灵芝，共同构成“丹凤衔芝”的整体城镇空间意象。凤凰衔新枝，共襄盛都业，寓意今日尹集如凤凰衔来的新枝，将为襄阳这座历经辉煌的盛都复兴梦注入新能量（图21-2）。

从感性复归理性，依据《襄阳市城市总体规划（2011—2030年）》的要求，尹集与襄阳中心城区周边其他城镇，如襄城的卧龙镇、襄州的古驿、伙牌、龙王镇、樊城的牛首镇等，将成为襄阳实现城市跨越发展、生产力布局调整和空间布局优化的主要空间；但尹集与这些乡镇相较，其他乡镇的职能主要是承接汽车、纺织建材、农副产品加工等二产业的配套和转移，而上位规划赋予尹集的职能则是发展新兴朝阳产业——都市近郊休闲旅游。近年来，襄阳更将两所高校布局于尹集，教育小镇雏形初具，而以中华紫薇园为代表的以花卉苗木为特色的绿色涉农产业发展正方兴未艾。因此，尹集虽不在襄阳都市发展的主导方向上，但特定区位和赋予职能注定尹集是一个不同于其他乡镇的特异性角色，是襄阳实现城乡一体的极为特殊的着力点。

2.2　发展定位

“襄阳前庭，田园尹集”。

“襄阳前庭”：尹集位于主城南、阳向，可称为“前”；尹集亦城亦乡，可定位为异于传统城乡二元概念的特质“第三空间”，借用建筑学中的“庭”来概括尹集在促进城乡融合的特殊作用。

“田园尹集”：尹集是“绿满襄阳”最具特色的着力点，规划重点发展绿色产业，体现“田园城镇”职能特色。

2.3　发展方向

尹集全域一体的发展方向是：

（1）打造不同于传统城乡二元分离式结构的全新的

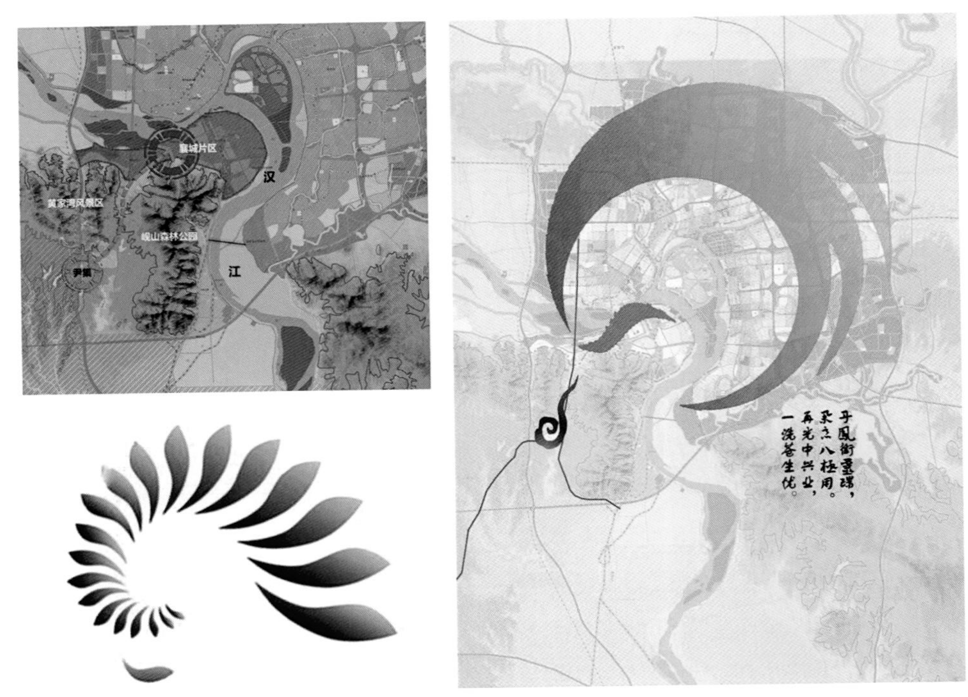

图21-2 城镇空间意向图

二元协调、三产一体的“第三空间”。

（2）构建城乡融合的“新型聚落组合体”，即突破传统的镇村关系，重点以美丽乡村建设为抓手，以涉农绿色产业为依托，在空间形态上形成一个“高聚核+散合体”的组合关系：镇区作为整个尹集片区的“发动机”，必须是集约高效的；而周边的新型乡村则必须是与田园生态、山水风光高度契合的，同时也必须不破坏原有格局，在原有肌理整合基础上形成的新型空间（原村庄的整治和适度的集并仅仅是第一步，重要的是通过集体建设土地的流转、“腾笼换鸟”，注入新内容，如都市郊野休闲、市民农园和新村旅游等，这样重新整合既维持乡村既有散而灵动的形态，功能上又高度融合）。

所谓“散合体”，即以产业联动为特征的都市近郊新农村形态，规划定义为“乡村综合体”。作为理论支撑，规划对乡村综合体的内涵、尹集发展乡村综合体的优势、尹集乡村综合体的建设模式有较全面的分析和评估。作为美丽乡村的创新建设方式，大力发展“乡村综合体”，是最契合尹集特点和发展需求的（图21-3）。

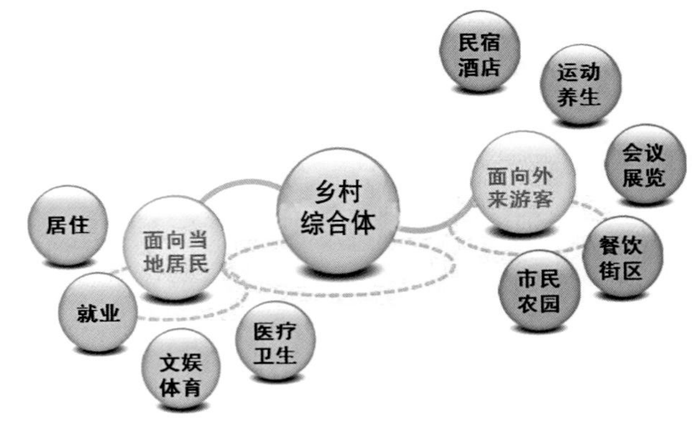

图21-3 “乡村综合体”概念图

2.4 发展目标

尹集的发展目标为：

（1）“四化同步”的升级区。尹集应对“四化同步”有自己的理解和演绎，打造“尹集的四化”。

（2）城乡融合的样板区。尹集建设重点在城更在乡，真正全域推进、“城乡并重”、和谐融合为一体。

（3）都市近郊产业的展示区。尹集应坚定不移地推进三大特色支柱产业建设，构建非传统工业化的产业体系；甚至可以旗帜鲜明地提出“50km^{2}无传统工业”。

3 “四化同步”发展模式

规划围绕“四化同步”进行升级和明确，“四化”是主题，其关键更在于同步，要求时间、空间及行动的协调一致。规划牢牢把握尹集都市近郊型特征，树立以双向城镇化为引领，以工业无烟化、农业庄园化为支撑，以信息导向化为驱动，实现“四化”的同步协调，探索一条都市近郊型小城镇“四化同步”的发展模式和路径。

3.1　双向城镇化

尹集的新型城镇化首先是就地城镇化，农民在原住地一定空间半径内，依托镇区和乡村综合体，就地就近实现非农就业化和市民化；随着乡村综合体效能的显现，对襄阳中心城区人口形成反向磁吸效应，实现双向城镇化。

3.2　农业庄园化

尹集的农业现代化路径是一条“农旅结合、民企合作”的庄园农业，将现代农业种植和休闲旅游结合在一起，注入公司化的运作体系，将农村变成现代化的生产生活基地，构建农业升级版本的1.5产业。

3.3　工业无烟化

尹集的新型工业化是一条完全跨越传统的工业化道路，依托良好的生态环境，结合花卉苗木、教育装备产业一系列项目，吸引休闲服务、商贸会展等服务类企业落户，大力发展2.5产业，推行无烟工业。可借用国际通行的“无烟工业”概念来形象化概括尹集的绿色产业发展方向。

3.4　信息导向化

尹集的信息化除传统的信息数字化外，还体现在机制体制等无形资源的信息化和创新化。政策信息的驱动，机制体制的创新，是尹集能否实现“四化同步”、城乡一体的关键。

4　全域规划布局及关键控制领域

4.1　全域人口与城镇化水平（表21-1）

全域人口与城镇化水平一览表　　表21-1

	全域城乡常住总人口（万人）	镇区常住人口（万人）	城镇化水平（%）
近期（2013～2016年）	2.7	1.8	66%
中期（2017～2020年）	5.1	3.8	74%
远期（2021～2030年）	8～9	6～7	75%～78%

4.2　全域产业发展与空间布局

立足“四个襄阳”、强化项目支撑、面向都市消费、主推绿色产业，以“三产一体”为目标，以花卉苗木的景观价值为依托，打造绿色空间基底；确立休闲消费市场，引导服务职能构建；以文化助推产业繁荣，实现旅游与现代服务业的融合。

产业空间形成生态旅游休闲区、花卉苗木交易区、花卉苗木种植区、生态观光农业区、教育综合区，落实以观光农业和都市农业为主的1.5产业，以教育科研和总部经济为主的2.5产业及以休闲旅游为主的3产业。

4.3　全域生态格局和空间管制规划

在勾勒城镇建设蓝图前，需建构一个基于生态和管制的保证城乡安全的“底”。规划运用最新科技手段和科学方法，并与正在编制中的襄阳市基本生态控制线规划相衔接，首先基于AHP分析法对城乡生态作适应性评价，接着梳理现状枝状水系形成蓝色生态网络，再次基于GIS进行生态廊道分析，形成尹集“一环、四轴、多廊、多点”的生态框架体系（图21-4）。

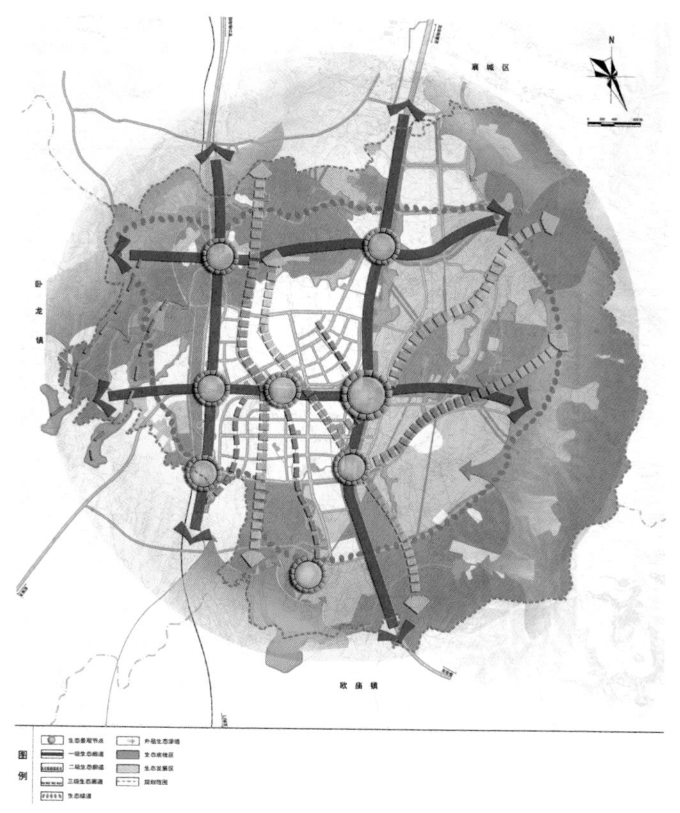

图21-4　全域生态格局构筑图

在此生态框架体系的指引下，划定基本生态控制线范围，形成生态保护范围，并进一步划分为“生态底线区”和“生态发展区”两个层次。规划划定镇域基本生态控制线所围合的生态保护范围面积为39.27 km²，生态用地总量达总面积的80%，可充分保证城镇碳氧平衡。另外，规划进一步明确界定城镇空间增长边界，划定了管制分区，提出镇域空间管制的原则和措施。

4.4 新型城乡居民点聚落体系规划

规划首先强调城乡协调发展，提出实现两个“转变”：一是二元分离、同质化结构向城乡融合、差异化结构的转变，构建新型城乡聚落体系、特色差异的职能结构、板块式的地域空间结构及产业带动型的都市近郊新农村形态，即强化“乡村综合体”概念；二是强调城镇辐射型的传统城镇化向乡村能动、城乡互动型的新型城镇化转变，传统的城镇化，乡村是作“减法、除法”，而尹集特色的新型城镇化，乡村是作“加法、乘法”，其建设重点在城更在乡。

在上述思想引导下，结合产业布局特点和前述的“乡村综合体”概念的引入，规划空间发展思路为“一核、六片”的结构，即构建以中心镇区、乡村综合体为支点，以主要交通廊道为主线，城乡空间呈现组团式一体化的空间发展格局，形成“新月拱卫，碧龙含珠”空间环境特色（图21-5）。

4.5 全域土地利用布局

4.5.1 城乡建设用地总规模

通过人口与城镇化水平预测与“人、地、业”的分析，依据尹集的实际需求，并与土地利用规划协调，确定尹集城乡建设总用地规模2016年为904hm²，2020年为1007hm²，2030年为1345hm²（图21-6）。

4.5.2 城乡用地分区控制

结合全域生态格局和空间管制要求，在全域划定生态底线区、城乡集中建设区和生态发展区的范围，将各类城乡用地布局于各分区内。

（1）生态底线区

城市生态安全的最后底线，遵循最为严格的生态保护要求，严禁开发建设。包括水域、山林及其保护区用地、生态廊道控制用地、基本农田用地等非建设用地。

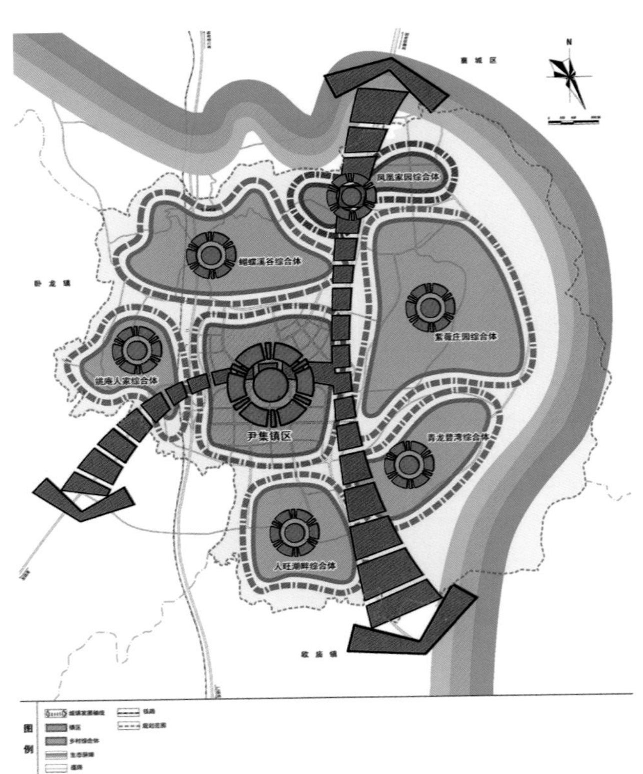

图21-5 全域空间结构规划图

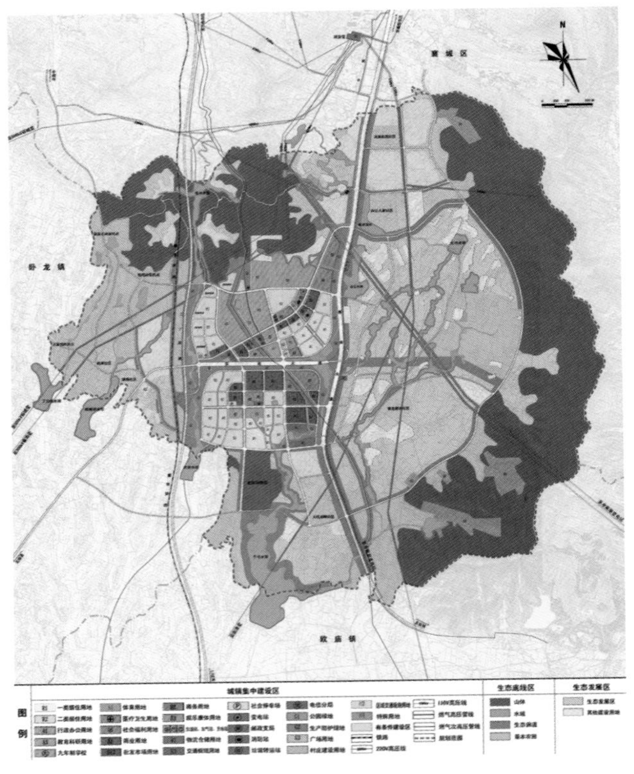

图21-6 全域用地布局规划图

（2）城乡集中建设区

城乡集中建设区是指为满足城乡建设需要而相对集中建设的区域，包括镇、乡建设用地（含有条件建设用地）、区域交通设施用地、区域公用设施用地和特殊用地等。

（3）生态发展区

对于自然条件较好的生态重点保护地区或生态较敏感地区，在符合规划和用途管制前提下，有限制地进行低密度、低强度建设。包括一般农林用地等非建设用地和其他建设用地。

规划强调多规合一，一张图管理。土地利用规划的核心内容和主要指标，都在城乡建设规划图上表达，与土规密切相关的非建设用地布局，如基本农田保护，纳入生态底线区落位控制；划定有条件建设用地，预留一定弹性，并明确界定城镇空间增长边界；与常规规划有突破的是，规划更明确其他建设用地的管控要求，我们将城乡集中建设区外，生态发展区内，符合规划和用途管制前提下，满足涉农产业发展需要的低密度、低强度、生态型的这一类建设用地，明确单列，规划明确这类建设用地的定量的控制（图21–7）。

图21–7　全域基本生态控制线分区规划图

4.5.3　“两规”协调规划

全面落实“多规协调”的要求，保证城乡建设规划与土地利用规划间的全面对接和主要指标的统一控制。至2020年，规划主要控制指标实施统一控制，确保建设用地总量不增加、耕地保有量不减少、基本农田布局不变。至2030年，为满足进一步发展需求，建议适当新增建设用地增量指标，酌情核减基本农田指标（表21–2）。

“两规”主要控制指标协调一览表（2020年）　表21–2

	土地利用规划（hm^2）	全域用地布局（hm^2）
建设用地总规模	1006.77	1007
耕地	2040.95 其中基本农田：960.75	2040.95 其中基本农田：960.75
园地总规模	120.44	3418
林地总规模	1143.6	
其他农用地	560.59	

4.5.4　乡村综合体发展指引

规划借鉴有明确立法、多次修订、行之有效的台湾地区的经验，结合政策要求和本地实际，制定尹集乡村综合体中涉及农产业发展项目建设的管控原则和措施，如总体要求、建设分区、允许建设设施、建设量限定、建筑限高等，都有明确的管控要求，并具体通过规划控制图则来表达。

4.6　全域设施配套规划

主要目标是构建服务均等、布局合理的城乡公共服务设施网络和覆盖全域、完善健全的市政基础设施网络。综合交通方面重点考虑的是襄（阳）宜（城）南（漳）区域性快速公交网络的接驳以及尹集的慢行交通与襄阳大都市绿道网的融合。规划统筹安排各项设施建设，特别是切实保障了与襄阳中心城区的全面对接和重大基础设施的充分共享；关于特色旅游资源的保护和开发利用方面，规划整合区域旅游资源，优化了旅游形象定位，对景点设置和线路组织也有通盘的考虑。

5 镇区规划布局及特点

5.1 现状建设概况

镇区沿路呈带状布局，产业发展态势良好；属微丘地形，便于开发；有丰富的自然坑塘、冲沟和渠道，构成天然的雨洪通道，呈自然的枝状发散型，形态优美。

5.2 形象定位

在低冲击、低成本与低碳的"三低理念"指导下，镇区形象定位为"锦智之城、精致尹集"。所谓"锦"，意指结合尹集丰富的山水资源以及花团锦簇的大地景观意象，塑造"七溪流水汇春江，十里锦绣皆入城"的城镇空间环境特色。所谓"智"，意指除体现现代教育小镇特点和信息化技术支撑、智能融合应用的智慧城镇建设外，更强调人、城与自然的高度契合，体现中国式智慧；同时也是传统耕读文化——隐逸乡间、胸怀天下——精神内涵的传承与追求。"锦智"更是襄阳整体都市形象"外揽山水之秀，内得人文之胜"的尹集呼应。"精致"意指尹集应贯彻"不贪大求洋、美在精致"的发展思路，塑造精致美丽、清纯质朴的形象。

5.3 城镇性质与规模

城镇性质："四化同步"省级示范区，以花卉交易、旅游休闲和教育服务为主导产业的绿色田园新城。

城镇规模：镇区建设用地规模近期为3.1km^2，中期为4.5km^2，远期为6.9km^2。

5.4 总体布局

5.4.1 生态本底梳理

尹集坐北朝南，三面环山，一面有水，属港湾式地形，自然禀赋独特，地理形势和山水格局颇为符合传统的"负阴抱阳，背山面水"的城址选择原则。镇区内部自然沟渠坑塘便于排水，利于保证城镇生态安全，同时对现状水系进行疏通整理，可打造宜人的滨水景观。另外，规划构建"通风走廊"，以缓减"热岛效应"，使城镇既顺水，更"顺风"。

5.4.2 用地布局

通过路网、水系和生态廊道的叠合组织，构成城镇骨架和生态肌理。在此基础上，形成"一核两心，两轴五带"的空间结构，并进行集约合理的用地布局，并形成以下特点：尊重现有地形和原有肌理；尽可能保留并适当梳理现有水系，形成城镇生态廊道；形成有效展示城镇景观风貌的重要景观节点和公共活动中心；紧密结合已批正（待）建的项目用地（图21–8）。

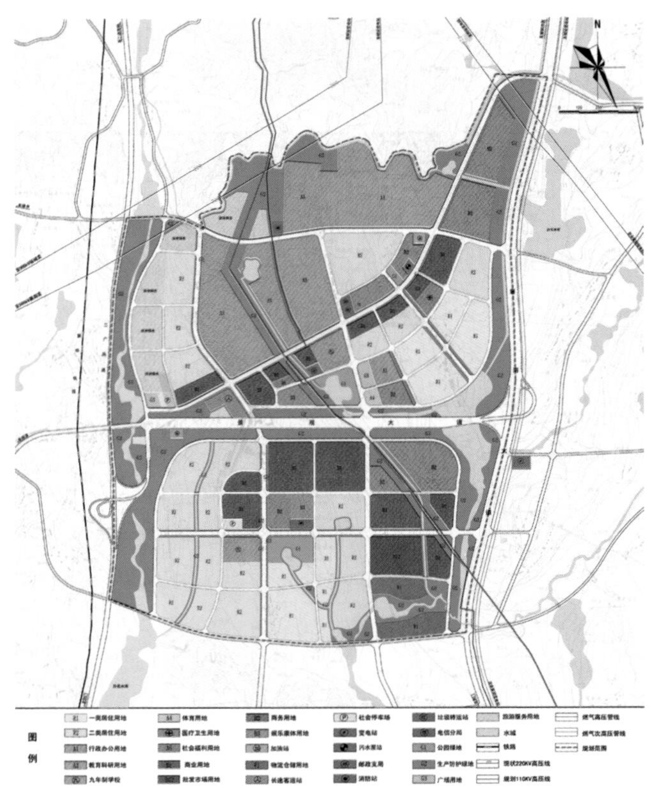

图21-8 镇区用地规划图

5.5 总体城市设计

规划对镇区进行整体城市设计，重点研究现代都市近郊小城镇的空间尺度，提出"城市山脉"的概念，将建筑开发强度高、建筑功能复合、形态多样的建筑形象概括为"城市山脉"，在城市发展主轴上集中布置，强化"城市山脉"与周边自然山脉的呼应与融合，构筑异于甚至优于都市空间的"第三空间"形态，契合"襄阳前庭、田园尹集"的总体定位要求（图21–9）。

6 新型农村社区布局与特色

6.1 现状建设概况

尹集城乡一体化示范区建设于2012年4月启动，目前白云人家社区已建成入住，凤凰家园社区建设正如火如荼进行，青龙碧湾、人旺湖畔社区规划准备启动，因此

图21-9　镇区城市设计平面图

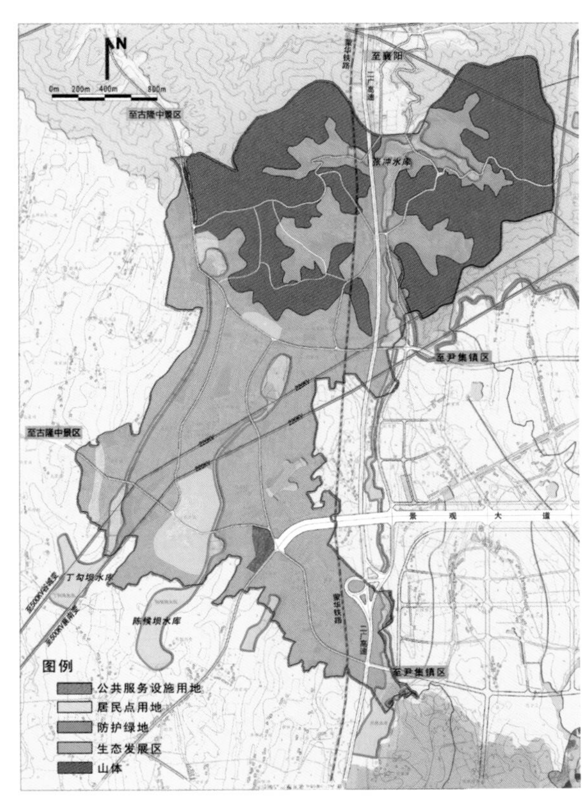

图21-10　姚庵新型农村社区用地布局图

规划针对尚未启动的姚庵村进行重点研究，依托特有禀赋和资源进行新探索、实现新突破。

6.2　美丽乡村建设规划指引

规划制定了美丽乡村人居建设、产业发展、环境提升与文化繁荣等四大行动目标细则，提出大力发展绿色涉农产业，支持重大产业项目布局建设，鼓励惠农实效，奠定生活美的物质基石。同时，点、线、面统筹组织，促进区域环境风貌提升美化，凸显风景美的真切看点，并依据镇域规划提出的村庄的整合与整治要求，优化重组新型农村社区，营造村庄美的切实支点。

6.3　新型农村社区建设典范——姚庵

姚庵还是一片未开发的净土，生态本底良好，有一定的历史物质遗存和较丰富的非物质文化遗产。规划在充分了解村民意愿的基础上，以问题为导向，重点从村庄建设、产业发展、环境提升、弘扬文化四个方面入手。

6.3.1　发展思路

尊重原有格局，以整治为主，实现多点支撑，景观规划“望山见水”，让村民“记住乡愁”，将整个姚庵村打造成为全域式景区，成为生活安康、生态和谐、文化繁荣的中国美丽宜居村庄。

6.3.2　村域规划

居民点选址考虑因素首先是在适宜性分析的基础上，尽量避让不利的限制性因素，如蒙华铁路和二广高速附近的自然村湾，尽量作“减法”甚至“除法”；其次是尊重现状，尽量以村庄整治为主，适当集并为辅。规划建议最终形成4个居民点，即1个就近整合、产业带动型的中心社区，属扩建改善型；3个保留整理型居民点，一是莫家古驿居民点，保留历史遗存，二是王家岗居民点，居民点位于台地之上，建筑、景观界面优美，三是桃花岭居民点，背山面水，临近黄家湾景区。

在产业方面，强调小型农业庄园和家庭农场的精巧安排，强调与大型风景游赏区片的结合，形成北部“三国”文化游赏片和南部生态农庄体验片，以实现在姚庵游农业生态庄园、赏黄家湾风景区、观精品苗圃果园、品农家特色韵味的产业体验（图21–10）。

6.3.3　村庄整治与建设

通过对鄂西北传统民居进行研究，选择建筑色彩和材质；并将现有的实景照片和规划整治的效果进行前后对比，来表达规划设想。

规划反对推倒重建、大拆大建，而是适度的综合整治，对各个点位的村湾整治进行修建性详细规划设计，探索"荆楚风"在姚庵的再现；同时关注重点投入公共空间的重塑，尽可能利用现有资源，强调小尺度、低成本、生态化的宜人公共活动空间的营造。

7　规划编制特色与创新

7.1　四级联动、多方协作、全力推进的工作模式

规划工作受到各级政府和相关职能部门的高度重视。省、市、区、乡四级党委政府联动，农委、发改、国土、住建、规划等职能部门各司其职，通力合作，为规划顺利推进创造了良好的条件。

就规划体系和编制内容，编制单位与市、区、乡政府领导多次座谈，明确规划方向、了解地方发展诉求；与编制单位保持密切沟通，保证工作协调有序同步推进；并邀请相关院校科研单位、专家协助开展专题、专项规划研究。项目形成了国内+境外设计机构、设计单位+当地设计院、设计单位+高校、设计单位+政府政策研究室等多方协作的方式展开各项研究。

7.2　城乡一体、全域规划，构建具有地域特色的规划体系

规划针对尹集发展诉求，除依据省"四化同步"编制导则完成明确要求的规定内容外，更有的放矢地增加了自选动作，如镇域层面，强化了空间管制的内容，以保证田园城镇目标的实现，并研究了政策保障如扩权强镇的路径引导；镇区层面，切入整体城市设计的视角，以更形象表达规划意图，指导具体建设；新型农村社区层面，不仅关注各个点位美丽村庄的具体操作，更以全域整体推进、综合整治为抓手，以打造全域景区乡村为目标，力图深刻贯彻"望山见水，记得住乡愁"的中央精神。

7.3　立足于区域视角，确定"襄阳前庭，田园尹集"的发展定位

规划从大区域视角分析，明确尹集为都市近郊卫星城，提出"丹凤衔芝（枝）"的整体空间意象。同时充分把握尹集特点，借鉴建筑学"灰空间"的界定，提出其定位应是异于传统城、乡二元概念的特质"第三空间"，并借"庭"来概括尹集在促进城乡融合的特殊作用，充分体现"田园城镇"的职能特色。

7.4　构建乡村综合体，提出"一核六片"新型城乡聚落体系

针对尹集特色提出乡村综合体的概念，将产业发展与村庄建设融为一体，高度概括了以产业联动为特征的都市近郊新农村形态，既维持乡村既有的散而灵动的形态，功能上又高度融合。规划确定"一核、六片"的结构，构建以中心镇区、乡村综合体为节点，以主要交通廊道为主线的组团式一体化的空间发展格局。其中"一核"为中心镇区，"六片"为北部凤凰家园、东北部紫薇庄园、东南部青龙碧湾、南部人旺湖畔、西部姚庵人家以及西北蝴蝶溪谷等6个乡村综合体。

7.5　基于依法依规、分层叠加的基本生态控制线范围划定

规划依托GIS新技术，从地形上确定山体、水体、饮用水水源保护区等核心生态要素的本体控制范围和周边保护范围，提出生态框架体系，同时对接襄阳都市发展区生态边界的控制，划定生态框架区域的边界，明确了生态底线区和生态发展区"两区"范围，实现了与建设区规划管理的无缝对接，并以此反向确定城镇增长边界，控制城镇无序蔓延。

在此基础之上，于全域范围内划定禁止建设区、限制建设区、有条件建设区和允许建设区，实行分区管制，同时划定高集约度、较高集约度、一般集约度三类建设引导分区。

7.6　尊重原有格局，以整治为主，打造姚庵美丽乡村典范

姚庵村庄建设尊重原有格局，以整治为主，实现多点支撑；景观规划"望山见水"，让村民"记住乡愁"，将整个姚庵村打造成为全域式景区。姚庵美丽乡村规划

获得高度肯定，并作为2014年全省唯一的村庄规划推荐到住建部作为试点。

7.7　借鉴成功案例经验，制定乡村综合体发展指引

规划借鉴台湾地区的成功经验，对乡村综合的发展提出指引，对休闲农业分类、土地分区、设施设置、建设量、建筑限高均作出明确规定，通过“人、地、业”规模的平衡性分析，进行双因子校核，解决休闲农业在实际中发展的问题。

7.8　方案项目化，提出近期行动计划，制定近期建设项目库

为加强规划的指导性和可实施性，更好地发挥对城乡建设的引导和调控作用，引入项目库规划的编制手段，将近期建设项目以项目库的方式落实，配合创新体制机制，使规划与计划同步协调与衔接，更符合空间合理性、实施可行性和城镇综合效益最大化的要求，实现城乡经济社会、空间、土地的有效结合。

编制单位：湖北省城市规划设计研究院
执笔人：张谦，肖宁玲，陈涛
项目负责人：蔡洪，张谦
项目组成员：蔡洪，张谦，陈涛，位欣，胡海艳，肖宁玲

22　“农业驱动、镇园融合”的双沟镇规划

双沟镇历史文化底蕴深厚、水系丰富、生态本底好、土地肥沃农业突出、紧邻襄阳城区，是襄阳市“东进东出”的门户地区。在湖北省“四化同步”21个试点镇中，双沟镇的农业产业、近郊区位以及历史文化和水环境的特色资源具有典型特征；本规划以“有创新、有特色、可操作、易推广”为指导思想，在大城市城郊型乡镇中探索“四化同步”的行动规划编制。

1　基本情况及现状特征

1.1　城镇化特征：城镇化水平相对较高，提升潜力大

比较双沟与周边乡镇人口相关数据，其中双沟镇本地城镇化率为31.4%，在全区处于较高水平，实际城镇化率〔（城镇人口+外出务工人口）/户籍人口〕为43.1%，亦处于前列。一是由于外出务工人员（半年以上）比例相对较低，仅占总人口的14.1%，低于其他乡镇；二是由于农村人口从事非农产业的人数量较少，也从侧面说明从事农业产业的收益比其他乡镇有一定优势。

同时，分析双沟镇人口构成，发展老龄化程度低于地区平均水平，受教育程度相对周边较低，但高于襄州区和周边乡镇平均水平；从劳动力供给角度而言，双沟镇劳动力从数量、素质等方面相对略高于周边乡镇。

另外双沟亩均承载人口0.55人，亩均承载劳动力0.27人，人地关系紧张，在提高农民整体收入的大背景下，要求必须转变现有发展方式，释放劳动力。

1.2　农业化特征：农业大镇，产业化趋势显现

双沟镇现状农业主要以种植业为主，其中农业总产值、耕地地均效益、土地流转率均处于全区较高水平。2013年全镇农业总产值约13亿元，在全区排第4位，高于全区平均值。从双沟总耕地数量、人均耕地数量来看，双沟在全区优势不甚明显，但单位面积产值7.21万元/km^2，明显高于襄州区4.97万元/km^2，地均效益优势明显。到2013年双沟镇土地流转36800亩，占总耕地面积的31.5%。土地流转率高于省、市、区平均水平和全国平均水平（全国21%），但相比于流转程度较高地区仍有不小差距。

近年来双沟镇探索农业发展新模式，农业经济成绩斐然，尤其是蔬菜种植，依托镇内专业大户乾兴农业生产有限公司、李行农业技术有限公司等多家农业龙头公司，通过土地流转建设标准化蔬菜生产基地，形成以蔬菜生产、加工、销售为一体的产业链，每亩土地每年可赚2万余元，收入是传统农业的10倍以上，产业化趋势显现。

1.3　工业化特征：工业快速崛起，农产品加工企业集聚

双沟镇现状工业主要分布在镇区及镇区南部沿老G316国道两侧的工业园区。整个镇区初步形成了以食品、纺织、服装、制鞋、电器、家具、化工、建材为主的工业体系。2012年，全镇规模以上工业企业20家，工业总产值77.3亿元，在各开发区及各镇中仅次于襄州开发区，位居各乡镇之首。但与深圳工业园和张湾镇差距不大，发展有待进一步巩固。园区初具规模，以粮油加工和服装纺织业为主导。目前，产业园区有国家级龙头企业万宝粮油等50多家中小企业，形成了以粮油副食、纺织服装等支柱产业群。

从现状工业发展状况来看，农产品加工企业集聚，但产业集群尚未形成。集聚了万宝粮油、双北粮油等国家级和省级龙头企业，但是产业链条短，上下游延伸不足，特色耕种、贸易流通、研发创新等发展滞后，制约了产业链集群的打造和整体效益的提升。

1.4　信息化特征：注重基础建设，信息化尚未应用

由于双沟镇城镇化、工业化、农业化现阶段所处的发展阶段，信息化与其他“三化”的融合程度不高，仅表现在有线电视、通信等方面，一方面说明信息化发展相对落后，另一方面也说明在未来发展中，信息化发展潜力巨大。

1.5　现状特征总结

总结上述研究不难看出，双沟农业发展有一定基础，处于缓慢提升阶段。农产品加工在区域处于龙头地位，并与农业种植形成初步互动关系。较低的城镇化率基数和优势的人口质量，在合理的发展动力推动下，提升潜力较大；信息化建设尚未应用。在现状“都市近郊优势、上游生态优势、产业基础优势、发展政策优势”基础上，抓住试点机遇，确立“加速发展、率先发展”的“四化同步”路径。

2　规划目标及定位

2.1　发展环境

2.1.1　国家农业示范脉络——持续推动农业与农产品加工示范发展

自2004年至今，国家从农产品加工示范、现代农业示范、生态农业创新发展示范等层面或方向促进农业现代化发展。襄樊市池阳农产品加工业示范基地（双沟镇+张家集镇）成为第一批示范基地；襄州区农产品加工园区（双沟镇）成为国家和湖北省农业产业化示范基地。由此可以看出，双沟农产业发展处于农业产业示范的层面，但尚未涉及的现代农业及生态农业创新发展示范，将是未来发展的必然选择。

2.1.2　鄂西北农业发展腹地相对独立完整

在省域城镇空间极化与缺乏整体功能组织的双重作用下，省域城镇体系的空间结构表现为各自独立、分化不显著、网络联系强度较低的多中心“扁平化”空间体系，使武汉与襄阳、宜昌、荆州等二级城市难以形成密切的经济往来和物资信息交流。襄阳市作为省域副中心城市，腹地范围以鄂西北为主，辐射鄂豫陕渝毗邻地区。完整的腹地为农业产业化提供了发展空间。

2.1.3　襄阳发展优势——农产品加工业发展比较优势明显

根据襄阳市主导产业区位商分析结果，农副产品加工在全国区位熵为2.46，在省域区位熵为2.23，在全国、省域范围内都具有发展的比较优势。

同时，襄阳市具备提升能级的潜在优势。农业部颁布的4批国家农产品加工示范中，湖北省共有16个示范基地，其中襄阳市有襄州区和老河口两个示范基地；在湖北省确定的25个省级农产品加工园区中，襄阳市同时拥有4个园区，发展优势明显。

2.1.4　双沟农业加工在襄阳市处于龙头地位

《襄阳市农产品加工业“冲三千、追武汉”行动方案》中提出“建立一个中心，建设两个基地”的发展目标，而双沟现状的精深加工园是“基地”的重要组成部分，从现状产业分析也不难看出，双沟镇现状农产品加工企业在襄阳市集聚明显，双沟农业加工龙头地位已成现实。

2.2　发展动力

解读已有不同层面的相关规划，借鉴山东寿光、陕西杨凌等国内农业产业发展领先地区发展经验。依托双沟优势，抓住鄂西北典型农业大镇及农产品加工业起步快速发展的特征，建立以襄阳主城区、农业为基础，农产品加工、城镇发展、农产品商贸为核心，并在此基础上衍生其他功能的发展动力（图22-1）。

2.2.1　核心动力

（1）农产品加工：是初级农产品和最终需求产品之间的桥梁，是农产品提升附加值、促进种植养殖发展的重要路径，是改善农产品贸易条件的重要支撑。因而依托现状优势的农产品加工基础，抓住发展机遇，大力发展农产品加工产业。

（2）农产品商贸：其发展推动农业效益提升，助推农产品加工发展。随着农业技术、机械投入增加，农产品产出也取得了突破性增长。剩余农产品的出现，一方面有赖于农产品贸易解决当地农民生产的农产品销路问题，提升了农业整体效益；另一方面，农产品贸易促进相关产业发展，间接推动地方经济增加和人民收入水平提升。

（3）城镇发展：农产品加工、商贸产生的人流、物流、技术流将极大促进城镇发展；反之，城镇完善的配套服务、优美宜人的空间品质为农产品加工、商贸提供空间载体，拉动相关产业发展。

2.2.2　基础动力

（1）近郊优势：伴随着襄阳中心城区日益发展壮大，其对近郊小城镇的扩散效应日渐显著，这种发展态势从客观上要求中心城区周边形成城市空间的定向突破，给近郊小城镇带来发展机遇。此外，随着城乡统筹发展，城市基础设施向农村延伸，提高城乡基础设施一

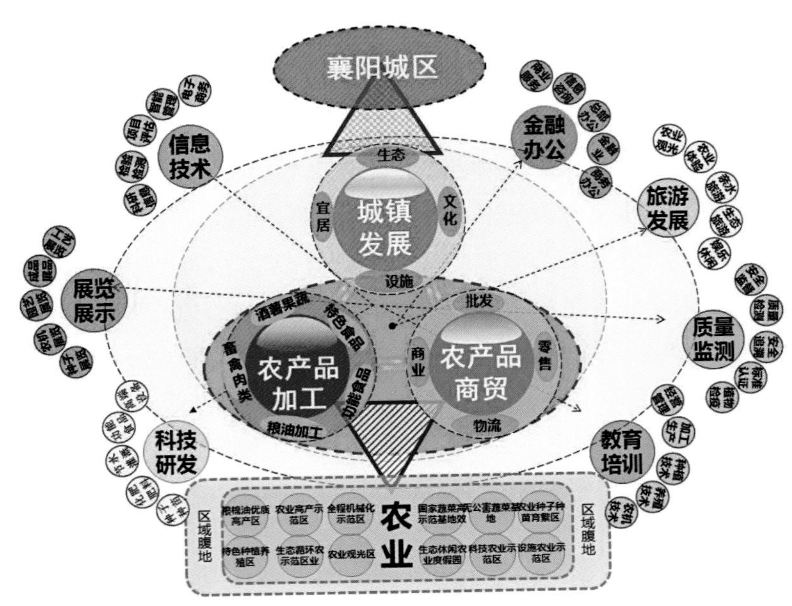

图22-1　发展动力梳理示意图

体化、公共服务均等化的发展趋势和相关要求，使得中心城区基础设施不断向农村延伸，靠近中心城区的双沟镇势必会成为首批发展机遇获益者。

（2）农业种植：优势的农业发展基础将为农产品加工发展提供原料保障，成为推动农村人口向城镇集聚、工业化、城镇化的基础动力。

2.2.3　衍生动力

在农产品加工、农产品商贸和城镇发展3个核心动力的推动下，势必会衍生出一系列其他辅助功能，诸如科技研发、教育培训、展览展示、旅游发展、金融办公、信息技术和质量监测等功能。这些功能也将推动核心动力、基础动力的发展和完善，在此过程中拉动就业、促进经济增长和城镇职能完善，实现动力之间形成相互联动、相互促进的发展关系，为双沟发展提供持续动力。

2.3　发展目标

结合双沟镇周边的发展形势、自身的产业基础和发展条件，通过对发展动力识别和判断，将双沟镇定位为：国家现代生态农业创新示范基地，鄂西北农产品加工与流通中心，襄阳近郊特色专业新市镇。

（1）国家现代生态农业创新示范基地：推进农业改革深化、现代农业建设和农村发展活力增强。近期发展为国家现代农业示范区和国家级农村经营体制机制创新试验区；中期成为国家农业改革建设试点示范区；远期争取成为现代生态农业创新示范基地。

（2）鄂西北农产品加工与流通中心：发挥农产品加工优势，拓展相关功能领域，逐步推进双沟镇农产品加工的区域影响力和发展能级，辐射带动更广腹地快速发展。近期重点扶持农产品加工发展壮大，完善各类农产品加工，深化产业链条；中期逐步加强农产品商贸和研发，建设完善农产品流通体系，作为鄂西北农产品集散地，对外贸易展示重要窗口；远期在推进农产品精深加工、贸易和研发的基础上，逐步推进创新服务发展。

（3）襄阳近郊特色专业新市镇：依托自身发展条件，逐步打造为承担襄阳都市农业促进中心、生态宜居功能、农业旅游功能的新市镇。

2.4　模拟发展规模

城市的发展规模主要包括社会经济规模、人口规模、用地规模等三方面，为实现发展规模与发展定位之间顺利衔接，合理确定城市发展规模。将发展目标分解为近期、中期、远期3个阶段，其中近期（至2016年）侧重发展现代农业与农产品加工，中期（至2020年）实现农产品加工主导发展，远期（至2030年）以农产品加工与商贸并重发展为主导方向。并针对不同阶段发展的重点，采用趋势外推、案例借鉴等多种方式，综合模拟发展规模。

2.4.1　经济规模预测

上位规划《襄阳农产品加工“冲三千、追武汉”

行动方案》中确定襄州2016年农产品加工产值将达671亿元，根据双沟镇在全市农产品加工产业的重要性、贡献度、不同发展阶段的增长速度，综合考虑三次产业结构比重，预测近中远期双沟镇经济规模分别达到150亿元、250亿元和500亿元。

2.4.2　人口规模预测

计算现状双沟镇年均人口自然增长率，并结合未来重点发展农产品加工产业园的诉求，判断出双沟未来人口增长主要以机械增长为主，根据园区现有项目测算农产品加工业劳均产值分别为160万元/人、170万元/人和175万元/人。其他二、三产劳动力取农产品加工劳动力数目的20%。利用上位规划、环境承载力、区域人口转移方式综合判断。预测2017年人口规模为10.3万，2020年为12.5万，2030年为14万人。

其中2017年城镇人口6.0万人，2020年城镇人口8.5万人，2030年城镇人口11.0万人。因而，双沟镇年均人口自然增长率2017年达到58.3%，2020年达到68.0%，2030年达到78.6%。

2.4.3　用地规模预测

根据即将建设项目测算，预计2017年、2020年、2030年地均产值分别为100亿~110亿元/km^2、110亿~120亿元/km^{2}和120亿~130亿元/km^2。根据工业用地所占比例可算出，近中远期镇区园区总建设用地分别为8~9km^2、10~11km^{2}和12~15km^2。

3　镇域规划布局及关键控制领域

3.1　区域一体的生态格局保障

协调市域生态格局，分析镇域生态敏感性，保护环境资源、基本农田，满足城市组团间生态隔离等要求，以生态安全为目标，修复、整合河流水系、水库堰塘和生态斑块，依托主要水系和公路畅通生态廊道。构建“一源、三廊、多通道、多节点”的整体生态安全格局。并将镇域范围区划为禁止建设区、限制建设区、有条件建设区和允许建设区4类区域，实行分区管制，划定生态控制区，明确生态底线。结合人均建设用地规模、镇区发展方向、结合动态发展目标，划定镇区空间增长边界。

3.2　农业全产业发展的平台搭建

以农产品加工和农产品商贸为核心发展动力，以科技进步、劳动生产率提高、企业集群发展为主要手段，促进农业高效化、工业集聚化、服务业现代化发展。建设蔬菜、粮油、养殖高效基地，推动规模化、品质化、特色化、生态化、科技化发展，全力推进农业现代化。以农产品加工和贸易为核心，打造区域性农产品加工中心、农产品商贸物流集散中心、国家级高效农业示范区，构建以农业全产业链为主导的现代产业体系。推动三产联动发展，构建农业全产业链条（图22-2）。

3.2.1　农业现代化发展路径

以规模化、品质化、特色化、生态化、科技化发展

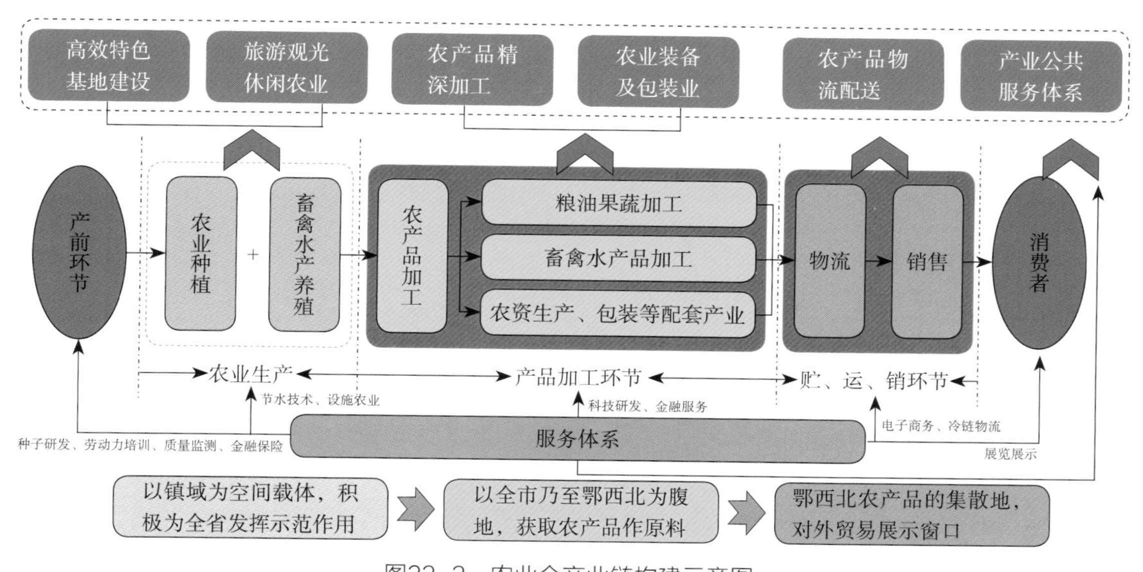

图22-2　农业全产业链构建示意图

的农业发展思路，通过生产过程标准化、经营方式产业化、产品品质高端化、空间布局集聚化的发展方式，打造蔬菜、粮油、养殖高效基地，建设品质蔬菜示范区、设施蔬菜示范区、特色蔬菜园艺示范区；粮油作物种苗培育区、科技孵化区、高效种植区；规模化生态循环养殖业区，生态休闲农业区、休闲养生区等农业板块。

3.2.2　新型工业化发展路径

依托现有粮油加工具有的基础优势，深化主产品加工链条，挖掘副产品综合利用潜在价值，促进粮油加工企业的规模化、集群化、联合化发展，使粮油加工企业走社会化分工之路，引导产品结构互补的企业以产业集群的方式集聚，形成上下游紧密相连的产品链企业集群；同时促进果蔬加工产品多元化、品质化发展，以有机蔬菜食品、果汁罐头加工、医药保健品生产等产业为发展方向；完善畜禽肉类加工产业“冷鲜-熟食-制药”的产业链；同时依托双沟悠久的历史及特色农产品，发展特色产品加工产业，注重品牌塑造，择机发展农业装备及包装业，形成产业横向链条。

3.2.3　现代服务业发展路径

推进科技服务体系改革，完善农业金融服务体系，推动农业展览展示服务，建设农业信息服务体系，率先发展涉农生产性服务，强化商贸流通功能发展；建设一个专业齐全、产学研相结合的农产品加工技术研发体系，推进科技研发服务发展，为鄂西北农产品加工企业提供科技支撑；培育新产品开发、技术咨询、技术服务、产品检测、人员培训等服务职能，打造农产品加工创新服务中心；同时，依托高速，建设农产品批发市场、农贸市场、农产品物流配送中心，运用现代信息技术，发展现代商贸物流。

3.3　特色引导的旅游产业发展

双沟历史悠久，旅游资源丰富，其中物质资源如水域、宗教、战争题材区域优势明显，非物质资源如演艺、手艺题材突出，依托现有发展资源，深入发掘双沟深厚的历史文化内涵，保护历史文化遗产和非物质文化遗产，充分体现双沟悠久深厚的历史和丰富多彩的民俗文化，使之成为襄阳文化旅游和双沟农业旅游的重要补充；并对双沟典型的宗教、战争等历史文化遗产进行重点保护，其中物质类文化遗产采取修复保护、恢复保护，非物质类文化遗产采取演艺保护、展示保护。

在此基础上，结合农业全产业发展，利用丰富的水环境及历史文化资源，以“多彩田园，缤纷水岸”为旅游形象定位，发展农业旅游、水文化旅游，突出“农旅融合”，构建“五大板块、一村一品、水画廊、旅游环”的旅游空间布局。

3.4　多路径选择的聚落体系规划

双沟镇现状村落体系由镇区、行政村、自然村（村民小组）三级构成，规划力图体现建立具有当地特色、符合新型城镇化构想的迁村并点规划。相比传统城镇化实现迁村并点的手段，新型城镇化具有路径多样、整分兼顾、自主执行的特点，是能操作、可实施的行动规划。同时，为保证村民个体意愿的充分实现，镇村聚落体系规划需兼顾村庄的多路径发展与整分兼顾的逐步过渡模式，实现灵活有机、切实可行、系统合理的聚落体系构建引导。

3.4.1　聚落体系构建影响因素分析

遵循柔性城镇化路径构建的基本原则，结合双沟确定的发展目标和现状格局，分析双沟聚落体系影响因素。1）尊重当地意愿，通过现场调研、对村干部会议进行访谈，整理村委会与镇政府的镇村发展意愿，将整个镇域划分为5片，在此基础上得出区域合并、拆迁新建、现状保留的村庄拆并意愿，提升迁村并点规划可操作性。2）符合产业布局，镇村体系规划需支撑现代农业发展要求，因此农民的主要聚集区（农村中心社区）选点需考虑合理的耕作半径。根据现场访谈结果和借鉴相关经验，耕作最大可承受交通时长为15min，主要交通工具为农用车（车速15~20km/h），因此适宜的耕作半径为3～5km。3）满足优质生活，根据服务半径构建镇区、中心村、一般村三级全域覆盖的公共配套设施，同时优质的公共设施需要一定数量的人口支撑，因而，在此半径内需集中与设施能级相对应的人口规模。4）保留特色村庄，通过现场调研与文献整理，在双沟镇现状村庄中识别出具有原生态特色、历史民俗特色与宜居水平较高的8个特色村庄，在规划中进行重点保留。5）保障安全，将处于唐河洪水淹没区和官沟水库水源保护区范围内的村庄进行整体搬迁，保障村庄及区域安全。

3.4.2　聚落体系构建——“镇区-农村中心社区-特色村庄-过渡村庄”

综合以上要素，规划“镇区-农村中心社区-特色村庄-过渡村庄”四级聚落体系。其中镇区以农产品加工和综合服务为主要职能，农村中心社区是主要生产单元和生活单元，特色村庄展现美丽乡村，发展农村旅游，过渡村庄以自主选择为基础，择机向镇区、农村中心社区以及特色村庄集聚。

3.4.3　分类发展引导

针对规划提出四级聚落体系，按照村庄现有的空间格局，提出改扩建、保留、并入镇区、本村集并、过渡、搬迁等6种村庄引导方式。1）改扩建村庄以提质改造、扩大规模、以周边村庄的公共服务中心来引导，发展为农村中心社区，人口引导规模为3000～4000人。2）保留村庄引导为特色村庄或社区，村容体现原生态特色与荆楚文化特色。3）并入镇区村庄将原有村庄建设用地与人口并入镇区园区，与镇区一体发展。4）本村集并村庄结合村民意愿与发展机遇，在本行政村内集并，成为新型农村社区。5）过渡型村庄控制发展，公用服务设施在满足村民基本需求前提下，除配置环保环卫设施外，不新增其他公用设施，引导人口外流。6）搬迁村庄由于防洪安全或水源保护，将该类村庄迁往镇区、农村中心社区集中安置（图22-3）。

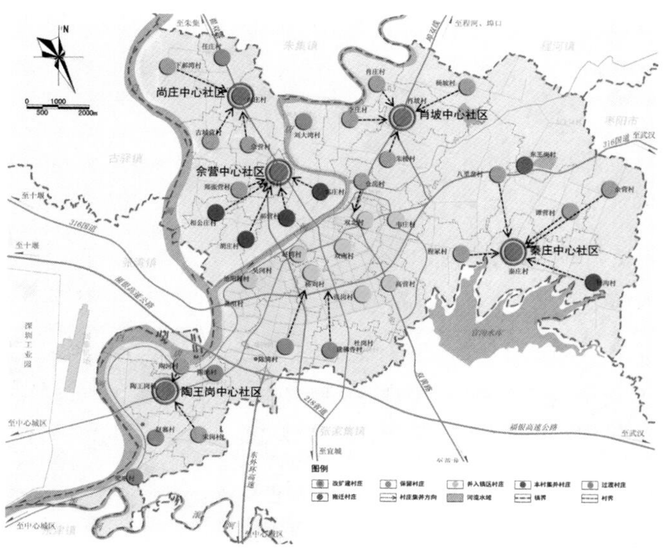

图22-3　聚落体系引导图

4　镇区规划布局及特点

现状镇区建设总用地面积为457.76km^2，主要分布在老G316国道、双张路、双程路、双黄路两侧。从整体格局来看，双沟镇区紧凑度较高，符合集约发展的指导思想，但紧凑的用地，在管理缺位的情况下，公共开场空间严重缺失，街道拥挤，空间品质低下。同时，有两千多年悠久历史及优越的地理、交通条件的双沟镇区特色不甚明显。

4.1　发展定位

4.1.1　城镇职能

从前文发展动力及发展目标相关分析来看，双沟镇区将承担鄂西北农产品生产中心、商贸中心、研发与创新服务中心，襄阳都市区农业促进中心，生态宜居、农业旅游片区和国家现代生态农业创新示范基地、国家农业改革与建设试点示范区等主要职能。

4.1.2　规划结构——“绿水融合、板块集聚、轴带发展、多点启动”

在产业方向、职能定位、发展规模实现与全域对接的基础上，突出“集聚发展、产城融合”的规划总策略，通过整理优化水系格局，形成网状的“点、线、面”一体绿水空间，嵌入相互互动的6大主题功能板块，强化城镇空间集聚和紧凑型发展，并沿新、老G316国道和唐白河组织城市公共空间，布置公用设施，塑造城市界面，在新、老国道交汇处形成辐射整个鄂西北地区的区域性专业服务中心，主要有商业金融、农产品展示、农产品商贸、生产办公、管理及配套功能；在老国道与双张路交会地区形成行政服务中心；在双程路、双黄路、老国道交汇地区形成商贸、文化、体育等功能的生活中心。最终形成“绿水融合、板块集聚、轴带发展、多点启动”的空间发展格局。

4.2　特色布局

4.2.1　滨水特色

双沟镇区丰富多样的水资源能在镇区形象提升、强化地区识别性、扩展城市休闲空间、发展旅游等方面起到重要作用。规划在处理好防洪安全、生态安全的基础上，通过遵循美观与使用兼顾、景观多样与统一的设计原则，塑造空间层次多样的滨水空间。

依托河流、水渠、堰塘等丰富的水系资源，提出“开放水岸、多彩空间”的滨水空间建设目标；并针对现状滨水空间存在的问题，结合周边地块发展方向，提出“优化水结构、修复水生态、丰富水景观、营造水生活的规划策略”；严格控制蓝线内用地，以生态修复为导向；充分利用滨河沿线空地，优先布置商业、文化、体育休闲等公共设施；引导临水周边第一排建筑宜设置为公共空间，加强用地与滨水空间的联系；滨水地块以中低层及高密度进行开发，通过建筑高宽比值控制滨水建筑界面、通透率，保证规线通廊、通风廊道、公共通道的形成（图22-4）。

4.2.2　产城融合

采用“镇园合一”的发展思路，以推进镇区园区融合发展为导向，通过生产性服务、综合服务业、生活性服务、物流发展、农产品加工以及包装配套等板块复合布局和紧凑扩张，促进产城融合，形成农产品加工生产、农产品生产服务、农产品交易、镇区生活及服务几大板块，并在空间上有机联系、互相促动。

4.3　老镇区整治

尊重现有发展格局，根据现状存在的主要问题及改造基金缺乏的现实，规划提出以“线”带“面”，画“龙”点“睛”的规划策略，重点从五界面整治、五节点整治引导入手，带动老镇区综合环境提升。

5　规划编制思路及方法创新

5.1　试点规划编制思路：探索具有双沟特色的“四化同步”发展模式

规划探索双沟镇以现代农业为基础，农产品加工为主导，农业全产业链拉动的新型“四化同步”。推进工业化与城镇化良性互动、城镇化与农业现代化相互协调，促进工业化和信息化深度融合，实现“四化同步”发展。

具体来讲，现有较好的农业发展基础在新发展形势要求下促进农业现代化发展，使得劳动效率提升，释放部分劳动力，增加农产品原料供给。这为农产品加工提供发展必需的劳动力和原材料，促进农产品加工业发展。同时，较多的原材料与加工产品促进更多交易行为发生，为商贸型城镇的形成提供发展条件。远程农产品种植监控、电子商务平台等信息化建设贯穿发展的各个

图22-4　镇区用地布局图

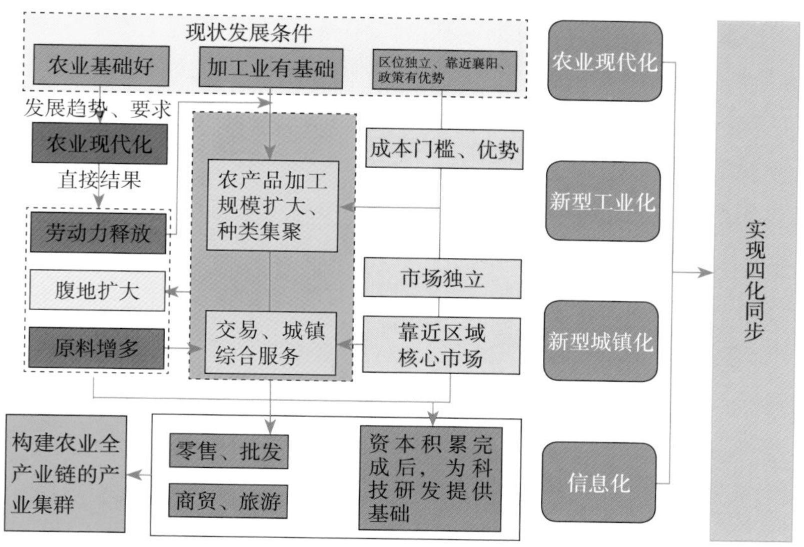

图22-5　双沟“四化同步”发展模式示意图

环节，提高生产、生活效率，由此构建以农业现代化为基础的自下而上的发展动力。同时利用近郊优势（成本优势）和政策优势，大力发展农产品加工业和农产品商贸，完善城镇在区域中的职能定位，促进农业现代化发展，构建由农产品加工、农产品商贸、城镇建设为核心的自上而下的发展动力。从自下而上、自上而下的发展解析不难看出，双沟“四化同步”发展模式为：农产品加工、农产品商贸为城镇化提供岗位供给；以生态、文化、宜居、设施配套完善的城镇建设为农产品加工、农产品商贸提供支撑；农业现代化为农产品加工、农产品商贸提供劳动力和原材料，间接带动城镇发展；农产品加工、商贸和城镇发展为农业现代化提供保障；信息与各个发展环节高度融合，提高发展效率。由此形成农业化、城镇化、工业化、信息化相互影响、同步发展的整体系统（图22-5）。

5.2　规划编制方法：以“行动规划”理念为指导

项目以目标谋划、路径策划、空间规划、行动计划为主体思路编制整个系列规划。在编制过程中，以有创新、有特色、可操作、易推广为编制目标，具体从以下方面展开。

5.2.1　目标谋划：梳理国家农业发展脉络，识别都市近郊地区发展动力

规划在解读现状问题、衔接各类规划、寻找发展资源的基础上，提出以农产品加工、农产品商贸、城镇建设三轮驱动的核心动力；利用基底条件，促进农业发展的基础动力，培育以“农”为主题的生产性服务业的衍生动力；并梳理国家农业产业发展格局和相关脉络，结合双沟镇实际发展需要，提出国家现代生态农业创新示范基地，鄂西北农产品加工与流通中心，襄阳近郊特色专业新市镇的发展目标；以“农”为主导的都市近郊地区发展动力识别。国家农业发展脉络梳理为专业产业主导的同类地区的目标谋划具有较强的借鉴意义。

5.2.2　路径策划：突出以“农”为主题的全产业链引导，探索柔性城镇化推进路径

从农业种植、销售的整个环节出发，利用“供、需”关系原理，探讨农民、市民、村庄、镇区、中心城区等多维度、分层面之间的相互关系，分析可空间化的功能需要。建立以农产品加工、农产品商贸、种植基地等全镇域空间覆盖的大农业产业链条，推动三产有序发展。同时，以被城镇化的主要对象——农民、村庄——为切入点，深入了解农民生产、生活方式，建立尊重当地意愿和市场规律、符合产业布局、满足优质生活、保留特色村庄、防灾减灾的多样选择机制，推动以人为本、就地就近特色城镇化。

5.2.3　空间规划：落实与产业业态、就业岗位、建设规模、人口规模相互衔接的“四化”建设平台

在目标与路径明确的基础上，深入研究人口、岗位、业态、用地相互之间的互动关系，建立农业化、工

业化、城镇化、信息化之间动态发展的逻辑；建立农业基地、工业园区、区域服务中心的产业发展平台，由此构建工业化、农业化推进城镇化，城镇化反驱农业化、工业化、信息化发展的互相影响机制，实现“四化”整体发展的空间格局；并分析其他空间影响因素，形成“镇区—农村中心社区—特色村庄—过渡村庄”的聚落引导体系，深化镇区布局，突出“集聚发展、产城融合”，形成“联动周边、镇园合一、绿水融合、轴带发展”的空间结构。

5.2.4　行动计划：建立分层次、分阶段、分类型引导的项目库，为规划实施提供抓手

坚持立足现实、集约发展和适度弹性的原则，在经济社会承受能力及现状城镇建设水平的基础上，划分重点地区，建立产业发展、旅游发展、综合交通、公用服务设施、市政基础设施、美丽村庄等层面，并按照近、中、远期和分部门建立项目库，为规划实施提供抓手，引导规划建设。

5.3　规划创新点

5.3.1　以市场为主导，策划发展动力，构建农业全产业发展的格局

应用“供需关系”理论，分析双沟具有的发展优势资源、可获得资源与需求之间的关系，确定依托主城区、农业的基础动力，农产品加工、城镇发展、农产品商贸的核心动力，并在此基础上培育其他功能的衍生动力，形成产、购、销一体的农业发展格局，确定发展目标，以发展阶段与市场成熟度之间的动态关系，策划对接目标的发展路径。针对性分析交通成本、土地成本、市场基础，建设高效基地与农产品加工园区，打造区域性农产品加工中心、农产品商贸物流集散中心，构建三产联动发展、空间全域覆盖的农业全产业发展格局。

5.3.2　探索自主化多途径推进的柔性城镇化路径

规划力图体现建立以路径多样、整分兼顾、自主执行为原则，以能操作、可实施为前提，充分体现村民个体意愿的多路径发展的聚落体系。以访谈村民、村领导等方式进行意愿调查，并依据宅基地指标换钱测算各村土地流转成本，确定土地流转难易程度，综合考虑其他聚落体系构建影响因素，构建不同等级的聚落体系，为村民提供多样的城镇化选择空间。并根据市场成本与现阶段财力之间的关系，以过渡村形式保留部分村庄，体现规划的操作性与可实施性。

5.3.3　建立双沟“四化同步”发展模式，转换为“岗位·产业·用地·服务”规划要素同步匹配

通过剖析“四化同步”发展模式推进的路径影响因素，不难看出，实现同步发展的“四化”之间形成了相互协调、相互影响的统一整体。也就是说，农业现代化将释放劳动力和土地指标，提供更多的原材料，这将为工业化、城镇化提供发展所需的用地、原材料支撑；同时工业化、城镇化的发展将提供更多的就业岗位，拉动农业现代化发展；信息化将提高农业现代化、工业化、城镇化的发展效率。整个过程将为农民、居民创造出更多的财富，从而将推动农村、城镇更大的发展，最终形成经济规模预测、就业岗位预测、人口转移路径、用地规模供给、服务设施配套与的路径模拟相衔接、同步匹配。

作者单位：深圳蕾奥城市规划设计咨询有限公司
执笔人：熊国礼
项目负责人：蒋峻涛，张建荣
项目组成员：赵春升，刘洋，厉洁，刘峰，廖亚平，刘善主

23 “工业带动、镇城融合”的龙泉镇规划

1 基本情况、发展绩效及示范意义

1.1 龙泉镇基本情况

1.1.1 区域位置

龙泉镇位于宜昌市东部、夷陵区东南部，东与鸦鹊岭镇和当阳市王店镇一山之隔，南部紧挨伍家岗区，西与小溪塔街道接壤，北与黄花乡和远安县花林寺镇相连，离宜昌市中心20km。

1.1.2 自然地形

龙泉镇域南北狭长的山谷地貌显著，高山、丘陵、河谷地貌并存，北高南低，北部山区植被覆盖率较高，最高海拔1070m，最低48m。柏临河自北向南贯穿镇域，是宜昌东部重要的河流之一。沿柏临河谷自北向南分布了镇域最主要的村庄、镇区、产业园区，镇域面积为261.39km^2。

1.1.3 社会经济

龙泉镇经济发达、生活富裕。工业以稻花香酒业为核心，形成了酿酒、包装、销售等饮食品产业集群；农业则形成以柑橘种植为主，花卉苗木、中药为补充的农业体系。2012年龙泉镇工农业总产值194.8亿元，工业总产值181.6亿元，人口约5.2万人，城镇人口为18340人，农民人均年收入超过1.2万元。

1.2 发展绩效评估

1.2.1 镇城融合：区域地位显著提升，发展潜力凸显

随着宜昌建设特大城市战略的实施，龙泉镇区域地位显著提升，发展潜力凸显，成为宜昌市区的重要组团和夷陵区副中心，多个重大区域基础设施布局在周边。龙泉镇区域地位的提升，要求规划不能简单地以小城镇的标准，而应以都市区组团和小城市的标准来规划龙泉。

（1）宜昌中心城区的重要组团

随着宜昌城区东扩，龙泉镇成为承接中心城区功能外溢的不可多得的拓展空间，尤其是宜昌市的垂江发展空间。《宜昌市总体规划（2011—2030年）》提出的宜昌中心城区规划结构为“一带、三区”，将龙泉镇纳入中部核心城镇区，成为中心城区的重要组团，以发展无污染工业为主，并将宜昌生物产业园布局在镇域南部，紧挨伍家岗区。可以说，龙泉镇作为宜昌垂江发展的重要区域、市域经济功能区划的东部产业促进区，承接中心综合服务组团以及全国其他地区的产业转移与产业升级，是宜昌未来产业和城市功能发展的重要地区。

（2）夷陵区副中心

随着小鸦路、东山四路等城市快速路的建设，龙泉镇成为夷陵区“小鸦路城市发展带”的示范节点，是夷陵区的副中心。《夷陵区城乡统筹规划（2012—2030）》以小溪塔城区为基础，形成包括周边功能性组团的高品质城区——夷陵新城。夷陵新城主要包括小溪塔城区、龙泉组团、坝区组团和鸦鹊岭组团，为“一主、三副”的组团布局结构，龙泉镇是副中心。龙泉镇以稻花香为核心的饮食品产业集群是小鸦路千亿产业带的重要支撑，带动小鸦路沿线的小溪塔、鸦鹊岭镇等发展。

（3）优越的交通区位

龙泉镇具有优越的对外交通条件。龙泉镇距宜昌东站12km，距宜昌港19km，距三峡机场18km，能够实现与三峡机场、宜昌东站、港口等对外交通枢纽的快速对接；距宜黄高速公路10km，沪蓉高速公路荆宜段沿镇区东部通过，沪渝高速公路汉宜段沿镇区南部通过，规划沪蓉高速公路宜巴段从镇区中部穿境而过，能够实现客货运交通在大区域范围内的高效流通（图23–1，图23–2）。

龙泉镇在宜昌市域内的交通条件也在逐步改善。龙泉镇距宜昌市政府驻地18km，距夷陵区政府驻地15km，与宜昌中心城区紧密联系，尤其是花溪路、东山四路等交通干道的修通，将实现龙泉镇至宜昌中心城区的半小时通勤。

1.2.2 工业带动：内生工业基础雄厚，本地化就业程度高

龙泉镇浓厚的创业创新精神，基础雄厚的本地企

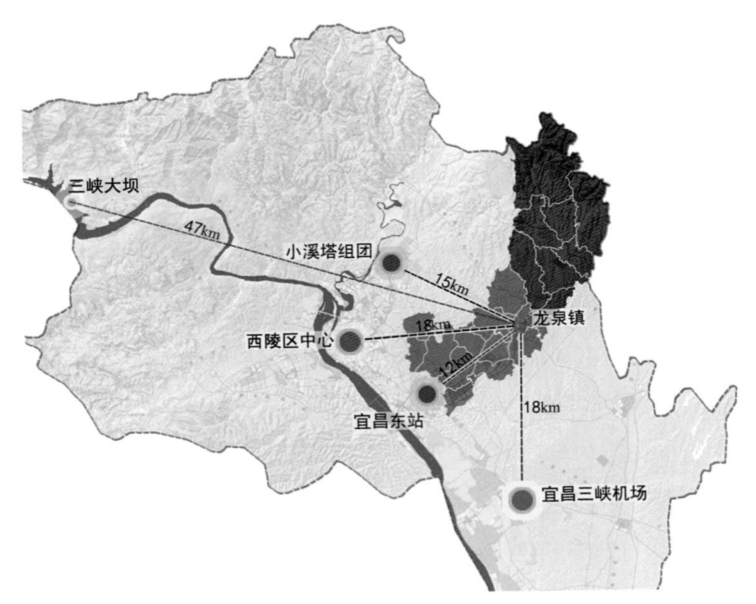

图23-1　龙泉的区域位置

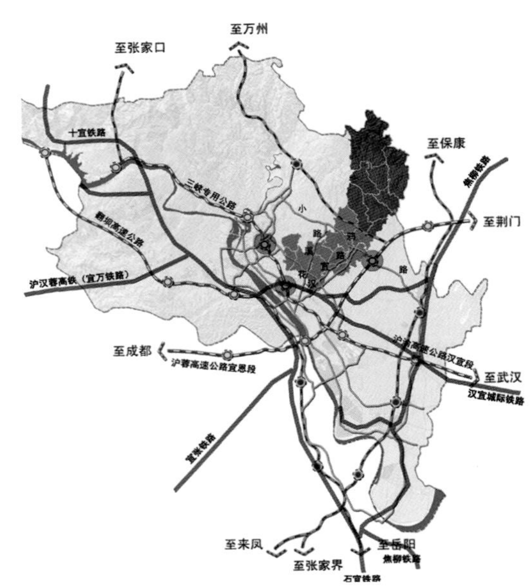

图23-2　龙泉的周边交通设施

业，为龙泉镇域提供了大量的就业岗位，带动了本地就业。

（1）围绕龙头企业形成本地化产业集群

龙泉镇工业以稻花香集团为核心，形成包括酿酒、包装、物流、销售等产业链的产业集群，并且有许多企业为稻花香集团做配套服务，如元龙塑模公司、翔陵纸业等，工业基础雄厚。2012年，龙泉共有各类企业462个，实现工业总产值181.6亿元。值得注意的是，462个企业大部分是在本地创业、成长并壮大起来的，具有很深的根植性，对龙泉发展具有很强的带动作用。

（2）本地化就业程度高

龙泉镇工业为全镇提供高达2万多就业岗位，其中，仅稻花香集团就招揽了18000多名职工。根据企业访谈资料显示，龙泉镇当地企业就业人员主要来自本镇内部，包括全职工人和半农半工的农村打工人员。可以说，龙泉镇实力雄厚的工业企业在极大程度上提供了众多服务于本镇人口的就业渠道，为本镇人口城镇化进程作出了巨大贡献。

1.3　龙泉镇的示范意义

龙泉镇一直是夷陵区、宜昌市的发展典型，在新型城镇化发展中，龙泉镇工业带动、镇城融合的特征，将成为“四化同步”发展的新示范。

1.3.1　连续的、宽谱系城镇化载体示范：以城带乡、镇城融合

依托土峡路，龙泉镇沿柏临河谷由南向北形成狭长的空间：由生物产业园到水府庙，经过镇区到柏家坪，形成了“城市核心圈层—城郊接合部—集镇—半山村落—山顶空间”的结构。龙泉镇与宜昌都市圈核心的空间关系形成3个圈层，成为连续、宽谱系的城镇化载体和连续延展的城镇化空间上的一个典型断面。在这个断面上，城市、城镇与乡村呈现“以城带乡、镇城融合”的发展态势，基本体现了龙泉镇城镇化丰富多元的梯度格局（图23-3）。

（1）第一圈层：距离伍家岗区5km以内。这段扇面包括车站村、土门村、梅花村、李家台村和白庙村，是宜昌生物产业园的发展空间，也是与宜昌城区直接对接的空间，受到宜昌市区直接辐射影响较大，产业以绿色生态产业、高新技术产业等为主。

（2）第二圈层：距离伍家岗区在5～10km之间。该段扇面是现状龙镇社区的核心地段，以稻花香为代表的镇区工业在此展现雄厚的实力，其带动农村人口非农化和城镇化的成果十分显著。

（3）第三圈层：距离伍家岗区10～20km之间。这段空间处于丘陵与山区地带，地形不断升高，产业由山腰地带的经济作物、观赏植物种植到山顶地区柑橘等山地

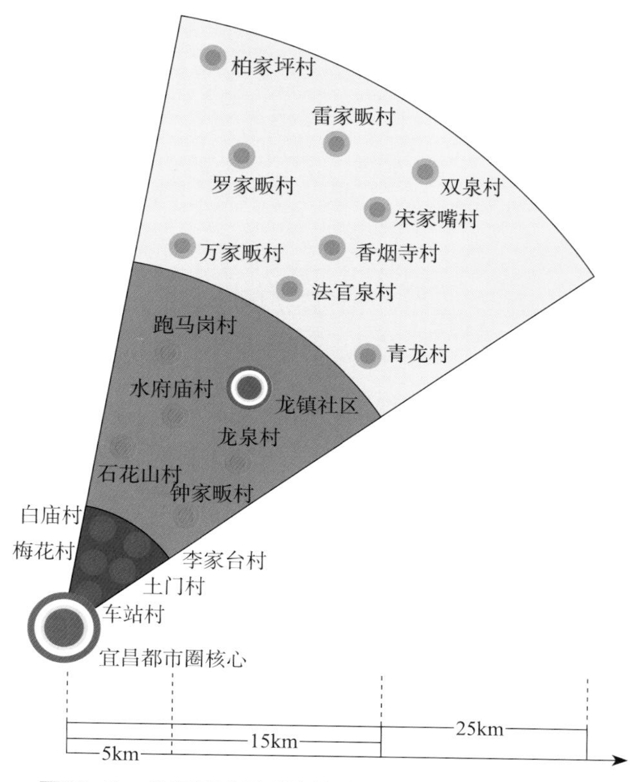

图23-3　龙泉镇域形成连续的、宽谱系的城镇化载体

作物的种植逐渐演变。

1.3.2　城镇化与工业化紧密互动：工业带动、融合共生

一直以来，龙泉镇的城镇化与工业化相互促进，共同发展。由新世纪以来龙泉镇发展的大事记就可以看出，以稻花香为龙头的企业对龙泉镇的城镇化发展做出了极大的贡献。

以稻花香集团为例来阐述龙泉镇工业化、城镇化的紧密互动关系。首先，从产业链延伸带动城镇居民就业的角度来说，稻花香集团打通一、二、三产业，形成一条从白酒生产、销售到相关外延服务的完整产业链，为全镇乃至周边地区人口解决了就业问题，极大地推动了城镇化进程。其次，从城镇空间集约利用的角度来说，龙泉镇的工业空间与城镇生活空间已经实现一定程度的融合，极大地发挥了规模效应和集聚效应。稻花香集团工业园区沿着柏临河两侧按照不同生产模块合理布局，实现全方位、一条龙的工业流程。同时，稻花香厂房周边配备有一定的生活服务空间与居住空间，员工就业与居住走向融合的态势初具端倪（图23-4）。

2　规划目标及定位

2.1　规划目标

（1）近期目标：中国白酒名镇

酒为支撑、美为核心。依托稻花香集团，大力发展白酒、饮食品产业集群，在3～5年内将龙泉建成名副其实的中国白酒名镇，实现产业美、人美、城镇美。

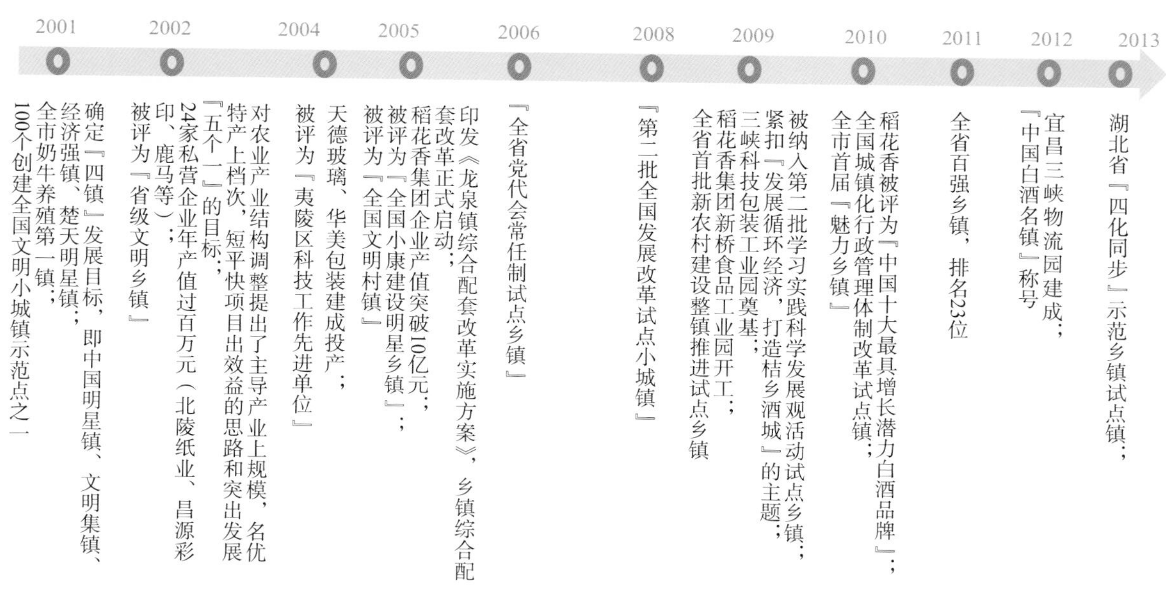

图23-4　2000年以来龙泉镇发展大事记

（2）远期目标：中国白酒名城

综合发展，多姿多彩。以白酒、饮食品产业为发展基础，以稻花香集团等大型企业为依托，以多元的新兴产业为主要驱动力，以集约高效、生态优美为发展特色，将龙泉建设成以酒为特色的兼具生活美、生产美、生态美的城市综合发展组团。

2.2 规划定位

通过对龙泉镇的综合分析及发展趋势判断，龙泉镇的发展定位和发展愿景为：山水酒城、田园龙泉。具体内涵如下：

（1）生态环境优越：树立生态优先的理念，加大生态保护力度，以山为骨架、以水为肌肤、以绿为基色、以酒为特色，逐步呈现龙泉的山水生态白酒名城意象，彰显龙泉“一城山水满城酒香”的风貌，实现“青山相依、碧水穿流、绿野环绕、城林叠翠”的目标。

（2）空间品质卓越：统筹城乡发展，促进城镇和乡村空间和谐共生，塑造高水平的城乡空间品质；结合城镇职能提升优化城乡空间结构，推进城乡空间结构的进一步合理化；集约节约利用土地，高效地进行空间开发与更新。

（3）产城发展和谐：统筹产城发展，促进产业发展与城镇建设的互利共生，以特色白酒产业集群为基础，逐步扩大产业类型，促进产业体系多元丰富发展；合理安排生产空间与生活空间，促进产城一体发展。

（4）城乡特色彰显：龙泉城乡发展特色凸显，优越的生态基底、和谐的城乡关系、以酒为特色的产业集群，产城融合的发展，这些构成了龙泉发展模式的核心，也是龙泉“四化同步”示范。通过“山水酒城、田园龙泉”的定位，进一步提炼龙泉的城乡特色，并以此进行多样的营销，将龙泉的魅力多彩充分彰显，提升龙泉的城镇形象与知名度，吸引龙泉发展的外部动力。

3 四化同步发展模式

“四化同步”发展是党中央对新型城镇化的发展要求，既树立“四化同步”的发展理念，更要求各地结合情况，探索“四化同步”的发展路径。龙泉在既往发展过程中，探索出具有鲜明特色的“四化同步”的路径和模式。

首先，工业化与城镇化的良性互动。对龙泉而言，表现在3个方面：第一，本地产业集群带动城镇化发展，龙泉镇已形成的以白酒为核心、包括包装、销售等在内的产业集群，为镇域城乡居民提供了大量的就业岗位，实现本地城镇化；第二，引进高新技术企业提升城镇化品质，以高新技术产业为主的宜昌生物产业园将在人口结构、经济发展质量、公共服务设施配套等多方面提升龙泉城镇化品质，尤其是生物产业园；第三，城镇化人口为产业发展提供给了大量的劳动力支撑。

其次，工业化、城镇化拉动农业现代化。龙泉饮食品为主的工业与柑橘种植为主的农业相互促进。对工业而言，本地的柑橘、中草药等是饮食品工业的核心原材料，就近取材，降低成本，例如稻花香集团、晓曦红橘业社对柑橘的带动。对农业而言，工业的大量需求可以带动农业发展，致富农民。与此同时，城镇化快速发展激活了都市旅游业，而龙泉的柑橘、花卉苗木种植正好为都市休闲旅游提供了发展亮点。

再次，信息化支撑工业化、农业现代化、城镇化发展。当前，信息化在龙泉具有一定的基础，并已有较好的应用。例如稻花香在生产、销售过程中对信息化的应用，晓曦红橘业社的网络销售平台。未来随着生物产业园投产，信息化应用范围将更为广泛，不仅应用于生产、销售，也会应用生活服务、公共管理等，包括“智慧龙泉”的建设。

4 镇域规划布局及关键控制领域

龙泉南北狭长的河谷地形地貌，以及位于宜昌都市区外围的圈层结构，决定了龙泉镇域发展也呈现明显的圈层特征：南部城市、中部镇区、北部乡村地域。

4.1 镇域空间结构：“一核、两轴、三园、四区”

结合龙泉镇域资源禀赋、交通条件、周边环境发展等因素，规划龙泉镇域形成“一核、两轴、三园、四区”的空间结构（图23-5）。

4.1.1 “一核”：稻花香生态酒城

稻花香生态酒城是镇域的经济、文化中心，是全镇的核心发展片区，承担居住、生产、公共服务、商业贸易、旅游休闲等职能，是龙泉酒城文化展示的核心区域，包括龙泉现有镇区、杨水河片区。

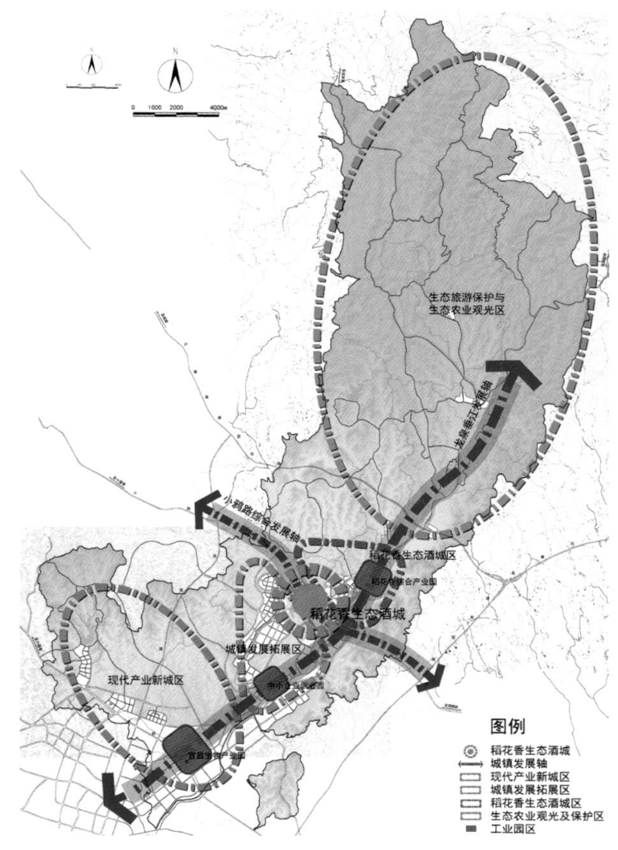

图23-5　龙泉镇域空间结构规划图

4.1.2　“两轴”：龙泉垂江发展轴和小鸦路综合发展轴

（1）龙泉垂江发展轴：依托土峡路、伍龙路等纵向交通干线，整合柏临河、杨水河沿岸产业布局，将生物产业园区、龙泉镇区、钟家畈产业园区、杨水河片区紧密连接，形成产城一体、功能协同的发展空间。龙泉垂江发展轴是宜昌市垂江发展的重要组成部分，需要平衡柏临河的开发利用和保护。

（2）小鸦路综合发展轴：依托小鸦路“城乡统筹先行区、新兴工业驱动带、现代农业示范廊”，围绕稻花香酒城区、包装工业园等发展多种产业，打造千亿产业带，建设产城融合的综合发展轴。小鸦路综合发展轴既是龙泉镇的综合发展轴，也是夷陵区的主要发展空间，在开发的同时，需要注意山体的利用与整治保护。

4.1.3　“三园”：宜昌生物产业园、稻花香综合产业园、中小企业创业园

“三园”是龙泉镇域主要的产业发展空间，是龙泉镇工业带动的主要体现。

（1）宜昌生物产业园：由生物产业园、职教园等共同组成，是武汉国家生物产业基地的组成部分，是推动宜昌市战略性新型产业发展、加快转变经济发展方式的重要组成部分。

（2）稻花香综合产业园：以稻花香集团为龙头，以酒业为核心，进行上下游产业开发以及饮食品产业发展的综合产业园。

（3）中小企业创业园：位于龙泉镇钟家畈，是以新型包装、新型建材、高新技术企业、创意产业等为主的创业园区，是弘扬龙泉创业、创新精神的重要空间。

4.1.4　“四区”

结合考虑龙泉镇域资源禀赋、交通条件、环境等条件，在生态敏感性分析的基础上，将镇域划分为4个区。

（1）生态旅游保护与生态农业观光区

以观光农业、都市农业为重点的区域，同时注重生态保育。以家庭农场、现代农业示范园区及农业合作社等为载体，发挥规模效益，提高农业产业化水平，增强其经济效益。引入新的农业形态，如生态农庄、生态农场等，开发农业旅游这种集生产、生活和生态为一体的新型旅游方式。

生态旅游保护与生态农业观光区严格保护生态环境：首先，严格限制污染物的排放，控制污染源；其次，严格控制开山采石，禁止生产性建筑项目，严禁乱砍滥伐；再次，加强风景林、经济林、防护林相结合的综合性林业体系，维持和修复山区良好的生态环境；第四，限制畜禽养殖的范围和污染物的排放，控制农业实用的范围，防治养殖污染和农业污染。

（2）稻花香生态酒城区

以稻花香集团为核心的人居舒适、产城共融的城区。依托稻花香生态酒城的集聚功能，进一步强化经济、文化、人口等各种要素向中心城镇的集聚，增强中心城镇的竞争力和辐射力，进而提升该片区的龙头作用，更好地展示龙泉酒城文化。在发展酒城的同时，需要着重处理好河流利用与保护、山体保护、镇区改造等方面问题，重点提升镇区发展品质。

（3）城镇发展拓展区

位于杨水河、钟家畈片区，是龙泉城镇发展的拓展区。产业方面主要以中小企业创业园为发展重点，同

时完善服务功能，促进人口、产业等资源的集聚，实现与稻花香生态酒城区的一体化发展，进而提升整体的竞争力，大力弘扬龙泉创业、创新精神。该区域是新建镇区，以小城市的标准进行建设，需要妥善处理新建地区与山体、河流的风貌，形成优越的小城市景观。

（4）现代产业新城区

围绕生物产业园、职教园发展的新城区，同时为园区提供居住空间与生活设施配套。这一片区要优化人居环境，维护生态边界，增强创新能力，注重优化产业结构；完善综合服务功能，吸纳生物科技等高新技术企业，支撑经济社会快速持续发展。这一区域是与宜昌中心城区接壤的空间，是龙泉镇城融合的直接体现，通过现代产业新城区将城市功能、产业引入到龙泉镇。

4.2 镇域用地布局

龙泉镇域呈现明显的圈层结构：南部以现代产业新城区的城市功能为主，中部由稻花香生态酒城区和城镇发展拓展区构成的城镇功能为主，北部以乡村功能为主。从用地而言，龙泉镇至2030年规划城乡建设用地27.75km^2，其中现代新城区（生物产业园）11.37km^2，镇区14.52km^2，乡村建设用地1.86km^2（图23-6）。

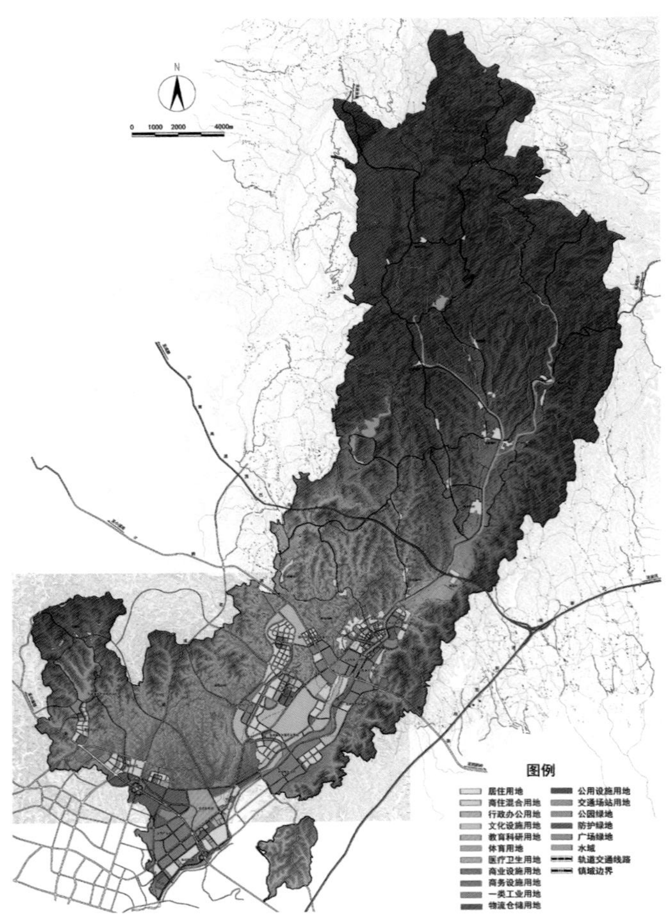

图23-6 龙泉镇域用地布局图

5 镇区规划布局及特点

5.1 镇区布局特点

由于河流、山体的限制，龙泉的空间布局呈现组团布局、产城融合、因地制宜等特点。

（1）城市标准。在把握龙泉镇发展规划的同时，需要镇城融合的视野，以小城市的标准规划龙泉，而不是仅仅以小城镇的标准。

（2）组团布局。龙泉相对平坦的用地集中在柏临河两岸和杨水河两岸，狭长的地形和山体的分割，决定了龙泉镇区更适合采用组团式布局，每个组团功能相对完整又相互协调，通过快速路、主干路便捷联系，共同构成设施完善、品质优良、生活富裕的龙泉镇区。

（3）产城融合。针对组团城市可能存在的交通跨越问题，根据每个组团的定位和用地情况，分别规划一定数量的工业用地，满足组团内居民的就业需求，构建龙泉特有的产城融合模式。

（4）因地制宜。依据龙泉实际情况，结合龙泉自身特点进行规划，保持龙泉的山水特色，尊重自然地形，使规划更加符合龙泉的需求。例如村民沿山而居、沿河发展产业的模式就依据了龙泉实际情况，一方面长期以来的防洪以及将平台的用地用于种植等因素，龙泉村民传统就是沿山居住；另一方面，沿河居住较少、拆迁成本低，产业也更容易发展。

5.2 镇区空间结构

在镇域规划的指导下，龙泉镇区形成“一核、两轴、三组团”的镇区空间布局。

（1）“一核”：稻花香生态酒城。稻花香生态酒城是镇域的经济、文化中心，是全镇的核心发展片区，承担居住、生产、公共服务、商业贸易、旅游休闲等职能，是龙泉酒城文化展示的核心区域。

（2）“两轴”：垂江发展轴和小鸦路综合发展轴。垂江发展轴依托土峡路、伍龙路等纵向交通干线，整合柏临河、杨水河沿岸产业布局，将钟家畈产业园区、包装工业园、稻花香厂区、老镇区、关公坊等紧密连接，形成产城一体、功能协同的发展空间。小鸦路综合发展轴依托小鸦路，围绕稻花香工业园发展多种产业，打造千亿产业带，建设产城融合的综合发展轴。

（3）“三组团”：龙镇组团、杨水河组团和钟家畈组团。由于河流、山体的分割，龙泉镇区分为3个组团：龙镇组团是以现有老镇区为基础、以稻花香集团为核心，进行上下游产业开发以及饮食品产业发展的组团。杨水河组团是以高新技术产业、商业服务业和居住为主要功能的组团。钟家畈组团是以中小企业创业园为中心的组团，以新型包装、新型建材、高新技术企业、创意产业、居住等职能为主。

5.3　镇区建设用地布局

规划2030年龙泉镇区建设用地面积为14.52km^2。其中，居住用地规划面积为504.83hm^2，占镇区建设用地总面积的34.77%；公共管理与公共服务设施用地规划面积为79.29hm^2，占镇区建设用地总面积的5.46%；商业服务业设施用地规划面积为84.30hm^2，占镇区建设用地总面积的5.81%；工业用地规划面积为381.86hm^2，占镇区建设用地总面积的26.30%；物流仓储用地规划用地面积为10.83hm^2，占镇区建设用地总面积的0.75%；绿地规划面积为134.18hm^2，占镇区建设用地总面积的9.24%。具体的用地布局见图23-7。

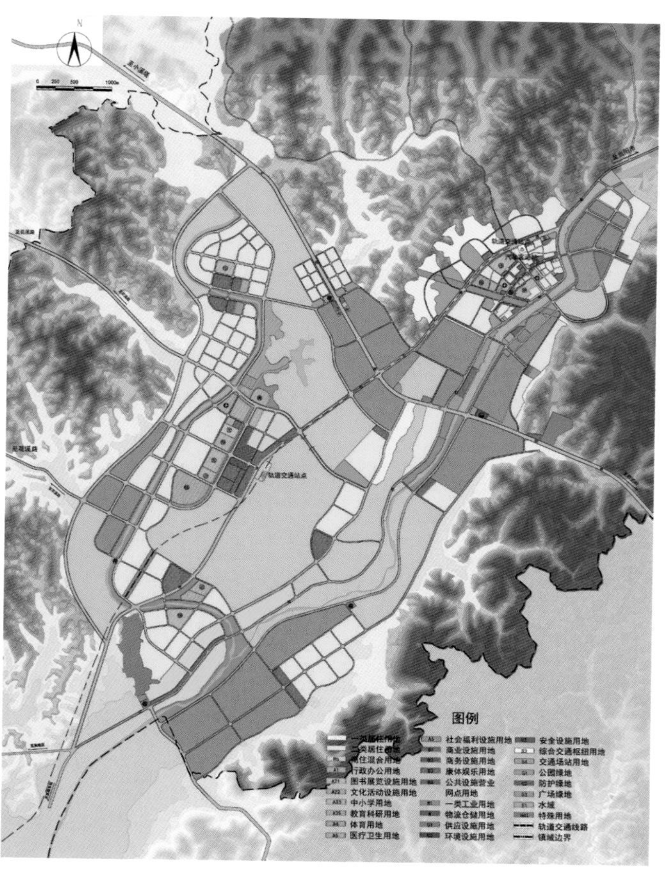

图23-7　龙泉镇区用地规划图

6　规划编制思路及方法创新

6.1　规划编制理念

6.1.1　生态优先

生态优先是指在社会、经济和文化的发展中，应当保障良好生态效益的优先地位，尤其是在生态效益与经济发展矛盾时，应当优先考虑各种建设规划对自然环境和生态系统的长期影响。坚持生态优先，是贯彻落实科学发展观的根本要求。

龙泉镇规划贯彻生态优先原则。首先，以生态敏感性分析为基础进行规划，在生态敏感性分析的基础上划定禁建区、限建区、有条件建设区、允许建设区，制定了各区的保护与利用原则；其次，生态优先要求保持龙泉的山水特色、尊重自然地形，例如对龙凤山、白虎嘴的保护和利用；再次，充分考虑山体、河流的限制，城镇建设尽量减少影响，例如镇区通过山体、河流分割形成组团式布局。

6.1.2　精明发展

精明发展包括精明增长和精明收缩，这是本次龙泉镇规划的核心理念。规划进行多层次区域分析，包括宜昌市、夷陵区、周边地区对龙泉镇的需求，确定龙泉镇的区域定位和发展趋势。在此基础上，确定龙泉镇的精明发展战略。首先是龙泉镇区的精明发展。通过生态敏感性分析、用地适宜性分析，确定镇区适宜建设区域，结合考虑山体、河流等进行镇区建设用地布局，集约利用土地。其次是乡村地区的精明收缩。随着城镇化的发展，乡村地区收缩成为必然。规划依据城镇化意愿、地形，将乡村地区划分为河谷特色农业片区、半山特色农业片区、高山旅游休闲片区、都市休闲农业片区，针对不同的片区制定居民点布局模式和发展策略，力图实现健康城镇化。

6.1.3 公众参与

新型城镇化强调“人”的城镇化，尊重人的意愿，就需要广泛地进行公众参与，分析、了解、遵从人的意愿。公众参与贯穿本次龙泉镇规划的始终。规划通过访谈、问卷调查、规划评审和公示等多种方式，实现全过程的公众参与。首先，现状调研阶段，访谈龙泉镇主要领导、企业家、各村主要干部，并在各村进行问卷访谈，了解村民的城镇化意愿。其次，规划编制过程中多次与镇、村进行交流、讨论并修改规划方案，尤其对于村庄规划方面与村进行了多轮交流讨论。再次，规划通过多层次的评审（镇、区、市、省），以满足各层次、各方面的需求。

6.2 方法创新

6.2.1 全域规划、多规协同

龙泉镇规划摆脱过去“以城为主”的思路，将龙泉全域作为一个整体进行统一的功能规划和空间布局，不仅关注城镇建设区和村庄的用地布局，还强调对非建设用地的功能引导，实现规划的全覆盖。在编制镇域规划的同时，同步编制镇区建设规划、美丽乡村规划、产业规划、村庄规划、土地利用规划等，积极实现多规协同。规划不协调已经成为导致土地资源浪费、空间管理无序、环境保护失控的重要原因。多规协同是新型城镇化的要求，也是解决上述问题的重要手段。龙泉镇规划的多规协同包括以下方面：首先是规划与上位规划的协同，包括宜昌市总体规划、夷陵区城乡统筹规划等上位规划，落实上位规划的功能、职能要求和用地安排等；其次是城镇建设规划和土地利用规划的协同，确保城镇建设规划、土地利用规划具有实施性；再次是城镇建设规划与国民经济发展规划协同，规划通过项目库的安排，将国民经济发展计划的主要项目落地，确保实施性。

6.2.2 多群体的公众参与

龙泉镇规划注重多层次的公众参与。龙泉镇的发展和规划需要尊重人的意愿，不同群体的意愿是不一样的，龙泉镇规划需要不同群体参与规划，了解不同群体的意愿。龙泉镇规划公众参与群体包括夷陵区主要领导、龙泉镇主要领导、龙泉镇主要企业家、各村主要干部、城镇居民和村民。值得说明的是对企业家的访谈。企业是一个地区的真正发展动力，了解根植于龙泉的企业家对龙泉的感情和设想，对龙泉的发展具有重要的意义。访谈的城镇居民也是多样的群体，包括出租车司机、服务员、小卖店店主等。

作者单位：南京大学城市规划设计研究院有限公司
执笔人：罗震东
项目负责人：罗震东，朱查松
项目组成员：吴晓庆，胡舒扬，夏璐，沙靓，郭轩，周洋岑，姚梓阳

24　“农工一体、园城互动”的安福寺镇规划

安福寺镇地处枝江市西北部，宜昌市东郊，总面积223km^2。主镇区东距省会武汉市298km^2，东南距枝江市区23km^2，西距宜昌市区30km^2（图24-1）。镇域东、西两侧为丘陵地貌，中部狭长用地为玛瑙河流域平原地区，整体地貌丘畈相间、山水相映，景色宜人。

为贯彻党的十八大关于推动新型城镇化建设的相关精神，落实湖北省委、省政府《关于“四化同步”示范乡镇试点的指导意见》，突出规划在本次示范乡镇建设中的引领作用，在湖北省住建厅指导下完成包括安福寺镇域规划、镇区规划等一系列规划成果，旨在通过全域规划的形式，统筹城乡发展，特别关注农村地区的发展，推动城乡一体化，从而为全省“四化同步”发展探索新路径。

1　城镇发展现状特征

1.1　人口总量与结构

据统计，2012年底，安福寺镇域总人口为49618人，其中非农人口8505人。自2009年以来，安福寺镇域人口数量一直保持在5万人左右，呈现微小的递减趋势，同时非农人口比例也基本上保持在17%左右。

“六普”数据显示，安福寺镇14岁以下和60岁以上的人口占总人口的比例超过28%，而15～40岁人口占总人口的比例不到33%。可见，安福寺镇外出务工的青壮年多把子女和老人留在镇内。另一方面，40～59岁人口占总人口比例较高将近40%，推测安福寺外出务工人口有回流趋势。此外，70岁以上的人数占总人口超过8%，显然安福寺镇亦步入老龄化社会。

1.2　经济与产业发展

安福寺镇是枝江市传统的农业大镇，而随着工业化进程加快，自2008年起镇域工业总产值首次超过农业总产值，工业对经济增长的贡献越来越大，在工业的带动下，安福寺镇域经济实力有了较大提升。2012 年安福寺镇农业总产值达到18.9亿元，在枝江市各乡镇中排名第1位；工业总产值达到42.6亿元，居枝江市的第2位；财政收入达到3585万元，居市第3位。枝江市各镇农民人

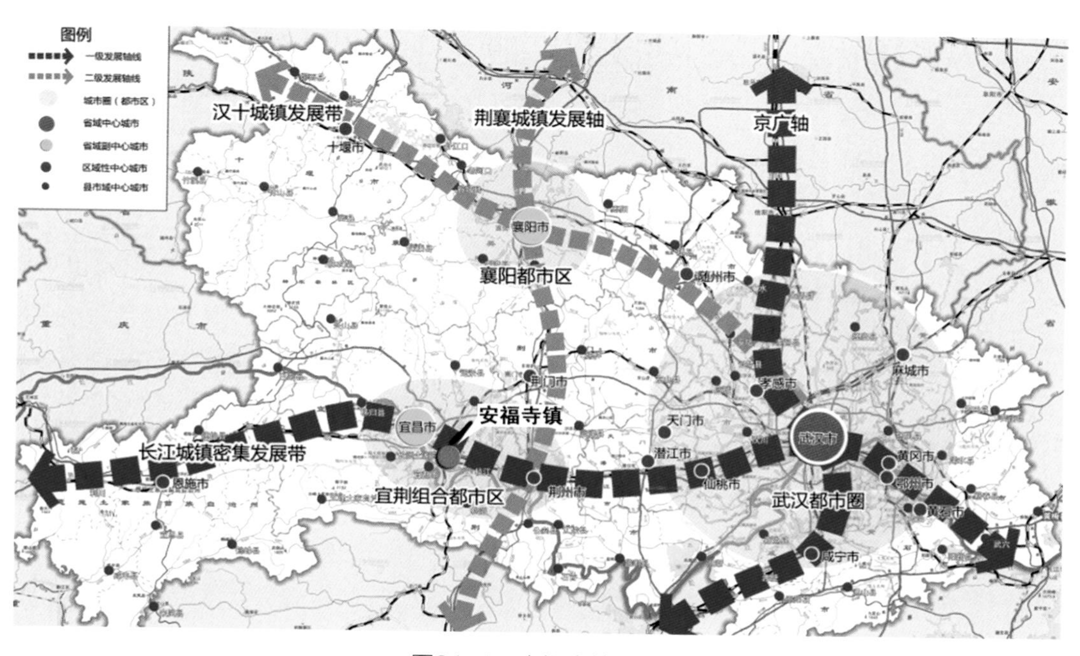

图24-1　安福寺镇区位

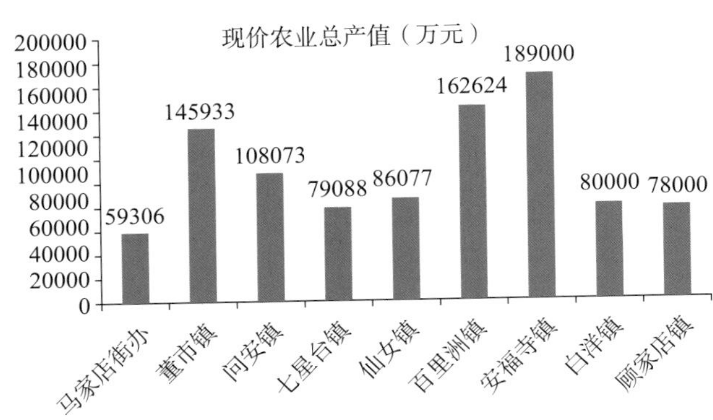

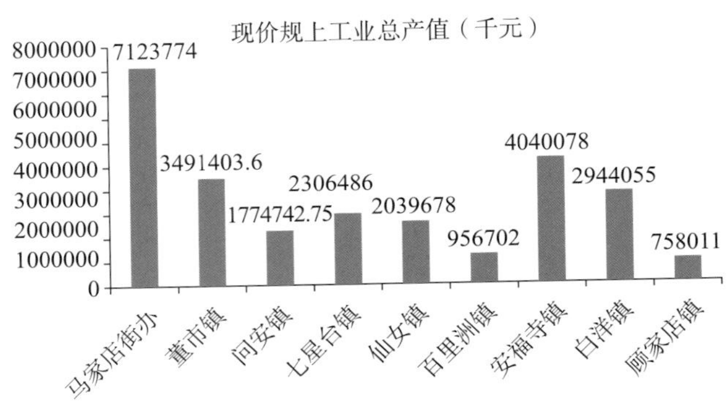

图24-2　枝江市各镇农业总产值（左）与规模以上工业总产值（右）

数据来源：枝江市统计年鉴

均纯收入差距不大，2012年安福寺镇农民人均纯收入为12199元，居市第2位。

近几年，安福寺镇在“打造湖北一流食品加工园区，建设湖北一流食品产业强镇”目标的指导下，全镇经济呈现持续稳定发展的良好态势，经济总量不断提高，整体保持了较快稳定增长，产业结构逐步得到优化调整。2012年工农业总产值较2006年翻了近四番。

1.3　城镇建设用地

安福寺镇现状城镇建设用地主要集中在主镇区以及北部的瑶华集镇和南部的紫荆岭集镇，两个集镇建成区面积均较小。镇区现状用地以居住用地和工业用地为主，以焦柳铁路为界，西侧为省级工业园安福寺食品工业园，东侧为安福寺老镇区。

现状镇区总体建设水平不高，居住建筑以低多层为主，景观风格欠佳；同时公共服务设施建设较为滞后，商业、体育、文化、教育等设施均有一定缺口，有待进一步完善。另一方面，安福寺工业园发展态势良好，用地范围持续向西拓展，但园区土地使用不够集约，企业占地较大，影响镇区整体的用地效率（图24-3）。

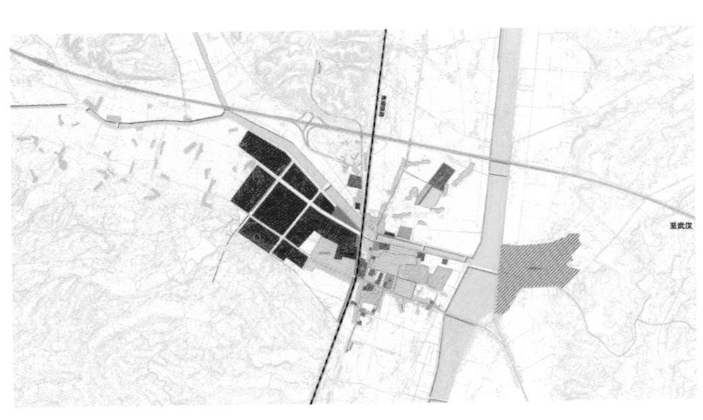

图24-3　安福寺镇区土地使用现状图

1.4　农村地区发展

安福寺镇地貌丰富，拥有平原、岗地、山地等多种地形，低丘缓坡居多，村庄分布因此相当分散，农村人口在玛瑙河流域等地势相对平坦、生产条件好的区域相对集中。平原和岗山等地区多以传统农业为主，受地形影响，农业机械化生产程度不高，小农经济占据主导地位。

总体上，安福寺镇域内村庄分散且规模较小，农村人均建设用地达到了500m²以上。农村地区供水、通讯、供暖、道路以及农业灌溉等基础设施建设滞后于生产生活发展需求，而基础设施不健全将导致人流、物流、信息流流通渠道不畅，从而制约农村地区的经济发展。同时，农村地区公共服务设施也比较缺乏，难以满足农村居民日益增长的物质文化需求。此外，部分地区出现无序建设之态，农村面貌较为落后。

2　规划目标及定位

2.1　规划目标

本次规划旨在通过统筹发展城乡产业、城乡居民点、城乡建设用地、城乡基础设施、城乡公共服务设施等主要内容，达到以下三个主要目标：

第一，构建目标统一、集约高效、特色鲜明、绿色生态的城乡建设发展模式；

第二，形成城乡互励、和谐融合、文明共享、舒适宜居的新型社会形态；

第三，形成产业协调、生活优质、交通便捷、生态优越的城乡一体化空间。

2.2　城镇定位

规划将安福寺镇定位为：湖北省重要的绿色农产品加工基地和物流中心，宜昌市东郊经济强镇，枝江市域西部的中心城镇，生态、宜居、宜业的国家级重点建设镇。

在湖北省层面，安福寺镇是重要的绿色农产品加工基地、鄂西生态文化旅游圈重要节点。积极共享湖北省作为国家中部崛起战略支点全面发展的红利，紧紧抓住湖北省建设“四化同步”示范乡镇试点的战略机遇，建设成为湖北省一流现代农业示范区、农产品加工强镇、区域性农产品商贸物流重镇和休闲观光旅游名镇。

在宜昌市层面，安福寺中心镇区是宜昌市中心城区功能组团之一，承接宜昌产业转移。充分利用镇区紧邻宜昌市区，快捷到达三峡国际机场和长江江海联运港，多条高速公路和省级公路贯穿镇区的交通区位优势，重点在食品工业园区内以及镇区周边打造区域性的农产品物流交易中心。

2.3　发展战略

2.3.1　生态优先战略

保护强化已有生态资源，充分利用环境优势，鼓励节能减排，降低能源消耗，构建镇域绿色生态的发展基底。主要分为3个策略：生态优先，即发展壮大农林生态资源，保护水体资源，完善镇区绿化环境；紧凑发展，通过更密集化的土地利用方式和集中化的生活方式，实现城镇的高效运营；资源循环，注重发展低碳经济，强调环保节能和资源的循环利用。

2.3.2　区域协调战略

立足宜昌市域乃至湖北省域，对接宜昌中心城区，充分发挥自身资源优势，抢抓外部机遇，在内外的联动发展中明确自身特色和定位，实现区域协调发展。

安福寺镇是宜昌市与枝江市连接的重要节点，应充分利用安福寺优越的交通和区位条件，以枝江市为重要依托，强化与宜昌市中心城区的联系，同时加强与南侧白洋新城的互动合作，强化自身节点地位，形成区域协作新格局。

主要包括3点：区域协调，即在功能定位上与周边城镇进行错位竞争，紧密对接宜昌城区，区域一体化协调发展；外引内联，强化与白洋新城等周边地区的外部联系，通过内外联动逐步明确自身的定位和分工；优化空间，统筹考虑城乡空间，聚焦中心镇区同时协调发展农村社区，构建镇域平衡的城镇空间格局。

2.3.3　功能提升战略

利用自身区位和资源优势，抓住“四化同步”示范镇建设的发展机遇，提升安福寺城镇功能水平，建设功能完善、城乡协调发展的新型城镇，主要包括以下4点：产业特色化，即利用现有产业基础，提升产业能级，增强产业联动，突出产业特色，以配套促发展为基本思路，完善基础配套；交通网络化，即构筑与安福寺空间布局相协调、高效、低碳的综合交通运输体系；服务均等化，即统筹城乡公共服务功能，提升服务水平和覆盖区域，实现城乡公共服务功能的均等化；景观田园化，即提升镇域环境品质，打造宜居镇区与美丽郊野，郊野空间以田园化为特征，利用生态基底突出农业产业地位，把体验、观光、休闲等功能融入农业。

3　“四化同步”发展模式

按照国家和湖北省“四化同步”的新型城镇化发展要求，安福寺镇重点推动工业化和城镇化良性互动、城镇化和农业现代化相互协调、信息化与工业化深度融合，以工业化、城镇化来带动和装备农业现代化，以农业现代化为工业化、城镇化提供支撑和保障，以信息化作为技术创新手段，有力地推进其他“三化”，最终实现安福寺镇“四化”的互动协调。

3.1　推动工业化与城镇化良性互动

3.1.1　以新型工业化为主导

以新型工业化为主导，着力构建富有区域竞争力的产业体系。以新型工业化为主导，加快工业园区建设，促进产城融合发展。园区是工业化的平台和城镇化的重要载体，做大做强食品工业园区，加强园区的规划、建设和管理，增强产业和人口集聚功能，实现集聚集群集约发展，打造百亿产业集群和产业基地，为城镇化提供动力，实现本地农民就近就地转移就业，实现农民向市民的转变。

3.1.2 以新型城镇化为依托

以新型城镇化为依托，着力构建现代村镇体系。新型城镇化是新型工业化的重要载体，是经济增长的持久动力，是扩内需、促增长的“发动机”。着力推动中心镇区、集镇居住社区和新型农村社区建设，构建梯次衔接、功能配套、组团式、网络化的现代村镇体系，有力促进产城互动、产村相融。

3.2 推动城镇化与农业现代化相互协调

充分发挥城镇化对农业现代化的重要引擎作用，大力推动城镇化与农业现代化相互协调，提升农业、农村、农民的自我发展能力。

加快推进城镇化，有效带动农村富余劳动力转移就业，为发展农业适度规模经营，推动农业专业化、标准化、规模化、集约化生产创造有利条件。

加快推进城镇化，通过拉动农产品需求、促进农民就业、建设新农村，有效拓宽农民收入渠道。

加快推进城镇化，彻底改变传统的农村土地、资本、劳动力等生产要素单向流动的发展模式，带动城市资金、技术、信息、人才等现代生产要素向农业农村领域延伸，实现城乡要素平等交换。

加快完善城乡发展一体化体制机制，着力在城乡规划、基础设施、公共服务等方面推进一体化，重点提升农业设施水平，为发展现代农业创造条件。

3.3 推动信息化与工业化深度融合

坚持以信息化带动工业化，以工业化促进信息化，走出一条科技含量高、经济效益好、资源消耗低、环境污染少、人力资源优势得到充分发挥的新型工业化路子；把增强创新发展能力作为信息化与工业化深度融合的战略基点和改造提升农产品加工等产业的优先目标，以信息化促进研发设计创新、业务流程优化和商业模式创新，构建产业竞争新优势。

3.3.1 发挥企业主体作用

发挥企业主体作用，加强信息技术在研发、管理、生产控制中的应用。以农产品加工龙头企业为试点，鼓励扶持企业采用先进的信息化技术，对传统生产流程和生产工艺进行改造。一方面，应用信息技术开展研发、管理和生产控制，推动生产装备智能化和生产过程自动化，加快建立现代生产体系，推动农产品加工和食品企业建立生产过程状态监视、质量控制、快速检测系统，逐步完善产品质量和安全的全生命周期管理体系，试点建设农产品、食品质量安全信息追溯体系建设；另一方面，加快信息技术与环境友好技术、资源综合利用技术和能源资源节约技术的融合发展，促进形成低消耗、可循环、低排放、可持续的产业结构和生产方式。

3.3.2 搭建电商交易平台

搭建农产品、食品等主要产品的电子商务交易平台。鼓励中小企业应用电子商务平台开展采购、销售等业务；通过电子商务平台推介柑橘、白桃、生猪等特色农产品生产基地，扩大农产品销售渠道，以信息化手段提高产品知名度和市场份额。

3.3.3 推动现代物流业发展

大力推动现代物流产业发展。鼓励农产品加工和食品制造等企业与专业物流企业进行信息系统对接，推进农产品加工业的采购、生产、销售等环节物流业务有序外包，提高农产品物流业专业化、社会化水平。试点电子标签、自动识别、自动分拣、可视服务等技术在大宗农产品和食品等物流园区和企业中的推广应用，提高物品管理的精准化水平，示范性建设信息化的农产品交易物流中心。

3.3.4 完善信息基础设施

进一步完善和提升信息基础设施。借助湖北省获批“国家农村信息化示范省”建设的契机，大力推进镇域信息平台和服务体系建设，抓好公共信息服务网络建设，健全完善基层信息服务站点；拓展农村信息化建设融资渠道，试点再推广农村综合信息服务平台，完善农村科技信息知识服务体系，增强和加快安福寺镇内外和镇内城乡之间的信息流通。

4 镇域规划布局及关键控制领域

4.1 镇村体系规划

根据安福寺镇发展的现实基础和加快城乡一体化

发展的客观需求，结合安福寺镇城乡居民点空间组织现状，规划按照“中心镇区–居住社区–中心村（农村中心社区）–村庄（农村一般社区）”4个等级，形成城乡一体化发展的镇村体系（图24–4）。其中，2个居住社区为现状的瑶华集镇与紫荆岭集镇；5个中心村分别为廖家林、徐家嘴、书院坝、紫荆岭、太和场；其余现状村庄经过迁并最终形成13个村庄：桑树河、秦家塝、野鸭湾、火山口、蔡家嘴、刘家冲、胡家畈、邹家冲、杨家店、罐头嘴、三藏寺、吴家门、灵芝山。

通过人口预测，将2030年安福寺中心镇区人口规模定为6.3万人；紫荆岭社区5000人，瑶华社区2000人；中心村规模在2000～4000人，村庄为1000～2000人。

4.2　全域分区指引

4.2.1　边线管控

根据现状条件与生态建设以及空间管制的要求，本次规划划定三类管控边线，实现“双保”——保护生态环境、保障区域发展。第一，生态红线，即根据水源保护以及基本农田保护范围划定生态红线；第二，村庄建设用地边界，村庄建设用地在规划期内应控制在划定的边界以内，原则上不得超过该边界的空间范围以及相应规模；第三，城镇建设用地边界，包括镇区与两个社区用地，以及区域交通设施用地，相关建设应严格控制在该边界以内。

4.2.2　分区指引

在边线管控的基础上，对全域实行分区引导，划分4类区域（图24–5）。其中，生态底线区为生态红线内部所有区域，实行最严格的保护措施，保障全域生态安全；村庄建设区为村庄建设用地边界内部区域，引导未来村庄的迁并与新建，而对于建设区外现有大量分散村庄，建议配合相关政策手段，合理地进行撤并或拆除；城镇建设区，引导区域设施以及镇区与社区的建设，尽快完善功能配套，提升生活品质与服务辐射能力；生态发展区，则是上述三者以外的区域，预留生态发展空间，原则上不予建设指引。

4.3　镇域用地布局

根据枝江市、宜昌市等相关标准，将人均城镇建设用地控制在120m²以内，故中心镇区与两个居住社区总城镇建设用地将在840hm²以内。镇区用地布局将在下一章节展开叙述。

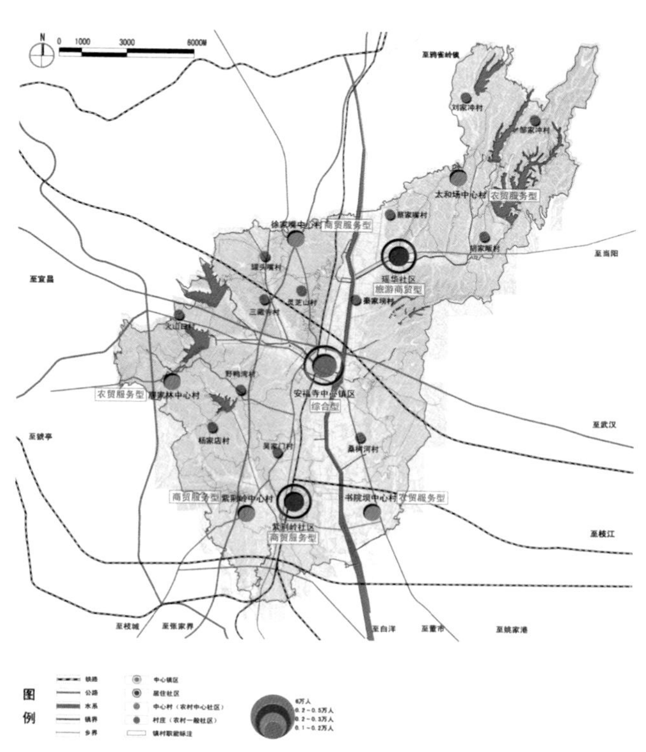

图24–4　安福寺镇村体系规划图

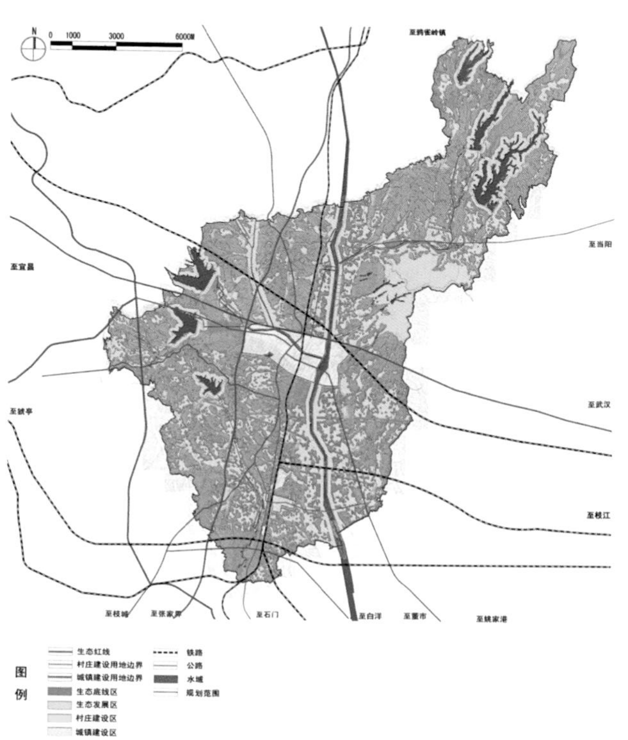

图24–5　安福寺镇全域分区指引规划图

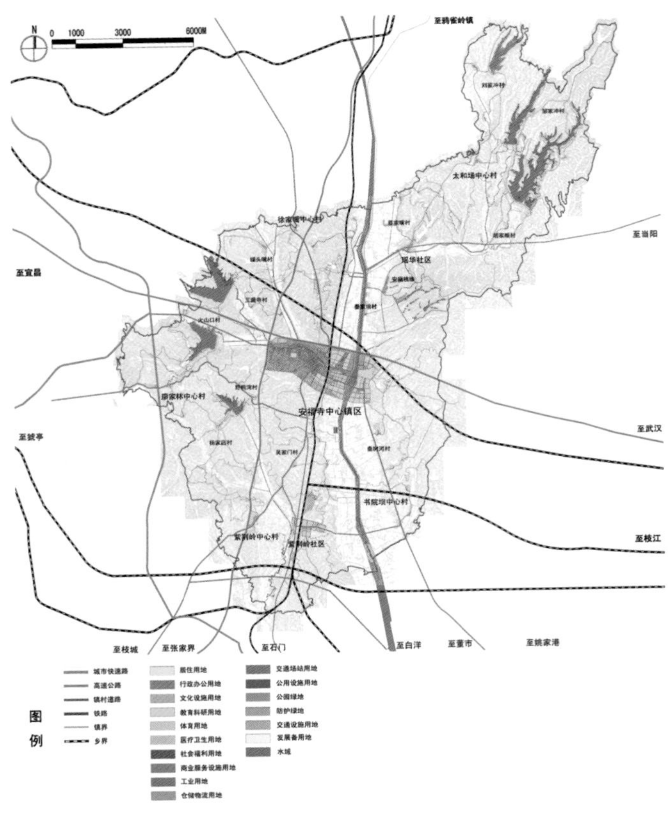

图24-6 安福寺镇域用地布局规划图

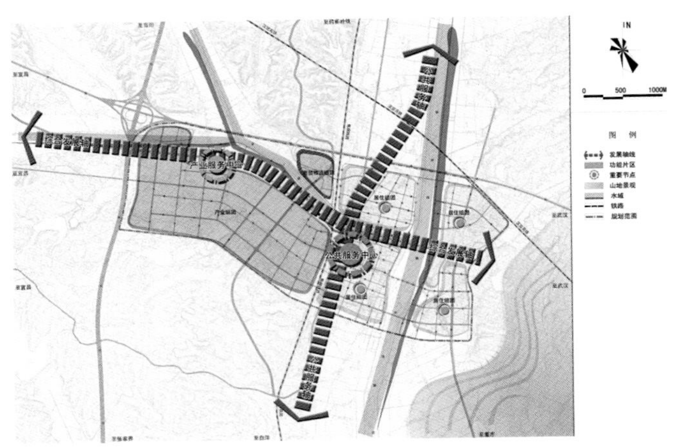

图24-7 安福寺镇区空间结构规划图

充分考虑到安福寺现状村庄分布零散且占地较大的特点，结合相关标准，规划将村庄人均用地标准定在138m^{2}左右。每个中心村占地规模约为30hm^2，基层村占地规模约为12～15hm^2。村庄撤并及新建应少占耕地，与基本农田保护区不相矛盾，因此镇域用地布局设想每个村庄在不断集中的过程中亦有适度分散的情况，农村居民可以根据自身意愿选择迁并后在何处居住、工作（图24-6）。

5 镇区规划布局及特点

安福寺镇中心镇区规划打造居住环境舒适、公共配套完善、就业条件良好、生态景观优美的新型城镇，吸引本地及周边地区居民就地就近就业（表24-1）。

5.1 镇区空间结构与用地布局

规划镇区形成"两心、两轴、六组团"的整体规划结构。其中"两心"为镇区生活服务中心、工业园区产业服务中心；"两轴"为花园大道发展轴、之字溪大道发展轴；"六组团"分别为4个居住组团、工业组团以及高速道口附近的商贸物流组团（图24-7）。

规划镇区以现状老镇区为依托，向北发展形成新的居住区以及商贸物流片区，同时向西推进完善安福寺工业园区的建设，沿玛瑙河与之字溪两岸发展多样化的住宅组团，既为进城农民和中低收入群体提供安全可靠的

安福寺镇区发展目标 表24-1

居住多元		配套多样		环境多彩		就业多选	
	多元化的住房类型		合理布局公共设施，布置不同级别的商业网点		充分研究地区的自然基底和建设条件，合理布局空间		加快产业发展增加就业岗位
	创造良好的居住环境		打造多样的公共空间，塑造地区风貌		最大程度地保留区内的优良自然要素，构建生态格局		完善产业配套设施
			多种功能的复合布置，引导多样化的活动		以绿化廊道连通外围生态系统和绿化系统		
	构筑结构清晰的空间格局		挖掘文化底蕴，确立鲜明的地区特色		设计"点、线、面"结合的立体绿化网络		提升产业能级，增加人才吸引力
			文化、体育休闲等多种相关活动				

经济适用房，又为中高收入群体与外来投资人群提供高品质住宅（图24-8）。

规划镇区总用地为843hm^2，建设用地为756hm^2。其中居住用地216hm^2，占总建设用地29%，公共管理与公共服务设施用地占5%，商业服务业设施用地占4%，工业用地占25%，道路与交通设施用地占15%，绿地与广场用地占19%。

5.2　分类指引

5.2.1　居住用地

居住用地主要布局在老镇区和北部居住生活组团，应突出宜居、滨水的特色和居住服务设施的配套。同时在工业区中布局部分单身宿舍，满足园区工人的居住需求。保留原有中学，远期应对原有小学进行扩建，使其规模满足配套需求。

居住用地建设应提高用地使用效率，促进土地的集约利用，以4层住宅以上的二类居住用地为主。

规划居住用地216hm^2，占镇区建设用地的29%。其中，居住服务设施用地占7hm^2。此外，商住混合主要沿玛瑙河两岸以及花园大道两侧，商业与居住用地比例按3：7划分。

5.2.2　公共服务设施用地

现状老镇区是镇域的政治、文化、商业中心，主要布置镇级公共服务设施。规划结合老镇区的改造对镇区用地布局进行合理调整，完善文化、教育、体育等功能，提升打造镇级商业中心，同时完善各种市政公用服务设施和交通服务设施，为镇区进一步发展奠定良好的基础。北部居住组团布局适当的商业服务功能，以服务本组团居民为主。在高速公路道口处布局商贸物流用地，主要功能为产品展示、交易市场以及商贸物流等，作为安福寺工业园的配套服务区。

图24-8　安福寺镇区土地使用规划图

镇区行政管理用地主要布局在之字溪大道两侧，形成带状、相对集中的镇区办公区，规划行政管理用地面积8hm^2。

镇区商业中心位于花园大道和玛瑙河大道交界处，沿花园大道和玛瑙河大道形成“T”字形的镇区级商业中心。在玛瑙河大道南侧规划一处集贸市场用地。

文体科技用地主要布局于老镇区东侧，靠近玛瑙河集中布局，结合沿玛瑙河带状绿地，打造镇区的公共服务和居民活动中心。

教育机构用地主要包括2所初中、2所小学和6所幼儿园用地。

保留并扩展镇区原有医疗卫生用地，玛瑙河东侧新规划一处医疗卫生用地。

规划公共管理与公共服务设施用地36.03hm^2，占镇区建设用地的5%；商业服务业设施用地32.74hm^2，占镇区建设用地的4%。

5.2.3　工业与仓储物流用地

工业用地主要布局在工业园区内，应积极加强工业区基础设施的建设，提升园区综合配套水平，优化园区环境，引导产业健康有序发展。产业发展重点应以农副产品加工为主。规划工业用地约为190hm^2，占镇区建设用地的25%。

仓储物流用地主要布局花园大道两侧，一块紧邻高速公路出入口，一块位于镇区南出口，周边配以市场用地。规划仓储物流用地约为21.6hm^2，占镇区建设用地的3%。

5.2.4　绿地与广场用地

依托水系与周边山体，打造具有地方特色的多层次小城镇景观风貌，沿之字溪大道和两条重要水系分别形成城镇景观轴与滨水景观轴；沿主要道路形成网络化的次要绿化景观轴，也承担生态通廊作用；同时在景观轴线相交区域形成多个景观核心与节点，引导建设多样化的城镇风貌（图24-9）。

用地布局上形成“点、线、面”相结合的绿地景观系统，包括绿化公园和街头绿地，沿主要道路两侧的绿

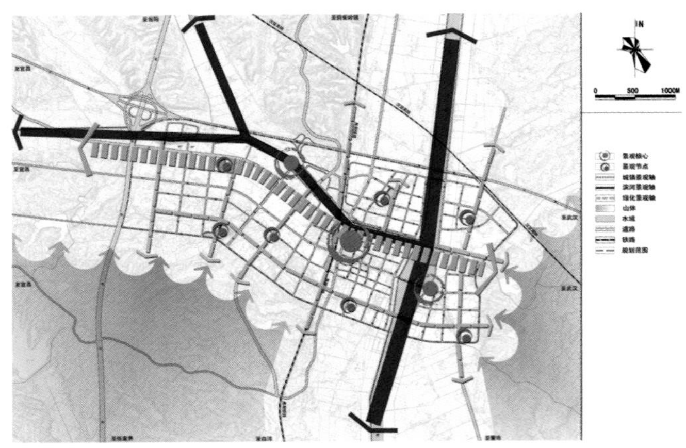

图24-9 安福寺镇区景观风貌规划图

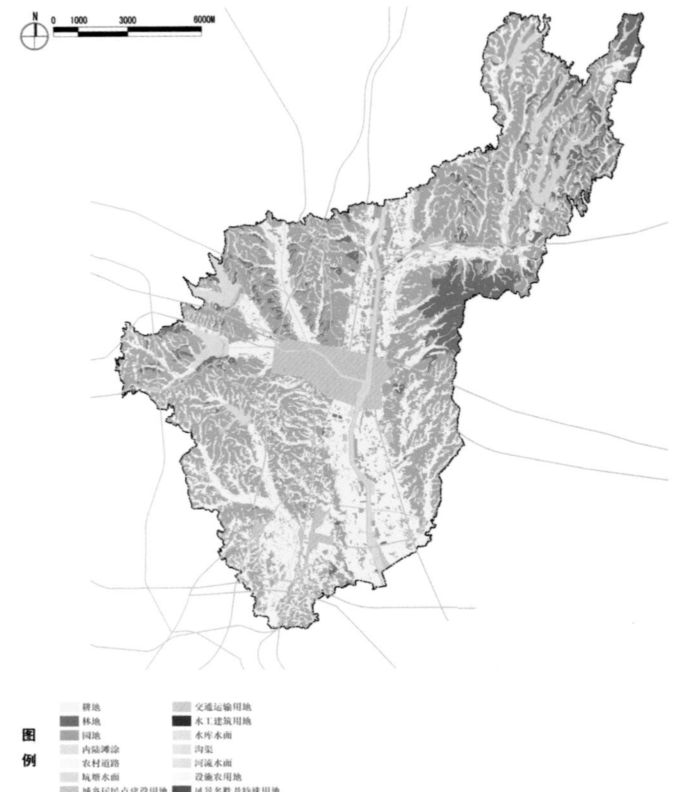

图24-10 安福寺非建设用地规划图

化，以及沿之字溪和玛瑙河的滨水绿带。

6 规划编制思路及方法创新

6.1 编制思路

规划在对现状特征进行充分分析和提炼的基础上，从全镇域乃至全宜昌城乡统筹的视角进行审视，不仅重视规划区内城镇地区的发展需要，更加重视农村地区的规划控制和非建设用地的规划布局，因地制宜地探索出“农工一体、园城互动”的城镇化发展路径。同时，镇域镇区规划与土地利用规划充分衔接，使得规划目标与土地指标达成充分一致，利于规划的操作实施。

6.2 方法创新

6.2.1 从全域统筹的角度分析，避免重镇区、轻农村的规划误区

规划充分贯彻了“全域”的概念，彻底摒弃了以往规划重城镇建设地区、轻农村地区的弊病，对城镇建设用地的布局和非建设用地的布局均细致考虑，整体用地布局将土地整治规划的部分内容要求纳入，对非建设地区的林地、水资源保护、农用地和农田建设等内容进行了科学规划（图24-10）。

6.2.2 从“农工一体”的定位设计，促进产城融合、农村发展的共生共赢

安福寺镇特点鲜明，省级工业园安福寺食品工业园对全镇的发展起着重要的带动作用，园内有多家食品加工类龙头企业。同时园区的发展也对安福寺的农业有着很强的依赖，各个食品加工企业的原料大部分源自安福寺的农村地区，形成了“农工一体”的产业发展特点。规划针对现状特点强化了食品工业园和农村地区的联动作用，设计了相关运行机制，使得工业与农业之间形成更加有效、更加紧密的联系。在产城融合方面，不仅仅重视工业园区和镇区居住区的融合，也在农村居民点规划的时候充分考虑了农民居住与农业发展的关系，更加有利于农业生产；此外，工业园的发展壮大也对解决本地农村剩余劳动力起到了积极的作用。

6.2.3 从两规合一的基点出发，达成规划目标、土地指标的充分一致

土地空间是规划能否顺利实施的关键所在，没有足够的发展空间，规划用地将无从立足。本次规划的重点之一就是解决以往城市规划和土地规划并不协同一致的问题，在城市规划编制过程中同步编制土地利用规划，两者充分衔接，对未来的发展空间进行合理预留，增强规划的可操作性。本次安福寺镇规划项目

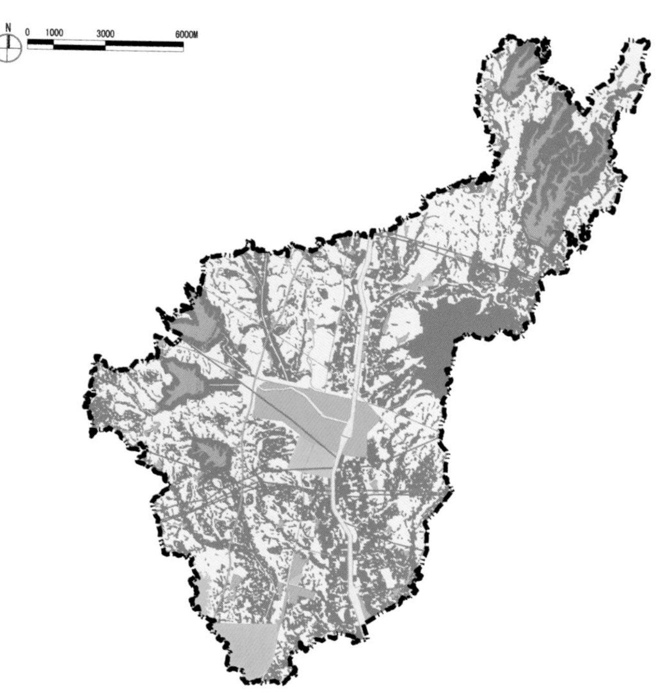

图24-11　安福寺镇域空间管制规划图

组特别纳入两位土地专业成员，与土地利用规划设计单位进行充分对接，在二调用地的基础上落实了规划空间（图24-11）。

作者单位：上海市城市规划设计研究院

执笔人：张铁亮

项目负责人：张铁亮

项目组成员：顾竹屹，陶英胜，何京，蒋丹群，曹韵，陈一，周宇黎

第二部分 平原地区乡镇规划实践探索

25 平原地区乡镇发展特征及规划对策

随着国家"中部崛起"战略的实施，武汉城市圈"两型社会"综合配套改革试验区的建设，国家资本投资及沿海产业向内地转移，包括"仙洪新农村实验区"的设立等，为湖北省平原地区乡镇的发展带来了新的契机，注入了新的动力。

平原地区乡镇是我国最重要的乡镇类型之一，而湖北省平原地区作为湖北省粮食主产地，农业发达、一产比重大，资源优势和发展潜力明显，但是人口异地城镇化率高，农业产业化程度不高，在全省经济社会发展中处于相对困难的地位，面临发展的巨大压力。

1 平原地区乡镇发展现状特征及主要问题

1.1 人口特征

1.1.1 人口分布差异大，人口密度相对较高

（1）内部差异大

从人口分布密度看，平原地区内部各乡镇的差别比较大。天门、仙桃、潜江这3个省直管市所辖乡镇的人口密度较高，均在800人/km^{2}上下；武汉市周边地区乡镇人口密度较高，如鄂州汀祖镇805人/km^2、汉川沉湖镇1190人/km^2；边界口子重镇人口密度较高，如小池镇785人/km^2；离武汉市较远的普通乡镇，人口密度相对较低，约在200～500人/km^2，如咸宁嘉鱼县潘家湾镇472人/km^2，荆门沙洋县官档镇264人/km^2（表25-1）。

2012年平原地区乡镇人口密度一览表　表25-1

乡镇名	乡镇面积（km^2）	常驻人口（万人）	人口密度（人/km^2）
彭场镇	158.00	11.60	734
新沟镇	193.00	10.44	541
官档镇	148.60	3.91	264
沉湖镇	71.80	8.55	1190
熊口镇	102.00	6.26	614
岳口镇	125.00	12.86	1029
汀祖镇	76.50	6.16	805
潘家湾镇	131.30	6.20	472
小池镇	154.00	12.0	785
合计	1160.20	77.98	672

资料来源：各乡镇基本情况基层表

（2）人口密度相对较高

综合统计21个四化同步示范乡镇，人口密度均值为497人/km^2。横向比较平原地区、大城市城郊型和山地地区乡镇，平原地区乡镇672人/km^{2}远超过大城市城郊型和山地地区型乡镇；平原地区9个四化同步示范乡镇中，除官档镇264人/km^{2}低于21示范乡镇人口密度均值外，其余8个乡镇均邻近或高于均值，亦远高于大城市城郊型与山地地区乡镇人口密度值（表25-2，图25-1）。

1.1.2 武汉城市圈辐射范围内的乡镇人口集聚趋势显著

从省域层面看，人口向武汉城市圈集聚现象明显。

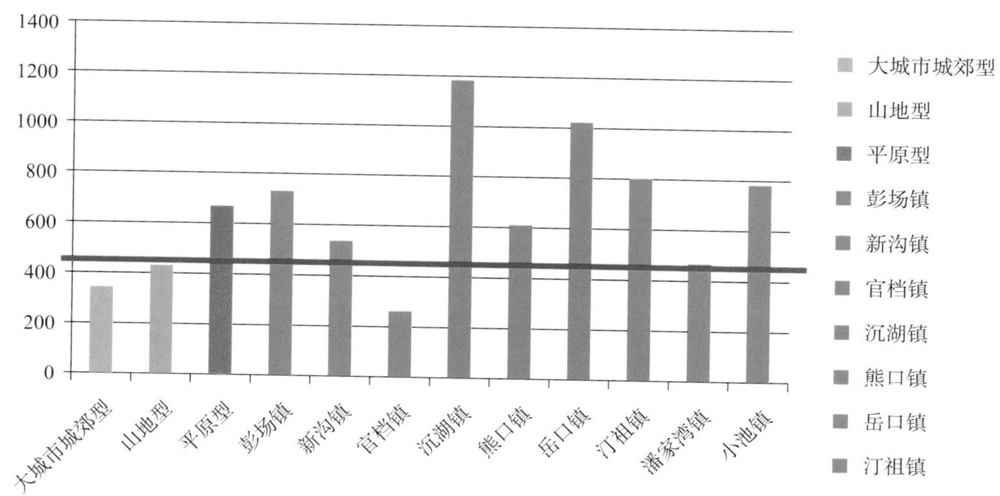

图25-1　平原地区示范乡镇人口密度对比示意图

三类地区乡镇人口密度比较一览表　　表25-2

乡镇类型	总用地面积（km^2）	总人口规模（万人）	人口密度（人/km^2）
大城市城郊型乡镇	928.20	32.10	346
平原地区乡镇	1160.20	77.98	672
山地地区乡镇	737.30	32.00	434
合计	2830.20	140.80	497

资料来源：各村镇基本情况基层表

特别是2000年以来，城市圈人口占全省人口比重逐年提高。2000～2010年，武汉城市圈人口占全省人口比重共提高0.63个百分点，同期武汉市常住人口占全省人口比重提高了0.94个百分点，超过武汉城市圈人口提高的比重，这表明武汉不仅吸引了圈外人口，也吸引了圈内其他城市的人口，人口的向心集中态势明显（图25-2）。

依据2010年“六普”人口与2012年的常住人口，综合分析平原地区各示范乡镇的人口密度变化情况，得出评价人口密度增长率为1.20%，而仙桃彭场镇增长率为2.11%，孝感沉湖镇增长率为3.34%，天门岳口镇人口增长率为3.26%，该三镇的人口密度增幅远高于均值；而同样处于武汉城市圈辐射范围内的鄂州汀祖镇增长率为0.76%，潜江熊口镇为0.67%，增幅也高于城市圈外的乡镇；相比之下，离武汉城市圈较远的荆门市沙洋县官档镇增幅仅为0.07%。总体来看，武汉城市圈辐射范围内的乡镇的人口集聚趋势显著（表25-3）。

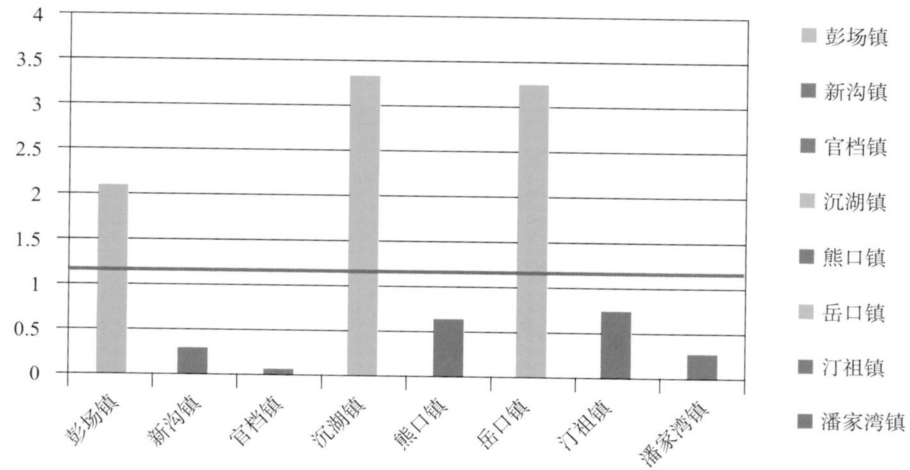

图25-2　平原地区示范乡镇人口密度增幅示意图

2012年平原地区示范乡镇人口密度增长率一览表　　表25-3

乡镇名	乡镇面积（km^2）	2012 常住人口（万人）	2010“六普”人口（万人）	2010 ~ 2012 人口密度增长率
彭场镇	158.00	11.60	8.27	+2.11%
新沟镇	193.00	10.44	9.80	+0.32%
官档镇	148.60	3.91	3.80	+0.07%
沉湖镇	71.80	8.55	6.15	+3.34%
熊口镇	102.00	6.26	5.58	+0.67%
岳口镇	125.00	12.86	8.79	+3.26%
汀祖镇	76.50	6.16	5.59	+0.76%
潘家湾镇	131.30	6.20	5.78	+0.29%
合计	1006.2	65.98	53.76	+1.20%

资料来源：各村镇基本情况基层表/全国第六次人口普查

1.1.3　乡镇城镇化率整体较高、差异较大

2011年，湖北省城乡人口实现首次逆转；2012年，湖北省城镇化率达53.50%，城镇人口3091.76万。而依据平原地区“四化同步”示范乡镇2012年城乡人口统计情况，平原地区9乡镇城镇化率为41.67%，仅低于省值10个百分点，整体的城镇化率较高（表25-4）。

2012年平原地区示范乡镇城乡人口与城镇化率一览表　　表25-4

乡镇名	乡镇面积（km^2）	常住人口（万人）	城镇人口（万人）	农村人口（万人）	城镇化率
彭场镇	158.0	11.6	5.28	6.32	45.48%
新沟镇	193.0	10.44	5.88	4.56	56.35%
官档镇	148.6	3.91	0.76	3.15	19.43%
沉湖镇	71.8	8.55	3.30	5.25	38.60%
熊口镇	102.0	6.26	1.92	4.34	30.67%
岳口镇	125.0	12.86	5.79	7.07	45.0%
汀祖镇	76.5	6.16	2.62	3.54	42.60%
潘家湾镇	131.3	6.20	1.98	4.22	32.0%
小池镇	154.0	12.0	5.0	7.0	41.67%
合计	1160.20	77.98	32.53	45.45	41.72%

资料来源：各村镇基本情况基层表

依据表25-4，大部分乡镇的城镇化率在30% ~ 40%之间，城镇化率最高的新沟镇达56.35%，而城镇化率最低的官档镇仅为19.43%，远远低于湖北省平均水平，各乡镇的城镇化率差异极大。

综合统计21个“四化同步”示范乡镇，城镇化率为38.35%。横向比较平原型、大城市城郊型和山地型乡镇，大城市城郊型和平原型乡镇城镇化率基本一致，均高于山地型乡镇（表25-5）。

三类地区城镇化率一览表　　表25-5

乡镇类型	总人口规模（万人）	城镇人口（万人）	城镇化率（%）
大城市城郊型乡镇	32.1	13.1	40.8
平原地区乡镇	77.98	32.5	41.72
山地地区乡镇	32.0	8.4	26.3
合计	140.8	54.0	38.35

资料来源：各村镇基本情况基层表

1.2　产业特征

1.2.1　产业发展处于工业化发展中期阶段

2012年平原地区“四化同步”示范乡镇常驻总人口为77.98万人，其中城镇人口为32.50万人；9个示范乡镇生产总值达到722.58亿元，整体产业结构为10∶77∶13，三次产业劳动力结构为33∶32∶45。根据钱纳理的工业化发展阶段论可以判断，目前江汉平原县域基本处于工业化中期阶段（表25-6，图25-3）。

1.2.2　总体产业结构呈现“二产优，一、三产均衡偏弱”态势

综合分析2012年湖北省平原地区“四化同步”示范乡镇三次产业结构（表25-6），各乡镇二产产值遥遥领先于第一、第三产业。依据其经济发展水平显示，靠近武汉市的乡镇与处于天仙潜三地的乡镇，其三次产业结构基本呈现“二>三>一”的形式，如汉川的沉湖镇、鄂州的汀祖镇、潜江的熊口镇、仙桃的彭场镇等；远离武汉市的乡镇其三次产业结构呈现出“二>三、一”或“二>一>三”的形式，如沙洋的官档镇、监利的新沟镇、嘉鱼的潘家湾镇等。依据图25-4看出，处于平原地区腹地的乡镇明显高于边缘区乡镇发展水平。

依据图25-5，平原地区各乡镇的产业发展呈现出“二产强，一、三产均衡偏弱”的态势。彭场、岳口、沉湖三镇，二产所占比重已超过80%，远强于一、三产；除官档镇外，其余乡镇第一产业所占比重均低于20%，平原地区良好的农业发展基础未得到很好的利用；小池镇三次产业比重为16∶47∶38，是唯一的三产比重高于20%的乡镇，也是唯一步入工业化中后期的乡镇，除小池外各乡镇的第三产业发展均处于起步阶段。

1.2.3　农业发展基础好，现代化程度低

（1）农业发展基础良好

湖北省作为我国粮食输出大省，平原地区农业发展是其粮食生产的重要保障。湖北省平原地区生态基地

2012年湖北省各平原地区四化同步试点乡镇三次产业结构一览　　表25-6

乡镇名	第一产业（亿元）	第二产业（亿元）	第三产业（亿元）	总产值（亿元）	三次产业结构
彭场镇	6.48	97.2	12.4	116.08	6∶83∶11
新沟镇	8.57	81	4	93.57	14∶75∶11
官档镇	5.5	38.8	7.1	51.54	35∶55∶10
沉湖镇	4.8	87.4	14.1	106.3	6∶81∶13
熊口镇	7.43	75.7	16.5	99.63	16∶69∶15
岳口镇	10	60	5	75	13∶80∶7
汀祖镇	1.67	40	10.3	51.97	27∶58∶15
潘家湾镇	14.78	48.42	4.89	68.09	22∶72∶6
小池镇	6.5	29.8	24.1	60.4	15∶47∶38
合计	65.73	558.32	98.39	722.58	10∶77∶13

资料来源：各村镇基本情况基层表

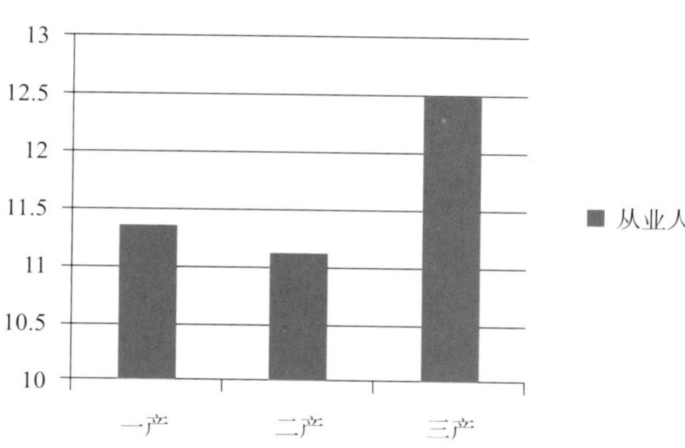

图25-3　平原地区示范乡镇三次产业劳动力结构图

图25-4　2012年平原地区乡镇经济发展水平示意图

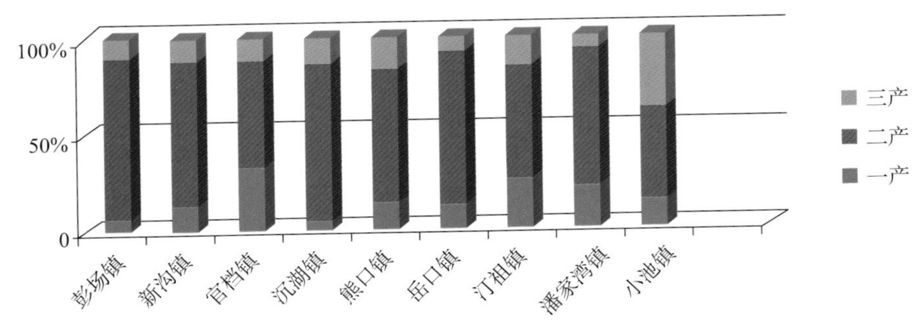

图25-5　平原地区各示范乡镇三次产业结构比示意图

良好，水网密布，适合农业发展。依据平原地区乡镇农业发展与大城市城郊型（表25-7）、山地地区乡镇（表25-8）的对比得出，平原地区乡镇农业总产值相对均衡、所占比重较高，大城市城郊型乡镇农业生产总值随其乡镇职能定位不同而波动较大，山地地区乡镇农业总产值普遍偏低。

依据平原农业地区示范乡镇一产值得出镇均值为7.1亿，低于大城市城郊型的镇均10亿，高于山地地区的镇均3.5亿元。然而平原地区乡镇一产总值均在6亿～7亿上下浮动，大城市城郊型乡镇的一产发展与乡镇职能密切相关，故而乡镇间产值差异较大。对比之下，平原地区乡镇农业产值相互间较为均衡，各镇均拥有良好的农业发展的基础（图25-6）。

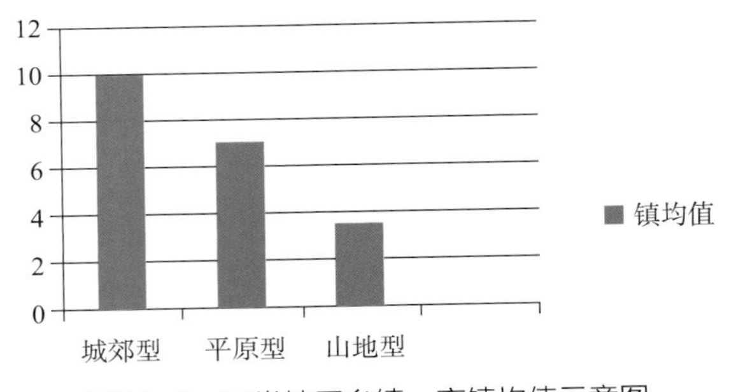

图25-6　三类地区乡镇一产镇均值示意图

（2）农业现代化程度低

1）人多地少、个体经营阻碍农业现代化。湖北省截至2009年12月31日，耕地为7984.50万亩。数据显示，2009年湖北省人均耕地为1.3亩。但由于湖北省耕地后备资源严重不足，实际可供开发耕地资源为150万亩，预计到2020年，全省耕地保有量不低于6947万亩，总量减少的同时湖北省人均耕地也在不断地减少。依据表25-9看出，平原地区各示范乡镇的人均耕地面积仅为0.95亩，低于省平均水平。人多地少的现状和小规模家庭经营的实情阻碍着农业现代化的发展。

2）设施支撑不足阻碍农业现代化。依据表25-10，平原地区乡镇的有效灌溉面积仅占农用地总面积的41.4%，农业给水情况严重缺乏相应的设施支撑；依据图25-7得出，平原地区9个示范乡镇共有农业技术服务机构14个，镇均1.5个，总计农业技术服务机构从业人员92人，镇均仅10人。横向对比大城市城郊型乡镇（镇均4.5个）和山地型乡镇（镇均2.4个），在农业技术服务机构上平原乡镇远远明显落后，农业设施和相应技术支撑的不足阻碍着平原地区农业现代化的发展步伐。

2012年湖北省大城市城郊型"四化同步"试点乡镇农业生产总值一览　　表25-7

乡镇名	武湖街	五里界	蔘山镇	尹集乡	双沟镇	龙泉镇	安福寺
农业生产总值（亿）	14.59	4.1	4.06	2.41	13	13.2	18.9

资料来源：各村镇基本情况基层表

2012年湖北省山地地区"四化同步"试点乡镇农业生产总值一览　　表25-8

乡镇名	龙凤镇	杨寨镇	神农架	陈贵镇	茶店镇
农业生产总值（亿）	3.57	3.94	2.04	6.22	2.0

资料来源：各村镇基本情况基层表

2012年平原地区“四化同步”示范乡镇人口密度增长率一览表　　表25-9

乡镇名	乡镇面积（km²）	耕地面积（hm²）	2012 常住人口（万人）	人均耕地面积（亩）
彭场镇	158.00	6848	11.60	0.88
新沟镇	193.00	8467	10.44	1.22
官档镇	148.60	5065	3.91	1.94
沉湖镇	71.80	4141	8.55	0.73
熊口镇	102.00	3618	6.26	0.87
岳口镇	125.00	5291	12.86	0.67
汀祖镇	76.50	3408	6.16	0.83
潘家湾镇	131.30	6875	6.20	1.66
小池镇	154.0	5297	12.0	0.67
合计	1160.20	49010	77.98	0.95

资料来源：各村镇基本情况基层表

2012年平原地区“四化同步”示范乡镇人口密度增长率一览表　　表25-10

乡镇名	农用地面积（hm²）	有效灌溉面积（hm²）	有效灌溉率（%）	农业技术服务机构（个）	农业技术服务机构从业人员（人）
彭场镇	12931.40	6803	52.6	1	3
新沟镇	12546.51	7620	60.7	3	25
官档镇	8169.45	4965	60.7	1	2
沉湖镇	9696.97	3909	40.3	1	8
熊口镇	13553.14	3039	22.4	1	4
岳口镇	11785.86	5921	50.2	3	26
汀祖镇	16040.45	2580	16.1	1	2
潘家湾	10313.18	6207	60.2	1	12
小池镇	8100.77	4685	57.8	2	10
合计	103137.7	42690	41.4	14	92

资料来源：各村镇基本情况基层表

1.2.4　二产平台单一，产业链延伸不足

平原地区乡镇发展以其农业发展为基础，二产通常是第一产业的延伸。

依据图25-8和表25-11，平原地区乡镇多以农副产品加工业和服装纺织业为其主导产业，其他主导产业门类所占比重低。各乡镇现有产业门类多属于附加值低下的粮食粗加工，且大多数乡镇缺乏龙头企业，农业精加工效率低，产品附加值含量低，产业品牌形成意识差，且未形成大型化、规模化的发展。

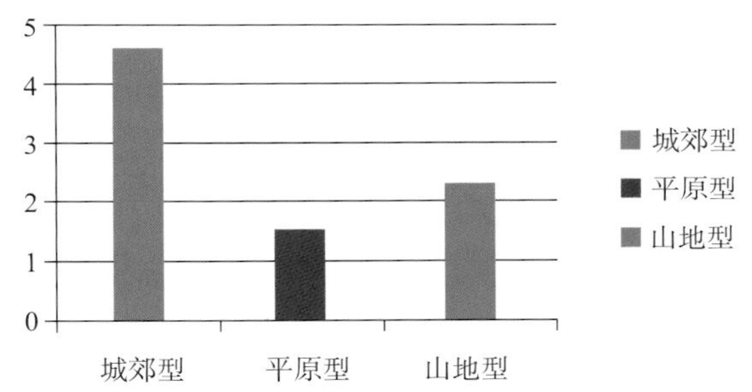

图25-7　三类地区镇均农业技术服务机构个数

2012年湖北省平原地区“四化同步”试点乡镇主导产业一览　　表25-11

乡镇名	主导产业	乡镇名	主导产业
彭场镇	非织造布产业	熊口镇	农副产品加工、纺织
新沟镇	农副产品加工（福娃集团）	岳口镇	农产品深加工、纺织服装
官档镇	粮油产业、农产品加工业、纺织	汀祖镇	矿业
沉湖镇	金属制品、塑料纺织、生物医药、机械制造和颜料化工（福星集团）	潘家湾	化工、纺织服装、蔬菜加工
小池镇	农副产品加工、新型建材、医药化工、纺织服装		

资料来源：示范乡镇“四化同步”规划

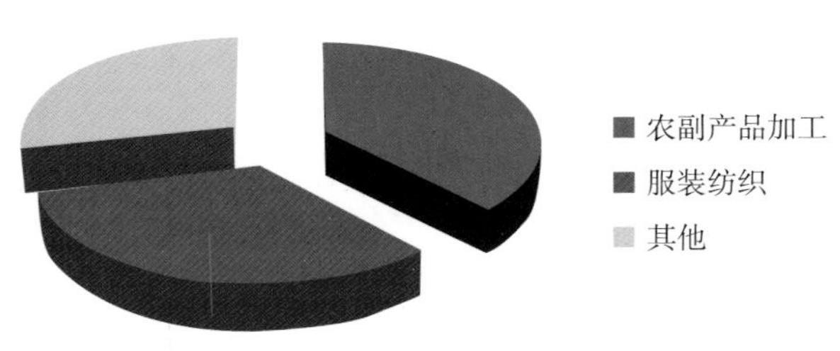

图25-8　平原地区各乡镇主导产业示意图

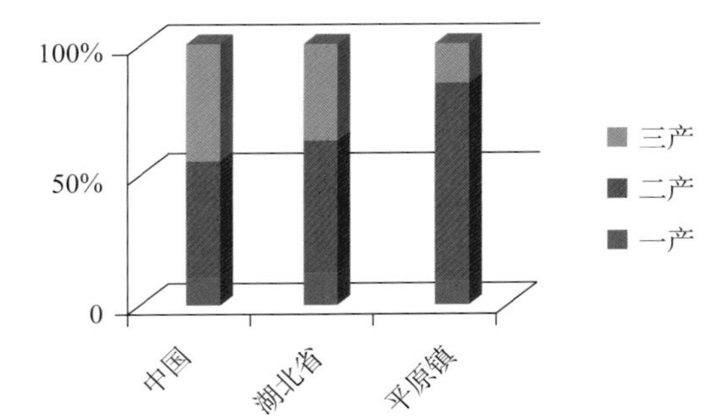

图25-9　中国、湖北省、平原示范乡镇三次产业结构

乡镇企业少、二产发展须立足于农业基础的现状，导致平原地区乡镇二产平台单一；产业发展方式粗放，导致其产业链向上游延伸进入基础产业环节和技术研发环节的程度不深；龙企缺失、产业规模化程度不足，导致其产业链向下游拓展进入到市场环节的力度不够。

1.2.5　三产发展滞后，严重不足

从总量构成看，2012年全国三次产业结构为10.1∶45.3∶44.6，湖北三次产业结构为12.8∶50.3∶36.9。2012年与全国相比，湖北一产业高2.7个百分点，二产业高5个百分点，三产业低7.7个百分点。纵观平原地区各示范乡镇三次产业比值，均值为10∶77∶13，与国家和湖北省水平相比较，二产比重偏高而三产所占比重严重不足（图25-9）。

横向对比平原型、城郊型与山地型乡镇的三产发展情况，城郊型乡镇三次产业比重约为20∶45∶35，三产所占比重同比远高于平原型乡镇；山地地区乡镇受地形地貌限制，总体一、二产的发展不足，但三产中的旅游业发展迅速，自成体系；平原地区乡镇农业发展基础好，工业发展比重高，然而三产发展相对而言滞后与其他类型乡镇，现状第三产业发展规模不足，方向不明，严重滞后，制约着乡镇整体的社会经济发展。

以监利县新沟镇为例，从2007～2011年，新沟镇第三产业发展幅度缓慢，5年仅增长了1.28亿元。三产的产业产值基本呈现逐年递增的态势，然后三产所占的GDP比重确实逐年递减，其三产发展已成为新沟镇经济发展的桎梏，服务业提质亟待加速（图25-10）。

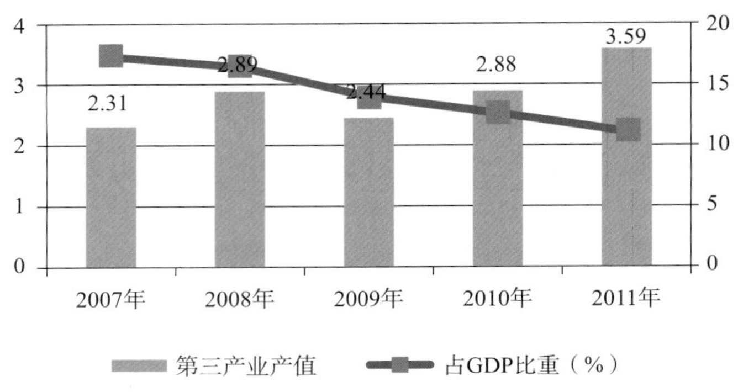

图25-10　2007～2011年新沟镇第三产业发展情况

1.3　空间特征

1.3.1　镇村体系不完善，呈现出“镇区—农村居民点”二个层级

目前，平原地区乡镇的发展还处于就镇论镇的发展态势下，在关注镇区发展的同时，并不能兼顾到农村地区的同步发展，城乡分明，镇、村差异显著。城镇社会服务设施、基础设施向农村延伸极其不足，中心村与一般村建设水平无差异，全域范围内除镇区外基本无其他空间集聚点，整体结构无序松散。

以沙洋县官档镇为例，乡镇全域范围内镇区极核明显，全域农村居民点匀质零散分布。与镇区相比，农村居民点规模普遍偏小，虽然全域范围内分布密度高，却难以产生聚集效应。这样的实为“镇区—乡村居民点”形式的二级镇村体系，难以有效引导全域空间分片区统筹发展（图25-11）。

1.3.2　镇域内农村居民点高密度分布

平原地区地形平坦，道路通达，农村居民点分布众多。综合比较平原型、城郊型和山地地区乡镇，见表25-12可得出，平原地区每平方公里的村庄密度为0.26个/km^2，远高于城郊型的0.13个/ km^{2}和山地型的0.19个/km^2，乡镇农村居民点分布密集。

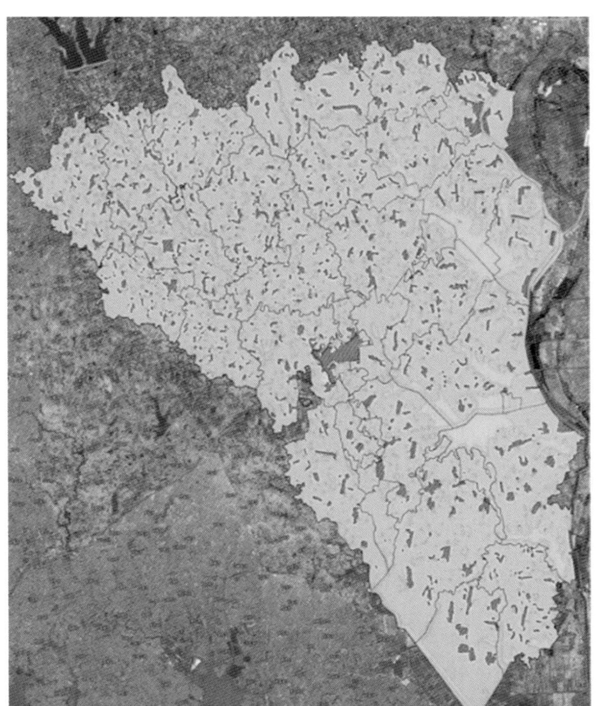

图25-11　官档镇土地利用现状图

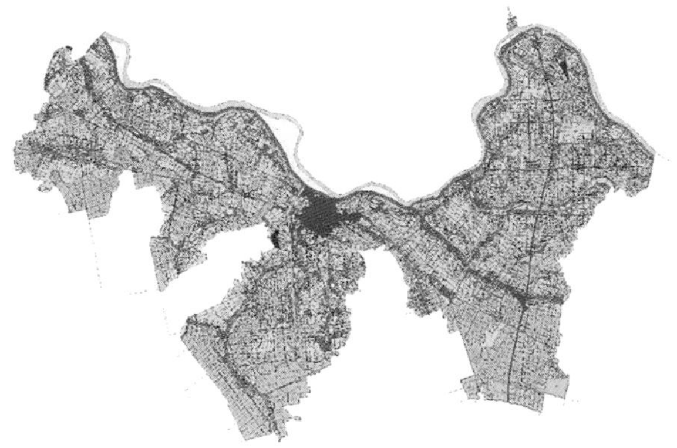

图25-12　新沟镇土地利用现状图

图25-13　彭场镇土地利用现状图

图25-14　龙凤镇土地利用现状图

2012年平原地区各四化同步乡镇人口密度一览表

表25-12

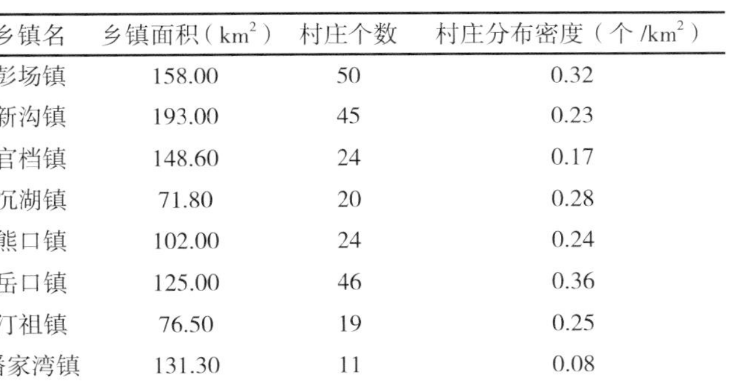

乡镇名	乡镇面积（km^2）	村庄个数	村庄分布密度（个/km^2）
彭场镇	158.00	50	0.32
新沟镇	193.00	45	0.23
官档镇	148.60	24	0.17
沉湖镇	71.80	20	0.28
熊口镇	102.00	24	0.24
岳口镇	125.00	46	0.36
汀祖镇	76.50	19	0.25
潘家湾镇	131.30	11	0.08
小池镇	154.00	43	0.28
合计	1160.20	282	0.26

资料来源：各村镇四化同步规划说明书

1.3.3　农村居民点匀质、线性分布

与大城市城郊型乡镇及山地地区乡镇相比，平原地区乡镇农村居民点空间分布呈现出较强的独特性。平原地区乡镇与大城市城郊型乡镇、山地地区乡镇相比，其城乡居民点在全域范围内呈现出明显的匀质、线性式的空间分布。

如图25-12与图25-13，平原地区新沟镇与彭场镇的城乡居民点分布呈现出明显的线性分布态势，村民点沿路或沿水展开，肌理性强且分布密度高。如图25-11为平原地区官档镇土地利用现状，其城乡居民点匀质零散的分布在全镇域范围内。与山地型（龙凤镇，图25-14）、城郊型（武湖街，图25-15）乡镇相比，平原型乡镇农村居民点分布更加紧密，且特征明显。

图25-15　武湖街城乡建设现状图

1.4　公共设施配套特征

1.4.1　镇区设施配套不全

平原地区乡镇资金优先用于农业生产部门，公共基础设施建设滞后。在城镇内公共设施空间分布较为均衡，但大部分公共设施数量少、结构不完整。

以天门市岳口镇为例，其市政设施基础较差，公共服务设施较为匮乏，总体服务水平较低。现有市政基础设施布点散乱，未形成网络型系统性服务；公共服务设施种类不全，数量不足，空间分布不均；业态较单一，缺乏多样化商业设施，多为沿街底层的商业，缺少大型集中式商业，难以满足城镇居民日益增长的社会文化生活需求。如图25-16所示，至2013年，岳口镇镇区现状公共设施用地占比约为9%，仅比2006年的5%增加4个百分点，公共设施建设进程缓慢，配套不全。

1.4.2　乡村公共设施配套缺失

在镇区公共服务设施、道路交通设施与市政基础设施配套方面，农村社区与农村居民点的配套存在严重不足。以平原地区各示范乡镇的市政设施配套为例（表25-13），各乡镇通自来水、宽带和有线电视的情况尚可，垃圾集中处理的比重略有下降，而污水集中处理的能力则严重不足，基础设施配套缺失严重。

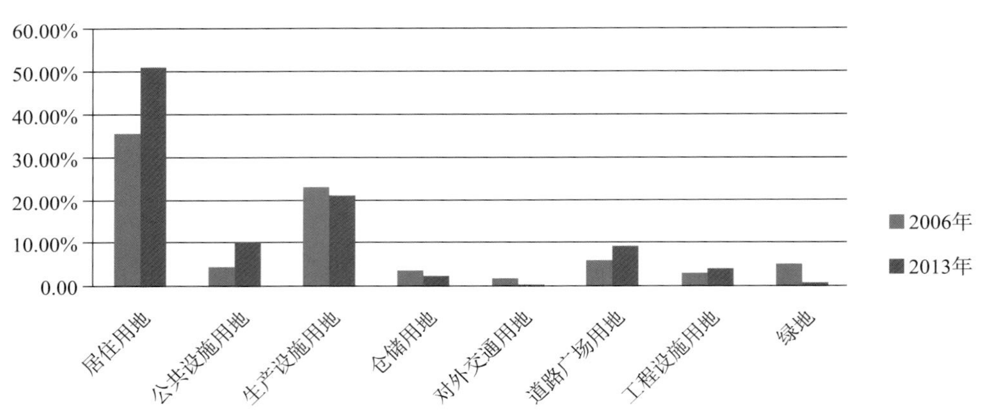

图25-16　2006与2013年岳口镇区各类现状建设用地面积比较

2012年平原地区“四化同步”示范乡镇人口密度一览表　　表25-13

乡镇名	村委会（个）	通自来水的村（个）	通宽带的村（个）	通有线电视的村（个）	垃圾集中处理的村（个）	污水集中处理的村（个）
彭场镇	50	50	50	50	50	18
新沟镇	45	17	12	45	9	7
官档镇	24	2	24	18	24	2
沉湖镇	20	20	20	20	16	13
熊口镇	24	24	24	24	24	6
岳口镇	46	46	46	46	31	10
汀祖镇	19	19	19	19	19	7
潘家湾	11	11	11	11	7	3
小池镇	43	43	43	43	26	16

资料来源：各村镇四化同步规划说明书

农村居民点公共服务的配套同样存在不足，以天门市岳口镇为例，各乡村居民点除卫生所和图书馆的配套较为完善外，其余教育设施和文化娱乐设施的配套均严重不足，服务质量亟待提升（表25-14）。

2012年岳口镇乡村地区公共设施配套一览表　表25-14

乡镇名	村委会	卫生所	幼儿园	小学	文化站	老年人活动中心	图书馆	集贸
岳口镇	46	51	10	8	4	13	42	4

资料来源：各村镇四化同步规划说明书

1.5 发展问题

1.5.1 镇区“强心集聚”能力体现不足

平原地区乡镇经济社会水平长期低于湖北省平均水平，在湖北省内处于相对困难的地位，与东部沿海发达乡镇相比差距更大，镇区的极核能力较弱。

一是镇区产业发展无序，未能形成集群化，不能有效接收农村富余劳动力转移。平原地区乡镇现仍然处于产业无序发展阶段，大量低端同质产业未能形成产业规模化集群式发展。镇区产业项目开发无序，呈现散点式布局特征，项目建成后，并未顺序延伸或扩大成为集中开发区域，未能形成开发集聚效益，产业链短，就业岗位较少，加之乡镇之间经济联系强度弱，基本依靠镇区产业带动自身发展，发展极单一，劳动力吸纳作用弱。

二是镇区的服务能力弱，“强心集聚”、吸引人口向镇区流动的目标与配套基础设施建设的相对滞后形成矛盾，绿地和公共服务设施用地不足，镇区也尚未形成舒适、宜人的居住空间，未对农村富余劳动力的外迁形成吸引力。

1.5.2 产业发展低效，产业链不完善

（1）农业产业化和深加工体系不完善

湖北省平原地区，尤其是江汉平原地区，是全国著名的“鱼米之乡”，农业发达，但是农业产业化和农产品加工度不高，产业链短，发达的农业基础没有得到充分发挥。以江汉平原为例，该地区的农产品加工转化增值率只有1：0.8，低于全国平均水平（1：0.9），与发达国家和地区的差距更大（美国1：3.7，日本1：2.2），比同为粮食主产区的山东（1：1.5）和河南（1：1.2）也要低不少。

（2）产业发展质量不高，专业化程度低

平原地区乡镇以农业为依托进行二产发展。其农业发展现代化程度低，仍然处于传统农业发展阶段，二产发展则多为农副产品加工业和轻纺业，其产业发展方式粗放，专业化程度低、集聚能力差，与沿海发达地区乡镇相比处于明显劣势。湖北省平原地区虽然“横贯东西、纵接南北”，区位优势突出，但是与沿海主要经济增长极相距较远，吸引发达国家和地区产业转移规模有限，进一步制约了其经济发展。

（3）工业化集群效应弱，产业链发展不完善

农业产业化集群是传统农业向现代农业发展的重要推动力。农业结构战略性调整，是对农产品品种和质量、农业区域布局和农产品加工转化进行全面调整的过程，也是加快农业科技进步、提高农业劳动者素质、转变农业增长方式、促进农业向深度进军的过程。发展农业产业化集群，可以带动千家万户按照市场需求，进行专业化、集约化生产，避免分散的农户自发调整结构所带来的盲目性和趋同性。

湖北省平原地区乡镇工业化集群效应弱，各主体未能良性运用产业发展过程中的地理邻近性和产业关联性，产业集群的弱效应来自于本可成为同一集群的各主体的互动偏少，相互之间的协同效应、网络效应、合作创新、知识溢出和外部效应等都未得到良好发展。同时也致使产业链发展的不完善，各主体间合作的缺失导致产业链向上游延伸进入基础产业环节和技术研发环节的程度不深，产业链向下游拓展进入到市场环节的力度不够。

1.5.3 公服与基础设施配套不整、延伸不足

城镇建设缺乏统筹规划和整体运营，就镇论镇式的发展导致要素在镇区的集中无法延伸到农村地区。在镇区公共服务设施、道路交通设施与市政基础设施配套方面，农村社区与农村居民点存在严重不足，而镇区的设

施配套同样存在不完整的状况。城镇的建设要求公服与基础设施的先行，不完整、不充足的设施配套在抑制乡镇发展的同时，也使得乡镇居民的生活方式和生活质量无法满足日益增长的物质文化需求，是导致乡镇内部富余劳动力大量向外流失的原因之一。

2 平原地区乡镇发展动力研判

2.1 乡镇富余劳动力及人口转移是内部推力

平原地区乡镇解决就业的压力很大，空间亦很大。第一产业存在大量富余劳动力，是推进乡镇发展的巨大财富；而第二、三产业对劳动力就业的拉动能力不足，给平原地区乡镇解决就业带来巨大压力，但同时二、三产提升就业吸纳能力很大空间。坚持就业优先、合理引导农村人口向镇区集中，是乡镇健康发展的基础。

目前湖北省平原地区人均耕地面积仅为1.41亩，单位面积承担的农业人口极高，随着技术水平的提升和农业专业化产业化水平的发展，平原地区乡镇将释放出很大的劳动力潜力。未来若按劳均耕种10亩计（日本25亩，荷兰55亩），平原地区乡镇将会有70%的农村劳动力得到释放。

随着农业生产技术的提高，农业现代化发展进程的加快，富余的农村劳动力向乡镇外部流失的状况也愈加严重，平原地区乡镇普遍人口的异地城镇化率高，乡镇人口的流失对乡镇自身的发展起到了极大的阻碍作用。

实现乡镇农业现代化发展，解放大量农村富余劳动力的同时吸引人口就地城镇化，实现农村人口向镇区的转移将对劳动密集型的特色农产品加工业和现代旅游服务业等二、三产业的发展起到巨大的推动力。

实现产业在空间上的集聚，强心的过程中拉动大量的富余劳动力从农村走向镇区，在推动乡镇人口就地城镇化的同时，也为乡镇产业的发展打下了良好的基础。

2.2 农业现代化与工业化是主要驱动力

农业是人类社会生存与发展的基础产业，其发展主要表现为农业剩余的增加、农业的商品化、农业资源的开发和集约化经营等方面，这些都是乡镇发展不可或缺的条件。

随着我国加入WTO，农业将进一步融入世界经济一体化的潮流之中，农业的发展面临着一个更加开放的市场环境和更加激烈的市场竞争。农业产业化经营改变了传统农业的生产和销售模式，提升分散农户生产经营的组织度以及与市场化的对接度，提高农业生产效率，降低生产成本，是由传统农业向现代农业跨越式发展的有效途径。

在湖北省平原地区，农业是其基础产业和优势产业，农业现代化是推动乡镇发展的主要动力之一。该类地区乡镇人口众多、农业现代化水平较低、工业化和城镇化程度不高、经济发展相对滞后，但正因此，区域大环境基底也相对完好，这类地区乡镇的发展不宜重走沿海地区资源与环境损害型的道路，不宜发展重工业。而由于耕地面积不断减少，人口急剧增加，有限的土地承载着过量的农业劳动力，阻碍了农业的规模化经营，难以彻底解放剩余劳动力；而且国家非均衡发展战略导致中部地区农业的投入匮乏，农产品生产效率低下，经济价值不高，农业发展后劲严重不足，使得农业成了乡镇发展的瓶颈。

湖北省平原地区乡镇应该充分发挥农业原材料和劳动力成本低的比较优势，走基于农业的规模化工业发展道路，并且定位于农产品的粗加工和劳动力密集型产业的开发。乡镇城镇化发展需要大量的农村劳动力向非农业产业转移，而乡镇城镇化的发展又可以促使土地集约化经营，促进农业发展，为现代农业的发展提供物质基础保障。总之，两者相互促进则都将健康发展，两者相互制约则陷入恶性循环。因此，农业规模化、产业化发展是湖北省平原地区乡镇发展的核心动力。

2.3 政策调控是外部带动力

政策制度在乡镇发展进程中发挥着重要的作用，它不仅直接作用于乡镇发展，还通过影响经济增长、产业扶持、人口流动等其他动力机制间接的推动乡镇发展进程，在城镇经济聚合体内部结构、组合方式和外在形态的形成上都起着至关重要的作用，是重要的外部带动力。但是乡镇发展是关系经济长远发展的宏观系统工程，由于国家经济发展战略一直倾斜于东部沿海地区，随后又大力转向西部开发，中部地区一直缺乏国家层面的政策引导，只有在土地流转制度、户籍制度、社会保障制度方面进行制度改革，才能保证乡镇发展的动力。

首先，要正视农村和农民平等发展的权利，在土地使用和社会保障等方面保障农民利益。农村土地要按“同地、同价、同权”的原则享有平等的权益，纳入城乡统一的土地市场；同时在加大投资力度、寻找多元化投资渠道的基础上实现城乡公共服务均等化。

其次，要建立完善的社会保障系统，解除农民离土的后顾之忧，打通城乡人口流动渠道，且又要考虑到乡镇的承载能力，采取渐进式的改革思路。

再次，要理顺行政管理体制，合理分权，更高效率地配置行政管理权力资源，以提升管理系统效能。

3　平原地区乡镇发展模式探讨

乡镇发展模式并不是人们主观选择的结果，而是由不同地区的资源状况、人口条件、经济水平等诸多客观因素决定的。影响乡镇发展模式的因素主要包括区位、产业结构、人口流动、乡镇功能和经济发展水平等5个方面。

（1）区位与乡镇发展模式

区位主要包含地形、资源、交通等因素，往往这些因素制约着乡镇镇区的规模，区位条件好的地区一般易于形成规模较大的城镇，还可能形成较大的城镇群或城镇带，促进区域经济的发展；而条件恶劣的地区只能形成一些规模较小的城镇，一般以点状发展为主，难以形成大的城镇密集区域。

（2）产业结构与乡镇发展模式

由于大城市的产业部门种类齐全，而且部门产业呈现高级化趋势，故而以信息技术和服务业为主导的第三产业成为推动城市发展的主要动力；而湖北省平原地区乡镇的产业结构单一，且多为初级产业，通过与农村建立农副产品原材料的供应渠道，推动农业产业化，带动了周边农村经济和乡镇自身发展。

（3）人口流动与乡镇发展模式

乡镇发展的进程中，人口密集乡镇是农村剩余劳动力最先出现的地区，而随着农业现代化技术的提升，乡镇富余劳动力将会越来越多，若不加良性引导，富余的农村劳动力大量向外省市流失的过程中，乡镇自身的发展要素也在不断流失，乡镇发展的难度也将会加大。引导人口向镇区的集聚，吸引本地农村富余劳动力的就地城镇化可以为乡镇劳动密集型产业更好更快的发展带来可能。

（4）乡镇职能与乡镇发展模式

湖北省平原地区乡镇职能主要为农业产业化带动的农副产品加工。由于乡镇职能的偏重，其发展模式与综合型的模式有很大不同。

（5）经济发展水平与乡镇发展模式

第二、三产业的增加和聚集是乡镇规模扩大和吸纳更多农村剩余劳动力的基础，经济发展水平决定乡镇的规模和承载力限度。在经济发展的不同阶段，乡镇发展模式的选择也不一样。可见，经济发展水平对于乡镇发展模式的选择至关重要。

因此，为避免造成乡镇发展失衡的不利局面，在选择乡镇发展模式的时候，不能盲目照搬其他地区的经验，应该体现以下4个方面。首先，应反映出乡镇发展过程的本质；其次，能反映出产业结构升级和经济发展的基本趋势；第三，要关注到乡镇社会各阶层的利益，尤其是弱势群体；第四，能表达出理论界和执行者所要解决的复杂问题。因此，本文认为湖北省平原地区乡镇发展模式按乡镇类别划分为工贸型乡镇发展模式和商贸型乡镇发展模式。

3.1　工贸型乡镇发展模式

工贸型乡镇是指总体经济有一定规模，产业结构以工业为主体，商贸在总体经济结构中也占有一定比例的乡镇。随着我国经济快速发展与沿海产业向中部地区的梯度转移，湖北省平原农业地区的工贸型乡镇数量不断增加，规模也日益扩大，工业产值与工业化程度明显提高。而目前多数乡镇的农业现代化水平低，公共基础设施建设滞后于经济发展，功能区混杂，工业化初期粗放型增长模式带来的企业规模小，产业链低端的状况仍然存在，成为了制约乡镇进一步发展的因素。

湖北省平原地区的工贸型乡镇以其农业为发展基础，需要以农带工，以工促农，以此为原则良性发展，其发展模式可以概括为：农业现代化与工业化双轮驱动，强心集聚，镇园企联动互促的乡镇发展模式。

以监利县新沟镇为例，新沟镇的工业发展迅速，全镇以福娃集团为龙头企业，以农副产品加工为主导产业进行发展，其“农工互促、双轮驱动”的发展态势显著。一方面强化人口、产业、市场向城镇集中，进一步扩大中心镇区的发展规模；另一方面结合集团明星企业和粮食深加工园的发展，充分发挥国家级龙企和省级园区对“四化同步”的全面带动作用，建设“镇–园–企”联动发展的示范镇。

3.2　商贸型乡镇发展模式

以湖北省平原地区的发展特征为基础形成的商贸型乡镇是指以旅游服务业、特色优势工业、农副产品加工和流通业为主要职能的乡镇。此类乡镇或是具有可深挖掘旅游文化资源，或是以其农业为基础形成了乡镇特色品牌，商贸产业链初具雏形。与工贸型乡镇相比，这类乡镇具有良好的发展第三产业的条件，旅游、商品贸易、物流业的发展均具有良好的平台。

湖北省平原地区的商贸型乡镇同样以其农业为发展基础，具有多元化的发展选择，以乡镇特色资源为发展依托，其发展模式可以概括为：以农工协调互促发展为基础，以商品贸易流通与特色资源经济为主的、板块协同、有机集中、多点对接的多元化发展模式。

4　平原地区乡镇规划对策

4.1　人口集聚对策

4.1.1　以土地集约利用引导人口向镇区与新农村中心社区的集中

以土地的集约利用带动乡镇人口的集聚。在早期的建设过程中，由于规划的科学性不强，导致很多镇区土地没有得到充分的利用。盘活现有镇区的存量建设用地，是集约用地、提高乡镇内涵建设的重要举措；同时，在镇区的外延扩建中，要集约利用乡镇非农用地，严格依照规定的非农用地指标，并采取优惠的土地、税收、信贷政策，吸引原有的、分散的乡镇企业向镇区集中，成立相对集中的镇区工业园，实行集中化的管理。

同时要注意妥善安置转移出的农业人口手中的土地，杜绝出现“人走地荒”的情景。如安徽省以“以地换地”模式吸引农村劳动力转移，广东省以“土地合作制”推行集体土地流转等，都是可以借鉴的促进土地集约利用好方法。

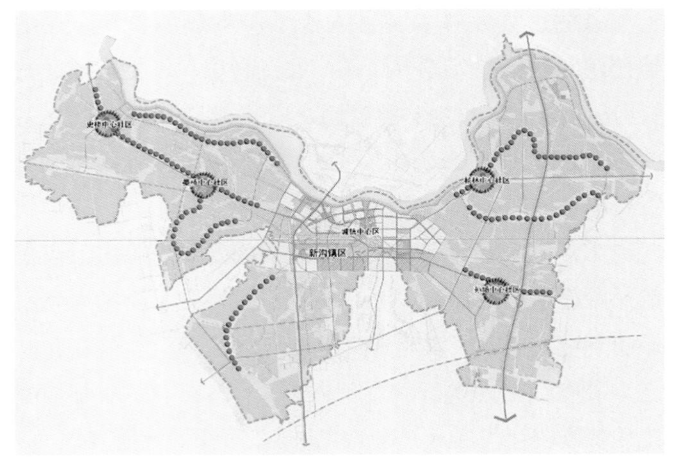

图25–17　新沟镇“七带、四区”的农村居民点体系

对于平原地区乡镇来说，除了镇区用地的集约化之外，通过合理的村庄集并道路，引导新农村中心社区建设也是通过土地集约利用带动人口集聚的方式之一。如监利县新沟镇提出的“三集中”发展，考虑到现状村庄布局分散、各村建设水平差异大、带状集聚明显以及部分村庄撤并意愿不强的实际情况，对现状建设基础较好和有条件发展的带状村庄以保留整治为主，同时加快散点村的撤并和新社区的建设，实现人口适度集聚（图25–17）。

以土地集约利用为基础，以“镇区—新农村中心社区”联动发展为形式，同步提高全域内的服务均等化与设施共享化，以改变农民生活质量为目的，实现人口在镇域范围内的集聚。

4.1.2　以坚持就业优先吸引乡镇人口集聚

就业是民生的根本，有就业就有收入，有收入就有消费，有消费就有需求，有需求就会促进经济增长，促进乡镇发展水平提高。湖北省平原地区乡镇大量劳动力外流、异地城镇化现象愈演愈烈，正反映出区域内就业严重不足的问题。坚持就业优先就是要摆脱“高增长、低就业、低消费”模式，向“高增长、高就业、高消费”的模式转变。

（1）加快产业结构调整，提高现代劳动密集型产业比重

发展劳动密集型产业是缓解就业压力、保持社会稳定的必然选择。一方面，重点提升面向消费需求的第二产业的比重，积极承接产业转移，形成消费市场对本

地产业的拉动，实现“促进消费–拉动生产–居民收入提高–消费升级”的良性循环；同时提高服务业的产值和就业比重，在传统服务的基础上结合平原地区乡镇农业产业化发展其相关的物流、商贸业，提升品牌意识。

（2）鼓励并扶持农民工回乡创业

数据显示，回乡创业对于拉动就业绩效显著，据省劳务办汇总，2009年湖北省新增回乡创业投资额在10万元以上的企业有5282个，投资总额77.82亿元，吸纳农村劳动力176.21万人。从政策、税收、用地等多方面鼓励农民工回乡创业可以有效地增加就业、带动经济增长。

4.2　产业发展规划对策

4.2.1　实现农业现代化、规模化发展

农业规模化、产业化、专业化已成为现代农业发展的必由之路。推进农业产业化是农业和农民走向市场的有效形式，是推进农业现代化进程实现城乡一体化的必由之路。湖北省平原地区乡镇具有不可多得的特色农业资源禀赋和良好的多样化品种基础，然而长期以来由于一家一户式的传统型分散耕作、亦工亦农下的兼业式经营、“靠天吃饭、放其生长”的消极经营心态，导致乡镇特色农业生产效率和效益很难得到较大的提升。因此，平原地区乡镇亟待采取农业产业化发展模式，即采取与市场经济相适应的高效集约农业生产经营方式，促进农业产业发展的转型——增长方式由数量型向质量效益型转变。

如荆门市沙洋县官档镇通过以家庭农场为主体的“人地业”复合发展来实现农业规模化、集约化、商品化生产经营。全镇基于农业镇的特点，通过“人地业”复合发展模式，因地制宜选择合理的居住方式安置农业及农业转移人口，以农业全产业链为基础，推进以家庭农场为主的经营方式，大力发展现代农业，以此带动新兴工业、商贸流通等产业，形成官挡特色（图25–18）。

4.2.2　全力推行绿色“1.5产业”发展

改革开放以来，作为乡镇产业主体的乡镇企业得到了快速发展，乡镇企业吸纳农村剩余劳动力的能力也大大增强。但自20世纪90年代中期以来，乡镇企业普遍出现发展速度明显回落、企业效益持续下降、出口创汇增长乏力、吸纳剩余劳动力减弱等问题。究其原因，除了是因为乡镇企业早期发展被掩盖的内在矛盾逐步显露外，主要还是由于乡镇企业产业结构不合理造成的。

“1.5产业”是指在传统的农业经营方式之外，加进了工业生产方式和各种服务内容的产业，它是介于第一产业和第二产业之间，包括农产品的加工业以及由此带动的产后各种服务业。考虑到湖北省平原农业地区乡镇优良的农业发展基础和产业发展现状，“1.5产业”是其未来产业发展的良好助推。

农产品加工业是指对农业部门（包括农、林、牧、渔）提供的初级产品和中间产品进行加工的工业部门。根据联合国国际工业分类标准，农产品加工业划分为以下5类：食品、饮料和烟草加工；纺织、服装和皮革工业；木材和木材产品加工制造；纸张和纸产品加工、印

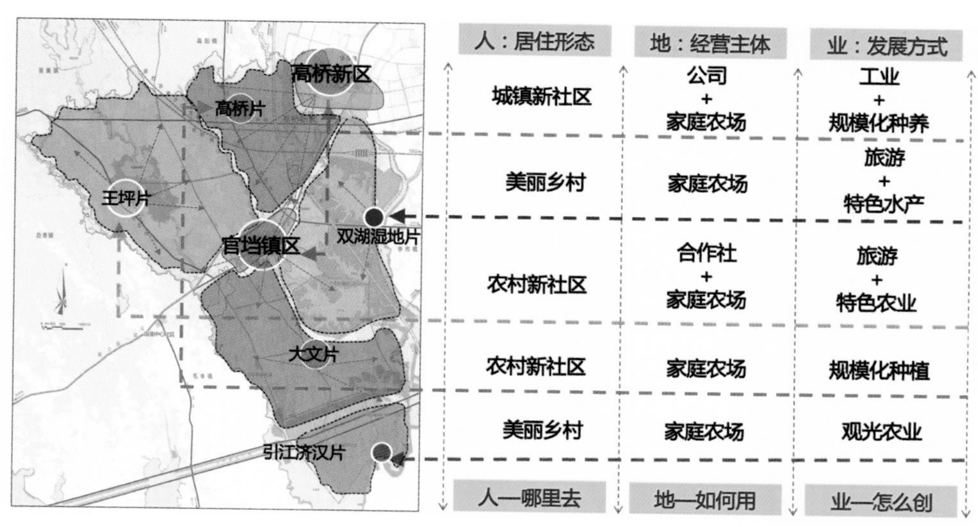

图25–18　官档镇农业现代化发展路径示意图

刷和出版；橡胶产品加工。由农产品加工业所带动的服务业主要是指产后的运输、贮藏、保鲜、销售等行业。

4.2.3　着力龙头培育，打造特色品牌

龙头企业是拉动农业产业化发展的主要动力，决定着特色农业的发展层次和水平。因借平原地区乡镇农业发展的优势，坚持走特色农业产业化道路。依靠“公司+基地+农户”的产业化经营格局，充分发挥龙头加工企业的辐射作用，把千家万户的“小生产”同千变万化的“大市场”联结起来，这样才能促进特色农业的健康发展。

湖北省平原地区乡镇近年来陆续涌现出了一批“农”字号企业，但除了少数几家，如监利县新沟镇福娃集团之外，大都基础弱、规模小，带动能力较弱。因此，发展特色农业要进一步加大机制创新力度，通过招商引资、多元入股等方式，大力发展“农”字号龙头企业，鼓励本地龙头企业与市内外、省内外的大中型企业采取控股、合资、合作或兼并等方式，迅速扩大规模，提升产业档次，增强带动能力；要坚持扶优扶强，“锦上添花”，采取“滚雪球”的奖励办法，帮助现有企业做大做强，促进特色农业的企业化管理、市场化经营。

4.2.4　推行“镇—园—企”联动发展

“镇—园—企”联动发展指的是政府引导产业在镇区园区化的发展，以龙头企业为引领，打造规模化的产业集群。“镇—园—企”联动发展的策略对于乡镇的强心强镇、空间集聚、吸纳富余劳动力和产业基础设施的配套建设都有着促动。而由此形成的龙企带动下的产业集群化发展，特别是平原地区乡镇的农业产业集群化发展更是传统农业向现代农业发展的重要推动力。特别随着生产销售等网络化的发展，生产、加工、运输、仓储、销售等诸多环节逐步配套，产业化集群所带来的生产能力的扩大和生产领域的不断扩展必将使得乡镇产业结构更加合理，乡镇产业链纵深更加可靠。

4.3　设施支撑规划对策

4.3.1　构建乡镇全域一体化交通，实现城乡保畅

江汉平原地区有沪蓉高速、汉宜高速、随岳高速等穿境而过，区域交通线路完善，省道县道弥补，交通路网密度高，道路交通发展基础好。然而纵观乡镇层面，并没有很好地利用区域交通发达的优势，主要存在以下几个问题：乡镇内交通组织不明确，断头路较多，人车混行；道路断面形式单一，红线宽度不够；交通设施配套不完善，静态交通设施不足；农村地区路网杂乱，不成系统。针对以上4点问题，提出构建乡镇全域一体化交通，实现城乡保畅，具体对策如下：

1）衔接区域，无缝对接：与区域交通设施的规划、建设与运营相协调，争取重大区域交通设施资源的共享，区域交通与全域交通系统良好衔接，实现区域交通与全域交通的一体化，增强乡镇的集聚和辐射能力。

2）全域一体，整体构建：构筑由轨道交通、地面快速公交、高/快速路、主干路、次干路、支路等组成的复合交通走廊，引导乡镇全域空间有序拓展，依托交通走廊建设发展。

3）设施配套，城乡有异：保障交通枢纽、公交场站等公交设施用地；有效控制停车供给，合理满足停车需求，积极发展停车换乘。

4.3.2　层级配置社会服务设施，实现城乡均等

一般地说，基本社会服务均等化是指政府要为社会成员提供基本的、与经济社会发展水平相适应的、能够体现公平正义原则的、大致均等的公共产品和服务，是人们生存和发展最基本的条件的均等。纵观湖北省平原地区乡镇发展情况，社会服务设施大多集中于镇区内，在农村地区并未得到社会服务设施的延伸建设。

基本公共服务设施是基本公共服务的载体，促进基本公共服务设施的均等化发展是落实基本公共服务均等化，从空间规划与建设角度推动城乡统筹发展的重要方面和技术支撑。乡镇应通过对基本公共服务设施建设的引导，推动镇区公服设施向农村的延伸，改善乡村地区人居环境与生活品质，推动农村生活方式向城镇的转变，具体对策如下：

1）集中发展，兼顾平衡：首先在镇区内建设形成全域综合化的社会服务设施中心。

2）城乡联动，协调发展：以镇区的全域综合化的社会服务设施中心，联动新农村中心社区的社会服务设施高标准配置带动周边农村居民点社会服务设施的配套进一步完善。

3）三级配套，完善体系：按照不同标准层级配套，分成全域综合服务中心、新农村中心社区服务中心、农村居民点服务中心三个层级。

4.3.3　绿色指引给排水系统工程，完善城乡配套

在经济发展的同时，城镇配套设施特别是一些市政基础设施建设日益成为乡镇人关心的话题，尤其是乡镇的给水问题和污水处理排放问题。实现给排水市政基础设施乡镇全域统一规划建设，完善给排水市政基础设施的城乡配套，是切实提升乡镇发展纵深和发展厚度的方式之一，具体对策如下：

1）城乡居民点生产生活统一供水。镇区、新农村中心社区和其余农村居民点的生活用水统一管网运送，保障家家户户可以使用到自来水。

2）设施农业统一供水。划分设施农业给水分区，实现农业用地自动化喷灌给水。

3）生产生活污水统一处理。镇区污水与带状沿路区域农村居民点污水统一由管网收集至镇区污水处理厂处理，污水经污水处理厂处理后，经过人工湿地进一步深度处理，达到景观用水的标准，作为镇区景观水系的补充水或者市政绿化、清洗道路用水。

4）局部地区生活污水生态处理。居民远离道路的散点状农村居民点污水实行就地生态处理的方式，在居民点处或周边寻找地势较低点，建设生态湿地，用简易沟渠式引导农村居民点污水流向，运用就地净化的方式处理污水。

4.4　空间发展对策

4.4.1　形成“镇区—新农村中心社区—农村居民点”的镇村体系

从城镇的聚集效益讲，只有人口超过3万人才能体现出来。有相关报告指出，中国城市成本与效益均衡的底线规模是25万人，而且城市规模越大，集聚效应越强，发展动力越大。乡镇发展过程是社会经济要素不断集中的过程，在这个过程中，只有镇区能够成为带动全域发展的核心。从乡镇城镇化的“聚集效应”和“规模效应”来看，乡镇的规模效应无论在吸纳农村富余劳动力还是在带动乡镇全域经济发展方面，都有着无可比拟的作用。因此，必须重点发展镇区，集聚人口和产业，提高规模优势，辐射和带动周边片区的发展。

因此，应该强化镇区集聚效应和规模效应。但由于欠平原地区乡镇镇区不强和村庄布局匀质线性分布的特点，仅靠做大每个镇区来吸引农村转移人口也不现实。所以以镇区为主，新农村中心社区联动协调的发展路径是必然选择。应贯彻在经济片区内具有一定实力和规模的乡镇，既要讲求效率，又要体现集中，既要兼顾公平，又要保证一定范围内至少有一个新农村中心社区，以此连接镇区和农村居民点，避免镇村体系的断层，保证村镇体系规模等级结构的合理性。

4.4.2　延续肌理，带状聚居，点块结合

尊重农村居民的意愿和诉求，延续平原地区乡镇农村居民点现状沿路、沿河渠带状发展的空间肌理，以“相对集约、利于实施、群众满意度较高”为总体目标，对现有农村居民点进行有机整合。

考虑到现状村庄布局分散、各村建设水平差异大、带状集聚明显以及部分村庄撤并意愿不强的实际情况，保留整治建设较好、布局集中的村庄带并向纵

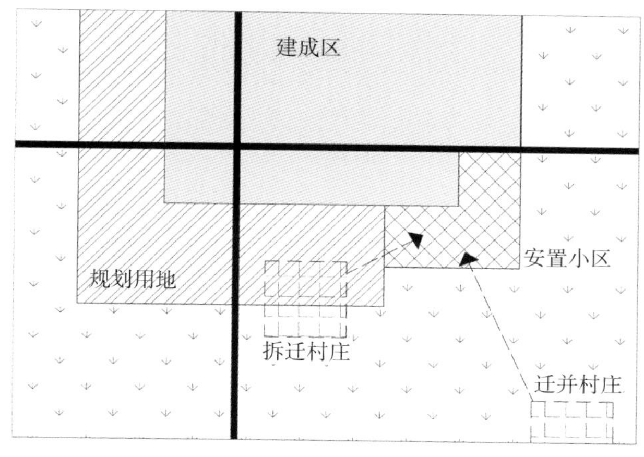

图25-19　城乡融合模式示意图

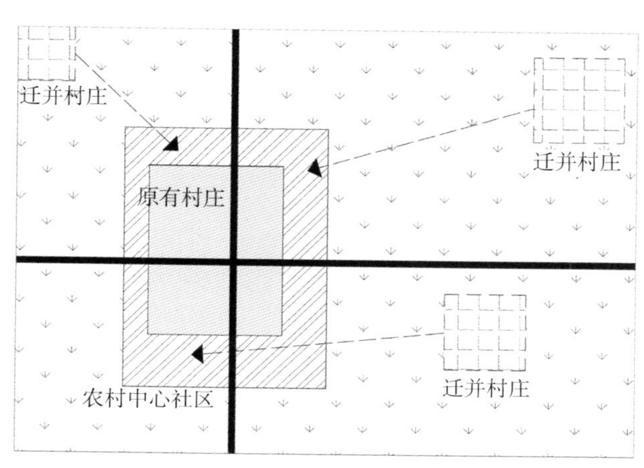

图25-20　集中发展模式示意图

深拓展，逐步撤迁建设基础差和零散村庄，并依托村庄带和块状村庄密集区建设农村新社区，形成“以带为主、点块结合”的村庄空间布局结构，打造“和谐农村、美丽乡村”。

居民点拆迁集并的方式主要分为城乡融合模式和集中发展模式，具体如下：

1）城乡融合模式。适用于城镇建成区内部或周边的村庄，其建设形态与邻近城镇较为相似，功能联系也较为紧密，农民生活方式和城镇居民生活方式较为接近，也部分享受城镇的公共服务设施。在城镇扩张的过程中，城乡统筹的背景下，应加大这类村庄的合并力度，与城镇共享公共服务设施，实现城乡融合，一体化发展。

2）集中发展模式。适用于现状规模较大、周围村组较小且发展空间充足的农村居民点。利用规划引导周围村庄向新农村中心社区集聚，并在中心位置集中配置相应的公共服务设施，以满足农产品加工业、服务业等多种功能发展的需求，发展为农村地区重要的增长极，带动周边农村地区的发展。

作者单位：华中科技大学建筑与城市规划学院
作者：严寒，黄亚平

26　“龙企带动、强心集聚”的新沟镇规划

近30年，中国城乡多极点发展实现了边际收益与空间规模的高速增长，但依赖集体土地的低成本置换（韦亚平，2009），造就了城镇化与工业化“量高质低”的尴尬。为破解半城镇化困局，国家提出了农业现代化、新型工业化、新型城镇化与新型信息化的“四化同步”战略（杨鹏等，2013）。新沟镇作为湖北省“四化同步”示范乡镇之一，面临“城镇外拓与地方蔓延相互制约、优质服务固化锁定、工业增长依赖规模扩张、现代农业推进产权成本高、城镇管理信息化滞后”等问题，由此导致的高成本、高能耗、低效率与低品质问题，已成为新沟镇建设示范镇并向小城市转型发展的严峻挑战。

因此，有必要基于实证，刻画“四化”发展的现状特征，总结契合内陆平原水乡小城镇禀赋的“四化同步”路径，以期为规划决策提供依据。

1　新沟镇基本情况与现状特征

1.1　案例背景

新沟镇地处江汉平原腹地，位于监利、潜江、仙桃三县（市）的交汇处，也是监利县的北部门户与三大中心镇之一（图26–1）。2012年，新沟镇行政面积161km^2，镇域常住人口约10.4万人，镇区人口约5.9万人，人均GDP约3.4万元。

新沟镇在2012年湖北省百强乡镇（含街道）综合发展水平评估中位列第80位，发展水平位列湖北省第一方阵。同时，新沟依托其特有的农产品精深加工优势，走出了一条龙头企业带动“三化同步”发展的“福娃模式”。2013年，新沟镇被确定为湖北省21个“四化同步”示范试点镇之一，并被省委省政府确立为“全省的一面旗帜”。

1.2　现状特征

1.2.1　工农联动的龙企带动发展

（1）工农联动发展，但“大而不强”

综合实力加快增强，2007～2012年间地区生产总值从13.3亿元增至32.3亿元，年均增长25%，工农业增加值对地区生产总值的贡献率从82%提高到89%，年均提高1.2个百分点；产业能级加快提升，2012年农业增加值4.8亿元，增长10%，粮棉油产量居全省前50；工业增加值10.3亿元，增长50%，其中农产品加工业产值占95%（图26–2）。

虽然是“因粮而生”的农业大镇，但“大而不强”的问题突出，表现为农业产业与就业比重大，但以单一的种植业为主，高效的特色农业发展慢；以独户耕作为主，“龙业+基地+大户”的规模农业比重低；工业产业链短，农产品初加工附加值低，资源就地转化率低，带动就业弱（图26–2）。

（2）龙企带动发展，但“产出低效”

注重龙头企业培育，拥有福娃集团、恒泰米业等6家龙头企业，特别是专注于粮食加工的福娃集团，通过“一企带多企、一业带多业”，不仅实现了从小作坊向国家龙头企业的跨越，还形成了以福娃为首的农副产品

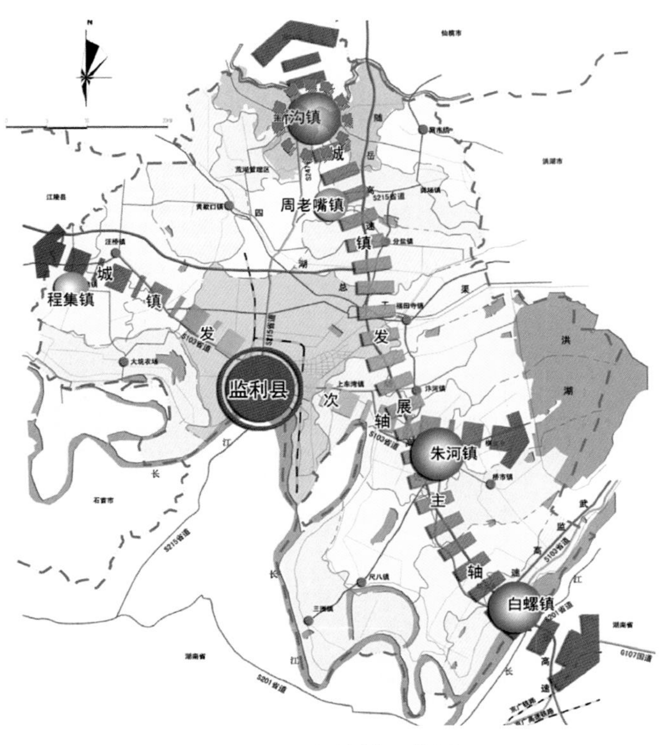

图26–1　新沟镇区位图

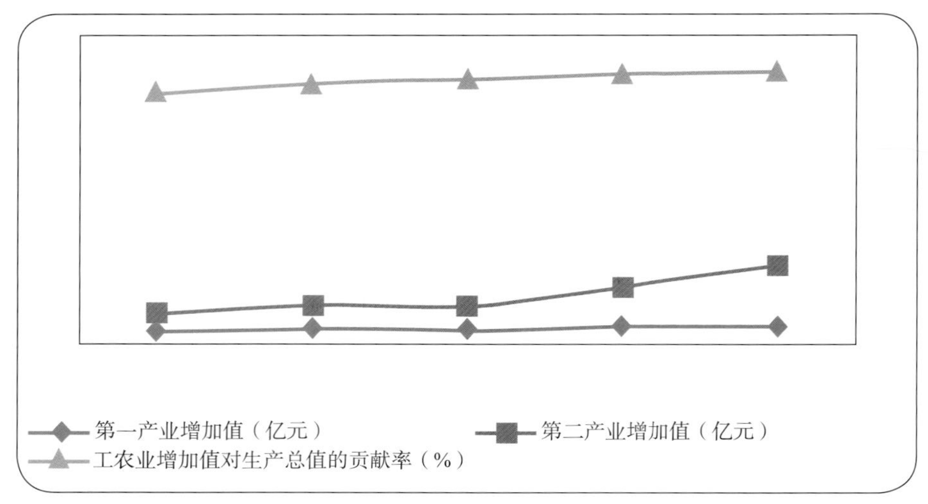

图26-2　新沟镇一、二产业增加值对比图

加工产业集群，以及“兴工业、强城镇、带农村、富农民”的“福娃模式”。

虽然是“因企而兴”的明星城镇，但“产出低效”的短板显现，入园企业产出低，亩均产值仅494万元/亩；规上企业6家，仅占16.7%；企业扩大再生产资金不足，项目推进慢；企业技术含量低，创新意识弱。

1.2.2　强中心城镇与条带型村落的空间格局

（1）“小镇大城、强心引领”的村镇体系，但辐射能力弱

村镇体系呈“金字塔”型，镇区首位度较高，人口首位度为60%，建设用地首位度为22%，镇区—中心村—一般村数量比为1：3：42（图26-3）。但城乡辐射能力弱，表现为教育、医疗、文体等公共设施种类与数量不足，质量有待提升；通村公路密度低、路面窄且会车困难；市政管网覆盖面有限。

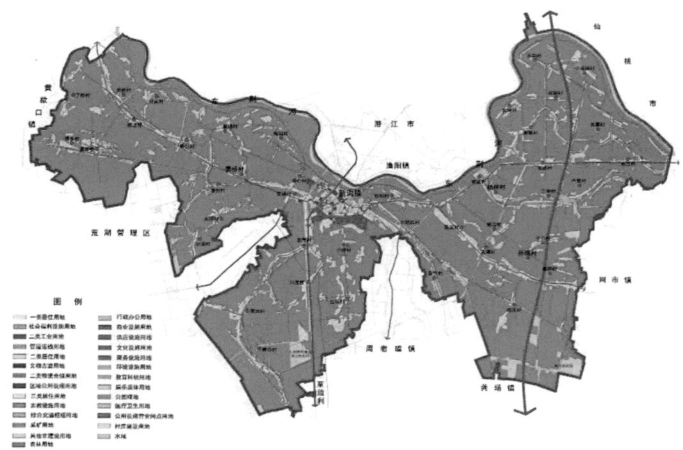

图26-3　新沟镇域现状图

（2）“条带为主、点状散布”的村庄分布，集约利用率低

按照空间集中度划分，村落形态一般可分为点状、带状、块状3类，新沟镇现状村庄分布主要以条带状和散点状为主（表26-1），整体分布较为分散，加上新沟村庄“前稻场、中民居、后菜园”的布局形式，导致人均村庄用地偏大，现状人均毛用地面积达到370人/m^2，远超国家标准，土地节约集约程度低。

1.2.3　量高质低的异地半城镇化

（1）已进入城镇化中期，但“量高质低”

2012年新沟镇城镇化率达59.5%，已进入城镇化中期，高于全省平均水平约13个百分点。但流动人口城乡两栖、优质服务固化锁定等城镇化“量高质低”的问题凸显，户籍人口城镇化率仅31.2%，农民人均纯收入增速低于生产总值增速；亩均年收入仅上千元，难负担20万元一套的农房建设装修费用；与转业农民市民化配套的公共服务不足，合作医疗、养老保险参保率仅60%。

（2）劳动力稳步增长，但“异地外流”

2012年镇域从业人员56973人，年增长10.8%。“打工经济”与“异地城镇化”趋势明显，全年外出打工15068人，占总劳动力的比重高达60%，大多在外省或周边县市从事非农产业；人才集聚能力弱，外来从业人员仅3870人，只占总劳动力的6.8%（图26-4）。

现状村庄空间形态分类评价表　表26-1

空间形态	分布区位	代表村庄	比例	优点	缺点	实景
点状	东南部、东北部、西部	顺风、七根杨、中心、熊马、义河、夹河、沙洪、付家、丁桥、双岭	17%	利于耕作，生活品质高	交通成本高，不利设施管网敷设，不便于运输粮食	
带状	X002县道、新府路、东荆河、监新河沿线	谢家－双页－英勇、乔家－杨林－双岭－永固、阮家－朱提－孙场－秦阳、新红－新生、新南－白龙－雷河－横台、交通－晏桥－柳口－祝场－史桥	80%	便于运输粮食，生活便利，利于耕作	交通成本高，不利管网敷设	 
块状	西部、南部、中北部	夏桥、梅湖、红阳	3%	便于运输、设施敷设，交通成本低	生活质量不高，不利耕作	

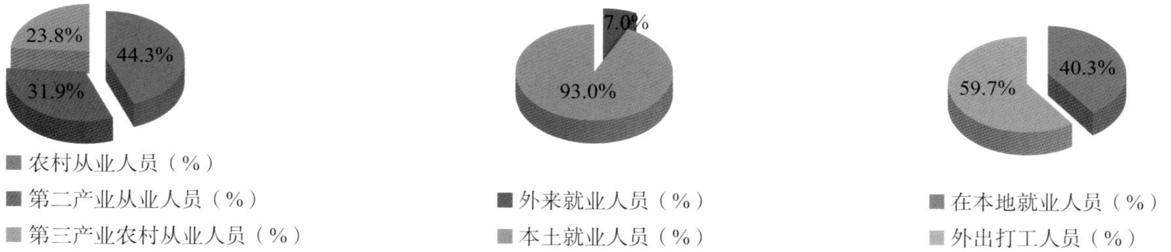

图26-4　新沟镇劳动力现状图

1.2.4　水网密布的荆楚平原水乡

新沟镇是典型的平原水乡，地势平坦，高差仅7m；已形成“河渠密布、塘湖镶嵌”的水网体系，东荆河、东西灌渠横跨东西，监新河纵穿南北；农林景观均质优美，以良田为基底，大海渔场、隆兴湖渔场、万亩水稻基地、千亩油菜基地、千亩意杨基地等特色景观点缀其中。但污染防治能力弱，污水管网不足，雨污分流改造压力大，油井、河流污染有待治理，垃圾收集点等环卫设施不足。

2　规划定位与目标

2.1　规划定位

以“工农联动集聚产业、龙企带动集约要素、强心引领集中人口、设施完善集成功能”为路径，加快建设“全国和湖北省农业产业化示范镇、潜监仙交界区域中心城镇与监利县域副中心、具有田园水乡特色的生态宜居名镇”。

2.1.1　全国和湖北省农业产业化示范镇

发挥“江汉平原强农镇”的优势，以“规模化种植、标准化生产、集约化经营”为导向，加快土地流转，培育农业合作组织、专业大户等新型经营主体，推广“龙头企业+专业合作组织+农业大户”模式，打造湖北现代农业高地。

2.1.2　潜监仙交界区域中心城镇与监利县域副中心

利用“福娃集团”等龙头企业的品牌效应，发挥公、铁、水路联运的要素集聚优势，打造集成农副产品生产、加工、销售、出口等功能的粮食加工交易基地；

倡导开放式产业布局，联动发展商贸物流、电子商务、创意设计等服务业，打造江汉平原粮食加工基地、监潜仙三县市交界公共服务中心与监利县域副中心。

2.1.3 具有田园水乡特色的生态宜居名镇

依托“平原水乡、万亩良田”等金名片，保护汉江最大支流东荆河等饮用水源，整治东西灌渠等河网，将水系引入城镇组团和农村社区，营造滨水休闲空间；利用渔场、水稻基地、油菜基地、意杨基地等农林景观，培育养生养老、旅游度假、景观住宅、商务休闲等现代功能，打造荆楚田园水乡胜地。

2.2 发展目标（表26-2）

2.2.1 综合经济更具活力

到2030年，工农业总产值达820亿元，人均GDP达150000元/人，二、三产业从业人员比重达90%，粮食总产量达90000t。

2.2.2 社会事业更加便民

到2030年，城乡人均文化、娱乐、教育、医疗保健支出比率达60%，千人医务人员数达6名，义务教育普及率达100%，城乡人口失业率小于3%。

2.2.3 基础设施更加完善

到2030年，标准化公路通行政村率达100%，城乡人均综合生活用水量达150升/日，人均生活用电量达500千瓦时/年，信息化水平比率达80%。

2.2.4 江汉水乡更加秀美

到2030年，单位生产总值能耗下降45%，地表水环境质量优于Ⅳ类，生活垃圾无害化处理率达100%，生活污水处理率达100%，农村卫生厕所普及率达95%。

2.2.5 荆楚特色更加彰显

以稻米加工为产业特色，以红色文化、农耕文化为人文特色，以三县市交界为区位特色，以荆楚民居为建筑特色，彰显“江汉福地·多彩新沟”的魅力。

2030年新沟镇城乡统筹规划指标体系

表26-2

领域	序号	指标	单位	目标值
统筹城乡经济发展	1	二、三产业从业人员比重	%	90
	2	一产劳动生产率	元/人	25000
	3	人均GDP	元/人	150000
	4	工农业总产值	亿元	820
	5	人均地方财政收入	元/人	5000
	6	粮食总产量	t	90000
统筹城乡社会事业	7	城乡人口失业率	%	<3
	8	义务教育普及率	%	100
	9	千人医务人员数	名	6
	10	城乡人均文化娱乐教育、医疗保健支出比率	%	60
	11	农业技术人员相当于农业从业人员的比例	‰	10
	12	财政支出中用于“三农”的比重和增幅	%	>15
	13	城乡居民人均收入差距倍数	倍	≤2
	14	参加社会保险人数占全社会从业人员比重	%	80
统筹城乡基础设施建设	15	人均居住建筑面积	m^2	>35
	16	标准化公路通行政村率	%	100
	17	农村安全饮用水覆盖率	%	100
	18	人均公园绿地面积	m^2	>10
	19	城乡人均综合生活用水量	L/日	150
	20	城乡人均生活用电量	kW·h/年	500
	21	城乡信息化水平比率	%	80

续表

领域	序号	指标	单位	目标值
统筹城乡生态环境	22	环境空气质量	—	二级或更优
	23	地表水环境质量	—	Ⅳ或更优
	24	土壤环境质量	—	Ⅱ类或更优
	25	单位生产总值能耗下降	%	≥ 45
	26	工业污染源治理达标率	%	100
	27	生活垃圾无害化处理率	%	100
	28	生活污水处理率	%	100
	29	农药使用强度	kg/万	< 2.2
	30	受保护基本农田面积	%	100
	31	农村卫生厕所普及率	%	95
	32	村庄整治率	%	100

3　新沟镇“四化同步”发展模

为进一步扩容提质，新沟应梳理政策力、要素力、经济力等“四化同步”的动力，摆脱“乡村工业化带动农村城镇化、本地资源诱导推动城镇化、外来资本投资拉动城镇化、劳务经济驱动城镇化”等先发地区路径依赖，走出一条“三产联动、城乡一体、产城融合、‘四化’并举”的新道路，以农业现代化与新型工业化为突破口，依托龙头企业壮大发展平台，做强产业集群，逐步推进新型城镇化与信息化，推进以产业发展为主的“福娃模式”向四化同步的“新沟模式”转变，其内涵如下（图26–5）。

3.1　土地流转、多元经营的农业现代化

以完善农业园区设施、提高科技投入为导向，加强农业化与工业化联动；基于农业禀赋，培育优质粮油规模种植、特种水产养殖、标准畜禽饲养、特色林业、订单农业、设施农业、观光农业等现代农业；推进土地流转，鼓励发展农业大户、“公司+基地”、家庭农场、专业合作社等多种生产经营形式。

3.2　精深加工、带动就业的新型工业化

以延伸农副产品深加工产业链为导向，推进工业化与农业化深度联动，向上拓展农机制造等产业，向下拓展生物饲料加工等产业；以工业园区挖潜提效为导向，

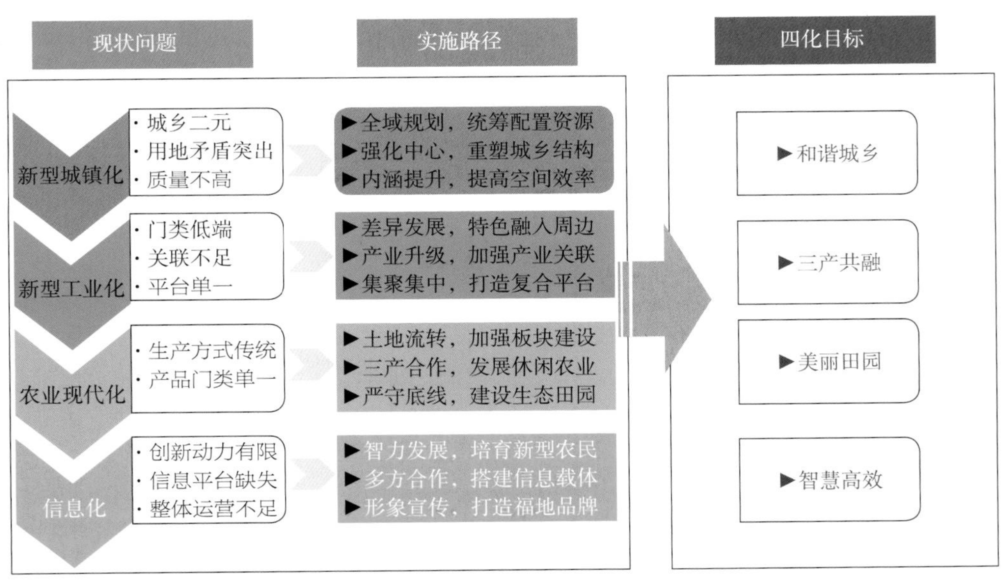

图26–5　“四化同步”的新沟模式

推进工业化与城镇化融合，发挥福娃集团等龙头企业的集聚效应，扩大技改投入，提高稻米、食品加工等支柱产业的附加值，增强吸纳农村劳动力的能力。

3.3 强心辐射、分类流转的新型城镇化

以强心辐射与有序流转为导向，打造“中心极化、节点集聚、有机分散”的非均衡城镇化空间模式；以完善公共设施、推进农民市民化为基点，推进城镇化与工业化、农业化融合；根据“以带和散点为主、已完成改建”的现状，适度集聚，以整治改造为主，按照改扩型、保留型、迁移型、新建型4种类型，明确村庄撤并与人口流动的路径。

3.4 深度融合、智慧管理的新型信息化

以构建现代农业技术体系、拓展网络营销渠道、搭建信息化培训平台为基点，推进信息化与农业现代化融合；以应用信息设备、信息产品、信息技术为导向，推进信息化与工业化融合；以研发大数据、物联网等技术、建构数字新沟为愿景，推进信息化与城镇化融合，提升城乡治理能力。

4 镇域规划布局及关键控制领域

4.1 “龙企带动”与“双轮驱动”战略指引下的镇域产业布局

我国实施农业产业化发展战略已有10余年历史，牛若峰（2002）的调研表明，在中国农业产业化模式中居于首位的是龙头企业带动型。龙头企业带动型模式指以龙头企业为主体，围绕一项或多项产品，形成“公司+农户”、“公司+基地+农户”、“公司+批发市场+农户”等农产品产、加、销一体化的经营组织形式（图26-6）（郭晓鸣等，2007）。

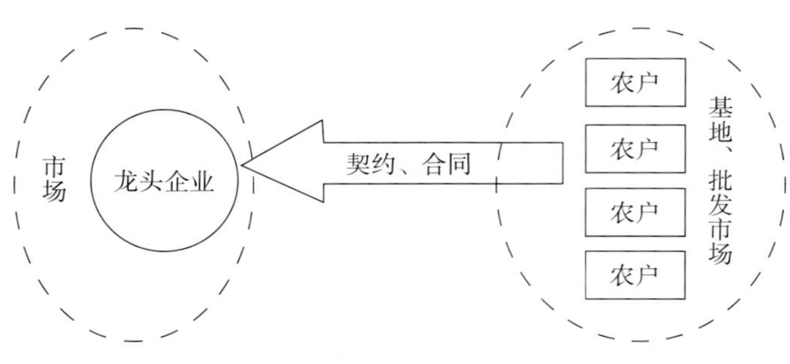

图26-6　龙头企业带动型模式示意

新沟镇是湖北省传统农业大镇向农副产品加工型城镇转型发展的典型地区。规划继续围绕福娃集团为首的农副产品加工龙头企业，加大土地流转力度，引导农民转变传统经营方式，实现“龙头企业+专业合作组织+农业大户”模式的全覆盖。在此基础上，推动农业现代化和新型工业化互相促进、深度结合，进而带动三产发展、助推新型城镇化，从产业支撑上实现“四化同步”。落实于产业空间上，规划形成“一心、四片”的总体结构（图26-7）。“一心”指镇区核心，为镇域工业和服务业集中发展区域；“四片”分别指西北片“农业大户”和“公司+基地”模式的粮油规模化种植基地，南部片“公司+基地”模式的订单农业示范区，以及东北片、东面片两个特色化的粮油规模化种植基地。

4.2 “适度集聚”与“三延伸”战略指引下的村庄体系重组

尊重新沟村庄建设现状和村民撤并意愿，规划实施“分类撤并、适度集聚”的村庄整合策略，保留整治带型村落，加大小而散村庄的迁并力度，加快培育中心村和农村新社区。在村庄体系空间重组的基础上，逐步推进城市服务设施、城市基础设施和城市生活方式向农村区域的延伸。

根据上述村庄发展思路，规划结合村庄地域分布、资源特色、经济条件等因素，按改扩型、保留型、迁移型、新建型4种类型分步推进村庄撤并，至规划期末形成“四区、七带、七点”的村庄体系（表26-3）。即按照“撤点融带、弱点强带、以小带扩大带”的整治思路，形成七条村庄发展轴带，重点改善村居环境、集约村庄用地；按照“扩村建居、扩点成块”的整治思路，壮大发展基础较好的村庄节点，根据社区设施的配建标准，选点建设杨林、晏桥、史桥、孙场4个农村新社区；遵循“优点整治”的理念，保留民俗文化突出的7个特色村落与农居点。

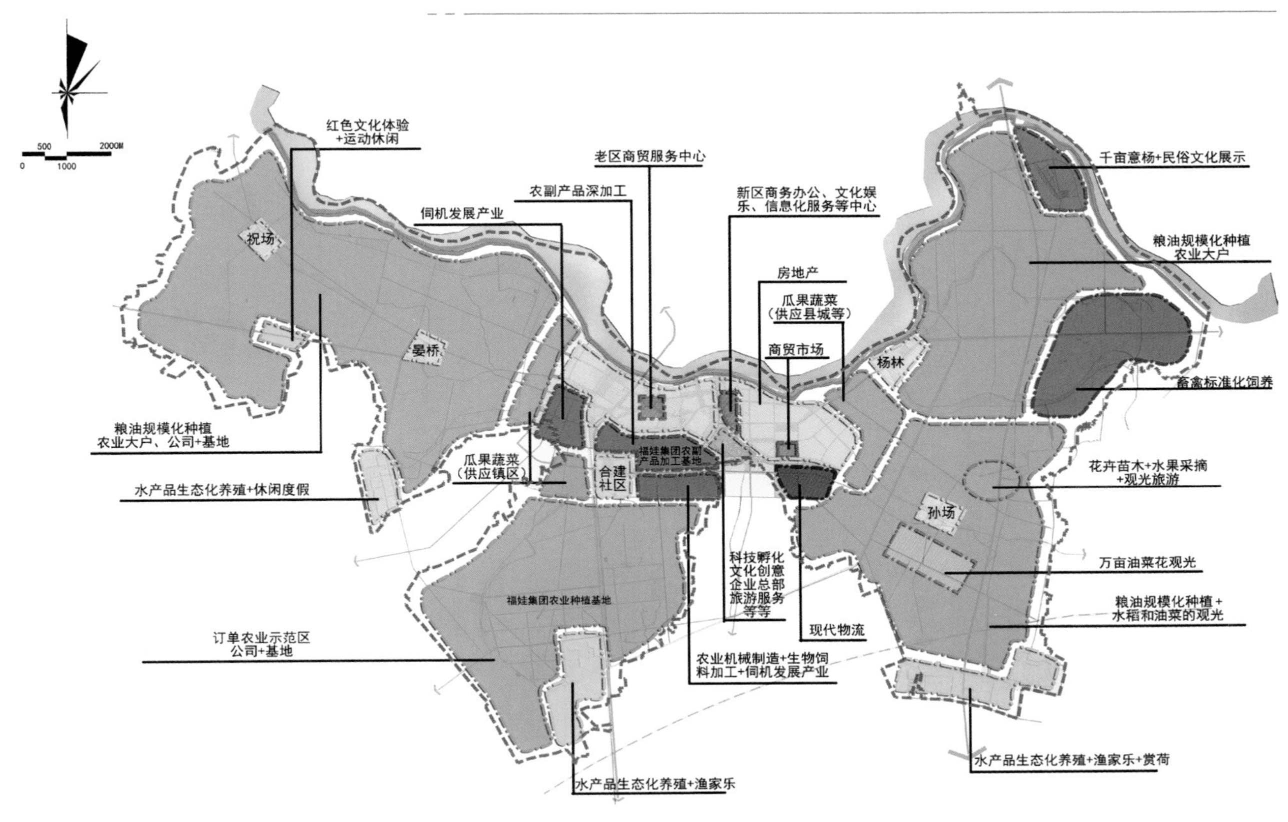

图26-7　新沟镇域产业布局规划图

村庄撤并分类指导　　表26-3

类型	基本条件	代表村庄名称	撤并方向引导
改扩型	1. 人口规模较大	史桥	1. 在原址扩建； 2. 推进周边点状村庄与村庄集聚带上小村庄向中心社区、带状中心集聚
	2. 经济水平、交通条件优越、设施齐全	孙场、杨林	
	3. 自然条件较好，且具备拓展空间	晏桥	
	4. 可依托特色资源发展的村庄	七根杨、夏桥	
新建型	1. 在镇区内的村庄	光明、向阳	1. 向镇区撤并； 2. 推进村改居； 3. 向村域内其他集聚点新建
	2. 与镇区已连片发展，有产业和空间支撑	全心、新红、砂矶	
	3. 在镇区规划用地内，未来有二、三产业提供的就业机会以及基础设施、公共设施	阮家、新生、中岭、新南	
	4. 由于基本农田与改建意愿限制，在村域内另选居民点建设	顺风、三中、永固、红阳、梅湖、付家	
保留型	1. 较大的点状村庄，在规划期内难以搬迁	清水、双岭、英勇	1. 在原址维持现状； 2. 以改造整治为主
	2. 较大的带状村庄，发展潜力一般，但在规划期内难以搬迁	柳口－祝场、乔家－严家、雷河－横台、谢家－双剅	
	3. 较小的带状村庄，具备文化和风貌特色	报国－夹河－沙洪、秦阳－朱堤	
	4. 带加块型村庄，在规划期内难以搬迁	赵场	
迁移型	1. 较小的点状村庄，设施配套成本高	中心、熊马	1. 向集聚带与中心社区迁移； 2. 向村域内其他集聚点迁移
	2. 离油井较近，有一定污染	白龙	
	3. 处于基本农田内或村民同意的拆旧区内，村庄发展空间不足	丁桥、义河、东荆	

4.3　“全域统筹”与“主题开发”理念指引下的镇域空间发展框架

对于快速城市化地区来说，城镇的触角往往不仅仅局限于镇区范围内，在交通支撑、资源供给和生态保证的前提下，存在经济要素向全镇域扩散的可能。对于新沟镇这样进入城镇化加速期、“由镇转市”关键时期的省级示范镇，我们需转换规划视角，真正体现基于城乡统筹的全域思维，在镇域空间框架内协调各类经济要素的空间分布，确保中心城镇规模集聚与内核功能提升的同时，更多地关注和引导农村地区的建设发展。同时，规划结合新沟镇域“蝴蝶型”的空间形态与特色资源、文化、景观的分布情况，提出打造4个不同主题特色与建设重点的“蝶翼”型美丽乡村片区，在中心集聚的前提下实现新沟全域范围内的发展提升。

在上述“全域统筹”与“主题开发”两大理念指导下，本次规划新沟镇域形成“一心四片、四轴四区、七带一网”的城乡总体布局框架（图26–8）。其中，“一心”指城镇发展核心，是新沟镇推进新型工业化与城镇化建设的主平台。规划提出“强心扩城”的空间策略，拓展城镇新区空间，培育提升综合服务功能，转型升级新型产业，塑造宜居品质空间，加快人口、产业、市场等发展要素集聚，打造承接区域经济流、引领全域发展、辐射周边乡镇的综合性小城市；“四片”，是结合新沟镇域“蝴蝶型”空间4个象限的乡村片区分布，以粮棉油种植基地和蔬菜、禽畜、渔业养殖基地为基质，依托各片区文化风貌特色与生态景观资源，分别塑造东北部意杨田园观光休闲、东南部养生创意休闲、西北部红色文化体验休闲、西南部郊野娱乐休闲四大特色主题片区，建设新沟特色的美丽乡村，推动新沟镇域的农业现代化和新型城镇化；“四轴”，是指 4 条沿路空间发展轴线；“四区”，是指 4 个农村中心社区；“七带”，是指规划形成的 7 条村庄发展带；“一网”，是指利用现状密集的水网构建覆盖城乡的滨水生态网络。

4.4　关键控制领域

4.4.1　规模控制

为加快像新沟镇这样向“小城市”转型发展的“示范镇”的发展，必须要在规划层面给予一定的规模增长空间，同时也要满足区域城镇化发展、相关规划的指标控制以及镇域生态容量限制等多方面要求。本次规划期末2030年，镇域总人口达到18万人，其中城镇人口14

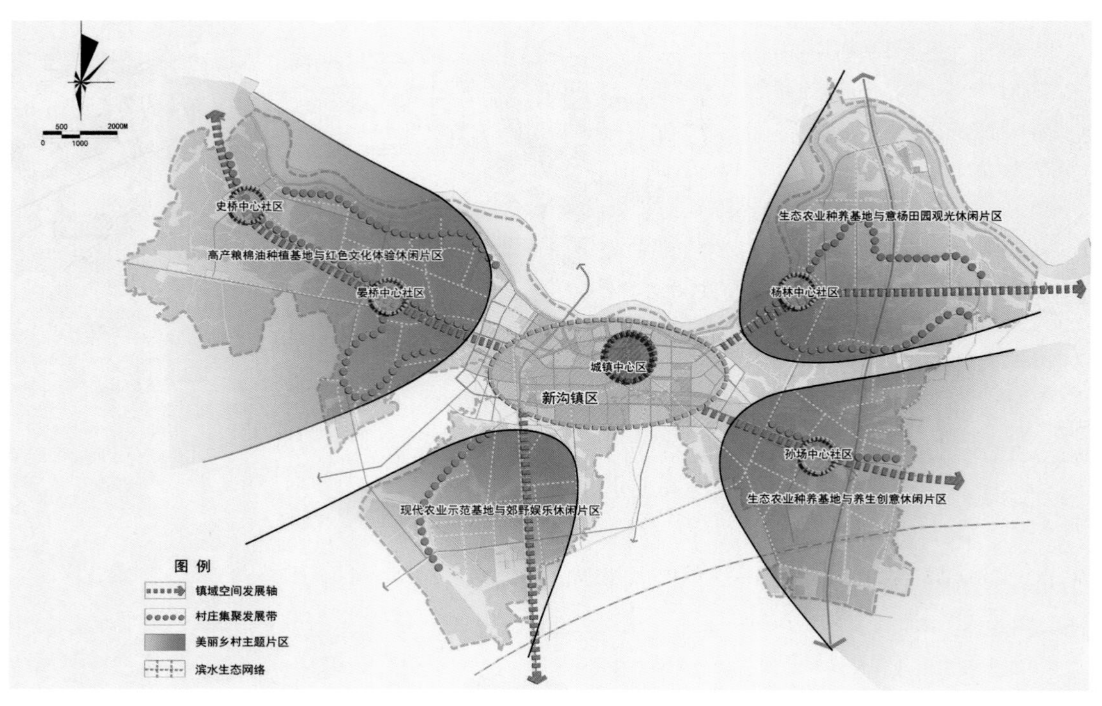

图26–8　镇域空间结构规划

万人，城镇化水平77.8%。镇域城乡建设用地总规模约2172.22hm²，与现状相比用地增量仅为114.36hm²，主要通过城乡建设用地用地的增减挂钩来实现结构调整，优先满足城镇建设用地的需求。规划城镇建设用地由现状544.79hm²增加到1563.72hm²，人均城镇建设用地指标由现状94m²增加到105m²。

4.4.2　空间管制

随着城镇的快速扩张和城镇居民对生态休闲的追求，原来城镇外围非建设用地空间的地位日益突出，全域思维的城镇规划必须要将非建设用地如耕地、林地等的管制保护内容进行重点研究，强化对市政基础设施和城乡空间、生态环境的总体调控。结合《湖北省镇域规划编制导则》的相关要求，规划将新沟镇域划分为禁止建设区、限制建设区、有条件建设区和允许建设区4类空间，分别制定不同的管制政策和措施（表26-4）。

新沟镇空间管制一览表

表26-4

分区	亚区	功能区、线、点	区域范围	建设管制的基本要求
禁止建设区	农田保护区	基本农田、标准农田	土地利用规划确定的城镇建设用地范围以外的耕地、公路等交通沿线的耕地；生产条件较好、集中连片、产量较高的耕地	按照《中华人民共和国土地管理法》的要求严格进行保护，任何单位和个人不得将区内的耕地擅自转为非耕地。严格按制度调整基本农田。严格遵守基本农田保护、管理制度
	市政基础设施防护区	高压走廊防护区、石油天然气管道设施安全防护区	110kV 以上输电线路的防护区、江汉油田输油管道和西气东输管线安全防护一级区	220kV、110kV 高压走廊控制宽度分别为 30 ~ 40m、15 ~ 25m。高压走廊和石油天然气管道安全防护一级区内，不得兴建建筑物、构筑物，也不可种植可以危及电力设施或输油输气设施安全的植物
	水源保护区	水源地及水源一级保护区	东荆河取水口及水源一级保护区范围	加强饮用水源保护区周边林草植被的保护与恢复，提高水源涵养功能。禁止一切破坏水源地、护岸林和与水源保护相关的植被活动
	一般生态公益林	防护林、景观林等	土地利用规划确定的林地，包括千亩意杨和东荆河防护林带等	严格控制征占用生态公益林。禁止在生态公益林区内进行有损于林木生长发育的活动和行为
限制建设区	市政基础设施廊道	交通、水利、防洪堤、输油输气管道等	镇域内随岳高速、货运铁路、潜监省道、新老公路、荒湖公路；东荆河沿线防洪堤；江汉油田输油管道、西气东输管线安全防护二级区	根据《湖北省公路路政管理条例》的要求控制各级道路与建筑的最小距离，其中高速公路、货运铁路两侧各 60m 范围。防护堤、输油输气管道安全防护二级区按照相关专业法律法规要求进行建设控制
	生态廊道	绿化带	主要河道两侧	潜监河、荆监河等主要河道两侧 20 ~ 50 m作为永久性绿地进行控制，城镇段水体两侧至少保留 20 m绿化带，绿化带内鼓励进行生态建设和农业生产活动，可安排少量公共设施、卫生设施、市政基础设施
	水源保护区	二级、三级保护区	取水点上游 100 ~ 1000m，为二级保护区；取水点上游 1000 ~ 5000m 为三级保护区	区内不准新建、扩建向水体排放污染物的建设项目，改建项目必须削减污染物的排放量；原有排污口必须削减污水排放量，保证保护区内水质满足规定的水质标准；禁止设立装卸垃圾、粪便、油类和有毒物品的码头
	拟撤并自然村	未纳入城乡规划建设用地范围的农村建设用地	未纳入城乡规划建设用地范围的农村建设用地	限制自然村建设，应将居民逐渐迁入镇区和新社区，原有村庄建设用地进行复垦
	文物保护区	文保建设控制地带	省级文保单位解放街红三军旧址、县级文保单位陈埠渊街大捷纪念碑	按照文保建设控制地带的控制要求予以保护，划定文物保护紫线，结合周边环境整治及街头绿地的建设进行文物保护与开发利用

续表

分区	亚区	功能区、线、点	区域范围	建设管制的基本要求
允许建设区	城镇建成区	城镇发展	城镇规划建设用地范围内的已建设区	严格按总体规划建设，建设以内涵挖潜为主，节约、集约利用土地
	村庄旧区	农村发展	规划村民居住社区范围内的已建设区	按美丽乡村建设要求，加强环境整治和设施配套
	规划城镇建设用地	城镇发展	城镇规划区范围内的发展建设区	区内的建设用地标准不得超过国家规定的标准；城镇建设应当充分利用现有建设用地和空闲地
	规划村民居住社区	农村发展	规划村民居住社区范围内的非建设用地部分	发展农村新社区，使之成为相对集中、规划设计合理、基础设施配套、居住条件和环境良好的新农村，鼓励零散分布的村庄通过土地整理搬迁、撤并，向农村新社区集中
有条件建设区	城镇发展备用地	弹性发展	城镇规划区范围内的备用地区域	城镇发展备用地在转化为城镇建设用地前，对其中的耕地、菜地、果园，应继续利用，不得丢荒

4.4.3　土地集约节约利用措施

1）通过“两新”建设缩减农居点规模。通过“两新”（新城镇和新社区）建设，改造空心村，拆并零星村，引导迁村并点至农村新社区，或在中心城镇选择合适位置建设城镇社区。村庄建设用地规模从现状1490hm^{2}缩减至608hm^2，人均村庄建设用地指标由326m^{2}减少为152m^2。

2）通过城乡建设用地增减挂钩减少建设用地增量。规划期内，集聚社区建设与旧村复垦相结合，逐步将规划建设用地范围外的农村居民点复垦为农用地（主要为耕地），整理、复垦旧村实际增加的有效耕地扣除集聚社区建设占用耕地的面积后得到的新增有效耕地面积指标，作为城镇新增建设用地面积指标。

3）通过村庄综合整治与城镇用地挖潜提高建设用地利用效率。通过用地布局调整和相关建设引导，加强沿路村庄带的综合整治与城镇用地的挖潜改造，重点对废弃地、未利用地、低效用地进行改造利用，并通过提高单位用地的要素投入、建设指标和经营运作效率，提升建设土地的使用质量和产出效益。

4）通过农田土地平整与园地化建设提高非建设用地利用效率。针对新沟镇现状农田高低不平、大小不一、形状不规则的分布现状，大力开展土地平整的工程建设，挑高填低，同时对主要渠道、机耕路、排水设施进行改建，逐步推广园地化农田建设，提升以农田为主的非建设用地利用效率。

5　镇区规划布局及特点

5.1　“共生城市”理念的提出与特点

住建部副部长仇保兴在天津滨海新区举行的第四届中国（天津滨海）国际生态城市论坛上提出“共生”理念，建设现代宜居生态城镇应遵照“共生城市”的理念。共生城市是以信息化、服务业为就业的主要依托。

空间利用上，共生城市是混合的，注重把居住、工业、就业、生态、公园绿地系统有机融合，尊重多样化，尊重地方文化与自然。

空间结构上，共生城市是扁平化的、组团式的集群，城市由不同的板块组成，物质和资源都可以循环。城市服务功能与产业协同，追求居住、商业、就业、娱乐等功能在一个尽可能小的空间里满足多样化需求（图26–9）。

5.2　新沟镇区空间布局思路

充分考虑区域经济主流向和城镇对农村片区辐射带动与服务覆盖的要求，规划新沟镇区用地主要向东、向南拓展。为了破解现状因工业企业与城镇居住空间混杂的难题，新沟城镇总体布局借鉴“共生城市”理念，采取紧凑式、扁平化形态发展，以现有镇区为基础，实现中部老城区的城市更新、东部新城区的扁平拓展与南部工业区的新兴发展。同时，利用影响城镇布局的自然限制因素，如北部天然屏障东荆河、南部较密集的油田带、中部的沟渠和水面以及输油输气管线的防护带等，构建生态绿廊，串联

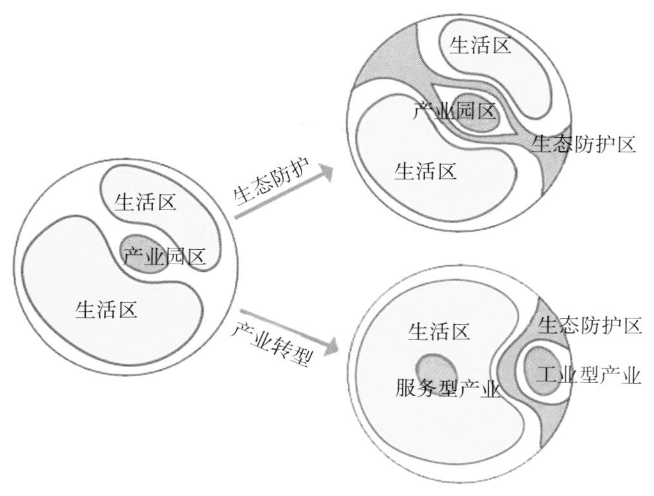

图26-9　共生融合提升模式

老镇区、东部新区及南部工业组团，形成富有特色的城镇布局。

5.3　新沟镇区空间结构优化

借鉴共生城市布局模式来组织城镇空间，优化生活区和工业区的布局关系，通过生态绿廊的隔离、渗入与链接，把居住、工业、就业、生态系统有机融合，促进生产、生活与游憩之间的平衡，建设宜居宜业宜人的产城人“共生之城”（图26-10）。

规划新沟镇区空间结构为“一廊跃三心，双轴贯三区”（图26-11）。“一廊”位于镇区中心，依托油井钻探平台及生物氧化塘形成的绿带及湿地，构筑形成镇区的生态廊道；“三心”指规划镇区形成“一主两副”3个公共中心；“双轴”分别为依托吉祥大道联系老镇区与东部镇区的城镇生活功能发展轴、依托福娃大道形成的城镇产业功能发展轴；“三区”指老镇区片区、东部组团新区、南部工业园区。

6　规划编制思路及方法创新

为体现新沟镇作为“全省旗帜”的示范作用，本次新沟镇规划按照“四化同步”发展要求，结合新沟镇现实发展特点与新的发展机遇，积极探索新沟特色的建设发展模式。即立足于传统农区和发展龙头企业，以产业化带动人口集聚、城镇建设、农业现代化，壮大镇域经济，加速信息城镇建设，实现“四化同步”发展，从而为湖北省尤其是平原地区带状村庄型、龙头企业带动型的小城镇提供发展样板和示范。具体而言，本次规划在思路和方法上的创新可概括为以下几点：

（1）战略路径特色化：结合新沟农业基础，实施“龙企带动、双轮驱动”核心战略，发挥农业产业化龙头企业福娃集团的示范带动作用，推动农业现代化和新型工业化的深度结合，形成“工农互促、带动三产、助推新型城镇化”的特色发展路径。

（2）村庄撤并本地化：结合村民意愿调查，在推进“三集中”和“三延伸”基础上，实施“适度集聚”战略，采取“带状整治为主、散点撤并和新社区建设为辅”的村庄布局策略，避免大拆大建。

（3）城镇建设品质化：结合小城市发展的一般规律，提出“强心扩城”建设思路，新区拓展与中心功能培育并

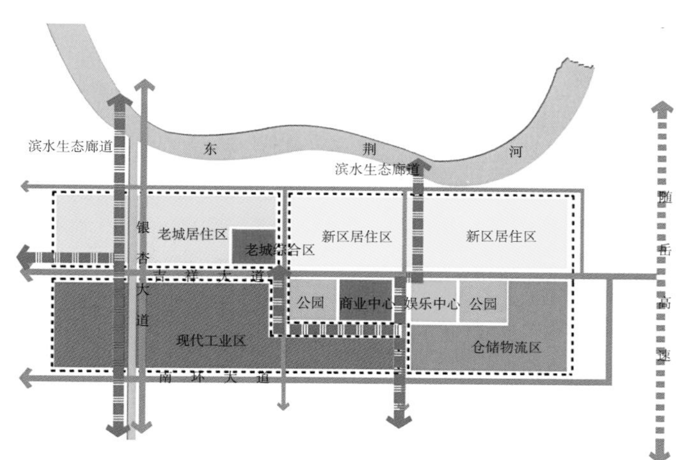

图26-10　新沟镇共生城市结构意向

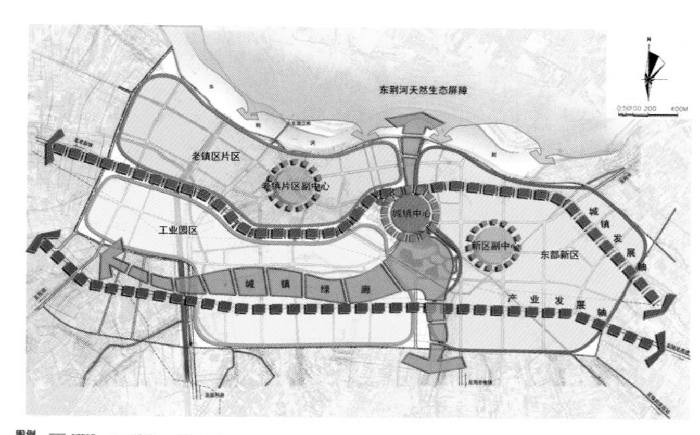

图26-11　镇区空间结构规划

举。城镇布局遵循“产城共生”理念，优化生活区和工业区的布局关系，打造宜居宜业宜游的“共生之城”。

（4）空间布局主题化：结合新沟镇域“蝴蝶型”空间分布特征，发挥各个农业区块资源价值和村庄特色优势打造4个“主题片区”，结合美丽乡村建设，实现新沟全域的发展提升。

（5）近期建设项目化：结合小城市的建设要求，制定建设基础设施类、民生改善类、经济发展类、市场经营类近期建设项目，近期各个方面的建设目标与重点均围绕项目展开。

（6）政策建议创新化：借鉴浙江省小城市培育试点经验，提出强镇扩权平台建设、设立小城市培育专项资金和建设用地计划单列制度、农村户籍制度改革、城乡建设用地增减挂钩、镇域内社会管理组织机构调整等政策创新建议。

作者单位：浙江省城乡规划设计研究院

执笔人：周彧，董翊明

项目负责人：何苏明，周彧

项目组成员：李国华，董翊明，张焕发，翁加坤

27　“板块协同、有机集中”的沉湖镇规划

1　引言

作为联结城市和农村的紧密纽带和基层城镇化单元，小城镇镇域发展和镇区建设中的最重要的一个原则就是“集中”。在我国改革开放以来各个阶段的城镇化发展战略格局中，虽然小城镇在整个城镇体系框架内的地位有所变化，但引导人口与产业向镇区集中的基本思路一直得以延续。在当前绝大多数小城镇规划编制过程中，强调镇域人口和产业高度集中、引导镇区规模快速提升、集中建设规模化品质化镇区等成为城镇发展和建设策略的主流思想。这符合当前我国城镇化发展的阶段性要求，也和小城镇的规模和尺度相匹配，此外在远离大城市的广大乡村均质发展地域内，集中发展也是激发区域经济活力的有效手段。但是值得注意的是，受区位条件、资源环境、尺度规模、历史沿革、发展阶段等多个因素的综合影响，“集中”的发展思路对于不同的城镇会出现一定的策略分异。而且在当前“四化同步”和镇域一体化发展目标的整体要求下，如何因地制宜地构筑更为符合城乡发展规律的全域发展策略，将成为未来小城镇规划编制必须重点研究的领域。本文通过孝感市沉湖镇域规划的编制实践，以推进“四化同步”，从区域统筹、全域协同、城乡一体、镇企融合等角度出发，探讨特定地区小城镇规划的多元化策略路径，丰富当前“集中发展”的规划方法主旋律，为相似地区的规划编制工作提供借鉴。

2　沉湖镇概况与现状特征

2.1　发展概况

沉湖镇位于我国高产优质棉区、重要商品粮基地和著名水产区——江汉平原腹地，上承古“云梦泽”，隶属孝感汉川市，位于孝感市域西南，西邻天门市，南望仙桃市，属于武汉城市圈紧密层。镇辖2个居委会、20个行政村以及沉湖基地（汉川市部分），镇域面积101.55km^2，2012年现状常住人口总规模为8.55万人，其中城镇人口3.3万人，城镇化水平38.6%。

沉湖镇拥有民营上市企业福星科技及其母公司福星集团，在龙头企业带动下，产业经济蓬勃发展，历来为“汉川市经济强镇”、“孝感市十强乡镇”、2010和2011年度“湖北省百强乡镇”。2012年镇域工农业总产值92.2亿元，其中工业总产值达87.4亿元，具有金属制品、塑料纺织、生物医药等五大优势产业，为典型的工业镇。

2.2　主要特征

（1）三市交界、紧邻周边城镇化发展主体

沉湖镇虽隶属于汉川市，但是其与南侧仙桃市区隔汉江而望，相互毗连，一衣带水；西侧与天门市规划仙北工业区无缝相接，不分彼此。这种三市交会地带的地缘属性，有别于一般乡镇的发展特征，使其具备依托天仙两市进行跨市对接发展的天然优势（图27–1）。

（2）江汉腹地、承担基本粮棉油种植任务

沉湖镇作为江汉平原粮棉油基地的重要组成部分，在城镇化进程不断加速的过程中，为保障国家粮食安全，将继续坚持基本粮食种植面积不减、基本农田面积不减两大原则，以此保障棉花和油料作物的播种面积。

（3）龙企带动、多元化与板块化地域开发

在过去的十多年间，福星集团这一沉湖地方龙头企业规模日益壮大，集团化运作不断深入，并对沉湖镇的产业发展、镇区建设和镇域城镇化推进产生举足轻重的作用。其企业总产值占镇域工业总产值的40%左右，5km^{2}的新镇区50%均由集团主导建设，全镇30%从业人口与其相关。

（4）镇区更迭、福星新镇区偏于镇域北侧

由于福星集团的快速发展和省级福星开发区的规模集聚，2007年沉湖镇区由原万福老镇区北迁至福星村。虽然这一迁址举措在产城融合的过程中发挥了一定的积极作用，但由于新镇区位于镇域北端，中南部地区的广大农村地区获取公共服务的便利度有所降低。

（5）军垦农场、特殊的大型农业发展空间

沉湖农场是中国人民解放军总后勤部基地，是湖北

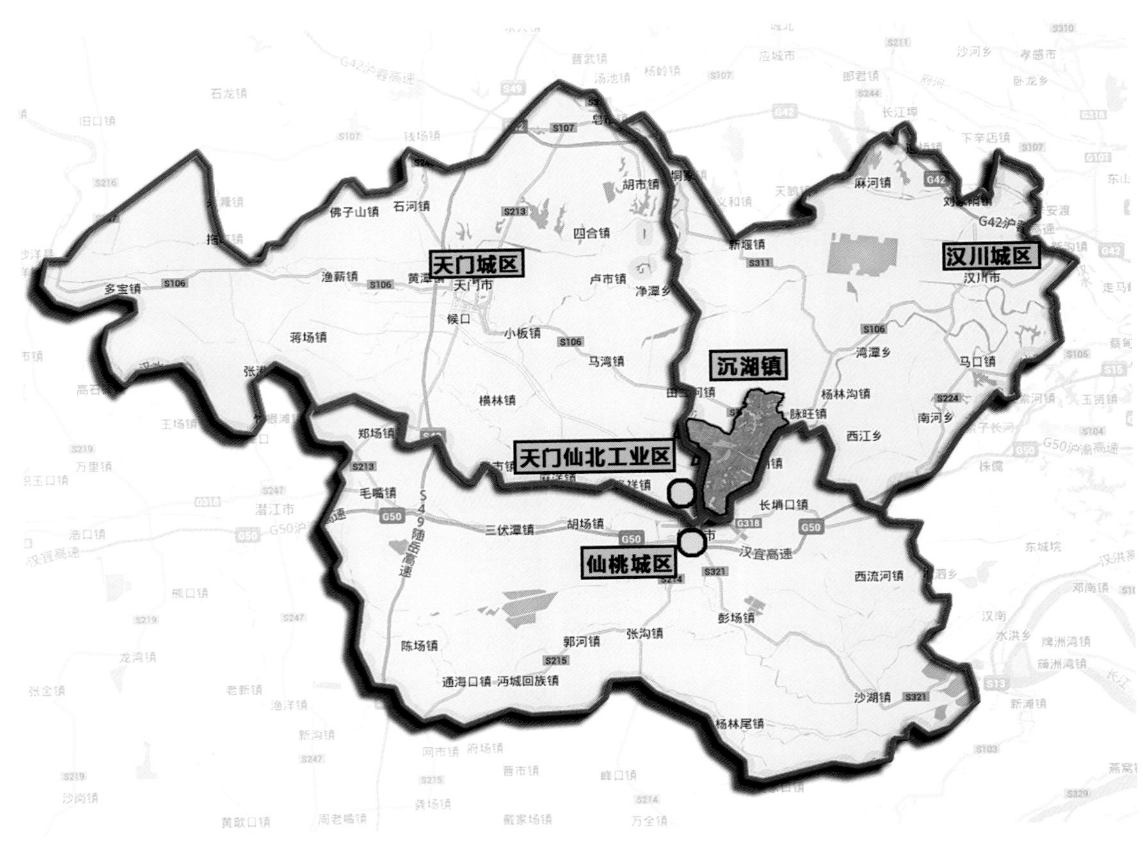

图27-1 沉湖在“天仙汉”地区区位

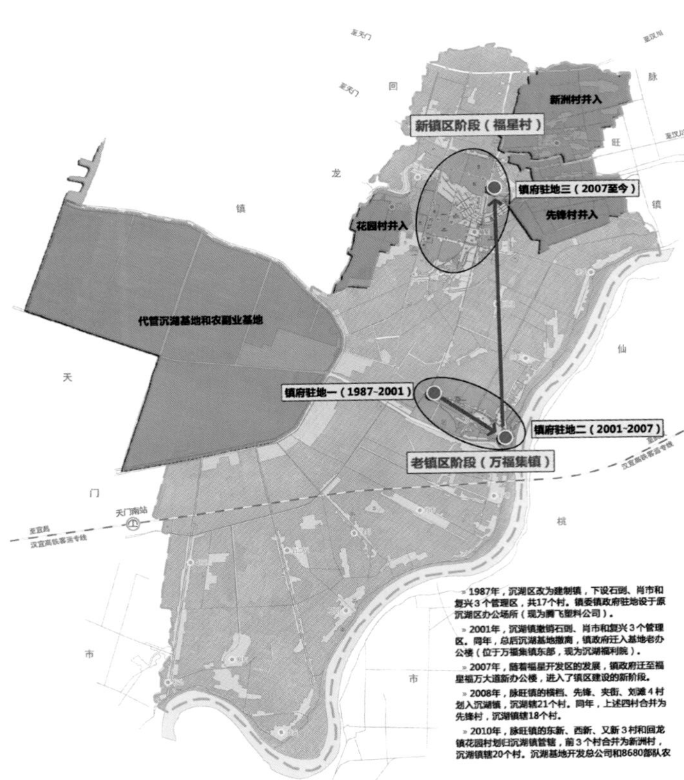

图27-2 沉湖镇历史沿革

地区最大、华中地区第二的军垦农场，现已划归地方政府管理，其中汉川部分约23km²由沉湖镇代管。沉湖基地农场用地规模占沉湖镇域将近1/4，且内部无村庄等建设用地，耕地资源集中度高。

3 规划目标及定位

3.1 规划目标

3.1.1 经济发展目标

近期至2017年镇域经济快速增长，镇域工农业总产值达到150亿元左右；远期至2030年镇域经济保持持续增长，镇域工农业总产值达到320亿元以上。继续完善“二、三、一”的产业结构关系，“做精一产、做强二产、做大三产”，三产比重持续提高，二产比重适当降低，一产比重不高于5%，三产比重不低于40%。

3.1.2 社会发展目标

加快人口集聚，提高人口素质，促进社会全面进步，至2030年镇域总人口16万人，其中城镇人口13万人，城镇化水平约81%。建立便捷的空间运行网络和信息流通网络，加快城镇化进程。健全村镇功能，完善各层次村镇的基础设施和服务配套设施。合理开发利用资源，保护生态环境。

3.1.3　城乡建设目标

以“城镇向城市转变、农民向市民转变、产业向集群发展”为发展方向，将汉江之畔的平原水乡沉湖建设成为产业发达、管理高效、设施完备、环境优美、文化繁荣、宜居宜业并具有滨江田园特色的现代化小城市。规划中心镇区人口规模10万人，镇区建设用地规模11km^2。

3.2　规划定位

依托工业化和农业现代化发展特色优势与福星集团的“核心企业效应”，抓住省“四化同步”示范乡镇建设重大机遇，转变经济发展方式，提升城乡功能品质，塑造生态宜居环境，实现沉湖由“镇”向“小城市”的全面转型发展。规划对沉湖镇域的功能定位如下：

（1）湖北省区域协作与镇企融合发展示范镇

充分发挥沉湖“汉川–天门–仙桃”三市交界的特殊区位条件，探索市级区域协作发展的新路径，在产业共兴、设施共享、环境共优等方面形成一定的发展范式，为同类型乡镇提供借鉴。借助福星集团的明星企业优势，创新镇企融合发展新路径，在镇企土地协同开发、镇企工业协同提升、镇企农业协同共营、镇企设施协同建设等方面形成具体的融合范式，为全省“四化同步”提供一个可供推广的路子。

（2）武汉城市圈新兴节点与汉川市域副中心

借助区域交通一体化，将沉湖经济社会发展纳入武汉城市圈大格局，通过工业规模集聚、旅游特色发展、综合服务提升等措施，将沉湖镇培育为武汉城市圈具有一定特色和服务能级的新兴节点城市。同时，从汉川市域副中心的定位出发，尤其关注面向周边城镇的综合性服务体系建设，提升城镇吸引力、集聚力和服务力，推动汉川市整体发展。

（3）工农商旅协同的滨江田园型宜居新市镇

在新型工业化发展基础上，强调农业现代化、商贸品质化、旅游特色化发展，构筑“工–农–商–旅”综合性城镇功能体系，同时依托汉江生态优势和水乡田园的生态基质，打造具有地域特色的城镇新环境，“让城市融入大自然，让居民望得见山、看得见水、记得住乡愁”。

4　“四化同步”发展模式

结合经济社会发展基础，沉湖镇域“四化同步”发展应围绕“新型工业化”这一核心和龙头展开，并明确以下3个阶段的不同侧重点。

4.1　第一阶段：三大手段（图27–3）

（1）工业扩容。通过“工业扩容”带动城镇产业工人集聚，进而带动城镇空间拓展、城镇功能的集聚与提升、农村剩余劳动力转移与城镇化；并借鉴姚庄镇“两分两换”等土地流转改革经验，推动农村建设用地指标流转，进一步为工业扩容腾出发展空间，也会农村土地集约利用创造条件。

（2）农业现代化。通过“农业现代化”手段推动农业劳动效率提升、农产品深加工需求扩大、农业服务业需求增加以及农村劳动力富裕等进程，进一步扩大农村剩余劳动力规模，推动城镇加工产业的发展以及城镇服务业的发展和功能提升，推动第三产业的发展，为农村人口转移提供助力。

（3）引导人口集聚。通过引导人口集聚手段来形成城镇规模集聚效应，近期适度推进邻近镇区的农村居民点向镇区进行迁移和村改居工作，积极建设城镇型农村新社区，推动小城镇户籍制度改革，推进农村人口向城镇的转移。

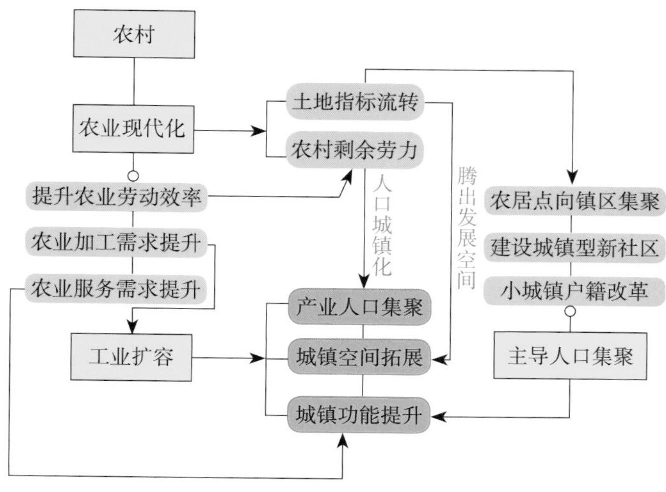

图27–3　沉湖镇“四化同步”第一阶段发展示意图

4.2 第二阶段：三个提升（图 27-4）

（1）双轮驱动。大力发展第三产业，进而改善城镇尤其是镇区的服务能力，带动第三产业从业人口集聚，提高镇区对农村及周边地区居民的吸引力，进入镇区拓展的“二、三产”双轮驱动阶段。

（2）新农村建设。全面推进农村新社区建设，对农居点进行布局优化，腾挪建设用地指标，推动退居还耕，强化第一阶段的土地流转政策，改善农业现代化和规模化发展水平。

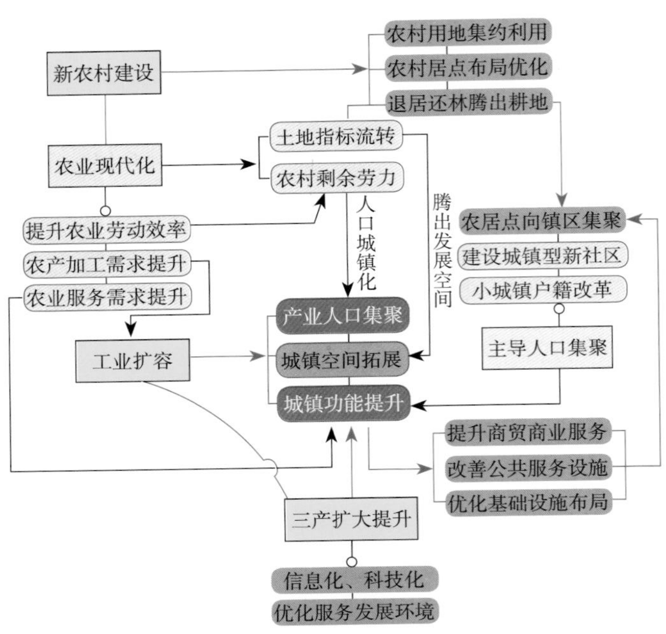

图27-4 沉湖镇“四化同步”第二阶段发展示意图

（3）提升服务功能。通过信息化和科技水平提升来全面改善三次产业发展环境和城乡服务环境，提升三次产业生产效率，助推产业发展和城镇化进程。

4.3 第三阶段：三个优化（图 27-5）

（1）优化城乡关系。统筹城乡，推动一体化发展，包括城乡基础设施一体化、城乡基本服务设施一体化、城乡信息网络一体化等。

（2）优化产城关系。优化“城镇与产业的关系”，核心是优化产城融合机制，重点是进一步调整产城空间布局。

（3）优化空间管制。优化“开发与保护的关系”，强化空间管制、生态红线控制、生态设施建设等工作，推动沉湖镇最终形成良性的城乡一体化发展格局和“四化同步”机制。

5 全域规划布局及特点

规划结合沉湖镇域历史沿革、交通区位、现状建设等方面的特点，以板块协同、有机集中等核心布局理念

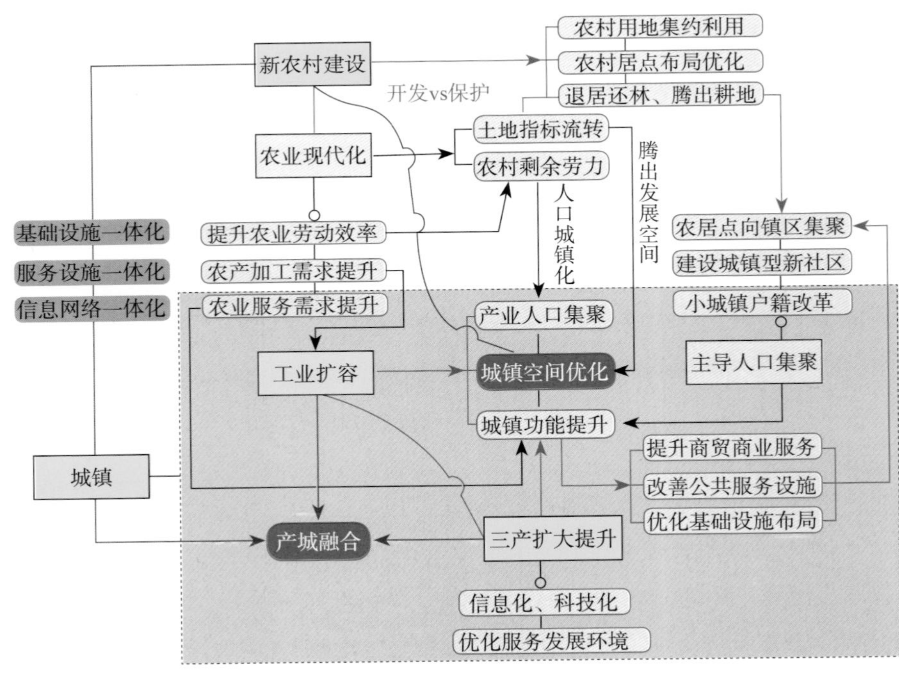

图27-5 沉湖镇“四化同步”第三阶段发展示意图

为指导，结合相关规划技术支撑，形成符合区域和沉湖发展规律的镇域空间规划布局方案。

5.1　从“强势集聚”到“适度均衡”

如前所述，当前绝大多数案例对于镇域空间布局规划都秉持“强势集聚”的主导思路，但是否适合沉湖实情呢？

我们考虑到：镇域南侧临天仙地区具备“借势”的极大优势，镇域中部万福老镇区在环福核心企业和临汉江港口的条件下仍具备一定的发展潜力，且老镇区现状集聚人口整体迁至新镇区的政策成本过高；此外在农业和旅游发展方面，镇域北、中、南和沉湖基地4个板块具备不同的发展路径和主导业态。因此，在秉持“集聚发展”的主体思路下，提出在镇域尺度上“适度均衡”的布局理念，更为契合沉湖镇的现状基础和未来发展轨迹。

最终形成的镇域空间布局结构可以概括为“一核二心四区、一轴二带多脉”，“一核”即福星发展核（中心镇区）；“二心”即万福和赵湾2个副中心（功能区）；“四区”分别为北部产城主导发展区、西部旅游主导发展区、中部农林主导发展区、南部邻天仙多元发展区。“一轴”即依托福仙大道、福万大道（及其规划延伸线）两条主要干路形成的发展轴；“二带”即汉江和军垦河生态廊道；“多脉”即通过规划梳理形成的生态水脉（图27-6）。

图27-6　镇域规划结构图

5.2　从“重镇轻乡”到“板块协同”

值得一提的是，在镇域分区方面，规划形成的4个发展板块均具有各自不同侧重的核心空间载体、主导产业门类，从而在引导城镇建设、产业集聚、乡村建设和乡村产业培育等方面形成相互协同和分工更为明晰的策略路径，补足了传统镇域布局规划只针对镇村体系而忽视乡村产业的盲区。其中，北部产城主导发展区强调镇区的二、三产业集聚；西部旅游主导发展区强调凤文化旅游区的集中规模化发展；中部农林主导发展区则在万福功能区适度发展工业物流的基础上，强调现代化和规模化农业的发展；南部邻天仙多元发展区则借力高铁站、仙桃城区和天门仙北工业园，发展城市型二产、三产多元产业，并培育都市型、观光、体验等特色农业体系。

5.3　从“三级镇村”到“二级镇村”

在传统镇村体系规划中，“镇区-中心村-基层村”是最为常用的分级标准。但考虑到本次规划“一核二心”的镇域总体框架特点，为避免过于臃肿的“镇村体系结构”，规划赋予2个城镇功能区以传统中心村的职能，即以“功能区”替代传统“中心村”，其余规划保留的10个行政村，均为“基层村”，且规模2000～4000人之间，属“中型社区”。最终形成“1-2-10”的“镇区-功能区-基层村”的特色化、扁平化镇村体系框架（图27-7）。

5.4　从“大开敞”到“中紧凑”

规划遵循“城乡布局在空间尺度上的必然分异”这一思维，在镇域空间“适度均衡”和“大尺度开敞”的布局框架下，进一步强调中观尺度（即镇区和功能区层面）的紧凑布局理念，突出中心镇区、万福功能区和赵湾功能区“一核、二心”城镇化空间载体的集中化、规模化集聚，在镇域整体相对开敞和均衡的同时，继承了当前社会经济发展阶段所固有的“集中”布局理念，提升镇区和功能区的“紧凑度”，提高建设用地使用效率，达到土地集约节约利用的规划目的。

在中心镇区规划布局方面，结合镇区10km^{2}左右的规模尺度，提出“集中单核式中心区”的规划方案，避免在小城镇内部形成不必要、低效能的“多中心”格

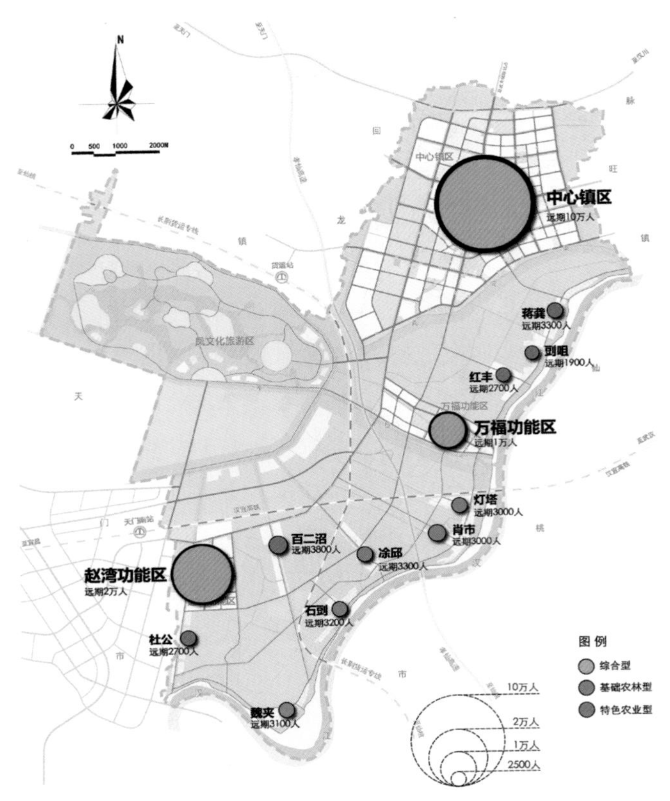

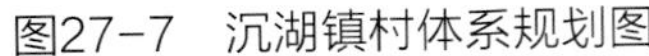
图27-7 沉湖镇村体系规划图

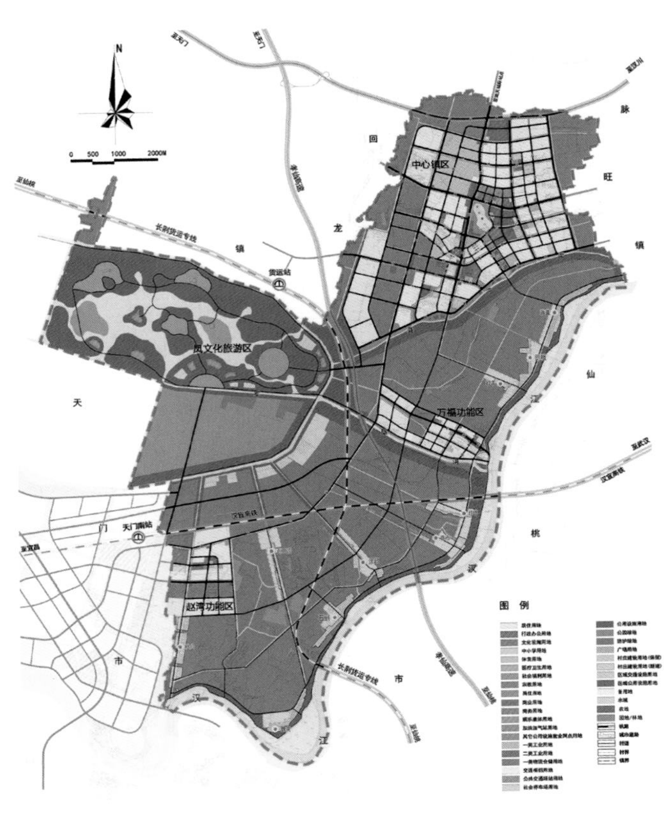

图27-8 镇域空间布局规划图

局。打造独具魅力和活力的城镇核心地带，有机配置办公、商业、休闲、游憩等复合功能空间，以混合功能的布局模式形成多个富有活力的空间节点。通过单中心布局模式，确保各类主要公共服务设施的高效利用，进一步凝聚和提升小城镇产业经济的发展活力和氛围，同时也呼应和延续了“中紧凑”的镇区布局策略（图27-8）。

5.5 从“中紧凑”到“小通透”

在中心镇区紧凑布局的基础上，针对沉湖镇水乡田园风貌特征，强调田园风光与镇区空间的对话。通过绿廊、绿脉的系统化渗透，形成良好的“城镇-田园”联系纽带，置城镇于浪漫田园之中；通过最大化城镇居住空间与外围农田的接触面，使得更多的居民能“望得到记忆中的田野”，置居民于自然的田园之中；通过田园式公园绿地建设，以及开发强度和建设模式的多元化设置，让田园风光真正与城镇相融合，置田园于城镇空间之中。同时，重点梳理和修复镇区内网络化河流空间，最大程度将水乡的活力与风情融入城镇生活空间；充分利用日月潭和龚湾渠沿线滨水开放空间节点，结合绿化、驳岸和游憩点设计，尽可能形成具有水乡风情的集中活动和展示空间，从而形成在镇区中微观尺度上的“小通透”布局特色，符合绿色、生态的新型城镇化发展要求，进一步彰显沉湖城乡建设特色。

5.6 从“规模扩张”到“空间管制”

规划依托GIS技术新手段，与土地利用总体规划对接，综合确定了基本农田、水体、饮用水水源保护区等核心生态要素的本体控制范围和周边保护范围以及重要的生态控制廊道，提出生态框架体系，并以此反向确定城镇空间增长边界，控制城镇无序蔓延。

在此基础上，通过镇域空间要素的系统化分析，结合土地利用规划、产业规划、水利规划、交通规划等多部门规划内容，在镇域规划这一平台上，形成了界限清晰、措施明确的镇域空间管制内容，规范城乡土地使用。

此外，在镇区规划中进一步明确了“四线”范围，尤其是梳理水系蓝色网络和绿地绿色网络，结合上述生态控制线与空间管制，为沉湖镇的生态文明建设保驾护航（图27-9）。

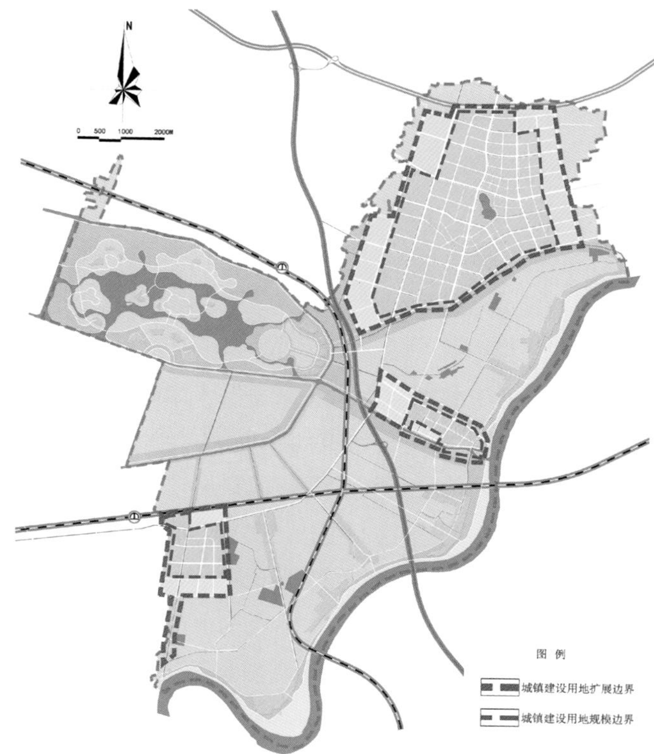

图27-9 镇域空间管制规划图

6 规划编制方法创新

6.1 空间发展适宜性综合评价

以GIS等空间定量化分析技术为手段，从空间发展潜力、建设适宜度和建设限制条件这3个方面出发，对镇域空间发展趋势进行全面的分析与评价，为优化镇域空间布局框架提供技术支撑。

（1）空间发展潜力分析

全面考虑了高铁、高速出入口等区域交通因子、城镇发展基础因子、周边区域极核牵引因子（如仙北工业区和仙桃城区）、已有项目意向因子和生态敏感因子，辨析镇域各地段的空间发展潜力分布。

（2）建设适宜度分析

从建设安全性和建设经济性两大方面进行评价，具体包括坡度、坡向、高程、地质条件等工程技术因子。

（3）建设限制条件分析

主要包括水源地的空间限制条件、其他生态型功能区的空间限制和耕地保护的空间限制等。

6.2 产业容量测算及空间选址

如果说上述空间发展适宜性评价更为强调土地开发可行性和建设空间板块选择的话，产业容量测算和产业空间选址则是城乡空间在产业功能方面的适当细化研究，为镇域功能落地提供研究基础。本次规划结合发展目标要求、三次产业合理规模和内在发展规律，对三次产业空间进行细化研究。

（1）第一产业（保障基本农业生产任务）

为保障棉花和油料作物生产任务，规划期内确保基本种植面积不低于现状58179亩。并发展50个高产粮食与优质棉轮作种植农场和50个双低油菜与高产粮食轮作种植农场。此外，约有4000亩的常用耕地可以用作特色农业产业空间进行经营，可发展千亩油桃基地、千亩彩棉示范基地、千亩薰衣草基地和千亩绿色蔬菜基地。

（2）第二产业（强调地均产出效益和工业引领）

结合工业发展目标和“地均工业产值”指标对第二产业空间进行预测，至2030年，沉湖镇的工业用地地均产值约为80亿元/km^2以上。为满足未来产业发展目标，相应需要的净工业用地约3.0～4.0km^2左右，并集中于镇内工业园区布置。

（3）第三产业（引导多元服务业态，呼应“副中心”定位）

对商业金融设施用地、社区服务业用地、文化旅游业用地、现代物流业用地等重点第三产业空间进行了容量估算和空间选址（图27-10）。

6.3 乡村聚落空间适应性调整

按照“保留型、改造型、新建型、迁移型”进行分类引导，并对迁移型村庄进行及时地复垦。规划提出原则上一个行政村保留一个集中居民点的布局思路，以利于土地效率提升、环境改善和设施配套。在乡村聚落空间布局过程中，细化至自然村层面，对各村的用地调整进行分析研究，科学选址新建区、慎重选择迁移村。

在此基础上，对乡村聚落空间布局方案进行多维度评估，以增强乡村空间规划布局的可操作性，如1km耕作半径覆盖率达到90%以上，基本满足农民就近耕作要求；“迁/留”比例约2：1，相对适中；新社区建设总支出约20～22亿元，年度投入资金约1.2亿元；复垦村庄建设用地350万m^2左右，腾挪建设用地。

图27-10　村庄用地布局与调整规划图

7　结语

沉湖镇域规划立足自身，制定了符合区域和城乡发展规律的发展目标和定位，明晰了"四化同步"的沉湖发展模式与路径，结合空间发展适宜性评价、产业容量测算和空间选址、乡村聚落空间适宜性调整等技术方法的支撑，在全域空间布局上突出板块协同、适度均衡、"大开敞-中紧凑-小通透"以及空间管制等特色化发展策略，符合区域和城乡发展的趋势与规律，满足沉湖"四化同步"推进的内在诉求和政策导向。但是，结合本次规划编制，也有一些问题有待进一步协调和落实，比如：不同县市区之间、不同部门之间如何更好地进行衔接和协调，共同推进沉湖四化同步进程；针对当前乡镇一级城乡规划管理水平相对不足，如何在保证本次规划有效指导和规范城乡建设方面，制定相关的配套管理政策框架和针对性的建设考核机制；在新农村建设、村庄整治、基础设施建设、改善民生设施的建设都需要长期大量的资金投入的情况下，如何优化资金筹措、使用和管理制度。这些问题需要在沉湖"四化同步"的推进过程中进一步予以考虑和明确。

作者单位：浙江省城乡规划设计研究院
执笔人：庞海峰，龚松青
项目负责人：龚松青，庞海峰
项目组成员：王丽晔、华俊、郭波

28　“双轮驱动、城水相依”的彭场镇规划

1　基本情况与现状特征

1.1　规划背景

仙桃市彭场镇被确定为湖北省“四化同步”规划的21个试点镇之一，这无疑是彭场镇未来发展的重要机遇，为抓住机遇，加快镇域经济发展，进一步健全和完善彭场镇全域规划体系，强化规划引领作用，决定编制覆盖全域的“镇域、镇区、村庄”三个层面的规划。

1.2　规划体系

构建全域、镇区、新型农村社区三个层次的规划体系：全域层面编制镇域总体规划，并通过无纺布产业、现代农业、土地利用、两规协调四个专项规划对其进行支撑；镇区层面分别开展镇区建设规划、重点地区控制性详细规划与城市设计三项规划；村庄层面首先进行美丽乡村专项规划，在此基础上选取马沟村、大岭村、千丰村三个农村进行村庄规划，并对何场社区开展修建性详细规划。最终形成三个层次的规划，包含5个专项规划、3个村庄规划、2个总规、1个控规与城市设计、1个社区规划等13个子项，做到镇村发展总体规划、土地利用总体规划、产业发展规划和新型农村社区建设规划紧密相接（图28-1）。

1.3　现状概况

彭场镇地处江汉平原腹地，属湖北省仙桃市（不设区县的市、属省直辖），位于仙桃市近郊、武汉都市圈西部，东与沙湖镇和西流河镇相连，西毗邻张沟镇，南与杨林尾镇相邻，北与仙桃市城区接壤，距仙桃城区约10km，镇域面积约156.99km^2。

彭场镇辖50个行政村，1个居委会，2010年“六普”常住人口约为8.3万人，是全省文明镇、全国发展改革试点镇、中国非织造布制品名镇，是全国最大的非织造布

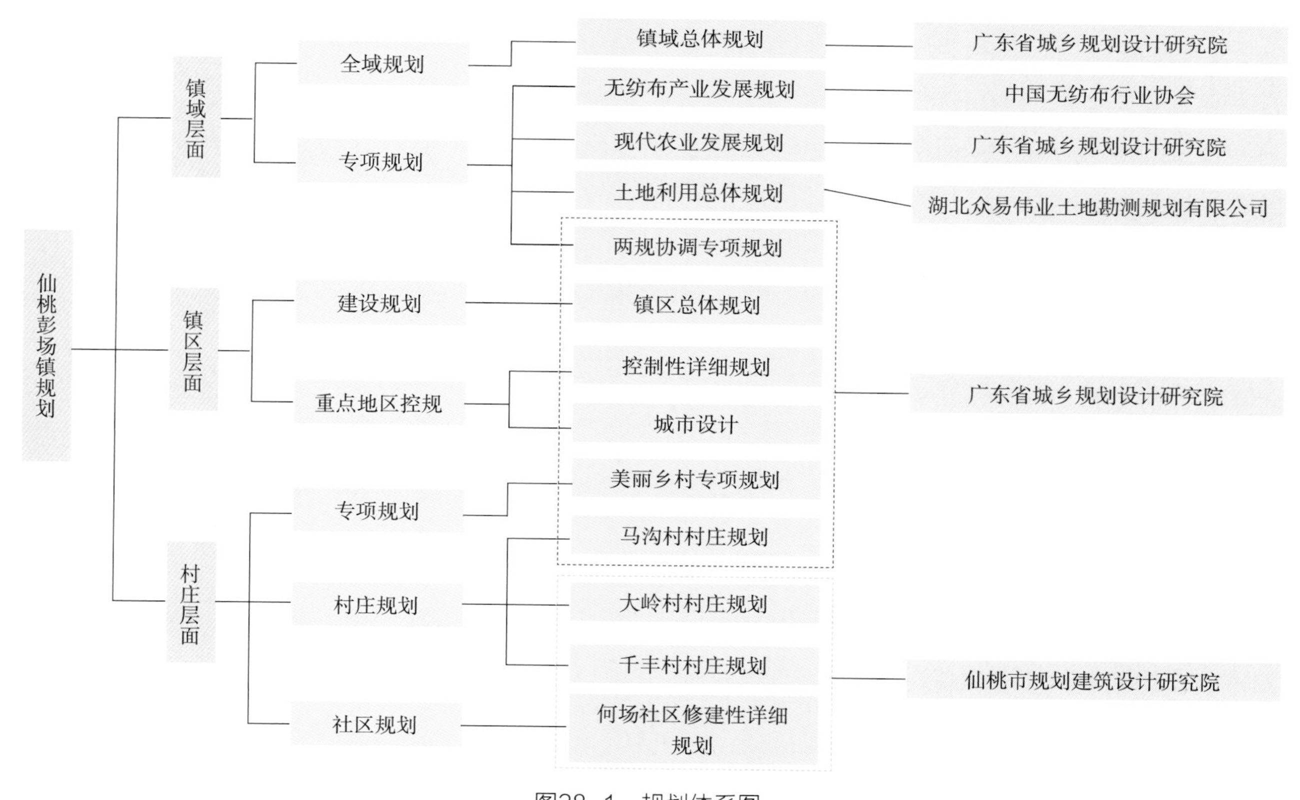

图28-1　规划体系图

制品加工及出口基地，被评为“全国百佳”产业集群。

彭场镇区位于镇域西北部，镇区与仙桃南城新区相连，321省道（又称仙汉公路）由北向南横穿全境。镇区距离318国道和宜黄高速（又称沪汉蓉高速公路）出入口仅10km，交通及地理区位良好。

2 规划目标与定位

2.1 发展目标

2.1.1 总体目标

发挥彭场镇特色产业优势，完善城乡设施配套，强化区域交通联系，保护自然生态，促进城乡一体、四化同步，实现彭场镇全面、包容性的可持续发展，建设具有区域示范意义的活力彭场、魅力彭场和生态彭场，打造湖北省“四化同步”的示范标杆。

活力彭场：努力推进彭场镇的工业化、农业现代化及信息化，大力发展以非织造布为核心，现代农业与现代服务业协同发展的现代产业体系，打造中国非织造布产业之都，进一步提升彭场的产业集聚力、经济增长力、就业吸纳力。

魅力彭场：努力推进彭场城镇化，加快发展生活性服务业，积极完善生活服务设施，建设具有生活魅力的人性城镇，提升彭场镇的生活吸引力。

生态彭场：努力增强环境保护意识，加强环境保护教育，加大环保资金投入，重点保护具有江汉特色的水乡生态系统，保护自然水乡的核心，营造彭场的绿色软实力。

2.1.2 经济目标

2030年预测无纺布产业总产值达到520亿元，规划期内年增长速度约10%；农业总产值达到40亿元，规划期内年增长速度约11%；服务业总产值占到生产总值的25%，规模达到200亿元，增长速度约19%。

2.2 发展定位

根据彭场镇的发展条件与机遇，规划提出彭场镇的总体定位为：国际无纺名城，荆楚水乡名镇。

其主要城镇职能包括：

非织造布产业基地：形成以非织造布产业为核心，现代农业与现代服务业协同发展的现代产业体系。

荆楚水乡风情小镇：保护具有荆楚特色的水乡生态系统和生活格局，营造彭场的绿色软实力。

中国著名藕带之乡：以藕带为地方特色农产品品牌，带动彭场特色水产、水生蔬菜、优质水稻的发展。

休闲旅游度假场所：面向武汉大都市圈人群，加快发展休闲旅游及配套服务业，建设宜居城镇。

3 “四化同步”发展模式

彭场镇围绕“四化同步”的建设和发展，需要走一条彭场模式的四化同步道路，探索一条以“工业特色化、农业多元化”为双轮驱动；以“城乡一体化、信息导向化”为发展支撑；符合彭场发展需要的“四化同步”发展模式，推动彭场跨越发展，探索一条“湖北大城市近郊专业镇”的发展路径，具有典型性、示范性和推广性。

3.1 驱动一：工业特色化

彭场镇无纺布产业产值占彭场镇工业总产值的80%以上，是彭场镇的主导产业和特色产业，同时也是仙桃市的优势产业，未来发展潜力巨大。

（1）建设工业园区

彭场镇需要建设无纺布产业园区，改变现有无纺布产业的空间格局。引导无纺布企业入园集群、集聚发展，充分发挥无纺布企业的集群效应。

（2）引导产业转型

彭场镇的无纺布产业发展应该跨越传统的工业化粗放式发展的道路，实现无纺布产业的劳动密集型向资本和技术密集型产业的转型，并拓展产业链和关联产业，提高生产效率和工业附加值，在规模化发展的同时走新型工业化道路。

（3）带动第三产业

规划彭场镇将建设一个配套服务完善的产业体系，其主要的配套服务业发展方向包括技术研发与科技孵化服务功能、产品检验检测服务功能、金融及信息服务功能、电子商务及物流配送服务功能、专业交易市场与会展服务功能。

（4）实现产城融合

以产城互动融合为理念，将产业集聚区打造成辐射彭场镇域及临近乡镇的经济增长核。

3.2　驱动二：农业多元化

彭场镇农业的发展有别于江汉平原大部分以规模化种植业为主的地区，其呈现多元化发展的趋势。2012年彭场镇农林牧渔业总产值为6.47亿元，以传统农业为主，农业现代化发展初现苗头，全镇成立专业合作社共40家，涉及棉花、养虾、农机、养鸡、蔬菜、水产等多个领域；特色农业发展势头良好，甲鱼与黄鳝养殖、莲藕种植、甜玉米种植特色显著；水蛭养殖、甜玉米与草莓种植特色突出。未来彭场镇农业的发展，在维持其多元化农业发展格局的同时，重点扶持都市农业的发展、提升水稻种植、发展特色农业、控制畜禽养殖、带动休闲农业。

3.3　支撑一：城乡一体化

（1）融入仙桃发展

彭场镇融入仙桃市的发展，其工业重点关注仙桃市区关联产业联动发展；农业重点关注产品面向仙桃市区和武汉大都市圈的市场需求；第三产业关注仙桃市区和武汉大都市圈的休闲旅游、度假养生等产业需求。

同时，在空间和专项上与仙桃市区南城区实现交通同网、信息同享、设施同用、产业同布、旅游同线、环境同治。

（2）统筹城乡建设

从人口、资源要素分布角度统筹安排镇域产业发展空间；建设覆盖镇域居民点的“村村通”公路和公交体系；实现镇、村公共服务均等化，同步提升镇、村公共服务水平。

（3）构建镇村体系

结合彭场镇的实际情况和未来与仙桃城区的关系，构建市—镇—中心村社区—农村社区的四级城镇体系，规划在与仙桃市区南城区共同发展的前提下，重点考虑镇区和新型农村社区的建设。

（4）强化中心辐射

做大做强彭场镇区，提高彭场镇区的承载力和吸引力，实施镇区辐射带动农村战略；并推进彭场镇区、仙桃城区南城区联动发展，实现功能对接和设施共享，通过与仙桃城区南城区的同城式发展进一步强化彭场镇区的辐射带动能力。

（5）打造美丽乡村

积极推动基本公共服务资源向农村倾斜，引导生产要素合理流向农业、农村，建立覆盖城乡的社会保障制度；通过农业的现代化改造和乡村第三产业的发展打造村庄经济增长内核；乡村形态打造和环境整治着重体现荆楚水乡风貌特色。

（6）建立长效机制

创新农村劳动力向镇区转移的社会保障、住房、技能培训、就业创业、子女就学等制度安排，有序推进农村人口向彭场镇区转移；探索开展镇村之间的土地流转政策，破解“四化”协调发展用地矛盾；整合财政资金，建立多元化城市基础设施、社会事业项目投融资机制。

3.4　支撑二：信息导向化

彭场的信息化除传统的信息数字化外，还体现在无形资源的信息化，即政策、体制管理、机制创新等方面。政策信息的驱动，机制体制的创新，创新土地利用方式，是彭场能否实现四化同步、城乡一体的关键，管理体制的信息应具有明显的驱动性，是四化同步的重要驱动因素。

（1）推进国民经济信息化

主要包括推进面向“三农”的信息服务和利用信息技术改造，提升无纺布产业和加快服务业信息化。

（2）推行电子政务

主要包括改善公共服务、加强社会管理和强化综合监管。

（3）推进社会信息化

主要包括加快教育科研信息化步伐、加强医疗卫生信息化建设、完善就业和社会保障信息服务体系和推进城镇社区—农村社区信息化。

（4）完善综合信息基础设施

主要包括加快信息基础设施建设和建立与完善普遍服务制度。

（5）加强信息资源的开发利用

主要包括建立和完善信息资源开发利用体系和加强全社会信息资源管理。

（6）提高国民信息技术应用能力

主要包括提高国民信息技术应用能力和培养信息化人才。

4 镇域规划布局及关键控制领域

4.1 镇域人口与城镇化水平

见表28-1。

镇域人口规模预测表

表28-1

年份	2010年（六普）	2013年（推算）	2017年（预测）	2020年（预测）	2030年（预测）
常住人口	8.27万	9.17万	10.90万	12.20万	17.00万
城镇人口	3.08万	4.2万	6.50万	8.00万	13.00万
农村人口	5.19万	4.97万	4.40万	4.20万	4.00万
城镇化率	37.2%	45.8%	59.6%	65.6%	76.5%

4.2 镇域产业发展布局

规划镇域形成“一心、两组团、三片区”的产业空间区划（图28-2）。

一中心：即城镇现代服务中心，主要集中于镇区的中部地区，是城镇居住、生产服务、生活服务的集聚中心。

两组团：即镇区的非织造布产业基地，包括北部工业新城和南部旧城工业组团。

三片区：指乡村地区，通过农业的特色化、专业化经营，形成的现代农业格局，包括北部水生蔬菜种植区、西部高效水产养殖区、南部优质水稻种植区。

4.3 镇域生态格局和空间管制规划

4.3.1 镇域生态格局构建

镇域空间生态格局划分为东部混合型农业生态功能区、中部城镇发展功能区、西部传统农业生态功能区（图28-3）。

东部混合型农业生态功能区包括通顺河以东的全部区域，本区内以传统农业和现代养殖业为主，包括水稻、棉花、油菜等传统种植业和黄鳝、甲鱼等特色水产养殖业。

中部城镇发展功能区指镇区，包括镇区建设用地区和周边芦林湖、港河、牛路等村庄，建设用地区是高密度开发的人工生态环境区，村庄是建设用地向外界的缓冲区，以农业和村庄生态功能为主，是保障镇域生态环境质量和发展备用地的主要板块。

西部传统农业生态功能区包括通顺河以北除镇区外的全部区域，本区内以传统种植业和渔业为主，包括水稻、棉花、藕带、甜玉米等传统种植业和养鱼等传统水产养殖业。

4.3.2 镇域空间管制规划

针对彭场镇当前的城镇建设现状和发展的控制需求，按照整体最优、生态为先的原则和美丽彭场的要求，以村庄整合发展为出发点，通过空间区划技术，从引导和控制的角度，确定不同性质和用途的空间范围，在规划的实施管理中通过空间管制等手段指导城镇的开发建设和空间环境的保护，以便更好地为下一步实施加快城镇化、城镇集约发展战略和加强城市规划与建设管理提供指引导则；依据《湖北省镇域规划编制细则》，结合生态环境、资源利用、公共安全等基础条件，本规划把镇域划分为禁止建设区、限制建设区、有条件建设区和允许建设区四大类。

4.4 镇村体系构建

根据实地调研访谈，较大比例村庄的村民，在安置与补偿条件合适的情况下愿意搬迁，但是搬迁的地点首选镇区或者现状基础条件较好的何场村。根据彭场镇镇村体系的沿革历程，结合镇域范围内村镇居民点的经济、交通条件，规划形成“镇区—中心村——般村”职能结构。中心村包括何场村、小口村及三江村，以现代农业、农副产品加工贸易为主，兼具周边村庄基础服务功能。其余为一般村，是以特色农业为主的农村一般居民聚居点，部分村庄结合条件积极发展乡村生态旅游等现代服务业。

基于对实地调研中得到的村民意愿以及各个村庄的区位、交通等条件，结合镇区发展趋势，将村庄建设类型分为改扩建型、保留型、就地城镇化村庄、引导迁移型四种类型。

4.5 全域土地利用布局

4.5.1 城乡建设用地总规模

到2030年镇域总建设用地规模为2176.44hm^2，占镇

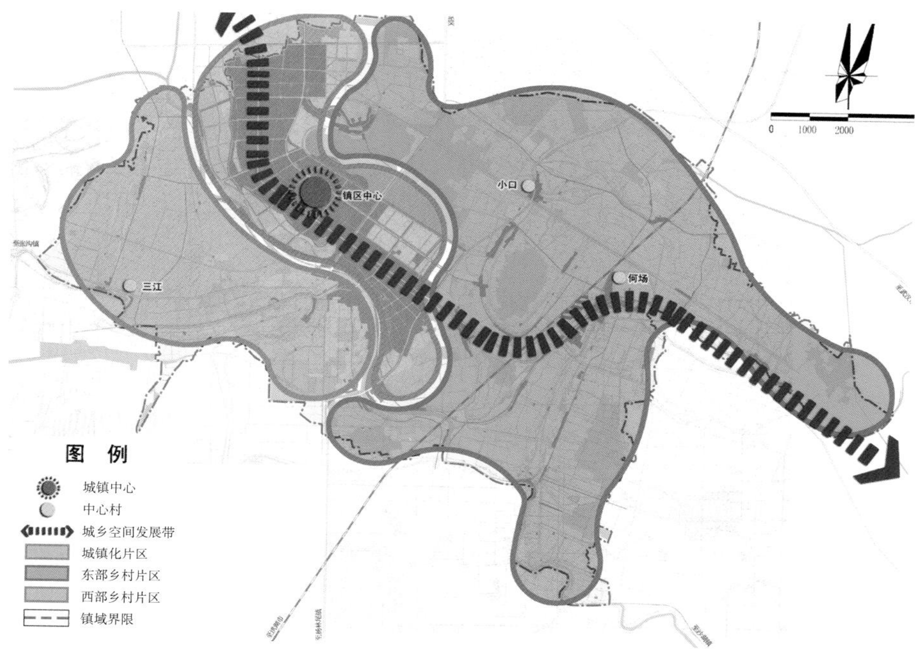

图28-2　镇域产业发展布局

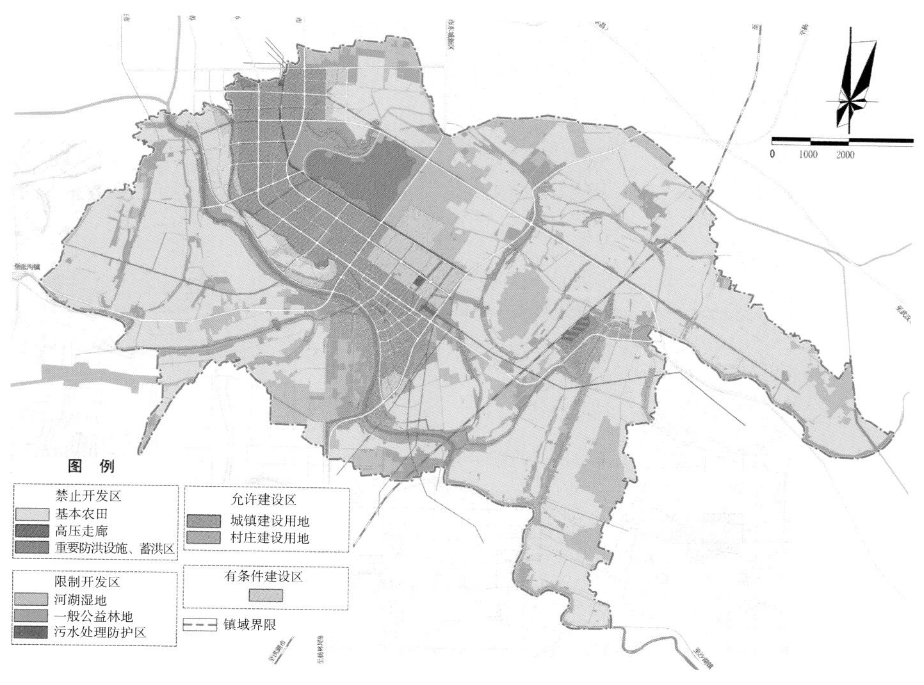

图28-3　镇域生态格局构筑图

域总面积的13.86%；非建设用地规模为13523.01hm^2，占镇域总面积的86.14%。

4.5.2　土地整治安排

彭场地处平原地区，土地利用条件相对较好，后备资源主要为荒草地，农用地整理和农村居民点整理潜力较大。

（1）农用地整理：规划期间，全镇农地整理主要是对田、水、路、林等实行综合整治，改善生产生活条件，有效增加耕地面积，提高土地利用率和产出率。

（2）土地复垦：规划期间，土地复垦主要结合“四化同步”新型城镇建设要求，因村而异、因地制宜，对彭场镇部分农村居民点、废弃工矿用地及采矿用地进行复垦，在提高农民生活质量的同时，提高土地集约利用程度。

（3）土地开发：规划期间，全镇土地开发主要是针对荒草地进行开发，通过土地开发可补充耕地。

4.5.3 “两规”协调专题规划

全面落实“多规协调”的要求，保证城乡建设规划与土地利用规划间的全面对接和主要指标的统一控制。

到规划中期2020年，“城规”与“土规”的建设用地和非建设用地总量上一致，分别为1723.86hm²和13975.59hm²。

2030年规划期末，新增的452.44hm²建设用地是保障镇域城乡健康发展、生活环境良好、公共设施完善的必要需求。因此，建议在规划期末对“土规”进行调整，保障基本农田底线不变，利用一般农林用地及未利用的土地转化成建设用地，以满足彭场镇“四化同步”发展的基本需求。

5 镇区规划布局及特点

5.1 现状建设概况

彭场镇区位于镇域西北部，镇区与仙桃南城新区相连，321省道（又称仙汉公路）由北向南横穿全境。镇区距离318国道和宜黄高速（又称沪汉蓉高速公路）出入口仅10km，交通及地理区位良好。镇区现状建设用地面积约6.2km²。

镇区建设面临问题：非织造布产业集群雏形已现，但集群效应有待进一步增强；镇区沿321省道“带状”发展，土地利用不集约，人均建设用地指标偏大；321省道穿越镇区，对镇区内部交通干扰较大；镇区与周边乡镇联系不顺畅；河渠水量少，流速慢，受污染，使得居民不再愿意“近水，亲水”，“水乡特色”在渐渐消逝；居住用地与工业用地混杂，公共服务设施配套不完善。

5.2 城镇性质与规模

城镇职能：国际知名非织造基地、全国重点镇、湖北省“四化同步”建设示范镇、仙桃南城区重要组成部分、水乡特色的生态宜居城镇。

城镇性质：国际知名非织造基地，全国重点镇，湖北省“四化同步”建设示范镇，具有水乡特色的生态宜居城镇。

城镇人口规模：规划近期至2017年，镇区人口约6.5万人；中期至2020年，镇区人口约8万人；远期至2030年，镇区人口约13万人。

城镇用地规模：规划期内，彭场镇区人均建设用地指标将逐年下降，预测近期至2017年，人均建设用地控制在145m²以内；中期至2020年，人均建设用地控制在140m²以内；远期至2030年，人均建设用地控制在120m²以内。与此对应，预测近期至2017年，镇区建设用地规模约9.2km²；中期至2020年，镇区建设用地规模约11km²；远期至2030年，镇区建设用地规模约15km²。

5.3 空间结构

规划依托主要交通干线扩展城镇空间，结合镇区河流沟渠格局，彭场镇区形成“两轴三带，三心三组团”的带状组团式空间结构（图28-4）。

“两轴”：彭场大道城市发展轴及和平大道（对接仙桃南城新区的和平路）城市功能拓展轴。

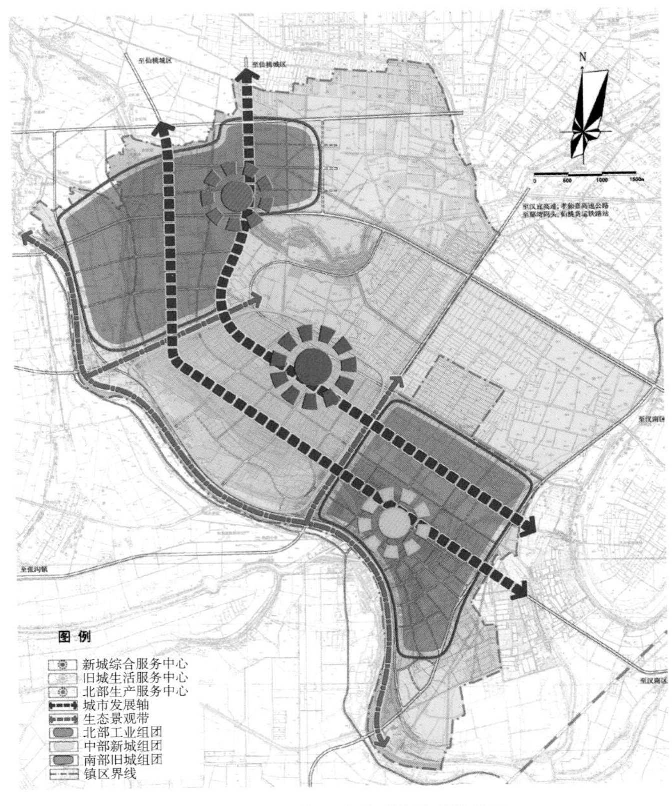

图28-4 镇区空间结构规划图

“三带”：由通顺河及组团之间的两条水渠（彭场剅沟、汪洲排灌渠）结合绿化形成的生态景观带（联系东部“蓝核”芦林湖湿地公园）。

“三心”：中部城市综合服务中心（行政、文化、教育培训、商业商务），北部生产服务中心（物流、商贸、货运），南部旧城生活服务中心（生活配套服务）。

“三组团”：按照产城一体理念，规划形成北部工业组团（非织造布工业、物流、商贸服务功能）、中部新城组团（行政文化、商业商务服务、科研教育及滨水居住功能）、南部旧城组团（非织造布、机械电子工业及旧城居住配套服务功能）。

5.4　重点地区控规

5.4.1　控规范围

本次控制性详细规划范围位于彭场镇镇域的西北侧，范围西至彭场大道，北至创富路（总体规划），南至彭场镇行政边界范围，东至彭场镇区规划的规划区范围，规划范围总面积约5km^2。

5.4.2　功能定位

本次控制性详细规划范围主要是彭场镇区北侧的工业区，重点发展的是无纺布产业及配套服务产业，是彭场镇区近期工业发展的所在地，也是彭场镇区“国际无纺名城”定位的主要载体。因此，本次规划范围主要的功能定位：彭场镇区近期产业集聚转型的主要载体；生产—加工—包装—销售一体化发展的综合性工业园区。

5.5　城市设计

作为彭场北部工业组团与中部新城组团之间重要的过渡区域，一方面以无纺布产业发展为契机，集聚与无纺布产业文化相关的体验、展览功能；另一方面，依托芦林湖湿地周边良好的自然环境，建设以休闲养生为主题的宜居社区（图28-5）。

图28-5　重点地区城市设计

引入“荆楚水乡”空间特色，以网络化水系形成线性开敞空间，作为整个片区的空间架构骨架，同时通过注入开敞空间、构建视线廊道等手法，构筑水乡特色的空间布局。

6　村庄规划

6.1　现状概况

彭场村庄位于江汉平原核心腹地，具有典型的平原湖区特征，水土条件优越，是传统的“鱼米之乡”。江汉平原是湖北的“粮仓”，也是全国闻名的粮、棉、油和鱼、肉、蛋生产基地，自明朝以来就有“湖广熟，天下足”之称。

彭场村庄地势普遍较平坦，村域内水系密布，并有大面积的鱼塘，地表植被以农作物为主。冬季盛行干冷的西北季风，夏季盛行暖湿的东南季风，全年气候温和，雨量充沛，日照充足，四季分明，年降水量在1096mm左右。

6.2　美丽乡村建设规划指引

基于彭场内外部环境，对未来彭场乡村空间发展提出总体构想，这种构想对于未来的发展起着指引作用。规划认为：未来的彭场乡村是生态化、农场化、体验化、荆楚化的四美乡村。

规划首先评估彭场镇乡村生命空间系统在各个子系统的现状及问题。然后，分析城乡关系状况，在此基础上提出乡村空间发展的总体目标和总体布局。并从乡村文化、村庄建设、产业发展、生态环境四个方面制订美丽乡村环境提升、产业发展、人居建设、文化繁荣四大行动计划。

6.3　村庄规划——以马沟村为例

6.3.1　基本概况

马沟村位于仙桃市彭场镇的南部，村庄地势平坦，彭杨公路南北穿越马沟村。距彭场镇镇中心约4km，距仙桃市市中心约18km。村域面积202.33hm^2，现状村建设用地面积14.4hm^2。马沟村建设用地布局呈带状分布，村庄居住用地主要沿通顺河布置。

6.3.2 村域规划

村庄建设用地结合土地利用总体规划，保留部分旧村，引导迁建部分新村，新增公共服务设施用地，在原砖厂处改造为村新增建设用地。

在村域范围内有千秋垸现代农业示范园约110.77hm^2，其中规划建设精品苗木展示区35.76hm^2，特种水产养殖区25.06hm^2，智能葡萄种植园17.42hm^2，樱花园32.53hm^2。

6.3.3 村庄规划

马沟村是彭场未来发展潜力较大的村庄，在镇域规划中确定为改建型村庄。规划对村庄进行保留并整治，增加配套生活服务设施和旅游服务设施。

6.3.4 住宅规划

住宅建筑风格充分体现“荆楚”特色中“庄重与浪漫、恢弘与灵秀、绚丽与沉静、自然与精美”的美学意境，同时适应马沟村乡村特点，与周边环境相协调。同时，住宅设计遵循环保、节能的原则，在符合工程质量要求的基础上，积极推广节能、绿色环保建筑材料。

6.3.5 美丽乡村建设行动

按照“科学规划布局美”的要求，以改善马沟村农民的居住条件为出发点，推进宜居农房改造建设以及城乡均等化的生产、生活设施配套，构建科学合理的农村人居体系。具体包括宜居农房改造建设、完善马沟村基础设施、完善马沟村公共服务体系、逐步建立起马沟村信息服务体系等行动。

7 规划编制思路及方法创新

7.1 规划编制思路

7.1.1 多规协调、全域统筹

规划重点协调整合社会经济、土地利用、城乡建设、产业发展、环境保护等相关专项的主要内容；加强与仙桃城区及临近乡镇的协调，统筹城乡空间资源配置，促进镇域经济、社会、环境整体协调发展；并基于总体的统筹，达到整体效益最优，实现城乡、社会经济环境多元协调发展，经济效益与社会公平协调。

7.1.2 以人为本、公众参与

现状调研过程中，发挥彭场镇基层职能部门、本地企业及村民对地方实际的熟悉优势，在资料收集过程中有重点地开展访谈工作。

村庄调研过程中，将对全镇50个行政村的村委会负责人及部分村民进行重点访谈。并视项目需要，可结合初次调研情况设计村民调查问卷，在补充调研阶段进行村民问卷调查。

规划编制过程中坚持公众参与原则，多方式征求群众意见，尊重群众意愿，切实解决群众关心的主要矛盾、问题和基本需求。

7.1.3 产城融合、服务均等

强化彭场镇以无纺布为主的优势产业集聚、产城融合；强化彭场镇优势产业选择的本地化和可持续性，引导彭场镇外流人口回归和农村劳动力依托城镇就近就地转移就业；规划空间布局利于生产、方便生活；注重镇区和村庄生产、居住、服务功能三位一体，促进彭场镇域一体化、均等化的基础配套设施和公共服务设施建设。

7.1.4 注重文化、突出特色

依托彭场镇地方资源禀赋和人文特点，尊重彭场镇不同地区农村的产业、生活多样性和差异性，延续村庄历史文脉，强化彭场镇的荆楚水乡特色、无纺布产业文化特色和水生农业特色。

7.1.5 集约高效、重视生态

彭场镇提倡绿色小城镇的发展模式，妥善处理镇村布局集中与分散的关系、产业发展与环境保护的关系、用地扩张和规模控制的关系等；并树立生态环境也是生产力的观念，节约资源和保护环境，坚持开发与保护并重，维护生态平衡，保障生态安全；同时，保护和发扬彭场水乡特色，深入推进农村环境综合整治，防治农业面源污染，改善农村生产生活条件。

7.2 规划方法创新

7.2.1 一方统筹，多方协作

彭场镇规划由广东省城乡规划设计研究院统筹，仙桃市规划建筑设计研究院、湖北众易伟业土地勘测规划有限公司、中国无纺布行业协会一起分工协作，并与当地领导保持密切的沟通，从项目前期调研到规划编制过程中的方案讨论协调、专家评审，在各家设计单位各司其职、发挥自己的专业特长与地域优势的前提下，得到统筹方的质量把关与方向指引，保证项目得以顺利、高质量完成。

7.2.2　探索新技术规划方法

在确定镇村等级结构中，采用GIS技术，根据现状村庄经济发展水平、区位交通优势度、村民意愿、村庄外出人口比例、村庄户籍人口规模，按权重对镇域村庄进行了整体叠加分析，三江、小口和何场是评价条件相对较好，又离镇区较远，能服务于北部、东部和南部的三个村庄。

7.2.3　引入近期行动计划与建设项目库

在规划编制过程中引入“行动计划”理念，提出彭场镇域、镇区近期重点建设项目库及实施行动计划。在工作思路上，行动计划更强调现实需求导向；在工作目标上，行动计划更体现目标效用为重；在工作内容上，行动计划更注重方案便捷操作；在规划方案上，行动计划更追求弹性动态实施。

制定村庄整治与近期建设的项目库，提出相应的项目落地和规划实施的保障措施，实现项目计划、资金计划、用地计划的有机结合，保障村庄建设规划的具体项目的落地实施。

作者单位：广东省城乡规划设计研究院

执笔人：任栋

项目负责人：刘洪涛

项目组成员：姚苑平、金鑫、卢石应、周艺、任栋、金智仁、花强、许雅彬

29 “镇园一体、关联发展”的岳口镇规划

1 现状基本情况与特征

岳口镇地处江汉平原腹地，汉水之滨，是天门的南大门，至今已有一千余年的历史。2012年，全镇国土面积124.7km^2，其中城区面积3.1km^2；岳口镇镇域范围内共有12.8万人，镇区常住人口5.8万人，城镇化水平45%。岳口镇作为天、潜、仙三市边缘地区政治、经济、文化的中心，历史上有“小汉口”的美誉，是全省100个重点镇之一（图29-1）。近年来，由于自身的地理特征和地缘条件，整体发展趋势良好，体现为以下特征。

1.1 地处农业地区，工业发展带来用地结构突变

岳口镇域城乡建设用地面积2056hm^2，仅占土地总面积的16.5%，其中农村居民点1670hm^2，占土地总面积的13%；而农用地面积9776hm^2，占土地总面积的80%；但2008年以来，规划区工业发展迅猛，入驻工矿企业在镇区、潭湖村、健康村等共征用耕地面积达540hm^2，使得建设用地规模急剧增加，其中岳口工业园项目期末2030规划占地8km。承接天门市产业的特征改变了传统城乡用地结构（图29-2）。

1.2 乡村居民点条状均衡分布，镇村建设粗放

岳口镇具有江汉平原典型的农居特色，总共有51个行政村，392个自然村，自然村数量多、密度高，平均密度为3.2个/km^2。村庄建设沿路呈条状自然形式，结构简单且组织松散，人均建设用地面积高达204.17m^2。村庄建设水平良莠不齐，居民点、深加工产业布局自由、分散，呈现插花布置，空间开发整体效益低下（图29-3、图29-4）。

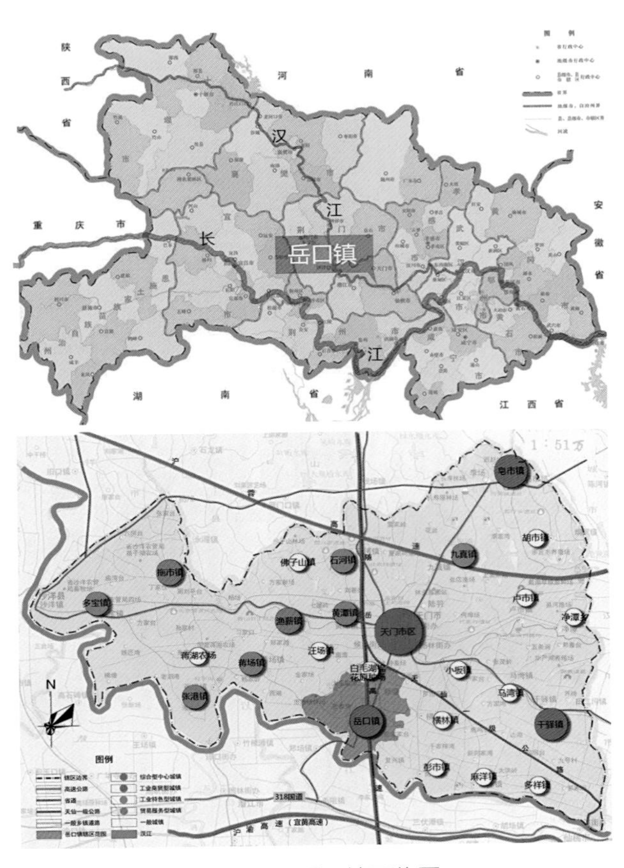

图29-1 岳口镇区位图

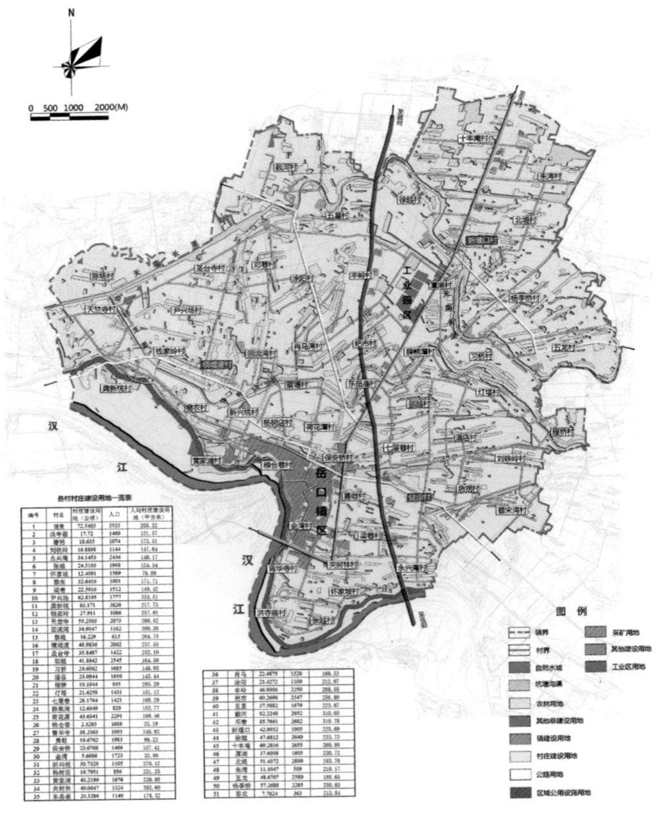

图29-2 镇域城乡用地现状图

图29-3　镇域村庄分布现状图

图29-4　镇域村镇体系密度分布图

1.3　城镇化进入加速阶段，产业结构工业领衔

岳口镇本身发展依赖于工业发展，特别是在省级岳口工业园成立且企业入驻以来，制造业内部由轻型工业的迅速增长转向重型工业的迅速增长，规模经济效益逐渐显现，工业化实现高速增长。三次产业比例由2008年的20：68：12调整到2012年的13.3：80.1：6.6，产业结构体现为“农业缓进、工业突进、三产后进”的整体特征。相应的城镇化率在2008～2012年间提升了10个百分点，城镇化水平也呈现出快速发展的态势，适龄社会劳动力开始向第二产业、第三产业转移，进入快速城镇化阶段。

1.4　河渠水塘密布，江汉平原地形特征明显

岳口镇由长期江河堤溃口的冲击和泥沙淤塞形成河湖平原，西南面临汉江，地势平坦，湖泊众多、河网交织、堤垸纵横。整个区域内以天南长渠和中岭支渠为主要水道，总面积达1312.7km^2，占镇域总面积的10.5%。境内自然小型湖泊众多，大多都被垦为耕地；目前全镇共有可利用塘堰491个，遍布各村（见图29-2）。

1.5　对内交通联系薄弱，区域交通设施带来发展转机

镇域公路网分布不均，完整性、网络性不强，多断头路；岳口港与陆路交通联系尚未完善；镇域道路与天门市域道路缺乏衔接。全域有随岳高速从镇中部穿过，有一个高速公路互通口。主要道路为天岳公路、陈岳路、截岳路等，主要为一块板断面形式。乡村地区多枝杈路，以通村路为主，道路等级低，交通畅达能力偏低。全域道路建设缺乏系统性的规划指引。规划区近期将开建千吨级的岳口港；另外，天仙潜货运铁路将从规划区穿过。

2　规划目标、定位与模式

2.1　规划定位

岳口镇结合地方特点和发展需求，努力打造成为“湖北省现代农业示范基地，江汉平原农工共荣发展先行试点，天仙潜区域发展的重要支点，宜居宜业的滨江明星小城镇”。

2.2　规划目标

岳口镇的发展以“农工共荣示范区，汉江明星小城镇”为总目标，努力打造农业优势地域“四化同步”城镇发展的样本，农村地区生产、生活、生态共荣的典范，并以四个“示范乡镇”为导向：

① 农业与工业共荣的示范乡镇，促进镇村经济发展。以农业发展为主导，运用当前现代农业生产与组织方式；工业发展实现“两个对接”：一是对接农业，形成服务于农业的产业链条；二是对接区域，嵌入天仙潜地区或更大区域内的产业链。

② 生产与生活共融的示范乡镇，引领镇村社会生活。倡导就地城镇化，打造职住平衡空间；优化乡村生活环境，满足城市生活需求。

③ 生态与特色共生的示范乡镇，保育镇村环境特色。合理利用镇域生态资源，打造乡村自然景观特色；发掘自身自然条件优势，打造农业休闲和旅游业。

④ 湖北省农村城镇化示范乡镇，塑造湖北省农村城镇化样板。发掘适合江汉平原地区具有农业优势地区的城镇化模式。

2.3 “四化同步”发展模式

根据岳口镇自身发展优势以及地处江汉平原农业经济腹地的客观条件，提出“工业化领衔，农工协同，四化联动的江汉平原农业地区小城镇发展模式”（图29-5）。

以工业化为主要动力，协同农业现代化推进城镇化发展，再植入以信息化构建工业化为支撑的农工关联产业链条，并以产业协调发展和农村土地流转创新为手段，合理进行城乡空间布局和设施配套，打造“四化”协调发展下具有农业优势地区的城镇化模式——“岳口模式”。

（1）工业化领衔

做强做大工业化。工业化是岳口镇“四化同步”的发展引擎，加快工业化进程是加快城镇化的必然选择，也是实现农业现代化的本质要求。通过加快工业化进程，为农村富余劳动力转移提供更多的就业岗位，提高岳口镇的城镇化水平。

岳口镇农产品资源、劳动力资源丰富，发展农产品精深加工业和劳动密集型制造业前景广阔，工业园区内通过招商引资拉伸经济。并且岳口镇的区位交通优势比较明显，这些都为加快工业发展提供了有利条件。

（2）农工协同

叠加岳口镇传统农业优势和新兴的工业优势，走一条两者相结合的产业发展道路。积极推进农业产业化，根据新世纪初我国农业和农村经济面临的新形势和新变化，着眼于国际国内两大市场，立足于农业生产到市场消费的全过程，用产业化的运行机制，驱动发展农产品精深加工，形成农业产业化链条，真正按照市场规律和外部贸易准则组织农业生产和经营，逐步实现生产与市场、农村经济与整个国民经济发展的有效对接与融合。

（3）四化联动

① 信息化与工业化深度融合发展

利用信息化做强主导产业，做强产业体系。建设岳口工业园企业信息技术平台，建立实用、高效的企业经营基础数据库、资源信息库等公共服务平台，加强资源共享。

促进在工业园区内的企业通过信息系统构建新能源电池产业联盟，利用信息化，打造岳口具有竞争力的

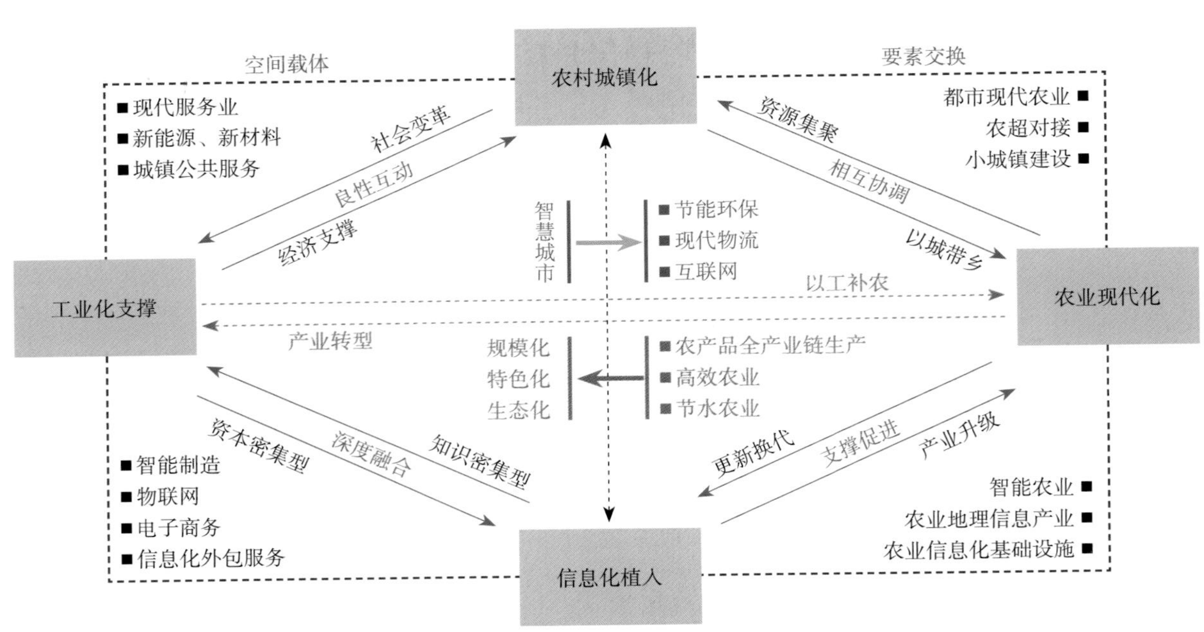

图29-5　岳口镇“四化同步”发展模式示意

主导产业。具体包括利用岳口开发区信息平台，推动云计算、物联网等新一代信息技术应用，促进岳口工业产品、基础设施、关键装备、流程管理的智能化和制造资源与能力协同共享，推动产业链向高端跃升。

使信息技术在新能源电池企业生产经营和管理的主要领域、主要环节得到充分有效应用，强化业务流程优化再造和产业链协同能力，重点骨干企业实现向综合集成应用的转变，提高研发设计创新能力、生产集约化和管理现代化水平。

② 工业化与城镇化双向联动发展

要构建与生产力布局相匹配的镇域城镇体系，让工业化创造的社会供给与城镇化激发的社会需求有机衔接。

推进产业布局与城镇布局双系调整。充分利用岳口工业园区规划调整的契机，避免一般乡镇产业空心化问题，形成主导产业功能区配套产业园特色产业点梯级联动的现代产业空间新布局。

推进旧城改造与新区建设双核共兴。工业化的结果推动岳口镇区的扩张形成旧城和新城，中心城区应着眼于面向全市甚至在全省范围内集聚配置资源，凸显抢占在江汉城镇集群中的新兴地位。作为新区，应理顺管理体制机制，加快建设直管功能区和新能源园、新医化园等产业园区。

推进镇域与天门市的多极支撑。着眼于在市域内集聚和配置资源，承担镇域经济发展和吸纳农村人口的任务。培育龙头企业，发展优势项目，最大限度地发挥现代产业的规模集聚辐射带动效应。

③ 城镇化与农业现代化协调发展

内涵型城市化发展，就地城市化。推进城镇化可持续健康发展。通过内涵型城市化发展增加生产和增加收入，实现“不离土不离乡”的就地城市化。让城镇化人口真正融入城市生活，同时通过农民市民化实现农民的市民梦、创业梦、住房梦，让农村转移人口进得来、住得下、留得住、融得进、可创业，通过深化户籍制度改革和多途径加强职业培训，增强城镇的活力、创造力和竞争力。

3　镇域规划布局及关键控制领域

3.1　“三业齐动”的产业发展规划

根据岳口镇“一产缓进，二产突进，三产后进”的产业发展现实（表29-1），以强化龙头、补齐短板为主要思路，实现“工业强镇、农业兴镇、服务业旺镇”，具体上：

一是打造工业产业集群，强调其对经济发展的核心带动作用；

二是做长做宽农业产业链，提升农业产品附加值，复兴地方传统优势产业；

三是依托工业和农业发展，发展生产性服务业，同时完善生活性服务设施，提升地区人气。

（1）规模生产与特色引领的“板块+基地”一产空间结构

立足于需求和现实，规划拟定“推进规模经营”的农业发展路径，走发展规模生产主导的现代农业道路；另一方面，立足于当地资源和产业优势培育特色产业，围绕地区特色农产品，发展具有示范效应的高效农业基地；同时，延长农业产业链，引导落户附加值高的项目，实现农业的外延发展。

空间布局策略上采取“板块+基地”的空间构成：一是板块化引导现代农业发展，选取主导农业功能引导农业区域发展；二是，基地化引导农业重点种植，选取具有代表和示范意义的农业基地。具体规划形成“两

岳口镇产业现状结构表　　表29-1

年份	总产值（亿元）	工业产值（亿元）	农业产值（亿元）	第三产业产值（亿元）	比例(%)		
					工业	农业	第三产业
2008年	25	17	5	3	68	20	12
2009年	27	18	6	3	66.7	22.2	11.1
2010年	65	55	7	3	84.6	10.7	4.6
2011年	70	57	9	4	81.4	12.8	5.7
2012年	75	60	10	5	80	13.3	6.6

图29-6　镇域一产空间发展结构图

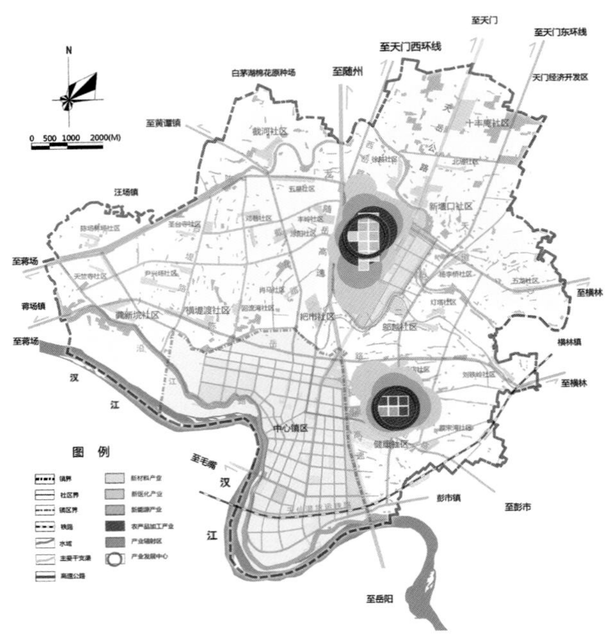

图29-7　镇域二产空间发展结构图

轴、三板块、五基地”的农业空间布局（图29-6）。

两轴：南北向农业风光展示轴，东西向农业生产示范轴；

三板块：农业循环经济示范板块，现代农业生产板块，休闲观光农业板块；

五基地：包括规模作物示范基地、花卉苗木基地、水产养殖基地、畜牧养殖基地、设施种植基地。

（2）农工并举与积聚发展的“轴线+节点”二产空间结构

对接天门和更大区域需求选取主导工业门类，优化提升岳口工业产业园；立足农业优势，打造具有示范效应的农业产业园；空间发展上不仅实现规模以上的产业进园发展，并且拒绝村镇农加工产业匀质离散的粗放发展模式，集聚发展农业产业，规划形成“一园一组团”的工业空间结构（图29-7）：

一园：位于随岳高速和天岳公路之间的岳口工业园，包含徐越南部、潭湖西部、丰岭东部、耙市北部，以新能源、新材料和新医化产业为龙头产业，通过引进战略投资者发展生产。

一组团：健康工业园是以健康为中心，依托农业聚集区优势，重点集聚发展农产品深加工业。

（3）区域服务和节点引导的“四心并立”三产空间结构

挖掘岳口的区位交通优势，创新发展物流业和市场业，服务于区域，提升自身生产服务层次；科学选取农村中心社区作为三产服务的空间节点，实现均质服务和错位竞争，发展“四心并立”的三产空间结构（图29-8）。

其中，选取岳口镇区作为全镇的政治、经济、文化中心；综合发展商业、物流中心，积极发展商贸、仓储物流、餐饮、中介等第三产业。

选取湖北省的“明星村”——健康社区发展商业、物流等服务周边地区，并有力支持当地的农产品深加工业。充分利用陈岳公路便捷的交通优势，依托周边地区工农业资源和产业基础优势，打造紧邻区的工贸发展中心，把健康村的工农企业生产的产品，运输和销售出去。

选取新堰口中心社区，利用靠近岳口工业园的区位优势，发展工业物流业和市场业；充分利用本地区的工农业资源优势，大力发展以工农商贸为主的产业园区新市政配套措施，为工业园的生产和生活提供消费性服务。

选取处于农业腹地的横堤渡社区发展农业物流业和

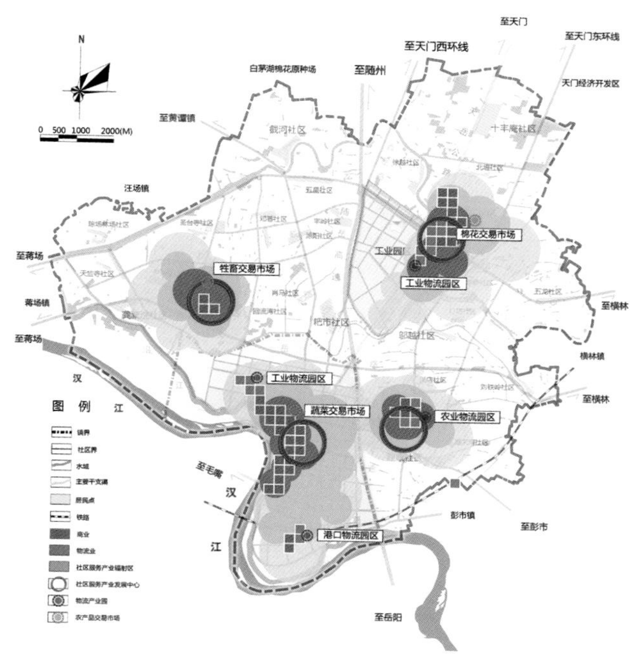

图29-8　镇域三产空间发展结构图

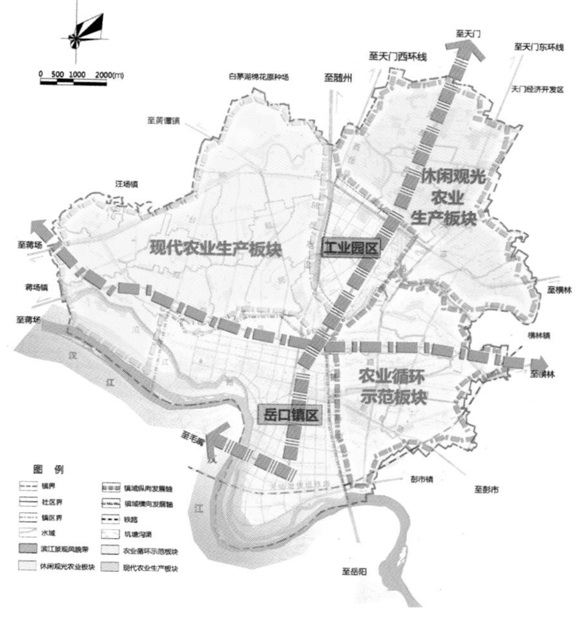

图29-9　镇域空间发展结构图

农业市场业；为当地大棚蔬菜、畜牧业的发展建立良好的服务体系。

3.2　“镇园一体”的整体空间结构

规划区空间发展思路为轴线带动、板块联动、集约发展，构建以中心镇区和中心社区为节点，以主要交通廊道为生长主线，城乡空间呈轴线拓展一体化的空间发展格局。规划形成“两区并立，三片纷呈；一带双轴，天岳一体”的空间格局（图29-9）。其中，“两区”为镇区和工业园区；

“三片”为特色农业生产片区，包括现代农业生产板块、农业循环示范板块、休闲观光农业板块；

“一带”为汉江景观风貌带；

“双轴（十字轴）”分别为南北向天岳路镇村综合发展轴，以及东西向的陈岳路镇村综合发展轴；

“天岳一体”具体反映为“三轴贯通，两区共建”。拟拉通天岳路、陈岳路和西岳路，改善与天门、岳口工业园和镇区之间的交通衔接，缩短三者之间的时空距离，促进岳口在未来城市发展空间、经济发展空间上与天门主城区存在一体化发展的可能性；其中，岳口镇区是其经济中心和综合服务核心地区，是天门市的副中心；岳口工业园区作为镇市共建产业园，完善上下游产业链条，促使两地经济一体化的趋势，从而为岳口镇成为天门市的重要组成部分创造内在基础。

3.3　“因地制宜”的镇村体系格局

（1）多因子评选的中心社区选址规划

从2004至2012年，岳口镇虽然有些村委会转变为居委会，但镇辖范围内行政村有51个行政单位近十年几乎没变，自然演进缓慢。众多的村庄数量及其发展的历史惯性，决定了中心社区的选取合理性问题。规划采取多因子比选方法，从人口密度、区位条件、建成区规模、政策指引、历史原因等影响因素出发，对岳口镇各行政村镇发展条件和发展潜力进行评估，由此构建“1818”的农村聚居体系（图29-10）。

（2）高效集约导向下的城乡用地规划

岳口镇属于江汉平原农业地区，由于传统农作半径要求，村庄分布密度和村庄建设面积数量多，粗放发展和滥用耕地是现实问题。规划需要高效利用建设用地，既要满足建设用地持续发展，又要守住农耕地保留底线。具体用地规划中从三方面入手：① 在耕地不减少的情况下，根据规划期末单位农业劳动力的耕作面积，测算期末的农业人口总数，并按照人均不超过120m^2，测算并控制村庄建设用地总量为635.25hm^2；② 尊重历史村

图29-10　镇村等级规模结构图

图29-11　镇域城乡土地规划图

落形态，依路依水布置条形的中心社区用地；③ 按照农用地耕作要求，均衡布置中心社区（图29-11）。

（3）远近结合，合理安排村庄拆并

根据岳口镇远期建设规划发展要求，将镇域现有的基层行政单位按拆迁型和整治型两种类型进行迁村并点，近期拆除质量差和城镇化需要发展用地的村庄，并与已编制的土地利用规划（2013～2020年）相结合，做好土地增减挂钩工作；远期进一步归并自然村，形成“一村一点”，以社区为单位，实现农村居民点的最终整合。

其中，拆迁型是根据远期建设发展规划，主要针对现状人均农村建设用地降序排列后1/3段位的低度利用区，发展潜力有限的村庄以及沿河、沿路分散，地处偏远的村庄予以拆迁，使其向中心社区集聚迁移；整治型是对拟保留的村庄进行综合治理，配套市政设施，治理环境污染；理顺村居道路，完善道路网络；保护庙宇宗祠、古树名木，塑造乡村风貌；调整产业结构，促进经济发展（图29-12）。

3.4　“传承创新”的特色景观塑造

（1）溯本固源的人文景观

挖掘岳口镇历史民俗文化，提炼出地方会馆文化、寺庙文化和特色民俗文化，同时搭建硬质和软件文化平台：一方面修复历史建筑遗存，保护历史文化，修复利用八大会馆等历史建筑；另一方面，充分利用节庆、推介会、新闻媒体等多种展示平台，结合每个村庄特色举办特色节日和活动，加强农村文化的宣传和展示。

（2）特色彰显的自然景观

自然景观上，全域范围内的环境风貌资源包括以农田生态景观为基底的面域景观环境，道路绿廊和滨水廊道等线性景观环境，同时辅以社区景观的点状景观环境，构建美丽乡村全域范围内的“点—线—面”立体的自然景观结构，其中面景观以农田环境基质为载体、线景观以道路绿廊和滨水廊道为载体、点景观以社区景观和景观节点为载体（图29-13）。

（3）产游结合，社区支撑的乡村旅游

产业联动调动资源，为农村经济找到了新的增长点，在农业及耕地经济效益日益弱化的情况下得以保存和发展，吸纳就业人数、留住村庄人口，缓解岳口未来出现的“空心村”现象；同时，社区结合布置旅游服务设施，便于村民参与和旅游运作，具体上可采用“政府+公司+农民旅游协会+旅行社”的运营模式。

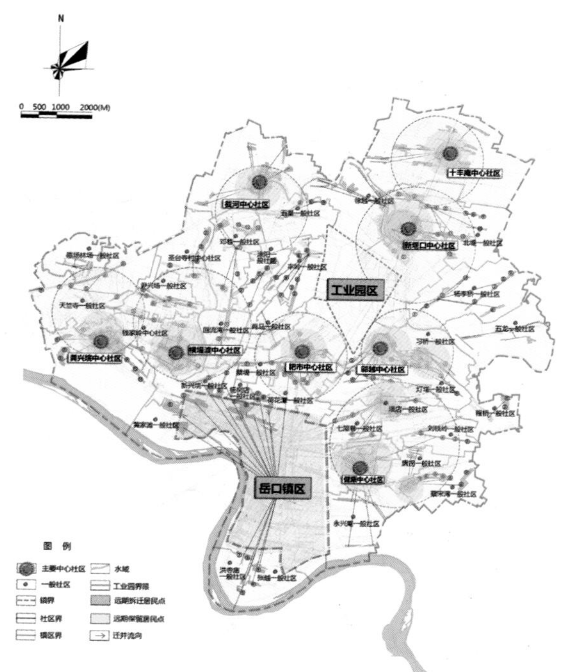

图29-12　镇域远期村庄迁并图

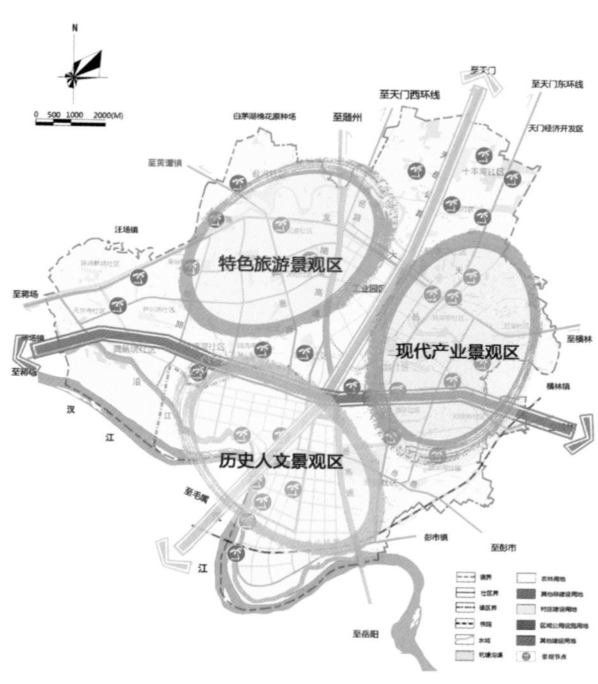

图29-13　镇域景观空间结构规划图

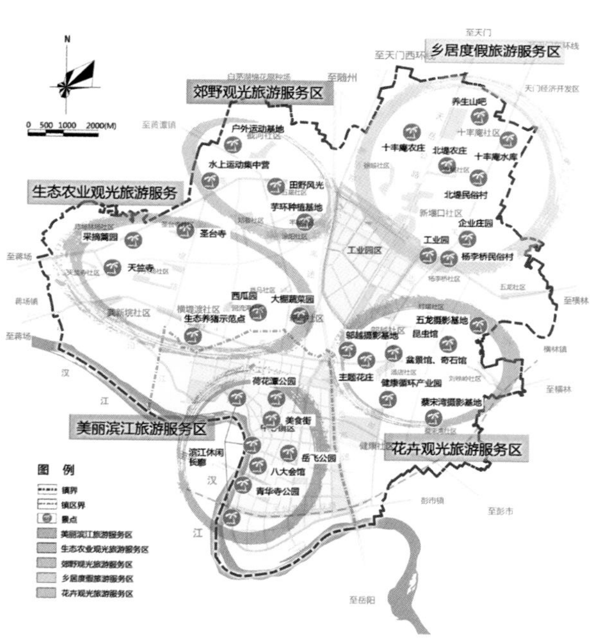

图29-14　镇域旅游规划图

图29-15　镇域旅游服务中心规划图

在空间布局上拟形成生态农业观光旅游服务区、郊野观光旅游服务区、乡居度假旅游服务区、花卉观光旅游服务区、美丽滨江旅游服务区五大旅游板块，并结合农村社区，布置“1-4-8”的旅游服务设施结构（图29-14、图29-15）。

4　镇区规划布局及特点

4.1　镇区定位与职能

岳口镇区为天门市副中心城市，岳口镇的政治、经济、文化中心，是以现代服务业为主、农产品加工为辅的工贸型城镇。

镇区建设抓住交通区位优势，利用港区发展优势和良好的经济基础，突出区港联动发展的经济带头作用。同时，把握汉江要素，突出人与环境和谐发展理念，未来发展成为江汉平原商贸重镇、产业集聚工业强镇、文化休闲生态新城。

4.2 镇区空间发展与用地布局

（1）外联内聚的空间发展战略

1）顺应岳口空间拓展态势，在新一轮总体规划中提出“东拓、西优、南控、北进、中强”的城镇空间发展战略。

2）凸显汉江及平原格局。充分发挥汉江及平原灌溉沟渠水塘的天赋资源条件，强化水系在镇区发展中的重要引导作用，形成人、城融合构建和谐生态居住环境。

3）延续“天岳一体化”发展态势。有效对接北部的岳口工业园及天门经济技术开发区，充分发挥镇位优势和服务功能，镇区空间及用地扩展继续向北深入。

4）提升各功能组团关联度，加强各组团之间的交通联系，增强其功能互补性，通过多途径提升空间关联度。

5）强化滨江滨水景观轴线，发掘滨江传统荆楚派界面，创造特色、具有可识别性的城镇空间形态。

6）复兴港口、营造腹地、港城互动。以港口作为南部新区开发的支点，配套临港产业，带动新城发展，形成港城互动的发展模式效应。

（2）“一心两轴，三片四廊”的空间发展结构

一心：镇区综合服务中心；两轴：滨江综合发展轴、城镇主体功能发展轴；三片：城镇工业片区、城镇生活片区、城镇港口物流片区；其中，城镇生活片区包括五大组团：滨江商贸组团、中心公服组团、北部城镇生活组团、中部综合生活组团、南部生态生活组团；四廊：解放大道发展连廊、发展大道发展连廊、彭岳大道发展连廊、汉江大道发展连廊（图29-16、图29-17）。

4.3 镇区景观与绿地系统规划

（1）绿地系统规划

规划采取“魅力滨江、廊道发散、网状交织、多级渗透、生态链接”的策略，提升镇区整体环境质量，丰富镇区生活层次，塑造魅力新城。

魅力滨江：结合镇区自然、人文特色，建设沿江生态绿带，塑造魅力滨江新城。

廊道发散：放射性的四条东西向沿街绿廊，从滨江绿带出发延伸，生长至镇区深处。

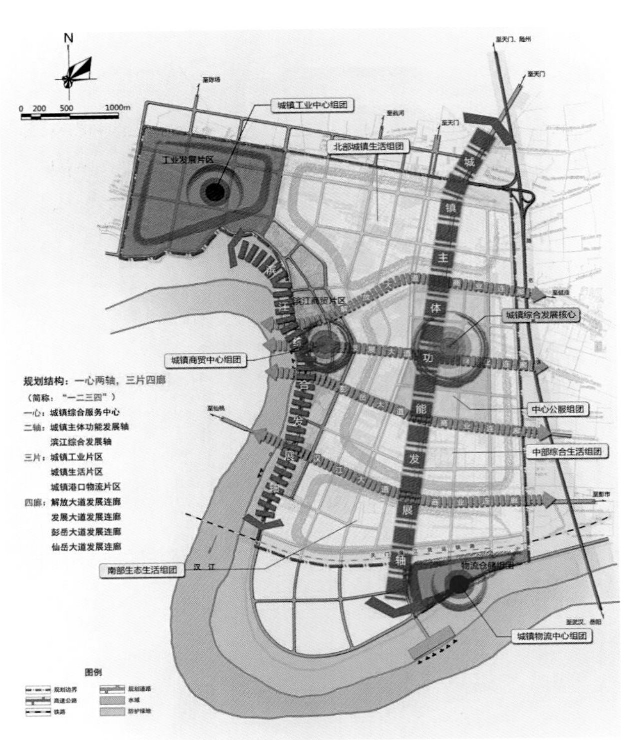

图29-16 镇区空间发展结构图

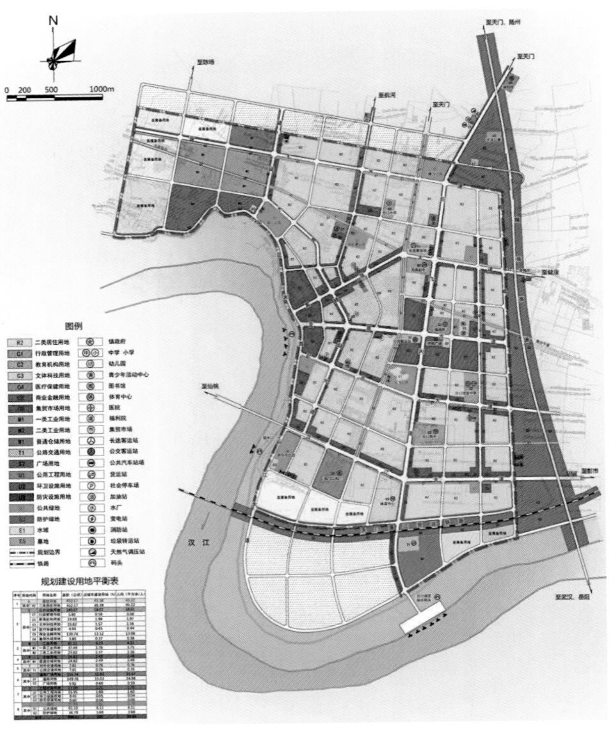

图29-17 镇区土地利用规划图

网状交织：利用南北向沿街绿廊与东西向绿廊交织，形成网状系统结构。

多级渗透：打造多个镇区综合性公园与社区公园，辅以开敞绿地，以斑块提升整体环境水平。

生态链接：两大防护绿轴链接多级渗透的绿色斑块、绿色廊道、滨江绿地，实现绿地结构一体化。

绿地系统结构采取“带、轴、心、网、点”相结合的结构模式，形成“一带两纵四横、四心多点二轴”的立体城镇绿地系统，具体细分为四个子系统，与绿地系统规划结构相呼应（图29-18），包括：

“一带”：贯穿镇区东西的汉江江堤绿化形成的城镇沿江绿带。

“两纵四横”：两条南北向的城镇主干道绿化带，分别是沿江大道、岳飞大道；四条东西向的城镇主干道绿化带，分别是腾飞大道、解放大道、彭岳路、仙岳大道。

“四心多点”：绿地的生态斑块，包括四大镇区公园，岳飞公园、滨江公园、青华寺公园、腾飞公园，多处休闲景观游园、园林广场。

“两轴”——生态防护绿轴，随岳高速防护林带形成的南北绿轴。

（2）景观系统规划

镇区景观形象定位为“城中有水，水中有绿，水绿相宜”的生态水乡城镇；其中，“城中有水”：依托岳口镇依汉江而兴、自有水系成网的自然条件优势，规划建设沿江大道特色商业景观区；“水中有绿”：沿部分水系兴建景观廊道，形成城镇的独特“水绿景观”；并通过绿化与自然水环境“水绿相宜”的结合，塑造岳口镇生态水乡城镇的新形象。

规划形成“两心、三轴、四片区”的景观风貌结构（图29-19）。三条主要景观轴线构成了岳口镇特色的景观骨架，结合多条沿主要交通干道或城镇主要水系统两侧的控制带型绿化景观绿廊，体现岳口景观功能。“四片区”采用“组团布局”模式，确定景观节点布局结构模式与绿化组团结合。“两心”、“三轴”、“四片区”相结合，形成完整的景观体系。

5　规划思路及方法创新

5.1　中部农业地区小城镇发展思路创新

地理区位上，岳口镇地处江汉平原腹地；经济区位

名称		用地面积（ha）
公园绿地	岳飞公园	5.96（不含水域）
	滨江公园	6.86
	青华寺公园	6.43
	腾飞公园	5.55
	幸福公园	2.09
	荷花潭公园	3.30
	沧浪公园	2.69
	倚荷公园	1.00
	开敞绿地及街旁绿地	27.21
防护绿地		36.79
合计		97.88

图29-18　镇区绿地系统结构图

图29-19　镇区景观系统规划图

上，岳口镇毗邻天门市，是其最重要的发达城镇；两者决定了岳口镇发展不仅要体现农业地区的发展特征和需求，而且作为天门市最近的小城镇，需要融入区域发展整体格局，承担中心城市的部分功能疏散，特别是省级岳口工业园的建设和天门市副中心的定位为地方发展提供了强大动力。作为中部农业地区小城镇的典型代表，规划从产业规划、空间发展、新农村发展和机制体制等方面进行了创新探索。

（1）“关联协同，产城一体”的产业发展思路

作为典型的农业镇，岳口镇需要农工协同带动地方发展。首先是“工业强镇”，依托天门市，共建产业园区。通过“天岳一体化”机遇和天门市开发区的建设，依托天岳公路和随岳高速，加强和天门市的联系，利用天门市的文化、技术和资金资源，培育岳口工业园区，打造地区示范产业园。其次是“农业兴镇”，大力发展农业，依托健康工业园发展农业加工业，增加农产品附加值。

首先要抓好传统农业、特色农业、农业加工业和农业循环经济四类农业产业的建设，依托传统农业打下基础，通过特色农业创造品牌，通过农业加工业做大做强，通过循环经济实现生态可持续发展。

同时，结合产业园区和特色农业片区规划，打造新型社区，形成产城一体的空间形态。为避免盲目城镇化所带来的空城现象，应促进产城融合发展，使岳口工业园区依托于新堰口社区、健康工业组团依托健康社区、岳口老工业组团依托镇区，相互协调、相互带动，并融合城镇生态功能，构建健康、可持续的产城融合发展模式（图29–20）。

（2）“统筹整合，集中集约”的空间发展思路

整合建设用地和农用地，盘清可建设用地指标和土地存量，节约利用土地。江汉平原地势平坦，为土地的集中整合营造了便利的条件；通过盘点归纳合适的建筑用地和农业用地，可以利用土地的规模化效应集中建设和农作，节约土地，避免浪费，并为未来的发展留下备用地（图29–21）。

产业空间集聚，形成产业园区，工业和农业产业空间集聚形成自身特色板块。在工业方面，使工业集中整合于岳口镇两大产业集聚区之中，集中发展，集约土地，通过规模效应和集聚效应做大做强；在农业方面，形成五大特色板块，集约利用资源，信息共享，统筹发展，形成循环经济产业链，促成农业向现代化、规模化方向转型。

农村建设空间集中，整合镇域范围内的村庄布点，形成较大的农村社区，腾退土地。通过迁并人数较少的

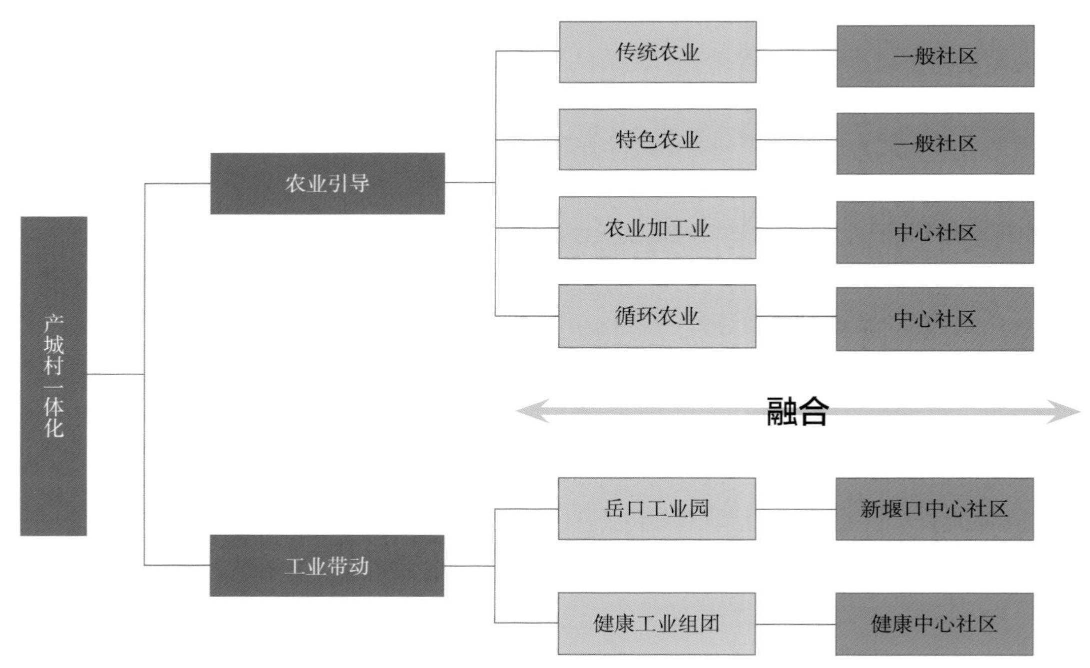

图29–20　岳口镇产城村一体化发展思路

村庄，壮大原有经济实力较强的村庄，形成多级社区，一方面加强了形成后社区的发展潜力，一方面可以使居民集中享有各类基础设施，村庄管理更加便捷，村民生活条件更加完善。

（3）“保护主导，特色引领”的生态保育路径

坚持保护主导，通过集约建设和污染防治，实现环境低冲击；注重污染防治结合，预防为主，治理为辅。通过村庄资源整合，集中安置建设用地，保护基本农田，将建设活动对环境的影响降至最低；通过对废水、废弃、固体废弃物进行及时处理，减少工业污染和生活污染，加强环境保护。

加强特色引领，通过发展生态旅游产业，实现对生态保育的经济支撑。通过组织整合岳口镇的农业和工业旅游资源，营造特色景观空间旅游环境，大力发展包括休闲农庄、农业特色园区和花卉园区旅游在内的农业观光项目，加强岳口工业园区内部和两个工业组团的生态绿地建设，为生态保护路径构建强有力的经济支撑，实现生态环境的可持续发展（图29-22）。

5.2　规划模式与方法创新

（1）“三规协调”的全域规划编制方法

示范乡镇的全镇统筹发展的镇域规划，注重于在与“产业发展规划”、“土地利用总体规划”协调的基础上，按“三规协调”思路，统筹全镇域产业发展、人口居民点体系布局，使全域各类用地布局有利于促进经济发展，保护环境，由用地来落实保障。

建立在“产业发展可行、土地空间落实可靠”基础上的全域规划，前期开展产业、土地利用等专项规划，体现出研究型规划与实施性规划相结合的特点。

（2）“实施性规划”的编制方法

示范乡镇规划重在指导建设，应重点关注项目带动发展的问题，为此，规划应系统梳理各口径、各部门计划、设想，提出近期及远期实施项目库，以“项目”实施可行性检讨整体规划的合理性，具体细化落实近期建设行动计划。在规划编制方法上，要体现“实施性规划”的要求，便要做到发展“项目化”、空间发展“分期化”、近期行动“具体化”。

作者单位：武汉华中科大城市规划设计研究院

执笔人：罗吉

项目负责人：朱霞

项目组主要成员：朱霞、罗吉、赵守谅

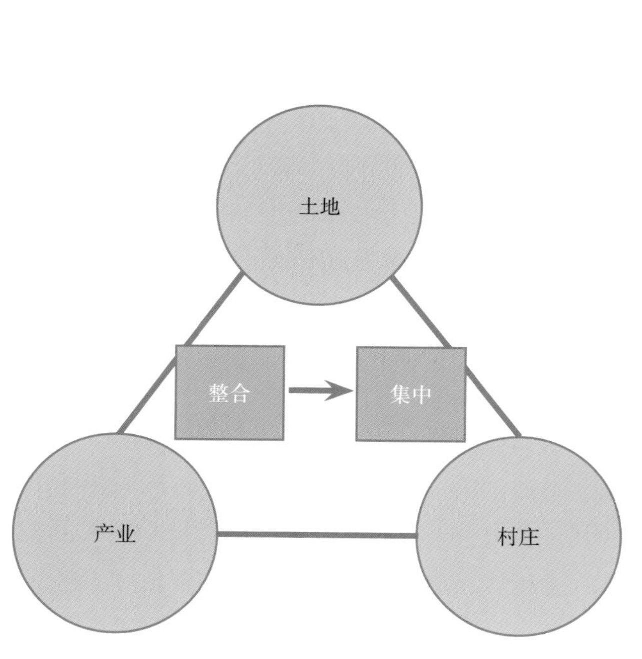

图29-21　岳口镇空间集约发展思路

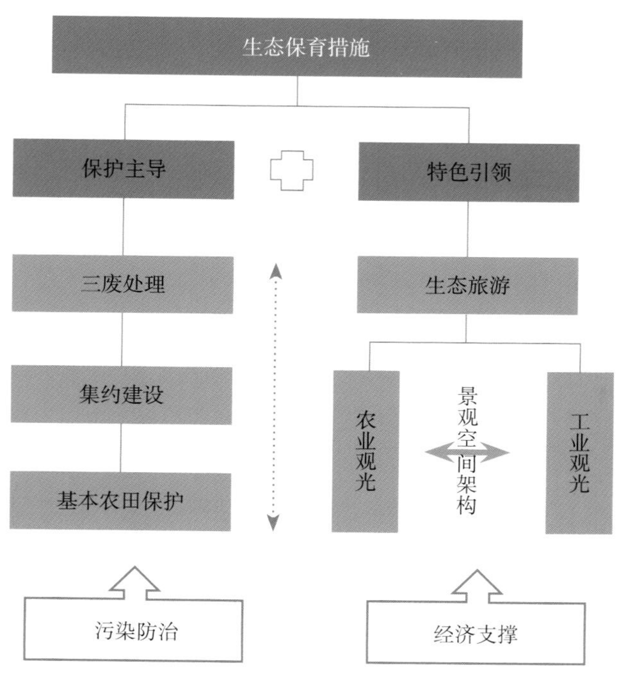

图29-22　岳口镇生态保育发展思路

30 “农业集聚、空间集约”的官垱镇规划

荆门市沙洋县官垱镇，地处中国农谷，是全国知名、省内闻名的优质粮油生产基地，是湖北省粮油主产区，也是中国农谷地区典型的传统粮油产区。湖北省确定的21个“四化同步”示范乡镇之一。

2013年12月，中央农村工作会议提出：“以保障国家粮食安全和促进农民增收为核心；坚持家庭经营基础性地位；要让农民种粮有利可图、让主产区抓粮有积极性；让农民成为体面的职业，让农村成为安居乐业的美丽家园。推动新型城镇化与农业现代化相辅相成。”城镇化一定是农村人的城镇化，没有农业现代化支撑就没有城镇化，没有与城市相等的产业效率，城镇化就是一句空话。

官垱镇作为中国农谷典型的优质粮油型农业城镇，探索其四化同步发展路径，实现“粮食增产、农业增效、农民增收”的三增与“生态田美水秀、生产集约高效、生活宜居适度”的“三生”之间高度协同发展，对深入落实中央农村工作会议精神，促进传统农业地区小城镇的健康发展具有重要示范意义。

1 基本情况及现状特征

1.1 基本情况

官垱镇位于沙洋县西南部，距沙洋县中心城区8km，省道107穿境而过，地势西高东低，大部属微丘地形，国土面积156km^2，属亚热带季风大陆性气候，境内河流纵横交织，分布着四河四湖二套。

官垱建镇于20世纪70年代中期，截至2012年年底，辖1个居委会，24个行政村，214个村民小组；全镇户籍总人口3.92万，户籍非农和农业人口分别为0.24万和3.68万，实际城镇人口0.76万人，城镇化率约20%。全镇现有中心集镇1处，为官垱镇区，人口约为0.47万；小型集镇3个，分别为高桥、大文和马坪集镇，人口分别约为0.26万、0.05万和0.04万，为管理区驻地。

官垱镇是沙洋县传统的粮油种植大镇和粮油加工强镇。2012年工农业总产值达到44.3亿元，其中工业总产值38.8亿元，位列沙洋县各乡镇第二位；财政收入192万元，在沙洋县处于下游。农业主要发展粮油种植，工业主要以粮油加工为主，第三产业主要是一些传统服务业，如批发零售、餐饮服务等。

1.2 现状特征

（1）资源丰富的农业强镇

官垱镇耕地资源十分丰富，农业及农产品加工业在荆门市、沙洋县位居前列。官垱镇实有耕地面积13.8万亩，人均耕地3.6亩，户均耕地11.1亩，劳均耕地8.8亩，远高于全国和湖北省平均水平。

（2）紧邻城区的城郊小镇

官垱镇地处沙洋县中心城区紧密辐射圈层，是接受县域中心城市辐射的前沿阵地，具有明显的近首效应。官垱镇区距沙洋中心城区8km，交通时间约12min；官垱镇高桥片区在空间上已经与沙洋县经济开发区融为一体。

（3）机遇叠加的活力新镇

官垱镇地处荆三角腹地，是中国农谷确立的“农谷核心区、荆三角、杨竹流域”三个战略践行区之一；2013年被列入湖北省“四化同步”示范乡镇试点，2014年过境镇南的引江济汉工程试水通航。面临多重发展机遇的官垱，将在践行中央城镇化工作会议和农村工作会议精神过程中释放巨大的发展潜力。

（4）结构单一的经济大镇

官垱镇的农业及农产品加工业实力较强，但农产品加工结构单一，精深加工能力不足，现代服务业基础薄弱，缺乏产业集聚发展的综合性平台，金融担保、融资渠道、土地流转等机制不健全，产业发展质量不高。

（5）村庄零散的用地富镇

官垱镇村庄分布零散，建设用地利用粗放。2012年，全镇总计865个自然村湾，平均每个行政村有8.8个村民小组和36个自然村湾，平均自然村湾9.4户和36.2人；全镇村庄建设用地1255.7hm^2，人均村庄建设用地面积为387.5m^2，户均村庄建设用地达到1224.4m^2，折合1.84亩。现状农房建筑普遍质量差、年限长，为盘活存

量建设用地提供了广阔空间。

（6）本底优良的景观美镇

官垱镇属微丘地形，具有丘（微丘地形）、水（四河四湖二套）、田（沃野良田）、林（防护林）、稻（优质稻）、花（油菜花）、村（自然村落）和路（城乡道路）等要素构成的大地景观画卷。

（7）源远流长的文化强镇

官垱镇是中国历史上最早的县制——权县所在地，官垱地名源自“祭祖”，是中华孝文化的具体表现，镇境内分布有鄂冢、双冢等文物保护单位，此外还有舞狮子、玩龙灯、划彩船、踩高跷及皮影戏等民俗文化。

（8）设施落后的民生弱镇

官垱镇作为传统农业乡镇，存在同类乡镇普遍存在的问题，如镇区公共服务设施不足，村庄公共服务设施服务水平低，通村公路较窄且路况差，电源单一且可靠性差，给水、排水及环卫设施不足等。

1.3 发展经验

（1）王坪现象

王坪村“正中水镇”由在渝商人郑中回乡创办，通过第一期安居工程，完成了新社区、爱晚苑、正中楼、万吨冷库、设施农业基地等14项工程，建设14栋5层住宅安置全村人口，复垦后新增耕地1500亩，全村生产生活条件大幅改善；未来将逐步向深加工、商贸物流、休闲度假旅游等方向发展。

王坪村初步形成了土地流转、农户入股、集中居住、合作社经营的新农村发展模式，但也存在诸多发展难题，主要是农副产品销售渠道不畅，深加工产业还未建成，制约自身造血能力，难以产生经济效益；投融资渠道不多，难以筹集资金发展二、三产业，并形成农工商旅良性互动态势；经济效率不高，导致对社员的承诺难以兑现，社员劳动积极性消退，等靠要思想滋生，同时对周边群众的吸引力降低，又制约了王坪模式进一步扩大规模。

（2）洪森现象

官垱是沙洋传统的农业强镇，拥有洪森、龙池和凤池三大农业产业化龙头企业，其中洪森公司是集粮食、油料、饲料加工为一体的国家级农业产业化重点龙头企业，湖北省粮油食品工业十强企业，通过发展“订单农业”，推广绿色无公害优质稻米及双低油菜种植技术，洪森公司在沙洋县及周边地区成立镇级优质稻产业开发协会23个，带动20万个基地农户。

官垱具有发展现代规模化农业的良好基础，但涉农企业享受大量税收优惠政策，对地方财政收入增长贡献不多，制约地方财政实力提升；同时，也存在农业产业化龙头企业难以成规模流转农户土地；企业的深加工程度低、规模偏小和知名度不高等问题，导致企业经济效益差。

1.4 小结

“农业强镇”和“城郊小镇”是官垱的两大基本特质，寻找与此相应的发展模式和路径是官垱四化同步发展规划的核心出发点。把握官垱发展机遇，体现官垱的景观和文化特征，解决产业质底、村庄零散和设施落后等问题，实现官垱的跨越式发展；研究王坪现象和洪森现象，让王坪模式良性运转并具有可复制性，让洪森等一批涉农龙头企业在实现农业现代化方面发挥重要的引擎作用。基于乡村视角的新型城镇化，以农业现代化推力和工业化拉力形成强大合力，实现官垱镇“四化同步”发展是本次规划的重要着眼点。

2 规划定位及目标

2.1 规划定位

（1）中国农谷“现代农业”示范园

立足中国农谷战略，探索农业现代化生产经营模式，实现农业生产布局区域化、经营组织化、手段科技化和产品品牌化发展道路，把官垱建成中国农谷“现代农业”示范园。

（2）湖北省农业型“四化同步”示范镇

基于官垱的农业基础，探索传统农业地区可复制的“四农复合”发展模式和“四化同步”发展路径，把官垱建成湖北省农业型“四化同步”示范镇。

（3）荆门“城乡一体化”示范区

承担荆门发展使命，作为荆门地区唯一的“四化同步”示范乡镇和中国农谷“四化同步”战略先行区，把官垱建成荆门“城乡一体化”示范区。

（4）沙洋县新城区和工业新区

融入沙洋中心城区，将高桥新区作为沙洋中心城区空间南拓前沿阵地和沙洋经济技术开发区重要组团，把官垱建成沙洋县新城区和工业新区。

2.2 发展目标

总体目标：打造1个15万亩的农业现代化示范园区，建设1000个家庭农场，平均规模150亩；建设高桥新区和官垱镇区2个产业集中发展区；重点建设城区、高桥和官垱3个城镇新社区，王坪和大文2个农村中心社区。

具体指标：到2017年，实现国土整治全覆盖，农业土地流转率达到65%以上，培育并建成300个家庭农场或新型合作组织，工农业总产值达到115亿元，城镇化率达到65%，城乡收入比低于2.0，城镇居民人均可支配收入达到35500元以上，农民人均纯收入达到19000元以上。

到2030年，农业土地流转率达到100%，培育并建成1000个家庭农场或新型合作组织，工农业总产值达到300亿元，城镇化率达到85%，城乡收入比低于1.5，城镇居民人均可支配收入达到95000元以上，农民人均纯收入达到48000元以上。

3 “四化同步”发展模式

以家庭农场为基础的“人地业”分区复合发展模式。

基于农业镇和城郊镇的特点，通过因地制宜的“人地业”分区复合，以家庭农场经营为基本形式，通过建设城镇新社区、农村新社区和美丽乡村安置农村转移人口，发展家庭农场、合作社和农业龙头企业等多种经营主体，促进农、工、商、旅等产业全面发展，配套信息化支撑体系，统筹解决“人哪里去”、“地如何用”和“业怎么创”的问题，实现三者协调发展，形成官垱特色的“以家庭农场为基础、人地业分区复合”的四化同步发展模式（图30–1）。

4 镇域规划布局及关键控制领域

4.1 镇域规划布局

4.1.1 产业布局规划

（1）产业发展体系

a. 农业发展重点

“做稳”精品粮油，“做强”水果蔬菜、优质水产、花卉苗木等生态循环农业，“做亮”观光农业。精品粮油重点种植优质稻、有机稻、双低油菜等优质粮油；水果蔬菜重点种植葡萄等中高端水果和娃娃菜、花椰菜、番茄、辣椒等有机蔬菜；优质水产重点发展龟鳖类、虾蟹类、水产苗种等附加值较高的无公害水产养殖；花卉苗木重点种植香樟、广玉兰、桂花、银杏等绿化树种。

b. 工业发展重点

重点发展“1+2+X”产业体系，即突出有机食品加工的核心地位，大力发展纺织服装、新型建材等劳动密集型产业，伺机发展印刷包装、创意加工等延伸产业。有机食品重点发展营养健康型粮油生产、有机食品、副产物（稻壳、米糠、麸皮、胚芽、果渣等）综合利用；新型建材重点发展新型玻璃建材；纺织服装重点发展服装生产、服饰加工、服饰辅料生产。

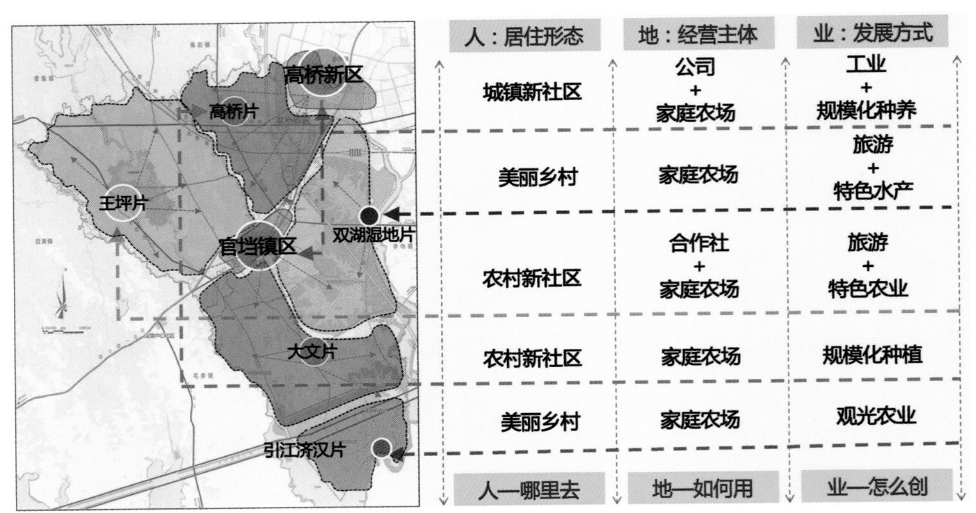

图30–1 官垱镇“四化同步”发展模式图

c. 服务业发展重点

生活性服务发展综合超市、连锁经营、集中采购、配送经营等商贸服务业，以及家庭服务、社区物业等多种现代服务类型；生产性服务围绕农产品加工全产业链各环节，发展商贸流通服务。围绕农业生产，发展农技推广、农机服务、金融担保、农资供应等农业配套服务业；信息化服务构建涉农信息服务所—中心社区—作业点三级现代农业地理信息系统。

规划在高桥新区建设“中国农谷”农产品交易所，集农产品综合展示交易中心、农产品供求信息发布、农产品质量检测中心和农产品储藏加工中心于一体。

d. 旅游业发展重点

旅游业重点发展以农耕文化为主题的休闲度假类旅游产品。

（2）产业空间布局（图30-2）

a. 以粮稳农区

北部，以黄金、双桥、石岭、五星、鄂冢村为中心，建设30000亩高产优质粮油示范区。中部，以友好、马沟、大文、白洋湖村为中心，建设30000亩高产优质粮油示范区。

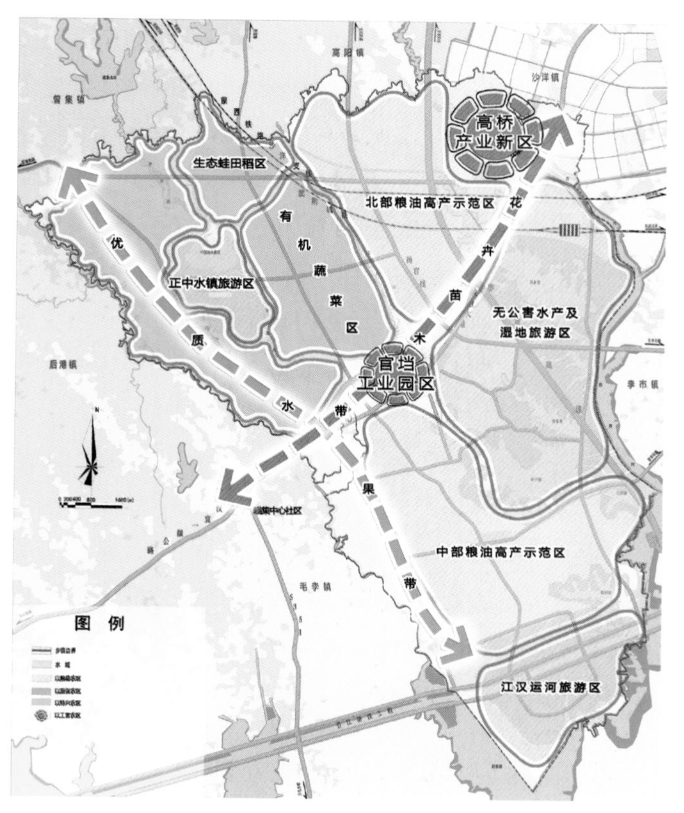

图30-2　镇域产业空间布局图

b. 以工富农区

高桥产业新区，在高桥新区东西两片建设8010亩复合型产业园，重点发展有机食品、新型建材及生产性服务业。官垱工业园区，在官垱镇区东西两片建设705亩工业小区，重点发展纺织服装等劳动密集型产业。

c. 以旅促农区

正中水镇旅游区，以王坪村为中心，建成7500亩农耕文化休闲度假区，辐射带动周边产观农业板块。湿地公园旅游区，以苏家套村为中心，利用33000亩水域风光，建设户外休闲旅游区。江汉运河旅游区，在引江济汉沿线，建设21000亩生态文化观光旅游区。

d. 以特兴农区

花卉苗木带，在汉宜一级公路沿线建设20000亩花卉苗木产业带。优质水果带，在雷曾路沿线建设20000亩名优水果产业带。有机蔬菜区，在斋巷、罗祠村建设12000亩有机蔬菜种植示范基地。生态蛙田稻区，在小庙村建设6000亩生态蛙田稻种养示范区。无公害水产区，围绕“两套一湖”（苏家套、郑家套、虾子湖）地区，建设18000亩无公害水产养殖示范基地。

4.1.2　镇村体系规划

（1）人口与城镇化水平预测

2017年，总人口5.3万，城镇人口3.5万，城镇化率65%；其中官垱镇区人口1.5万，高桥新区人口2.0万。

2020年，总人口5.6万，城镇人口4.2万，城镇化率75%；其中官垱镇区人口1.7万，高桥新区人口2.5万。

2030年，总人口5.8万，城镇人口5.0万，城镇化率85%；其中官垱镇区人口2.0万，高桥新区人口3.0万。

（2）镇域空间结构规划（图30-3）

规划镇村空间布局结构为“1125”的雁行式布局结构，具体如下：

一区：即高桥新区，作为沙洋中心城区的发展新区，承担沙洋经济开发区拓展功能。

一城：即官垱镇区，作为官垱镇域的政治、文化和社会活动中心。

双心：即王坪中心社区和大文中心社区，分别作为镇域王坪片和大文片的综合服务中心。

五点：即苏家套、马沟、同兴、爱国和白洋湖等五

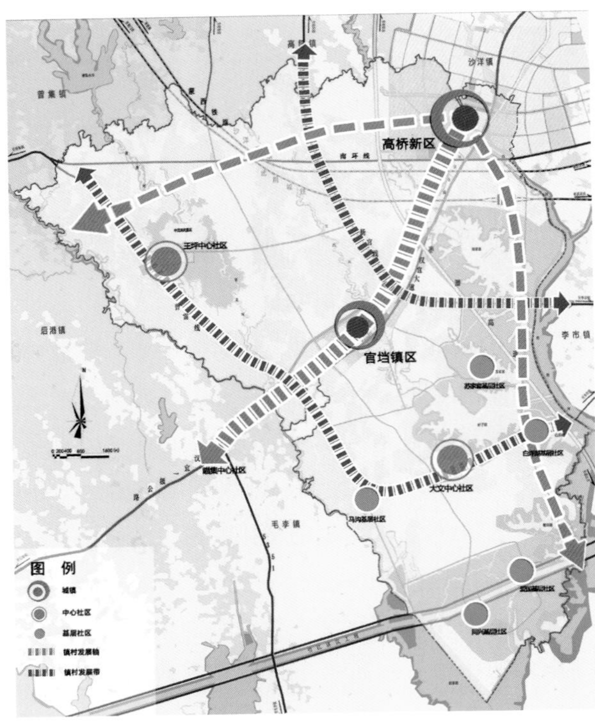

图30-3　镇域镇村空间结构规划

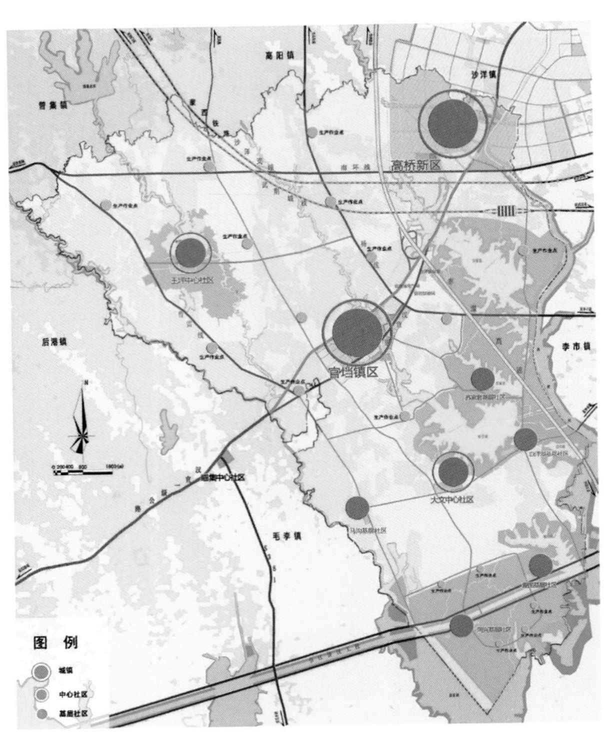

图30-4　镇域镇村规模等级规划图

个基层社区，分别作为旅游接待和农业生产服务基地。

以高桥新区为龙头，以官垱镇区为主体，以中心社区为支撑，以基层社区为基础，形成龙头引领、主体带动、三级联动的雁行式布局结构。

（3）镇村等级规模结构规划（表30-1，图30-4）

镇村等级规模结构规划一览表　　表30-1

聚落等级	个数	名称	现状规模（人）	规划控制规模（人）
一级	2	高桥新区	2800	30000
		官垱镇区	4700	20000
二级	2	王坪中心社区	1261	4000
		大文中心社区	2118	2000
三级	5	同兴基层社区	2251	300 ~ 500
		爱国基层社区	1641	300 ~ 500
		苏家套基层社区	1911	300 ~ 500
		马沟基层社区	1922	300 ~ 500
		白洋湖基层社区	1996	300 ~ 500

（4）镇村职能发展引导（表30-2、图30-5）

4.1.3　景观生态规划

（1）形象定位

规划官垱景观生态形象定位为“大美田园，花满官垱”。

（2）规划结构

规划镇域形成“二带四廊五片区”景观生态格局（图30-6）。

两带即西荆河水乡风情景观带、汉宜路现代风情景观带。

四廊即郑桥河生态廊道、官垱河生态廊道、青龙河生态廊道、引江济汉生态廊道。

五片区即王坪大美田园风貌区、引江济汉诗意水乡风貌区、苏家套荷香湿地风貌区、高桥大地农景风貌区和大文大地农景风貌区。

4.1.4　土地利用规划

（1）城乡用地规划（表30-3）

（2）交通公用设施用地规划

规划到2030年，实施乡村公路改扩建工程，交通建设用地规模达到449.7hm^2，占总用地比例的2.5%；加大对原有镇域供应设施、环境设施、安全设施的维修与建设，公用设施用地总规模为239.0hm^2，占总用地比例的1.5%。

（3）非建设用地规划

规划到2030年，通过土地整理、复垦农村居民点

镇村职能发展引导一览表　　表30-2

名称	类型	职能引导
高桥新区	综合型	沙洋经济开发区重要的功能组团，县域农产品综合开发中心，其辐射范围的农村地区主要发展规划的粮油种植和畜禽养殖
官垱镇区	综合型	官垱镇域综合服务中心，主要发展纺织服装、农资生产、商贸服务、农机服务和信息咨询等涉农服务产业
王坪中心社区	农旅型	镇域西部发展节点，依托正中水镇发展现代设施农业及农业休闲度假旅游
大文中心社区	社服型	镇域东部发展节点，主要发展规模化粮油种植及生活服务
同兴基层社区	农旅型	依托引江济汉沿线的旅游开发，建设观光型特色农业
爱国基层社区	农旅型	
马沟基层社区	农旅型	依托雷曾线蔬菜水果走廊，发展观光农业
苏家套基层社区	农旅型	围绕湿地休闲旅游开发，发展观光农业、特色水产养殖
白洋湖基层社区	农旅型	

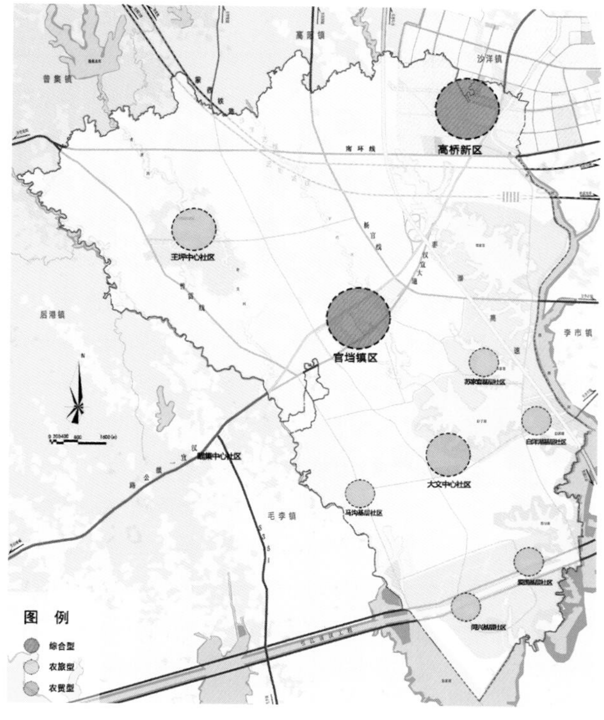

图30-5　镇域镇村职能引导规划图

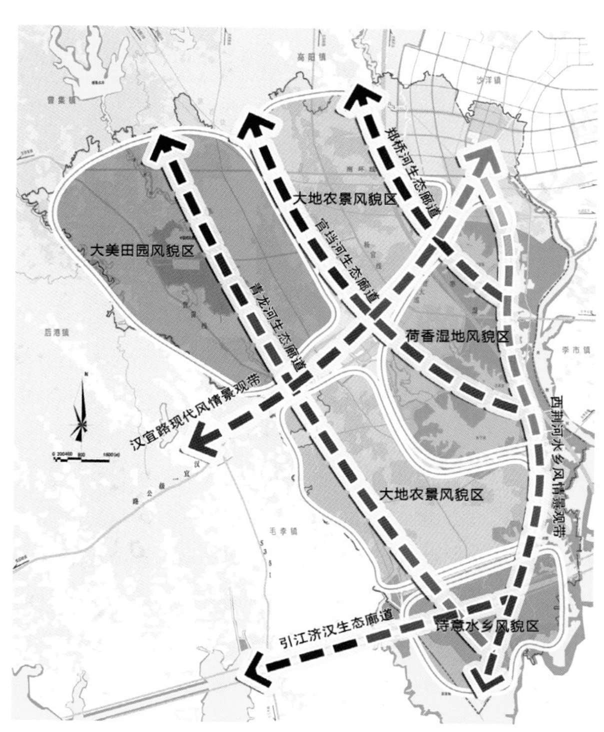

图30-6　镇域景观生态格局规划图

用地1240公顷，耕地面积达到10033.79hm^2，净增耕地377.83hm^2，符合上级规划下达的耕地保有量；除武荆铁路、蒙华铁路沙洋支线、“引江济汉”工程、枣潜高速公路等重点建设项目经批准占用基本农田外，规划坚持基本农田面积不减少和布局不变的原则，其余建设严格限制占用基本农田，不得不占用基本农田的，用上轮规划多划的373.25hm^{2}基本农田进行调减，占用的基本农田不得大于多划的基本农田保护面积，通过核销，本次规划多划301.89hm^{2}基本农田，确定2020年基本农田保护区面积5696.4hm^2，规划2030年基本农田面积不得小于该数字。

（4）农村社区建设用地规划

规划远期农村社区总计安置按8000人，建设2个中心社区和5个基层社区，农村社区建设用地总量控制在74.3hm^2，人均用地指标92.9m^2（表30-4）。

官垱镇域城乡用地汇总表（hm^2） 表30-3

序号	用地代码		用地名称	现状（2012年）		规划（2030年）		增减情况
				面积	比例(%)	面积	比例(%)	
H			建设用地	1656.9	10.6	1823.7	12.0	166.8
	H1	H11	城市建设用地			795.0	5.1	795.0
		H12	镇建设用地	49.6	0.3	237.8	1.4	184.1
		H14	村庄建设用地	1255.7	8.0	74.3	0.4	-1181.4
	H2		区域交通设施用地	62.8	0.4	449.7	2.5	386.9
	H3		区域性公用设施用地	231.4	1.5	239.0	1.5	7.6
	H4		特殊用地	23.2	0.4	0.0	0.0	-23.2
	H5		采矿用地	10.7	0.1	0.0	0.0	-10.7
	H9		其他建设用地	23.5	0.2	41.2	0.3	17.7
E			非建设用地	14039.4	89.4	13872.6	88.0	-166.8
	E1		水域	728.1	4.6	649.9	4.1	-78.2
	E2		农林用地	13311.2	85.1	13222.5	82.8	-88.7
	E9		其他非建设用地	0.2	0.0	0.2	0.0	0.0
总计			城乡用地	15696.3	100.0	15696.3	100.0	

注：本表含沙洋农场用地748.8hm^2

官垱镇农村社区建设用地规划一览表 表30-4

等级	个数	名称	人口规模控制（人）	用地规模控制（hm^2）	人均用地指标（m^2/人）
中心社区	2	王坪社区	4000	21.7	54.3
		大文社区	2000	23.0	115.0
基层社区	5	马沟社区	300～500	6.0	120.0
		苏家套社区	300～500	6.0	120.0
		同兴社区	300～500	6.0	120.0
		爱国社区	300～500	5.6	112.0
		白洋湖社区	300～500	6.0	112.0
合计			8000	74.3	

（5）生产作业点规划

镇域规划建设18处生产作业点，总用地面积42.6hm^2（图30-7）。

（6）村庄发展类型和时序引导（表30-5、图30-8）

官垱镇村庄发展时序引导一览表（hm^2） 表30-5

类型	时序	名称	人口（人）	现状	新增	总用地
城镇吸纳型	2015年前	高桥新社区	7000	—	45.8	45.8
		官垱新社区	3000	—	21.2	21.2
改扩建型	2020年前	王坪中心社区扩建	4000	8.3	13.4	21.7
	2030年前	大文中心社区改扩建	2000	11.7	11.3	23.0
新建型	2020年前	苏家套基层社区	300～500	—	6.0	6.0
保留型	2017年前	马沟基层社区	300～500	—	6.0	6.0
		爱国基层社区	300～500	—	5.6	5.6
	2030年前	同兴基层社区	300～500	—	6.0	6.0
		白洋湖基层社区	300～500	—	6.0	6.0

续表

类型	时序	名称	人口（人）	现状	新增	总用地
拆迁型	2017 年前	高桥、双桥、黄金、石岭、鄂家、五星、赵山、雷场和花园居委会的全部自然村湾；亚南村 2、3、4 和 5 组，苏家套 1、2 和 3 组，友好 1、2 和 4 组，斋巷 1、2、3、4、8 和 9 组，马沟 1、3、4、5、6、7 和 8 组，大文 5 组	13484	342.7	—	342.7
	2020 年前	双冢、熊坪、小庙、公议、张庙、罗祠的全部自然村湾；斋巷 5、6 和 7 组，苏家套的 4 ~ 12 组，亚南 1、6 和 7 组，大文 6 和 7 组，同兴 1 组，爱国 1、2 和 7 组	11179	526.5	—	526.5
	2030 年前	大文、白洋湖、同兴、爱国、白洋湖的其余全部自然村湾，友好的 3、6 和 7 组	10594	370.7	—	370.7

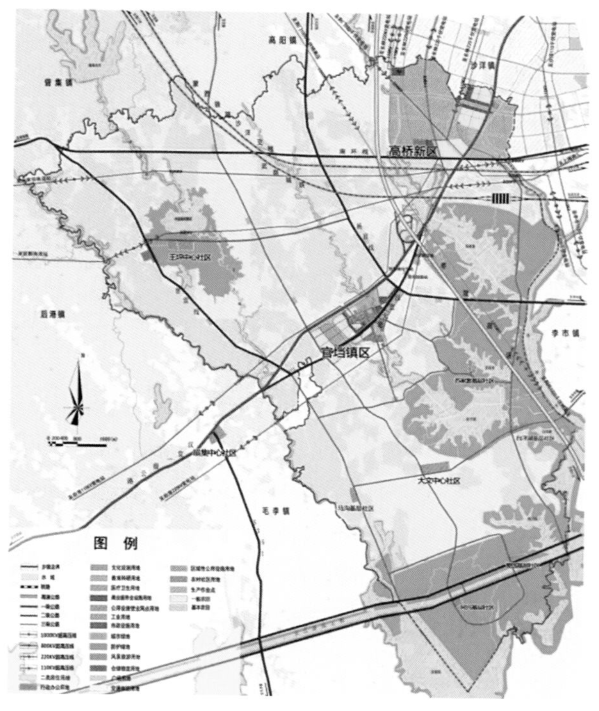

图30-7　镇域用地布局规划图

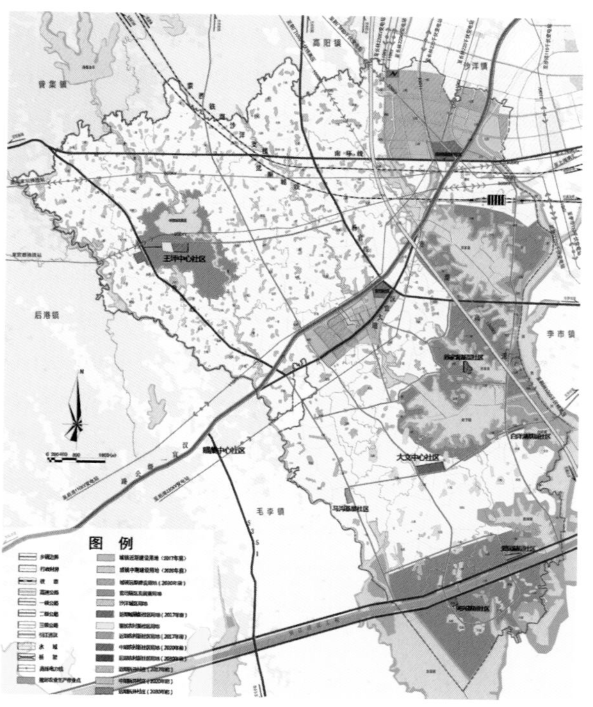

图30-8　镇域建设时序规划图

（7）镇域土地整治规划（表30-6）

镇域土地整治规划一览表（hm^2）　　表30-6

时间	拆迁复垦位置	复垦规模
2017 年前	高桥、双桥、黄金、石岭、鄂家、五星、赵山、雷场和花园居委会的全部自然村湾；亚南村 2、3、4 和 5 组，苏家套 1、2 和 3 组，友好 1、2 和 4 组，斋巷 1、2、3、4、8 和 9 组，马沟 1、3、4、5、6、7 和 8 组，大文 5 组	342.7
2020 年前	双冢、熊坪、小庙、公议、张庙、罗祠的全部自然村湾；斋巷 5、6 和 7 组，苏家套的 4 ~ 12 组，亚南 1、6 和 7 组，大文 6 和 7 组，同兴 1 组，爱国 1、2 和 7 组	526.5
2030 年前	大文、白洋湖、同兴、爱国、白洋湖的其余全部自然村湾，友好的 3、6 和 7 组	370.7

4.1.5 综合交通规划

（1）镇域铁路规划

规划新建武汉—天门城际铁路延长线，经过沙洋并延伸至荆门，规划在官垱镇东北部靠近沙洋城区部分新建城际铁路站；规划新建蒙华铁路沙洋支线，该支线穿越官垱镇北部至沙洋中心港。

（2）镇域公路规划

规划新建枣潜高速，在官垱镇境内与汉宜线（S311）相交，并设出入口；规划提升现有汉宜公路为一级公路。

（3）通村公路

通中心村和部分行政村的通村公路提高到三级标准。现状通自然村的四级及以下公路可作为未来农业生产的机耕道。

（4）航道

规划引江济汉航道等级为三级。

4.2 关键控制领域

4.2.1 人地业复合

基于农业镇和城郊镇两大基本特点，综合考虑资源条件、区域协调、交通区位、产业现状和产居内生关系等因素，将镇域分为高桥新区、官垱镇区、高桥片区、湿地片区、王坪片区、大文片区、引江济汉片区等七大片区，借鉴国内外家庭农场产业类型、单个规模、耕作半径、居住形态及农业经营组织形式等，同时充分考虑国家新型城镇化和农村工作会议精神，分析官垱七大片区最适宜的产业类型和生产组织形式及其配套的居住形式，具体确定了各个片区的产业类型、产业规模、生产方式、产居关系、家庭农场规模和个数等，以及与此相应的劳动力需求、居住人口规模和就业流向等（详见图30-9和图30-10），确立镇域产业布局、镇村布局和土地利用规划的科学基础，从而形成官垱特色的"四化同步"发展模式，即以家庭农场为基础的"人地业"分区复合发展模式。

4.2.2 分区建设指引

从"人地业"复合形式、人口规模、人口转移方式、土地流转模式、产业发展方向、就业引导、建设模式等方面，提出具体的分区建设引导（表30-7～表30-13）。

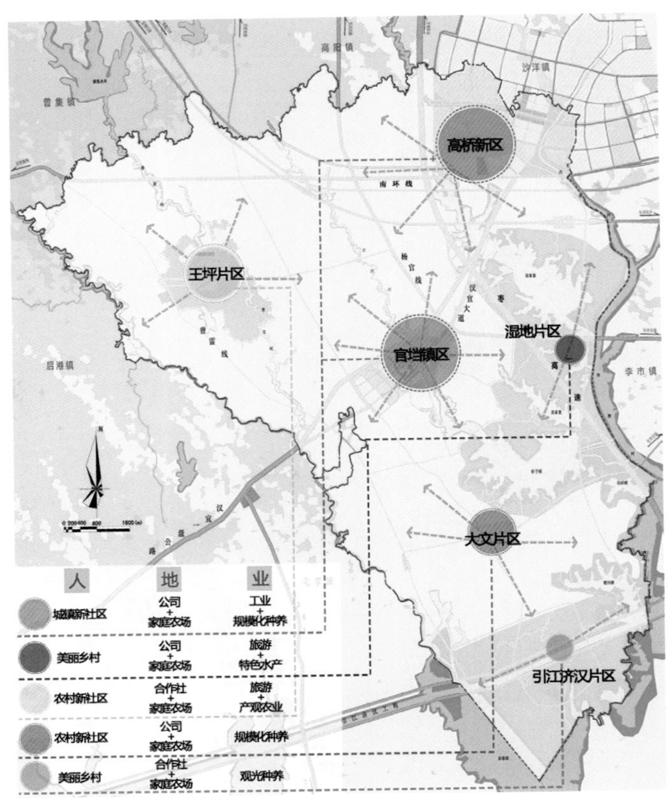

图30-9 镇域产业与居住关系分析图（一）

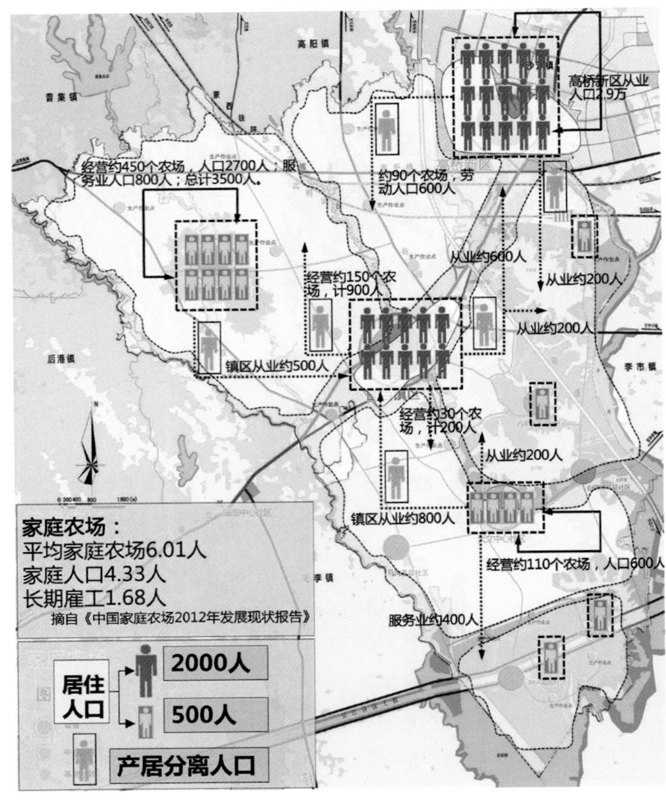

图30-10 镇域产业与居住关系分析图（二）

高桥新区建设指引　表30-7

人地业复合模式		城镇社区 + 公司 + 复合型工业
范围		高桥村
人	现状人口	0.24 万人，外出就业 0.06 万人
	规划人口	3.0 万人
	人从哪里来	高桥片人口 0.82 万，镇域人口转移 0.3 万，沙洋县域人口转移 1.76 万
地	现状建设用地	$79.8hm^2$
	规划建设用地	$10.4km^2$，其中官垱镇域内 $7.95km^2$
	地从哪里来	镇域宅基地复垦 $1240hm^2$，通过地票转化为城镇建设用地
业	产业发展方向	粮油加工、有机食品、新型建材等复合型产业
	就业方向引导	80% 的人口就近到沙洋经济开发区从业，20% 的人口受公司雇佣从事机械化农业
建设模式	居住形式	按城镇新社区标准集中建设，社区人口规模控制在 5000 人左右
	运营方式	市场运作模式，公司负责安置小区建设，农民以宅基地换城镇成本价住房

官垱镇区建设指引　表30-8

人地业复合模式		城镇社区 + 公司 + 劳动密集型工业
范围		花园居委会
人	现状人口	0.47 万人，外出就业人口 0.02 万人
	规划人口	2.0 万人
	人从哪里来	片区人口集中 1.04 万人，镇域人口转移 1.06 万人
地	现状建设用地	$50hm^2$
	规划建设用地	$2.2km^2$
	地从哪里来	镇域宅基地复垦 $1240hm^2$，通过地票转化为城镇建设用地
业	产业发展方向	纺织服装等劳动密集型产业
	就业方向引导	80% 的人口在镇区从事非农生产，20% 的人口受公司雇佣从事机械化农业生产
建设模式	居住形式	按城镇社区标准集中建设，社区人口规模控制在 3000 人左右
	运营方式	市场运作模式，开发商负责居住小区建设，吸引镇域农民搬迁至官垱城镇新社区，进城务工

高桥片区建设指引　表30-9

人地业复合模式		城镇社区 + 公司流转 + 家庭农场规模种养
范围		石岭、黄金、五星、鄂冢、双桥等村
人	现状人口	0.12 万人，外出就业 0.03 万人
	规划人口	3.0 万人
	人口转移引导	人口全部转移至高桥新区
地	现状用地	耕地 $1710hm^2$；村庄建设用地 $221hm^2$
	土地经营方式	龙头企业整体流转 $1710hm^2$
	整理新增耕地	通过地票，复垦宅基地 $221hm^2$
业	产业发展方向	以企业为龙头，以家庭农场为耕作主体，建设机械化高效粮油基地
	就业方向引导	80% 的人口在镇区从事非农生产，20% 的人口受公司雇佣从事机械化农业生产
建设模式	居住形式	全部转移至高桥城镇社区集中建设
	运营方式	市场运作模式，公司负责安置小区建设，农民以宅基地换城镇成本价住房

湿地片区建设指引 表30-10

人地业复合模式		美丽乡村 + 公司流转 + 家庭农场水产养殖
范围		苏家套、赵山、亚南等村
人	现状人口	0.43 万人，外出就业 0.1 万人
	规划人口	0.05 万人
	人口转移引导	50% 的人口转移至高桥新区，40% 的人口转移至官垱镇区，10% 的人口就近居住基层社区
地	现状用地	耕地 1076hm^2；村庄建设用地 147hm^2
	土地经营方式	龙头企业整体租用农民土地 1076hm^2
	整理新增耕地	复垦宅基地 133.7hm^2
业	产业发展方向	以公司为龙头，以家庭农场为耕作主体，发展湿地游憩旅游、特色水产养殖
	就业方向引导	80% 的人口就近从事特色养殖和旅游服务，20% 的人口到高桥新区或官垱镇区从业
建设模式	居住形式	按美丽乡村标准，以村容村貌就地整治为主，建设苏家套基层社区，人口规模控制在 500 人以内
	运营方式	市场运作模式，公司负责村庄环境整治，农民以宅基地换城镇成本价住房

王坪片区建设指引 表30-11

人地业复合模式		农村新社区 + 合作社流转 + 家庭农场特色旅游
范围		王坪、雷场、斋巷、罗祠、小庙、张庙、双冢、熊坪、公议等村
人	现状人口	1.15 万人，外出就业人员 0.23 万人
	规划人口	王坪中心社区 0.4 万人
	人口转移引导	25% 的人口转移至高桥新区，35% 的人口转移至官垱镇区，40% 的人口集中至王坪中心社区
地	现状用地	耕地 3180hm^2；农村建设用地 450hm^2
	土地经营方式	合作社整体流转土地 1943hm^2，农民以地入股，参与合作社分红
	整理新增耕地	复垦建设用地 378.6hm^2
业	产业发展方向	以合作社为龙头，以家庭农场为耕作主体，围绕旅游开发，发展水果蔬菜、花卉苗木与科研机构对接，建设生态循环农业示范板块，发展农耕体验、文化古镇、户外休闲、配套商业等旅游项目
	就业方向引导	80% 的人口就近从事特色农业种养和旅游服务，20% 的人口到官垱镇区从事非农就业
建设模式	居住形式	适度集中，农村中心社区人口规模控制在 4000 人以内
	运营方式	村社合作模式，合作社负责中心社区建设和村庄环境整治，农民以宅基地换社区成本价住房

大文片区建设指引 表30-12

人地业复合模式		农村新社区 + 公司流转 + 家庭农场规模化种植
范围		友好、马沟、大文、白洋湖等村
人	现状人口	0.78 万人，外出从业人口 0.17 万人
	规划人口	0.25 万人
	人口转移引导	35% 的人口转移至高桥新区，40% 的人口转移至镇区，20% 的人口集中至大文中心社区，5% 的人口就近居住基层社区
地	现状用地	耕地 2003hm^2；村庄建设用地 250hm^2
	土地经营方式	公司流转农用地 2003hm^2
	整理新增耕地	复垦建设用地 226hm^2
业	产业发展方向	以公司为龙头，以家庭农场为耕作主体，建设机械化高效粮油种养基地
	就业方向引导	80% 的人口就近从事农业种养，20% 的人口到官垱镇区从事非农就业
建设模式	居住形式	适度集中，按照新农村标准建设农村中心社区，人口规模控制在 2000 人以内，按美丽乡村标准，以村容村貌就地整治为主，建设马沟基层社区，人口规模控制在 500 人以内
	运营方式	政府主导模式，引进地产商建设，农民以宅基地换社区成本价住房

引江济汉片区建设指引　　表30-13

人地业复合模式		美丽乡村 + 合作社流转 + 家庭农场观光农业
范围		同兴、爱国等村
人	现状人口	0.39 万人，外出就业 0.1 万人
	规划人口	0.1 万人
	人口转移引导	35% 的人口转移至高桥新区，30% 的人口转移至镇区，10% 的人口集中至大文中心社区，25% 的人口就近居住基层社区
地	现状用地	耕地 678hm²；宅基地 100hm²
	土地经营方式	合作社流转农用地 678hm²
	整理新增耕地	复垦建设用地 98.2hm²
业	产业发展方向	发展滨水休闲、餐饮美食和特色农业种植，形成运河两岸观光农业带
	就业方向引导	80% 的人口就近从事农业种养和旅游服务，20% 的人口到官垱镇区从事非农就业
建设模式	居住形式	采取分散居住的空间形式，按美丽乡村标准，以村容村貌就地整治为主，建设同兴、爱国两个基层社区，人口规模控制在 500 人以内
	运营方式	村民自建模式，政府引导，结合引江济汉工程，引导农民以宅基地换安置社区成本价住房

4.2.3　规划分期与配套项目库

本规划确立近期到2017年，与湖北省“四化同步”示范乡镇试点工作期限一致；中期到2020年，与土地利用规划期限一致；远期到2030年，符合法定城乡规划的期限，制定了镇域、镇区及各专项规划的分期规划，从而强化了规划的可操作性，并实现了城乡规划与土地利用的充分协调与对接（图30-11）。

为强化项目落地，本规划单独编制了项目库规划，分基础设施、产业发展和民生改善三类配套策划了108个具体项目（详见图30-12～图30-14），对项目规模、位置、建设内容、实施年限、投资估算和资金来源等内容进行了具体安排，另外还对新型社区建设的投资进行了资金平衡分析，论证其可行性。

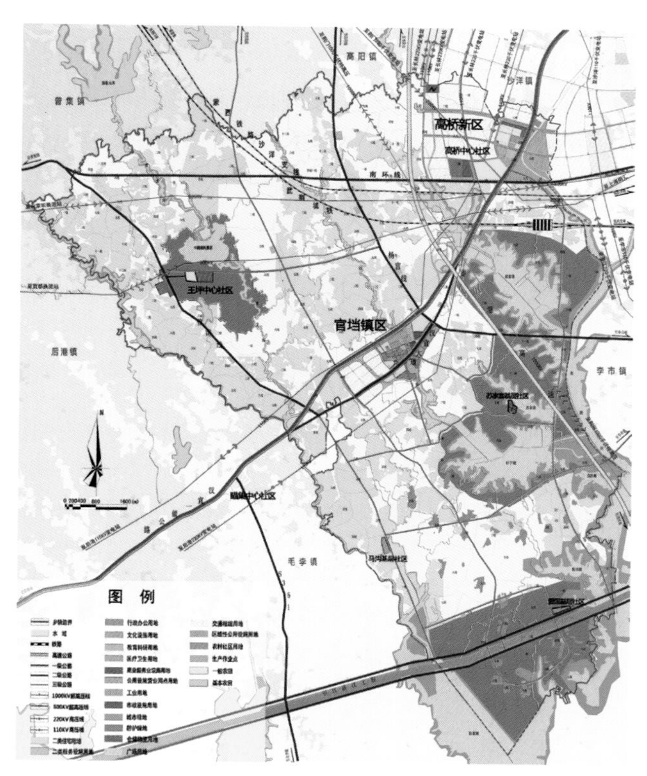

图30-11　2020年镇域用地布局规划图

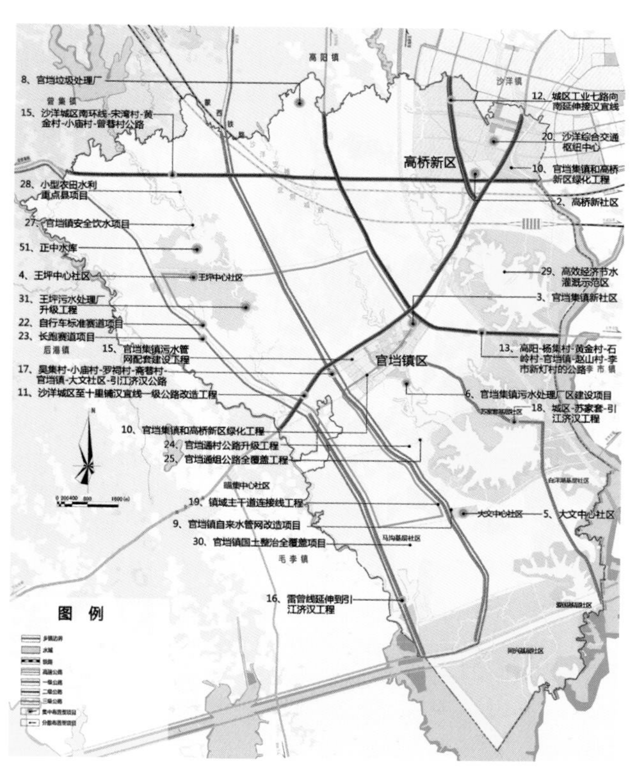

图30-12　镇域基础设施类项目规划图

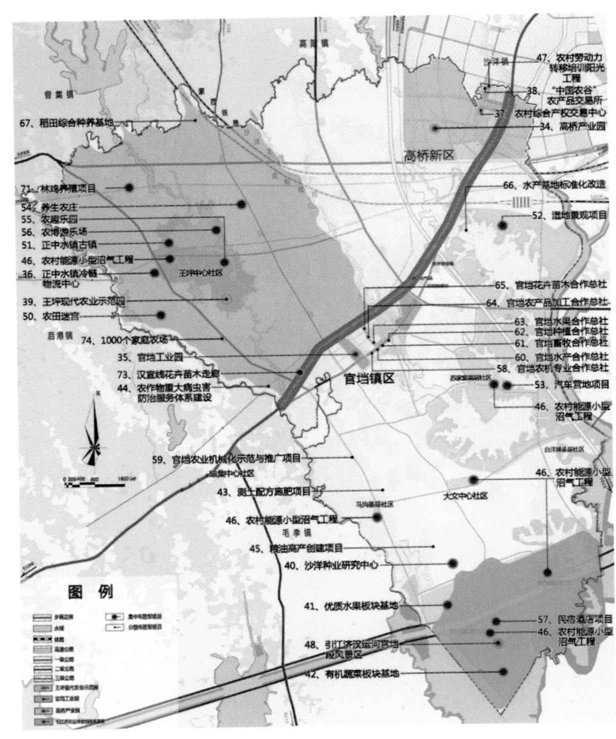

图30-13　镇域经济发展类项目规划图

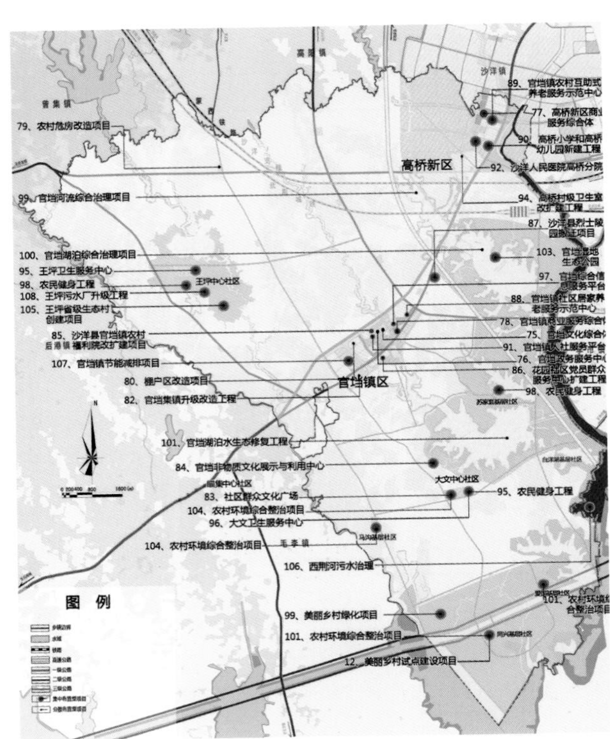

图30-14　镇域民生改善类项目规划图

5　镇区规划布局及特点

5.1 官垱镇区规划布局

5.1.1 城镇性质与规模

① 城镇性质

官垱镇政治、文化、农业生产综合服务中心，具有荆楚水乡特色的生态宜居小城镇。

② 城镇规模

规划到2030年，官垱镇区人口2.0万，城镇建设用地233.8hm^2。

5.1.2　规划结构与功能分区

规划形成“一心一廊、两轴三区”的结构（详见图30-15）：

一心：沿官垱河在镇区中心形成综合服务中心。

一廊：镇区外围滨水生态廊道。

两轴：汉宜大道城镇发展轴和官垱河文化发展轴。

三区：西部产业聚集区、中部居住综合区和东部产业综合区。

5.1.3　用地布局特点

官垱镇区位于镇域的中心位置，通过汉宜一级公路与高桥新区和沙洋中心城区联系，为突出镇区与高桥新区的不同，官垱镇区规划走差异化发展的路线，在以“在地城镇化视角下的产城融合”的发展理念指引下，以体现镇区特色与产业联动发展为双重标准确定产业门类，使得产与城不仅通过就业关系融合，更通过体现官垱特色而融合。

在空间用地布局上以“生态、文化和产居关系”为媒介，形成“玉带绕城，气聚官垱”的空间特色。

以生态绿廊为动脉，充分利用现状散布的河渠水塘，贯通官垱河和官西渠，打造滨水生态走廊，水绿相依，玉带绕城。

以文化走廊为核心，以官垱河为依托，通过两侧居住、商业、商务、主题公园等用地布局打造官垱滨水文化走廊；以河为脉，结合现状商业设施，形成官垱综合服务中心；围绕中心，沿主要道路环状布置公共服务设施，形成公共服务环，通过内部“公建环”和外围“生态环”，形成气聚官垱发展格局。

以产居组团为主体，产业区、生活区组团状布局。利用西侧充足的用地储备构建产业区，依托现状镇区打造生活区，形成空间上相对分离、交通上绝对联系的功能组团，组成镇区发展的主体空间（详见图30-16）。

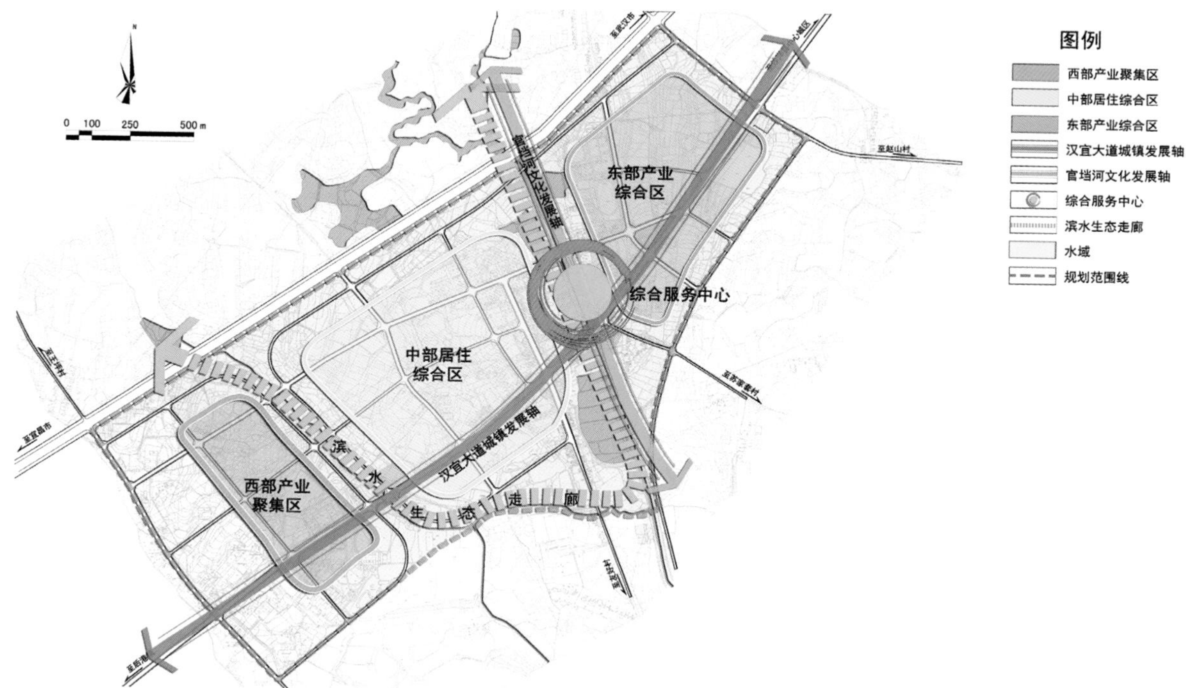

图30-15　官垱镇区规划结构图

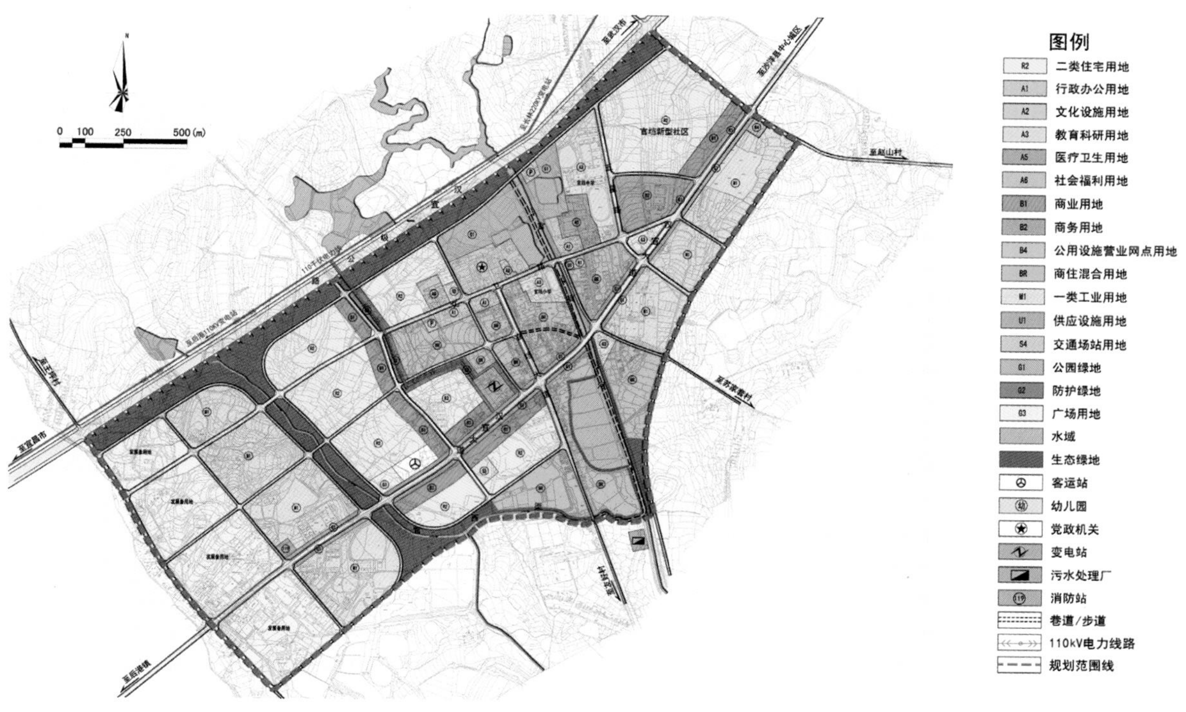

图30-16　官垱镇区用地布局规划图

5.2 高桥新区规划布局

5.2.1 城镇性质与规模

① 城镇性质

沙洋县中心城区空间南拓的前沿阵地，沙洋县经济技术开发区的重要组团，官垱镇四化同步先行区。

② 城镇规模

规划到2030年，高桥新区人口3.0万，城镇建设用地1050hm^2，其中310hm^{2}计入高桥集镇，740hm^{2}计入沙洋县经济技术开发区。

5.2.2 规划结构和功能分区

规划形成“一心一轴、一廊三区”的结构（详见图30–17）：

一心：以现状高桥集镇为基础，形成综合服务中心；

一轴：汉宜公路城镇发展轴；

一廊：西荆河景观生态廊；

三区：西部产业综合区、中部居住综合区、东部产业综合区。

5.2.3 用地布局特点

高桥新区在空间上属于沙洋县中心城区远景空间拓展的范围，是沙洋县经济技术开发区的组成部分，规划从沙洋县经济技术开发区的层面出发，着重梳理两者之间的区域交通体系、用地布局和基础设施布局之间的关系。

规划在“以公园为纽带的产城融合”理念指引下，确定沿西荆河沿岸、汉宜公路沿线布置公共服务设施、配套居住用地，形成若干个服务中心，促进城市生活与产业生活的融合。

规划在整合优化沙洋县经济技术开发区用地的基础之上，得出高桥新区规划用地布局（详见图30–18），规划沿西荆河沿岸规划滨水公园，为新区居民及周边工人提供休闲游憩场所；规划沿汉宜公路沿线布置居住、商业服务业、行政办公、医疗卫生、教育设施，为居民生活提供配套保障；规划工业用地两翼展开，体现产业用地的高度集约利用。

6 规划编制思路及方法创新

6.1 规划编制思路

6.1.1 规划编制思路

贯彻党的十八大提出的“五位一体、四化同步”的发展要求，落实中央城镇化工作会议和农村工作会议精神，依据湖北省委办公厅、省政府办公厅关于开展《全

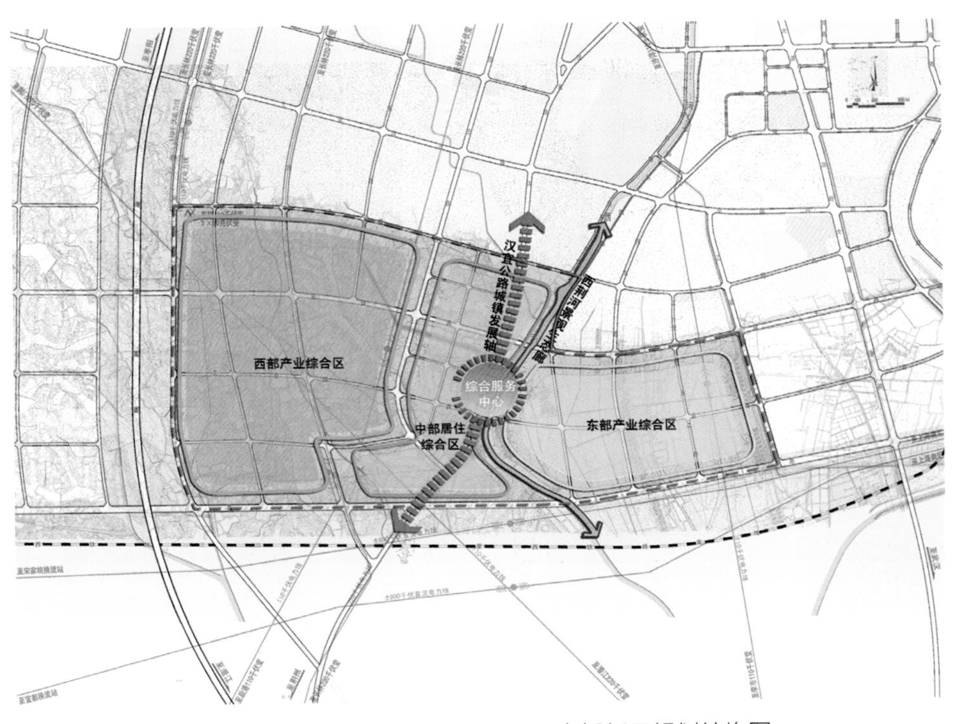

图30–17　高桥新区规划结构图

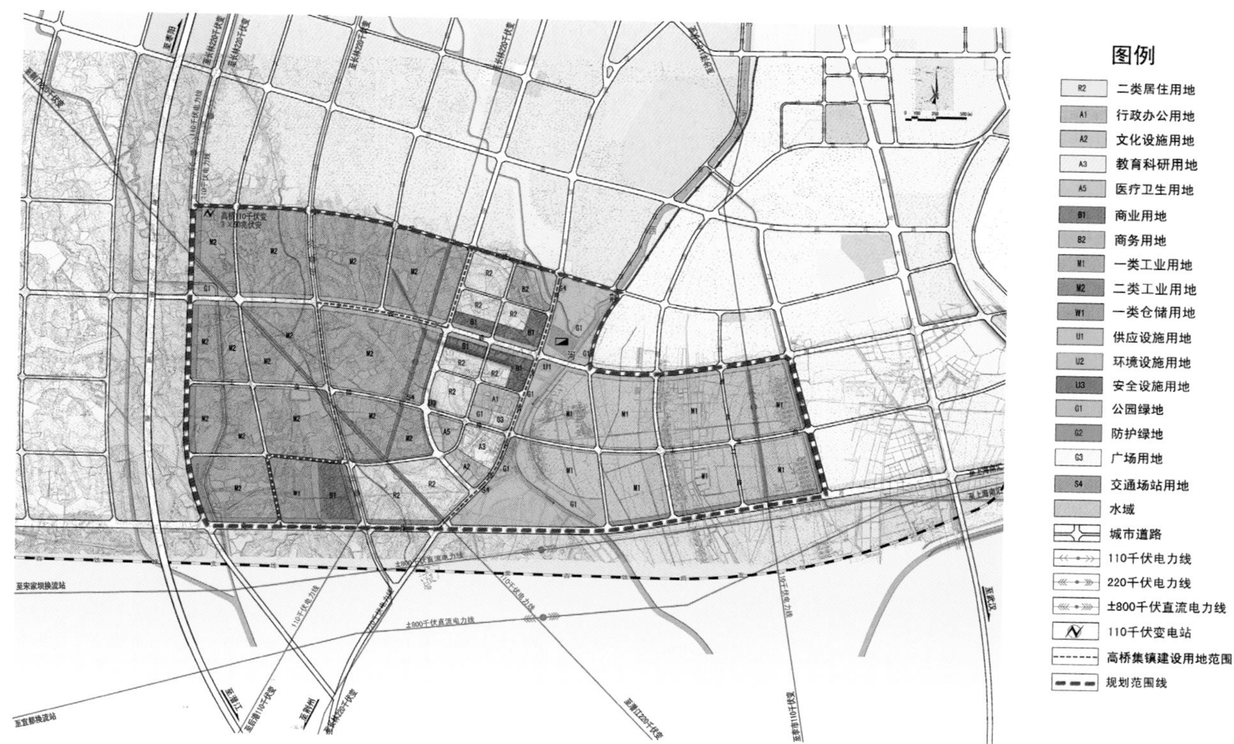

图30-18　高桥新区用地布局规划图

省“四化同步”示范乡镇试点的指导意见》，按照“全域统筹、多规协调、产居融合”的规划理念，有针对性地开展“专题研究、专项规划或城市设计”工作，形成官垱四化同步示范乡镇规划体系，即“总体规划、控制指引、建设规划”三个层次和“镇域规划、镇区规划、村庄规划”三种类型，由“官垱镇镇域规划、官垱镇区建设规划、高桥新区建设规划、产业发展和产城融合规划专项、镇村布局模式规划专项、综合交通规划专项、美丽乡村规划专项、土地利用规划专项、城区新社区建设规划、高桥新社区建设规划、官垱新社区建设规划、王坪新农村社区建设规划、爱国村美丽乡村建设规划和项目库规划”等14项规划构成规划体系（图30-19）。

6.1.2　镇域规划思路

以“产居融合”和“人地业复合”为发展理念，全面分析官垱发展面临的政策背景及其发展现状，理清官垱的主要特征，借鉴相似的案例经验，确定官垱发展模式、发展愿景和发展战略，制定镇域产业发展布局、镇村发展布局、全域用地布局、公共设施规划及分区发展指引等具体规划内容，同时进行了项目库策划、经济社会效益分析及近期建设规划安排，规划技术路线见图30-20所示。

6.1.3　镇区规划思路

以“产城融合”和“三低开发模式”（低冲击、低碳及低成本）为规划理念，在现状及问题分析基础上，明确城镇性质、规模、空间布局、产业发展方向与产城整合发展路径，确定基础设施、公共服务设施、生态环境保护和控制单元指引的要求，提出实施时序和项目策划，规划技术路线见图30-21所示。

6.2　规划方法创新

6.2.1　组织形式创新

“四化同步”示范乡镇试点工作受到各级政府和相关职能部门的高度重视，规划工作组织形式具有创新性，具体如下：

从工作协调方面来看，建立“四级”政府工作对接联席会议制度，省直部门、市级主管部门、县级主管部门和乡镇党委政府各司其职，通力合作，为规划编制工作顺利推进创造了良好的条件。

从编制模式方面来看，组建“四院”合作编制系列规划的项目组，形成“国内+境外、省院+地方院、设计单位+高校”等多种协作方式，编制单位各展所长，从

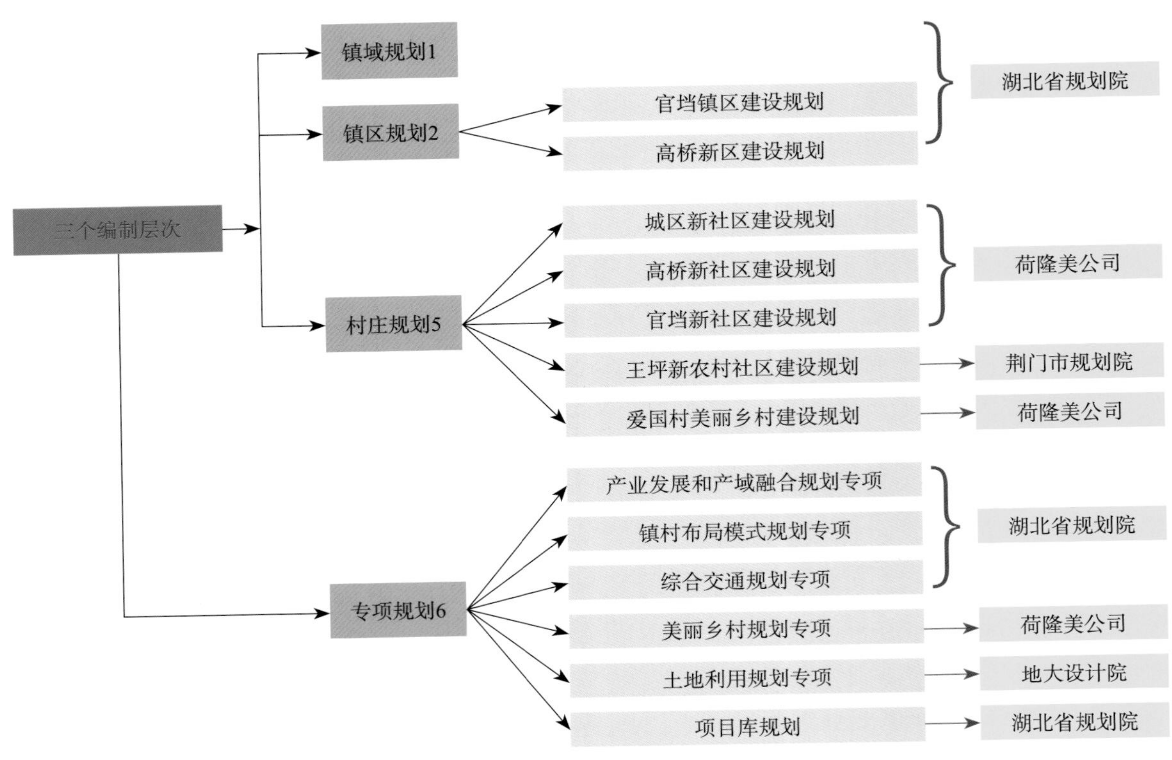

图30-19　官垱规划体系构成图

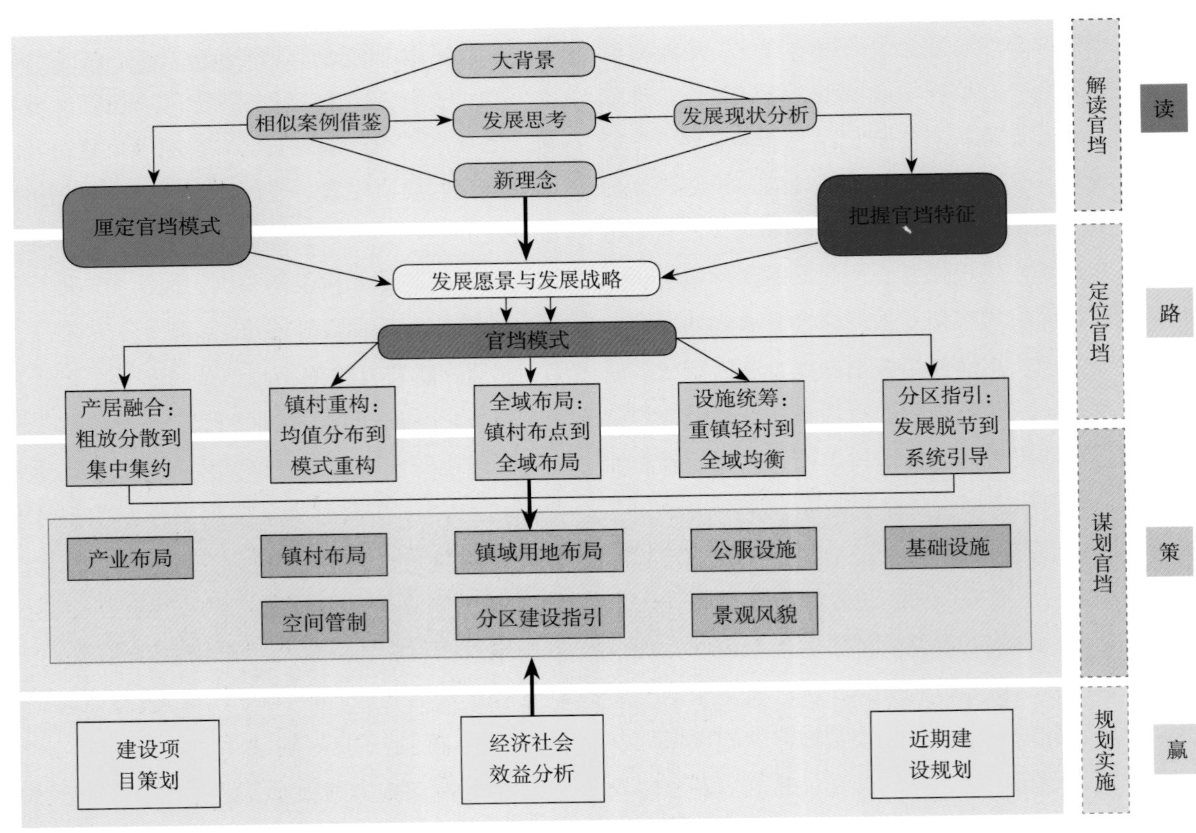

图30-20　官垱镇域规划技术路线图

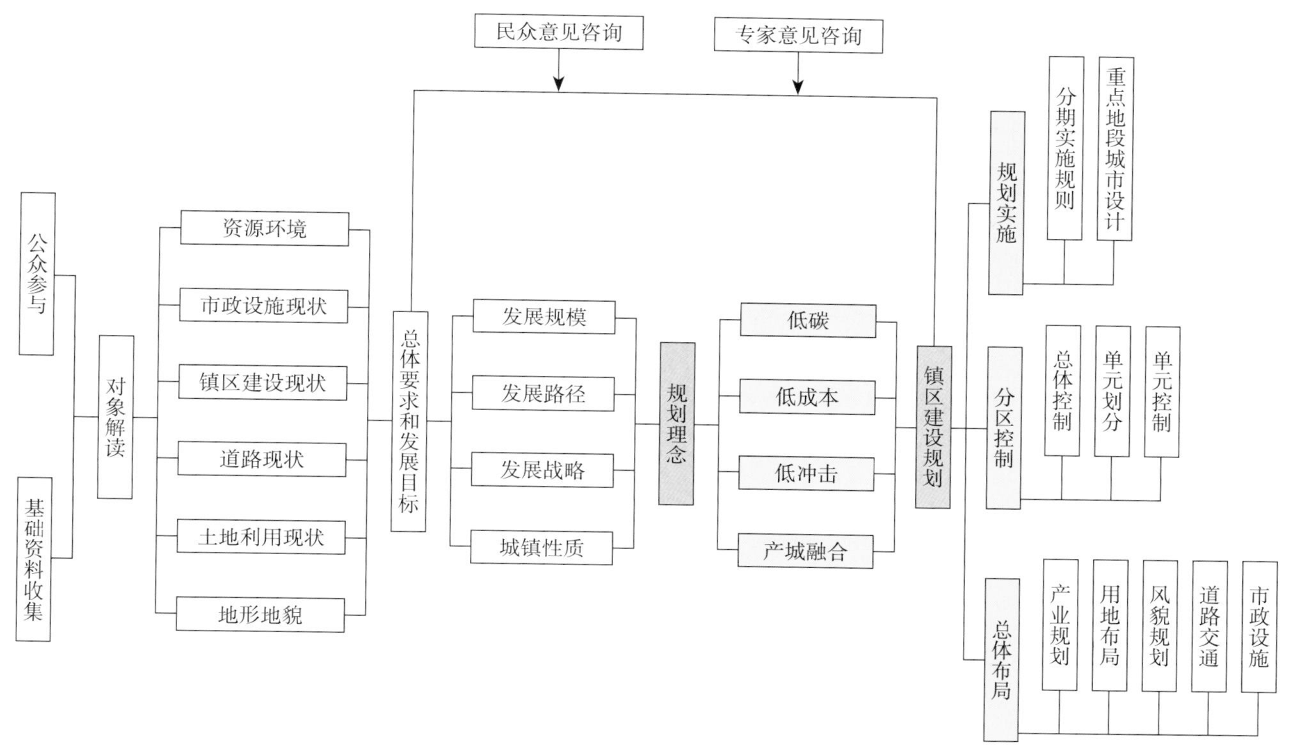

图30-21　官垱镇区规划技术路线图

源头上保证了规划编制的高质量。

从具体工作组织来看，整个规划编制具有多部门合作、多阶段推进、多学科参与的特性，各级政府农委、发改、国土、住建、规划等主要职能部门合作参与规划编制，省级层面举行两次“四级”政府工作对接联席会议，组织市级和省级技术审查，规划编制单元组织区域经济、城市规划、道路交通、给水排水、电力电信、景观园林、土地利用规划等方面的专业技术力量开展专题、专项规划研究及方案编制。

6.2.2　规划体系创新

本规划在体系上由“总体规划、控制指引、建设规划”三个层次和“镇域规划、镇区规划、村庄规划”三种类型共14项规划构成，形成“三个层次”和“三种类型”、“规土同步修编”、“多规综合优化”的全景式规划系列（见图30-19），此模式开创省内先例，国内也不多见，探索了具有湖北特色和时代特征的“城乡统筹、全域覆盖、多规协调”的乡镇全域规划体系。

具体来说，本规划除依据“四化同步”规划编制导则完成的规定动作外，还针对性地增加了自选动作，如镇域层面强化分区建设指引，有效指导各片区建设；镇区层面引入整体城市设计的视角，以更形象地表达规划意图，指导具体用地布局规划；新型农村社区层面除关注新型社区或美丽乡村建设规划外，更以全域“整体推进、综合整治”的思路强化村庄建设引导，力图贯彻落实中央和省级政策精神，体现独具官垱特色的村庄集聚发展模式。

6.2.3　规划理念创新

本次规划转换规划视角，从“乡村视角”切入研究典型农业地区的新型城镇化模式和路径；深入落实“产居融合”发展理念，充分反映官垱农业镇和城郊镇两大基本特点，统筹解决镇域“人哪里去”、“地如何用”、“业怎么创”的问题，并将其作为破题“四化同步发展”的突破口。

基于国家发展政策导向和农业发展趋势判断，借鉴国内外家庭农场产业类型与单个规模、耕作半径与居住形态及农业经营组织形式等，综合考虑资源条件、区域协调、交通区位、产业现状和产居内生关系等因素，具体分析并确定了官垱镇各片区的产业类型、产业规模、生产方式、产居关系、家庭农场规模和个数等，以及与此相应的劳动力需求、居住人口规模和就业流向等问题，并将其提炼总结成“官垱模式”，即“以家庭农场为基础的‘人地业’复合发展模式”，开创了“农业集聚、空间集约”的官垱路径，对湖北省传统农业地区“四化同步”发展具有广泛的示范效应。

总体而言，在“产居融合”理念指导下形成的“官垱模式”及其相应规划布局，既有战略高度，反映了中央新型城镇化和农村工作会议精神，落实了湖北省“四化同步”示范乡镇试点的指导意见；又接地气，深入揭示了官垱作为“农业镇”和“城郊镇”最适应的发展目标和路径。

6.2.4 规划技术创新

本规划注重先进技术手段的应用，在规划研究方法论上，做到了系统与综合、理论与实证、定性与定量、归纳与演绎等多范式集成，实现了理论借鉴与实证经验相结合，实地踏勘与资料分析相结合，一般规律与地方实际相结合，保障了规划的科学性，具体如下：

应用景观生态学的“斑块—廊道—基质”理论，分析了镇域各类景观生态要素的质、量及其空间肌理，科学构筑了镇域景观生态安全格局；依托GIS新技术，确定山体、水体、生态廊道、饮用水水源保护区等生态要素范围，通过空间叠加分析，科学划定全域范围内的禁止建设区、限制建设区、有条件建设区和允许建设区，并提出空间管制措施，为镇域城乡建设用地布局奠定科学基础；进行了相似案例借鉴，结合官垱的基本特性，提出官垱发展模式和路径；进行了项目库策划和投资平衡分析，等等。

6.2.5 实施保障创新

本规划强化了规划实施保障创新，引入配套项目库编制手段，将规划发展蓝图转化为相应的项目建设计划，由沙洋县直各部门和官垱镇密切配合，策划了108个具体的配套项目，对项目规模、位置、建设内容、实施年限、投资估算和资金来源等内容进行了具体安排；同时，对空间进行了近、中、远期规划引导，具体落实到镇域和镇区建设用地时序安排、具体项目建设启动期限安排等内容；对设计近期（2017年）需要进行省级验收、考核及评比的规划内容，规划还单列了近期建设规划篇章；此外，还提出体制机制创新的建议。

通过上述规划手法，本规划实现了发展项目化、空间分期化和近期具体化，保障了规划的可操作性，这也是一般规划所不具备的。

编制单位：湖北省城市规划设计研究院

执笔人：严圣华、徐玉红

项目负责人：蔡洪、徐玉红

项目组成员：蔡洪、徐玉红、严圣华、熊娟、李瑞、王慧

31　“滨江门户、港城互动”的小池镇规划

1　引言

小池地处鄂赣皖三省交界，是湖北省的东大门。自改革开放后，小池一直是国家、湖北省委省政府关注的重点城镇，先后被列为省级开发区、全国小城镇综合改革试点镇、全省重点口子镇。2012年6月，为进一步加快长江中游城市集群建设，湖北省委省政府作出建设黄梅小池滨江新区的战略部署，并出台《湖北省人民政府关于加快推进黄梅小池开放开发的意见》，再次将黄梅小池的发展纳入省级战略重点。本次规划以“坚持四化同步发展，大力推进新型城镇化”为出发点，围绕“小池如何将区位势能转化为发展动能”的核心问题，探索新型城乡发展模式，进一步明确小池的区域定位和发展目标。并提出“五大”发展战略；同时，依托小池特有的区域文化背景和水系生态条件，形成六大专项支撑，构建了可持续发展的城乡空间框架，为湖北省打造“四化同步”乡镇试点提供了优秀经验（图31-1）。

2　现状基本概况

小池位于湖北省东端，南与江西省九江市隔江相望，西距湖北省会武汉约215km，北至黄梅城关36km，东至安徽省安庆市145km。水路临江达海，105国道穿境而过，京九、合九铁路在此交会，长江黄金水道穿境约11km，位于九江长江大桥北岸桥头，素有“七省通衢”、商贸旅游“金三角”之称。

小池处于长江中游地区的地貌分界点，东向为安徽宿松龙感湖分蓄洪区，南向江西九江被大山、大湖环抱，而小池西向、北向为沿江平原地带（图31-2）。典型的平原地貌使小池地区的生态承载力较高，镇内用地平坦开阔，适宜进行大规模开发建设。

小池镇11.35万人，现辖2个社区、12个居委会、43

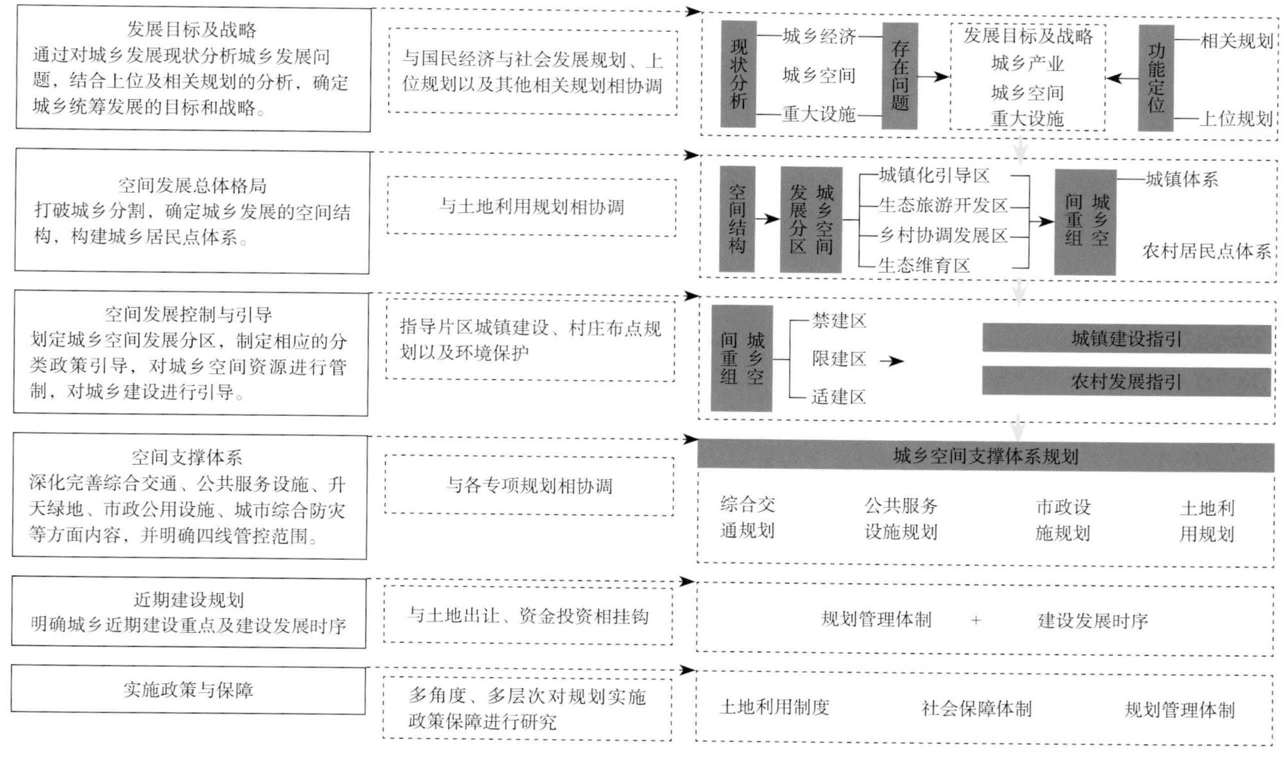

图31-1　技术路线图

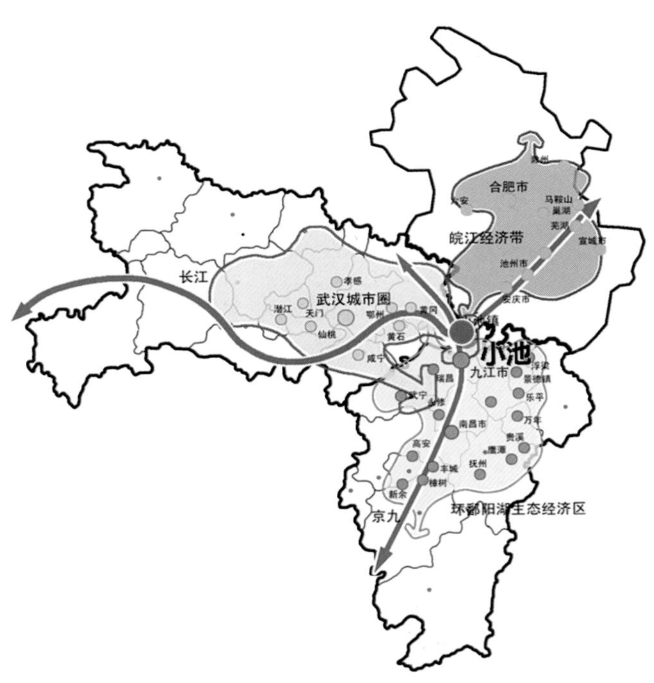

图31-2　区位分析图

个村。2011年，社会生产总值62.5亿元；地区生产总值49.6亿元，约占到黄梅县的45.7%；人均纯收入6456元，实际城镇化率达到23.9%。

小池镇一、二、三产业发展空间巨大。农业发展稳定，近三年增长率稳定在10%，现已入驻世界500强企业益海嘉里；工业势头强劲，已形成以医药化工、纺织服装、农副产品加工、机械电子、新型建材为主的特色工业格局；三产潜力巨大，已逐渐形成以“一寺（妙乐寺）、二区（清江大道、湖北大道“两大交通服务园区”）、三业、四场（新天地商业广场、小池口中心农贸大市场、同辉生资大市场、竹藤器批发市场）”为载体的以商贸物流、餐饮服务、佛教旅游为主的发展格局。镇区西部的中部商贸物流产业园拟兴建五大专业市场，即冷链产业、农副产品批发、三车配件、木材、家具建材市场。总体来看，农业的生产规模化、经营企业化程度不够，工业没有形成完整的产业链条和规模效应，服务业也仅停留在发展的初级阶段。

3　规划目标

结合上轮规划实施评估以及小池自身发展动力和生态容量，考虑小池在鄂赣皖三省互联中的特殊地位，积极响应区域格局重塑带来的节点发展。规划将小池打造为湖北长江经济带开放开发的“桥头堡”、长江中游城市集群建设的示范区、沿江城镇体制机制创新的试验区、湖北跨越式发展的“经济特区”和长江经济带特色鲜明的滨江明星城镇。

近期，主动适应区域交通格局变化，优化形成水、铁、公“多式联运”格局，进而带动临港产业突破性发展，实现产业崛起，规划基本建成临港综合组团，同步启动新区行政商务中心建设。中期，依托商贸物流园的发展，形成商贸物流和临港产业的“互动发展”格局，进而促进实现商贸物流腾飞，地区生产总值再翻一番。规划基本建成江北商贸物流基地，形成实力滨江新区。远期，基本形成小池镇域城乡一体化格局，全面推进滨江新区产业发展、文化旅游、综合服务、环境景观等各方面建设，成为长江中游城市集群、湖北省长江经济带上具有重要门户功能的“中等城市”和滨江明星城镇。

4　“四化同步”发展战略

4.1　近连九江、远接三极，打造区域交通轴心

突出水铁联运，强化“跨省”大运量、长输运交通。强化小池港在武汉新港与九江新港联动发展中的中枢地位，挖掘京九、合九、武九铁路运输潜能，形成以水铁联运为特色，联络鄂赣皖三省的交通轴心。同时，仅仅抓住二桥建设契机，重塑多元化跨江交通格局。利用九江二桥对货运交通的疏解作用，重点强化九江大桥生活联系。重新开通跨江轮渡线，形成公路、城铁、轮渡等多元化的跨江交通格局，强化与九江的交通一体化。

4.2　强化新区、均衡城乡，推进城乡统筹发展

按照中等城市标准，统筹交通设施配置与城市功能布局，兼顾旧城优化提升和新区建设开发，完善公共设施配套和绿化景观体系，提升城市空间环境品质，打造宜居新城。以城乡公共服务均等化为目标，构建层级有序、特色鲜明的城乡“一体化”公共中心体系。

4.3　中端导入、错位发展，加快实现产业跨越

利用“两港中枢”平台，重点突破临港制造业。

主要是发挥港口、铁路的区域辐射带动作用，重点发展中端门槛、具有大运量需求的机械制造、食品储运加工产业，与九江重化工产业体系形成互补。主打“地域特色”品牌，融入大九江旅游经济圈。以小桥流水、田野阡陌的水乡风貌为载体，突出发挥黄梅小池“吴头楚尾”地域文化特色，打造以生态休闲、禅宗研修、戏曲体验为核心内容的健康养生旅游目的地。

4.4　轴向带动、枕渠面江，拓展城市发展格局

贯通“九江—小池—黄梅”南北向复合交通走廊。挖掘京九铁路运输潜力，发挥城铁功能，加上在建的湖北大道，共同构筑“高速路+城铁”的“南北向”复合交通走廊，强化“九江—小池—黄梅”的轴向带动格局。根据交通格局和地形条件，形成“一区两翼”发展格局。东部围绕港口、铁路发展临港产业组团；西部依托福银高速发展商贸物流及配套产业组团；中部利用渠塘横纵交错的生态肌理，打造以行政商务、文化旅游功能为主的门户形象展示区。

4.5　精致水乡、宜人尺度，强化生态环境特色

充分利用小池沟渠纵横的自然生态水网，进行水环境整治和水体周边景观改造，打造宜人尺度的精致水系，形成与九江“大山、大湖”不同的地域风貌和生态特征。加强长江江滩生态资源开发利用，注入康体休闲、旅游观光、生态展示等多种功能，建设滨江生态休闲旅游区。

5　主要规划内容

5.1　强化区域协调发展，构建“节点小池”

5.1.1　推进与“中三角”长江中游城市集群的协调

“中三角”是以武汉、长沙、南昌三个省会城市为核心，沿长江、环洞庭湖、环鄱阳湖整体协作的跨省域经济一体化城市集群。小池作为鄂赣互联的黄金节点，立足“中三角”长江中游城市集群区域统筹发展需要，应充分发挥区位优势，大力发展临港制造业、旅游产业和现代农业，加快与武汉城市圈和昌九城市群“两圈对接”，助推“中三角”快速发展。

5.1.2　加强与湖北长江经济带的协调

湖北长江经济带是依托长江黄金水道，打造长江中游综合运输通道，承接长三角、带动大西部，进一步增强湖北在整个长江流域经济发展中承东启西的纽带作用和集聚辐射的增长极功能。小池位于湖北长江经济带东端，积极融入以武汉为龙头，以黄石、鄂州、黄冈、咸宁为支点的东部城市群的发展，成为沿江重点城镇和连接湖北与江西的重要节点，长江经济带滨江城镇开放开发的示范区，具有重要影响力的滨江明星城镇。

5.1.3　深化与九江“一体化”协调发展

九江定位为江西省“省域副中心城市”，规划形成通江达海门户、重化工业基地、国际旅游胜地、新型城镇化与生态文明示范区。小池应充分利用其区位优势，主动寻求错位发展，积极承接九江市产业转移，大力发展“飞地经济”，重点以小池滨江新区建设为突破口，全面推进城镇空间、产业发展、旅游开发、公共服务和交通及市政设施等“五个一体化”建设，形成互利共赢、共同发展的新格局。

5.2　深入推进城乡统筹发展，规划“全域小池”

以城镇地区为核心，带动农村地区发展，镇域构建规模合理、层次明晰、重点突出的镇村等级体系。通过构建高效便捷的交通走廊形成城镇地区与乡村以及各村间的连接，形成点轴式空间格局，同时保留一定的农田、林地、河渠水系等绿色空间形成生态廊道隔离，形成明确的功能分区。

5.2.1　突出城乡发展重点和方向，进一步促进“城乡融合”

镇村体系上，结合村镇现状建设规模、社会经济、空间建设、自然地理条件、公共服务和基础设施条件等对各村镇发展水平和潜力进行评估，确定逐步形成以镇区为中心，职能分工明确的“滨江新区—中心村—基层村”的三级镇村体系。加强空间集约集中建设，促进城镇快速发展，强化其镇域集聚和辐射能力，带动全镇城镇化和现代化水平的提升；加强中心村培育，形成城镇与农村地区的纽带。

城乡空间格局上，总体形成“一核两轴三片”的空间结构。以滨江新区为“核心”，以“京九铁路—316县道”综合发展轴和吴楚大道沿江产业发展轴拉开城乡发展骨架，重点打造“城镇化引导片”、“乡村协调发展片”和“生态发展片”，实现“以城带乡、城乡融合、统筹发展”。其中，“城镇化引导片”主要集中于

南部小池镇区，为未来人口和经济最为密集和城市向外拓展的主要地区，应依托向外辐射的交通走廊大力引导产业集聚和加快推进城镇空间发展，加大区域基础设施对接力度，实现一体化发展；"乡村协调发展片"主要包括西部012乡道沿线桥下、杨泗、彭列、军列，中部东港水系沿线冯圈、业庄等地区和东部京九铁路沿线王埠、唐司月、刘畈、周廊、杨列等地区，是自然条件较好的生态维育区向人口密集的城镇建设区过渡的区域，应严格控制基本农田面积，引导农业产业化和特色化发展，积极培育特色村庄，引导农村居民点向中心村集聚，加强公共服务设施和基础设施配套建设；"生态发展片"主要指北部杨港、泥池港、业庄港、丰收港、光明港等港渠及周边地区，是关系区域生态安全的基本区域，应以生态环境保护和生态涵养为主，严格控制建设行为，禁止一切导致生态功能退化的开发活动和其他人为破坏活动，在水环境较好的区域，可以适当发展生态旅游业，为保护区域生态安全格局提供多样性选择（图31–3）。

5.2.2　依托滨江优势，构建开放式的新区空间格局

按照省委、省政府战略部署要求，紧抓当前"中三角"区域一体化发展的历史机遇，着眼于构建湖北中部崛起战略支点的需要，按照"中等城市"的标准，将小池滨江新区打造成为"中三角"和鄂赣皖地区重要的区域节点，以临港制造业、商贸物流业、高新科技产业为主导的新兴产业基地，进一步打造具有吴楚水乡特色的低碳城市（图31–4）。

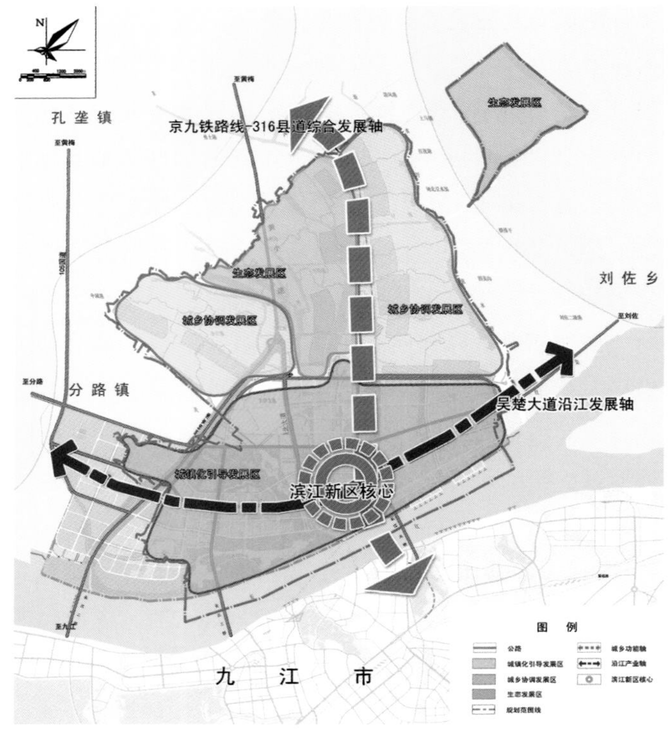

图31–3　市域城乡空间结构图

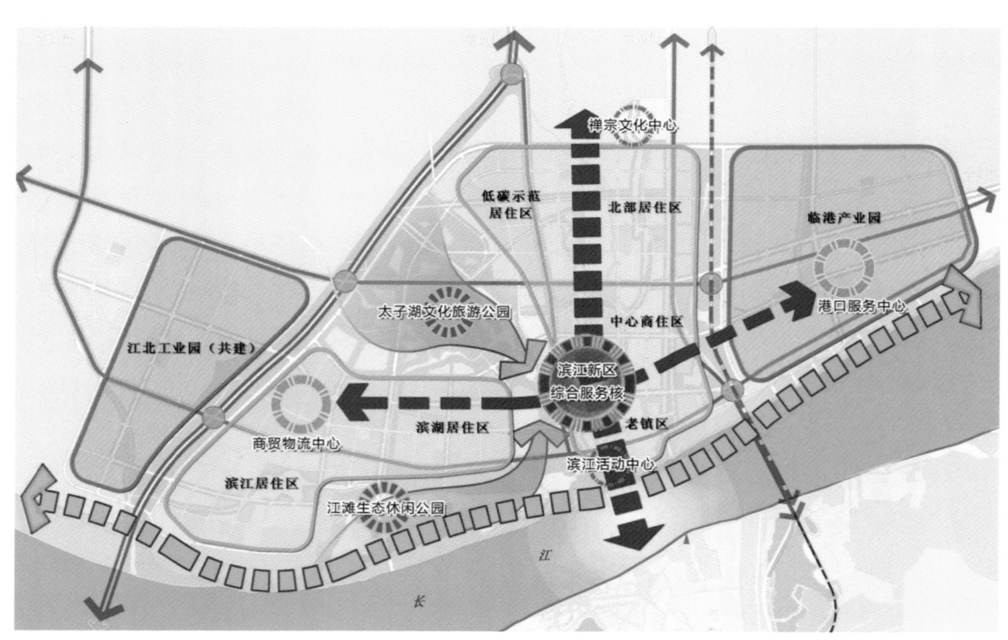

图31–4　滨江新区功能分区图

未来将充分发挥小池的滨江区位、人文、环境等方面的优势，总体形成“一核双轴、两园四区”的开放城市空间格局。依托滨江新区综合服务核，打造展示湖北门户形象的核心区。重点承担新区行政商务、教育服务、文化体育、卫生福利等综合服务职能，进一步提升新区公共服务能力；依托清江大道、五环路串联港口服务中心和商贸物流中心，打造东西向产业发展轴；依托湖北大道、精品街串联禅宗文化中心和滨江活动中心，打造南北向综合服务轴；依托独特的特色水资源构建以“大尺度”的江滩风貌为特色的江滩生态休闲公园和以“小尺度”的沟渠湖岸为特色的太子湖文化旅游公园，进一步强化城市生态休闲和文化旅游功能，彰显城市特色文化风貌和生态自然景观；重点布局临港产业园、新区中心综合区、江北工业园和滨江居住区等四大主题功能区，着重强化滨江新区特色风貌（图31-5）。

5.2.3　推动村庄集约发展，提升农村环境面貌

目前，小池农村普遍存在扁平化发展、空间零散和产业低端、公共服务设施服务水平低下、生态环境遭受威胁等问题，应加大统筹城乡的发展力度，推动农民向城镇地区和中心村集中，从而有效地实现了城乡空间资源整合和发展。结合农村地区村庄综合发展水平评价，将现状43个村庄按照发展控制标准划分为积极发展型、适度发展型、限制发展型和村改居型四种类型。其中，积极发展型村庄经济发展基础良好，拥有人口规模较大和区位优越等条件，宜设置为中心村，成为其他撤并村庄的主要迁入地，人口规模达到2000人，应集中配套基础设施和公共服务设施，改善居住条件，带动周边村庄的发展；适度发展型村庄是有发展潜力或特色的村庄，宜保持原有村庄规模，在自身基础上给予适度发展，主要为规划的基层村，人口规模原则上应达到1000人；限制发展型村庄主要分布在水源保护区、地下文物埋藏区、自然保护区的核心区及缓冲区、城市绿线控制范围内，应禁止其建设和发展，逐步向别的村庄迁并，将移民安置与村镇建设相结合，搬迁方式采取整体搬迁、集中安置、建设新型农民住宅区的方式；村改居型村庄主要为城镇规划区内的村民委员会逐步整改为城镇居民委员会，变传统的农村管理模式为城镇社区管理，使村庄逐步转化为城市社区，应引导村民向城市生活方式过渡。鼓励通过村庄合理集并，增强村级经济实力，减少耕地占用，确保农村基本公共服务、交通及市政基础设施的均衡布置，促进农村居住环境的提升。

5.3　加快“多式联运”发展，构建“枢纽小池”

公路建设方面，利用现状的105国道、杭瑞高速公路及在建的福银高速公路等主通道，加快规划沿江一级

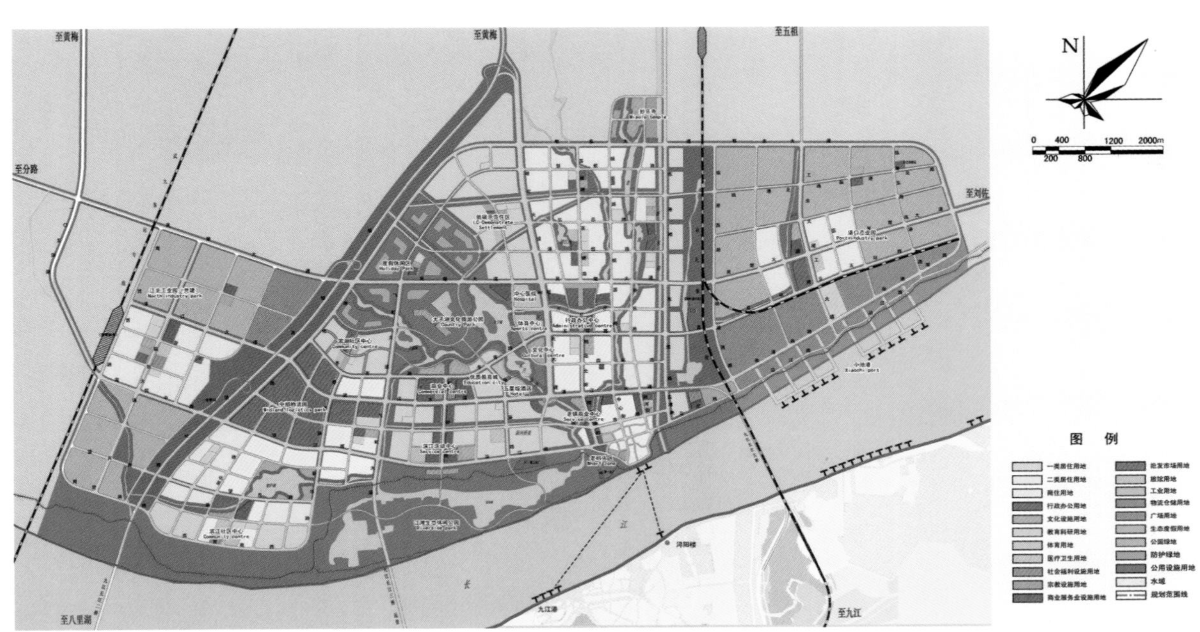

图31-5　滨江新区用地布局图

公路（吴楚大道）的建设，形成以福银高速、105国道、杭瑞高速为主骨架，以大龙线、小付线为主要联络线的区域一体化的公路网络体系；港口发展方面，小池作业区以件杂货运输为主，将九江长江大桥下游段现状2个油品泊位集中至作业区下游，增加上游段通用泊位、扩展码头长度，进一步提升后方陆域货物通行能力；铁路运输方面，抓住京九客运专线从小池穿越的新契机，力争在小池设置高铁客运站点，依托九江火车站构成区域大枢纽。同时，挖掘铁路运输能力，充分发挥小池作为京九铁路、合九、武九铁路交会的枢纽优势，保留改造现状铁路货运站设置，规划铁路专用线串联区域内的港口以及大型企业，构建“铁—水—公”为一体的多式联运网络（图31-6）。

城市内部，构建“绿色和谐、快慢相宜”的交通系统，引导城市空间结构调整和功能布局优化。道路网络按顺江和垂江两个方向布局，规划构建“四横七纵”的干道系统，建立以公共交通为主体、多种客运方式相协调的综合客运交通体系，重点打造以“自行车道+湖边绿道+城市绿道+水上交通”构成的慢行交通系统，总

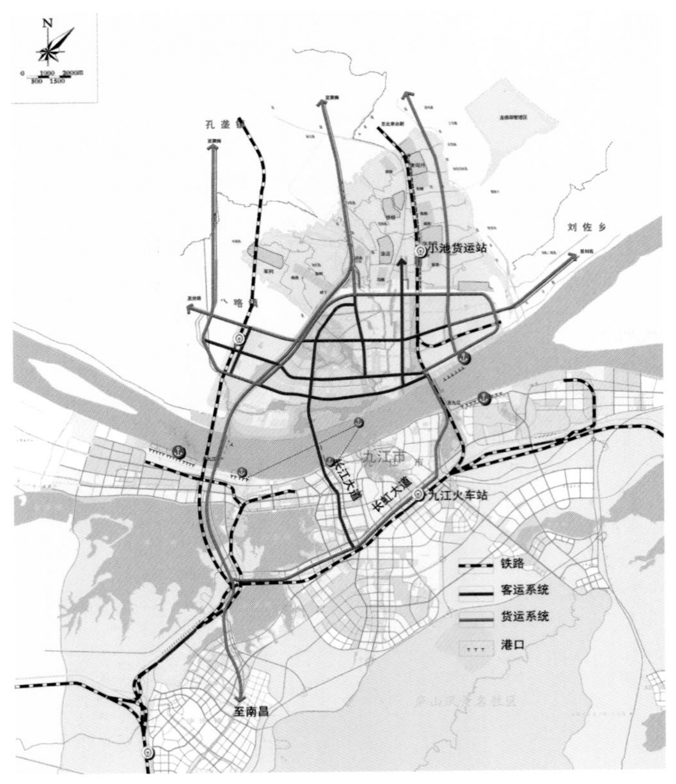

图31-6　区域一体化综合交通布局图

体营造出“快慢有序、客货分离、景观宜人”的环境友好、资源节约、可持续发展的交通环境。

5.4　促进产业结构升级，发展“活力小池”

5.4.1　推进农村产业发展，形成“产业区—板块—产业基地”的格局

打破城乡二元分割，加速农业产业化发展，进一步促进产业结构调整。按照“区域化布局、优质化生产、产业化经营”的要求，努力建成一村一品的现代农业格局。重点探索“一江两岸”产业错位融合发展，围绕服务九江等周边城市，加大蔬菜、水产等优质农产品生产，积极培育农产品产业化龙头企业，打造九江的“菜篮子”，成为区域重要的都市副食品基地；坚持保护与发展相结合，在工业化、经济发展与城镇化的同时，重点保护镇域妙乐寺、戏曲文化等文化旅游和河湖港渠等生态景观资源，解决好城镇建设与生态保护的矛盾，保证城乡生态安全格局，打造生态安全的人居环境。

镇域总体形成“三大产业区+六大板块+若干产业基地”的产业布局结构。其中，“三大产业区”主要包括现代都市农业区、特色水产养殖区和农业生态休闲区，应促进高产蔬菜、粮食棉花、瓜果及规模化畜禽养殖、鱼虾等特色养殖，兼顾集花卉种植及观赏、特色生态养殖、休闲果蔬采摘园、休闲垂钓水上乐园、观赏鱼池、观赏鸟园、生态园餐饮中心等于一体的生态休闲农业；“六大板块”主要包括板桥畈高产蔬菜种植板块、张东湾粮棉油种植板块、唐司月瓜果种植板块、业庄和徐桥鱼虾养殖板块、桥下畜禽养殖板块和军列果蔬种植板块等；同时，围绕各板块在各基层村发展形成若干特色产业基地。

5.4.2　强化临港产业带动，大力推进“工业强镇”战略

根据《湖北省人民政府关于加快小池开放开发的意见》以及《小池镇十二五规划》，依托小池滨江新区交通区位和优良的长江深水港优势条件，大力发展临港工业产业，培育产业集群。促进土地资源的集约利用，工业产业的集聚发展，引导工业向产业园区集聚，建设临港工业园区，发展以机械装备、新型建材、高端医用纺织为主的临港先进制造业，以生物医药及相关研发为主的高新科技产业，以港口输运、加工配送为主的港口物流业。

滨江地区形成临港产业园、江北工业园（共建）"一主一副"产业布局。临港产业园西至京九铁路、东至马列村、北抵王世九村以南、南临戴营村的区域，依托港口、铁路等优势交通条件，大力推进装备制造产业，进行产业升级和扩张。优先发展已有一定产业基础的生物医药产业，结合重点生产企业，打造特色产业，形成规模化生产。园区内主要安排农副产品生产加工基地、肝素类生化药物制造生产基地等项目；在福银高速以西区域，打造江北工业园，依托中部商贸物流园的建设，打造家居建材生产制造业，安排农副产品生产加工基地、纺织服装生产基地、家居建材生产基地等项目（图31–7）。

5.4.3 加速现代服务业转型，积极培育物流产业

加大产业结构优化调整，巩固传统服务业，提高现代服务业比重，争取各产业间形成联动发展。实现"物流兴镇、商贸活镇、旅游旺镇"。主动对接环鄱阳湖生态经济区、皖江经济带和九江，大力发展商贸物流业，形成主导优势产业；充分利用镇域宗教戏曲文化资源、自然生态和农业资源基础，积极发展旅游休闲产业，形成区域现代商贸服务中心和旅游服务重要节点。

布局"一主两副"三大物流产业园，主要包括中部商贸物流园、临港物流园（东区）、临港物流园（西区）。其中，中部商贸物流园紧邻九江二桥下匝道口的区域，主导发展冷链产业市场、农副产品批发市场、木材家具建材市场、三车及配件市场，以及相配套的物流配送中心、酒店区、餐饮休闲区、商务办公区、综合服务区、会展博览区等内容；临港物流园位于九江长江大桥铁路桥以东，涂嘴、农科所村以西，李大墩、朱楼村以南，沿江路以北的区域，结合小池新港5000吨级码头位置布局物流园，发展金属交易市场、钢材批发市场、石化产品市场、水泥建材市场，医药化工、纺织服务、棉花木材、机械电子等批发市场项目；临港物流园（西区）位于九江长江二桥下桥匝道口以西的区域，主要安排鲜活农产品物流基地、机械电子产品物流基地、生活日用品物流基地等项目。

健全商业服务网络，以滨江新区为重点，规划构建形成"一心、一带、多点"的商业结构体系，提升设施档次和业态服务水平，强化小池在区域中的商业地位。依托现有商业中心氛围，向西拓展，形成集金融、购物休闲、餐饮住宿、影视娱乐、休闲文化于一体的综合性商业中心区；依托湖北大道形成以餐饮、住宿等产业为主的现代服务业带；依托城镇社区和农村地区中心村形成便民基层商业网点。同时，依托镇域良好的禅宗戏曲文化和生态资源，充分对接黄梅县禅宗文化区、安徽西区文化区和大庐山旅游圈，形成以文化旅游和农业生态休闲旅游为主的旅游休闲业。

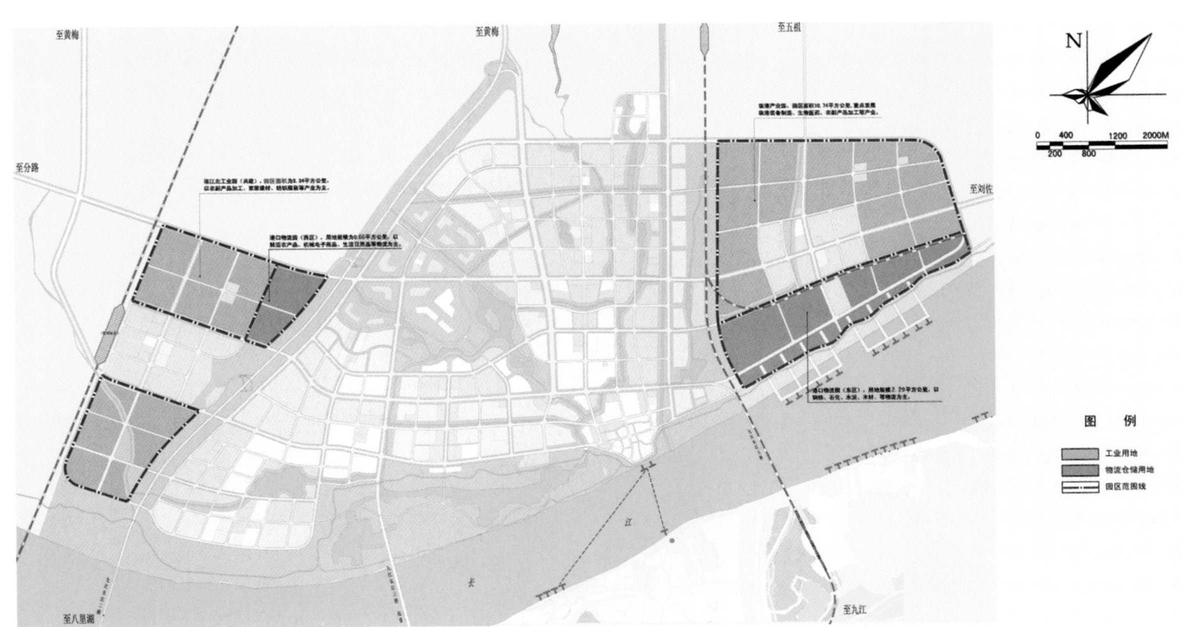

图31–7 工业用地布局图

5.5 突出“水环境”特色，彰显“生态小池”

充分发掘利用小池沟渠纵横的水系网络和腹地广阔的长江江滩等特色生态资源，打造小池精致生态水乡，提升人居环境品质，彰显城市特色魅力。建成林网、水网、绿地、农田与城市建设用地相互交织的镇域生态网络，使小池成为具有水乡特色的生态城镇。

围绕小池镇河渠交错、水网密布的生态环境特色，形成“一带三楔多廊”的生态空间保护框架。主要以滨江公园等重要景观节点形成长江滨江生态保护带，以太子湖、明镜湖为核心形成生态景观核，以望庐湖为核心形成生态景观核；打造新东港、老东港水系生态景观廊道，关湖港、水月二级港水系生态景观廊道和江滩生态景观绿楔；构建以其他港渠和京九铁路线、福银高速公路绿化带为主体的绿化生态廊道。

同时，针对镇域生态水环境遭受威胁的现状，应进一步加大对水环境保护的力度，加强对水源水的监督管理，保护水源的水质安全。同时，对沿江饮用水源地的集中式排污口等进行合理布局、统一规划、重点突出，加强对岸边污染带的水污染防治。完善农村供水社会化服务体系、保障农村居民饮水安全（图31-8）。

5.6 加强民生设施提升，建设“文明小池”

按照“民生优先”和“公共服务均等化”的思路，

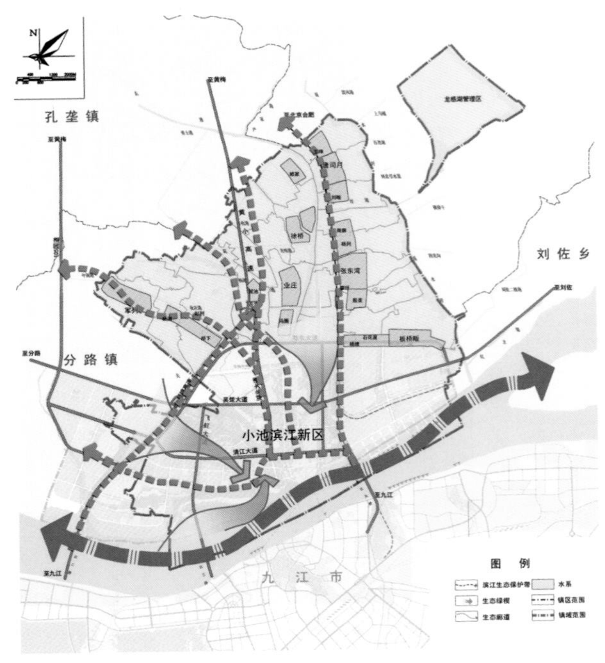

图31-8 镇域生态框架规划图

强化完善“城乡一体化”的基本公共服务体系。总体构建“新区—中心村—基层村”的三级公共服务设施体系，重点提升商业、教育、医疗、文化和福利等民生设施建设水平，进一步提高人口素质和人民生活质量。

城市地区，对接大九江地区，突破小池和九江政策壁垒，推动由按行政区域配置资源向按经济区域配置资源转变，构建政策统一、层次合理的区域公共服务体系，对区域教育、文化、体育、医疗卫生、福利等设施进行统一安排。重点依托小池优秀的教育资源，形成为九江配套的优质教育城，总体构建“新区—居住区—社区”三级公共服务设施配置体系，加强城市区域公共服务职能的提升和对农村地区的辐射。

农村地区构建“中心村—基层村”两级公共服务设施体系。主要加强基层组织建设，构建以政府公共服务、社会中介和社区居民自助服务为一体的农村社区服务体系，加快以基础教育为中心的教育设施建设，积极发展农民技术教育和职业技能培训，强化农村公共卫生和基本医疗服务设施建设，推进农村文化体育事业发展，进一步改善农民群众的生产生活条件，提高农民的生活水平和幸福感。

5.7 突出地域文化品牌，打造“文化小池”

依托九江的旅游市场和旅游资源，围绕小池的禅宗文化、黄梅戏、黄梅挑花等文化特色和小桥流水、田野阡陌的水乡风貌，建立完善的旅游服务设施体系，构建“庐山—鄂东禅文化”大旅游网，打造“湖北旅游名镇”，使旅游产业成为小池滨江新区的支柱产业。定位为“生态水乡休闲之家、禅宗文化研修之地、黄梅戏曲精粹之乡、吴楚民俗文化之旅”。打造生态旅游度假之家、戏曲禅宗旅游名镇、妙乐佛教研修圣地、黄梅戏曲艺术之乡、戏曲博览展示之窗、挑花刺绣体验首选、岳家拳法发源之地、诗词楹联吟诵之乡、民俗农事体验圣地等项目（图31-9）。

总体形成特色各异的五大主题园区。其中，妙乐村地区依托妙乐寺打造一个集静修、研习、体验与休闲为一体的综合禅宗文化旅游乐园；围绕太子湖及周边区域打造集观影、欣赏、体验、培训为一体的综合益智休闲戏剧文化旅游乐园；江滩公园和北部农田区域形成农田与水域斑块相互交错的特色景观，打造集观光与娱乐

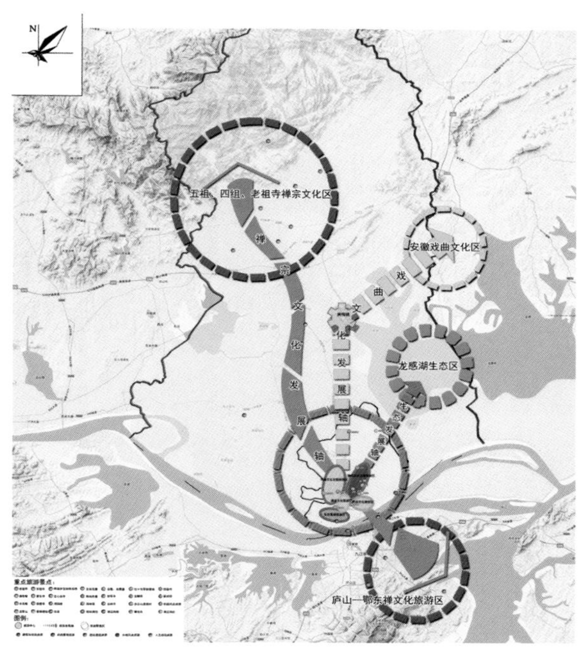

图31-9　镇域旅游发展规划图

为一体的滨江生态休憩区；老东港及周边到滨江绿地区域，依托小池丰富的民俗文化与农事活动，打造展现小池特色的民俗文化旅游乐园；充分挖掘和保护小池镇镇域范围内丰富的遗址文化，打造别具特色的遗址文化观赏与感悟游览区。

6　创新和特色

6.1　在编制体系上，构建了“一揽子解决”的工作模式

一是政府主导，建立全面统筹的“1+6+1”规划编制体系。规划采取“政府组织、专家领衔、部门联动、公众参与”的工作方针，在省厅的全面指导下，黄冈市、黄梅县、小池镇各级政府主要领导共同决策，全县各有关职能部门全程参与，形成了由1个总体规划、6个专项规划、1个城市设计组成的规划体系，搭建小池规划管理平台，为政府决策和各项建设活动提供“一揽子解决”的政策和技术框架。二是多规统筹，建立社会经济规划、城乡规划、土地规划相互衔接的协调平台。贯彻落实省政府出台意见的有关要求，规划部门与发改部门、国土部门，同步开展规划编制，全程紧密衔接，形成“多规统筹”的高效协调机制。

6.2　在编制内容上，体现了“区域协调、全域统筹”的总体思路

规划强调了“区域协调”的发展要求，强化提升小池的区域节点职能。一方面，充分考虑小池滨江新区在长江中游城市集群、湖北长江经济带、黄冈市和黄梅县等各个层面的区域协调发展要求；另一方面，基于小池与九江在经济、交通、人文等方面的紧密联系，重点突出城镇空间、产业发展、旅游开发、公共服务和交通市政基础设施等五大方面的区域协调。

同时，将镇域城乡地区纳入整体考虑范畴，全面统筹，加强了资源集约利用的最大化和公共服务均等化，建立了城乡融合发展的新模式。

6.3　在规划理念上，遵循了“生态优先、小池特色”的原则

规划对于生态资源尤为重视，按照“生态优先”的发展原则，强化突出生态安全格局保护。在方案编制前，首先运用GIS分析方法，形成基于TIN的景观安全格局分析，提出生态适应性分级图，并作为方案编制基础；在初步方案形成后，再次运用该方法评估景观安全格局，并提出修正建议，形成最终方案。在科学确定生态格局的基础上，规划进一步划定禁建区、限建区、适建区范围，明确准入要求，实现生态空间的有效管控。

同时，进一步体现了“小池特色”，突出彰显地域文化和环境特色。一方面突出水乡环境特色，在综合平衡防洪排涝与建设开发的基础上，围绕小池“渠网纵横”的小尺度水系和“饮江纳湖”的大尺度江滩，强化与九江所不同的环境景观特征和城市意向；另一方面充分挖掘小池所在黄梅县的历史文化底蕴，彰显戏曲文化、禅宗文化特色。

作者单位：武汉市规划研究院

执笔人：郑彩云

项目负责人：林建伟

项目组成员：郑彩云、曾海川、康丹、朱娟、邹芳、张汉生、孙璐璐、袁丽

32 “农工一体、龙企带动”的熊口镇规划

1 基本情况

1.1 镇域现状

熊口中心镇地处江汉平原地区的潜江市中部，镇中心距潜江市区24km，距武汉185km。中心镇由熊口镇和熊口农场组成，面积约148.6km^2。2011年总人口为6.26万人，其中非农人口为1.92万人，城镇化率31%。

中心镇春暖，夏热多雨，秋凉，冬寒干旱，四季分明，雨量丰沛，农业气候条件比较优越。其中，夏季高温，以暖湿的偏南风为主。

熊口中心镇经济实力在潜江市城区以外的镇级单元中排名第二，近年年均增速在20%以上。第一产业以养殖业（小龙虾、鳝鱼、四大家鱼）和种植业（油菜、棉花、水稻、小麦、蔬菜）为主；第二产业的华山水产小龙虾生产具有国际知名度和影响力，江汉棉纺厂也具有一定优势；第三产业中商贸业发展繁荣，但经营规模小，旅游资源丰富，但旅游业发展不足。三产中第二产业一枝独秀。

中心镇2012年年末现状建设用地1602.19hm^2，其中城乡居民点建设用地1082.78hm^2，非建设用地13260.18hm^2。镇域村庄居民点建设用地814.42hm^2，人均村庄建设用地145.43m^2。

1.2 镇区现状

镇区位于中心镇的中部，东干渠穿镇区而过。其中，东部和北部为熊口镇镇区，西南部为农场场区。镇区规划范围面积1076.85hm^2，现状人口为19686人，现状建设用地面积265.65hm^2，人均现状建设用地134.94m^2。

东干渠以东、继红路以南一带为历史镇区，保留了清代发展起来的集镇格局。主要遗存包括：湖北省文物保护单位红六军军部旧址、红二军团部旧址，潜江市文物保护单位伏地轩民居、红军街，以及潜江县苏维埃政府旧址、红二军团警卫团团部旧址等革命军事机关旧址约20多处，还有大量传统民居建筑。

2 特征与任务

2.1 形成“农工一体”机制雏形，具备良好的经济发展基础

中心镇具有较好的工农业基础。虾稻连作、棉花、蔬菜、油菜和鳝鱼等的种养殖面积和产量稳定，产业化开始起步；以小龙虾为代表的水产加工、棉纺织等农产品加工业快速发展，产量和产值均较为可观，已经形成“农工一体”机制雏形。

2.2 探索“四化同步”发展模式，引领“农工一体”发展升级

中心镇已经形成的农工一体机制雏形与四化同步发展要求还具有较大差距，主要体现在城镇化水平和质量较低、信息化程度低、农业产业化不足、工业产品中高附加值的精深加工和产品链条的延伸不够，需要通过具有熊口特色的四化同步路径研究来提升整体发展水平。

2.3 消除各自为政发展，整合镇场资源协同共赢

熊口镇和熊口农场过去一直独立平行发展，经济发展和社会管理各自独立，资源与生产要素不能共享与自由流动，社会管理运营的成本高、效益低。由于镇场空间上紧密相连，镇区与场区基本连为一体，未来需要整合包括空间等各项资源与发展要素，通过设施共建、服务共享、产业互联、市场共通实现协同发展、合作共赢的局面。

2.4 激活多种要素资源，促进城镇特色发展

熊口镇是中国历史文化名镇，1930年代初是湘鄂西革命根据地军事机关所在地，尚存大量历史遗存，建筑保留了江汉平原建筑的典型特点。中心镇位于“全国资源节约型和环境友好型社会建设综合配套改革试验区”武汉城市圈范围内，水网密集，生态本底较好，城镇和农村居民点呈条带分布特征明显，具有典型的平原水乡风貌。作为国家级非物质文化遗产“潜江民歌”的主要流传区域，中心镇传统民俗活动丰富。中心镇需要激活

各种要素资源，建设具有鲜明地域特色和独特吸引力、可持续发展模式的镇村，促进特色发展。

3 规划目标及定位

3.1 镇域

3.1.1 发展目标

立足熊口中心镇区位、资源、产业特征和优势，以工业化、信息化、城镇化和农业现代化“四化同步”发展为思路，推动镇域经济、政治、文化、社会、生态“五位一体”全面发展，实现城乡统筹、新型城镇化的发展示范，实现人民生活水平的显著提高。

3.1.2 发展定位

（1）全国农业现代化和新型工业化紧密结合的产业基地；

（2）湖北省城乡统筹和新型城镇化的示范基地；

（3）立足江汉平原的区域性商贸、旅游服务中心和文化生态旅游目的地。

3.1.3 主导职能

（1）现代农业产业基地和农副产品加工基地；

（2）外出务工者回流创业基地；

（3）商贸物流基地；

（4）生态和文化旅游目的地。

3.2 镇区

3.2.1 发展目标

建设产业经济发达、生态环境优良、社会安乐和谐、人居环境宜人、具有地方风貌特色、功能完善的水乡生态镇区，成为湖北省新型工业化与新型城镇化示范镇区。

3.2.2 性质定位

面向国际的农副产品加工中心、中国历史文化名镇、区域商贸重镇。

3.2.3 主导职能

（1）农副产品加工与生物医药制造基地；

（2）农副产品加工业服务中心；

（3）区域商贸服务、农业服务、信息化服务中心；

（4）具有自然与人文特色的生活住区；

（5）历史文化与旅游休闲地。

4 “四化同步”发展模式

熊口中心镇“四化同步”发展是以华山水产为龙头带动，通过农产品精深加工型企业的增量提质促进农工一体升级发展，并结合城镇发展完善工业园区、市政基础设施及公共服务配套建设，推动城镇化发展水平的提高，同时增强信息技术在产业发展与各项社会公共事业中的应用，实现经济与社会发展模式的优化转型，为其他地区“四化同步”发展提供示范性意义。

4.1 以信息化和智慧服务建设，提升主导产业发展水平

推进信息化与产业发展的深度融合，改造提升以农副产品加工、纺织服装等为主导的产业体系，培育发展生物医药、新能源、新材料等机遇性产业，推进生产自动化、管理网格化、商务电子化在产业发展中的应用。引导华山水产等龙头企业的自主创新能力升级，推动信息技术融入企业生产经营的全过程，形成智能型的新型生产方式，增强企业核心竞争能力。推进信息技术在农业生产、农产品市场流通中的应用，改革传统农业发展思路、经营方式、管理模式等，打造标准化、智能化和集约化的规模农业。同时，完善以公共事业改革为核心的智慧服务建设，加快信息技术在基础建设和城镇服务中的应用，提升熊口中心镇电子政务的公共服务能力，并建设产业发展的市场信息交流平台，帮助企业方便、快捷、低成本地获取政府提供的资源和服务，提高企业与市场的发展联系程度。

4.2 以龙头企业增量提质，带动农工一体发展升级

以华山水产为龙头，在工业化发展的基础上，将企业自身对优质小龙虾原料的需求与农民农业生产收益紧密结合，通过“迁村腾地”等农村土地制度和农业经营方式改革，建设专业化的小龙虾生产基地，提升农业劳动生产效率，进一步释放农村土地、劳动力等要素资源的潜在价值，促进农业现代化发展，形成以工促农、工农互进的良好局面。深化华山水产小龙虾精深加工环节（即甲壳素及其衍生品的生产），与科研机构合作共建科技产业基地、联合实验室及科研工作站等，通过

产学研的高度结合，全面完善小龙虾精深加工产业链条，提升龙头产业发展附加值，带动农工一体发展升级。同时，推动商贸、物流、会展等生产性服务业发展，促进中心镇新型工业化和农业现代化质量的进一步提升。

4.3　以产城融合和城乡统筹，提高城镇化发展水平和质量

按照产城融合的发展理念，推进熊口中心镇的产业布局与城镇布局双向融合。把工业园区作为熊口中心镇推进“四化同步”发展的战略支点，集中发展农副产品加工、纺织服装、生物医药等相关产业集群，形成现代产业空间新格局，并在此基础上进行城镇空间的整合优化，完善生态安全格局，提升城镇空间的功能适应性。坚持城乡统筹的发展思路，完善中心镇基础设施和公共设施建设，构建公平的公共服务体系，推动城乡统筹协调发展。将城镇配套服务功能延伸至乡村，推动基本公共服务一体化，大力发展生产与生活性服务业，方便城乡生产与生活，同时注重保护城乡优越的自然生态环境和历史文化资源，构建宜居宜业的城乡发展格局，提升城乡居民生活质量。

4.4　以四化同步机制的构建，促进资源的高效利用和人的发展

构建熊口中心镇四化同步发展机制，以龙头企业带动农工一体发展和城镇化与信息化水平提升。促进中心镇景观、生态和文化资源的优化利用，发展休闲度假、文化旅游、乡村游览等现代休闲产业，提升资源利用效率。加强镇、场和城乡资源整合，在保护区域生态安全格局的基础上，构建镇场互通和城乡畅通的资源要素流动系统，协调镇场和城乡产业、公服、市政基础设施建设，实现互利共赢发展。突出人的城镇化这一核心，多方位创造适合农民转移就业的劳动岗位，依靠龙头企业的增量提质发展，为广大农村剩余劳动力提供多样化的就业岗位，包括企业农工、加工工人、服务人员等，有序推进农民市民化的进程，充分体现身份公平、待遇公平等新型城镇化特征，实现以人为本的发展原则（图32-1）。

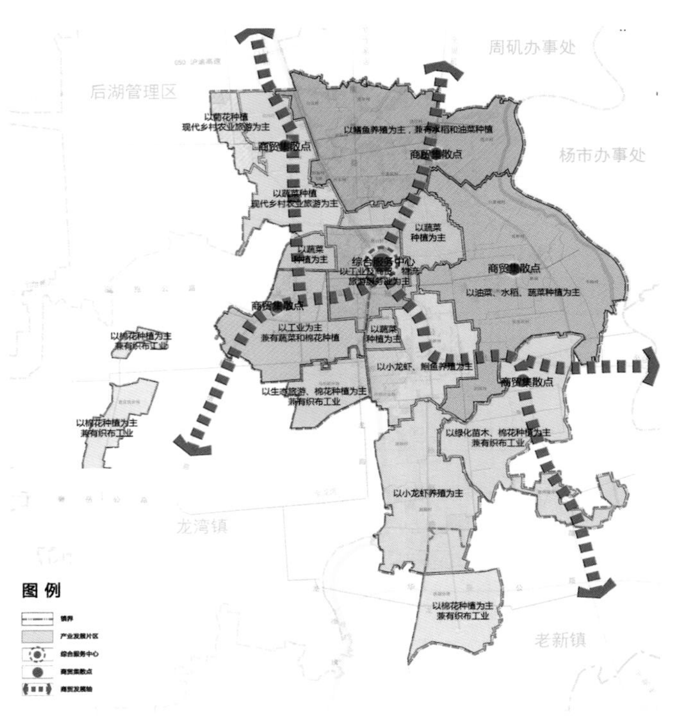

图32-1　镇域产业布局规划图

5　镇域规划布局及关键控制领域

5.1　镇域规划布局

5.1.1　生态优先的镇域空间管制

（1）镇域生态格局

镇域生态格局以河流水道为廊道框架、以林地为斑块、以农田为基质构成。通过对高程、坡度、汇水子流域、汇水径流、低洼易涝点、河流水系资源六方面因子的叠加生态敏感度综合分析，规划镇域范围内的四个生态敏感度分区。其中，Ⅳ级地区可用于集中、高强度的城镇开发建设。

（2）镇域空间管制

综合考虑生态环境制约、现状建设及发展需要，划定禁止建设区、限制建设区、有条件建设区、适合建设区四类空间管制区。其中，禁止建设区占镇域的78.56%，限制建设区占镇域的10.69%，有条件建设区占镇域的2.77%，适合建设区占镇域的7.99%（图32-2）。

5.1.2　条带延续与区块统筹的镇村布局

充分尊重现状村镇沿渠呈条带分布的特征与肌理，规划形成以“带形”集聚为主导形态的镇域空间发展结

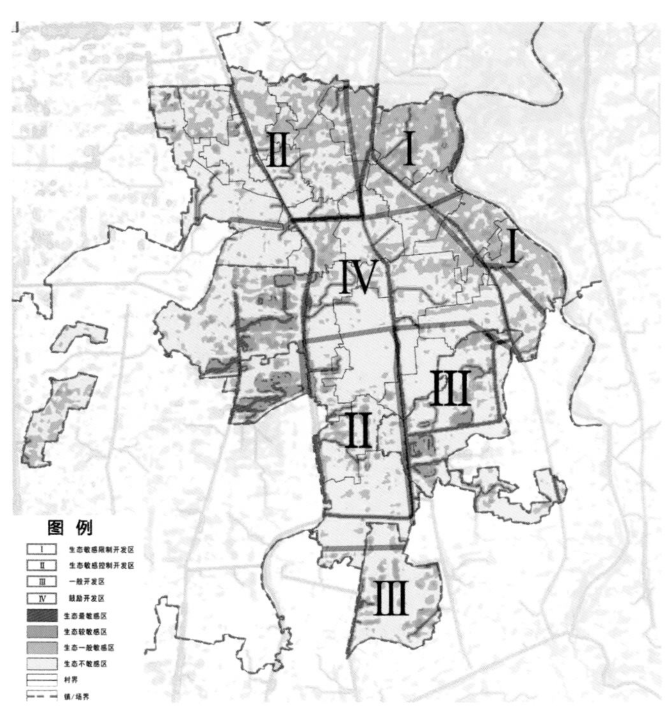

图32-2　镇域生态敏感度分析图

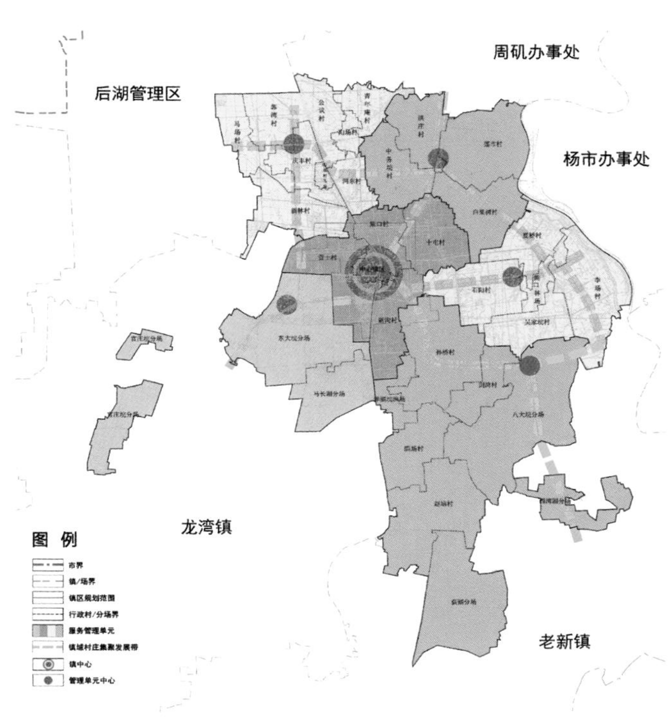

图32-3　镇域镇村空间发展结构图

构，通过交通、基础设施和公共服务设施在带形空间节点上的集中布局，引导村庄逐步集聚。打破行政村界线，按照土地特征、产业特征、人口规模、历史联系等，将镇域划分为六个发展单元，形成村庄组合发展格局，推进土地整合、产业协作和服务统筹。规划镇域空间结构为“一心、六带、六单元”（图32-3）。

镇村等级体系

规划中心镇、中心村、基层村三级体系。结合农业基地建设计划，在充分征求村民意见的基础上，撤并部分区位较边远、人口分布较分散的村庄。

5.1.3　集约高效的土地利用

（1）制定城乡建设用地标准

贯彻集约利用土地原则，制定镇域人均建设用地标准，其中镇区人均控制在110m^{2}以下，新建改建村庄居民点人均控制在120m^{2}以下。现状建成的村庄居民点，以逐步改造、撤并方式逐步提高建设用地使用效率。

（2）土地整理规划

根据镇村体系调整和城镇化进程，有计划地推进撤并村和无主屋的复垦、复绿，在镇区分块、集中安排建设新型农村社区。

实施农林用地集中、整块、规模布局的原则，调整现状农户自留农林用地使用方式，形成成块、连片、规模化的农林用地分布，便于基本农田保护的布局使用和推进农业现代化、机械化的进程。

5.1.4　层级清晰与均等化的基本公共服务

（1）公共设施等级体系与布局原则

规划镇级、发展单元级、村级三级公共服务中心体系，分别以中心镇区、中心村和基层行政村为依托。各级中心根据规划土地、人口分布，结合现状，拟定中心位置。

各类公共服务设施遵照分级设置、适度集中、均质服务三个原则进行布局。镇级公共设施集中布局在镇区，选址在交通便利、可达性高的地段；发展单元级公共服务设施依托中心村，集中布局在发展单元的中心位置，并靠近主要道路；村级公共服务设施集中布局在各行政村，选址在人口集中的区域（图32-4）。

（2）设施种类与分级

中心镇级服务设施包括中学、综合医院、农技中心和公墓；发展单元级服务设施包括小学、卫生所、运动场、文化站、农技服务点；村级服务设施包括卫生室、健身场地、文化室、便民超市、垃圾收集点和公共厕所。

各类设施考虑农村地区生产、生活特征，例如运动

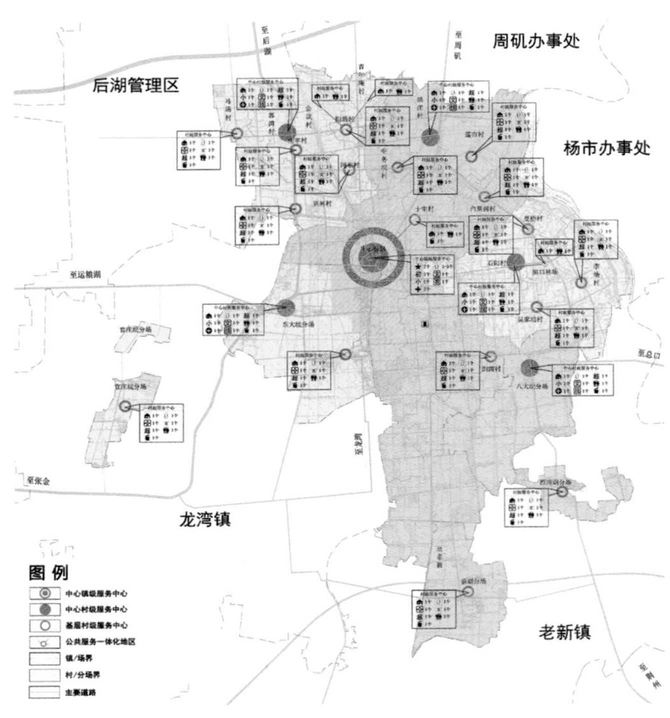

图32-4　镇域公共设施规划图

场、健身场在收获期兼顾晒谷场、物流点使用。

5.1.5　便捷的镇村交通体系

（1）覆盖镇村的道路交通网络

规划省道、乡道、村道三级道路交通网络，其中省道负责镇域的大区域对外交通，形成与周边市、县的快速联系；乡道负责镇区与以中心村为依托的主要村庄聚集区的联系；村道负责所有村民的就近出行。

（2）多元化特色交通服务

充分利用河、渠开发水路交通，利用农田、郊野开发生态休闲绿道，在道路交通的基础上形成更多层级和方式的交通体系。

5.1.6　绿色低碳的市政公用设施

（1）优化能源结构，构建清洁能源体系

调整能源结构，充分利用天然气和电力，加快发展太阳能热利用和农村沼气等可再生能源，逐步降低对煤炭、石油的依赖，形成以煤炭、电力、石油为基础，天然气及可再生能源为补充的，可靠、经济、清洁、低碳的多元化能源保障体系。

（2）高适用性的清洁能源设施

根据现状沼气设施建设基础和使用情况，提出集中式与分布式混合型沼气设施布局。在人口聚集度较高的乡村地区，结合大型畜牧养殖场，布局集中沼气池供气，有专人维护、运营；较分散的地区采用分布式的联户沼气池或户用沼气池供气。

5.2　关键领域的管控与引导

5.2.1　强调历史文化保护与文脉延续

（1）明确保护对象，制定保护原则

规划加强历史文化名镇保护系统性，保护对象包括：文物、历史建筑、历史地段、历史镇区的传统格局、历史风貌、空间尺度及自然景观与环境、非物质文化遗产与文化空间。保护坚持保护真实性、保护完整性、合理利用、促进发展的原则。

（2）荆楚水乡风貌的强化与塑造

村庄建设突出荆楚水乡本土特色，在风格、色彩、立面、材料方面借鉴本地传统建筑的手法，体现村庄生态环境特质，传承村民生活朴实的传统特色。

规划对村庄建筑风格、色彩、立面、材料等提出建设指引，统筹引导村庄建设风貌符合荆楚主题的总体风貌要求。

5.2.2　美丽镇村的风貌建设

（1）环境综合整治

结合水乡地域特征，重点推进镇域水环境整治，通过建立水陆共生的多级净化系统，对中心镇域的面源污染、农业污染等进行处理，提升水体的自净能力，提高水体的纳污能力。

（2）景观风貌塑造

结合现状景观资源，以水乡自然乡村景观为根本特征，保持原有恬静和谐、朴素自然的整体景观风貌，确定水、田、林、村、城交融的整体景观风貌结构，塑造以水、田、林等地景为背景，以其间的乡村建设用地为点缀的景观风貌格局。

6　镇区规划布局及特点

6.1　空间结构（图 32-5）

6.1.1　生态结构

镇区规划生态结构为“一环一廊五楔四风道”：一环指镇区周边自然的农业空间生态绿环；一廊指镇区中部南北向的东干渠主要生态廊道；五楔指镇区内部依

托现状水系及道路构建的五条东西向次要生态廊道（绿楔）；四风道指依托南北向的水道和规划道路绿化带的四条南北方向的通风走廊。

6.1.2　建设区结构

镇区规划建设区结构为“一心两轴、三园五片”：一心指一个镇区中心（主副两片，即熊口镇中心和熊口农场场区中心）；两轴指红军街历史文化发展轴和继红路商业服务发展轴，作为建设文化设施和商业设施的重点轴向；三园指在现状基础上发展形成镇北、西北、西南（农场）三片工业园区；五片指镇区中心外围五个居住社区。

6.2　用地规划（图32-6）

6.2.1　公共设施规划

结合东干渠两侧的镇级中心布局镇级公共设施，结合社区中心布局社区级公共设施，结合工业园区中心布局工业区公共设施。

6.2.2　居住区规划

规划五个居住社区，每个约居住1万~1.5万人。每个居住社区规划一个社区中心和至少一处社区或社区级以上公园和若干邻里绿地（街头公园）。

6.2.3　工业区规划

规划三个工业园区，均为在现状基础上发展和改造升级形成。规划西北工业园区和镇北工业园区与其南部的居住区之间控制30m以上的生态隔离带，以降低工业区对生活区的不利影响。

规划农场工业园区沿东干渠西侧的南向主导风向上的工业厂房改造成为商业文化设施和居住社区，以改善镇区环境、发挥地段价值。

6.2.4　信息化设施规划

结合信息化发展要求，规划布置工业品产销服务信息平台、农副产品产销服务信息平台、公共服务信息平台、旅游信息服务平台，在各工业园区和居住社区设置公共免费无线网络服务点等信息化设施。

6.2.5　历史文化名镇保护规划

规划根据相关法律法规和中心镇现状情况制订文物和历史建筑保护措施和要求；划定了历史地段和历史镇区的保护范围和建设控制地带，明确了传统格局、历史风貌、空间尺度、自然景观与环境的保护要求，提出了恢复贯通古熊口河道和戏楼、关庙、码头等传统公共活动空间（文化空间）的保护措施和手段，以及非物质文化遗产保护建议。

6.2.6　绿地和公共空间规划

规划利用现状河渠水系、农田林木等建设具有本地特色的绿地和公共开敞空间，构建点线面结合、“镇

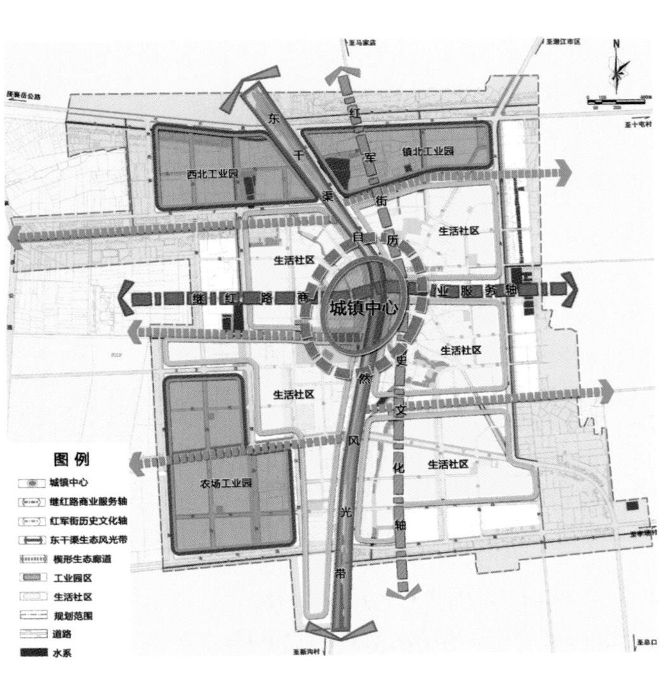

图32-5　镇区空间结构规划图

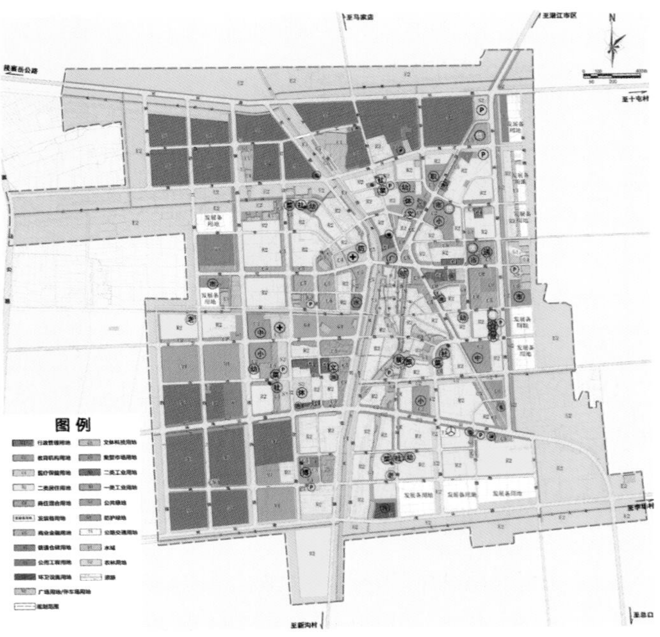

图32-6　镇区用地规划图

区—社区—邻里”层级分明、服务均衡的体系。规划人均生态绿地（农林用地与绿地）61m²，其中集中连片建设区人均20m²。规划提出了水系保护控制要求，并结合镇区传统生活方式对城镇休闲活动进行了组织安排。

6.2.7　道路交通规划

规划结合镇区现状特点和发展需要确定“六横五纵”棋盘式的干路网结构，明确道路和交通设施控制要求，建议加强适合镇区尺度特征、适应低碳要求的自行车和步行交通，并明确主要自行车和步行道网络结构和控制要求。

6.2.8　风貌控制和环境整治规划

规划镇区划分为名镇历史风貌区、传统城镇生活风貌区、现代城镇生活风貌区、新型农村社区风貌区、现代产业风貌区、田园风光风貌区六个风貌区。建筑形式控制要求具有本地传统建筑特征，如干净平整的立面、朴素淡雅的暖灰色、坡顶小尺度等。

6.2.9　市政专项规划

市政工程、环境保护和综合防灾规划明确了各项市政工程设施的布局，强调区域水资源的保护与利用、防洪防涝措施、垃圾处理及环境保护措施等。

6.2.10　分区控制

规划将镇区分为六个空间单元制订总体控制与公共服务设施控制、道路系统控制、四线控制、城市设计指引四类分项图则。

图32-7　镇区近期建设项目规划图

6.2.11　规划实施

规划近期建设重点区域为镇北工业园区、西南工业园区、赵脑村新型农村社区，重点领域是公共服务与基础设施和工业发展等，规划近期建设项目69项（图32-7），建设项目239项。

7　规划编制思路及方法创新

7.1　编制目标和编制内容

规划确立三大编制目标，围绕编制目标组织编制内容。

7.1.1　探索中心镇四化同步的发展模式和发展路径

围绕熊口特色“农工一体、龙企带动”的“四化同步”模式，重点研究经济与产业（包括专题研究与专项规划）、《地域特色与历史文化名镇保护专题研究》、《低碳生态规划与村镇适宜性生态技术专题研究》、《“多规合一”及土地集约利用专题研究》。

7.1.2　建立与发展模式和路径相适应的空间框架体系

从多个空间层次对城乡统筹、新型城镇化的空间布局结构进行研究，制订中心镇镇域（包括镇和农场）规划、镇区建设规划、赵脑村新型农村社区建设规划、马场村村庄规划、洪庄村村庄规划、美丽乡村专项规划、土地利用专项规划。

7.1.3　确立熊口镇发展和规划的实施计划和行动方案

从加强规划实施操作性角度出发，协调城规与土规，同步编制土地利用规划专项，基于建设用地挖潜和土地集约使用开展《“多规合一”及土地集约利用专题研究》，对各层次规划加强规划实施研究，制订分期建设规划、建设项目库（重点是近期）和实施保障政策与措施。

7.2　技术路线

在问题导向和要求导向的基础上，根据城乡统筹和五位一体的核心目标，确定发展战略，并依此提出空间指引、制订行动计划（图32-8）。

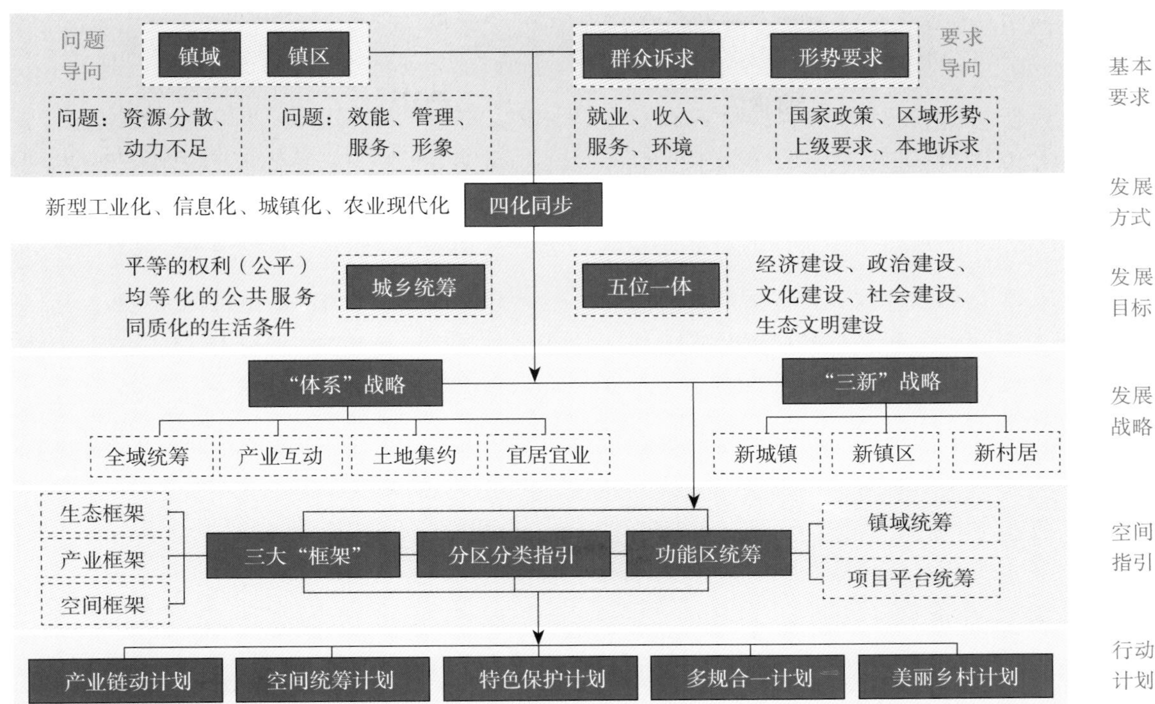

图32-8　规划技术路线图

7.3　规划方法

7.3.1　整体研究与专题研究相结合

规划中心镇全域和各层次规划整体研究与四个专题研究同步开展、相互印证，确保了系统的全面性和重点领域的研究深度。

7.3.2　专家规划与群众路线相结合

规划在中规院主导之下，吸纳六家具有丰富经验的高等院校和研究机构以及熟悉情况的本地规划院组成联合团队，广泛听取和吸收各级政府及部门意见，重点收集、研究和落实居民生产生活诉求和发展要求，坚持以人为本的原则。

7.3.3　理论研究与案例借鉴相结合

规划重视理论的研究与应用，同时注重实际案例的借鉴，经济与产业、多规合一、低碳生态等研究提出了大量具有参考意义的实际与模式案例。

7.3.4　城市规划与土地规划相结合

本次规划采取城市规划与土地规划同步编制方式，实现了土地空间管制主要控制指标和空间分布的协调统一。

7.4　技术特点与方法创新

7.4.1　从传统空间规划向社会空间规划转型

规划用社会空间规划的方法改善传统空间规划的局限性，落脚点放在关注社会的核心——人的发展需求上。规划着重研究解决城乡居民就业发展和生产生活条件改善的诉求，重点分析迁村居民居住地意向和选址要求、本地居民生活习惯和本地化居住形式、农民生产劳动方式和失地农民再就业模式等，通过城乡统筹促进四化同步和新型城镇化发展，解决“三农”问题，实现传统空间规划向社会空间规划的转型。

规划统筹政府、企业和居民等发展主体，分析三者联合共赢的发展模式，协调三者空间发展要求，区分市场主导和政府主导的不同领域，通过空间资源的合理分配创造就业机会、改善发展环境，实现土地效益的高产出，促进中心镇公平、和谐、可持续的发展。

针对经济和产业发展重点问题，规划分析探索熊口独特的“农工一体”、“四化同步”发展模式，分析农业生产空间效率增长、工业生产空间扩展、就业岗位增长、人口增长、服务空间需求增长、生活空间需求增长的关系，协调分配和促进各类社会要素空间平衡发展。

7.4.2 从空间布局主导向空间政策主导转型

各层次规划均包含和加强管制措施、控制指引、建设项目库、实施措施、财政保障、土地政策和多规合一等公共政策手段内容，以强化规划的公共政策属性，实现从空间布局主导向空间政策主导的转型。

以空间资源的优化配置为主线，规划根据产业发展、生态环境、基本农田和其他资源保护要求，协调相关规划的城乡发展功能分区，科学规划用地布局，统筹确定空间管制分区和管制要求，指导和约束空间发展的时序性和方向性。同时，规划明确城乡建设用地增减挂钩政策，结合乡镇现实基础和发展诉求，提出生产、生活、生态空间的节约集约利用控制标准和指引要求，进行总量控制、分区控制和一般地块控制指引。

7.4.3 从整体发展引导向重点突破操作转型

根据城乡统筹和五位一体的发展目标和形势要求，规划分析中心镇“四化同步”发展的重点和难点问题，进行专题研究，重点强调实施操作性，实现从整体发展引导向重点突破操作的转型。

规划镇场统筹布局，考虑到实施主体的不同，各种功能的用地和设施的布局均考虑各自的均衡性，以确保分体实施的可操作性。

规划协调城乡规划与土地利用总体规划的基础数据和技术标准，结合“两规”实施管理政策，提出协调方案，通过土地利用规划专项同步调整土地利用总体规划，使“两规”在实施层面实现协调统一。

针对武汉城市圈两型社会试验区发展要求和中心镇生态环境现状和资源本底条件，规划建立可控、可实施的低碳生态指标体系，结合发展模式明确“绿产业、绿空间、绿技术、绿环境”的低碳发展策略。低碳生态技术规划设计强调镇村地区自身的传统延续、成本可接受、收益可分享和可操作性。

7.4.4 从功能主义规划向文脉延续规划转型

规划通过名镇历史研究、地域风貌特色研究、地域环境特色分析、本地传统活动分析，加强文化遗产保护、地域风貌特色塑造、地域环境特色保护和利用、本地特色活动组织等延续文脉的内容，实现从功能主义规划向文脉延续规划转型。

规划建立健全保护体系，强调对名镇历史文化资源全面系统的保护，并将保护与利用与镇区发展、地域特色塑造相结合，与文化旅游业发展和城镇活动组织相结合。规划加强本地域、本地区传统建筑、街区和乡村建设的特征和模式分析，融合水乡自然环境，建设具有鲜明地域文化特征的村镇风貌，结合现代建筑使用要求，在各层次规划中提出荆楚派建筑形式建议和控制指引要求，设计具有本地特征的建筑。

城市设计加强公共空间规划的内容，组织镇村休闲活动，结合本地传统生活方式，规划设计特色城乡活动，布置活动场所，加强戏楼等传统文化空间的保护和再造（图32-9、图32-10）。

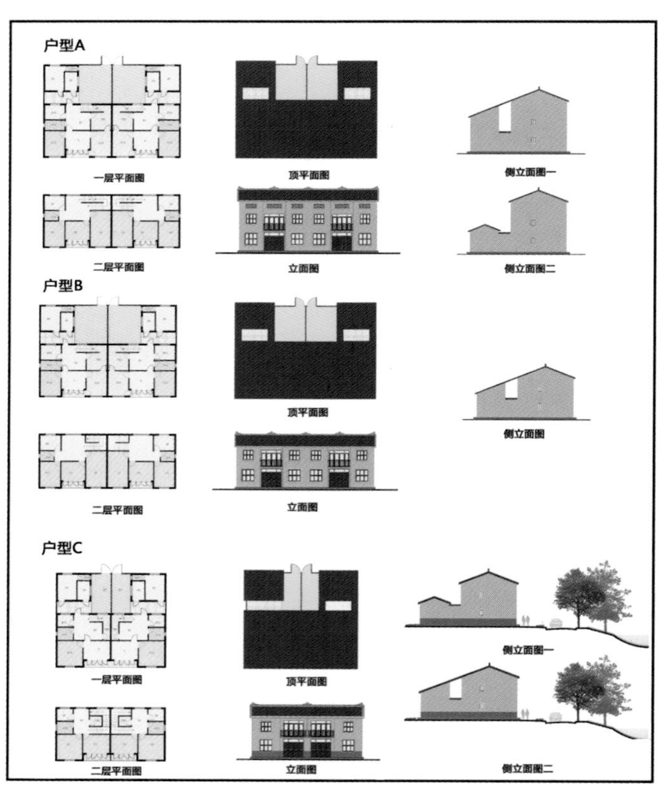

图32-9 马场村新建住宅户型选型图

图32-10　赵脑村新型农村社区活动中心效果图

作者单位：中国城市规划设计研究院

执笔人：郭旭东、律严、罗仁泽

项目负责人：范钟铭、郭旭东、律严、赵迎雪

项目组成员：叶芳芳、罗仁泽、覃原、王鲁民、吴菁、刘玉亭、余露、刘堃

33 “多点对接、多元发展”的汀祖镇规划

汀祖镇位于鄂州市东南部，属于武汉城市圈的核心圈层，它位于武汉—黄石的发展轴上，是武汉城市圈东南部空间拓展轴的重要节点。随着武汉城市圈基础设施一体化建设的进行，武鄂黄城际铁路以及大广高速、汉鄂高速的建成通车，汀祖所在区域的交通网络体系逐步形成与优化，融入武汉的一小时交通圈，优势的区位条件为汀祖的转型发展提供了良好的机遇。

1 基本情况与现状特征

1.1 规划背景

作为湖北省典型的资源型城镇，汀祖享有鄂东南“矿冶之乡”美誉。然而，长期过度依赖资源开发所带来的生态环境恶化、产业转型艰难、城镇吸引力弱、地域特色缺失等一系列问题逐渐暴露，集中表现在以下四点：

（1）工业化进程缓慢，城镇化核心动力不足；

（2）城镇综合服务能力弱，城镇化质量不高；

（3）农业基础薄弱，农业现代化发展受限；

（4）三化低水平发展，信息化的提质功能受限。

面临这样的发展状况，如何结合省里提出的四化同步发展要求，促进汀祖“四化”在互动中实现同步，在互动中实现协调，最终实现社会生产力的跨越式发展，就成为了汀祖“四化同步”规划的重中之重。

1.2 规划体系

本次规划构建全域、镇区、乡村三个层次的规划体系：全域层面通过产业发展、美丽乡村、土地利用三个专项规划，区域协调及交通一体化、全域风景化、农村污水处理、小城镇“低冲击”开发四个专题研究对其进行支撑；镇区层面分别开展镇区建设规划、启动区控制性详细规划、重点地区城市设计、重点地段修建性详细规划四项规划；乡村层面选取石桥村、张祖村、杨岗村三个行政村进行整治型村庄规划，并在石桥村、张祖村各选择一个自然村开展荆楚特色示范整治，选取凤凰—桂花、吴垴两个新型农村社区开展修建性详细规划。最终形成三个层次的规划，包含3个专项规划、4个专题研究、1个城市设计等17个子项，做到镇域规划、镇区建设规划、土地利用总体规划、产业发展规划和美丽乡村建设规划紧密相接（图33-1）。

1.3 现状特征

汀祖镇具有湖北小城镇现状的共性，可总结为以下五点：

（1）镇村结构散：汀祖镇下辖1个居委会、19个行政村、267个村民小组，很多“麻雀村”由于缺乏公共服务和基础设施而逐步变为“空心村”。

（2）镇区规模小：汀祖镇域常住人口约6.16万人，而镇区常住人口为1.4万人，城镇化率仅为22%，远低于鄂州市平均水平（62%）。

（3）综合实力弱：汀祖是典型的资源依赖型城镇，采矿业一业独大，2009年矿业产值占工业产值的81.26%，而非矿产业规模偏小，实力较弱，只占工业产值的18.74%。缺乏主体产业和龙头企业，规模效益较差，基础设施建设和公共服务支撑薄弱，自我供血和发展能力不足，集聚辐射效应不强。

（4）吸附能力差：产业吸附能力不强，镇区的集聚能力很弱，大量农村人口到周边城市打工，人口呈净流出态势。

（5）地域特色缺乏：缺乏有效的建设引导，使得汀祖城镇建设缺乏地域特色，历史建筑和孝德文化等资源禀赋未能得到有效保护利用，山水田园景观受到破坏。

2 发展定位与目标

2.1 区域视角（图33-2）

（1）武汉城市圈层面

汀祖镇位于武汉城市圈核心圈层和发展脊梁，以及武鄂黄黄都市连绵带之上，区位条件、经济条件和基础设施条件都较好，应当通过自身的扩容提质在区域空间中发挥中心镇的作用，需要积极做好承接武汉产业转移的准备。

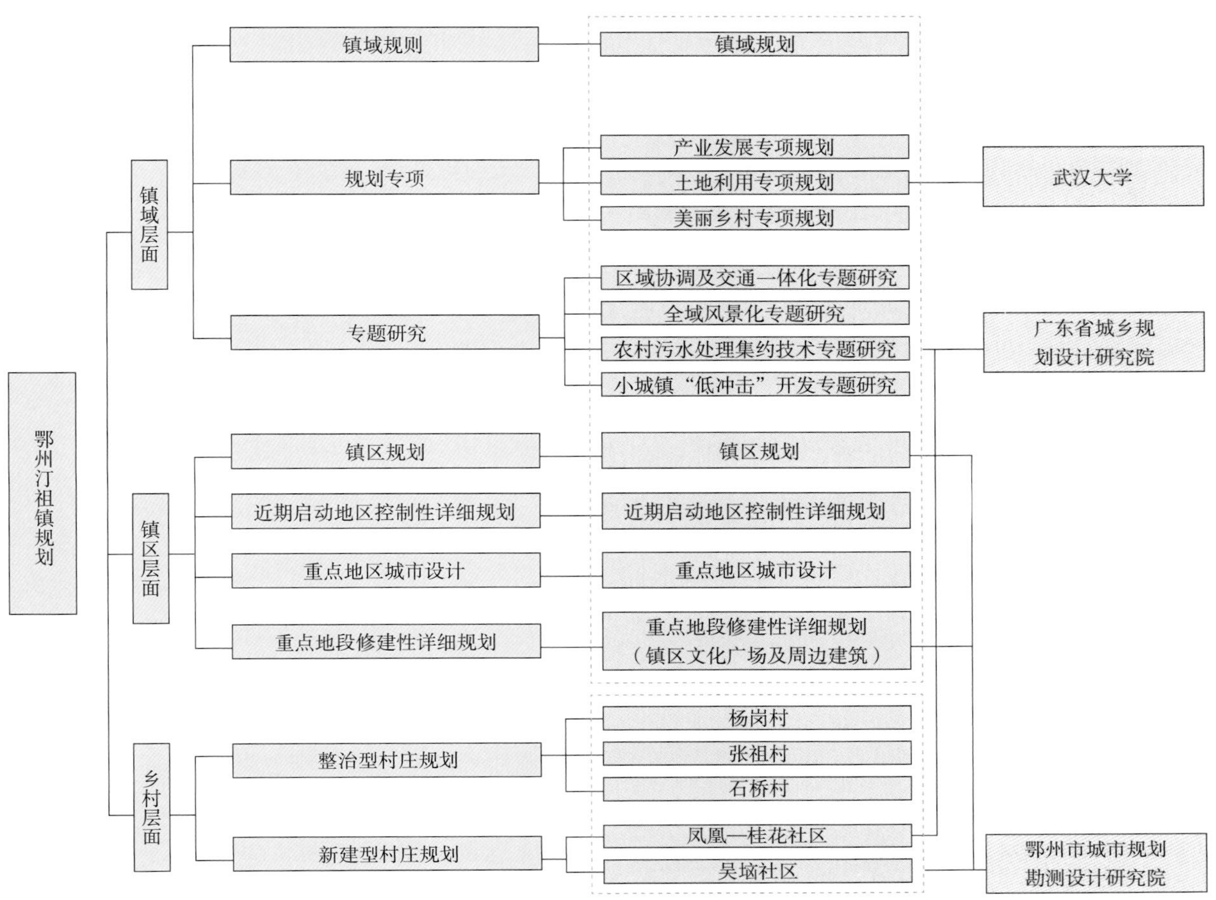

图33-1　规划编制体系示意图

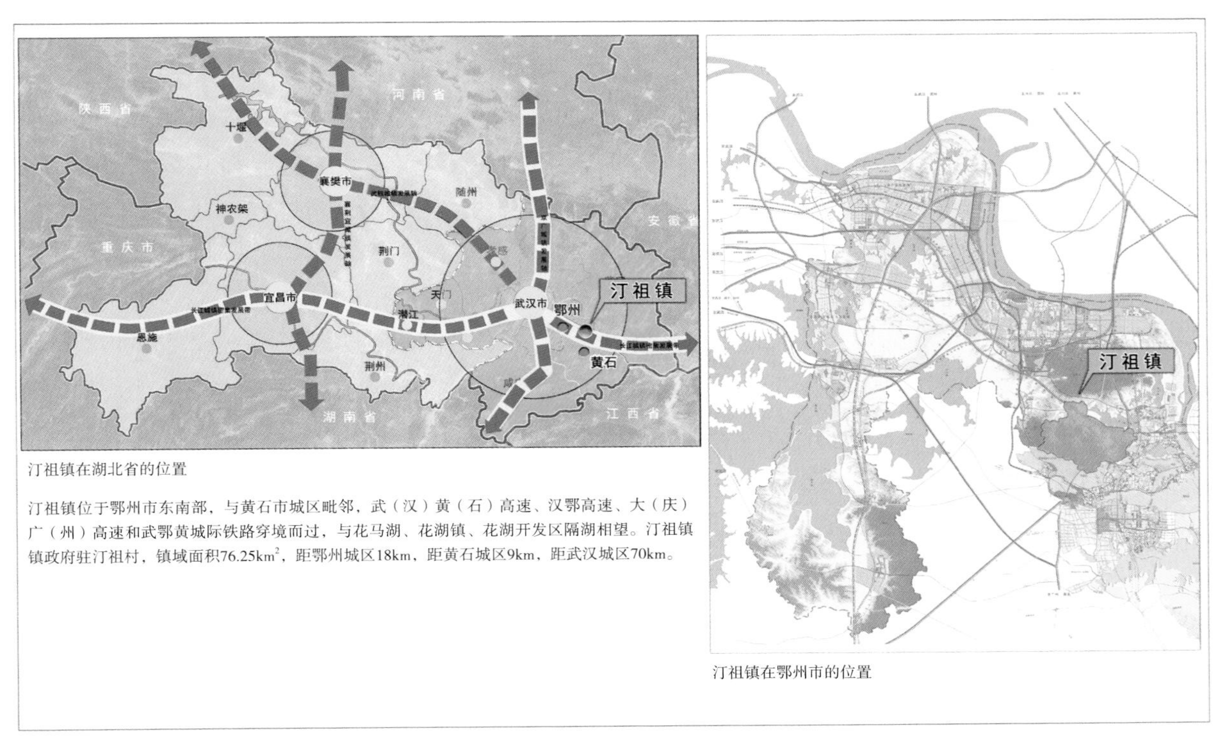

图33-2　汀祖镇区位图

（2）鄂（州）黄（石）地区层面

汀祖镇位于鄂州、黄石两市交界地区，占据鄂州向东和黄石往北的对外连接门户，并能依靠花湖城际铁路站场进行TOD开发，区位优势十分显著。因此，为把交通区位优势转化为经济发展动力，汀祖镇应当充分利用外向交通来实现整体可达性的提高，并把发展空间布局在外向交通节点地区。

2.2 发展目标

综合汀祖当前的现状概况、区域背景、发展困境、发展机遇和发展优势，本规划提出五大发展目标。

（1）生态发展目标——青山秀水，低碳绿色

生态优先，致力于改善城镇人居环境。严格控制废气、废水、固体废弃物的排放和污染。积极维育重要的生态廊道和生态斑块，提高地区生态环境的自我修复能力。对生态资源进行保护性开发，实现城乡发展与生态环境保护的双赢。

（2）交通发展目标——交通畅达，协同发展

交通一体，形成促进区域协调发展的交通网络体系。打造内畅外捷的交通网络体系，实现与武汉、鄂州和黄石城区、周边乡镇以及城镇内部的快速通达。

（3）产业发展目标——特色产业，竞争力强

三产联动，构建集约、高效、可持续的经济发展模式。实现特色化、规模化和产业化的农业现代化。积极参与区域分工体系，形成竞争力强、特色鲜明、高效集约的产业体系。打造满足宜居、宜业、宜游的现代服务业。三次产业联动开发，并提供充足的就业岗位。

（4）城乡发展目标——服务均等，用地集约

城乡统筹，形成布局合理、一体发展的镇村结构。在城乡规划、产业布局、基础设施、公共服务、社会管理、市场体系等方面实现全方位城乡一体化，全面提升汀祖镇的竞争力。

（5）人文发展目标——荆楚风格，美丽乡村

特色塑造，塑造承载地域特征、人文记忆的城乡风貌。打造“可憩可游、宜业宜居”的现代型美丽乡村，打造体现本土风情、荆楚风格的城乡建设特色。

2.3 发展定位

结合发展目标，本规划把城镇发展定位为：武汉城市圈以先进制造业、资源深加工为主导的工业强镇，鄂黄地区现代农业示范区和生态旅游目的地，鄂州东部中小企业创业基地和商贸物流基地。

3 “四化同步”发展策略

3.1 构建全域生态安全格局，保护发展底线

（1）针对镇域现状河湖水系发达的特点，采取低冲击开发手段，加强镇域水生态安全保护。

（2）针对现状矿产资源开采和农业粗放发展造成的生态破坏，开展全域生态安全修复。

（3）针对农村生活污水由点向面的污染扩散趋势，加强生态型农村生活污水处理设施建设。

（4）结合美丽乡村建设、全域风景化打造，通过发展乡村旅游、建设绿道等手段，实现生态资源的保护性开发。

3.2 内优外承推动三产联动，增强发展持续动力

（1）依托交通区位优势和生态环境本底，结合周边地区需求，重点发展特色化、规模化、产业化的生态绿色农业，发展农副产品深加工，并依托观光体验式农业进行乡村旅游开发，实现一二三产联动。

（2）结合区域产业分工与自身资源优势，延伸资源深加工产业链条，做优做强优势产业。

（3）积极承接东部沿海及武汉城市圈的产业外溢，重点发展下游协作产业，培育产业集群。

（4）培育区域性商贸物流，重点发力农副产品和新型建材产品配送。

3.3 依托区位交通优势，带动热点地区开发

（1）结合高速公路出入口的优势，发展匝道口经济，引导产业园区的集聚发展。

（2）依托武鄂黄城际花湖站建设，推动TOD区域开发。

（3）增加与外向交通连接的通道并提升内部交通可达性。

3.4 重构镇村体系，实现集约发展

选择具有优势条件的村庄，培育新型农村社区，引导农村人口集聚，引导公共服务设施配套，实现土地集约利用。

3.5 推进镇区扩容提质，增强吸引带动能力

（1）结合人口和产业发展需要，推动镇区空间拓展，实现镇区“扩容”，增强镇区综合承载力。

（2）加强镇区基础设施建设，提升公共服务设施级别，加大公园绿地、公共空间建设，实现镇区"提质"，增强镇区综合服务能力。

3.6 加强自然人文发掘，展现荆楚乡风特色

（1）依托现状的历史人文遗迹、祠堂"孝文化"的传承，充分发掘荆楚乡风遗存，展现荆楚文化的风貌与魅力。

（2）通过山水保护修复、建筑风貌管控、田园风光塑造、传统邻里回归、风景绿道串联的多种方式，打造让人"记得住乡愁"的美丽乡村景观。

4 全域规划布局及关键控制领域

4.1 全域人口与城镇化水平（表 33-1）

全域人口与城镇化水平一览表　　表33-1

年份	2012 年	2020 年（预测）	2030 年（预测）
常住人口	6.2 万	7.80 万	10.1 万
城镇人口	1.4 万	4.0 万	7.2 万
农村人口	4.8 万	3.8 万	2.9 万
城镇化率	45.8%	50.6%	71.0%

4.2 全域产业发展与空间布局

镇域产业形成"一心两园七片区"的空间布局（图33-3）。

一心：城镇综合服务中心。位于镇区中心，以城镇综合服务功能为主，如农贸市场、商业、居住、文化娱乐。

两园：凤凰山工业园、花马湖商贸物流园。位于镇区西北部的凤凰山工业园，重点发展资源深加工产业、先进制造业，培育中小企业；位于镇域东北部（花湖站周边）的花马湖商贸物流园，以高品质居住、生活型服务配套、商贸物流为主。

七片区：西北部生态绿色农业片区、西部生态绿色农业片区、西南部山地旅游片区、花马湖滨水旅游休闲片区、石桥水库滨水乡村休闲片区、中部生态绿色农业片区、东南部观光休闲农业片区。

4.3 全域生态格局和空间管制规划

4.3.1 生态格局构建

坚持生态优先的原则，运用GIS技术综合分析镇域范围内的基本农田保护区、矿山生态敏感区、雨洪安全格局、现状水系分布等多方面因素，结合公园绿地、防

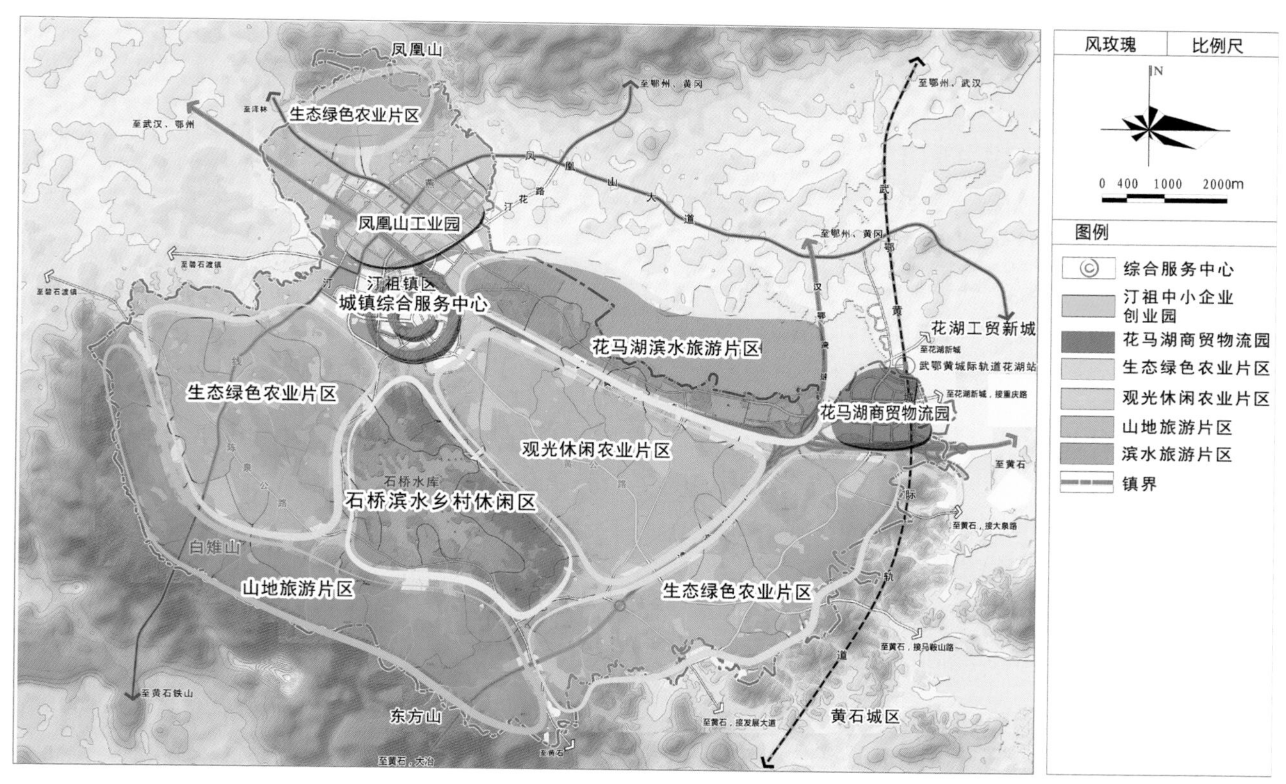

图33-3　汀祖镇域产业布局规划图

护绿地的设置共同构成整个镇域的生态绿地大系统，形成“北峰倚碧水，南山拥星湖，双带串沃野”的整体生态格局。落实在空间上形成了“一心、两廊、三山、多斑块”的镇域生态绿地系统。

4.3.2 镇域空间管制规划

针对汀祖镇当前的城镇建设现状和发展的控制需求，按照整体最优、生态为先的原则和美丽汀祖的要求，以村庄整合发展为出发点，通过空间区划技术，从引导和控制的角度，确定不同性质和用途的空间范围，在规划的实施管理中通过空间管制等手段指导城镇的开发建设和空间环境的保护，以便更好地为下一步实施加快城镇化、城镇集约发展战略和加强城市规划与建设管理提供指引导则；依据《湖北省镇域规划编制细则》，结合生态环境、资源利用、公共安全等基础条件，本规划把镇域划分为禁止建设区、限制建设区、有条件建设区和允许建设区四大类（图33-4）。

4.4 新型城乡居民点聚落体系规划

针对现状松散的镇村体系，通过全域统筹，构建由“镇区—农村中心社区—农村一般社区”构成的新型镇村体系，为全域的城乡空间格局、公共服务配套、交通一体化提供指导。

运用GIS技术综合分析现状居民点的人口规模、用地规模、公共服务设施配套经济性、交通可达性、基本农田分布、矿区分布、雨洪安全格局以及建设用地适宜性等多方面的因素，结合地缘和血缘的因素，按照安全第一、项目优先、地缘就近的原则，对建议迁并村庄按照轻重缓急，进行分期迁并。

规划至2020年形成“一主一副”镇区，5个农村中心社区，37个一般社区的体系；至2030年，对部分农村社区进行迁并，形成主副镇区，8个农村中心社区，16个一般社区的体系。

4.5 全域土地利用布局

4.5.1 城乡建设用地总规模

通过对于汀祖镇域的自然、经济、社会、交通、用地等综合因素的分析，以“立新整旧、完善配套、美化环境、持续发展”为总方针，通过人口与城镇化水平预测与“人口、土地、产业”的分析与土地利用规划协调，确定2030年镇域建设用地面积为1318.62hm^2，占城乡总用地的17.29%，其中城乡居民点建设用地1068.23hm^2，非建设用地6306.49hm^2，占城乡总用地的

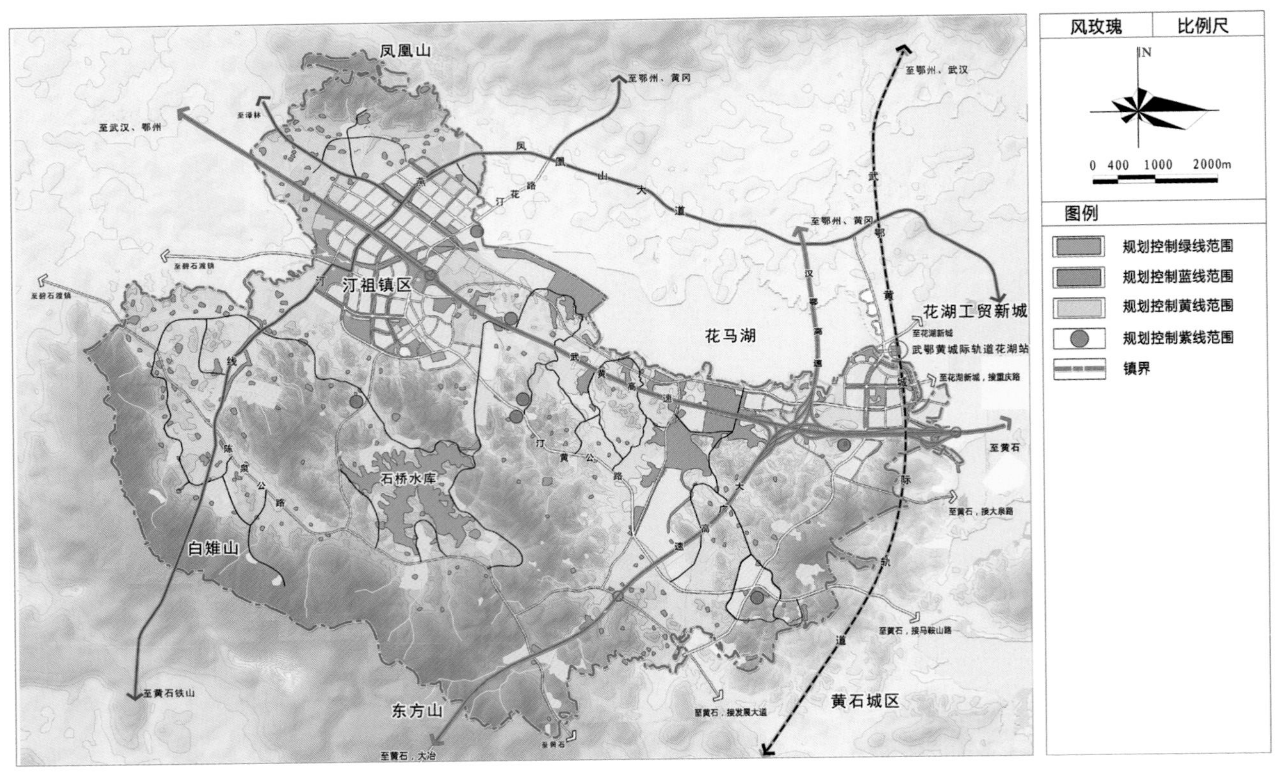

图33-4 镇域空间管制规划图

82.71%（图33-5）。

4.5.2 “两规”协调规划

到2020年，土地利用规划中建设用地面积为1207.19hm^2（其中，包含水库水面86.55hm^2，在镇域规划中，此算作水域面积不纳入建设用地计算），其中城镇用地与农村居民点建设用地总计为863.4hm^2。本次镇域规划至2020年建设用地面积约为1104.31hm^2，城乡居民点建设用地总面积约为863.43hm^2，符合土地利用规划的规模控制要求。

至2030年镇域建设用地面积为1318.62hm^2，其中城乡居民点建设用地1068.23hm^2，分别比土地利用规划2020年的用地规模超出198.80hm^{2}和204.80hm^2，平均每年新增19.9hm^{2}和20.5hm^2。

4.6　全域风景化规划

在新型城镇化发展背景下，从整体区域和城乡统筹的角度，对城市—乡村区域的发展进行整体考虑，既包含了城镇空间的内容，也包括了农村风景化的内容，但更多的是着眼于农村地区的发展和建设。通过全域宜游化、全域宜业化、全域宜居化、全域特色化四大策略，抽取汀祖镇镇域的自然要素与人文要素，通过“点、线、面”系统化的组织，从乡村地区自主发展的角度入手，把新农村建设与新型城镇化紧密联系。

4.7　全域设施配套规划

在“全域风景化”战略的引领下，积极实施覆盖全域的城乡基本公共服务均等化计划，尤其是注重村镇地区的公共服务设施的建设完善，提升乡村基础设施建设水平。

构建由“镇级公共服务中心—农村中心社区级公共服务中心—农村一般社区级公共服务中心”组成的三级公共服务中心体系。

镇级公共服务中心：由位于汀祖镇区的镇级综合服务中心与王边副中心的公共服务次中心组成。其中，镇级综合服务中心是能够为全镇服务的单一设施或具有城镇级职能的综合设施，主要布置在镇区的中心地带；王边副中心公共服务次中心则主要是为武鄂黄城际轨道花湖站的TOD开发提供公共服务配套；刘畈公共服务次中心则主要是对接黄石，提供旅游度假服务。

农村中心社区级公共服务中心：为自身以及周边一般社区提供文化娱乐、商业、医疗、教育、行政等基本公共服务，部分中心社区兼具旅游服务功能。

农村一般社区级公共服务中心：满足村民日常生活

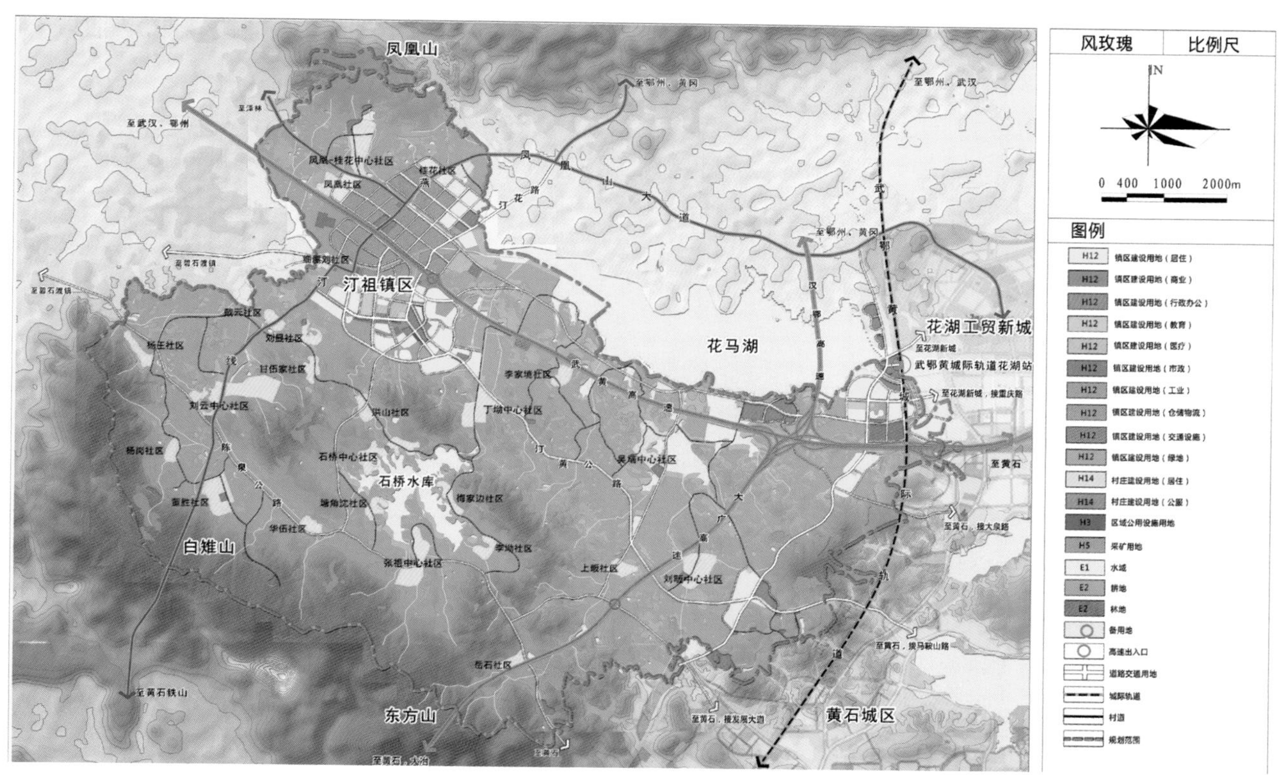

图33-5　镇域用地布局规划图

的公共服务设施以及一般的文化娱乐设施。

4.8 生态修复规划

针对困扰汀祖、由于长期采矿造成的地质环境问题，提出针对性的解决措施。根据矿山地质环境调查结果，对矿山地质环境影响程度进行现状评估和预测评估，分为严重、较严重和一般三个级别并确定空间范围，然后按照"因地制宜，分区治理"的策略，针对三个级别的影响区提出具体的治理内容，形成包含工程名称、治理内容与主要方法三方面内容的重点治理项目表（图33-6、表33-2）。

汀祖镇矿山地质环境恢复治理重点工程

表33-2

	编号	重点治理工程名称	治理内容	主要方法
Ⅰ期	1	陈盛矿区土地恢复与污染治理重点工程	压占破坏土地、废水、废渣	废物清运、土地复垦
	2	龟山铜铁矿—小洪山矿区土地恢复与污染治理重点工程	压占破坏土地、废水、废渣	废物清运、土地复垦
	3	大洪山铁矿土地恢复与污染治理重点工程	压占破坏土地、废水、废渣	废物清运、土地复垦
	4	陈盛地质灾害治理重点工程	滑坡、地面塌陷	挡土墙、排水沟、土地复垦、监测工程
	5	丁祖—丁坳村地质灾害治理重点工程	滑坡、地面塌陷	挡土墙、排水沟、土地复垦、监测工程
	6	大洪山地质灾害治理重点工程	滑坡、地面塌陷	挡土墙、排水沟、土地复垦、监测工程
	7	开裂房屋治理重点工程	房屋开裂	墙体加固
Ⅱ期	1	王边村地质灾害治理重点工程	滑坡	挡土墙、排水沟、绿化工程
	2	尾矿库土壤破坏环境综合整治与土地复垦重点工程	尾矿、废渣	清运、复垦绿化
	3	陈盛港—英雄港水体污染综合治理重点工程	水体污染	污水净化、防渗处理
	4	酸性废水及有毒有害地表废水综合治理重点工程	水体污染	污水净化、防渗处理
	5	淤积沟渠治理重点工程	废渣、尾矿淤积河道	清淤、河道拓宽加固、防渗处理
	6	采石场综合治理重点工程	危岩体、水土流失	拦挡加固、植被恢复
	7	塌陷区居民搬迁重点工程	—	搬迁

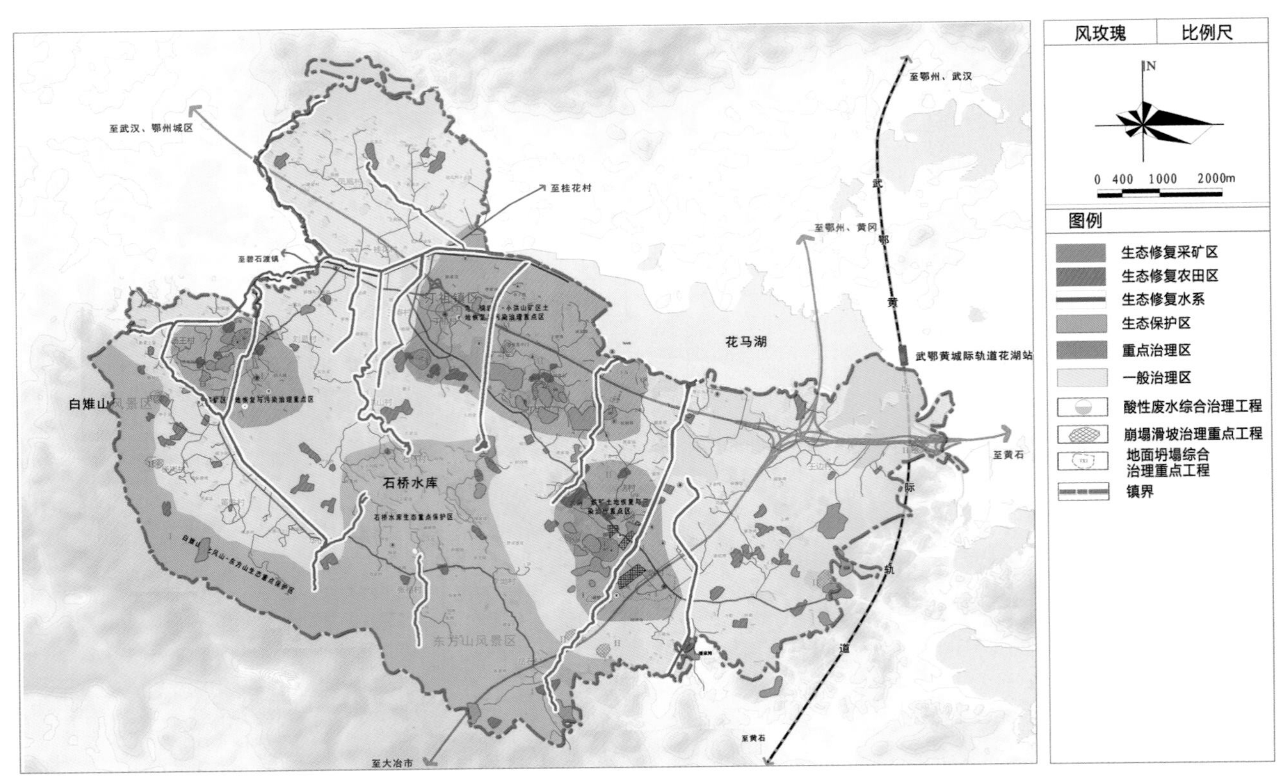

图33-6 镇域生态修复规划图

4.9 全域水系规划

借鉴国内外低冲击开发模式的先进经验，结合汀祖镇规划发展的背景对现状环境本底（以水资源环境为主体）进行分析，一方面根据水流环境特征划分小流域单元，另一方面根据水资源环境的主要问题作相应分析，两者综合得出基于小流域的水综合安全格局分析。在此基础上，划分水环境控制分区，制订管制与引导措施，并规划雨洪利用实施方案。

基于小流域的综合安全风险评价，针对小流域不同水环境安全风险类型（暴雨、水土流失、水源保护、污染）和风险等级（高、中、低），将镇域分为六大排水分区，提出管制与引导策略。同时，通过GIS技术对镇域主要径流进行识别并梳理，选择主要径流路径，通过多种手段进行加固，消除洪涝隐患（图33-7）。

5 镇区规划布局及特点

5.1 现状建设概况

镇区建设发展主要还是围绕老镇区展开，新区建设步伐相对缓慢，近年来逐步沿汀祖大道两侧和迎宾大道两侧向东、南扩展，基本呈以武黄高速与迎宾大道相平行的发展格局。当前存在着土地利用不集约，公共设施用地构成结构不合理以及路网结构体系不完善等问题。

5.2 城镇性质与规模

城镇性质：镇域的政治、经济、文化、信息中心；以资源深加工、先进制造业为主导的工业强镇，鄂黄地区宜居宜业综合型发展城镇。

城镇规模：镇区建设用地规模近期（2020年）为3.0km^2，远期（2030年）为5.6km^2。

5.3 空间结构

综合考虑镇区建设现状用地条件及集中组团式布局特点，规划形成“一心、一带、三轴、五组团”的空间格局（图33-8）。

“一心”——指白雉山路与迎宾大道路交叉口处形成的镇区行政、金融商业中心。

“一带”——指武黄高速防护绿带形成的绿化景观带。

“三轴”——沿洪山路形成的东西向发展轴，可带动镇区中心区域的发展；沿迎宾大道形成的南北向综合发展轴，主要由行政办公商业、居住及绿带构成；沿

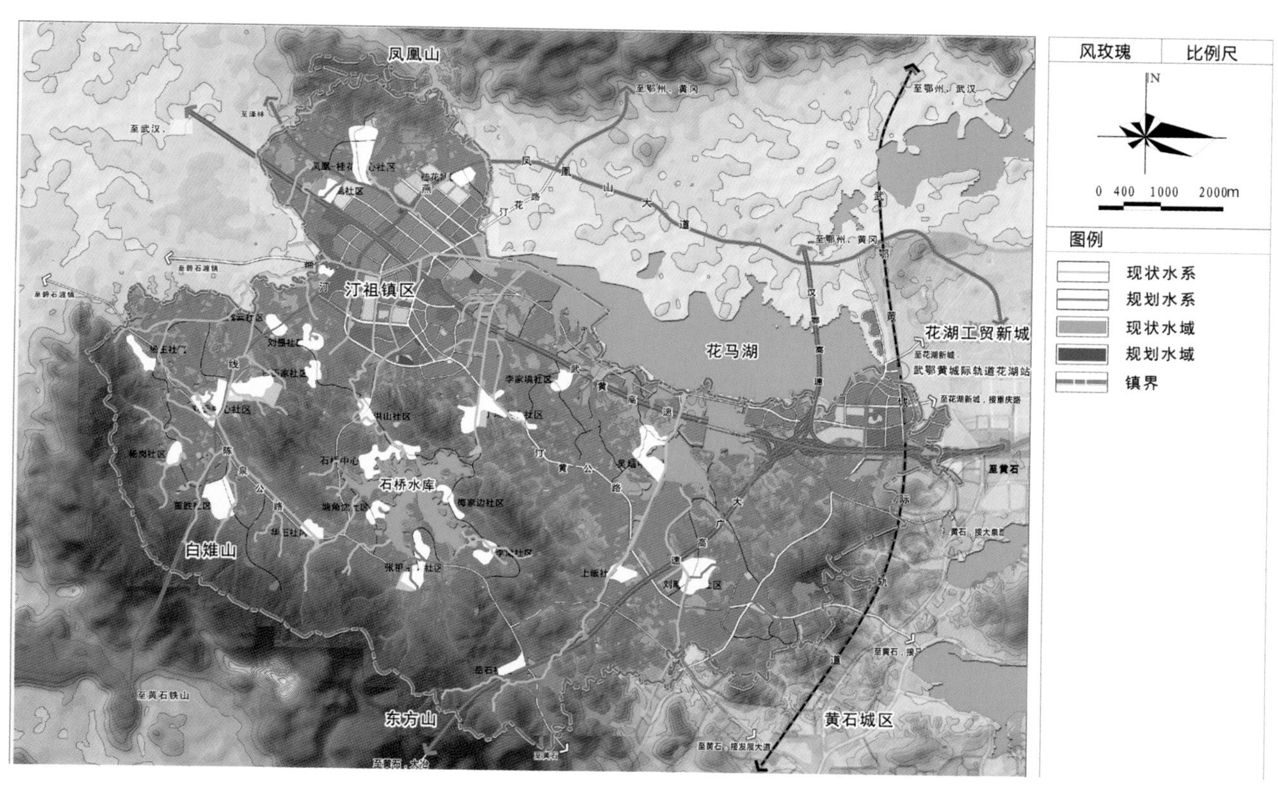

图33-7　全域水系规划图

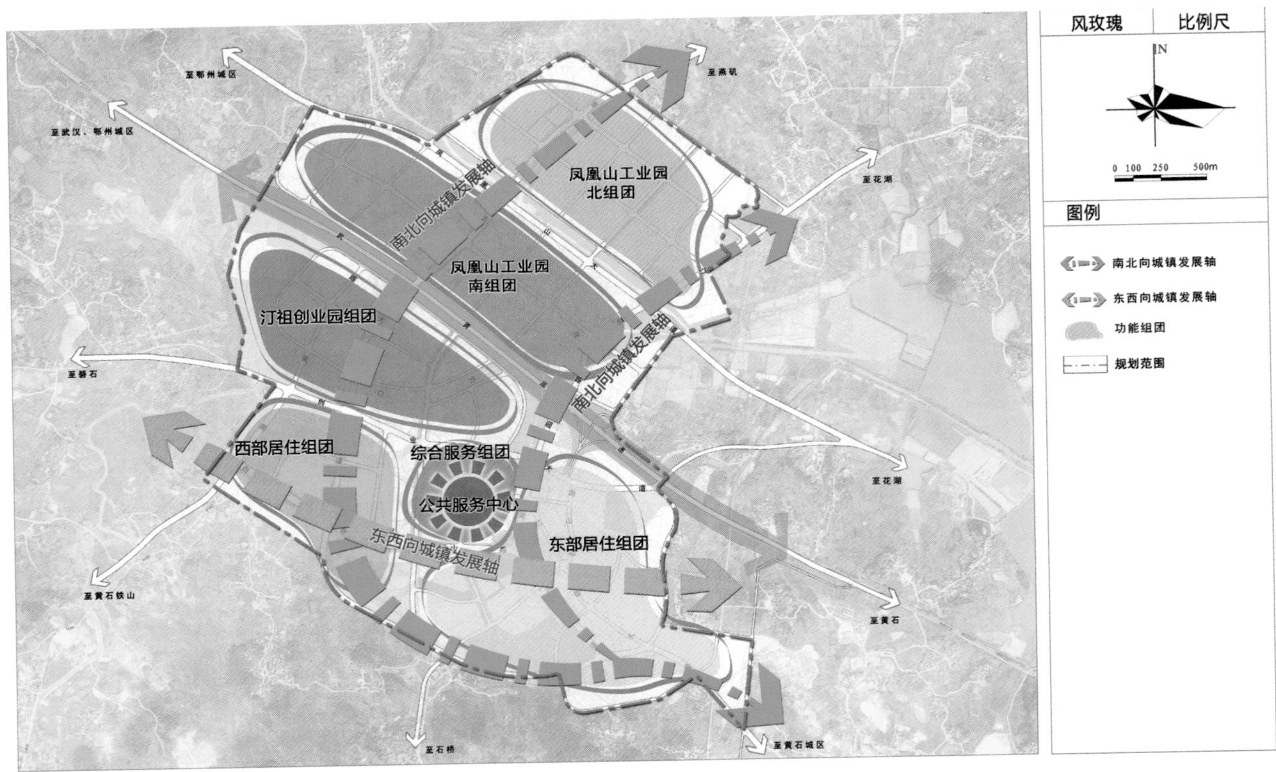

图33-8 镇区空间结构规划图

西部东方大道形成的南北向交通发展轴，沿线主要由商业、居住、工业及绿带构成，加强镇区南北部地区的功能联系，是镇区内重要的交通干道，连接镇区各功能区及作为对外公路，成为汀祖中心镇区城镇发展的主要拓展轴线。

"五组团"——西部居住组团、东部居住组团、汀祖创业园组团、凤凰山工业园南组团、凤凰山工业园北组团。

5.4 重点地区城市设计

本次城市设计选择的区域是位于镇域东部靠近花湖新城的王边新区，随着武鄂黄城际轨道花湖站的开通，结合花湖站建设，汀祖镇意图打造TOD模式的圈层式功能布局，形成以生活型服务配套、商贸物流、高品质生态居住为主要功能的王边商贸服务发展平台（图33-9）。

在建筑形式上：参考荆楚建筑风格，组织建筑布局形式和街道尺度，营造极具荆楚文化氛围的活力区。

在环境营造上：借助丰富的水资源，引水造河，打造舒适宜人的水岸生活，打造生态湿地，为居民提供生活休闲和生态游憩场所。

在生态技术应用上：运用低冲击技术手段，让城市建设尽可能少地影响原有自然环境的地表径流模式，重构城市与自然之间的新型动态平衡。

6 新型农村社区布局与特色

6.1 现状建设概况

汀祖镇下辖1个居委会、19个行政村、267个村民小组。在空间上沿北部汀黄公路与南部陈泉线两条县道分布，整体上经济较为依赖矿产开发，但采矿对居民点安全威胁日益加剧，由于采矿，部分村落已出现地陷。在经济上：发展程度不均，一、三产业不足，有矿产或者靠近镇区的村庄较富有，靠山无资源的村庄相对较穷困；在自然景观上：靠近四峰山、白雉山的村落自然景观较好，平原地区田园景观不突出；在公共服务设施上：各村村级公共服务设施较为齐全，基本不存在服务盲点。

6.2 美丽乡村建设规划指引

规划以"统筹城乡、改善民生"为目标，以"四美"（科学规划布局美、兴业富民生活美、环境整洁生态美、文明和谐特色美）、"三宜"（宜居、宜业、宜游）为建设标准，把汀祖镇的新农村规划为一个全域风景区

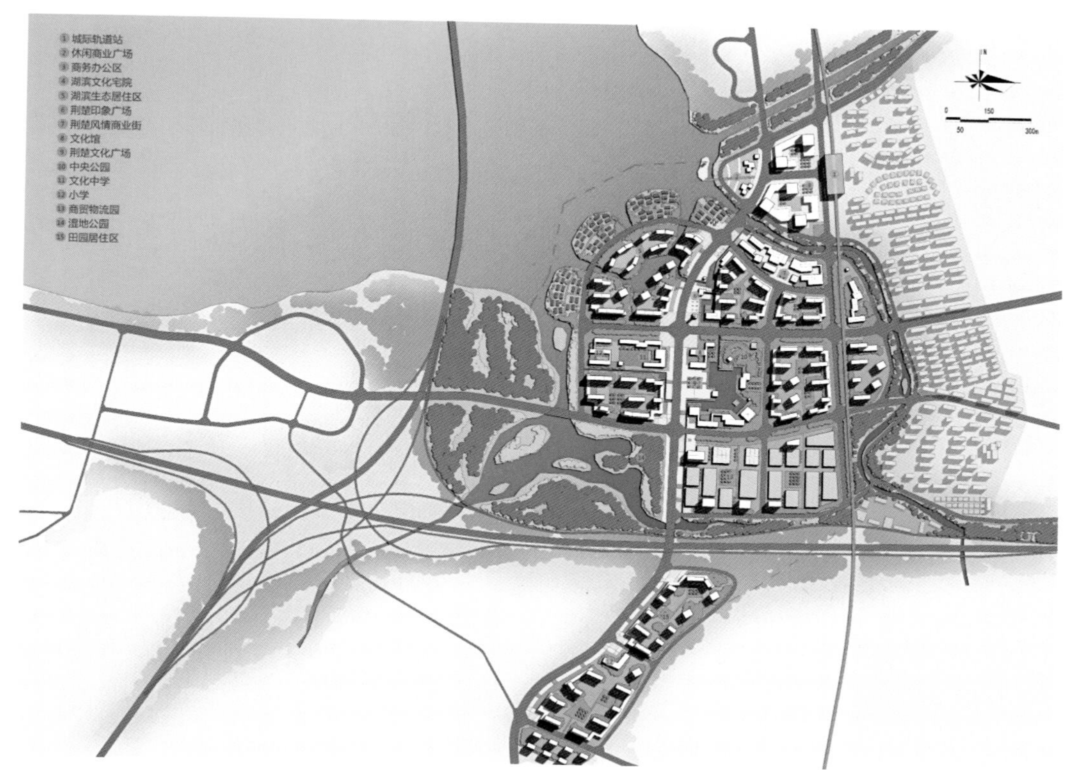

图33-9　王边新区城市设计总平面图

化、“可憩可游、宜业宜居”的美丽乡村，努力构建“富裕和谐活力小镇、祖先移民文化之乡、山清水秀美丽乡村”的美丽乡村大格局，塑造“一村一品、一村一景、一村一韵、一村一业”的总体形象。根据汀祖的现状自然景观资源，以及未来的发展态势，形成了“三区、一环、多节点”的美丽乡村总体空间格局，制定了美丽乡村人居建设、产业发展、环境提升与文化繁荣等四大行动目标细则。

6.3　美丽乡村建设典范——石桥村

6.3.1　发展思路

以“山水特色鲜明、荆楚乡风浓郁的美丽乡村”为发展定位，规划近期以加强公共服务设施建设，提升公共服务水平，整治村庄环境，挖掘传统文化特色，建设旅游休闲服务设施为建设目标，规划远期则通过推进旅游业发展和宜居乡村建设进程，打造具有生态特色、田园风光，并具有较强服务能力及辐射范围的宜居型旅游乡村。

6.3.2　村域规划

规划根据人口规模预测，控制规划期末建设用地规模，并以《鄂州市汀祖镇土地利用总体规划（2010—2020年）》为基础，结合石桥村的发展需求，对石桥村村域用地进行了统筹安排。

规划制定了村庄建设发展指引，以提高村庄居住空间品质、农村土地集约集聚利用为目标，结合镇域整体发展设想，对村庄居住用地划定迁并、保留及改扩建建设范围，并作出具体的分区指引，改善农村居住环境，促进农村居民点建设发展。

在产业发展策略方面，规划提出坚持“一三产联动，特色化经营”的战略，利用良好的自然风光及水库、田园、山地等生态景观，结合荆楚特色及传统祖先文化的挖掘，打造生态农业与乡村小型旅游产品，推动乡村农业及乡村生态旅游业联动发展（图33-10）。

6.3.3　村庄整治与建设

规划在石桥村中选取了塘角沈及王家边两个自然村作为荆楚特色试点建设示范区，对石桥村传统建筑特色进行深度挖掘，并结合对周边传统村落（水南湾）的现状考察采风，对传统元素进行抽取，考虑在实际建设中采用。并罗列出详细的建设计划，利用好自身资源优势，通过建筑立面整饬、环境整治、公共空间优化、景观节点建设、交通组织梳理等措施，打造石桥村荆楚特色试点建设示范区（图33-11）。

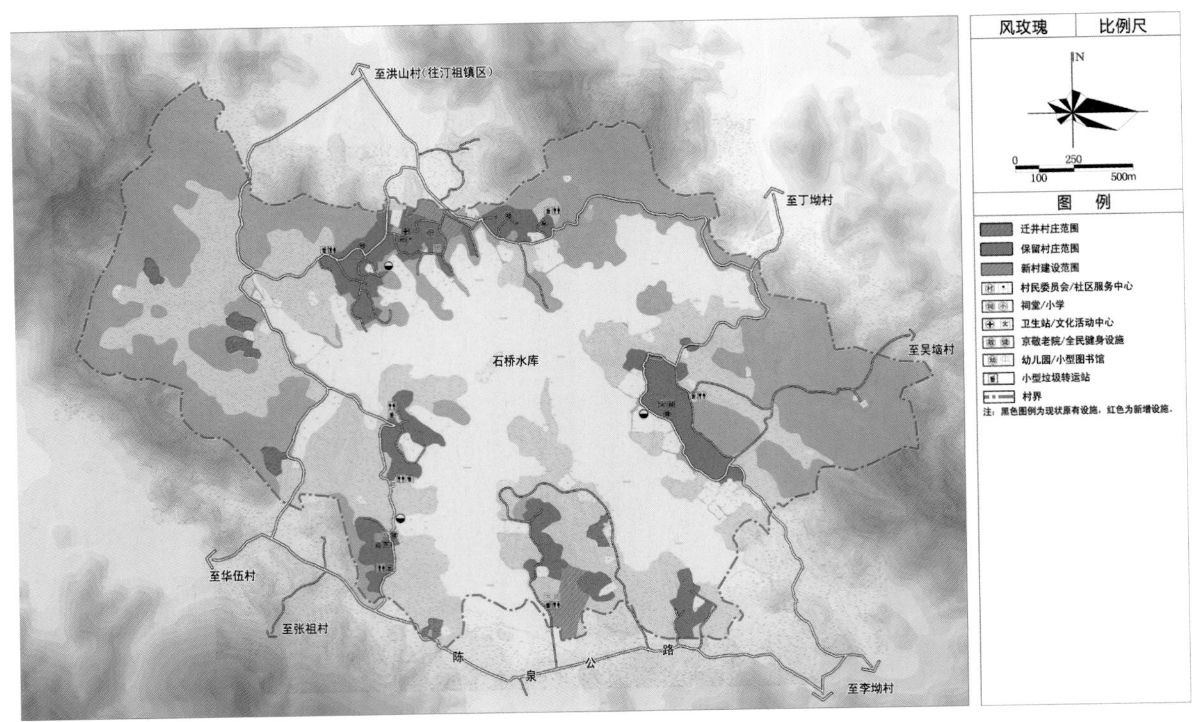

图33-10　村庄建设发展规划指引图

图33-11　村庄整治效果图

7　规划编制特色与创新

7.1　多方协作、分工有序的工作模式

汀祖镇规划由广东省城乡规划设计研究院统筹，鄂州市城市规划勘测设计研究院、武汉大学一起分工协作。从确定规划体系和编制内容开始到规划编制的完成，编制单位与市、区、镇政府领导多次座谈，明确规划方向、了解地方发展诉求；编制单位之间保持密切沟通，保证工作协调有序同步推进；并邀请相关科研单位、专家协助开展专题、专项规划研究。项目形成了设计单位+当地设计院、设计单位+高校、设计单位+政府等多方协作的方式展开各项研究。

7.2　镇村一体、具有针对性的规划体系

在规划中，首先准确地对汀祖的特点进行判读，将其

总结为：“减量规划背景下，区位优势明显的资源型城镇”。

在把握住汀祖发展特点的前提下，规划体系中除依据省“四化同步”编制导则明确要求的规定内容外，还有的放矢地增加工作内容。针对性地提出一二三产联动、区域协同发展、关注生态修复、农村污水处理等规划思路，并在各层级的规划中进行落实。在镇域层面，从区域协调、全域风景化、农村污水处理、小城镇“低冲击”开发等方面进行了深入的专题研究；在镇区层面，通过重点地区城市设计，以更形象地表达规划意图，指导具体建设；在乡村层面，从全域风景化的角度着手，通过石桥村、张祖村、杨岗村等示范村庄建设，做到以点带面、稳步推进，建成生态农业、生态旅游、生态文化特色乡村，推动全镇打造成为“宜居、宜业、宜游”的美丽乡村，最终实现“望山见水，记得住乡愁”。

7.3　经验借鉴，于区域谋发展

在湖北省“四化同步”发展的背景之下，如何破解当前面临的困境，使汀祖的发展模式由“资源依赖的封闭模式”转化成“区域一体的开放模式”，成为了本次规划的关注点。

规划借鉴广东省中心镇建设的经验，从武汉城市圈、周边城市、相邻乡镇三个层面，分别针对空间布局、产业布局、交通一体以及生态和谐四个方面进行区域统筹协调。从区域统筹发展的角度寻找汀祖的发展机遇，明确汀祖应当通过自身的扩容提质在区域空间中发挥中心镇的作用，进而通过凤凰山工业园、王边商贸服务发展平台、刘贩旅游发展平台等“三大平台”的构建，把区位优势转化为发展动力。

7.4　全域统筹，科学构建镇村体系

规划采用GIS技术，根据现状村庄人口与建设规模、区位交通优势度、村民意愿、公共设施服务半径、地质因素（是否覆矿）等因素按权重对镇域村庄进行了整体叠加分析，选择有条件的村庄培育成为未来农村中心社区与一般社区，引导农村人口的集聚。

针对现状松散的镇村体系，本规划通过全域统筹，重新构建合理的镇村体系，为全域的城镇化空间格局、公共服务均等化、交通一体化提出明确方向。

7.5　生态优先，强调生态环境修复与保护

长期过度依赖资源开发造成汀祖生态环境恶化状况严重，在本次规划中，通过与相关科研单位合作，提出针对性的解决措施。首先对矿山地质环境进行详尽的调查，根据调查结果对矿山地质环境影响程度进行现状评估和预测评估，分为严重、较严重和一般三个级别并在图纸上确定空间范围，然后按照“因地制宜，分区治理”的策略，针对三个级别的影响区提出具体的治理内容以及技术手段，最后根据规划期限安排修复时序并项目化。

7.6　以人为本，强调公众参与

现状调研过程中，部门访谈、田野调查与问卷调查三种方式并举，在与政府各主要部门访谈达到对汀祖整体认知的基础之上，通过田野调查与问卷调查的方式，广泛开展民意调查，真正做到全面公众参与。

村庄调研过程中，针对整治型村庄与新建型社区规划侧重点的不同分别设计调查问卷，对全镇19个行政村进行了全面的问卷调查。并视项目需要，对重点村庄进行多次补充调研。

在规划编制过程中坚持公众参与原则，始终把群众的利益放在首位，广泛发动群众参与，整合社会力量，尊重农民群众的意愿，切实解决群众关心的主要矛盾、问题和基本需求。

7.7　方案项目化，制定近期建设项目库

建立涵盖汀祖镇域、镇区、村庄三个层面的项目库，提出相应的项目落地和规划实施的保障措施，实现项目计划、资金计划、用地计划的有机结合，保障规划的具体项目落地实施。此举加强了规划的指导性和可实施性，更好地发挥对城乡建设的引导和调控作用。将近期建设项目以项目库的方式落实，使规划与计划同步协调与衔接，更符合空间合理性、实施可行性和城镇综合效益最大化的要求，实现城乡经济社会、空间、土地的有效结合。

作者单位：广东省城乡规划设计研究院

执笔人：任庆昌、周祥胜

项目负责人：王浩

项目组主要成员：王浩、任庆昌、秦宏志、刘耀林、周祥胜、张青、黄浩、陈伟劲、肖威、孔雪松、王敏、林思旸

34 “港城融合、园镇互动”的潘家湾镇规划

1 现状特征介绍

1.1 区位优势——武汉新港咸宁港区的核心支点

沿海经济带向内地产业转移趋势明显。湖北交通便利、人才集中、水资源充足，有承接长三角、珠三角产业转移之利。

潘家湾处于承接武汉功能外溢的第一梯队，具有先天的区位优势。武汉产业结构升级和城市郊区化的产生为潘家湾产业发展带来新的动力。潘家湾属于武汉新港空间结构中的西部港城集群，处于武咸城镇发展轴上，是咸宁市的北部门户。

武深高速公路、江南沿江铁路、武赤客运专线、咸嘉铁路、客运站、咸嘉港与畈湖工业专用码头等交通设施的建设将会使潘家湾完全融入武汉城市圈发展结构之中，彻底地改变潘家湾发展的格局（图34-1）。

1.2 自然条件——长江孕育，两河滋润，群湖环抱

潘家湾处于长江中游南岸冲积平原，主要受我国东部夏季风影响，降水丰富，所以气候湿润，物产丰富。保持着森林、村庄、农田、水系“四素同构”的大地景观格局。

潘家湾镇北临长江，周边鲁湖、斧头湖、西凉湖群湖环抱，镇区金水河、御马河两条水系从东面南面流过，内部水利沟渠众多，水网密布。河网、多湖的特征形成了特有的风貌。村庄依水而建，或水穿村而过。传统村落星罗棋布，“水网村落”的特点非常明显（图34-2）。

1.3 产业基础——二产一枝独秀，现有产业亟待提升

潘家湾镇目前已经形成特色鲜明的第一产业，并依托初具规模效益的畈湖工业园大力发展新型材料、纺织、农产品加工等优势产业。但总体产业发展失衡，第二产业一枝独秀，主要经济收入来源于第二产业，镇域第一产业运营状况相对稳定，第三产业发展相对滞后。

三大产业发展水平亟待提升。

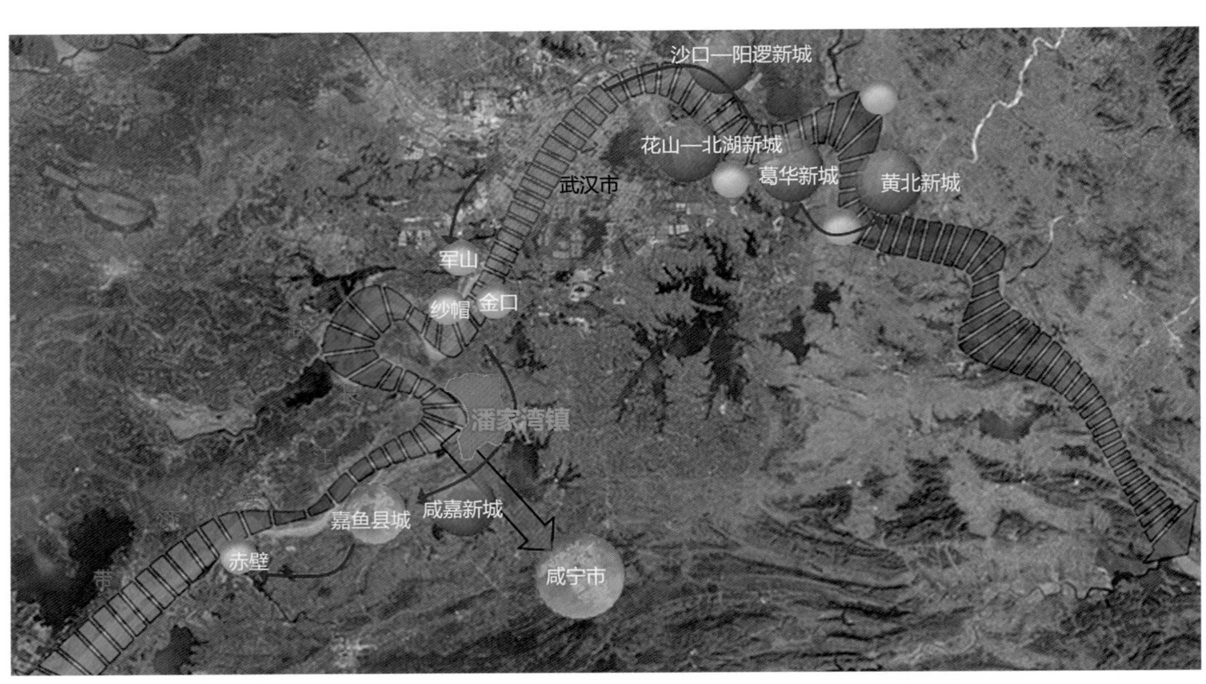

图34-1 区位分析图

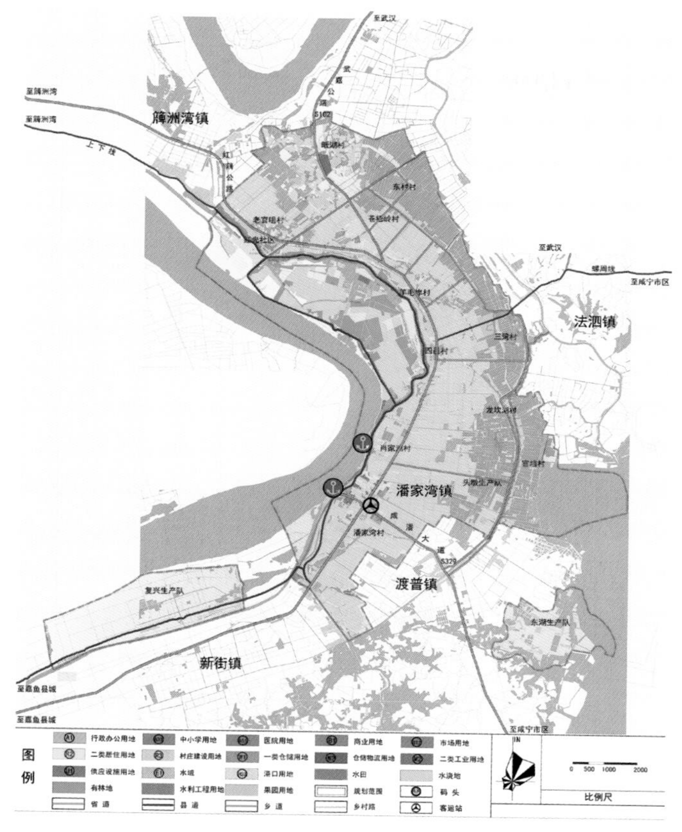

图34-2　综合现状分析图

一产主要发展方向为：水生蔬菜和特色蔬菜等生态农业、观光农业、品牌农业，集中分布在本镇的东村、三湾、龙坎湖、官垱、头墩、东湖等地区，已打造初具规模的百里蔬菜长廊。农业产业发展仅限于种植，升值空间未得到充分挖掘，设施农业、观光农业亟待提升。

二产发展方向主要集中于：化工、纺织服装、蔬菜加工和森工。初步建成了联乐、畈湖两个工业园，工业园区位于上风向，现状承接企业有一定污染性，带来生态环境问题。工业发展势头强劲，初步形成了以工业园为单位的产业集群化效应。

三产发展相对滞后，主要依托现状交通和自然资源发展商贸与现代物流。商贸业集中分布在潘家湾镇区以及畈湖工业园，此外还分布在社区委员会和村民委员会驻地所在的居民点。物流业集中分布于镇区，靠近武赤公路与潘家湾长江码头附近。商贸服务业呈原始发展状态，未形成规模性商贸服务设施，与工业园区发展配套需求相差甚远。

1.4　城镇建设现状——城镇化进程远远落后于工业化

近几年畈湖工业园得到大力发展，但镇区却处于停滞不前的状态，产业发展速度远远超过了城镇建设速度，使得产业发展与城镇建设之间缺乏互动，导致整体可持续发展后劲不足。

另外，由于居民生活水平的改善幅度有限、工业发展与农争地的矛盾逐步加剧、配套服务的落后等原因，潘家湾面临竞争力极速下降的威胁。

在区位有利于承接武汉转移的工业企业的优势下，咸嘉新城的建设需求与工业企业的大量涌入，使目前有限的用地指标远远不能满足城镇发展建设需要。农村地区分散的布局方式，也占用了大量土地资源。在旺盛的用地需求下，用地指标捉襟见肘。

使工业化与城镇化进程同步，实现区域健康可持续发展，是当前需要应对的问题。

2　发展趋势与定位

2.1　发展趋势——借势武汉，项目推动，四化试点

2.1.1　基础设施融入武汉城市圈，产业发展全面对接武汉

20世纪90年代以来，武汉出现了城市圈的雏形。21世纪初，武汉城市圈先后进入了“布网”阶段，并面临着“整合”的艰巨任务。潘家湾处于武汉城市圈核心辐射区，建设城郊一体化的基础设施网络是当前阶段的重要任务，包括轨道交通、高速公路、航空枢纽、海港枢纽、能源供应、水资源供应、污水处理、垃圾处理设施等。

武汉大力发展战略型新兴产业，传统主导优势产业外溢趋势明显。外溢产业主要涉及：钢铁加工制造业、装备制造业、化工业、纺织业等。潘家湾镇位于武汉一小时经济圈内，具有劳动力资源丰富、土地成本较低、产业发展基础良好、与消费市场对接紧密等经济发展优势，未来将有效承接东部沿海经济带对中部地区的产业转移和武汉对周边地区的产业外溢。

完善区域基础设施，积极承接武汉产业转移，可以有效促进潘家湾镇融入武汉城市圈。

2.1.2 畈湖工业园区、咸嘉新城与港区建设，推动城镇发展

畈湖工业园将大力发展新型材料、精细化工、装备制造等产业，为潘家湾带来重大发展机遇。

咸嘉新城作为引领武汉新港的战略支点，策动咸宁发展的产业高地，推动区域协调的创新平台，江湖一体的旅游生态名城，将对潘家湾产生结构性影响。

潘家湾5000吨级码头是咸宁市内唯一的深水码头，建成后将逐步发展成为集货物装卸、船舶货运代理等功能为一体的货物集散中心，对降低运输成本、提高经济效益、促进区域经济发展具有重要作用。

依托港区将建成潘家湾物流聚集园区。园区以码头为依托，开发水陆联运、水铁联运、公铁联运，服务整个湘鄂赣，打造咸宁市最大的物流集散中心，建成湘鄂赣边界综合物流枢纽。《咸宁市咸嘉临港新城总体规划（2012-2030年）》将潘家湾镇区打造为咸嘉新城临港物流区的居住组团。

2.1.3 四化同步试点活动的推动

在湖北省“四化同步”背景下，实践多规合一，潘家湾的土地规划与镇域规划同步进行编制，村镇规划“试点”活动也对村镇建设提出了新的要求。由单纯的注重经济发展与工业化进程转向促进农业现代化、工业化、信息化、城镇化的整体系统发展。

2.2 总体定位——咸宁门户，临港新城，活力潘湾

国家发展改革试点镇，湖北省行政管理体制改革试点镇，新型城镇化发展实践区，经济发达镇；武汉产业转移承接地，武汉新港；咸宁市城市门户，咸嘉临港新城发展主轴上的重要节点，宜居港口新城。

3 “四化同步”战略

全面推进“工业化、信息化、城镇化和农业现代化”四化同步发展是实现新型城镇化的重要途径，也是本次规划的核心战略思想。

“四化同步”的四个方面是相互促进的关系，时序上有相应的时间窗口。潘家湾镇采取分步实施的发展路线：初期工业先行，中期构建框架，远期实现城镇建设与农业现代化、工业化、信息化协调发展。

第一阶段：工业先行，首先发展畈湖工业园，为潘家湾镇发展打好产业基础引擎。第二阶段：构建框架，中期主要加强重点地段和农村基础设施建设，释放农村土地生产力，完善产业发展体系。第三阶段：四化同步，信息化主导提升城镇建设与产业发展，建设美丽乡村，完善四化协调发展。

潘家湾镇的“四化同步”发展面临诸多重要问题：多方发展诉求下村镇空间结构的重构；产业发展失衡，现有产业亟待提升；城镇化进程远远落后于工业化，可持续发展后劲不足；旺盛的用地需求下，用地指标捉襟见肘。

结合潘家湾镇发展实际，本次规划提出“区域协调、三产联动、产城互动、城乡统筹、智慧化”五大战略，解决潘家湾四化同步问题。

3.1 “四化同步”战略一——区域协调

积极融入周边经济发展总体格局，承接武汉产业转移，刺激产业发展和提升。对接簰洲湾、江夏范湖产业发展带，大力发展畈湖工业园建设，推进产业提升。依托咸嘉临港新城，发展潘家湾镇区临港商贸服务物流业、生态设施农业等产业，促进潘家湾镇区发展。

镇区的配套设施欠缺，对周边非农业人口的吸引力较低，成为本地城镇化进程相对缓慢的桎梏之一。特别是在周边城镇同质化严重的情况下，不能从当地享受配套服务，企业家投资的积极性会受到打击。应逐步加强城镇建设和综合服务配套建设，对区域发展起到极核带动作用。

积极对接对外交通网络，强化交通区位优势。增加东西向交通，与武深高速南、北出口对接，强化对外连接。与咸嘉新城规划道路网全面对接，强化临港道路联系，积极融入咸嘉新城建设。增加南北纵向道路，避免武赤公路对镇区的干扰。

3.2 “四化同步”战略二——三产联动

依托临港经济带和畈湖工业园发展，改变二产一枝独秀的局面，形成一产、二产、三产相互依托，三产联动、共同发展的产业格局。

建立新型工业、现代农业、新兴产业综合产业体系。立足潘家湾的资源禀赋，发挥比较优势。对现有产业进行

提升，提高产业准入门槛，推进产业高端化发展。

大力发展特色种植、农产品加工和观光设施农业，增加农民收入，推进农业现代化进程。在完善既有的蔬菜产业链条的基础上完善农业产业链条。

整合一产用地，为工业发展提供空间，快速壮大新型工业，优化工业结构。促进绿色环保化发展，提升功能材料产业水平，通过信息化融合产业。

依托工业和临港经济带的发展，带动潘家湾与红光社区发展，积极发展现代服务业，包括商贸业、金融业、物流业、健康服务业、地产等。

3.3 "四化同步"战略三——产城互动

潘家湾镇域内咸嘉新城与畈湖工业园用地比例较大，未来发展势必形成产城一体的空间格局。规划遵循产城融合的思路，统筹安排各项用地，合理配置公共资源，形成产业与城镇相互支撑，积极互动的局面，保证全域共同发展。

依托咸嘉新城临港组团扩大潘家湾镇区规模，对接临港综合服务功能；依托畈湖工业园区发展红光社区，形成新镇区组团，对接畈湖工业园综合配套功能。形成功能复合、资源共享、产城融合的发展格局。

规划注重达到多方面的效果，包括：产业用地的聚集与整合；产业与城镇公共设施的共享；城镇居民与外来劳动力的吸纳与安置等。

3.4 "四化同步"战略四——城乡统筹

生态优先，构建美丽镇村生态安全格局。从镇域生态敏感资源分析入手，依托现代农业构建镇域生态基质，保留生态廊道与斑块，构建镇域生态安全格局。在此基础上，划定禁止建设区、限制建设区、有条件建设区和允许建设区，作为城乡用地布局的基础。

产业主导，极核带动，实现镇域镇村体系重构。规划结合潘家湾整体发展条件，形成"镇区—中心村"两级结构模式。规划以潘家湾镇区、畈湖工业园红光社区为极核，带动周边村庄聚集，做大镇区，推进新型城镇化进程。

积极推进农村社区化建设，引导中部村庄规模化、集中化发展，释放农村土地生产力。依托传统农牧业，促进产业升级，发展现代农业、生态农业、特色主题农业，推进东部村庄美丽乡村建设。

3.5 "四化同步"战略五——智慧化

智慧化的概念是充分利用数字化及相关计算机技术和手段，对基础设施及与生活发展相关的各方面内容进行全方面的信息化处理和利用，具有对城镇地理、资源、生态、环境、人口、经济、社会等复杂系统的数字网络化管理、服务与决策功能的信息体系。

农业领域实现智慧化，在科研、种植、养殖、加工、运销各个环节集成应用计算机与网络技术、物联网技术等进行农业智能管理。工业领域实现智慧化，实现生产过程控制、辅助设计自动化和经营管理网络化。旅游、商业、金融、交通领域实现智慧化，实现第三产业内部管理现代化和经营服务网络化。

社会公共领域实现智慧化，建立社区信息服务系统、医疗卫生信息系统、社会保障信息系统、人口管理信息系统和城镇综合管理信息系统等。广泛提供网络金融、保险、新闻、娱乐、购物、就业等居家服务；实现管理信息网络化。借鉴成熟的智慧小区建设范例，近期在潘家湾镇和红光社区挑选两个新建小区进行智慧小区试点建设，其他新建小区预留管沟和接口。

政府部门实现智慧化，结合"政府上网"工程实施和政务公开制度实行，实现办公自动化和决策智能化，基本建成电子政府框架。创建"平安城市"，通过三防系统（技防系统、物防系统、人防系统）建设城市的平安和谐，建立网格化社会综治维稳电子平台。

智慧城镇建设中容易出现的问题有：缺乏有效规划，重复建设；信息孤岛现象严重，不能发挥综合效应；缺乏完整、科学的标准体系；缺乏合适的运行管理模式。在智慧化建设中应对以上问题予以规避。

4 镇域规划布局

4.1 人口规模预测——整体统筹，产城融合，职住平衡

潘家湾镇城镇化率较低，城镇化建设速度相对缓慢。整体人口变化不明显。对于镇区人口规模的预测，需统筹考虑咸宁咸嘉临港新城整体情况，以及畈湖工业园与镇区产城融合与职住平衡的要求。

对潘家湾社区人口规模的预测，主要考虑镇区北侧

临港物流园和南部潘家湾产业园产业人口带来的影响。潘家湾镇区快速发展，会吸引周边乡镇人口前来就业并部分居住在镇区，产业园就业人口居住在镇区的比例按15%～20%计算。

对红光社区人口规模的预测，根据《潘湾畈湖化工工业园总体规划》预测的园区产业人口，参考昆山的“候鸟式”就业模式，按12%计算畈湖产业园产业工人在红光社区居住，带眷系数取0.5。

近期到2020年，规划人口8.5万人，城镇常住人口5.5万人，常住人口城镇化率65%；远期到2030年，规划总人口15万人，城镇常住人口12万人，常住人口城镇化率80%。

4.2 完善功能结构——多方发展诉求下的重新定位

多方发展诉求包括：“四化同步”背景下村镇规划“试点”对村镇建设的新要求；“畈湖工业园”建设下规模化、集中化的发展要求；潘家湾—渡普镇“联动发展”的要求；簰洲湾—红光社区产业互补的发展要求；“咸嘉新城”建设带来的发展要求。

为应对多方发展诉求，调整镇域整体功能结构，实现积极融入周边、全域协调、可持续发展。由于历史的关系，潘家湾形成了一镇两区特征，对镇区采取“一镇双心”的空间结构，来契合新形势下面临的多种发展诉求。

规划镇域总体空间结构为沿长江、武赤公路、金水河自北向南形成“三轴、三心、九片”的空间结构。三轴指滨江景观轴、城镇发展轴、生态观光轴；三心指综合服务中心、产业综合服务中心、农业商贸中心；九片指谷洲滨江生态产业区、复兴生产队滨江生态产业区、潘家湾生活组团、临港物流组团、畈湖产业组团、现代农业产业区、农业休闲观光组团、咸嘉新城农业组团、生态水产养殖区（图34–3）。

4.3 完善用地布局——与土规对接，全域规划指引

现状城乡居民点建设用地12.10km^2，人均195m^2。城镇建设用地主要集中在镇区和红光社区，且镇区发育不成熟，缺乏带动作用。村庄已经进行过合并改造，但每个村规模较小，村庄居民点数目众多且分布零散，缺少发展重点。

图34–3 空间结构规划图

规划城乡居民点建设用地16.55km^2，其中城镇建设用地13.09km^2，村庄建设用地3.46km^2，人均城乡居民点建设用地110.33m^2。规划充分挖掘建设用地潜力，城乡用地规划与土地利用总体规划对接，提高土地集约化利用效率，优化用地布局。

近期建设规划尤其与土地规划衔接紧密，以增强可实施性。至2020年，规划城乡居民点建设用地11.33km^2，人均城乡建设用地133.29m^2。近期建设重点区域为：启动畈湖工业园三期建设；发展休闲观光农业、滨江生态产业；初步形成咸嘉港区建设；初步形成红光社区和镇中心区骨架建设；完成四邑、龙坎湖、三湾、官垱中心村改造；完成武深高速公路、镇域水厂、污水处理厂、变电站、燃气站、消防站等重大基础设施建设。

对全域进行分片区规划指引。不仅对镇区进行了用地布局规划，而是覆盖了整个镇域。强调土地的混合开发与高强度开发，参考“步行街区”规划理念，提倡对土地进行混合使用，并以公共交通引导开发为规划原则（图34–4）。

图34-4　土地利用规划图

图34-5　区域关系图

5　镇区规划布局

5.1　潘家湾“一镇双核”理念

5.1.1　提出概念

（1）区域规划建设对现状镇区的影响（图34-5）

因素一，咸嘉临港新城规划。现状镇区周边区域的用地布局和功能结构分区，限制了镇中心的发展。在临港新城的规划用地布局中，潘家湾镇中心区被工业及仓储用地半围合，使得镇区远景发展空间受限。同时，咸嘉新城规划中提出建设以码头为中心的仓储物流区位于现状镇区北侧，对于镇中心区的规模、发展方向、用地结构布局有着重要的影响。

因素二，长江及高速公路。现状镇区西侧为长江，北侧为规划码头控制区，东侧为规划高速公路，使得现状镇区的空间布局和结构关联性受到很大制约。

因此，在未来的咸嘉临港新城建设，以及高速公路运营后，潘家湾基于现状镇区的远景发展会受到一定的空间限制。

（2）畈湖工业区对红光社区的影响

畈湖工业区距离武汉市区不足50km，位于武汉市一小时经济圈内，是承接武汉市未来内部工业外移的重要工业组团之一，未来规划的控制范围不低于10km^2。

畈湖工业园距离潘家湾现状镇区约10km，但紧邻具有一定发展条件的红光社区。

因此，随着未来畈湖工业园的远景建设，未来镇区的部分功能有必要向畈湖工业园周边地区外溢，这就给红光社区的建设提供了条件，具备“一镇双核”的发展前提。

（3）建设“一主一次”双镇区模式

潘家湾现状镇区与镇域的地理关系、未来咸嘉临港新城的建设限制、畈湖工业园区的快速发展等因素，要求镇中心区域的功能应进行外溢，突破单一镇区的发展模式，形成围绕不同功能区的双核发展模式，即着力打造红光社区作为潘家湾的另一功能性核心。

因此，本次规划中提出潘家湾镇的“一主一次、

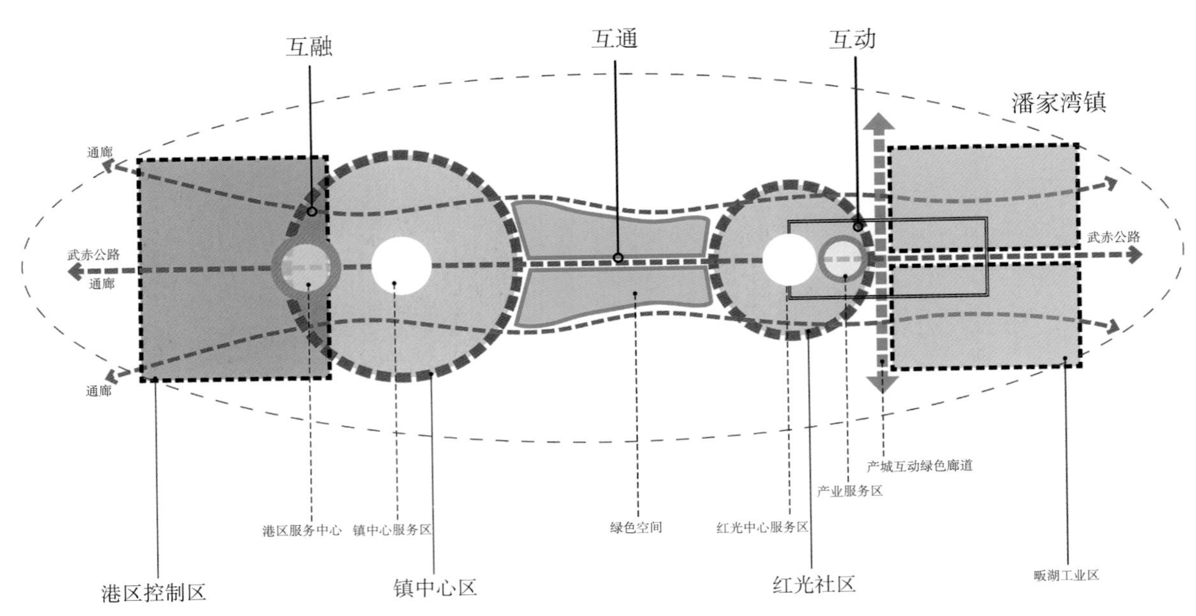

图34-6 区域关系结构分析图

双核联动”发展模式。南部核心位于潘家湾现状镇区区域，为镇中心区，作为整个镇域的服务型主核心。北部的核心位于原老官乡乡政府所在地，以现在的苍梧岭村范围为主，为红光社区，作为潘家湾镇的功能性次核心。

5.1.2 互融、互动与互通

基于本次规划提出的“一镇双核”理念，南部核心区为镇中心区，北部核心区为红光社区。镇中心区依托咸嘉新城港区，红光社区依托畈湖工业园（图34-6）。

（1）镇中心区的港城互融

咸嘉新城规划中将港区布局在潘家湾镇区北侧，与现状镇区相邻。为了使潘家湾镇区的建设能够与港区的发展协调，实现功能互补，提出“港城互融”的概念。

港口可以作为带动城镇发展的重要载体，也是地区经济的增长点，又可以是城镇发展的动力引擎。潘家湾镇中心区的港城互融主要体现在功能上与港区衔接、道路网结构上与港区协调、用地布局上与港区发展相统一。

镇中心区北部与咸嘉新城港区临近的区域在功能上定义为物流综合服务区，以此实现镇区对接港区的意愿；通过镇中心区网格型道路网结构向港区的延伸，强调镇中心区与港区的协调，加强与港区的联系性；镇中心区北部的服务节点，布局区域级商务办公、医疗服务，以及商住等功能，为港区提供相对便利的服务，规划布局一定量的发展备用地，体现为港区远景发展提供相应的弹性空间。

（2）红光社区的产城互动

潘家湾镇红光社区依托畈湖工业园的发展逐渐形成，相对于镇中心区，红光社区具有邻近产业区的巨大优势，为了能够更好地使潘家湾镇区服务于畈湖工业园区，提出“产城互动”的概念。

产业为城镇发展提供资金，城镇为产业发展提供服务。城镇的发展如果没有产业作为支撑，就会失去活力；产业没有城镇作为发展保障，便会缺乏动力。因此，需要产城的互动发展，从而促进城镇综合快速稳定发展，提高城镇的竞争力。红光社区与畈湖产业区的产城互动主要体现在红光社区范围内的功能布局、路网体系以及服务类型定位等。

红光社区与畈湖工业区之间设置30～50m的绿化廊道，近期具有一定的绿化隔离与防护功能，远期结合水系、内部绿网形成产城之间的公共活动空间；红光社区北部设置次级服务节点，布局商业类、多功能类用地，其功能为产业服务、产品展示等，为产业区提供专属的服务功能空间；结合现状路网系统、生活组团分区，设置多条红光社区与产业区的通廊，形成串联产城的环形交通网络。

（3）潘家湾镇的双核互通

通过交通设施加强两个区域的联系，通过三条通廊强化两个社区之间的联系性：

通廊一：武赤公路的升级，作为镇域内部的主要综合型交通廊道。在区域内将优化路网及结构，将现状武赤公路改造，升级为景观性、生活性的城市主要道路。

通廊二：沿堤路的美化，作为镇域滨江区域的景观性廊道。对于沿堤路应进行一定的美化，增加与红光社区、镇区的出入口，利用长江景观，将其升级为景观性区域交通支路。

通廊三：红潘路的建设，作为镇域重要的交通物流廊道。本次规划中，建议将武赤公路的部分过境交通功能外移，结合高压走廊、高速公路选线，使其成为镇域、镇区之间的交通性主要道路。

双核之间的绿色空间作为镇域的农业产业展示区，通过增加美丽村落景观、农业田园景观等强化产业、城镇、村落一体化的关系。

5.2　区域特色分析

5.2.1　区域现状特点

湖北省河湖水系众多，被称为千湖之省。潘家湾作为湖北省的临江小城镇，内部水网水渠交错，湖面水塘较多，同时地处荆楚之地，因此风貌主要体现在两个层次，现状镇区建设特色和自然水系特色。

镇区现状建设体现沿路而兴、依水而居的特点。镇中心区建设保留着小城镇的建筑特点，以多层、低层为主，居住建筑有少量的多层城市住宅，同时存在着大量带状居住院落，“前院后田”、“前院后水”的特点依然存在，但建筑质量较差，缺少城市感。红光社区的建设特色明显，沿街形成的低层带状商业区域体现着整个咸嘉地区的沿路建设特点，但社区中心所在的苍梧岭村建设特色明显，沿水网进行网格式带状布局，同时保持着道路—前院—住宅—后院—水网的格局特点。

镇区内部总体建设量有限，因此水网格局保持良好。镇中心区主要水网为沿现状武赤公路的排水水渠，东西向存在多条水渠，用于灌溉周边农田。红光社区主要水网为沿现状武赤公路和省道330的两条人工水渠，东西向存在多条灌溉水渠，包括红旗渠、东风渠、丰收渠、老官渠等。

5.2.2　特色塑造

结合临江、水网水系众多的特点，提出“引”江绿入城，“造”楚水营居的宏观城市特色建设构想。

引江绿入城，体现在江景的引入和江绿的引入。通过打通多个与江堤之间的绿色通廊，使长江的生态绿色与镇区相联系，同时，在通廊末端建设观景节点，以实现镇区景观借江景而形成。

造楚水营居，主要体现在镇区内水面和水系的塑造，以及水与居住区的融合。规划保留现状镇区的多个池塘，并进行升级改造，形成景观水面节点，各节点之间通过新建和保留的水渠、水系相联系，同时，居住生活区、休闲娱乐区围绕水系和水面进行建设，实现楚水环城的理念。

5.3　临江而成、依港而兴的镇中心区建设

5.3.1　目标与定位

潘家湾镇中心区是长江中游地区的宜居服务节点，嘉鱼县的生态宜居新镇，咸嘉新城港区的综合服务区，潘家湾镇的核心区。为咸嘉临港新城未来港区建设提供完善的服务功能，作为咸嘉新城的重要组团，为潘家湾整个镇域提供综合服务功能、生活居住功能。

5.3.2　发展方向

镇中心区现状建成区为不规则方形，面积约为2.5km^2，围绕现状武赤公路西侧（省道102）、咸潘公路（省道329）两侧发展建设，“因路而兴”的特点明显。

针对现状建成区域周边发展条件，向北发展受到咸嘉临港新城港区规划的限制，可拓展区域约1.5～3km^2；向西受到长江及其防护堤的影响，基本无可建设空间；向南受到镇域南边界的影响，可拓展空间约为3～4km^2；向东受到武深高速的选线以及未来建设的影响，高速以西建设空间有限，约为1～1.5km^2，跨过高速向东发展空间较大，因此建议跨高速向东拓展2～3km^2，作为镇中心区的建设控制区域。

本次规划镇中心发展应以向南发展为主，向北发展为辅，跨高速向东发展为远期目标。即：南扩、北展、东越、西禁。

5.3.3 规划布局

（1）规划结构：“一心、一轴、三带、三区”

一心：综合服务核心区。围绕现状镇区的武赤公路和咸潘大道交叉口的镇级商业区进行升级建设，同时结合镇政府周边的可建设土地，打造潘家湾镇的综合服务中心。

一轴：中心码头至咸嘉新城东西向沿咸潘大道形成的城市服务轴线。咸潘大道是潘家湾镇与咸嘉临港新城相联系的主要交通干线之一，规划沿咸潘大道在原有基础上形成城市东西向服务轴线。

三带：沿江绿化景观娱乐观光带、沿高速绿化景观休闲带、中心武赤公路改造后形成的南北向小城镇景观风貌带。沿江绿化带的建设主要与现状江堤路、规划沿江路相呼应，镇中心区范围内沿江堤绿带控制在不低于50m，规划设置相应的景观休闲节点，并可结合江堤观景平台进行建设；规划武深高速公路和武嘉客运专线铁路东西向穿过镇中心区西侧，防护绿带宽度100～300m左右，应充分利用绿带景观条件，使其成为城市的视觉绿轴，并进行少量休闲设施建设；现状武赤公路是镇域村落、镇区组团之间联系的主要道路，也是对外的重要通道，具有镇区建设展示作用，因此，规划为城镇建设型的景观风貌带。

三区：南部生活宜居区、北部物流综合服务区、东部设施农业建设区。南部生活区位于镇中心区现状建成区以南，是镇中心以生活居住为主的区域；北部物流综合服务区位于镇中心区现状建成区以北，是作为咸嘉临港新城港口区配套服务的区域；东部设施农业区位于规划武深高速公路以东，体现镇中心区跨高速发展的形式，但高速路对于区域发展影响过大，因此建议该区域与镇域宏观结构相协调，作为农业建设区的延伸，重点发展设施农业建设，并围绕农业建设民俗旅游服务设施。

（2）用地规模

本次规划镇中心区控制范围总面积为1331.01hm^2。其中，镇建设用地总面积为677.16hm^2，区域交通设施用地315.02hm^2，区域公用设施用地88.16hm^2，发展备用地72.5hm^2，非建设用地168.17hm^2。结合镇中心区居住用地总量，预测人口容量在8万～10万人左右。

5.4 沿路而成、因园而建的红光社区建设

5.4.1 目标与定位

红光社区是嘉鱼县产业配套生活服务组团，畈湖工业园产业服务中心、生活配套中心，潘家湾镇的次核心。为畈湖工业园提供相应的配套服务，并依托产业发展形成相对应的高端服务中心。同时，红光社区承接镇区部分服务功能。

5.4.2 发展方向

红光社区现状建成区为带状，面积约0.5km^2，包括沿武赤公路两侧的长约1km的商业街区，以及苍梧岭社区现状村民居住区，与镇中心区类似，“沿路而兴”的特点显著。

针对现状及周边建设条件，现状建成区北部为畈湖工业区，镇区拓展空间有限；南部为长江及其流域控制范围；西部地区建设用地充足，为农田及少量村落；东部该地区约3km^{2}用地可用，以农田村落为主。

建议红光社区发展以向东西两侧延展为主。即：北禁、西扩、南限、东拓。

5.4.3 规划布局

（1）规划结构形成“两轴、三中心、四组团”

两轴：升级改造现状武赤公路两侧的商业街区，建设南北向沿道路的武赤公路综合服务轴；通过红光社区的整体建设，打通东西向连接武赤公路、红潘路以及红簰公路的红光新区综合服务轴。

三中心：结合两条轴线、周边的发展因素布局三个中心区。北部产业展示服务中心，作为红光社区以北畈湖工业区的主要服务中心，是区域级的工业产品展示、产业配套服务功能的城镇节点。中部综合服务中心，是潘家湾镇区的次级服务中心、红光社区的综合服务中心，为居住、工作在社区及周边地区的居民提供服务的核心区域。南部的农产品综合服务中心，与红光社区以南、镇域中部地区的农产品生产基地相呼应，打造区域级的农产品展示、销售等多种功能的城镇节点。

四组团：红光社区北部与畈湖工业区呼应，形成两个组团，分别是产业配套生活组团、产业配套综合组团；南部地区结合现状民居特色、水系水塘的自然条件以及原老官乡政府驻地的历史因素，打造红光社区特色宜居休闲组团；东南部地区围绕周边地区村落的搬迁，建设大型的红光综合生活组团（图34-7）。

（2）用地规模

规划红光社区控制范围总面积为733.80hm^2。其

图34-7　用地布局规划图

图34-8　协调发展规划图

中，镇建设用地总面积为642.16hm²，区域设施用地51.57hm²，非建设用地40.07hm²。结合红光社区居住用地总量，预测人口容量在6万～8万人左右。

6　规划思路总结

6.1　港城融合——镇区中心区与咸嘉临港新城的协调

咸嘉新城是引领武汉新港的战略支点，而依托港区的潘家湾物流聚集园区将服务整个湘鄂赣。两者为潘家湾带来新的发展要求，对潘家湾的规划定位产生了决定性的影响，未来潘家湾将成为“咸宁门户，临港新城，活力潘湾”。

在综合交通规划方面，一系列重大交通设施的建设将会使潘家湾完全融入武汉城市圈发展结构之中。规划必须积极应对港城融合，对接对外交通网络，强化交通区位优势。

镇中心区内建设武嘉赤客运专线潘家湾站和长途客运站；规划畈湖工业园区专用码头和咸嘉新港两处码头作业区。完善核电码头建设，积极推动江南沿江铁路、武嘉铁路、武嘉赤客运专线建设。在港区形成长江、京广水铁联运枢纽，使武汉港与京广线相互联通。镇中心区与咸嘉新城规划道路网全面对接，强化临港道路联系，积极融入咸嘉新城建设。

规划重视镇区中心区与咸嘉临港新城功能及空间的协调。依托咸嘉临港新城，发展潘家湾镇区临港商贸服务物流业、生态设施农业等产业，促进潘家湾镇区健康发展（图34-8）。

6.2　园镇互动——“一镇双心”与两大园区的统筹

由于咸嘉新城与畈湖工业园在潘家湾镇域内用地比例较大，而潘家湾已有一镇两区特征，未来势必形成产城一体的空间格局，对于镇区规划采取“一镇双心”的空间结构。

畈湖工业园区、港口物流区与镇区中心区、红光社区的统筹关系，影响并决定着潘家湾镇规划的方方面面，比如：镇域整体功能结构的确定；产业用地的聚集与整合；产业与城镇公共设施的共享；对城镇居民与外来劳动力的吸纳与安置等。

由于用地指标的限制，规划必须遵循清晰的结构判断，审慎地布置用地。

首先整合一产用地，规划空间布局为“两片”，即畈湖工业园区和港口物流中心。畈湖工业园区位于红光社区北面，原畈湖村，依托现状基础，大力发展仓储物流产业、功能材料、化工制造产业以及装备制造等相关的高新技术产业。港口物流中心位于现状潘家湾社区北部，沿长江沿线带形布置。重点发展船舶制造、装备制造、机械制造、农副产品深加工及生态农业。

三产用地的规划空间布局为“双心”，即产业综合服务基地和综合服务中心。产业综合服务基地位于红光社区，重点搭建产业管理平台、信息平台、商贸物流平台、电子交易平台、建设建材城等商贸服务设施。综合服务中心位于潘家湾社区，重点发展生活、商贸、文化、物流等综合性服务产业，旨在提高居民生活水平，为全镇提供综合性服务。

规划以潘家湾镇区、红光社区为极核，带动周边村庄聚集，推进新型城镇化进程。形成功能复合、资源共享、产城融合的发展格局。

依托咸嘉新城临港组团扩大潘家湾镇区规模，对接临港综合服务功能，逐渐吸纳肖家洲村、复兴生产队、头墩生产队的人口，在潘家湾村（老镇区）形成潘家湾社区。依托畈湖工业园区发展红光社区，对接畈湖工业园综合配套功能，逐渐吸纳畈湖村、东村村、老官嘴村、羊毛岸村的人口，在苍梧岭村形成红光社区。

工业园区的起步发展阶段一般持续15~20年，前十年为工业园区高速发展期，2012年潘家湾镇人口机械增长率已经达到75.6 ‰。对于人口规模的预测，规划统筹考虑咸宁咸嘉临港新城整体情况，以及畈湖工业园与镇区产城融合与职住平衡的要求。

其他专项规划同样重视“一镇双心”与两大园区的统筹协调。比如，综合交通规划形成“六横三纵”的镇域综合交通路网骨架，并将潘家湾镇纳入嘉鱼县公共交通体系。近期建设规划则侧重初步形成潘家湾发展骨架，使咸嘉门户形象初显。近期建设重点包括：启动畈湖工业园三期建设；初步形成咸嘉港区建设；初步形成红光社区和镇中心区骨架建设。

综上可见，对于“一镇双心”与两大园区的统筹考虑，贯穿规划编制的始终。

作者单位：城市科学规划设计研究院有限公司

执笔人：王月波、陈廷龙

总负责人：范辉

镇域负责人：陈廷龙　　参与人员：胡明双、刘冬梅、王丽、沈越、项頔、李永昌

镇区负责人：王致明　　参与人员：王月波、王慧媛、黎亮、王建伟、韩露

第三部分
山地地区乡镇规划实践探索

35　山地地区乡镇发展特征及规划对策

1　山地地区乡镇现状特征与问题分析

1.1　现状特征

1.1.1　人口分布特征

（1）人口向镇区集聚

根据统计，以杨寨、龙凤、松柏、陈贵、茶店五个山地地区乡镇为例，除了杨寨和龙凤以外，其他山地型乡镇镇区人口占全域人口的比例均超过了45%以上，其人口向镇区集聚的分布特征明显。其中，松柏镇人口向镇区集聚特征最为明显。全镇辖 2 个街道办事处和 8 个行政村，两个街道办事处（即镇区）的总人口超过2万，镇区人口占全域人口比例超过70%（表35-1）。

湖北省山地地区“四化同步”示范乡镇现状镇区、镇域人口一览表　表35-1

乡镇名称	杨寨镇	龙凤镇	松柏镇	陈贵镇	茶店镇	合计
镇区人口（万人）	1.48	0.94	2.10	3.00	1.70	9.22
全域人口（万人）	5.42	6.87	2.98	6.62	3.70	25.59
镇区人口占全域人口比例（%）	27.30	13.68	70.50	45.32	45.95	36.03
城镇化率（%）	27.31	17.00	70.50	45.00	45.50	—

资料来源：《湖北省“四化同步”示范乡镇系列规划》

（2）人口沿河谷集中

在山地型乡镇中，河谷川道地势平坦，土壤肥沃，有灌溉条件，热量充足，良好的资源组合为农业生产提供了好的基础，人口沿河谷集中的特征明显。以松柏镇为例，沿青阳河的河谷地带人口较为集中，沿线分布了松柏镇区和6个村庄，其中镇区人口2.1万人，6个村庄人口共计8235人，河谷分布人口占整个松柏镇全域人口的98.10%，松柏镇的绝大多数人口都分布在青阳河的河谷地带。在龙凤镇，浑水河、带水河和涂家河河谷地带人口密度大，大部分居民点沿河分布（图35-1）。

（3）人口沿路聚集

道路是连接居民点的重要交通网络，由于交通便捷性及其带来的经济效益，人口密度随着离道路距离的增加而递减，人口沿道路集聚的特征明显。对于山地乡镇来说，国道、省道两侧沿线都是人口、村落分布密度较高的地区。如松柏镇307省道沿线、龙凤镇318、209国道沿线、杨寨镇107国道沿线（图35-2）、陈贵镇315省道沿线（图35-3）都是人口分布密集的地区。

（4）城镇化增速缓慢，异地城镇化现象严重

山地乡镇平均城镇化水平低下，增速缓慢，导致大量农村人口选择外出务工，乡村人口持续减少，形成较为严重的异地城镇化现象。杨寨、龙凤、陈贵、茶店镇的城镇化水平均低于湖北和全国的城镇化水平。其

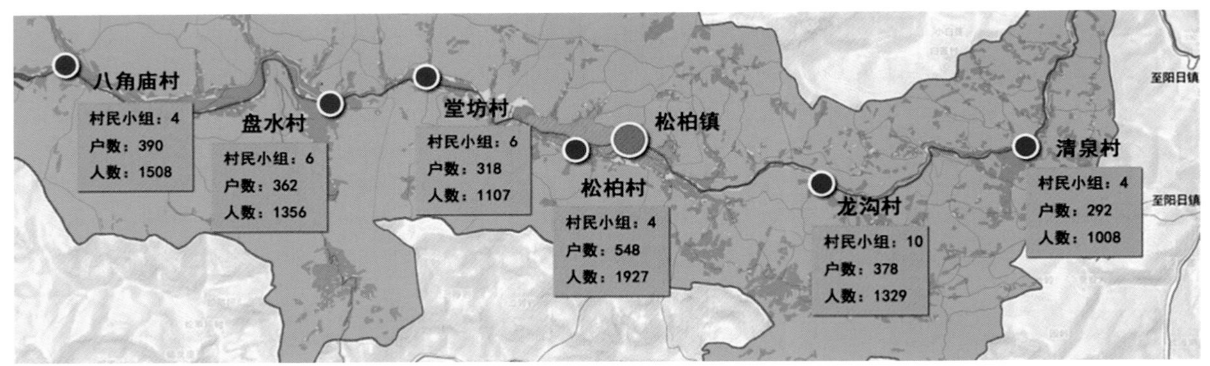

图35-1　松柏镇青阳河沿线村庄人口分布现状图

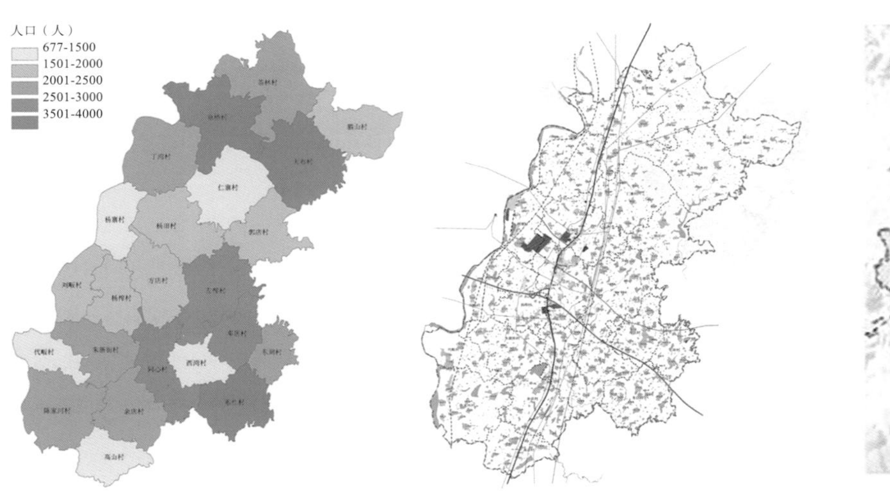

图35-2　杨寨镇107国道沿线人口分布密集

图35-3　陈贵镇315省道沿线人口分布密集

中，龙凤镇 2012年城镇化率仅为17%，与恩施市、湖北省、全国的平均水平相比较，分别低了17.5、36.5、35.57个百分点，还处于城镇化初级阶段（表35-2、图35-4、图35-5）。陈贵镇中心城镇人口向外流失明显，镇区人口统计数据为3万人，实际常住人口仅1万人左右，镇区人口集聚能力明显不足，城镇就业吸纳力不足，农民外出务工现象较多。

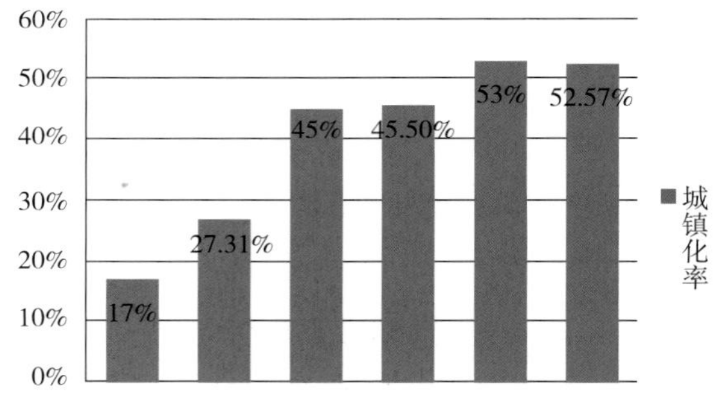

图35-4　山地乡镇城镇化率柱状图

2012年湖北省山地地区“四化同步”示范乡镇现状城镇化率一览表　　表35-2

乡镇名称	杨寨镇	龙凤镇	陈贵镇	茶店镇	湖北省	全国
城镇人口（万人）	1.48	0.94	3.00	1.70	—	—
全域人口（万人）	5.42	6.87	6.62	3.70	—	—
城镇化率（%）	27.90	17.00	45.00	45.50	53	52.57

资料来源：《湖北省“四化同步”示范乡镇系列规划》

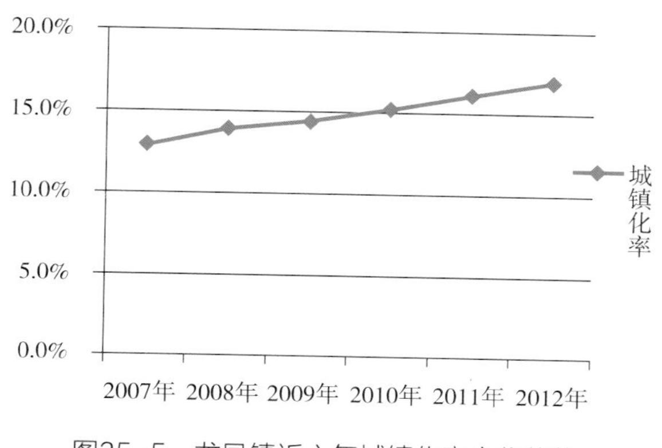

图35-5　龙凤镇近六年城镇化率变化趋势

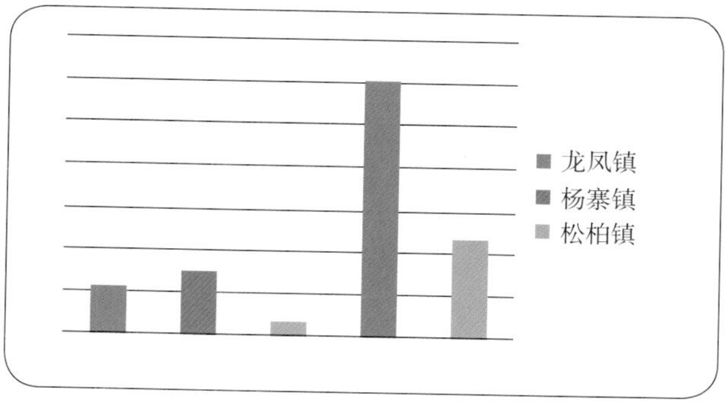

龙凤镇
杨寨镇
松柏镇

图35-6　2012年五个山地乡镇GDP柱状对比图

1.1.2　产业发展特征

（1）经济基础薄弱、外向度低

由于山地特殊的地理环境，导致山地地区乡镇的道路交通等基础设施建设难度较大，其配套设施与其他地区乡镇而言相对落后，尤其是在对外交通方面。在分析研究的五个乡镇中，现状只有杨寨镇、陈贵镇境内两个乡镇有高速公路通过并在其境内设置有出入口，十堰市的茶店镇和恩施市的龙凤镇虽然有高速公路通过，但高速出入口在其境外，其他都是靠传统的国道、省道、县道及铁路等与外部进行联系。由于交通运输能力不强，使得里面的“山货”出不去，外面的“工艺”进不来，从而导致山地地区乡镇对外经济联系度较低。

通过分析对比五个乡镇2012年的相关经济数据可以发现，由于大冶市的陈贵镇有丰富的矿产资源与较优的综合交通条件，国内生产总值较高，达到60.5亿元，其次是十堰市的茶店镇，为23.4亿元，其他传统型的山地地区乡镇大多在15亿元以下（图35-6）。

（2）依托资源禀赋程度高、工业化水平低

通过对五个山地地区乡镇的一二三产的产业类型的统计分析发现，五个乡镇的产业门类呈现出一定的相似特征。其中，第一产业大多是依托自身资源的产业，比如传统的农业、种植及畜牧养殖业。而第二产业则主要是依托一产而发展农副产品加工，或者像大冶市的陈贵镇一样依托自身矿产资源发展矿产业及周边产业。第三产业则主要是满足当地居民基本需求的零售类的生活性服务业（表35-3）。

可以看出，山地地区乡镇产业依托资源禀赋程度高，除了矿业重镇陈贵镇以外，其他山地型乡镇较城郊型、平原型乡镇工业总产值较低，工业化水平偏低，目前大多数还停留在“靠山吃山”的发展阶段（表35-4、图35-7）。

湖北省山地地区“四化同步”示范乡镇现状产业门类统计表　　表35-3

名称	一产门类	二产门类	三产门类
恩施市龙凤镇	传统种植业、养殖业	农副产品加工业、矿产建材业、农机具制造业、农用化工业	餐饮服务、物流、批发零售、房地产、城郊休闲旅游
随州市杨寨镇	农业及畜牧业养殖为主导	冶金、纺织、建材加工	传统的零售业、餐饮、物流业等
神农架松柏镇	以蔬果种植与养殖为主导	中药材深加工、保健食品开发、山野菜深加工、农产品保鲜物流	以传统的零售业为主
大冶市陈贵镇	以农业、种植业、畜牧业及渔业为主	矿产业、食品加工业、纺织服装业等	传统的服务业以外，还包括旅游业
十堰市茶店镇	以农业、种植及养殖业为主导	以汽车及零部件加工、建材加工、生物医药、农副产品加工等为主	以零售业、餐饮、物流等传统服务业为主导

资料来源：《湖北省“四化同步”示范乡镇系列规划》。

各乡镇工业产值一览表　　表35-4

乡镇类型	乡镇名称	工业总产值（亿元）
大城市城郊型	龙泉镇	175.4
	安福寺	42.6
平原型	彭场镇	97.2
	岳口镇	60
山地型	龙凤镇	5.56
	杨寨镇	44.13
	神农架	0.62
	陈贵镇	150.44
	茶店镇	55.3

资料来源：《湖北省“四化同步”示范乡镇系列规划》。

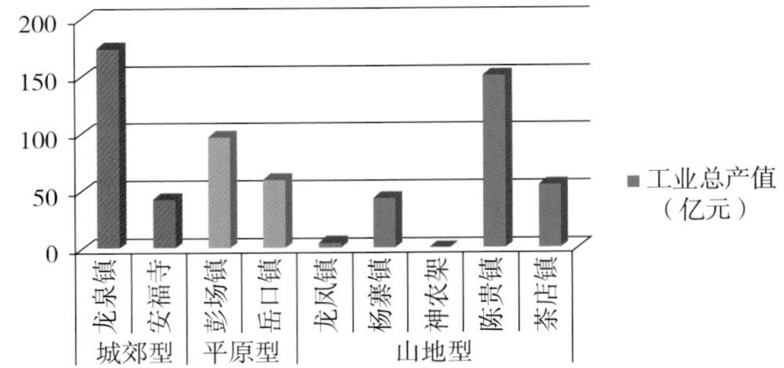

图35-7　2012年各乡镇工业总产值柱状对比图

山地各乡镇三产从业人口一览表（人）
表35-5

乡镇名称	第一产业从业人员	第二产业从业人员	第三产业从业人员
恩施市龙凤镇	16913	6885	5600
广水市杨寨镇	21908	2898	6561
神农架林区松柏镇	2428	997	1393
大冶市陈贵镇	3274	23521	13202
十堰市茶店镇	13652	101	8905

资料来源：《湖北省“四化同步”示范乡镇系列规划》。

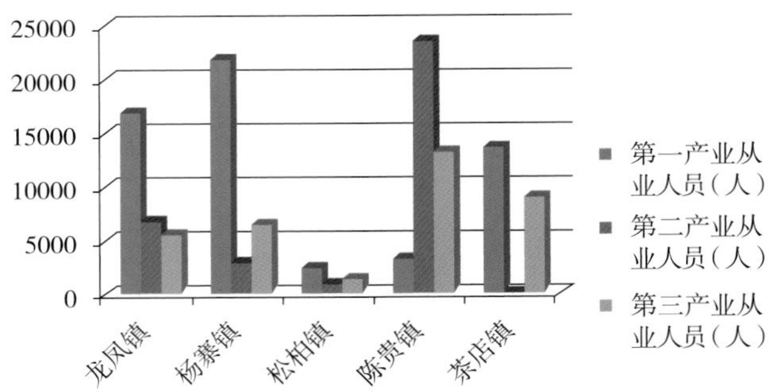

图35-8　2012年五个乡镇三产从业人口柱状对比图

（3）一二产均衡、三产较弱

通过对五个山地地区乡镇三次产业结构分析得出，目前各乡镇三产结构相对稳定，并且呈现出“一、二、三”的特征，一、二产业产值相对均衡。

目前，五个乡镇的第一产业与第二产业共占国内生产总值的80%以上，占据绝对的主导地位，一、二产是山地地区各乡镇经济及财政收入的主要来源。同样，在这些地区第三产业普遍较弱，而且产业层级较低，大多是传统的满足当地居民生活配套的零售业。虽然有些乡镇有较好的旅游资源，如神农架林区的松柏镇，但由于基础配套设施的滞后，旅游业发展还处于起步阶段（表35-5、图35-8）。

1.1.3　空间格局特征

（1）沿河谷沟域带状生长

河谷川道地势平坦、水源充足、土壤肥沃，有灌溉条件，热量充足，良好的资源组合为农业生产提供了好的基础。村镇和居民点的斑块大且密，沿河道两岸成明显的带状分布，村镇空间格局呈沿河谷沟域带状生长的

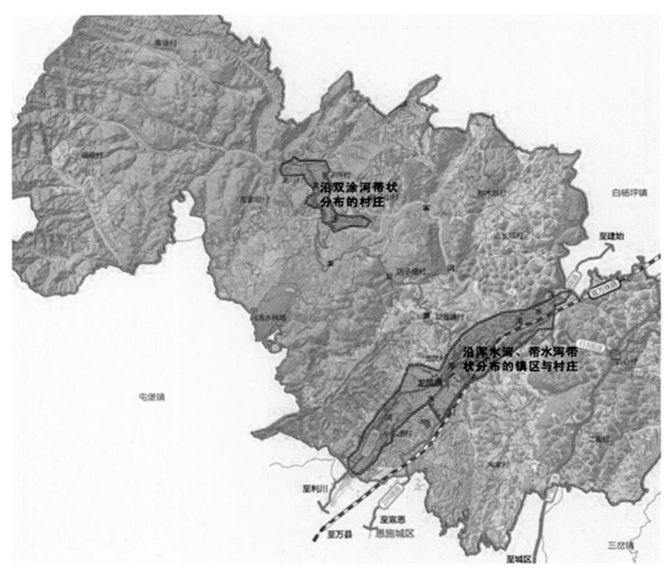

图35-9　龙凤镇村镇空间沿河谷沟域带状生长

态势。龙凤镇的镇区、村庄沟域聚集，沿浑水河、带水河和双涂河带状分布（图35-9）。茶店镇神定河沿岸也分布了大量的村庄、居民点，沿河谷走廊呈轴线串珠的生长态势（图35-10）。

（2）沿交通线轴向拓展

大部分山地型村镇居民点都依托国道、省道以及重

要的乡镇道路发展，大型的村镇建设用地一般都是处于国道与国道或国道与省道的交叉节点。城镇空间格局呈沿国道、省道沿线展开、轴向拓展的态势，表现出明显的亲路特征。这种强烈的交通依赖特征形成了以主要道路为依托，轴向生长的聚集形式。如松柏镇307省道沿线（图35-11）、龙凤镇318、209国道沿线（图35-12）、杨寨镇107国道沿线、陈贵镇315省道沿线，村镇空间沿交通线轴向拓展。

（3）丘陵地带村落零星分布

山地乡镇丘陵地区面积大，地表破碎、土地垦殖率高、土壤侵蚀强烈，耕地基本为坡地和旱地，农业生产条件较差。村落平均面积、居民点用地比重大于山区，但村域面积、劳作半径较小，人口分布分散。丘陵地区的人口多分布于山坳、坡面上，地形限制了较大规模村镇的形成，较平原地区而言，村庄密度较小，村庄建设用地较少，在空间分布上星罗棋布，缺乏规律。杨寨、茶店镇丘陵地区，现状村湾分布零散，多是按照耕种区域就近布局（表35-6、图35-13）。

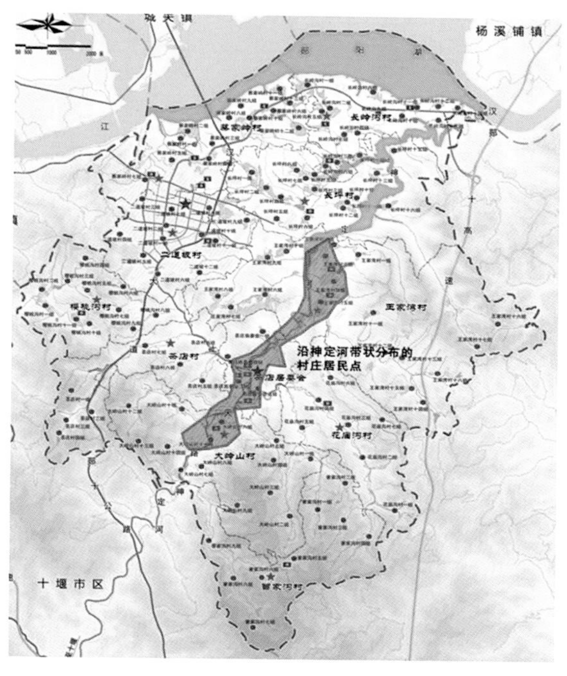

图35-10　茶店镇村镇空间沿河谷沟域带状生长

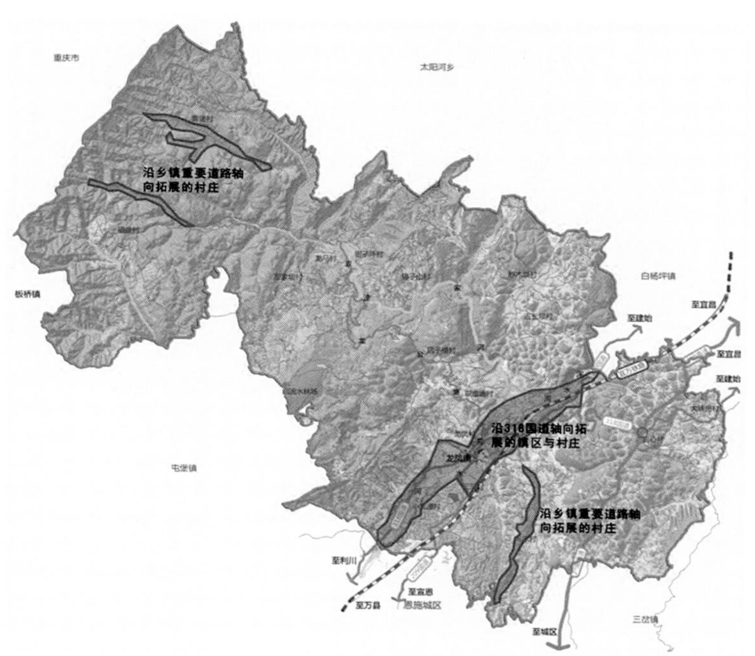

图35-12　龙凤镇村镇空间沿318国道和重要交通线轴向带状生长

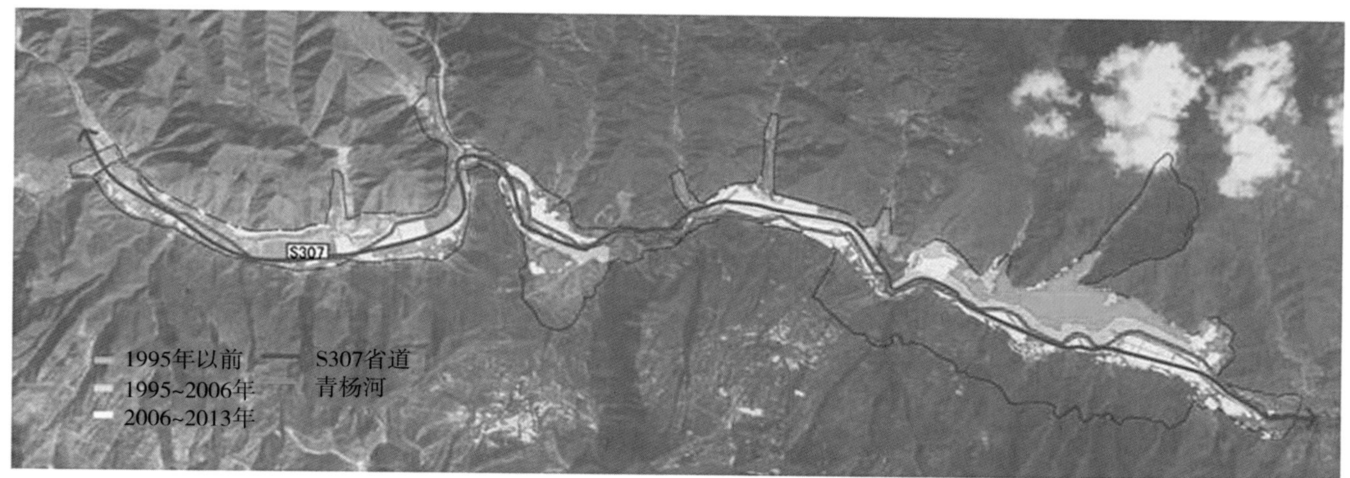

图35-11　松柏镇村镇空间沿307省道和青阳河轴向带状生长

各乡镇村庄密度一览表 表35-6

乡镇类型	乡镇名称	村庄个数（个）	村庄户籍总人口（万人）	村庄建设用地总面积（hm^2）	村庄总面积（hm^2）	村庄密度（个/km^2）	村庄建设用地面积占总面积比例（%）
山地地区	龙凤	18	1.74	677	41700	0.043	1.62
	松柏	8	0.91	106	16113	0.050	0.66
	陈贵	19	3.56	764	15675	0.121	4.87
	茶店	11	2.26	602	8936	0.123	6.74
	杨寨	25	3.34	570	10260	0.244	5.56
平原地区	岳口	51	10.30	4250	8816	0.578	48.21
	双沟	42	6.30	2500	8140	0.232	13.78
	彭场	50	6.41	1540	15813	0.316	9.74

资料来源：《湖北省"四化同步"示范乡镇系列规划》

1.1.4 景观风貌特征

（1）山水林田自然禀赋优越，生态特质良好

山地城镇区内地形起伏，海拔跨度大，生态环境优越。自然景观奇特，山地资源丰富，峰林奇观成片分布；河流溪谷密布，有的深不见底、水平为镜，有的流水潺潺、流水清冽，形成山水交融的生态脉络。此外，森林资源、农田景观也较为丰富。山地城镇的自然景观风貌特色突出，山水林田自然禀赋优越，生态特质良好。

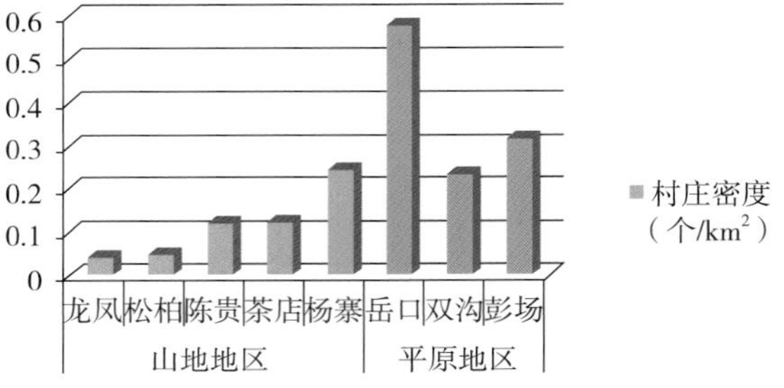

图35-13 各乡镇村庄密度柱状图

在案例城镇中，松柏镇位于神农架林区，神农架世界闻名、神秘独特、生态原始、环境清新，是世界中纬度地区唯一保持完好的亚热带森林生态系统，是中国特色魅力旅游区之一。松柏镇因青松翠柏得名，凭灵山秀水扬名。全镇生态环境优越，资源丰富，有自然博物馆、送郎山、神柳观溪、梭罗树、赤马灌等景观资源；土豆、玉米、小麦、油菜、杂粮、蔬菜等农特产品资源，以及大量珍稀的中草药材，农业资源富有特色，茶叶、烟叶形成规模性景观。

龙凤、杨寨、陈贵镇地形多变，自然山体、生态水网、田园风光丰富，以丘为貌，以田为景。

（2）民族特色、人文底蕴丰富，地域风情浓郁

山地乡镇大部分位于湖北省西北部山区，许多是少数民族聚集地，有着丰富的民族文化和浓郁的地域风情，特色人文景观丰富（图35-14）。

龙凤镇作为巴文化发祥地的重要组成部分，巴楚文化与巴渝文化都有鲜明体现。区内苗族、土家族、侗族少数民族聚集，民族风情浓郁。代表土家族、苗族文化的摆手舞、铜铃舞、滚龙连响舞舞动山岳，山歌、情歌、撒尔嗬歌歌海如潮。龙凤有许多具有特色的民族风情旅游目的地，其人文底蕴丰厚，有历史悠久且完整保留的土家吊脚楼，保持原色的民族建筑集中展现了特色文化景观风貌。龙凤舞狮、龙凤厨艺、龙凤石艺、龙凤教育成为龙凤镇四大文化名片（图35-15）。

在陈贵镇也有着丰富多元的地方特色文化。黄石—大冶地区纵横千年的矿业文化，留下了中国不同历史时期矿业文化的成果和遗址。陈贵镇作为大冶市重要的矿业基地，境内散布着11处唐宋时代的冶炼古遗址，还有铜山口矿区（40年矿龄）、刘家畈矿区、大广山矿区等现代矿区。此外，乡村民俗文化也很繁荣，龙狮运动是大冶民俗文化的代表，也是陈贵的"文化名片"，先后组建了民间活动团体近30支，素有中国龙狮运动之乡的称号。陈贵还被称为"中国楹联文化之镇"、"湖北省楹联文化之镇"、"荆楚诗词之镇"，陈贵雷山诗社是大冶市乡镇中最早成立的诗社，中国楹联之乡由此得名。

（3）城镇建设依山就势，山镇相依、镇水交融

山地城镇地势高差大、绵延起伏，其自然山水环境使城乡充满灵性，促使山镇相依、镇水交融成为城镇形象的重要特征。松柏镇是林区重要城关镇，依山循水而建，城镇建筑依山就势而建，山地民居与山水环境相融合，集中展示山地城乡、现代农业和生态景观。杨寨的城镇景观也彰显了丘陵地貌特征，“蓝绿交织、一衣带水”、“绿廊延百里，蓦然见青山”成为城镇特色（图35-16）。

图35-14　具有地域风情的特色民居

图35-15　龙凤少数民族的节日歌舞

图35-16　城乡建设依山就势

1.2 现状问题

1.2.1 人口流失明显，集聚能力有限，发展动力不足

山地地区五个乡镇异地城镇化率较高，并呈逐年加速趋势，镇域人口综合增长率呈下降趋势。人口流失明显，集聚能力有限。由于乡镇自身产业基础薄弱，对人才、资金的吸纳能力有限，造成了劳动力和资金要素的外流。乡镇的公共服务水平、基础设施配置较差、教育条件有限，山地城镇发展向心力不足、离心力过大，城镇就业吸纳力不足，农民外出务工现象较多，这也导致了乡镇发展的动力不足。

在陈贵镇，近5年，外出务工的人员占到就业总人数的30%～40%，外出务工人员一半以上到省外务工。2010年陈贵镇镇区人口统计数据为3万人，实际常住人口仅1万人左右，镇区人口集聚能力明显不足（图35-17）。

在松柏镇，外出务工人口多流向沿海发达省市，流入人口以暂住为主，暂住时间多在一个月以内，多为省内休疗养人群，城镇的吸引和集聚能力有限（图35-18）。

在龙凤镇，2012年城镇人口为9369人，城镇化率仅为17%，与恩施市、湖北省、全国的平均水平相比较，分别低了17.5、36.5、35.57个百分点，还处于城镇化初级阶段。城镇化水平低下，增速缓慢，导致大量农村人口选择外出务工，乡村人口持续减少，形成较为严重的异地城镇化现象（图35-19）。

1.2.2 产业均衡低质发展，资源禀赋依赖度高，发展基础薄弱

综合来看，山地地区乡镇三产结构呈现出“一、二、三”的特征。第一产业与第二产业占据主导地位，是山地地区各乡镇经济及财政收入的主要来源。但一、二产业属于均衡低质发展，资源禀赋依赖度高，乡镇发展基础薄弱（图35-20）。

（1）一产比重大，低质分散效益低

通过比较分析山地、平原城镇的林地及耕地面积比例来看，山地城镇的林地面积所占比例一般高于耕地面

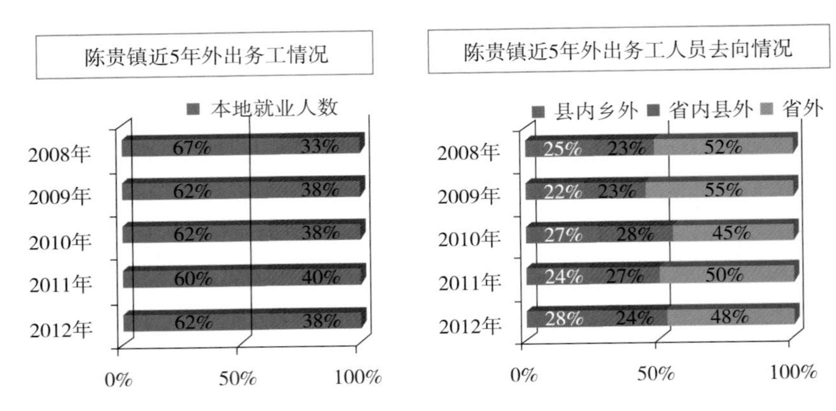

图35-17 陈贵镇外出务工现象较多

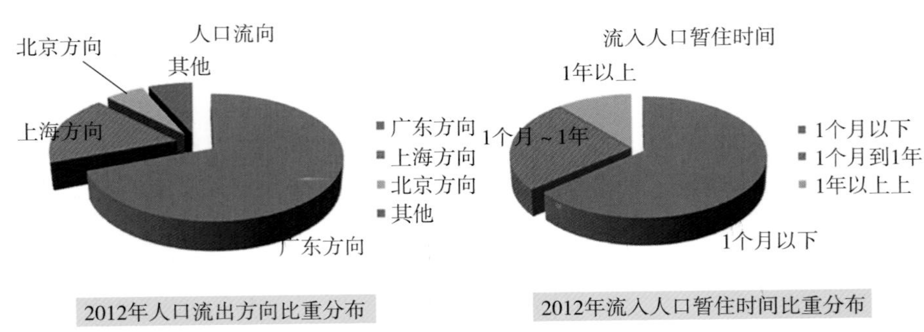

图35-18 松柏镇人口流向和流入人口暂住时间

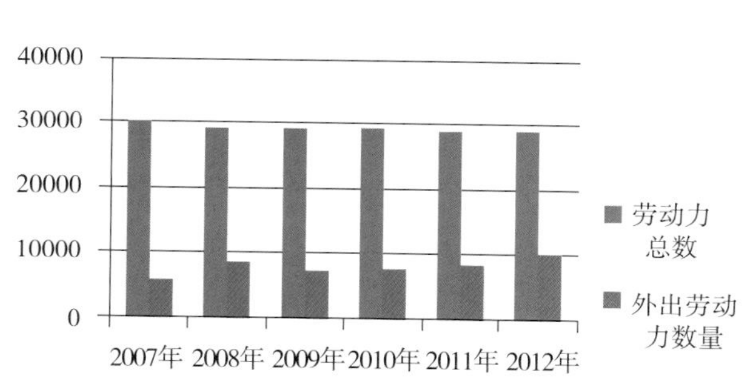

图35-19　龙凤镇近6年外出务工劳动力变化趋势

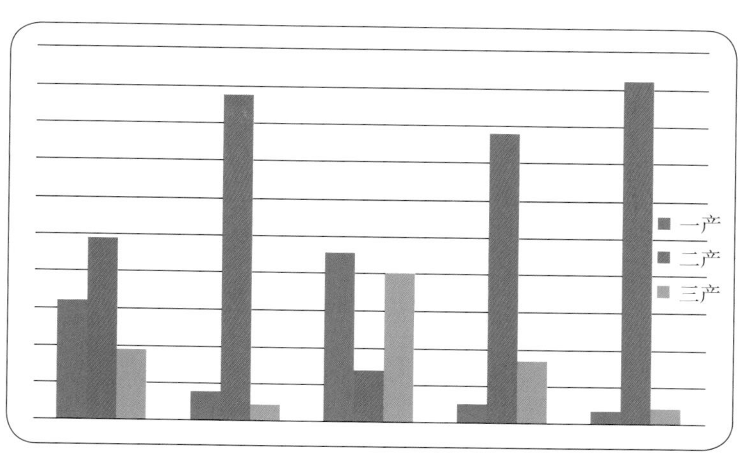

图35-20　2012年山地五乡镇三大产业所占比值柱状图

积所占比例。松柏镇、茶店镇的林地都占80%以上，城郊型的龙泉镇既是城郊型城镇，也是三峡地区的山地城镇，其林地面积与耕地面积比例也高达90%。

第一产业无论是在产值还是就业比重方面，农业比重长期居高不下，传统农业地位十分突出。第一产业拥有丰富的农产品资源，有一定的特色作物、经济作物种植的基础和经验。如杨寨镇已经形成了油茶、金银花等作物种植的经验，为发展生态农业提供了较好的基础；松柏镇初步形成了特色干果、蔬菜、中药材、畜牧养殖等几大基地。但由于受特殊地理和气候环境影响，农业生产受自然条件约束较大，农业特色优势不明显，仍以传统种植和养殖模式为主。农业生产经营规模小、分布零散，没有形成规模化种植，农业产业模式较为落后，农业现代化水平偏低。农民人均收入低。2012年，龙凤镇农民人均纯收入低于2300元的农村贫困人口有24822人，贫困发生率41.9%，比全国平均水平高28.5个百分点。近年来，采取多方面措施增加农民收入，农村人均收入有较大增幅提高，但与城镇居民人均收入相比仍有较大差距（表35-7、图35-21、图35-22）。

湖北省“四化同步”示范乡镇山地地区乡镇农地、耕地、林地面积一览表　　表35-7

乡镇类型	乡镇名称	全域面积（hm^2）	农用地面积（hm^2）	农用地面积比例	耕地面积（hm^2）	耕地面积比例	林地面积（hm^2）	林地面积比例
大城市城郊型	龙泉镇	26139.03	23653.13	90.49%	2624.26	10.34%	13684.52	52.35%
平原型	安福寺	22178.76	19264.87	86.86%	5935.16	26.76%	1387.25	6.25%
	彭场镇	15699.45	13553.14	86.33%	7176.86	45.70%	143.00	0.91%
	岳口镇	12469.99	9696.97	77.76%	7536.862	60.44%	304.27	2.44%
山地型	龙凤镇	28615	26040.45	91.00%	5599	19.57%	18047.00	63.07%
	杨寨镇	11198.96	9711.34	86.72%	6466.6	57.74%	1744.80	15.58%
	松柏镇	32881.21	32231.41	98.02%	230.09	2.86%	30925.63	94.05%
	陈贵镇	11181.65	8498.65	76.01%	4288.37	38.35%	2947.25	26.36%
	茶店镇	9895.49	6887.29	69.60%	1822.47	18.42%	4321.45	43.67%

资料来源：《湖北省“四化同步”示范乡镇系列规划》

一产作为山地乡镇的主导产业，滞后于全省平均水平。因此，在山地乡镇仅是农产值及农业人口的比重大，并非真正意义的农业经济大镇。其主要原因是山区农产品加工滞后，农业综合效益低，市场主体不突出，

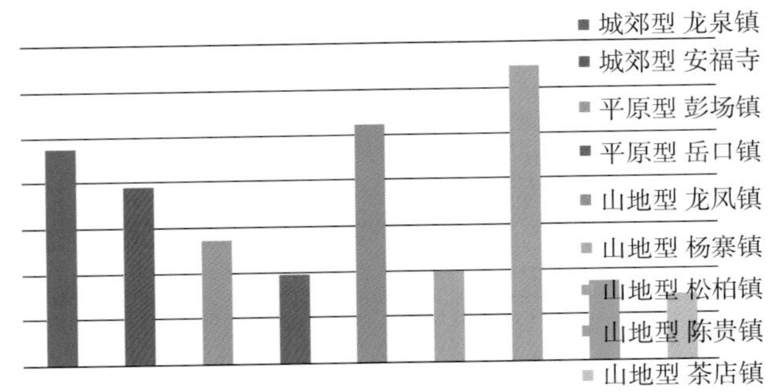

图35-21 2012年各类型乡镇农用面积对比柱状图

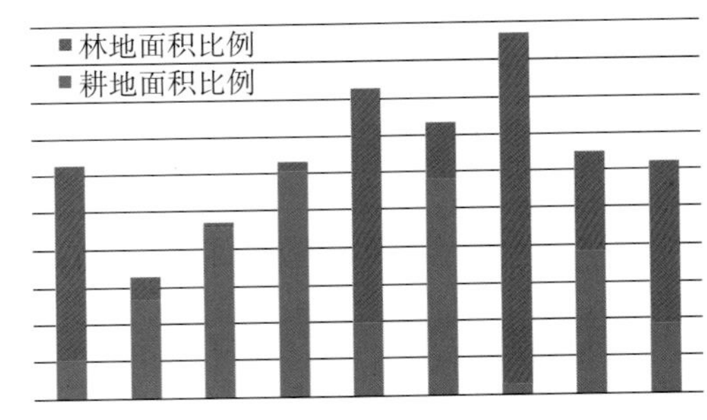

图35-22 2012年各类型乡镇林地、耕地面积比例对比柱状图

农业资源配置效率低，国内外市场开拓不够。虽然特色农业有一定的基础，但是各类特色农产品的深加工系列产品少，产品加工转化率低，整体市场竞争力不强。特色农产品尚未开展多层次、多方位的宣传，科技含量低，质量检测不够，龙头企业带动力不足，没有充分发挥山区特色农产品的资源和品牌优势。

（2）二产“资源粗放型”发展，工业化初级阶段

在山区乡镇二产多为资源消耗型工业，资源禀赋依赖度高，存在高投入低产出、粗放发展、效益低下的显著性问题。产业技术结构偏低，产业链不健全，制造业空间不足，工业基础薄弱。在茶店镇，建材业是支柱产业之一，仍停留在产业链初级环节，处于能级较低的发展阶段。企业的集约利用率较低，且布局不尽合理，对村庄造成环境污染，工业有待进一步实现结构转型和布局优化。在龙凤镇，2012年一、二、三产业结构比例为32：49：19，第二产业占比最大，但发展滞后，产业类型多为低端加工，而且规模以上企业较少。在杨寨镇，工业化尚处于起步阶段。现有规模企业仅有8家，其中鄂北物流基地处于闲置状态，产业园区整合力度弱。产业链条短，产品单一，自主创新能力弱。初级产业链基本形成，但附加值低，冶金、纺织产品单一。区域产业关联度低，产能偏低、能耗大。在松柏镇，2011年年末工业总产值0.57亿元，占国内生产总值的17.4%。以金银花、中药材等山货加工为主，属于工业弱镇。在山地五镇中，陈贵镇是典型工矿重镇，具有悠久的矿业历史文化和坚实的发展基础，其金属开采及制造业占全镇经济贡献率达60%以上。但如今，陈贵镇的矿业发展也面临动力不足。矿区面临资源枯竭，仅可维持10年左右，亟待寻找产业发展新路径。在市场与政策影响下，传统矿业资源地区整体面临发展压力。矿业带来的生态破坏和环境问题越来越凸显。产业转型也面临压力，替代产业特色仍不突出，区域竞争力有限，产业结构仍然面临调整。产业联动不足，对本地发展的带动力有限，传统产业模式面临挑战。

由于土地及生态环境制约，分散性、同构性极强的企业粗放损耗山区资源、严重污染生态环境，经济效益低下，生态破坏与环境污染将难以控制。受限于山区闭塞的信息、技术和紧缺的人才资源等要素，山地乡镇对于资源的综合开发利用能力有限。森林、矿产资源虽较为丰富，但一直以来以矿产、石材等矿产资源开发为主，产品的深加工少，综合开发利用程度低。这种典型的以森林矿产资源为依托发展的粗放产业显然不可持续，因为在粗放开发低效利用的产业高度消耗下，森林矿产等特色资源长期未能高效地转化为产业的经济优势。第二产业吸纳就业能力偏低，也导致了山区就业岗位容量不足。

（3）三产低端服务业，旅游业发展不充分

山地乡镇第三产业比重低，主要发展低端服务业，呈无序化和分散化的态势。商贸、物流业发展落后，主要依托国道，发展沿路商贸产业。旅游服务业尚未形成规模，旅游资源有景无区，旅游接待能力有限。景点开发尚处起步阶段。旅游配套服务相关产业尚处萌芽阶段。旅游开发深度和特色均不足，旅游开发仍处于以景区观光游为主阶段，门票经济特征明显。旅游景区知名度不高，旅游服务配套不足，发展质量不高。各类旅游设施建设滞后，与周边山形水系结合严重不足。旅游业以乡村休闲的农家乐为主，形式较单一，受季节性限制大；文化资源的开发利用不足，尚未形成多元化体系。

1.2.3 生态屏障阻挡，交通方式单一，制约乡镇发展

五个山地乡镇大多分布在湖北省周边大巴山、武陵

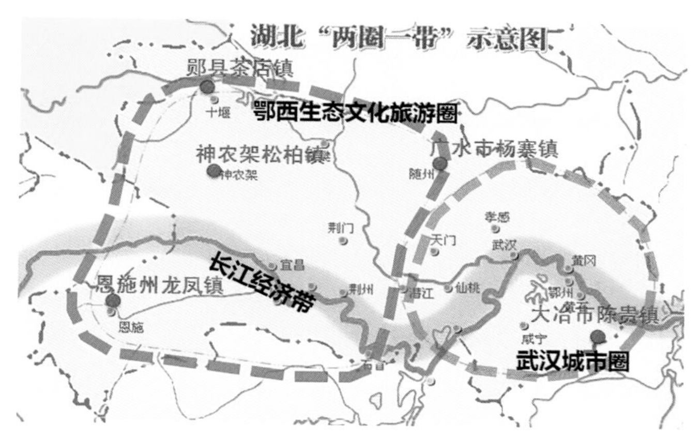

图35-23　山地五镇的位置分布

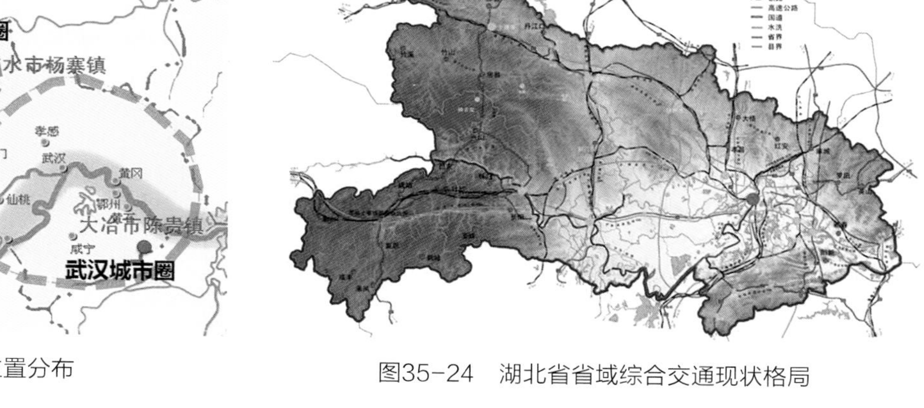

图35-24　湖北省省域综合交通现状格局

山、桐柏山、幕阜山、大别山等大型山系周边（图35-23）。其中龙凤镇、松柏镇、茶店镇、杨寨镇都位于鄂西生态文化旅游圈中，由于湖北省长期以来形成的“东密西疏”的交通大格局，无论是省际的公路、铁路、航运对于山地型乡镇的带动辐射作用都较弱，交通基础设施发展也较为滞后（图35-24）。由于生态屏障的阻挡和区域交通的先天不足，山区乡镇的交通问题成为制约乡镇发展的重要因素。

山区乡镇大多依托主要国道、省道、河流水系沿岸发展起来，基本形成了沿山谷沟域的交通走廊生长型空间发展体系。造成对外交通通而不畅，应灾性不足。没有注意与周边城区、经济开发区、城市新区等重大项目的统筹衔接。松柏镇境内现有一条209国道、一条307省道、2条县道经过；由于地理限制，道路线型曲折弯转，距木鱼镇时间距离约为2h，距十堰和宜昌时间距离也在3～5h内，道路通达性欠佳。307省道作为镇区仅有的过境交通，除了是生命交通线以外，还影响着镇区居民的日常生活，而松柏镇区又处于泥石流自然灾害发生频率较高地区，仅有一条生命通道无疑有潜在的危险。其次，镇域道路密度不够。镇与村、村与村联系不紧密，镇区不能有效地辐射农村腹地。区域之间要素流的传递疏导严重受限，经济的整体效益得不到充分发挥，影响镇域经济的协同发展（图35-25～图35-28）。

对内交通混杂，道路通达性不足，形式单一，道路总量不足，等级偏低。道路分布不均衡，布局不合理。山区城镇由于地陡坡多，道路蜿蜒曲折，道路交通成本高。交通网络性不强、交通密度不够，多为沿过境通道带状走廊式延伸。未形成交通建设的统一机制和规划，

图35-25　杨寨镇综合交通现状图

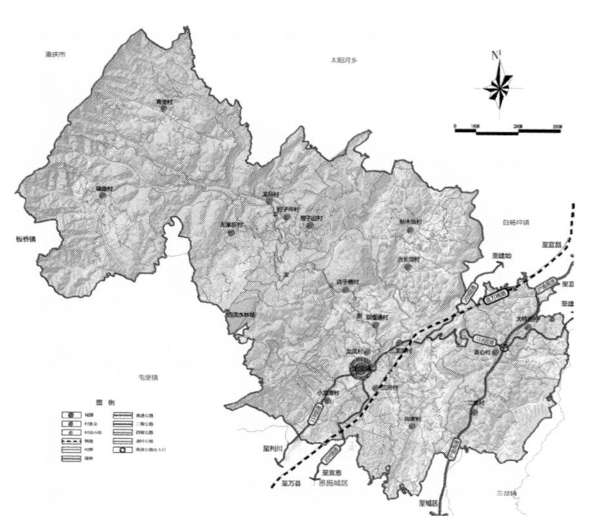

图35-26　龙凤镇综合交通现状图

图35-27　茶店镇综合交通现状

图35-28　松柏镇综合交通现状

建设各自为政，衔接不足，不完全能反映交通的需求，影响了整体交通设施功能的发挥，镇区多沿主干道带状延伸。对外通道少，等级较低；省道过境、内部交通混杂；内部循环不畅，断头路较多；缺少停车设施。

1.2.4　生态环境敏感，生态保育与安全防灾任务重，发展面临挑战

鄂西南、西北大部分山区属于国家主体功能区划中的禁建区。山地乡镇中有大部分区域都位于其中，区内有大量珍贵的动植物资源和脆弱的生态本底条件。在这里如果按照平原乡镇的发展模式，缺少对山地人居环境内在规律和科学关联性的研究，往往使山地乡镇的建设与自然环境产生剧烈矛盾，带来生态、环境、工程建设等安全危机和不可持续性，将对聚居自身以及周边或下游地区带来长久的隐患。

山地乡镇有大量的森林资源，森林不仅仅具有为人们生产、生活提供物质保障的作用，更具有调节气候、防风固沙、涵养水源等功能。我们国家的天然林面积约占全部森林面积的65%，长期以来，由于天然林资源过度消耗，引起了生态环境的恶化，因此，国家站在经济社会可持续发展的高度、以对人类文明高度负责的精神决定实施天保工程。天保工程要求构建生态屏障，确保乡镇及更大范围内的生态安全；有利于提高应对气候变化的能力；有利于保护生物多样性。当然，也会减少乡村木材收入和农村就业机会；使林业经济增长速度放慢。

由于山地乡镇的生态环境敏感性，对于乡镇工业化的发展、资源的开采、城镇的建设提出了更高的环保要求，生态保育也将成为乡镇发展的重要内容。其次，乡镇的安全防灾问题，地震、泥石流等自然灾害对山地乡镇发展也提出了更高的要求，乡镇发展面临挑战。

2　山地地区乡镇发展的动力机制

2.1　特色产业的发展驱动力

山地乡镇的发展离不开资源，资源最初只是一种潜在动力，需要施加一定的外部条件才能转化为对经济发展的直接动力。依托资源发展的特色产业，是乡镇发展的主导动力，包括山区的特色农业的基础推力、资源采掘型工业的主要动力和第三产业跃迁式的拉力。农业为乡镇发展提供着特色农产品、产业原料和大量的劳动力，同时也为城镇工业提供了广阔的市场。工业化与城镇化相伴而生，在山区乡镇，资源型工业是乡镇发展的根本动力，粗放型工业化是山区乡镇发展滞后的经济根源，工业内部结构调整，发展方式转型的成功与否决定着其乡镇发展的进程和经济社会的发展水平。第三产业是一种高度劳动密集型产业，就业容量大、投资少、见效快，对经济发展水平和城市化水平的贡献较大。在传统的第三产业稳定发展的同时，以山区特色旅游为主的第三产业迅速崛起，成为山区乡镇发展的后续动力。

山地型乡镇应充分利用资源禀赋，深度挖掘，发展特色产业，尤其是农特产品加工、资源采掘加工和特色旅游服务，特色产业发展的驱动力将成为乡镇发展的主导动力。

山地型乡镇有着极其丰富的农特产品资源。如杨寨镇的油茶、金银花等特色经济作物；龙凤镇的茶叶、烟叶、蔬菜等主导农业；松柏镇的有机干果、珍稀特有中药材、特色山禽等特色农业。由此看来，山区虽然耕地稀少零散，但独特的地理区位和气候条件使其特色农产品加工业具有巨大的发展潜力，农业特色产业化发展前景十分广阔，其作为劳动密集型产业将极大地提高山区工业的劳动力吸纳能力。

其次，山区的石矿金属矿产丰富。龙凤镇矿产资源丰富，包括煤矿、硅石、大理石、铁矿、铜矿、铝矿、锌矿等均有分布。陈贵镇因矿而兴，有着丰富的矿藏储量，是典型的工矿重镇。应加大资源开发力度和加强资源就地转化率，着力培养矿产工业、绿色食品工业、新型能源工业、烟草业、医药化工业和建材业等。加强产业链延伸，增设资源型产品精加工、包装和销售环节，提高山区资源型工业的产品附加值。

再次，山地乡镇具有得天独厚的山水自然风光类的旅游资源。松柏镇位于神农架林区，有送郎山、赤马灌、五峰山、黄龙堰、张公院和红花朵等秀丽山水。陈贵镇有大泉沟、小雷山景区。龙凤镇有高山峡谷景观风貌和民族风情特色。应加强旅游基础设施的建设、加大旅游商品开发力度、拓展旅游客源市场，促进高山民族文化与旅游的高度融合，形成文化旅游品牌。

2.2　技术性因素的限制力

由于地理环境影响，山地型乡镇受到大山大水等生态屏障的阻隔，造成空间地域分割严重。交通条件差、通达性不强、交通设施落后、建设成本高，使区域之间的要素流动、疏导严重受限。其区位也较为闭塞，对外联系度不强。这些技术型因素的限制都成为山地型乡镇发展的制约力。

而交通条件的改善和重大交通基础设施的建设将大大促进山地型乡镇的发展。近年来，在中部崛起政策的实施下，鄂西的武陵山经济协作区（恩施片）的确立下，区域对外交通的全面提速发展与规划将给鄂西山区县下阶段的跃迁式发展提供前所未有的机遇与条件。

在龙凤镇，目前318、209国道、沪渝高速公路、宜万铁路贯穿全境。未来，规划的安吉高速公路将在龙凤规划区中部穿境而过；宜万铁路和规划的安张铁路将在规划区内形成“+”字铁路交叉；许家坪机场通航等级规模亦不断提升。龙凤镇周边将形成公、铁、空立体交通网络，长期以来为山所困、为路所阻、为运所难的状况得到极大改善，其经济社会将迎来前所未有的历史性转折机遇。在2020年内，麻竹高速公路、十天高速公路、宜湘高速公路、郑渝铁路、十宜铁路、月益铁路等区域主要交通干线的陆续定线施工通车将大大提高鄂西生态文化旅游圈的铁路密度和公路密度，使片区形成一个结合山区地形的网络化交通大格局，深度盘活特色资源富集的鄂西生态文化旅游圈的全面发展。

2.3　政策支持的促进力

湖北省欠发达山区县作为老、少、山、穷、库地区，拥有少数民族地区、扶贫开发、三峡库区等政策优势，这些扶持政策将主要集中在重大设施建设、社会事业发展、加大转移支付力度、实施资源、生态补偿及经济反哺等方面。政府在产业激励、户籍制度改革、土地制度创新、劳务回流优惠及社会保障等方面也都有大力的政策支持，为山地地区乡镇的平稳发展提供政策保障力。

以龙凤镇为例，区域性扶贫战略赋予了龙凤发展的重大区域责任和历史使命。武陵山经济协作区的整体发展上升到国家战略，给龙凤镇发展带来了极大的机遇。在湖北省层面，湖北省委省政府所提出的“一元多层次”战略体系，是全省发展的战略谋划和行动纲领。其中，明确指出要加强“红绿两区”建设，即大别山革命老区和武陵山少数民族地区经济社会发展试验区。2013年3月，湖北省批准实施连片特困地区区域发展扶贫攻坚规划，提出一系列针对武陵山等贫困地区的指导意见。伴随湖北省“红绿战略”的深入落实，需要一个着力点来进行有力落实，从而逐步扩散效应，形成“以点带面”的发展态势。因此，龙凤镇需要抢抓战略机遇，通过产业、空间、生态、保障等多方面机制创新，打造成为湖北省武陵山试验区中的先行区和试验区，逐步带动和支撑“红绿战略”的全面实施。

3　山地地区乡镇发展类型、模式与路径

3.1　发展类型

根据山地乡镇的资源禀赋、现状特征、发展基础及

面临的机遇、发展的趋势，按照其产业特征、职能分工的不同，可将山地地区乡镇的发展类型分为工矿园区型和旅游服务型两大类。其中，陈贵镇和杨寨镇属于工矿园区型乡镇，龙凤镇和松柏镇属于旅游服务型乡镇。

3.1.1 工矿园区型

工矿园区型乡镇是依托邻近的大中型企业和矿产资源禀赋而发展起来的小城镇。利用能源、原材料资源优势，加快工矿小区建设，加快资源开发聚集，从而建设工矿园区型城镇。通过大力发展为工矿服务配套的二、三产业，来促使自身的基础设施和各项事业快速发展，与工矿企业共生共荣。这类城镇以为大中型工矿企业协作配套生产服务为其主要功能。工矿园区型乡镇往往工业企业比较发达，形成了一定的规模，吸纳了大批的农村劳动力，乡镇工业企业的收入构成镇的经济基础，工业是其主导产业。

山地型乡镇中的陈贵镇、杨寨镇属于此类城镇。陈贵镇因矿而兴，是武汉城市圈东南丘陵地区的典型工矿重镇，具有悠久的矿业历史文化和坚实的发展基础。其发展定位为中国“矿业转型”第一镇，构建以信息化为引擎，以矿业、农产品加工、服装纺织、旅游服务四大产业为支撑，近远期有序发展的产业体系。

杨寨镇目前形成“冶金、纺织、农产品加工”三类产业，冶金产业“一业独大”。杨寨冶金工业园为广水市打造的三大百亿元工业园区之一，未来将打造县域经济增长极，形成中国风机名城的城市名片。在镇区依托冶金工业园区打造“工业制造和商贸服务核心”，通过完善钢铁、纺织、农产品加工等产业链条，提升农业科技研发、商贸物流等现代服务业水平，形成杨寨镇域农业现代化、新型工业化和城镇化的核心及动力引擎。

3.1.2 旅游服务型

旅游服务型乡镇一般都有悠久的历史，遗存有丰富的古建筑或积有深厚的文化底蕴或具有美丽的自然景观，以旅游业为核心的第三产业较发达，旅游收入成为乡镇的主要收入。发挥风景名胜区资源优势，重点依托国家重点风景名胜区和省级风景名胜区，结合旅游业的发展，建设综合服务功能配套的旅游服务型城镇。

在山地型乡镇中龙凤镇和松柏镇都位于鄂西生态文化旅游圈，都拥有丰富的旅游资源。龙凤镇位于恩施市，自然景观奇特、人文底蕴丰厚、农业景观富有特色。未来将大力发展旅游业，建设成为生态环境良好、文化内涵丰富、产品特色鲜明的国内一流、国际知名的旅游目的地，湖北省首选的健康旅游基地、“鄂西生态文化旅游圈”生态旅游示范基地，并将恩施打造成华中地区最具民族特色的生态宜居旅游城。松柏镇位于神农架林区，是林区重要城关镇，依山循水而建，因青松翠柏得名，凭灵山秀水扬名。将引入优势资源，重点发展强大的旅游服务业，未来乡镇定位为世界山林养生旅游名镇，华中避暑度假第一目的地。

3.2 发展模式

3.2.1 全国乡镇发展模式类型及其总结分析

研究乡镇城镇发展模式，首先要对它作横向定位，这就要对全国先进地区小城镇发展模式作以简单分析。全国各地在推进小城镇发展过程中，因地制宜地创造了多种发展模式，并不断向高层次发展。以费孝通为首的研究者总结出各具特色的发展模式，如“苏南模式”、“温州模式”、“珠江模式”、“侨乡模式”、“宝鸡模式”、“民权模式”、“阜阳模式”、“晋江模式”等，根据收集到的资料，到目前为止见诸全国各地报刊的乡镇发展模式有20余种之多。

上述多种模式就其发展特征看，不乏有相似或类同之处。如能加以进一步的抽象，从探求最基本的特征入手，划分为若干基本类型，舍去其行政区划的名称，对全国小城镇发展模式的考察将更有典型意义。在划分类型时重点围绕发展二字考虑，找出这样一个基本特征，它能贯穿于小城镇经济发展的一定时期，是制约特定区域小城镇经济发展的原动力之所在。具体地说，一是起步时，将挖掘要素资源优势及其组合方式作为主要依据；二是发展进程中，将产业结构进一步优化作为轴心；三是将相应的经营形式、企业制度等体制性特征变化作为基本出发点。这样的划分，使这些基本类型更有实在的内容。这样划分之后冠之以地域名或地名的模式就可以对具有相似条件的乡镇经济社会发展产生示范意义。据此，可将前面提到的20余种全国小城镇发展模式分成六个基本类型：工业带动型、市场带动型、外资带动型、农业产业化推动型、旅游带动型、综合发展型。

3.2.2　山地地区乡镇发展模式的选择

一般来说，在具有较好经济基础和优越发展区位条件的地方，如大城市郊区城镇，大多选择投资额较大、资本密集程度较高的第二产业作为主要启动产业，开发工业小区，建设商贸街和综合性大市场。在欠发达的山地地区乡镇，由于经济基础、区位条件等因素的限制，第二产业一时难以发展，多结合当地资源特色，以第一产业和第三产业为突破口，最大限度地发挥其优势。

总体来说，山地地区乡镇发展是一种“特色引领，生态优先，动脉带动，沟域集聚，政府主导”的发展模式。

（1）特色引领

山地地区的乡镇发展应结合其自身的资源禀赋条件，资源指向型工业化（资源型产业）发展优势明显，大力发展特色产业，将其打造成为城镇发展的主导产业，通过特色引领，实现乡镇的良性发展。案例城镇中，松柏镇位于神农架林区，依托优越的生态环境条件和神农架作为旅游城市的品牌，松柏镇未来的发展应结合旅游资源特色，打造成为一种旅游带动型的乡镇。陈贵镇拥有丰富的矿产资源和矿业文化，应打造资源加工基地，发展矿业文化旅游。

（2）生态优先

山地乡镇与其他乡镇相比，最大的不同就是其自身发展的自然环境,山地丘陵地区的资源环境承载力特征决定了这类区域通常不具备大规模集中式城镇建设的条件。山地乡镇生态环境敏感性与脆弱性的特点，决定了山地保护的重要性和山地开发利用的复杂性与工程技术上的艰巨性，如开发利用不当，就会给当地的自然生态环境带来严重破坏。同时，山地乡镇的防灾减灾还面临着更高的要求。因此，生态优先是实现山地地区乡镇可持续发展的基本要求。

（3）动脉带动

山区的地理区位和自然环境决定了其交通条件的“边缘型”和“过路型”，因此，山地地区乡镇的发展靠动脉带动。上文分析了五个山地乡镇的发展特点，也不难发现其城镇发展均沿着国道、省道、县道等过境交通轴线展开。可以说是一种典型的动脉带动的发展模式。

（4）沟域集聚

人类的生存离不开水源，因此，人类的聚居地也一般会选择离水源较近的地方。山地地区特殊的自然环境，使得乡镇发展一般沿河谷及沟域地区集聚。因此，可以说沟域集聚也是山地地区乡镇发展的典型特征及发展模式。上文分析的龙凤、松柏、茶店等乡镇位于大巴山、武陵山、秦岭等山区，乡镇城镇及农村居民点沿沟域集聚特征明显（图35-29）。

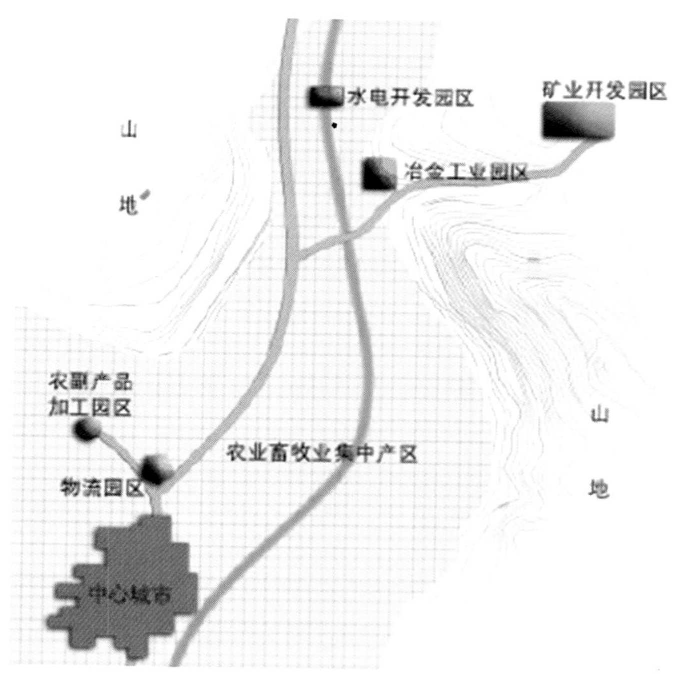

图35-29　沟域协调布局示意

（5）政府主导

山地地区乡镇不同于平原乡镇，尤其不同于大城市郊区乡镇。大城市郊区乡镇一般可以依托大城市良好的发展基础和区位优势，吸引企业投资。如武汉近郊的五里界采用的就是政企合作，建设生态智慧新城镇。而案例中的5个山地乡镇基本都是政府主导的乡镇开发建设模式。

3.3　发展路径

3.3.1　深挖特色、三产联动的产业发展路径

山地乡镇产业发展最典型的特征就是依托资源，资源指向型产业优势明显，一、二、三产均有资源指向性特征。山地乡镇具有不可多得的特色农业资源禀赋和良好的多样化品种基础，应当依托生态资源，逐步壮大生态经济规模，提高空间利用的集约性与合理性，逐步形成完善的产业体系，同时对接城乡体系，全面带动城镇化发展。山地乡镇的工业发展资源指向型工业化优势

明显，应实现传统产业延伸升级，推进资源产业向下游延伸，打造资源深加工产业基地；山地生态资源环境的脆弱性也决定了山地城镇在产业发展上应避免走“先污染，后治理”的老路。三产发展上，强调与一产、二产协调发展，建立服务信息平台；同时，依托生态资源优势，大力发展生态旅游服务等职能。龙凤镇强调集聚规模，强化产业特色，大力发展茶叶、烟叶、蔬菜、经济林木等特色产品的规模性种植和加工产业，积极引进龙头公司，提高科技创新和规模效应，逐步形成农产品加工产业链的中间环节。松柏镇在产业发展上提出“美丽经济”设想，农业依托生态优势，结合旅游和信息化建设，实现“美丽”提升。工业发展加强与农业、服务业的产业融合，保持快、好的可持续性发展。服务业要建立服务信息平台，为“美丽经济”插上翅膀。

山地乡镇产业的发展路径应该是深挖特色、三产联动。以新型工业化为依托，以低碳经济、循环经济、生态特色产业为引领，形成协调联动一、二、三产业循环发展的现代复合型产业发展格局。

3.3.2　适度集中、沟域协调的空间集约路径

随着我国耕地保护与城镇化用地需求的矛盾越来越突出，转变建设用地方式，走“山地乡镇”的发展道路越来越迫切。然而，山地乡镇资源指向型工业化（资源型产业）分散布局、产业区位与城市区位不耦合的特征，加上地形地貌和分散的村庄布局特点，紧靠做大每个中心镇区来吸引所有人口也不现实。所以，以中心镇区为主，村庄逐步从山地迁往沟域，适度向镇区、集镇集聚，形成沿沟域及交通走廊的轴线串珠模式，采用“生产在园区、居住在城镇”的城市化模式。这既有利于生态资源的保护，也有利于基础设施的共建共享，减少投资。

3.3.3　输入输出、有序引导的人口集聚路径

山地乡镇人均耕地少，农村富余劳动力数量大。山地地区乡镇外出务工的趋势近期内难以遏制，5个山地案例乡镇异地城镇化率较高，人口流失明显，集聚能力有限。此外，山地乡镇地处高山深山，发展经济受自然条件严重制约，交通不便，经济落后，大量高山贫困户亟待政府实行政策转移，下山脱贫（如恩施、十堰、神农架）。因此，山区乡镇应该针对典型的劳务经济现象进一步调整人口输导政策，在“流”与“留”之间做好文章，走开放式和创新型的人口城镇化路径；其次，要结合产业布局提高就业空间，组织好高山散居的游离状农民下山进镇以及乡村农民到城镇就业、城镇居民到县城生活就业的一个梯度推移过程。

山地乡镇典型的劳务经济并没有从根本上改变农民的经济地位，城乡差距依旧在扩大。一方面是年复一年的半农半耕的外出劳务，另一方面是丰富的资源没有得到开发利用或是资源的开发并没有给当地农民带来收入的增加。同时，在资本雇用资源的经济条件下，农村地区缺少必要的规模资本，地方资源的配置权并不掌握在当地农民手中，资源经济收益多数被外来投资方获得。“守着煤山烧柴”的现象一直在贫困山区重演。劳务经济与资源经济的发展脱节使劳务收入资本化进程缓慢,资源禀赋较好却依然陷入“资源诅咒”困境。现阶段要破解资源诅咒现象，必须让过剩的本地劳务经济资本化、实现劳务经济与资源经济互动发展，走“培训—输出就业、引凤创业—返乡创业—带动就业创业”的曲线形主动发展路径（图35-30）。

3.3.4　保山护水、安全防灾的生态保护路径

山区乡镇作为土地资源严重紧缺、生态环境极度脆弱的地区，应该承担好生态涵养基地的重要职责。全面开展退耕还林，加强生态保护和维育，突出山地乡镇城乡建设空间与生态环境的有机结合，进一步强化民族特色，构筑山水城村相互交融、具有明显地方特色的空间格局。将防灾及景观风貌塑造相结合，创建良好的全域景观生态格局，强化山地景观风貌及地域特色。根据各个乡镇的自然生态格局，建立各个乡镇的自然生态保护框架，严格落实空间管制要求。保山护水、安全防灾是山地乡镇生态保护的重要路径。

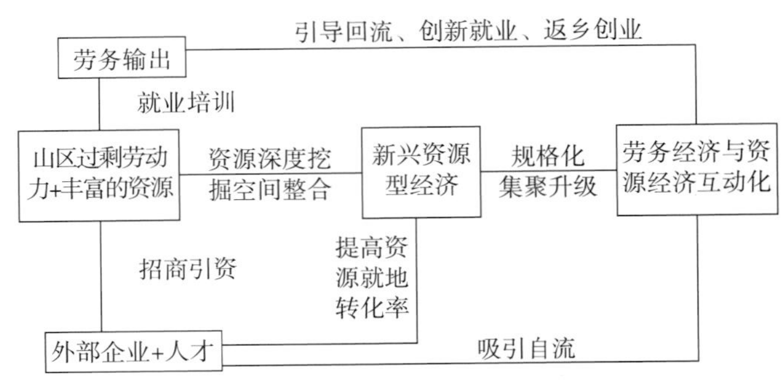

图35-30　劳务经济与资源经济的互动发展模式

4 山地地区乡镇规划对策

4.1 产业发展对策：依托政策与资源，链接农工商，形成互为支撑、互为关联的产业体系

遵循“政策引导、资源导向、基础支撑、潜力挖掘”四大基本原则，确定产业发展类型。“政策引导”即从国家、省级及市（县）三个层面依据相关政策对乡镇产业发展作出引导；“资源导向”即结合当地生态资源条件作出产业选择；“基础支撑”即依据乡镇基础优势产业作出选择；“潜力挖掘”即依据经济效益、区域比较等方法作出产业选择（表35-8）。

山地型乡镇主导产业一览表　　表35-8

乡镇名称	区位	类型	主导产业	特色
大冶市陈贵镇	位于大冶市中心腹地	工矿型	矿业、畜禽加工产业、服装纺织、旅游	矿业镇办镇管、转型发展典型
广水市杨寨镇	湖北省东北部	工业型	金、橡胶、柳编、铸造、水泥制造、农副产品加工、农业	具有悠久历史的文明古镇，又是具有现代气息的工业重镇
郧县茶店镇	位于汉江南岸的丹江库区	工业型	汽车改装、建材、化工	农业稳镇、工业强镇、民营活镇、科技兴镇
神农架松柏镇	位于神农架林区东北部	旅游型	旅游业	神农架林区政府所在地
恩施市龙凤镇	位于恩施市北郊	综合型	采矿、建材、铸造、富硒绿色食品、种养殖业、物流业	煤矸石资源丰富、武陵山区货物集散地和物流中心

资料来源：《湖北省“四化同步”示范乡镇系列规划》

4.1.1 优化产业结构——镇企合作，重点产业链引导

结合山地乡镇发展条件和现状基础，形成以低碳工业为先导、规模性特色农业为支撑、现代服务业为补充，合理布局城乡产业，促进产业结构的调整优化和土地集约利用，构筑具有较强区域竞争力的一、二、三产业联动发展综合产业体系，最终实现乡镇多元经济的全面发展。

龙凤镇规划提出产业发展目标：到2017年，全域生产总值为25亿元，产业结构实现三产向14：41：45比例转变；到2030年，全域生产总值50亿～55亿元，产业结构实现三产向10：39：51比例转变（图35-31）。按照“政策引导、资源导向、基础支撑、潜力挖掘”的原则分别选择一、二、三次产业的主导产业。第一产业依托农业种植条件，结合农村社区建设，全面促进农业种植规模化、集中化、精品化。第二产业通过城镇内部层级化、差异化的产业园区建设，构建立足本土特色的加工体系，并为城镇化提供完善的就业保障。第三产业全面促进城乡现代服务联动发展，以服务均等化拉动城乡一体化。

4.1.2 特色农业板块化、精品化——提升农业产业转型升级

农业产业化、专业化已成为现代农业发展的必由之路。推进农业产业化是农业和农民走向市场的有效形式，是推进农业现代化进程、实现城乡一体化的必由之路。山地具有不可多得的特色农业资源禀赋和良好的多样化品种基础，宜采取农业板块化、精品化的产业化发展模式，即结合特色资源，采取与市场经济相适应的高效集约农业生产经营方式，促进农业产业发展的转型——增长方式由数量型向质量效益型转变。而山区的农业服务型乡镇必须大力发展龙头企业，把农民与市场紧密结合，提高产品的科技含量，大力发展农产品深加工，创造有竞争力的特色农业产品品牌，实现专业化、市场化和规模化生产（图35-32）。

4.1.3 新型工业高效化、集群化——促进工业向园区集中

为实施“工业向园区集中”的战略，鼓励山区乡镇工业向园区集中发展。部分乡镇可打破行政边界，工业园区连片发展，统一管理、联合生产、优势互补、利益均摊。从总体上把握清晰的产业上下游衔接思路，形成完善的产业协作综合体，强化山区资源型经济的高效利用率，走特色开发、绿色集约可持续发展的山区特色生态型工业化道路。目前，5个山区乡镇均已先试先行，在建设和发展工业集中区方面已经快速起步。

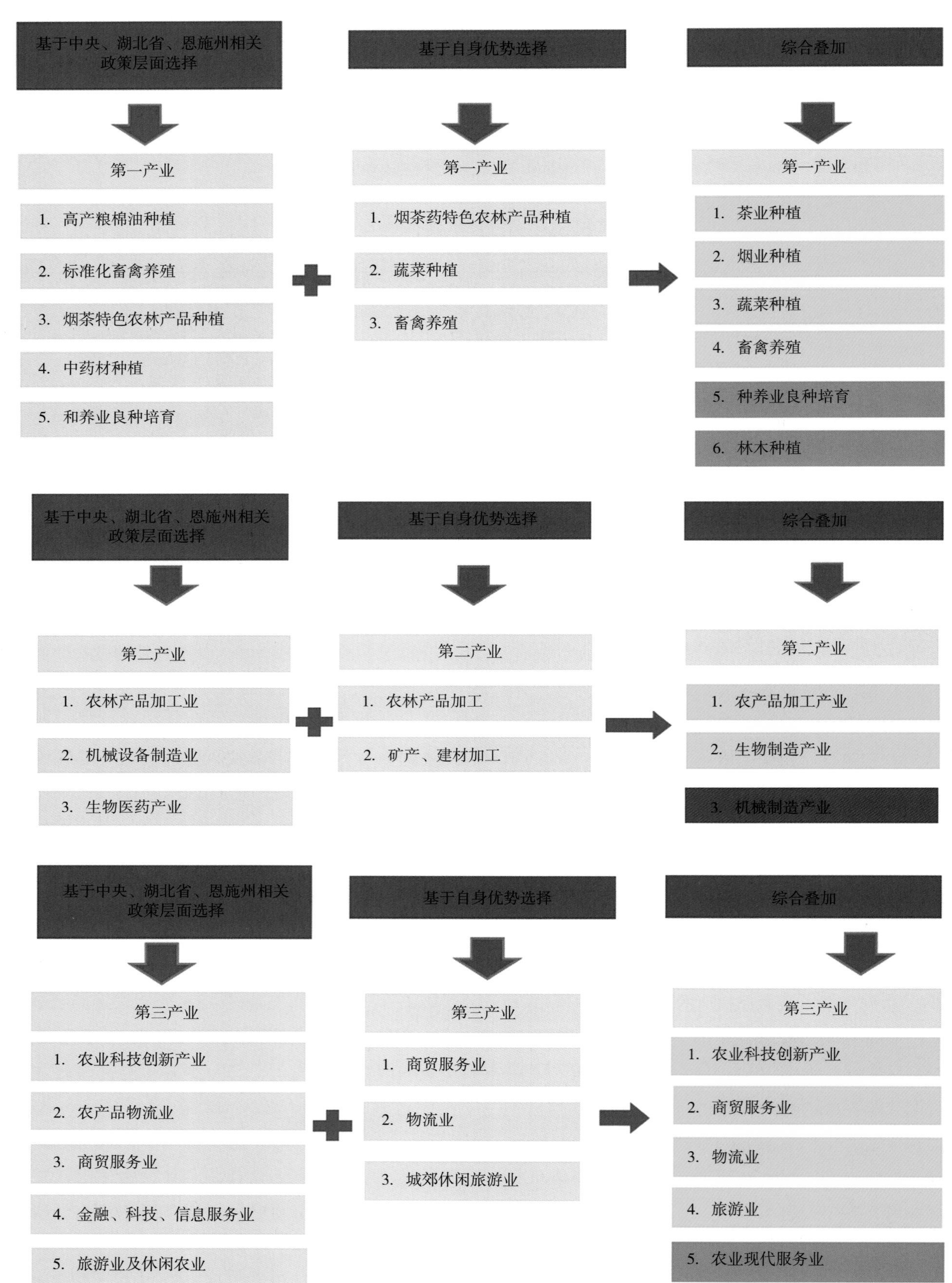

图35-31　龙凤镇三次产业体系构建

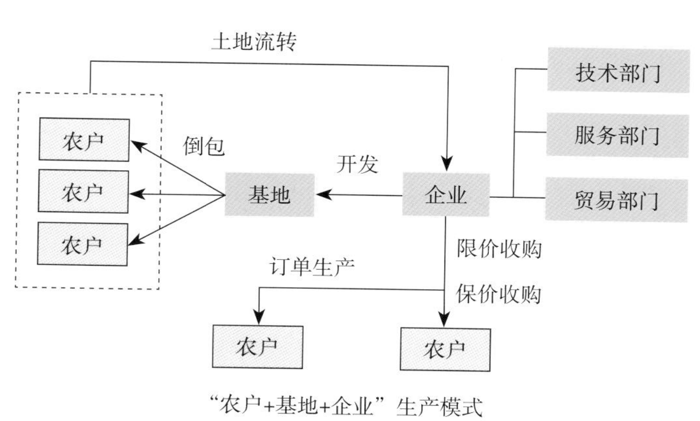

图35-32　农业产业化发展框架示意

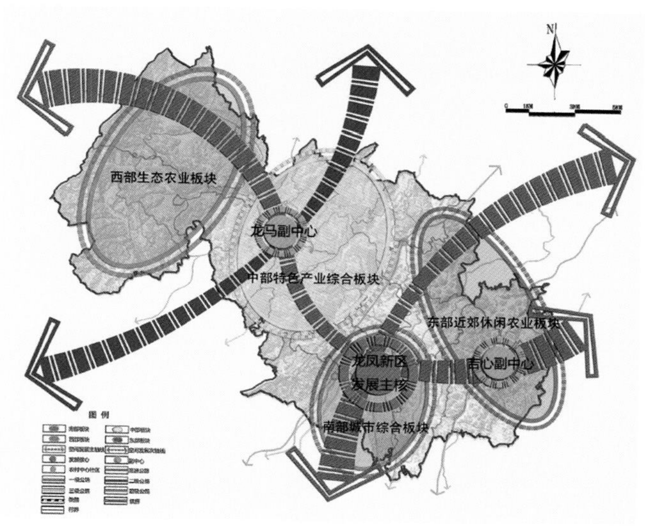

图35-33　龙凤镇空间结构规划图

4.1.4　三产特色化、高端化——自然及文化旅游主导

从5个案例乡镇来看，山地乡镇第三产业比重低，主要发展低端服务业，呈无序化和分散化的态势。山区乡镇现有三产就业人口比重不低但整体发展水平甚低，平均劳动生产率只有1.56万元/人，不到湖北省平均水平的1/3，三产生产率跟当前山区农业生产率相差无几。可见，旅游资源虽然丰富但旅游业产业孵化能力不足。因此，要提高山区乡镇服务功能水平，大力发展生产性服务业，三产必须实现新的效率和模式的突破。

4.2　空间发展对策：点轴带动、板块联动、中心集聚、沟域整合

在典型的山区资源门槛和脆弱的生态本底约束下，欠发达山区县市应该摒弃沿海城镇化先行地区走过的遍地开花式的粗放型城镇化道路，走出一条具有山区特色的城镇化之路——引导一种多样性的模式选择，梯度差异性的路径选择，中心集聚、沟域整合、紧凑集约与有机分散并行的空间选择（图35-33）。

4.2.1　点轴带动——交通廊道拉动空间拓展

山地乡镇的空间发展主要依托主要交通廊道，以中心城区、新市镇为重要节点，以农村社区为一般节点，以主要交通廊道为主线，城乡空间呈现点轴拓展一体化的空间发展格局。山地乡镇的空间发展应当采取点轴面渐进式发展方式，选择规划区范围内条件较好或有潜力的干线作为重点发展轴，在发展轴内确定重点发展的增长极并选择主要发展方向，加大据点型市镇、社区发展的力度，以规模的加速扩张，提高城镇化整体水平。

龙凤镇规划以区域性交通干道安吉高速公路、209国道、318国道以及双龙公路为主骨架，沿线资源较好地区，作为重点发展节点。规划重点培育龙凤镇镇区、龙马村、吉心村、青堡村、杉木坝村以及双堰塘村，逐步向周边辐射地区推进，全面打造全域空间发展的点轴格局。

4.2.2　板块联动——产业经济板块化联动

山地乡镇的产业发展依托政策与资源，链接农工商，形成互为支撑、互为关联的产业体系。落实到空间上，就是一产、二产、三产空间的规划布局。山地乡镇的特色农业板块、新型工业板块及服务业板块应整体协调、联动发展。逐步形成完善的产业体系和合理的空间格局，全面带动城镇化发展。案例乡镇的龙凤镇打造四大产业板块，分别为南部城市综合板块、东部农产品生产加工及物流板块、中部特色产业综合板块、西部生态农业板块，走城乡差异化、特色化发展的道路，全面促进农业现代化和产业化。

4.2.3　中心集聚——中心镇区作为综合发展核心

从城镇的聚集效益讲，只有人口超过3万人才能体现出来。区域城镇发展过程是社会经济要素不断集中的过程，在这个过程中，只有区域性中心城市能够成为带动区域发展的核心。从城镇化的“聚集效应”和“规模效应”来看，城市的规模效应无论在吸纳剩余劳动力还是在带动区域经济发展方面都有着无可比拟的作用。因此，必须重点发展中心镇区，集聚人口和产业，提高规模优势，辐射和带动周边片区的发展。中心镇区是城镇功能拓展和人口集聚的主要地域空间，也是区域范围内的发展核心，应该强化中心镇区的集聚效应和规模效应，从而带动周边农村地区的发展。

4.2.4　沟域整合——空间沿沟域集聚整合

山地乡镇的城镇和村庄居民点主要依据主要交通、河流、生产要素等方面进行分布，空间呈分散发展的特点十分明显。分散的居民点分布导致了大部分农村地区无法形成规模性生产格局，生产生活水平低下，公共服务设施和基础设施配套困难。同时，农民自发的无序建设，也导致了用地粗放，土地集约利用程度低，需要进行全面迁并和合理布局。城乡居民点体系重构，应依托城镇化发展战略展开，以促进城镇结构优化、功能提升、合理布局、城乡统筹发展为战略重点，形成人口“下山”向沟域主要城镇化地区集聚，沿沟域空间整合，建成城与镇、镇与村之间合理的空间格局，以此合理规划城镇及居民点布局。

4.3　生态保育对策：保山护水、退耕还林、低碳产业

4.3.1　保山护水——保护山水生态格局

山地乡镇作为土地资源严重紧缺、生态环境极度脆弱的地区，应注重对山体、水体的保护。结合现状山水环境资源优势，加强生态环境建设，完善镇村生态功能分区，强化区域生态资源空间管制。一方面，在镇域层面，要对镇域现有山水景观进行整体保护和开发。另一方面，在镇区层面，镇区的开发建设顺应山水空间格局，培育若干滨水开敞空间，将山体楔入城市空间内，塑造山水交融、绿意盎然的山水绿城。

4.3.2　退耕还林——改善环境，防治灾害

退耕还林是改善生态环境的重要手段。山地乡镇的地质灾害主要为滑坡、崩塌、地质塌陷和泥石流。开展退耕还林工程对于治理水土流失、维护生态平衡具有积极意义，有计划、有步骤地实施退耕还林，尤其是退还坡耕地造林，恢复和增加森林植被，能有效防治水土流失，保护乡镇山水格局的生态安全，改善生态环境和维护生态平衡。

退耕还林是调整农业生产结构的重要举措。受自然地形和耕地条件的约束，为保全生计，大部分坡度大、土壤贫瘠的土地被用于开发以扩大耕作面积。随着农业现代化的发展，坡耕地困难的耕作条件在投入同等劳动力的情况下，产量低，比较劣势愈发凸显，甚至有些已经开始荒弃。开展退耕还林，一方面能有效重新利用荒弃土地，另一方面，通过造林植树促进农业生产结构调整，提高农业生产效率和投入产出率，推进农业现代化进程。

退耕还林是提高农民收入的重要途径。现有坡耕地广种薄收，国家通过以粮代征的方式，向农户提供补偿，退耕还林补偿要高于继续耕作的机会成本。同时，实施退耕还林，能让更多农村劳动力从农业生产中解脱出来从事多种经营和副业生产，增加农户收入渠道，提高农民收入水平。

4.3.3　低碳产业——绿色生态无污染产业

山地乡镇生态环境的脆弱性决定了其在经济发展与生态保护中要取得平衡。山地乡镇应注重选择无污染、低能耗的产业类型。要因地制宜地建立严格的产业准入制度。如高污染的工业项目、高污染的农业项目、高污染的水上项目、采矿等破坏生态环境的项目等作为禁止准入项目；生态型旅游项目、生态型公共服务项目、生态型科技研发项目、生态型交通及市政项目等作为准入项目。

4.4　交通优化对策：拒绝隔离、告别离散、有机生长、主动迎击

山区在高山丘陵、河流沟壑等自然因素的阻隔和政策体制、行政区划等人为因素的影响下，其发展硬件与平原地区相比，最显著的区别之一是道路交通条件。由于自然条件限制，多数偏远山区严重缺乏“生产作用通道”，受制于典型的边界效应其长期处于被屏蔽状态。人流、物流、资金流、信息流和生态流等生产要素的进出受限，出路无望，创新无门。山区多数乡镇进一步封闭自守，传统农业疲软低效，青壮年劳动力大量外流，隐性失业大量存在，处处呈现一幅发人深省的老年农耕图，在中国城镇化飞速发展的时代迅速沦为老少边穷地区。

地理区位和自然环境条件决定了贫困山区交通条件的边缘性和过路型特征。交通条件的改良与否对山区

的发展具有命运决定性的作用：对于一个省际边缘性山区乡镇，交通条件的优劣可以促其发展成为一个工业贸易发达的省级门户型城镇，也可以使其沦为老少边穷地区。因此，构建适合山区、灵活有机的综合交通系统对山区乡镇城镇化推进和地方特色产业发展潜力的挖掘具有极其重大的意义。

为激活山区乡镇城镇化的发展内能，首先应该“解放山区”，培育发展动脉——联系区域城镇体系及外部中心城市的生产性主干道，将自身融入周边发展的区域环境；其次，告别离散，交通先行，公交保障，压缩各个乡镇与中心城区以及乡镇间的时空距离；再次，有机生长，完善中心镇区道路网络的“毛细血管”，梳理边缘乡村的“神经末梢”。最后，通过合理的组织与全方位的经营，加强旅游特色资源禀赋型乡镇绿色旅游线路的建设，同时与政府招商引资、筑巢引凤等宏观政策相结合，促进城镇建设稳步发展，城市化有序推进。

4.4.1　拒绝隔离——大区域层面的宏观联动

加强乡镇交通设施对接县（市）域、省域和省外大城市枢纽功能。提高山区乡镇与县（市）域、省域及省外大城市主要交通线的对接程度，提高铁路站场的设施比例和高速线路覆盖率，形成以公路运输为主、铁路水运为辅的对外交通格局。龙凤规划提出打造畅达龙凤，突出规划区作为恩施北部交通集散基地的地位，全方位加强公路、铁路建设，强化区域性交通联系，优化规划区内部联系通道，形成对外交通快捷化、多样化、高级化，内部交通通畅化、网络化、均衡化的交通网络。

4.4.2　告别离散——区域间的同级核聚效应

强化乡镇中心镇区与县城及周边城镇交通基础设施的建设对接，实现道路交通系统一体化。转变现有公路班线运输方式，引导公交化的客运系统组织，实现公交客运一体化。加强城镇之间的横向联系，保证联动发展的要素流通无障碍。故在中心镇区向外轴向放射的镇域路网基础上应加强镇域环路的构建，减少乡镇间的通勤距离，促进城镇化过程中的区域合作。以龙凤镇为例，针对现状路网呈一线牵的格局、周边乡镇联系不便的情况，规划结合国道、省道、提升县道、改造乡道，对外交通快捷化、多样化、高级化，内部交通通畅化、网络化、均衡化的交通网络。在规划区范围内形成城镇、城乡联系半小时交通圈（图35-34）。

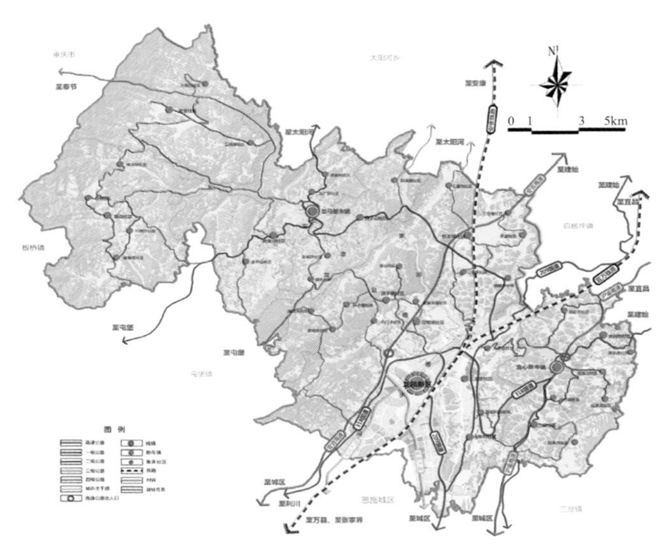

图35-34　龙凤镇规划道路交通体系图

4.4.3　有机生长——中心的织补，边缘的缝合

完善各个山区乡镇内部高速公路、国省道区域干线公路网络，实现镇乡通干线公路，提升区域干线公路网的通畅水平，提高农村公路网的通达深度。注重高速公路网、国省道区域干线公路网、农村公路网三者之间的相互衔接及公、铁、航多种运输方式与中心镇区交通的衔接。发挥交通先行对城镇化及城镇发展的引导和支撑作用，形成布局合理、结构完善、灵活适应的现代化山地型综合交通体系，实现中心镇区交通网络高度发达，外围道路有效对接乡村居民点，打造层级清晰、周转灵活、有机化、内涵式的镇域道路交通体系生长格局。

4.4.4　主动迎击——绿色旅游通道的构建

作为旅游资源禀赋普遍丰厚的欠发达山区乡镇，交通条件的改善对其三产发展潜力的发掘无疑起到至关重要的作用。故应有效发挥山区县城区综合交通基础设施优势。建设旅游集散中心，发展旅游集散中心直达景区、景点的旅游客运服务专线，构建无障碍的绿色旅游交通网络，有效提升山区乡镇旅游形象、打造旅游服务品牌和完善旅游服务水平。以松柏镇为例，现状道路通而不畅，应灾性不足，内部交通混杂，严重制约了松柏镇旅游事业和精品名牌线路的形成和发展。规划通过过境交通、干道网和支路网共同形成松柏镇域环状交通体系，构建“外快内慢”的交通体系。结合景区建设设置镇域慢行绿道网，绿道分为生态型、郊野型和城镇型三类。保证景点的有序组织及景区与松柏镇和神农架区旅游集散中心的顺畅对接，主动迎接快速城镇化序幕拉开之际产业升级转换给山区县带来的机遇与挑战，有效地保证松柏镇旅游环境质量和服务水平（图35-35、图35-36）。

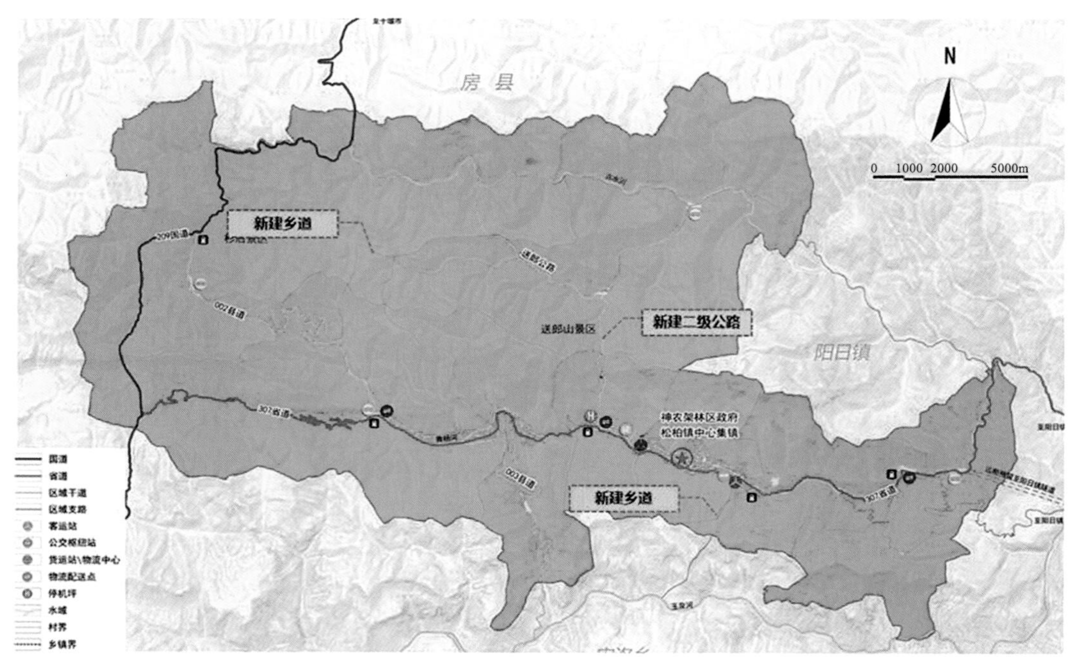

图35-35　松柏镇综合交通规划

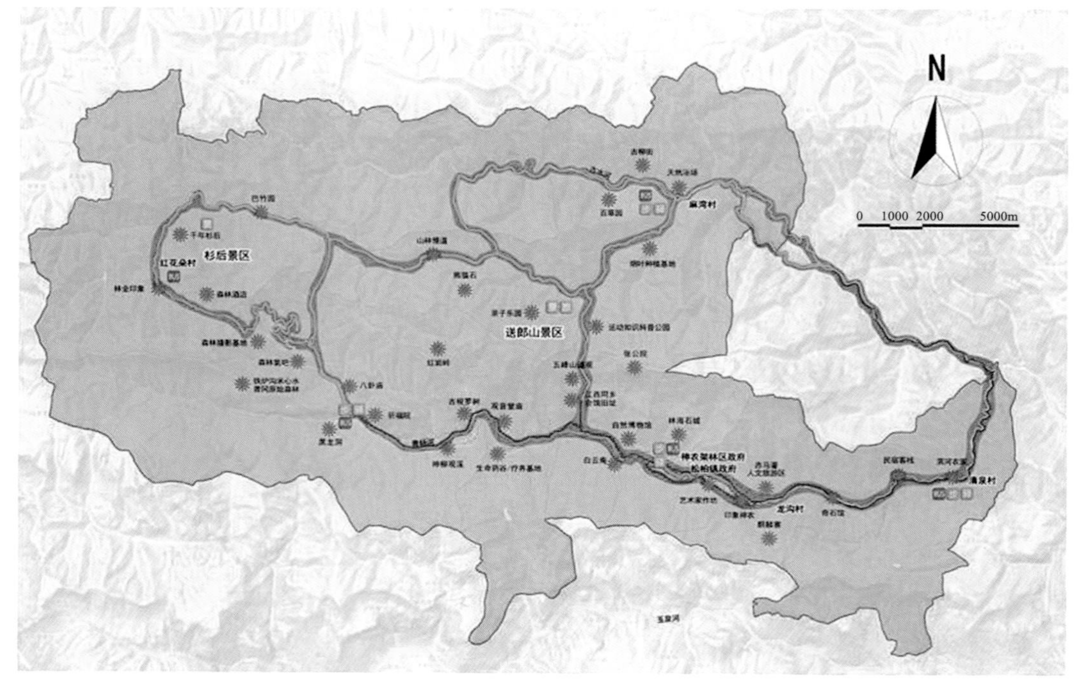

图35-36　松柏镇慢行绿道网

作者单位：华中科技大学建筑与城市规划学院

执笔人：杨柳、黄亚平

36　“林海慢城、养生逸谷”的松柏镇规划

1　基本情况及现状特征

1.1　基本情况

松柏镇是神农架林区政治、经济和文化中心，位于湖北省西部边陲，东临阳日镇，西连红坪镇，南靠宋洛乡，北依十堰市房县，镇域国土面积约328.82km²（图36–1、图36–2）。现辖松柏、堂房、盘水、清泉、龙沟、八角庙、麻湾、红花朵等8个行政村、2个社区居委会、19个居民小组和40个村民小组，2012年镇域总人口29871人，城镇人口20722人，城镇化水平69%，镇区周边群山环抱，青阳河常年流水不断，横贯东西，自古便有“林海石城”的美誉。

松柏镇曾先后被授予“全国发展改革试点镇”、“全省村务公开民主管理示范镇”、“湖北省新农村建设示范乡镇”等多个省级以上的荣誉称号。2009年，盘水生态产业园批准设立，引进了一批例如“劲酒”、“小蜜蜂”等农副产品加工企业，带动了当地农业生态经济的发展。

1.2　现状特征

1.2.1　地形及气候特征

松柏镇是鄂西地区典型的山地城镇，地势西高东低，逐步向东缓降，南北群山峻岭，北部略高于南部，中间呈长槽地形，是一长方形、东西走向的山间平坝，因此也造就了松柏镇镇区“两山夹一谷”的独特地形（图36–3）。

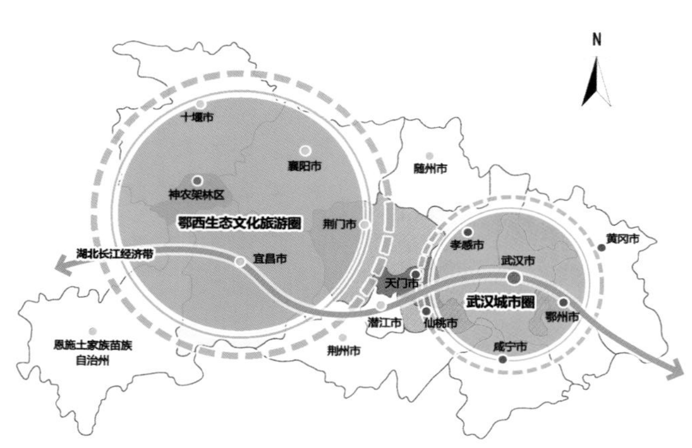

图36–1　神农架林区在湖北省的位置

图36–2　松柏镇在神农架林区的位置

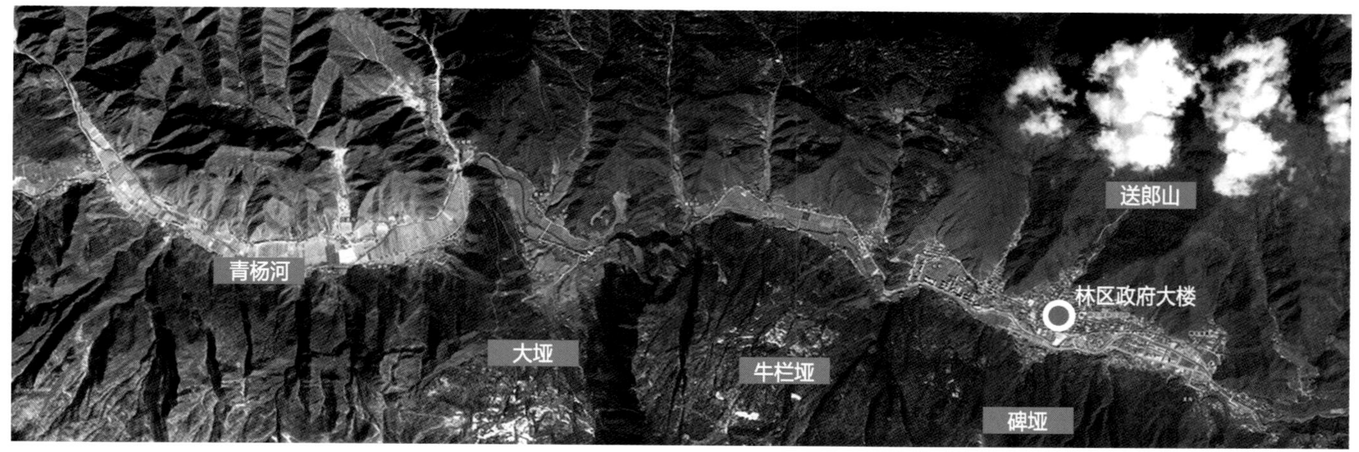

图36–3　松柏镇镇区地貌卫星图

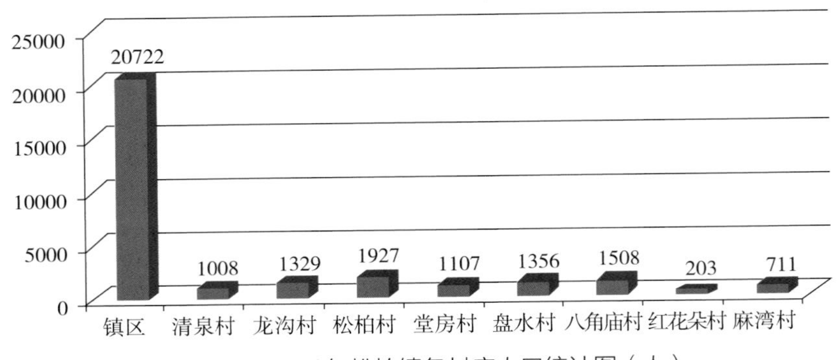

图36-4　2012年松柏镇各村庄人口统计图（人）

镇区海拔高程在880～970m之间，常年主导风向为东南风，气温偏凉而且夏秋多雨，镇区气候湿润凉爽，四季分明，年平均气温12.1℃，夏季7 月均温23℃，极端最高气温36.4℃，非常适宜居住及夏日避暑。

1.2.2　村庄分布及人口特征

由于受南北高山地形限制，境内对外交通仅有209国道和307省道，其中307省道东西横穿整个松柏镇区，镇域多数村庄也沿其两侧布置，形成典型的城镇发展带。

人口分布方面，全镇现辖2个街道办事处和8个行政村，2个街道办事处（即镇区）的总人口超过2万，其次是沿青阳河的各村庄人口较为集中，远离镇区的红花朵村和麻湾村的人口稀少。人口沿河谷、向镇区集聚的特征十分明显。

人口增长方面，2003～2012年松柏镇人口出生率逐渐降低，人口死亡率却逐年上升，使人口自然增长率有所下降，且2012年的人口自然增长率出现负值；另外，人口迁移也由净迁入转为净迁出。因此，现状松柏镇人口增长动力不足，人口综合增长率呈现缓慢下降的趋势。但是从流入人口暂住时间来看，暂住一个月乃至一年以上的人口逐渐增加，由此可以预见，松柏镇未来的常住人口将缓慢增加（图36-4）。

1.2.3　经济特征

松柏镇经济发展在神农架林区的8个乡镇中，处于明显的领先地位，松柏镇产业经济发展势头良好，但人均GDP落后于木鱼镇和宋洛乡，其中宋洛乡非常突出，人均GDP占据林区首位（表36-1）。

2012年神农架林区各乡镇GDP指标一览表　　表36-1

排名	城镇	2012 年 GDP（亿元）	2012 年常住人口	人均 GDP（元）	人均 GDP（美元）	人均 GDP 排名
1	松柏镇	6.27	29871	23483.15	3736.08	3
2	木鱼镇	2.7	10841	23828.44	3791.02	2
3	宋洛乡	2.67	10988	42434.84	6751.23	1
4	阳日镇	1.55	6200	14078.11	2239.78	7
5	红坪镇	1.3	3758	20202.02	3214.07	6
6	新华镇	0.94	7395	21885.91	3481.97	4
7	九湖镇	0.91	4316	21162.79	3366.92	5
8	下谷坪乡	0.47	6151	7496.01	1192.59	8

松柏镇现状经济结构以一产为主，其中，农牧业发展势头较好；第二产业受林区环境保护的限制，主要为农产品、药材加工和建筑业，均处于起步发展阶段，规模较小，但已经形成一定的市场影响力；三产发展速度较快，但以劳务经济和运输业为主，经济增长受外界市场影响较大，旅游服务相关产业还处在萌芽阶段，因此，对松柏镇当前城镇发展水平的评价为：农业强镇、工业弱镇、旅游新镇。

1.3　主要问题

松柏镇作为神农架林区的政治、经济和文化中心，其发展主要面临了以下几个主要问题。

1.3.1　同质竞争激烈

在神农架林区范围内，除东部门户阳日镇主导发展工业之外，其他包括松柏镇在内的6个乡镇都提出发展旅游服务，然而作为林区首府的松柏镇在旅游发展方面远远落后于木鱼镇，如何在周边同质竞争激烈的环境下，寻找松柏镇至关重要的核心竞争力，谋求特色化、差异化发展是规划面临的首要问题。

1.3.2　山地保护型旅游城镇的“四化同步”实现路径

神农架林区位于湖北省主体功能区规划中确定的生态保护区域，而松柏镇近2/3的国土面积为大面积的有林地，属于“天保工程”保护范围，因此，松柏镇的发展不能像平原地区大刀阔斧式的建设。在中央城镇化工作会议精神的指导方针下，松柏镇如何在保护生态环境的前提下，寻找一条具有松柏镇特色的“四化同步”路径，是规划能否成功实施的关键所在。

1.3.3　具有示范性、可操作性的美丽乡村建设

建筑风格方面如何体现“荆楚派”风格且又有自身特色？产业方面如何做到“一村一品”的要求？在林区范围内，如何将成功的美丽乡村建设经验进行示范推广？关于这三个问题美丽乡村规划作出了重点解决和一些创新尝试。

2　规划目标及定位

2.1　规划目标

以神农架蓬勃发展的旅游业为依托，以巩固鄂西生态文化旅游圈核心区为抓手，逐步把松柏镇打造为世界山林养生旅游名镇、华中避暑度假第一目的地。

2.2　规划定位

世界山林养生旅游名镇

华中避暑度假第一目的地

松柏镇是神农架林区区府所在地，而神农架是世界自然遗产和地质公园，世界级的平台必然要求松柏镇以更高的定位来发展，同时神农架还是华中屋脊，是北纬30°附近唯一一块绿洲，对华中地区而言，它是一处养生度假、休闲旅游的绝佳去处。

2.3　整体形象定位

林海慢城　养生逸谷

凭借神农架原始森林的自然景观，依托松柏镇恬适安逸的生活节奏，传承神农尝百草的中药文化，将松柏镇打造成林海中慢节奏的宜居小镇，发展成深山谷地中的保健养生天堂。

3　“四化同步”发展模式

松柏镇作为神农架林区区府所在地，既是神农架生态文明建设的示范区，也是神农架产业发展的集聚区，对于松柏镇而言，优越的区位优势和政治文化优势造就了其领先的产业基础和较高的城镇化水平，因此，本规划按照生态保护的要求和“林海慢城，养生逸谷”的整体定位及发展目标，在三个层次的规划当中，贯彻“慢城”的规划思想，通过慢城建设实现松柏镇的新型城镇化，实现旅游服务业的快速发展，通过新型城镇化的引领、信息化建设和旅游服务业的发展的催化作用，促进农林产品加工业以及“绿色健康”产业的集聚发展，产业化发展又将进一步反哺城镇建设，倒逼城镇实现信息化以及乡村农业现代化（图36-5）。

（1）工业化

松柏镇的工业化发展更适合解释为产业化发展，主要体现在依托丰富的生态农林资源，集中发展农林副产品加工业及其衍生的绿色健康产业。

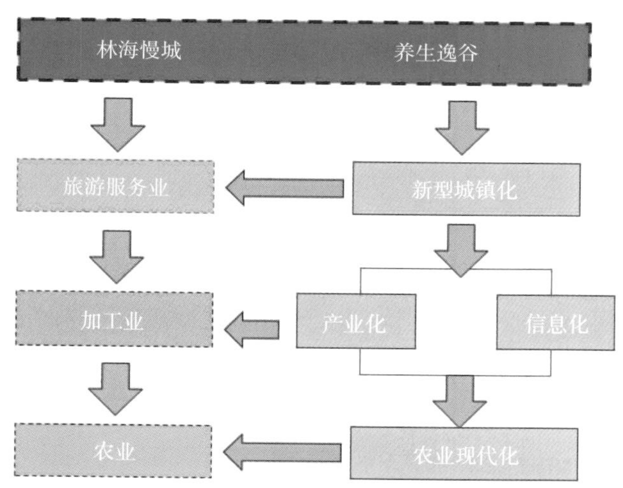

图36-5　松柏镇“四化同步”路径分析示意图

（2）信息化

信息化是松柏镇实现“四化同步”的重要手段，由于受山地地形和内部交通条件限制，各村之间联系通而不畅，农民进镇区往往要花费很长时间，产业发展、村庄建设等各方面也各有差异。因此，打破现状发展阻碍的一条重要手段就是信息化建设。

（3）新型城镇化

松柏镇的城镇化水平较高，中心集镇集聚了约2/3的人口，这和其他平原地区小城镇有很大不同，因此，松柏镇的城镇化发展路径不应是大拆大建，而是集约化发展，主要体现在两个方面：

城镇发展方面：沿307 省道两侧靠近现状镇区的村庄，规划将全部纳入镇区考虑，统一按照城镇标准配置公共设施，实现农村人口的就近城镇化；其中，老镇区建设用地不再增加，主要以盘活存量土地为主。

农村发展方面：由于山林地区地质灾害多，交通不便，经济发展缓慢，服务设施欠缺，因此，规划从长远考虑，一些遥远的、散布的居民点还是按照就近原则集中迁并，以便于配置公共服务设施和基础设施，居民点建设采用统一的具有松柏特色的“荆楚派”风格。

（4）农业现代化

由于受地理条件限制，松柏镇的农业现代化发展主要依托平台建设，包括农资咨询中心、农产品交易平台，并通过引进“合作社”，带动设施农业的发展，逐步带动农业散户生产向农业基地转变。

4　镇域规划布局及关键控制领域

4.1　镇域规划布局

4.1.1　镇村体系规划

经过迁村并点规划，松柏镇镇域形成“1+4+11”的新型镇村体系结构，分别对应：1个中心集镇、4个行政村和11个集中居民点（图36–6）。

其中，中心集镇是在现状松柏集镇的基础上，结合产业发展和城镇建设需要，将八角庙村、盘水村、堂房村、松柏村以及龙沟村的多数用地纳入镇区，形成总建设用地规模约4.0 km^{2}的新镇区。

4个行政村分别为红花朵村、麻湾村、龙沟村和清泉村，原八角庙村、盘水村、堂房村和松柏村分别成为松柏镇区的4个新社区。

11个集中居民点即迁并形成的11个集中居民点，其中，古庙垭居民点属盘水社区管理，三岔口居民点属八角庙社区管理。

4.1.2　镇域产业空间布局规划

镇域产业空间布局结构形成“一轴、两核、四片区”（图36–7）。

一轴：沿307省道和002县道，串联起清泉—龙沟农业“三品”示范区、综合服务核心、盘水生态产业园和

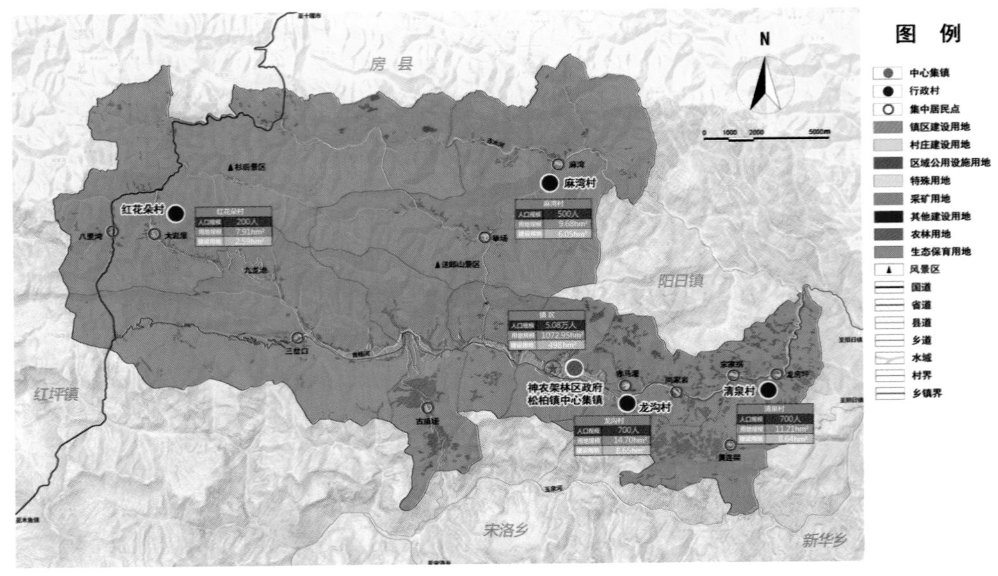

图36–6　松柏镇镇村体系规划图

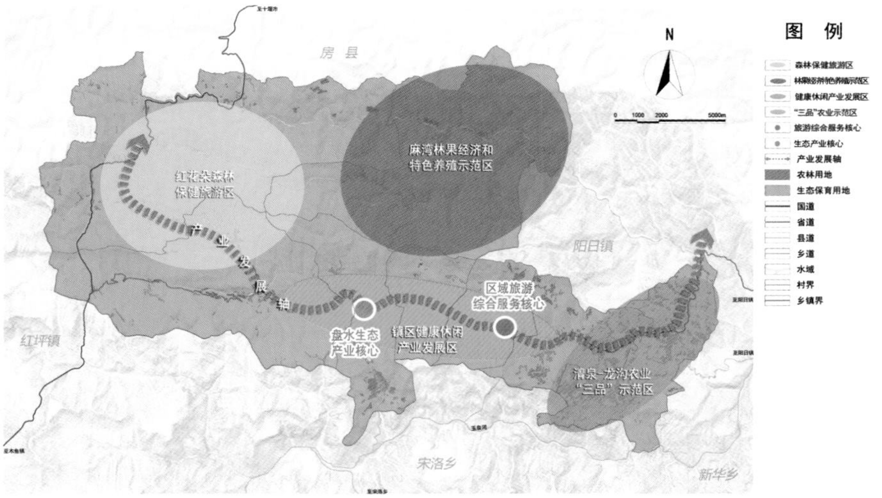

图36-7　松柏镇产业空间布局规划图

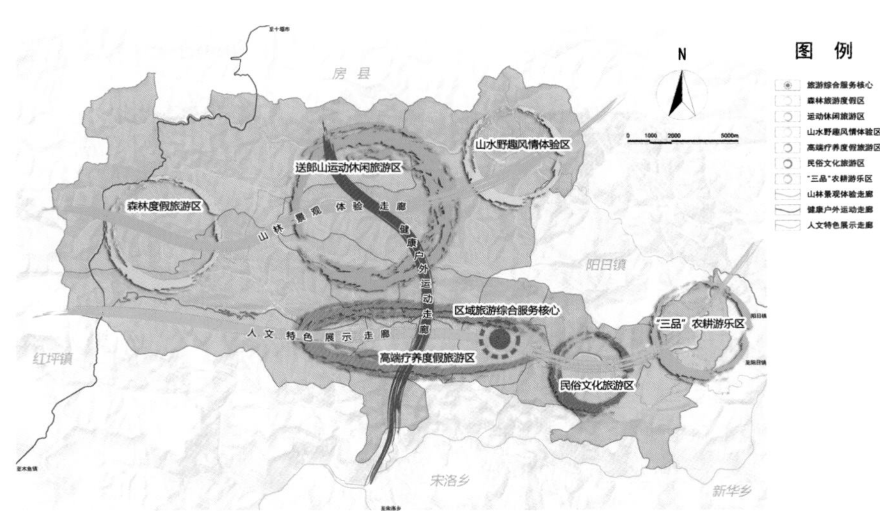

图36-8　松柏镇旅游规划结构图

红花朵森林保健旅游区，形成产业发展轴；

两核：以松柏镇区为主的林区的综合服务核心和以盘水产业园为基地的现代生态产业核心；

四片区：即镇区健康休闲产业发展区、清泉—龙沟农业“三品”示范区、红花朵森林保健旅游区和麻湾林果经济和特色养殖示范区。

4.1.3　镇域旅游规划

镇域旅游规划结构可以概括为“一心、三廊、六区”（图36-8），其中：

一心指松柏镇区打造的区域旅游综合服务核心；

三廊分别指松柏镇北部打造的山林景观体验走廊、中部打造的健康户外运动走廊和沿307省道、青杨河展开的人文特色展示走廊；

六区分别指红花朵村“森林度假旅游区”、送郎山“运动休闲旅游区”、麻湾村“山水野趣风情体验区”、镇区“高端疗养度假旅游区”、龙沟村“民俗文化旅游区”、清泉村“三品”农耕游乐区。

4.2　关键控制领域

4.2.1　人口与用地

松柏镇人口增长限制因素主要有两个，一个是山地城镇普遍的用地制约，另外一个是水资源制约。考虑到松柏镇作为神农架林区首府之地，水资源可以从周边乡镇范围内平衡，因此，规划按照增长率法、分项指标法以及生态承载力法综合预测到：松柏镇2030年规划总人口5.33万人，其中镇区人口由常住人口和持续旅游人口两部分组成，分别为3.8万人和1.28万人，农村人口2500人。

用地方面，镇区总建设用地约498hm^2，人均98.03m^2；农村居民点建设用地按照人均不大于120m^{2}进行规划，各项指标满足相关规范及政策要求。

4.2.2　生态格局和空间管制

松柏镇整体生态格局可以用“林海逸谷”来描述，它处于主体功能区规划确定的生态保护区，且多数用地属于天保工程保护范围，因此规划将土地二调文件中的“有林地”划归生态保育用地，以区分其他可开发林用地。

为了更好地明确镇域各类保护用地的范围，镇域空间共划分为自然保护区、风景名胜区、基本农田保护区、二级水源保护区、城镇建设区、农村建设区和一般控制引导区等7类区域，其中35kV、110kV高压线单独划出，35kV高压走廊宽度控制20m，110kV高压走廊宽度控制30m（图36–9）。

4.2.3　特色资源

松柏镇特色文化及景观资源丰富，规划按照“文化彰显、特色塑造”的理念对其进行整合和策划。包括将红花朵林场打造成为林业印象体验区，划定为林业风貌保护区和“林海石城”风貌保护区；民宅建筑体现鄂西民居及荆楚派风格等。

松柏镇作为“旅游综合体”，镇区围绕“慢”字做文章，打造林海慢城；村庄按照“一景一区”的原则，围绕“野”字进行项目策划，通过镇域规划布置的慢行绿道网，将村庄野趣、慢城活力结合起来（图36–10）。

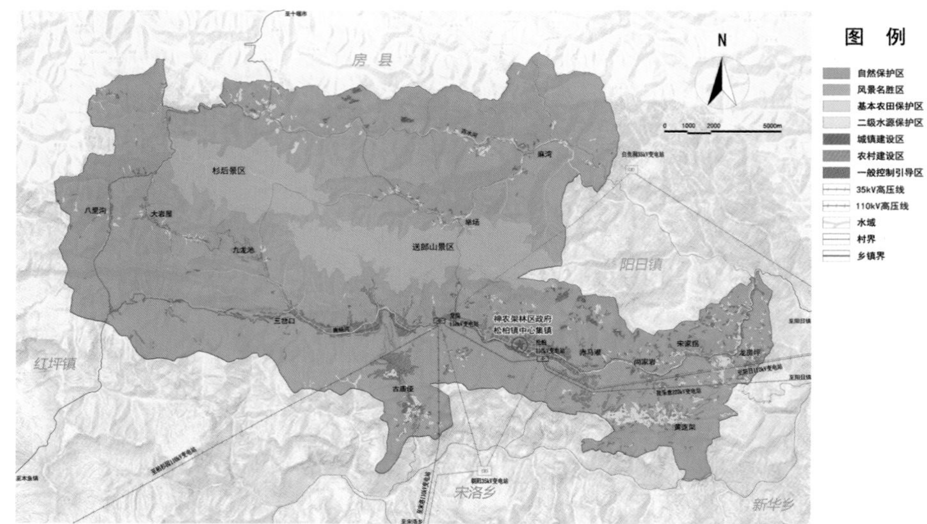

图36–9　松柏镇镇域空间管制规划图

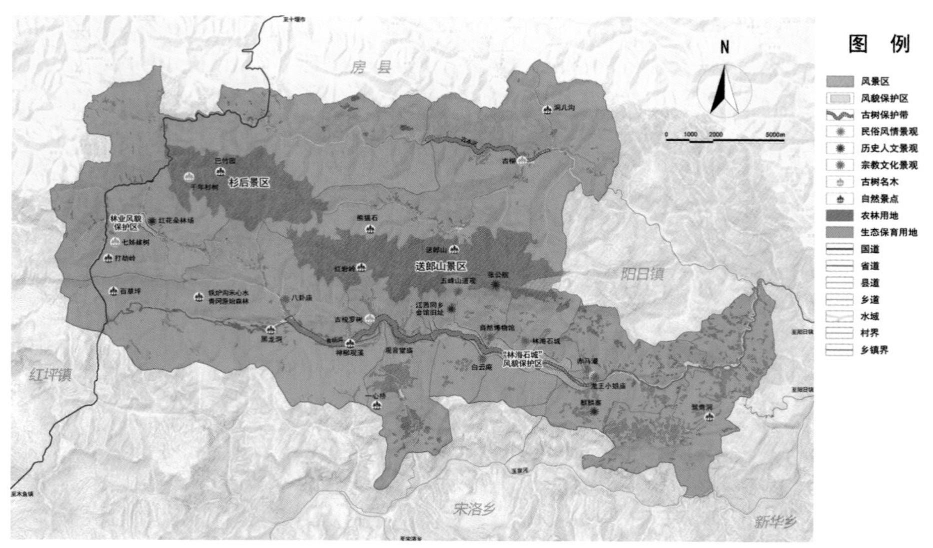

图36–10　松柏镇文化和特色景观资源保护规划图

5　镇区规划布局及特点

5.1　规划布局

5.1.1　镇区用地拓展

镇区东西两侧为谷地，拓展空间较大，南北两侧皆为山地，北侧地形受限较大，南侧可于山脚建设依山就势的小体量建筑。因此，镇区用地“西进、东拓、南展”。

5.1.2　用地布局结构

依托S307城市发展轴，形成“一核两轴，七心六组团”的布局结构，进一步完善“带状+组团”的空间格局。

产业布局结构打造“1+2+5”的形态，分别指1条产业发展轴即S307产业发展轴；2个产业配套中心即展贸展销洽谈中心，科技研发、企业服务中心；4个产业功能板块即旅游工艺品加工板块，农产品保鲜物流板块，农林特、绿色食品加工板块，生物药业板块（图36–11）。

5.2　规划特点

5.2.1 用地选择

利用GIS分析手段，结合地质评估报告对用地方案进行优化，主要针对高端酒店区进行了用地调整，避让了部分地质灾害频发地块（图36–12）。

5.2.2　交通优化

结合省道307改线，优化内部路网结构，形成“内通外畅”的道路系统；完善低等级道路的微循环，以优化完善老镇区路网系统，提高路网密度；强化城市组团间联系通道的贯通性。

5.2.3　绿地系统规划

构筑以青杨河与生态山林为骨架，外围生态基质为支撑，点线面结合的绿地系统。规划构建由公园绿地、防护绿地、广场绿地形成的绿地系统。总用地面积92.3hm^2，占城市建设用地的17.4%。保证300m见绿，500m见园，为“慢城”营造空间（图36–13）。

5.2.4　近期规划以项目库为抓手

以引爆项目为近期工作的重要抓手，对镇区综合服务功能进行提档升级，于盘水生态产业园引入一批龙头企业，全面启动园区建设。拟于近期启动引爆项目13个，计划投资1.26亿元，形成杠杆效应，带动后续发展。

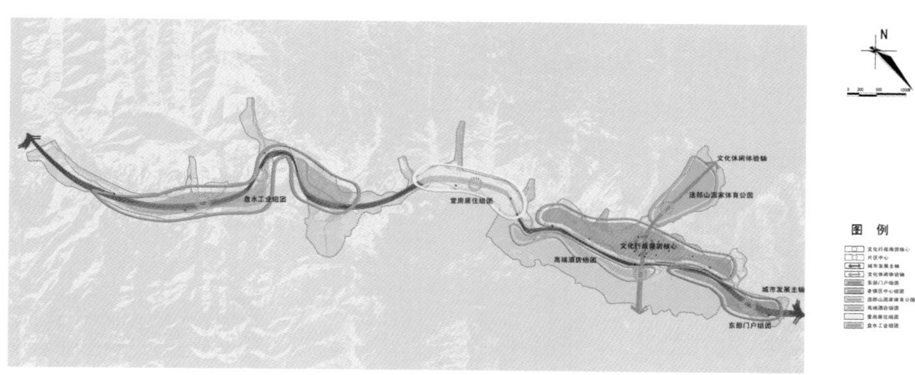

图36–11　松柏镇镇区规划布局结构图

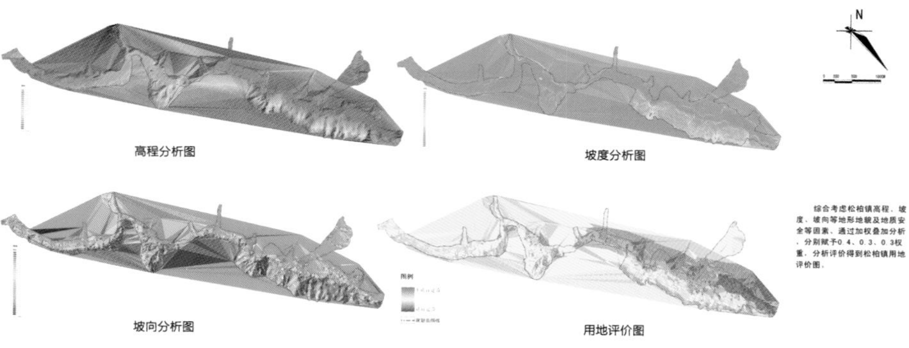

图36–12　松柏镇镇区用地GIS分析图

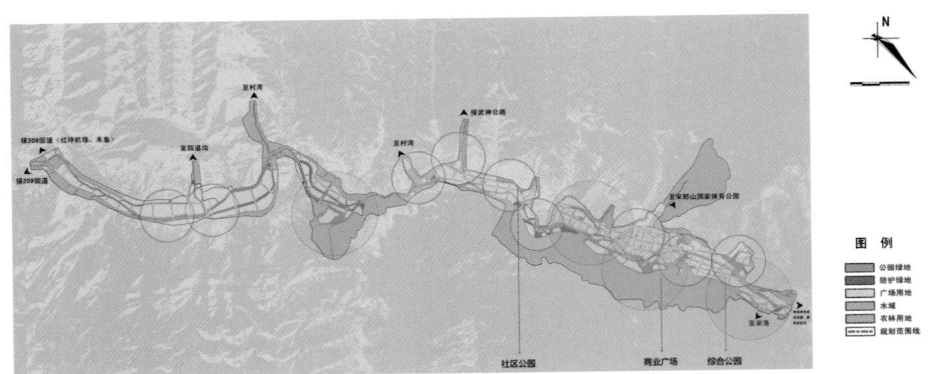

图36-13　松柏镇镇区绿地系统规划图

6　规划编制思路及方法创新

6.1　围绕“慢城”目标构建规划体系

“林海慢城”是松柏镇的建设目标。

镇域规划、镇区规划及美丽乡村规划都秉承这一建设目标，全镇生态建设、绿色产业、低碳交通等都围绕“慢城”展开（图36-14）。

6.1.1　慢城需要优质的生态本底

构建慢城所需的生态体系，包括：生命支持系统、生态环境系统、生态产业、生态住区和生态文化系统。

松柏镇生态建设活动以“生态慢城”为目标，按照发展能力、持续能力、和谐能力等三方面数据进行评价。

6.1.2　慢城需要可持续的产业

构建慢城所需的产业体系，包括：新农林和新服务业。同时，围绕镇区“盘水生态产业园”和旅游综合服务核心，依托松柏镇自身优势的农林资源，利用“四化同步”机遇进行整合，主导发展健康休闲产业、绿色食品产业。

6.1.3　慢城需要安全、便捷、低碳的交通方式

镇域方面，提升能级、突破瓶颈，构建“外快内慢”的交通系统；鼓励公共交通出行，公交设施布置到村庄；建立慢行绿道网络，同时加强主要道路滑坡整治。

镇区方面，规划多处社会停车场，解决镇区停车问题；沿青杨河布置慢行绿道网，结合公园、广场，布置旅游服务设施，实现“慢生活”。

6.1.4　慢城需要完善的基础设施

公共服务设施按照镇区—行政村—居民点配置；镇区、景区范围结合旅游规划、慢行绿道网规划，布置旅

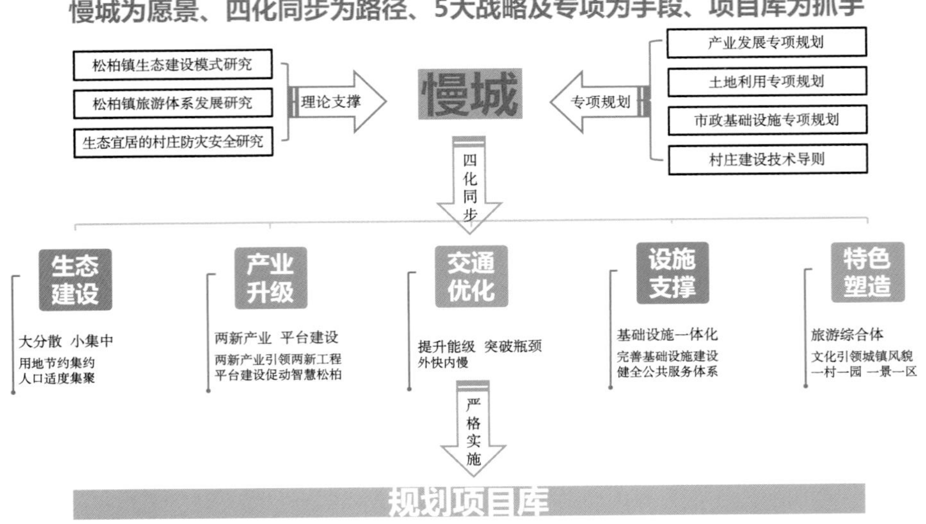

图36-14　松柏镇规划技术路线

游服务设施。

市政设施按照高标准要求进行规划，给水设施、环卫设施布点应满足生态保护要求。完善的公共服务设施和市政基础设施配套，可提高慢城生活舒适度和居民的幸福指数。

6.1.5　慢城需要地域特色

依托文化景观资源，塑造慢城特色，包括文化特色、风貌特色和项目特色等，典型代表为依托良好生态本地和文化景观资源，在镇域范围内布置慢行绿道网，串联镇区“旅游综合体”和“一村一品”的美丽乡村。

6.2　控规控制体系的创新

控规创新性表达表现在：

（1）不突破单元总量上限及不改变主导功能的前提下，个别地块用地大小、范围、性质及强度的调整（图36-15）；

（2）保障性住房规模不变的前提下，其位置的调整；

（3）公服用地规模不变的前提下，具体位置的调整；

（4）在保证交通可达性的前提下，支路及建议性道路线位的调整。

这些弹性表达方式可简化后续的规划管理行政审批、调整程序。

6.3　“菜单式”个人建房实施手册

农村个人建房实施手册结合村庄发展的现实情况，为农村新建和改建房屋提供简洁大方的设计方案，同时参照“荆楚派”和鄂西民居风格，对户型、门窗、围墙、栏杆等提供多种样式，供村民进行菜单式选择，简洁实用，便于规划实施。

6.4　“手册式”村庄建设技术导则

村庄规划建设技术导则共涉及“农房建设”、“环境整治”、“基础设施”、“公共设施”、“文化保护”、“安全防灾”、“建设管理”等7个方面内容，采用图文并茂、手册的形式编制，通俗易懂，便于乡村建设的实施和推广。

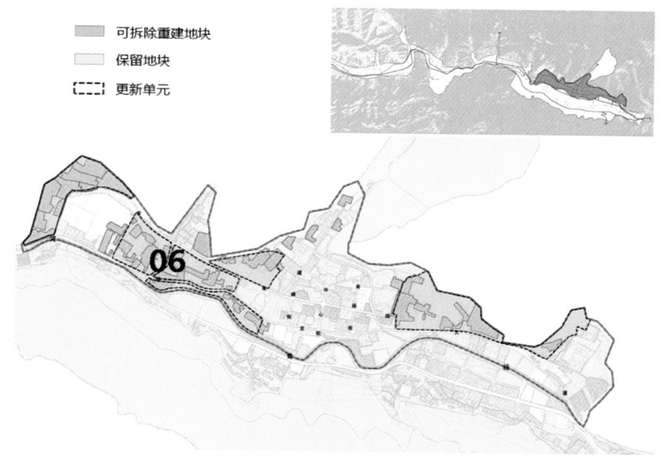

图36-15　松柏镇区控规更新单元示意

6.5　全方位的公众参与

从入场调研至规划编制完成，规划设计单位都高度重视民众的呼声，针对城镇发展定位、迁村并点计划、旅游规划等多次以座谈会、随机走访的方式征求民众意见，并且每次方案交流会都邀请了不少民众参与，为保证规划的客观性和可实施性提出了许多宝贵建议。

规划主编单位：上海同济城市规划设计研究院、
武汉市规划研究院
执笔人：胡浩、董丁丁
负责人：戴慎志、宋洁
项目组成员：胡浩、王玮、刘婷婷、董丁丁、
张庆军、冯浩

37 “镇园一体、特色转型”的杨寨镇规划

1 引言

杨寨镇位于大别山西端，广水市东南部，是湖北省综合改革试点镇，随州市经济实力强镇，广水市副中心城市。目前存在非农就业不足、产业稳定性较差、异地城镇化突出等问题，同时，受国家宏观政策及资源环境的制约，面临节约资源、产业转型的困境。

在四化同步的发展背景下，本次规划以新型城镇化为引领，通过农业现代化、工业化、信息化的全面支撑，提出发展与保护并举的“杨寨模式”，探索杨寨镇“四化同步”的发展模式与路径，为鄂北地区环境脆弱城镇转型发展，“四化”合力有序建设提供可供借鉴的经验和样板。

2 基本情况及现状特征

杨寨镇国土面积111.98km^2，镇域总人口5.4万人，麻竹高速、黄杨公路、107国道穿境而过，区位交通条件优越，经济发展势头迅猛，近年多次位于广水市乡镇排名前列，是广水市经济重镇，也是多重机遇的叠加区（图37–1）。

根据对杨寨镇整体发展条件的判读，可以总结出杨寨镇的发展特征为“六高六低”，分别为：

（1）经济发展总量较高，产业体系稳定性低。2013年，杨寨镇地区生产总值15亿元，一、二、三产业结构比例为19∶59∶22，工农总产值处于广水市各乡镇领先水平。但以农业种植、单一制造、国道经济为特征，以钢铁冶炼为主导的产业体系稳定性较差。

（2）人口外流程度高，城镇化水平和质量低。2013年，杨寨镇城镇化率为27.93%，远低于全国52.57%的平均水平，还处于城镇化发展初级阶段。全域47.65%的人口外出打工，空心村和异地城镇化现象严重。高度依赖工业需求的城镇化发展模式面临动力不足的问题。

（3）城乡发展差距大，农业产业化水平低。2013年，杨寨镇城乡居民收入比为2.6∶1，城乡收入差距明显。农业以传统种植业为主，生产组织化程度低，产业结构较低端，缺乏高附加值的产业。

（4）自然村湾分散度和同质化率高，镇区规模和集聚度低。杨寨镇辖2个居民社区、23个行政村、250个村民小组，除镇区为综合型职能之外，各行政村均以农业种植型为主。镇区建设用地165.7hm^2，仅占全域面积的1.5%，建设规模偏小，难以对周边农村地区乃至对相邻乡镇产生集聚带动作用。

（5）区域交通通达性高，内部交通联系度和建设水平低。以京广铁路、麻竹高速、107国道、黄杨公路为支撑的对外交通联系便利，但镇域内部东西向联系不畅，道路建设水平较低。

（6）生态资源制约度高，景观建设水平低。杨寨镇境内干旱频发，农业灌溉用水不足，丘岗地系统整体输出能力较低。同时，现状植被遭受破坏、水土流失严重，植被覆盖率较低，乡村景观建设还未受到重视。

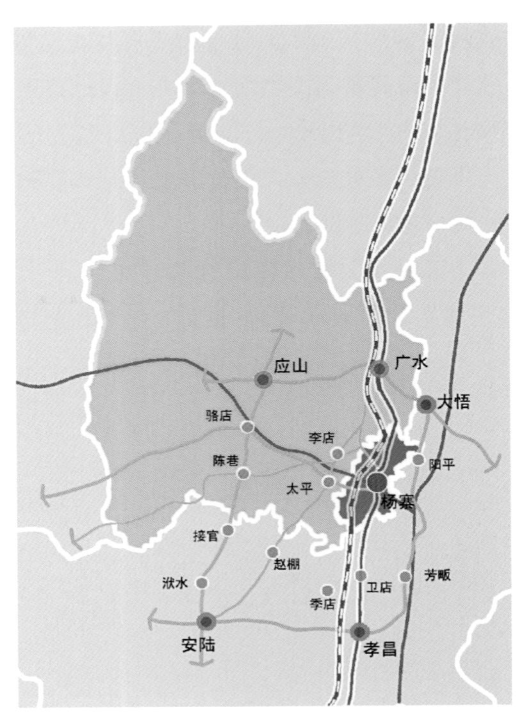

图37–1 杨寨镇区位特征图

3 规划目标及定位

3.1 规划目标

针对杨寨镇便捷的交通条件和产业基础，通过落实生态引领、产城村联动、服务支撑的发展要求，将杨寨打造成生态、富裕、智慧、宜居的鄂北丘陵地区城镇转型发展“样本”。

即通过加强对杨寨镇域整体的生态维育，利用新能源与技术创新等，尽可能减少能源消耗，促进经济社会发展和生态环境保护的双赢，打造生态杨寨；依托便捷的交通条件，积极发展大运量、高附加值、低能耗的制造产业，积极培育特色农业产业链条，提高农产品附加值，全面促进城乡居民收入的整体提高，实现富裕杨寨；通过统筹推进城镇化建设和美丽乡村建设，因地制宜地走出“特色城镇”的发展道路，实现城乡优势互补、人口合理流动和公共服务均等共享，构建宜居杨寨；通过加强信息产业发展，完善基础设施建设，构建信息化对工业化、城镇化和农业现代化的长效互动机制，实现城镇建设、产业发展和社会服务的智能高效，形成智慧杨寨。

3.2 规划定位

立足杨寨镇的区位优势和资源禀赋，强化本地特色，定位杨寨镇为“三高地、一枢纽”，即鄂北丘陵地区“四化同步”示范高地、大别山试验区产业转型和生态宜居建设高地、随州市镇域经济高地和广水市综合交通集散枢纽。重点发展以旱地作物和特色果蔬为主导的特色农业现代化种植职能、以循环产业和农产品加工为主导的现代制造职能、以乡村休闲和生态观光为主导的旅游度假职能、现代物流集散职能。

4 “四化同步”发展模式

在杨寨镇工业发展独大、农业产业落后、城镇品质不佳、信息化缺失等现状特征下，本次规划立足四化协调发展提出杨寨四化同步发展模式，即通过工业化体系优化、城镇化内涵优化、农业化模式优化、信息化目标优化等“四个优化”，促进工业化由外来低质向双导向、可持续转变，城镇化由土地城镇化向多元现代化转变，农业化由“原子化”单一作业向“规模化”纵深拓展转变，信息化由基础建设向融合支撑转变等“四个转变”，形成产城村互动协调、发展保护共生一体的“杨寨模式”，全面实现杨寨“四化”同步超越。

在新型工业化方面，通过产业体系与空间体系优化，形成以“嵌入型”产业为主导，以“内生型”产业为特色的优势产业体系与向心引导、多层级协调、圈层联动的空间组合。在新型城镇化方面，强化低碳、低冲击的总体发展思路，以产城村一体化的方式扩容城镇化路径、提升城镇化质量。在农业现代化方面，转变农业生产经营模式，确保农村地区形成内生造血的发展路径，全面实现农业现代化与城镇化和工业化的有效对接。在信息化方面，通过企业互动平台、农业科技服务平台和城乡管理平台的同步驱动，推进信息化与城镇化、工业化、农业现代化集成发展（图37-2）。

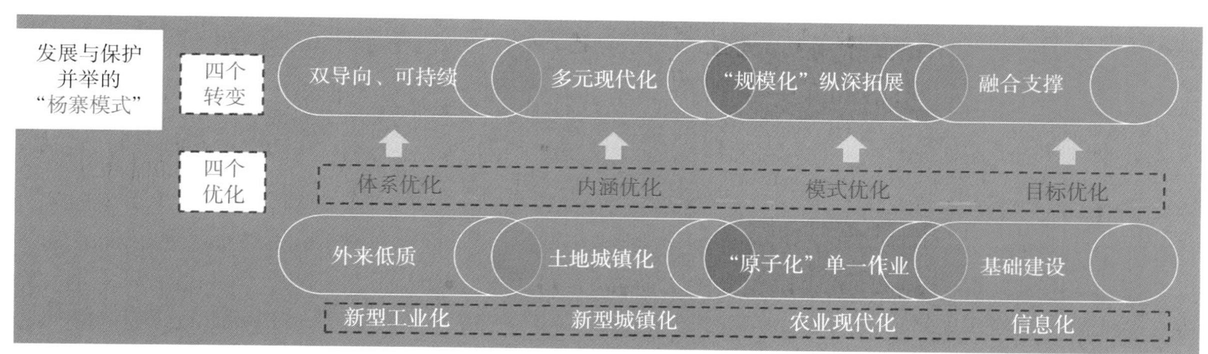

图37-2　杨寨镇“四化同步”模式图

5 镇域规划总体思路

5.1 内外并举的产业转型路径

5.1.1 依托农业种植条件，打造内圈示范、外圈推广的农业空间布局，全面促进农业种植规模化、特色化、立体化、混合化

通过对国家政策引导及支持、全域生态资源条件、基础优势及区域比较、经济效益等多因素的综合考虑，结合农村社区建设，立足特色农业种植条件，杨寨镇域北部在生态环境维育的基础上，因地制宜，发展“金银花药材、油茶、经济林业”三大特色农业区，积极开展立体种植，扩大林禽、林畜、林菌、林药、林草等立体种植的规模，实现林区农牧复合经营，提高林地资源效益。镇域南部在土地平整和农田水利改善的基础上，重点打造“水稻、花生、西瓜”等高效规模农业种植基地。镇域中部依托镇区便利的服务条件，结合农业休闲观光产业发展，重点发展以花卉苗木种植为主导的丁湾生态农业基地、以蓝玫种植为主导的左榨花卉基地和以多功能蔬菜为主导的杨榨设施农业基地。同时，通过政府引导，开展农业技术转化，率先在镇区周边形成设施农业、休闲农业的示范圈层，再逐步向外围圈层推广农业科技，形成规模性高效农业圈层，全面有序保障和提升农民的生产生活水平（图37-3）。

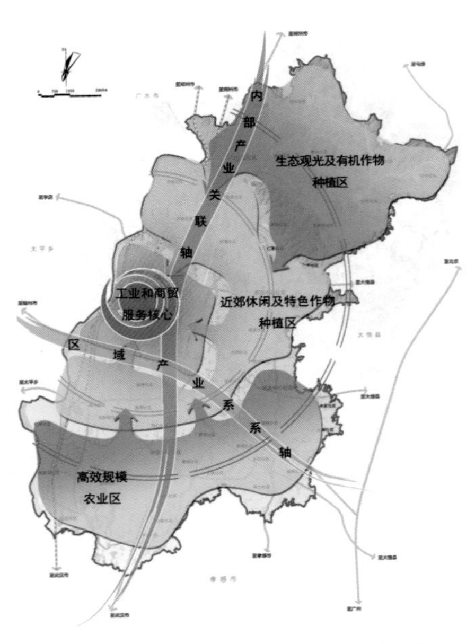

图37-3 杨寨镇产业空间结构图

5.1.2 通过专业化产业园区建设，构建刚性与弹性结合、内生加工与外生制造并举的产业链群，并为城镇化提供完善的就业保障

基于国家宏观产业政策与杨寨产业转型诉求，本次规划刚性提出淘汰杨寨低能低效的冶金产业，依靠资源禀赋与市场驱动，深化农产品加工技术，以金银花、水果、花生为主打产品，向食品加工包装升级转型，打造出具有本土特色的食品、农副产品品牌，形成内生产业集群，通过专业化分工和社会化协作，构建互利共生的产业生态体系。依靠区位和本地政府预设的产业发展政策性壁垒，立足现有钢铁产业基础，大力发展钢管、模具钢和核心零部件铸造延伸，耦合鄂西北汽车产业链，对接随州、广水风机汽车零件产业分工。进一步培育废旧汽车、家电拆解加工产业，逐步构建鄂北循环经济产业运营平台。同时，考虑政策导向转移与产业发展的可能性，努力谋求与武汉等先进地区的大型钢铁企业合并重组，升级特钢冶炼产业。在全域范围内逐步打造以传统农业种植、蔬果林业、花卉种植为基础，以农产品加工、机械制造及铸造加工、商贸物流为支柱，以观光休闲、城市再生资源利用、农业技术转化与应用为配套，以特钢冶炼及制造为后备的“3321”的产业架构。通过外生产业集群和相关产业集聚区有效助推杨寨发展，并为城镇化发展提供充足的就业保障。

5.1.3 依托资源，以商贸物流和旅游业提升第一、第二产业价值，引导服务便捷共享

本次规划结合铁路，布局工业物流，为机械铸造加工及综合配套板块提供支撑；结合高速公路，布局农产品物流，为农产品加工及综合配套板块的加工产业出口提供便利，依托现有镇区商业中心，发展综合商贸职能。形成“工业物流、农产品物流、综合商贸”三大板块。同时，结合镇域北部林地资源、丁湾休闲农业、谢家河水库生态资源、南部大地农业生态景观，打造吃、喝、游、购、娱一体的旅游线路，提升旅游服务设施，全面提升广水休闲旅游业的品质。

通过建设产业上下游所需的物流商贸设施，积极引入新一代的信息技术，构建统一的交易平台，在更广阔的区域整合产业发展资源。

5.2 有序流动的人口集聚路径

5.2.1 基于农业规模经营的镇域农村人口规模预测

杨寨镇农村人口规模测算主要根据镇域生产总值目标和发展要求，预测全域及分区不同的农业生产总值，并结合不同农业作物的亩均产值，测算全域及分区农业生产的所需耕地面积，在此基础上，通过不同农业规模经营模式下的人均耕地规模要求，估算全域及分区内耕地所能供养的农业人口数量。其计算公式如下：

$$P=S/(A\cdot M)$$

其中，P为农业人口数量；S为全域/片区农业耕地生产值；A为标准作物单位面积产值；M为某一农业规模经营模式所要求的人均耕地规模值。

根据经济预测，杨寨镇2030年第一产业生产总值将达到10亿元，镇域亩均产值约1万～2万元/亩，则至规划期末，杨寨镇需保障农业用地面积为60～80km²，镇域人均耕地约10～15亩，则农村人口约为0.7万～0.9万人。在此基础上，再采用带眷系数法计算，即农村总人口规模=农业生产劳动力数量×（1+带眷系数）；取带眷系数1.6，计算农村人口规模约为1.9万～2.2万人。

5.2.2 基于职住平衡的镇区人口规模预测

杨寨镇镇区人口规模测算以经济目标为导向，通过预测城乡就业岗位和产业引发人口，预测镇区人口总数。杨寨现状依托钢铁产业，工业用地地均产值较高，达到了56亿元/km²。本次规划参考相应案例，结合未来伴随着产业转型和产业门类复合化，预测至2030年杨寨镇工业用地地均产值将保持50亿～60亿元/km²稳定发展。根据经济预测，杨寨镇2030年第二产业生产总值将达到205亿元，规划期末工业仓储用地总量约3.0～4.0km²。参考各类产业提供就业岗位的经验数值，考虑到钢铁冶金仍会是杨寨镇的主导产业，且该类产业地均就业岗位较少，因此工业用地提供的就业岗位数按140个/hm²计算。工业仓储从业人数=工业仓储用地/地均就业岗位数，计算求得：至2030年，工业仓储从业人口约有4.2万～5.4万人。

在此基础上，采用劳动平衡法进行镇区总人口预测，公式如下：

$P=P1/1-(\beta+\gamma)$，其中，P为规划期末三类人口总规模；$P1$为规划期末产业从业人口；β为服务人口所占百分比；γ为被抚养人口所占百分比。

根据传统经验和统计资料，$\beta=12\%$，$\gamma=20\%$，测算得出：至2030年，工业仓储产业引发的镇区人口约为6万～8万人，即镇区总人口约6万～8万人。

综上所述，2030年镇区人口将达到6万～8万人，农村人口为1.8万～2万人，城镇化水平为75%～80%。按照城镇建设用地100～120m²/人、农村建设用地110m²/人测算，至2030年，镇区建设用地规模为7～9km²，农村建设用地面积约2～2.5km²。

5.2.3 有序流动的城镇化发展引导

同时，按照新型城镇化要求，规划提出了城镇化发展的相关指引，科学引导农村人口向城镇和新型农村社区聚集，逐步促进“村民”向“市民”的转变。

5.3 产城村互动的空间集约路径

针对杨寨镇城乡等级结构二元化、职能结构同质化、空间结构无序化的现状，通过杨寨镇区的极化引领与中心社区的全面带动，打造“1–4–44”的等级结构体系，即“1个新镇区”（杨寨镇区）、“4个中心社区”（京桥、郭店、邓店、余店中心社区）和“44个农村一般社区”，形成以城带乡、城乡融合的多级城乡空间体系，弥合城乡关系的割裂状态，最终实现二元分离同质化的城乡结构向区域融合差异化的城乡结构的转变（图37–4）。同时，通过特色引导、培育功能，打造九种职能类型，分别为综合型、农贸服务型、旅游农贸型、商贸服务型、休闲农业型、历史文化型、山水观光型、宗教旅游型与农业种植型。

5.3.1 根据农业规模经营要求，科学布局村庄体系

村庄体系布局需要结合区域生态环境、村庄建设基础、交通条件、农业经营模式要求等诸多因素来进行系统判定。为进一步明确基于农业规模经营模式的杨寨镇的村庄布局，规划在不同的农业规模经营模式的基础上叠加了村庄分布、地形条件、农业人口流动（图37–5）、村民搬迁意愿等因子进行综合分析，在镇域三大片区内形成以下布局思路。

（1）镇域南部区域

基于平原地貌地势平坦、土地易于平整的有利条件，按照“农场型”模式的布局要求，鼓励扶持农业经

营者发展家庭农场，从事农业机械化生产，有序引导南部代畈村、陈家河村、朱新街村、同心村、余店村、高山村、东红村、西湾村、邓店村、东周村、左榨村等村庄农业富余劳动力迁入镇区，剩余人口向中心社区集中，并结合镇域交通网络、耕种半径要求和耕地资源，保留一定数量的一般社区进行有机分布，以满足规模化、专业化、集约化经营对居民点分散布局的要求。规划在南部区域形成“2个中心社区（2000人）+27个一般社区（200～500人）”的村庄空间格局，村庄规模较小，分布较散，户均耕地面积控制为30亩。

图37-4　杨寨镇城乡等级规模结构图

（2）镇域北部区域

受低山丘陵地形限制难以推广规模较大的高效农业生产模式，更适宜于发展规模较小的果蔬、药材、花卉苗木等特色农业。按照“农业合作社+基地+农工”的布局要求，鼓励农业经营者自愿组织起来，形成上联市场、下联农户，融产供销于一体的经营模式，有序引导北部丁湾村、京桥村、茶林村、猫山村、大布村、仁寨村、郭店村等村庄农业富余劳动力迁入镇区，剩余人口向中心社区集中，保留规模较大的一般社区，提供设施农业所需劳动力。考虑农业合作社客观上需要较大的成片耕地和便捷的交通，规划在北部区域形成“2个中心社区（1000～2000人）+20个一般社区（150～300人）”的村庄空间格局，村庄规模较大，依托交通干道呈均衡布局的空间形态，户均耕地面积控制为20亩。

（3）镇域中部区域

绝大多数村湾已经被纳入到镇区规划建设范围内，适合就地城镇化发展。遵循城市居住小区建设规范，集

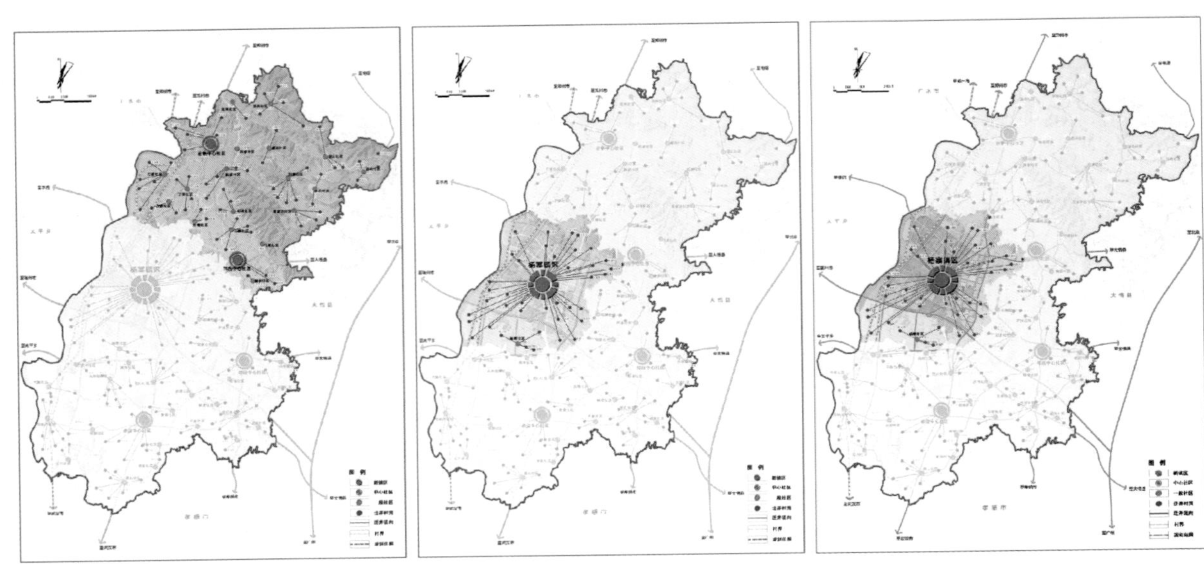

图37-5　杨寨镇北部、南部、中部地区人口流向图

中统一布局。同时，为延续村庄原有的社会关系和生活习惯，同村湾村民尽量迁入统一的新建城镇型农村社区。同时，根据镇域产业布局，采取农村合作社、农村互助基金、村民入股等多种经营模式，大力发展休闲观光农业和旅游服务业，让村民进城后能够全面享受土地红利，生活有所保障。

5.3.2　协调生态保护与土地利用规划，保证城乡建设用地空间有效落实

为保障城乡空间布局和建设的有序进行，本次规划全面梳理镇域生态要素、评估生态敏感度，划定镇域空间增长边界。同时，为了实现土地利用的可持续性和土地资源数量、质量的稳定，促进土地资源配置的综合效益最大化，保证城镇经营及工程项目建设等实际利用环节对土地的合理有效开发，以及对基本农田等非建设用地的保护，本次规划从随州市域范围内协调土地利用规划，在杨寨镇区安排城镇建设用地847.6hm^2，在全域安排农村建设用地220.69hm^2，以此保障城乡发展建设的用地需求。同时，通过城乡建设用地增减挂钩、高标准基本农田建设、农村建设用地整治、土地开发等措施合理增加区内耕地面积，以此缓解建设用地供给缺口，确保全域耕地总量动态平衡，实现城乡规划和土地利用规划的一致性，以及规划落地的可操作性。

5.4　全域均等的设施配套路径

5.4.1　联动区域、畅通内部，全面构建内通外达的交通网络体系

为提升杨寨综合运输能力与交通节点地位，在区域性对外交通方面，规划改造麻竹高速公路出入口，提升107国道为一级公路，新建联系太平乡至大悟的一级公路，与麻竹高速公路一起构筑杨寨镇联系周边的对外交通主骨架。在镇域内部交通方面，将黄杨线至大悟段升级为二级公路；新建冶金大道延长线至李店乡、广水市为二级公路，完善联系社区的三级公路网络，从而形成镇区—中心社区——般社区之间的15min交通联系圈，全面保障镇域范围内居民的出行能力和效率。

5.4.2　分区配置、重点配套，打造城乡均衡的社会设施体系，全面推动公共服务均等化

以“人的城镇化”为公共服务设施空间布局的指导思想，按照“纵向分层，横向分类”、城乡一体、优化整合的全域公共服务设施体系布局原则，将各类设施细分为全域服务型和半径依赖型两类。针对半径依赖型设施，结合丘陵、平原不同城镇的人口空间分布密度，弹性划定其服务半径。遵循由下到上逐步共享的服务模式，在全域形成“城市组团、中心社区、一般社区”三级配置的开放型社会服务设施网络体系。使得具有基本服务功能、规模较小的教育、卫生、商业等基本公共服务设施尽量全覆盖到农村社区，满足居民日常生活要求；而具有区域性服务功能、规模较大的公共服务设施则应集中在新镇区设置，以此提高运营效率和服务质量，实现城乡共享。同时，应按照簇群式布局模式，形成“以镇带社区”、“以中心社区带一般社区”的服务格局。同时，依托现有市政设施基础，整合各类专项规划，对镇域范围内的各类基础设施进行了合理布局和统筹安排。

6　镇区规划布局及特点

6.1　以“两高两低”为特色贯穿镇区规划全过程

本次规划以高效率的城镇功能，高品质的城镇生活与低碳、低冲击的生态建设为理念，融合四大支撑体系，落实生态空间结构、功能板块分区、场所体系布局以及绿色设施指引，形成“一心引领、两轴串接、五区联动、五条生态廊道、多个景观节点”的镇区空间布局结构。具体落实方法如下：

（1）立足杨寨自然生态本底，维育镇区中部山体，形成镇区生态核心；疏浚镇区水系，引水入城，构建蓝色水环；利用道路沿线绿化，延续大地景观，塑造绿色廊道。通过整合生态基底与水系、绿道等生态要素，构建“一心五廊道”的生态格局，强化绿色廊道对各功能组团的有机划分与联系，凸显主要道路景观骨架与内部水系骨架，共同塑造具有标志性的城镇生态空间主骨架。

（2）针对产业低质无序、产业园区与镇区生活区明显分离、产城割裂的现状特征，通过打造镇区综合服务中心与钢铁加工及综合配套服务区、农产品加工及综合配套产业区、产业配套居住区、老城生活区、职教居住区等五大片区，塑造“一心五片、复合共生”的整体功能结构，形成以综合服务为核心，产业功能向心集聚的功能格局，以综合服务业为主导、关联禀赋与创新要

素，全面促进镇区产业功能重构，产业、居住与服务功能复合共生，促进城镇空间由产城割裂走向产城融合。

（3）采用邻里单元的布局结构形式，混合功能居住场所，建设复合型居住社区。同时，以完善的公共服务设施体系和均衡分布的公共服务场所增强片区居民的互动与心理归属感，推动多阶层共触的生活模式。逐步完善社区服务体系，布置餐饮、购物、娱乐等组团级公共服务场所；靠近绿化廊道布置居住场所，将开敞空间与慢行系统结合，形成舒适的休闲游憩环境；在社区中心布置公交站点，提供便捷的公共交通出行。通过便捷的交通、完善的日常生活服务支撑和可达性好的开敞空间体系，为居民提供便捷、舒适、健康、低碳的居住体验。

（4）大力发展“生态、节能、环保、人性化”的绿色交通模式，结合镇区重要公共服务设施、开敞空间、社区中心、绿化廊道等场所，打造城镇慢行系统，引导居民采用“步行+ 自行车+公共交通”的低碳出行方式。同时，利用城镇主要生态廊道形成一、二级生态廊道雨水收集沟渠，利用道路绿化及防护绿地形成三级雨水收集管沟，将经过砂石、植物等的过滤、净化后的雨水用来洗车、灌溉绿化或补充河流、地下水。对生活污水经过初级处理、湿地再净化后，进行绿化灌溉等形式的中水回收利用，全面提升资源循环、雨废回用的利用率，打造绿色环保的建设模式。

规划镇区城镇建设用地841.6hm^2，其中居住用地162.7hm^2，公共管理与公共服务用地共42.7hm^2，商业服务业设施用地共42.9hm^2，工业用地279.7hm^2，物流仓储用地共64.3hm^2，绿地与广场用地109.14hm^2。

6.2　以规划实施为目标开展功能策划与管控

规划以“筑巢引凤”为核心，以“多元服务与社区化空间组织、地域特色的自然与人文生态、综合高效的公共服务核心、共享技术平台与知识群落”为主题，对镇区六大功能板块进行了全方位的功能策划，通过打造复合的城市功能、完善的设施配套、高效的产业体系以及优越的生态环境，全面提升镇区发展活力。同时，有效地将片区功能精细化，将核心地块项目化，进一步指导城镇招商引资与规划实施。

为了充分体现控制指标与城市集约、高效、低碳、生态特征的结合，规划构建常规指标与生态指标、基础设施指标相结合的“多指标”控制体系，与规划管理对接，对城镇建设地区与生态建设地区分别进行了有针对性的管控指引，实现技术控制和生态措施落地。

7　规划编制思路及方法创新

7.1　因地制宜，有针对性地制定杨寨“3+N”的规划编制新框架

本次规划落实“镇域、镇区、村庄”三层次统领、多个专项研究支撑的规划编制新体系，结合杨寨自身实际，针对干旱地区水资源匮乏的现状、工业型城镇产业转型的发展诉求、拥有高速公路出入口的便捷交通条件与镇区主要交通干道沿线景观塑造的需求分别开展了水资源保护和利用专题研究、工业园区建设规划、107国道沿线环境整治规划等专项规划，与镇域规划（全域规划、镇区建设规划、村庄规划）、土地利用规划、产业发展规划、美丽乡村规划等四项必编规划形成能切实引导杨寨镇村全域整体健康发展的规划编制体系，确保本次规划编制工作全面落实国家“四化同步”发展的战略要求。

7.2　刚性与弹性并重，科学谋划城镇衰退产业转型发展方式

为实现“优化产业结构、走新型工业化道路”的发展战略，推进杨寨以低能低产高消耗的冶金产业为代表的衰退产业转型，本次规划采取区位商法对产业的比较优势进行识别，结合国家宏观产业政策要求与杨寨自身资源承载能力，刚性设定杨寨需要淘汰的负面产业清单，提高产业准入门槛和标准，控制产能过剩行业投资，避免单纯的规模扩张和重复建设。同时，延伸上下游产业链条，考虑产业发展可能性与不确定性，弹性设定后备产业选择目录。通过发挥市场资源配置与政府积极引导作用，鼓励产业内资产组合优化，以刚性管控和弹性引导合力推动杨寨产业拓展、升级与转型。

7.3　扩充内涵，探索多元兼业的新型城镇化发展路径

十八大报告提出推动城乡发展一体化，加大统筹城乡发展力度。2012年中央经济工作会议提出“走集约、

智能、绿色、低碳的新型城镇化道路”。新型城镇化背景下，本次规划以“内涵式”的发展取代“外延式”的增长，全面落实城乡低碳、低冲击的“双低”发展要求，促进土地节约集约利用，减少城镇化、村庄集并对于生态地区的冲击与破坏，提升城镇化对于工业化和农业现代化的支撑作用。同时，积极构建产业发展、镇村居民与城乡空间之间的良性互动关系，结合不同的地域特征与产业安排，采用镇区居住镇区就业、镇区居住农村就业、镇区就业农村居住等多种兼业城镇化、就地城镇化方式，拓展城镇化发展路径。强化工业、农业、城乡建设三者的互动关系，推进“三生”系统的协调统一发展，促进城镇化与工业化、农业现代化的高度融合，走出一条质量发展、效率提升，由单一城镇化向多元现代化转变的道路。

7.4 纵深拓展，构建农业规模经营导向下的村庄建设布局

目前，多元组合的农业规模化经营方式正在逐步成为农业现代化发展的重要内容，也将成为破解城乡二元结构的重要举措。本次规划立足后发农业地区建设诉求，全面分析农业规模化经营在促进农业经济转型的同时，相应带来的农村地区生产、生活方式以及空间需求的转变，从农业规模经营的角度，系统分析农村规模经营对于村庄体系布局带来的影响和需求，全面探索不同农业规模经营模式下的村落空间组织方式和方法，科学合理安排组织村落空间，以满足村庄建设的可持续发展。

7.5 体制机制创新，推动政策设计，促进空间规划的实施落地

为推动“四化同步”建设的有序进行，本次规划立足长远目标与阶段实施的关系，推动组织保障、财政运作、户籍制度、社会保障等方面的体制机制创新。同时，根据政策创新与实施的难易程度，提出与政策创新紧密结合的空间分期建设，制定符合近期发展要求的重点建设计划，按照合理的路径有序推进，确保各阶段实施更具有可操作性的同时，又要保障各阶段建设时效性的要求，实现示范试点的意义。

作者单位：武汉市规划研究院

执笔人：杨婷

项目负责人：胡冬冬

项目组成员：杨婷、涂志强、朱小玉、杜瑞宏、毛冬梅、周星宇、万帆、叶咏梅、易鹏、陈煜龙

38 “中坚崛起、梯度融合”的龙凤镇规划

1 引言

龙凤镇位于湖北省恩施市城区北部，属于全国11个集中连片特困地区之一，是集革命老区、少数民族地区于一体的特困山地城镇。李克强总理曾于2008年、2012年两次视察湖北省恩施市龙凤镇，并明确指示要“以龙凤为点、恩施为片，在扶贫搬迁、移民建镇、退耕还林、产业结构调整等方面先行先试”，形成全国综合扶贫改革的试点。在四化同步发展背景下，本次规划以新型城镇化为引领，通过农业现代化、工业化、信息化的全面支撑，提出五大城乡发展策略，以此探索龙凤镇“四化同步”的发展模式与路径，为全国贫困山区小城镇开展“四化同步”规划工作提供建设样板和经验借鉴。

2 基本概况

龙凤镇地处鄂渝交界地带，境内有武陵山脉延伸，地形复杂多样，山峦重叠，气候变化大，旱涝灾害并存，部分区域水土流失、石漠化现象严重，人均耕地面积仅0.93亩（图38-1）。龙凤镇下辖18个行政村和1个城镇社区，共148个村民小组。2012年区内总人口为68336人，城镇化率为17%；农民人均纯收入低于2300元的农村贫困人口有24822人，贫困发生率41.9%，高于全国平均水平28.5个百分点。区内经济发展水平低下，以农业种植、低端制造和国道经济为特征；2012年城乡居民收入比为3.6：1，城乡收入差距明显。区内生态环境优美、民族文化浓郁，以“八山一水一分田”的生态自然景象承载了以吊脚楼、摆手舞、西兰卡普等为代表的土家文化。综上所述，龙凤镇现状发展特征可以总结为青山绿水民族镇、山地贫困农业镇、粗放发展近郊镇和设施保障落后镇。

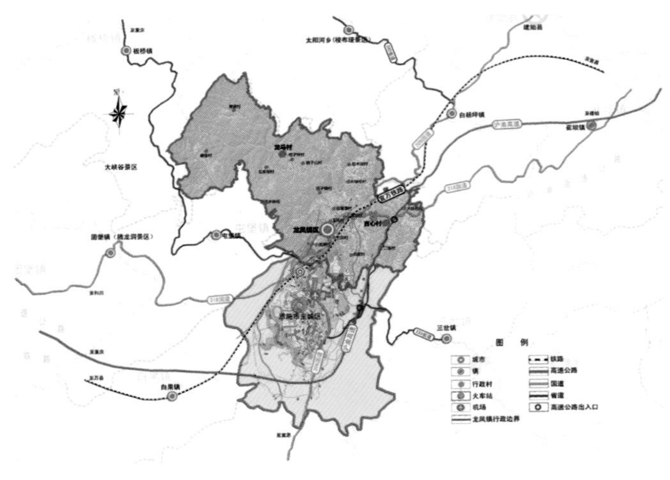

图38-1 龙凤镇区位关系图

3 “四化同步”发展思路

3.1 发展目标与定位

针对龙凤镇山清水秀、民风醇厚、农业经济、设施落后等现状特征，通过从国家层面、省市层面对区域格局进行分析研判，明确龙凤镇应遵循循序渐进的发展模式。近期借力主城，通过人口梯度转移，实现产业和空间崛起；中期伴飞主城，凸显近郊区位优势，融入恩施城区，实现双城比翼腾飞；远期引领市域，彰显门户效应，促进城乡全面发展。

同时，立足生态资源和民族文化，定位龙凤镇为“一个门户、三大高地”，即恩施州城的综合门户、“四化同步”的示范高地、特色产业的发展高地和民族文化的展示高地。重点发展以少数民族风情体验、山水休闲为主导的旅游度假职能，综合交通集散职能，以茶叶、烟叶、经济林木为主导的农产品生产加工职能。

3.2 “四化同步”发展模式

在龙凤镇经济实力较弱、产业链条断接、居住空间零散、居民收入偏低等现状特征下，本次规划从经济、空间、社会三个层面提出龙凤镇的“四化同步”发展模式——“中坚”模式。即以多元中间层级的壮大，构建龙凤镇“四化同步”发展的坚实脊梁。在经济层面，做大做强产业链的“中间”环节，塑造产业结构调整的“坚实”基础；在空间层面，培育城乡融合的“中间”节点，构建扶贫搬迁、移民建镇的“坚实”载体；在社会层面，

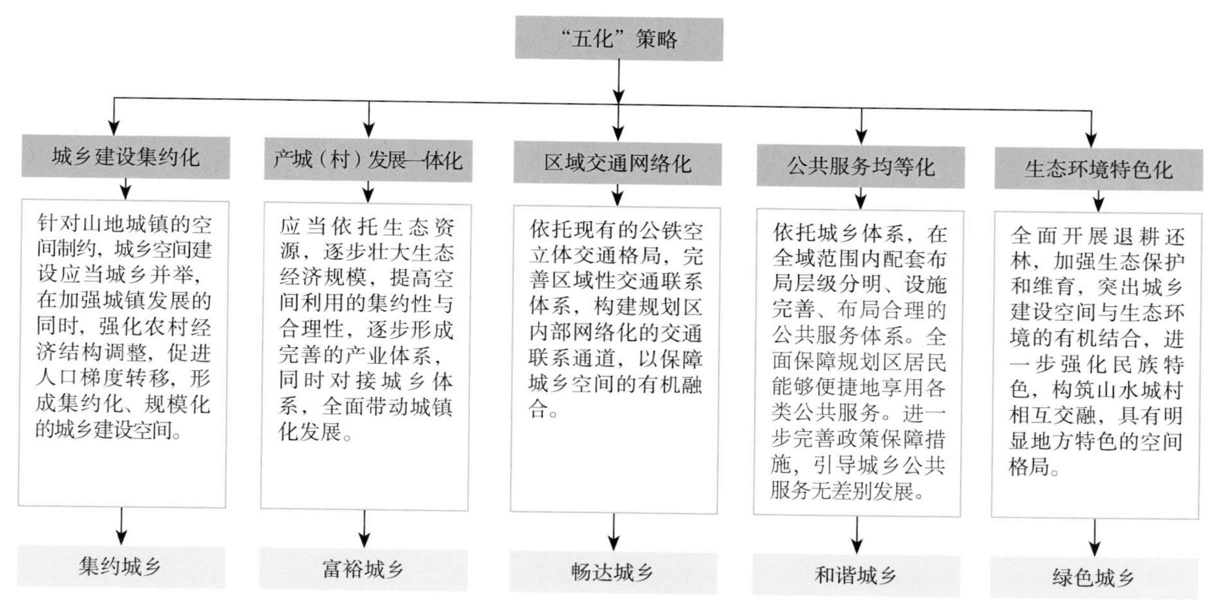

图38-2 “四化同步”发展策略模式图

全面提升居民收入，培育“中间”阶层，塑造社会和谐的“坚实”保障。

3.3 “四化同步”发展策略

党的十八大提出“坚持走中国特色新型工业化、信息化、城镇化、农业现代化道路”，“促进工业化、信息化、城镇化、农业现代化同步发展”。“四化同步”发展战略成为中国经济发展新的增长动力和城乡建设新的发展方向。有别于传统重城轻乡、重经济增长轻生态保护、重工业建设轻农业发展、重用地拓张轻民生需求的城镇建设思路，“四化同步”发展的核心是以民生、可持续发展和城镇品质提升为内涵，以追求平等、幸福、转型、绿色、健康和集约为目标，以实现区域统筹与协调一体、产业升级与低碳转型、生态文明与集约高效、制度改革与体制创新为重点内容，以农业现代化、信息化的融合促进乡村地区经济发展的全新的城乡建设发展思路。

按照“四化同步”的发展要求，本次规划从集约、富裕、畅达、均等、绿色五个方面提出城乡建设集约化、产城（村）发展一体化、区域交通网络化、公共服务均等化和生态环境特色化五大发展策略。即通过城乡建设并举、人口梯度转移的发展思路，促进城乡建设集约化；通过规模化、集约化的产业空间，联动城乡建设空间，促进产城（村）发展一体化；通过公铁空立体化交通体系的建设，促进区域交通网络化；通过层级分明、设施完善、布局合理的公共服务设施配套，促进公共服务均等化；通过生态空间维育和民族风情营造，促进生态环境特色化（图38-2）。

4 “四化同步”的主要规划内容

4.1 基于“集约城乡”的空间整合

针对龙凤镇城乡等级结构二元化、职能结构同质化、空间结构无序化的现状，通过龙凤新区、龙马新市镇、吉心新市镇的功能提升和城镇建设，带动周边农村社区的发展，迅速形成以城带乡、城乡融合的多级城乡空间体系，弥合城乡关系的割裂状态，最终实现二元分离同质化的城乡结构向区域融合差异化的城乡结构的转变。

4.1.1 全面加强新区功能组团建设，迅速形成“以城带乡”的发展格局

根据《恩施市城市总体规划（2011–2030年）》，龙凤镇南部区域将成为恩施市中心城区功能重组和空间拓展的核心片区，即龙凤新区。龙凤新区依托自身生态资源和交通区位优势，通过承接恩施中心城区的功能转移，文化旅游、商务金融、生态居住、低碳工业和仓储物流功能的注入，打造成为面向恩施市的市级行政中

心、辐射鄂西的低碳新城示范园区、引领全国的原生态旅游新区。未来伴随着恩施火车站、恩施市政务中心、龙凤镇新行政中心等多个极点的带动，通过商务商贸、旅游休闲、低碳产业等核心城市功能的注入，龙凤新区将成为龙凤镇全域的核心城镇化区域，通过对镇域农村人口的全面吸纳和恩施市中心城区人口的转移，迅速形成龙凤镇的发展龙头（图38-3）。

图38-3　龙凤镇城乡体系规划图

龙凤新区依山傍水，形成“山水融入、紧凑组团”的自由式空间布局。以市级行政中心为核心，依托龙凤大道、金龙大道构建龙凤十字形城市发展轴线；沿带水河形成蓝脉景观带，沿青树林形成绿脉景观带；并根据用地功能，以土苗民俗风情街、生态主题公园、产业研发基地、商业街等项目策划塑造老城组团、民族高中组团、滨水综合组团、金龙组团、低碳工业组团、站北组团、衣角坝组团和青树林组团八个特色明显的城镇组团。通过核心引领、双轴带动、蓝绿交织、组团发展，塑造一个承接主城、引领鄂西、辐射武陵、区域共荣的综合新区（图38-4）。

图38-4　龙凤新区用地规划图

4.1.2　重点推动特色集镇建设，打造城乡融合“一盘棋”中的核心“局点”

通过对龙凤镇的资源条件和居民意愿调查，其城乡一体化发展不能简单地发展“城”或者发展“村”，需要进一步培育具有一定特色的集镇，作为城乡融合的中间平台，以满足农村人口迁移的空间需求和生活服务的距离需求。因此，在龙凤镇域范围内，将自然文化资源丰富、建设基础条件较好的龙马村和具有典型交通区位优势的吉心村提升为新市镇。将龙马新市镇打造成为以土家风情旅游、茶叶加工为主导的龙马风情旅游小镇，将吉心新市镇打造成为以蔬菜加工、商贸物流为主导的吉心山地风情小镇。两个各具特色的新市镇同龙凤新区作为三个发展极点，通过错位发展、联合互动，全面促进区内城乡耦合发展。

4.1.3　科学推动农村人口梯度转移，打造宜居宜业的农村社区体系

立足山地建设发展特征，依托农业现代化发展模式，结合村民意愿；通过现状居民点建设情况、建设适宜性评价、耕地条件、村民搬迁意愿等要素的分析叠加，科学划定了整体搬迁、就地安置和就近城镇化三种搬迁类型。

整体搬迁地区主要是针对坡度在25°以上、地质灾害频发、用地条件很差、不适宜居住、居民搬迁意愿强烈的村庄。该区受地形限制，生活生产不便、配套设

施难以到达；未来发展将受到严格的限制，在人口逐步迁移后仅保留少量产业型居民点。就地安置区主要针对用地条件、产业基础较好、居民搬迁意愿不太强烈的村庄，结合规模性农业用地，通过集聚自身及周边村庄的农村人口形成若干农村社区，保障生产资料以及基础设施的全面供应；并通过村庄建设规划和环境整治规划的实施，促进村庄建设用地逐步集中，完善村庄生产生活设施，使其成为周边一定地域范围的中心。就近城镇化区主要包括未来城镇拓展所覆盖的村庄，即龙凤新区、龙马新市镇、吉心新市镇规划范围内的村庄，其人口将全面转变为城镇人口。

根据不同的搬迁方式，在试点区内设立了生活型农村社区和产业配套型农村社区两种类型。生活型农村社区主要针对周边生产条件良好、交通条件便利的社区，采取规模性集聚的布局方式，人口一般控制在400～800人。产业配套型农村社区主要针对整体搬迁的村庄，为满足规模化、公司化产业发展所配套的农村社区，人口一般相对较少，控制在150～300人。试点区内现状农村居民点共整合成为20个生活型农村社区和18个产业型农村社区。

4.1.4　协调土地利用规划，保证两规建设用地空间布局的一致性

作为城乡土地资源配置的基本方式，城乡规划是以促进土地资源配置的综合效益最大化为目标，而土地利用规划则是为了实现土地利用的可持续性和土地资源数量、质量的稳定。为保证城镇经营及工程项目建设等实际利用环节对土地的合理有效开发，以及对基本农田等非建设用地的保护，本次规划从全域范围内协调土地利用规划，在龙凤新区安排城镇建设用地1358hm²，在吉心、龙马新市镇安排城镇建设用地55hm²，在全域安排农村建设用地209hm²，以此保障城乡发展建设的用地需求。同时，通过城乡建设用地增减挂钩、低丘缓坡综合开发等措施合理增加区内耕地面积，以此缓解建设用地供给缺口，确保全域耕地总量动态平衡，实现城乡规划和土地利用规划的一致性，以及规划落地的可操作性（图38-5）。

图38-5　龙凤镇土地利用规划图

4.2 基于“富裕城乡”的产业发展

4.2.1 依托农业种植条件，按照产村一体化发展思路，全面促进农业种植规模化、集中化、精品化

通过对国家政策引导及支持、全域生态资源条件、基础优势及区域比较、经济效益等多因素的综合考虑，结合农村社区建设，在龙凤镇全域着力构建以茶叶、蔬菜、畜牧、烟叶、药材为主导的现代特色农业板块；通过整合各村农业资源形成五大规模性农业生产基地和若干相对集中的农业种植片区，全面保障和提升农民的生产生活水平。

4.2.2 通过层级化、差异化的产业园区建设，构建立足本土特色的加工体系，并为城镇化提供完善的就业保障

以特色农业资源为基础，重点选择最具优势和潜力的农林加工产业为重点发展产业。在龙凤新区形成集茶叶、畜禽、蔬菜、林木加工为一体的农产品精细加工园，创建一批精品名牌，塑造龙凤镇绿色工业发展龙头；在龙马、吉心、杉木坝等具有一定基础和生产资源的镇村，分别形成茶叶、蔬菜、畜禽特色农产品初加工园；逐步在试点区内形成集种植、初加工、精细加工为一体的农产品生产体系，为城镇化发展提供充足的就业保障。

4.2.3 依托资源，主动构建旅游发展极核，联动周边核心旅游景区，全面推动产业结构转型

恩施市作为生态旅游城市，旅游资源非常丰富，旅游产业发展势头迅猛。龙凤镇需要以“土家风情体验，生态休闲观光”为主题形象，突出生态优势、塑造精品景点，全面联动周边梭布垭、恩施大峡谷、土司城等核心景区，形成“一心两带”的旅游发展格局。

通过强化旅游服务配套，打造龙凤新区旅游服务核心；重点培育串联龙马旅游风情小镇、龙马户外活动基地、茶山河风景区和青堡“美丽乡村”旅游区的西部生态文化旅游带，以及串联吉心乡村旅游体验基地、二坡农业观光基地的东部近郊休闲旅游带。联合周边恩施大峡谷、梭布垭等旅游景区，通过旅游资源整合、道路交通无缝衔接、互动信息平台搭建，构建多条联通区域内外景点的旅游线路，形成区域联动、合作共赢的旅游发展态势（图38–6）。

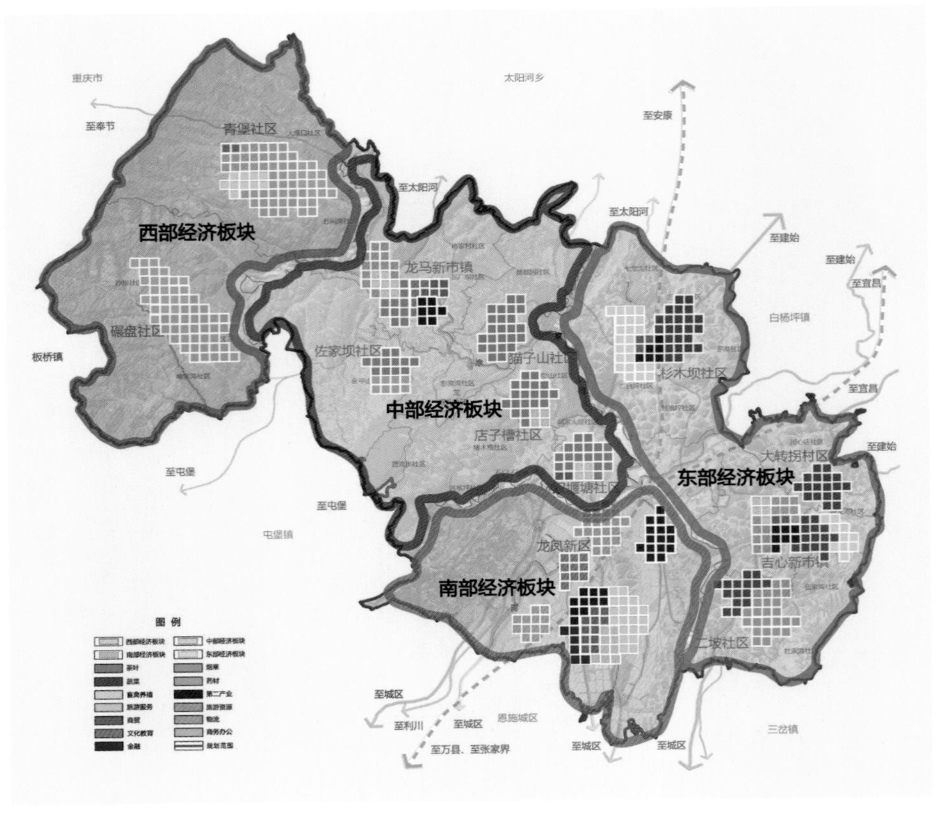

图38–6　龙凤镇产业空间规划图

4.3 基于“和谐城乡”的设施建设

4.3.1 联动区域、畅通内部，全面构建内通外达的交通网络体系

为突出龙凤镇作为恩施北部交通集散基地的地位，在区域性对外交通层面，依托恩施火车站，进一步加快安张铁路建设，推进宜万铁路升级改造，全面提升铁路交通对外联系度；同时，依托沪渝高速公路和安吉高速公路打造高速公路骨架，提升209国道、318国道为一级公路，与高速公路一起构筑辐射周边的交通主骨架。在区域内部交通层面，积极建设七条联系全域主要节点的二级公路，打造六条联系核心社区的三级公路，形成联系各居民点的均衡四级公路网络，构建覆盖全域的公交体系网络，从而形成“城—镇—社区”之间联系的半小时交通圈（图38-7）。

4.3.2 核心带动、特色优化、重点配套，打造城、镇、社区一体化的社会设施体系，全面推动公共服务均等化

以“人的城镇化”为公共服务设施空间布局的指导思想，按照城乡一体、优化整合的原则，将各类设施细分为全域服务型和半径依赖型两类。针对半径依赖型设施，结合山地城镇人口空间分布密度，弹性划定其服务半径。遵循由下到上逐步共享的服务模式，在全域形成“城市组团、新市镇、中心社区、一般社区”四级配置的开放型社会服务设施网络体系。使得具有基本服务功能、规模较小的教育、卫生、商业等基本公共服务设施尽量全覆盖到农村社区，满足居民日常生活要求；而具有区域性服务功能、规模较大的公共服务设施则应集中在新城、新市镇设置，以此提高运营效率和服务质量，实现城乡共享。同时，应按照簇群式布局模式，形成“以城带社区”、“以镇带社区”、“以中心社区带一般社区”的服务格局。

4.4 基于“绿色城乡”的生态彰显

4.4.1 退耕还林，封山绿化，全面构建山清水秀、林木葱葱的生态格局

龙凤镇位于长江中游重要的生态屏障内，现状居民点的零散分布，导致许多耕地分布在坡度较大区域，不仅农业产量低，而且由于人的频繁活动破坏了当地的生态平衡，需要通过退耕还林维育生态环境、

图38-7　龙凤镇综合交通规划图

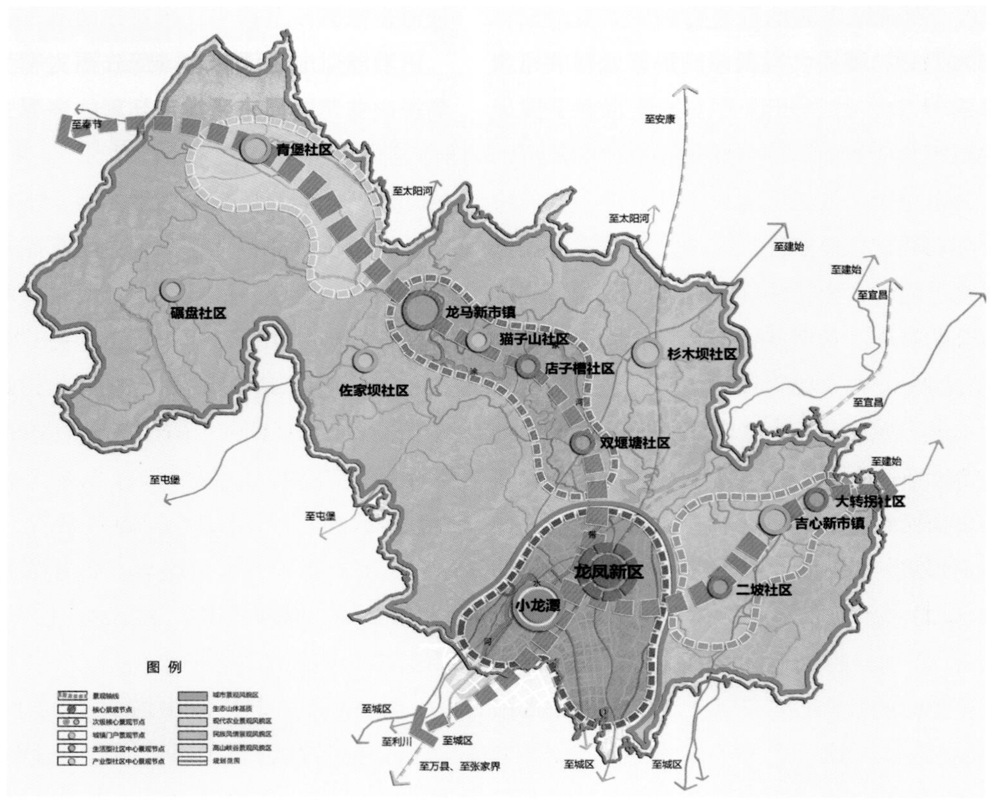

图38-8　龙凤镇景观体系规划图

改善农民生活水平。因此，根据龙凤镇的耕地分布特征，结合退耕还林的实施情况，建议坡度在25°以上、地质灾害易发地区的耕地全部还林，坡度在15°～25°的低产田部分还林；最终全域实施退耕还林规模3134hm^2，全部营造生态林，以形成山清水秀、林木葱葱的生态格局。同时，通过政策机制创新，全面提高退耕还林补偿标准，确保农民退耕还林后的生活保障。

4.4.2　维育特色，彰显文化，全力打造山水凸显、文化浓郁的景观格局

充分利用现有山水景观、人文景观资源要素，建设城乡交融、生态健全、具有鲜明地方特色的山水生态城镇风貌。在全域着力打造“民族城镇、特色社区”和“山地民居、现代农业”两条景观轴线，全面构建现代城市、民族风情、现代农业和高山峡谷四个景观风貌区，逐步将龙凤镇打造成为“门户之区、生态之区和民族之区”（图38-8）。

5　规划创新

5.1　以全角度的规划协调思路，谋划镇域合力发展路径

规划采取“全域规划，多规协调”的规划模式，以“四化同步”规划为引领，协同交通运输发展专项规划、电力专项规划、退耕还林专项规划、土地整治专项规划、扶贫搬迁专项规划、生态建设与环境保护专项规划、生态旅游产业发展规划、水利发展规划等专项规划，共同形成覆盖城乡建设全角度的“1+8”规划体系。实现了多专业、多部门的规划资源整合，发挥了镇域规划对经济、社会、环境协调发展的指导作用，为镇域合力发展提供了行之有效的建设“抓手”，推动了湖北省小城镇规划编制方法与体系的创新。

5.2　以分类梯度转移思路，构建山区扶贫搬迁新模式

规划立足山地建设发展特征，依托农业现代化发展模式，结合村民意愿，科学地制定了就近城镇化、就地

安置和整村搬迁三大搬迁政策分区，全面谋划了扶贫搬迁路径；并且创新性地提出了产业型和生活型两类农村社区，合理引导了山区人口的梯度转移，保障了农村社区人口的生产生活，全面促进了贫困山区小城镇城乡建设的有序发展。

5.3　以政策分区管控思路，协调城乡建设同生态保护关系

规划在开展资源承载力及建设用地适宜性评价专题研究和环境保护专项规划的基础上，从空间发展战略和规划建设要求出发，划定了区域绿地、重点产业地区、城镇发展提升地区、重大基础设施廊道四类政策地区，并提出相应的政策措施和管制要求，确保城乡建设空间同生态空间的协调发展。

5.4　以系统性的行动谋划，落实城乡规划与未来展望

按照“规划下沉”要求，本次规划针对重点建设地区、积极推进地区、培育发展地区和生态引导地区四种近期建设类型，从移民建镇及扶贫搬迁、产业转型、退耕还林、交通畅达、公服提升、城乡生态、设施提升和土地整理八个方面系统制订了专项行动计划，分类确定了129个建设项目，全面保障了规划实施的时序性和可操作性。

5.5　以多方协调的工作方式，提高规划的科学性

规划采取“专家领衔、部门合作、公众参与”的工作方式，提高规划工作的科学性和可操作性。通过对规划区18个行政村进行全覆盖的现场调研工作，近3000份问卷调查的发放与统计，确保此次规划对公众意愿选择的绝对尊重；规划过程中三次专家论证会的召开，确保规划制定的专业性；十余次部门协调会的讨论，使得本次规划集聚了各部门对龙凤镇的未来展望，并落实了各部门在龙凤镇发展中应当担当的具体任务。

6　结语

经济落后、布局零散、交通闭塞、基础设施不完善、城镇化水平低下、空心化现象严重已经成为中国山区小城镇的共性问题；同时，自然资源丰富、生态系统稳定、传统文化浓郁也是中国山区小城镇的共同优势所在。这些共同特征使得我国贫困山区小城镇在探索“四化同步”发展路径方面具有相似性，都需要在有限的土地资源条件、薄弱的经济基础和脆弱的生态环境上寻求发展的突破点和平衡点。本次规划虽然仅仅基于“四化同步”背景对龙凤镇进行了城乡总体谋划，未能深入研究与此密切相关的户籍、产权、土地流转等多方面的问题，但是所提出的以集约、富裕、和谐、生态为发展目标，通过多元化中间层级的壮大来促进产业链条延伸、城乡体系重构、设施服务水平提升，从而实现“四化同步”发展的模式探索和规划路径创新，可以为武陵山区、恩施州、湖北省，乃至全国的贫困山区小城镇开展“四化同步”规划工作提供一定的经验借鉴。未来，更具操作性的实施政策和创新制度将是“四化同步”发展继续关注和研究的重点领域。

作者单位：武汉市规划研究院
执笔人：杜瑞宏
项目负责人：胡冬冬
项目组成员：杨婷、曹磊、朱小玉、杜瑞宏、
冯善言、周莉、王昆

39 “矿业转型、文化旅游”的陈贵镇规划

1 陈贵镇基本情况及现状特征

1.1 典型特征一：工矿城镇面临资源枯竭

陈贵镇是全省21个试点镇中唯一以工矿产业为绝对主导的小城镇。陈贵镇不仅具有悠久的矿业发展历史和坚实的工矿产业基础，且完全依赖于此发展相关产业。2010年陈贵镇金属开采与金属制品业总产值达到117.34亿元，占镇工业总产值比重高达77.97%。其中，有色金属开采和相关制造业在大冶市及湖北省的区位商格外醒目。同时，陈贵镇所创建的“镇办镇管，股份合作”的矿业开采模式曾被国土资源部命名为“陈贵模式”予以推广，是全国矿山经济改革的典范。

然而，目前陈贵镇正面临矿业枯竭和生态破坏的双重压力。一方面，镇办镇管的四大矿业公司资源储量面临枯竭，最长开采期仅为10年；另一方面，随着矿业枯竭，矿区生态破坏和环境问题也日益严重，目前陈贵镇多处矿区存在采空区和塌陷区，采矿选场和尾渣库等对周边土壤和水体的污染也十分明显；此外，矿区粉尘、噪声、震荡等情况也已经严重影响并威胁到周边村湾居民的生产和生活安全，亟待通过生态修复、环境整治、复耕还林等方式重新恢复镇域生态环境。

1.2 典型特征二：产业转型面临路径选择

2010年《全国资源型城市可持续发展规划（2010—2030年）》将黄石市和大冶市列入资源衰退型城市，提出资源型城市转型发展的总体要求。在这一发展思路指导下，2010年黄石市提出“生态立市、产业强市”发展战略，实施产业转型升级工程，加快传统产业生态化改造，力争建设鄂东特大城市并创建国家生态市。

陈贵镇是大冶市最大的资源型城镇之一，近年来依托大冶市整体产业转型战略部署，积极探索产业转型的新思路。通过逐步引入食品加工、纺织服装、部分器械制造等新兴产业，培育替代产业转型。其中，食品加工产业已引进雨润等6家企业，总产值16.53亿元；纺织服装产业已引入7家企业，预期项目产值高达79.59亿元。但从各替代产业发展的实际经济效益来看，仍远达不到矿业和金属加工等传统产业的规模，与全市、全省以及沿海等发达地区的竞争力比较而言更缺乏优势，因此陈贵镇产业转型的路径仍在探索当中。

1.3 典型特征三：旅游特色有待挖掘提升

随着都市人群对于自助游和短假休闲消费的需求日益旺盛，以及区域高快速交通的建设，黄石地区已成为鄂东地区潜力巨大的旅游产业节点，为周边城镇乡村带来巨大的旅游发展机遇。陈贵镇虽然是一个工矿城镇，但它旅游资源十分丰富。镇域境内不仅具有良好的“山水林田文”资源禀赋，还拥有一个国家4A级旅游景区——“雷山风景区”。作为大冶市排名第二的农业基地，陈贵镇具有历史悠久的农耕文化基础，田园风光秀美，近年依托特色农产品和优美的田园风光发展了各类农家餐厅20余处。同时，陈贵镇还有独特的矿冶文化，王祠村的唐宋古矿遗址和多个现代矿山都是传承“矿冶文化”的载体。此外，陈贵镇还拥有著名的龙狮文化和楹联文化等特色民间非物质文化遗产，曾荣获“中国龙狮运动之乡”、“中国民间艺术文化之乡”等多项国家及省级荣誉，各处村庄也保留着浓郁的传统地方宗族文化传统。

然而，虽然陈贵镇旅游资源禀赋十分突出，但现状旅游产业发展仍处于初步发展阶段，存在诸多薄弱环节，主要表现在景区知名度低、门票经济特征明显、配套产业和产品消费量不足、景区开发缺乏统筹协调、设施建设品质较低、建筑风貌缺乏特色、民间文化发掘不足、乡村旅游消费低端等问题。

1.4 典型特征四：发展潜力巨大但人口聚集力不足

近年来武汉城市圈周边区域综合交通设施的快速建设，带来了巨大的人口城镇化转移机会，更为周边如陈贵镇这样实力雄厚、特色明显的乡镇带来了超越城市梯级转移的新机遇。例如，在承接武汉产业转移、发挥旅游资源优势以及现代农业服务大都市等方面，未来区域内城乡人口流动将被激发。

然而，作为紧邻大冶—黄石市发展的第一圈层小城镇，陈贵镇同时也面临着大城市聚集发展带来的人口异地城镇化压力。近年来陈贵镇镇区人口数量严重下滑，虽然户籍统计数据为3万人，但实际常住人口仅能达到1万人左右。大量乡村居民到大冶市、黄石市购房置业，城镇内活力明显不足。同时，由于城镇就业吸纳力有限，设施配置严重滞后，教育、医疗等资源进一步流失，导致本地城镇化吸引力严重不够，不具备吸引人口本地城镇化的条件。

2　规划目标及定位

2.1　对“四化同步”内涵的思考

何为“四化同步”？是我们在本次规划全程不断思考的问题。“四化同步”是十八大提出的有中国特色的新型工业化、信息化、城镇化、农业现代化道路，即“推动信息化和工业化深度融合、工业化和城镇化良性互动、城镇化和农业现代化相互协调，促进工业化、信息化、城镇化、农业现代化同步发展”。它既涵盖了当前城乡发展中所面临的关键性问题，同时也指引了未来城乡发展的路径和方向。

在当前信息化时代背景下，城乡产业、人口流动、空间关系等方方面面都在发生着极其深刻的变化。第一，信息化技术大幅提升了传统工业、农业的生产效率，同时以互联网为代表的信息化平台正在冲击并改变着各行业的生产、营销模式，直接导致城乡各类产业发展面临新的机遇与挑战，并形成新的产业格局。因此，如何实现信息化手段与城乡产业发展的深度融合，促进城乡产业跨越提升，是新型城镇化过程中要面对的第一个重点任务。第二，随着各地交通条件的普遍改善和信息通信技术的快速发展，大中小城市、城镇和乡村的层级化发展特征越来越不明显，城乡人口流动也出现了新的变化，城乡人口的双向流动越来越频繁，城市与乡村的空间边界也越来越模糊。因此，如何应对新的城乡人口流动趋势，满足城乡人口生活需求，促进人口健康城镇化的同时实现乡村繁荣，是新型城镇化中要面对的第二个重点任务。第三，随着城乡产业格局和人口流动趋势的快速变化，城乡空间所面临的生态、环境压力越来越大，所承载的职能和作用也将面临新的调整。因此，如何在保障生态环境和粮食安全的基础上统筹城乡产业发展格局、促进集约节约发展，是新型城镇化要面对的第三个重点任务。

因此，本次规划在深刻领会“四化同步”内涵的基础上，明确本次规划的思路为：以激活乡镇产业发展动力为前提，以夯实农业基础、补齐农业现代化短板为重点，以促进农民就近就地城镇化转移为核心，以保障生态环境与粮食安全为基础，以彰显小城镇与乡村特色为亮点，统筹城乡全域发展，推动产业向优势区域集中、人口向社区集中、土地向规模经营集中。通过综合规划引导“工业化、信息化、城镇化、农业现代化”四化步调一致、协调发展，积极探索小城镇在国家新型城镇化发展中的作用和模式创新！

2.2　陈贵镇城镇发展的规划目标与性质定位

规划以陈贵镇四大典型特征为出发点，在满足陈贵镇自身发展需求的基础上积极寻找解决问题的可行路径，总结归纳普遍性问题的规律，探索小城镇发展示范模式。规划提出陈贵镇未来发展的四大目标：

一是建设全国矿业经济转型标兵镇：突出矿业特色经济，探索产业转型路径，寻找小城镇可持续发展的核心动力。

二是建设全国四化同步及跨越发展示范镇：深入探索“四化同步”发展内涵，践行全域统筹规划方法，实现跨越发展总体目标。

三是建设湖北省山水特色及矿冶文化旅游名镇：凸显地方山水人文特色，突出以旅游服务产业带动小城镇发展的新思路。

四是湖北省城乡融合及生态宜居活力新城：以小城镇作为落实城乡融合发展目标的核心载体，以建设生态宜居活力新城带动本地城镇化，实现城镇与乡村的和谐发展。

同时，规划参考上位规划及相关规划对陈贵镇城镇的性质定位，结合“四化同步”要求，并从区域协调的角度重新判断陈贵镇的区域发展前景，提出陈贵镇的性质定位为：全国重点镇，全国矿业转型示范镇，湖北省山水文化旅游名镇，大冶市域副中心，以加工及综合服务产业为主导的综合型小城镇。

3 镇域规划布局及关键控制领域

3.1 对接区域、强镇联合的协同发展策略

规划首先从区域协调角度对陈贵镇整体发展提出预判，明确两大发展要点：

第一是发挥交通优势，拓展区域市场，促进城镇产业跨越转型。充分借助区域交通条件的改善，积极承接大区域产业转移或产业细分机会；同时，转变产业发展思路，从传统资源型产业门类逐渐向物流、旅游、信息等服务型产业门类转变，从工矿生产型小城镇向综合服务型小城镇转型；依托现有交通格局统筹镇域产业布局，充分利用如高速路出入口、快速路沿线等地区打造核心产业区，吸引更多产业落地。

第二是强镇联合，协同建设大冶市域西南小城镇群发展核心。随着黄石、大冶市域内小城镇群发展趋势日益明显，乡镇之间的发展必须逐渐从竞争关系转向区域协同。例如，陈贵镇与灵乡镇作为两个交通区位、资源优势、人口规模、产业特征均十分相似的乡镇，应当通过"产业协调、设施共享"发挥区域合力，共同打造大冶市域西南小城镇群战略节点，并带动服务周边乡镇，提升区域影响力。

3.2 四化同步、突出转型的产业发展策略

结合陈贵镇产业特征，规划以"转型"为产业发展的关键词，以"四化同步"和"生态立市"两大战略引导产业转型发展方向，实施"多元支撑、近远期有序发展"的产业发展策略。

规划考虑陈贵镇未来转型发展的核心目标与变化趋势，通过设定指标评判要素进行"产业遴选"，明确未来陈贵镇重点产业门类；结合小城镇发展的实际能力，通过"情景分析"明确陈贵镇近远期产业发展重点，实施"以信息化为引擎，以矿业、农产品加工、服装纺织、旅游服务四大产业为支撑，近远期有序发展"的产业发展策略。其中，近期产业发展重点为提档升级、多元转型，通过做优做强农产品加工、服装纺织两大替代产业，同时加快培育旅游服务产业，构建多元发展、多级支撑的产业体系；远期产业发展重点为"服务引领，信息带动"，以信息化引领带动农业、工业、现代服务业三次产业协调互动，同时通过强促特色旅游产业和发展综合服务产业，打造综合服务型小城镇产业体系。

规划还通过深入分析陈贵镇现有产业发展基础条件与潜力，遵循"对传统资源型产业进行生态活化"、"对替代产业进行提档升级"、"对潜力产业进行重点促进"和"对基础产业进行优化塑造"四大产业发展原则，并提出"生态保育、活化矿业"、"培育优势、实现突破"、"提升服务、强促旅游"和"优化农业、塑造示范"四大产业发展策略，全面促进重点产业的跃升发展（图39-1）。

3.3 分区分级、差异引导的人口城镇化策略

小城镇人口流动具有典型的城乡混合型特征。因此，规划充分分析陈贵镇人口就业与居住的特征，针对镇域北、中、南部不同的产业发展条件和村庄布局特点，考虑城乡人口流动的"推力"和"拉力"，提出了分区差异化的城镇化策略。其中，中部依托镇区产业及

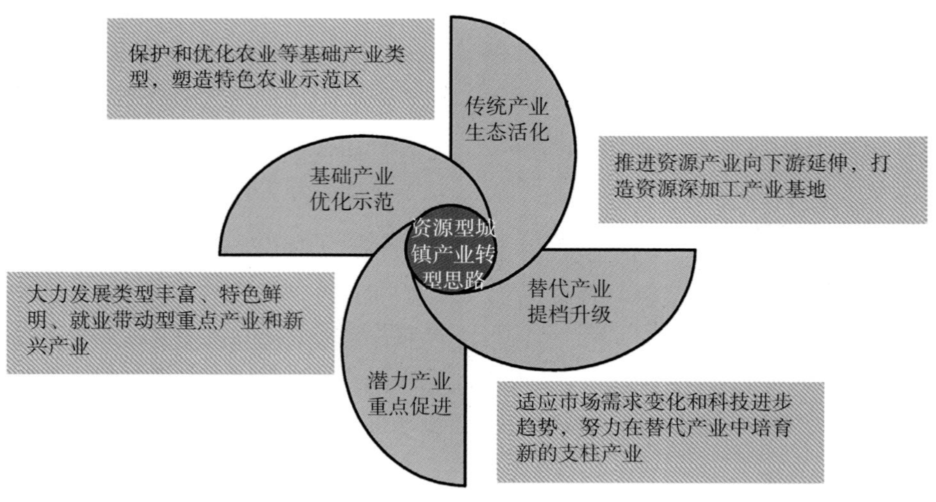

图39-1 产业发展策略图

图39-2　分区分级引导人口城镇化图

服务设施打造人口城镇化核心区；北部针对大片农业地区进行规模化生产，引导人口适度迁移和异地城镇化；南部依托景区、矿区、特色农业区等特有的资源优势，引导就地城镇化路径。

同时，根据人口引导策略，构建“镇区—集镇—新型农村社区”三级镇村发展格局。规划对陈贵镇19个行政村的人口、用地、经济基础、公服水平、区位交通、发展潜力等因素进行综合叠加评价，同时尊重地方城乡居民点体系分级传统，在镇域形成“镇区为中心、集镇为节点、新型农村社区为基础”的三级镇村发展体系。其中，镇区作为服务镇域的综合服务中心，辐射带动全域发展，人口规模达到6万～7万人；集镇（中心村）是镇区之外综合发展条件较为优越、产业和人口相对集中的地区，未来将建设成为陈贵镇镇域副中心，承担各片区农村的生产和生活综合服务功能，人口规模达到0.8万～1万人；新型农村社区（一般村）作为广大农村地域的生活和日常公共服务中心，未来建设专业化农业生产基地，人口规模达到3000～5000人（图39-2）。

3.4　适度集聚、两规协调的空间发展策略

在镇域空间布局方面遵循三大步骤。

第一，通过小城镇发展模式研究确定镇域用地空间布局。小城镇作为城乡交融的过渡地区，其空间形态不能单纯从城市建设的角度出发，而是应当从城乡一体化发展角度，形成相互支撑、和谐共生的布局特征。规划综合考虑全域城乡用地条件、产业发展基础、资源分布情况、基础设施建设、人口及居民点现状等条件，深入探索小城镇空间发展的不同模式，并进行多方案设计比较，最终确定以“适度集聚、多点支撑”作为陈贵镇域空间布局的总体思路（图39-3）。通过适度扩大镇区，形成产城融合的核心发展区，聚集服务功能，互促发展；依托小集镇规划产业与生活区协同发展的镇区副中心，带动不同片区发展；同时，打造若干具有发展潜力和发展特色的村庄，通过适度整合集体建设用地，注入商业、文化活力，引导人口适度集聚与就地城镇化。

第二，通过全域统筹、两规协调划定城乡用地发展格局。规划通过对陈贵镇城乡全域用地进行综合评价，以“生态优先”和“集约利用”为第一原则，提出全面对接土地利用规划目标的空间管制要求；同时，通过与土规的充分协调，在严格保护基本农田、林地、水库和雷山风景区等核心区域的基础上，积极推进矿区生态修复和农村土地综合整治，整合集镇和新型农村社区用地规模，盘活低效及闲置用地，鼓励城乡建设用地指标转移发展产业，最终落实城乡建设用地指标的合理分配，形成“一主三副，三轴三区”的空间结构和用地布局。

第三，实事求是，引导村湾整合。基于“尊重农民意愿、保障生产和居住安全、差异化引导、避免大拆大建”的原则，将全域286个村庄（自然湾）划分为156个保留型村湾、28个扩建型村湾、38个新建型村湾和66个引导迁移型村湾，并从主导功能、土地利用、组织模式、基础设施等方面提出了村庄建设和管理指导策略，尤其明确了迁移型村湾的安置引导，新建型及扩建型村湾建设区域及规模，以及保留型村湾的建设要求，做到公正细致，便于实施（图39-4）。

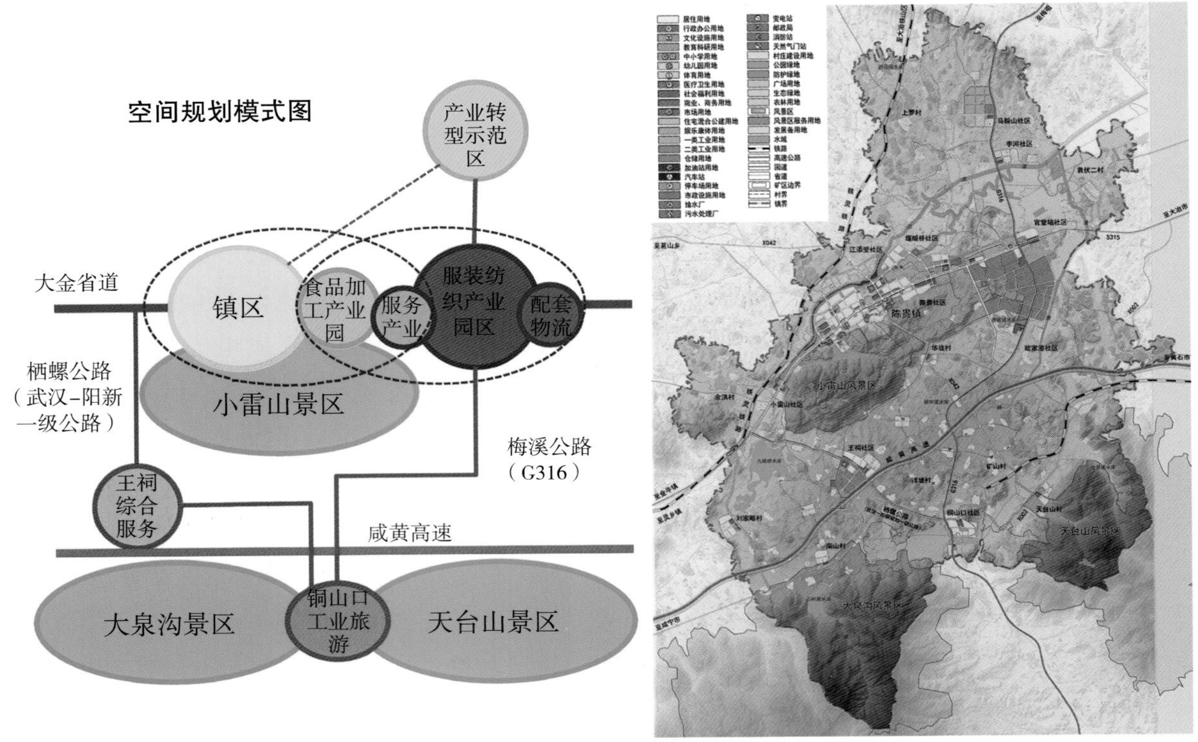

图39-3 “适度集聚、多点支撑”的空间发展模式及用地布局图

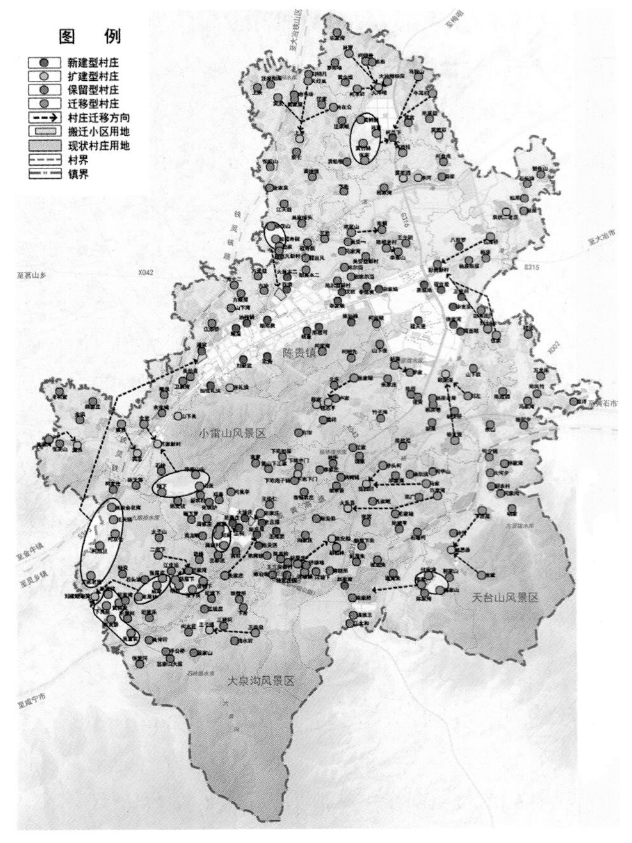

图39-4 镇域村庄分类发展引导图

3.5 保护风貌、传承文化的特色化发展策略

规划充分珍视陈贵镇特有的景观及文化资源，提出“打造点、线、面相结合的镇域生态景观体系”、“延续地方建筑风格的乡村传统建筑设计引导”、“发扬特色文化传承”三个思路。

在景观体系方面，规划围绕雷山风景区，突出“山水田园，宜居乡村”两大特色，结合美丽乡村建设规划，一方面打造“三山、两港、六湖、百塘”的山水生态格局和“万亩良田，千亩花香”的田园景观体系，同时充分挖掘现有旅游资源的开发潜力，以景区带乡村，以乡村带片区，形成“点、线、面”为一体的、不同尺度的城乡景观体验。规划不仅对雷山风景区及其周边农业地区生态旅游产业提出具体的产品策划建议，还从空间上规划了串接镇域重要旅游节点、乡土文化景点和旅游休闲设施的乡村旅游休闲环线，沿线建筑风貌严格遵循湖北地方传统建筑特点，保持田园乡村景观的和谐统一，形成展现陈贵镇重要的乡土文化和田园风光的旅游景观环线。最后，在镇域三大片区建设中提出风貌引导，使陈贵镇从一个传统的工矿镇向景区丰富、田园美

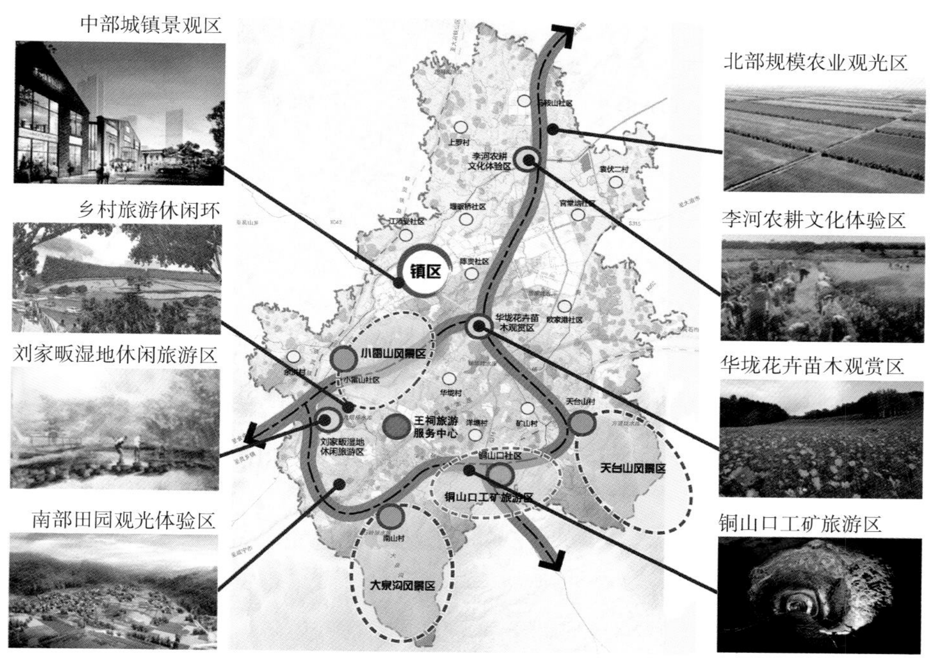

图39-5　点线面相结合的镇域景观风貌体系图

好、文化独特、乡土浓郁的旅游服务型小城镇转变。

在建筑风貌保存方面，规划以“荆楚建筑”风格为基本着力点，对当地建筑材质、做法、色彩等进行分析，提出保留地方传统风貌的规划设计方案。一方面通过规划对村庄建筑色彩、建筑材料、建筑风格等方面实现控制引导，同时尊重民意，关注老百姓的多元化需求与选择，采用生态化、绿色化建设方式，注重建筑和山体、地形、环境的融合，形成整体风格统一、局部景观特色鲜明的空间环境，营造舒适宜人的居住环境，更好地展现乡村田园风貌（图39-5）。

在特色文化传承方面，规划还针对陈贵镇独特的矿冶文化和民俗文化展开特色产品策划。一方面，通过推进矿区生态修复同步考虑实现工矿产业的生态化转型，发挥其景观效益，建设独特的矿业文化旅游基地，构建具有湖北特色的“青铜古都、钢铁摇篮、矿冶印象”工业旅游新格局。另一方面，整合陈贵镇龙狮文化、宗教文化、传统地方文化等乡村民俗文化资源，加大扶持力度，通过多种手段带动传统农耕文明向新时期乡村文明转变，实现发展和保护的有机结合，延续地方文化及历史记忆。

3.6　保障安全、均衡配置的支撑系统策略

支撑系统是实现镇域空间布局、人口城镇化以及风貌保护等发展目标的最终实施手段。因此，规划从推动“四化同步”统筹城乡发展的总体部署出发，提出“保障安全、均衡配置”的支撑系统规划策略。

对于基础及公用设施而言，主要是通过完善全域公路网、城乡公交体系建设，加快城乡供水排水工程、能源工程、环境卫生工程、防灾减灾工程等一系列工程设施建设，实现镇域与外围大市政交通的充分衔接，同时加快城市基础设施向农村延伸，实现“统一布局、统一协调、同步推进、提高品质”，提升城乡居民的幸福感。

对于城乡公共服务设施而言，规划遵循“均等化配置、一体化管理、品质化提升、差异化发展、效用化最大”的发展思路，注重“软件硬件”同步建设，提高乡村服务水平。结合“镇区—集镇—新型农村社区”三级村镇体系结构分级，构建“纵向分层，横向分类”的村镇公共服务设施体系。纵向保障合理的城乡公服体系，横向注重地区特色化、差异化需求，以实现村镇居民品质化生活为目标，满足城乡多元化发展需求，走内涵提升化发展的道路。

4　镇区规划布局及特点

4.1　镇区打造镇级小城市，促进人口聚集

镇区是陈贵镇经济产业的发展重心，是人口城镇化

的主要载体，更是陈贵镇四化同步的核心示范区。规划根据镇区现状发展特征，依托镇域规划定位，提出建设品质新城，吸引人口聚集，打造“镇级小城市”的镇区发展目标。

一方面，通过快速提升城镇建设及服务水平，吸引周边乡镇人口聚集和就地城镇化。大幅提升满足人口聚集的各类生活服务型设施（尤其在教育、医疗、商业和文化娱乐等方面），打造区域综合服务型乡镇；同时，着力建设特色餐饮、酒店住宿等旅游服务设施，打造市域旅游服务副中心。城镇设施配置参考城市设施配置标准，同时基于旅游流动人口需求，适当提升相关设施建设水平及镇区用地发展空间。

另一方面，通过加强信息化建设，促进城镇服务品质的跨越发展，吸引大城市人口回流。信息化带来的全球市场的扁平化，削弱了城乡发展的空间层次，使大、中、小城镇和乡村具有更加平等的市场发展机会。因此，若要使陈贵镇这样的小城镇达到与城市同等的吸引力，必须紧紧跟随信息化发展的大背景，快速提升镇域全范围的信息化建设，努力实现硬件、软件环境的快速提升，争取小城镇突破发展机遇。

4.2 遵从城乡融合发展特征测算人口及用地规模

规划从镇区与周边乡村发展关系及其带动能力来综合判断镇区人口服务范围，通过综合增长率法、劳动力需求法、区域分析法等综合方法预测镇区人口规模，提出2020年陈贵镇区人口规模将达到3.5万～4万人，2030年镇区人口规模达到6万～7万人。

同时，根据国家用地要求，参考现状镇区人均建设用地指标，以充分集约和节约用地为原则，规划2020年镇区人均建设用地控制在120m^{2}以内，镇区建设用地规模则控制在4.8km^{2}以内；规划2030年镇区人均建设用地控制在110m^{2}以内，镇区建设用地规模则控制在7.7km^{2}以内。

4.3 打造产城融合、协同发展的镇区空间布局

镇区空间布局的总体思路为：第一，产城融合，协同发展。合理确定镇区各部分的职能分工及各类用地的分布和规模，既发挥集聚效应，又相互促进发展。以产业带动就业，实现人口聚集，提升镇区活力。第二，生态宜居，品质引领。依托小雷山风景区开发，加快完善和提升镇区相关旅游服务设施配置，以景区建设整体带动镇区环境打造，建设优美宜人的绿地景观空间；同时，整体提升镇区基础设施的建设水平。第三，集约用地，弹性生长。充分挖掘存量建设用地的利用率；尽量少占农田和不占用基本农田。考虑远景发展，预留相应用地及发展空间，适应市场变化需求。

规划基于现有镇区用地布局，充分考虑周边山水环境特色和发展潜力，提出了镇区与生态旅游区一体化发展的整体布局思路。一方面通过用地调整，实现产业用地与居住区的分区协调发展；另一方面集中规划布局旅游服务功能用地，打造旅游型休闲小城镇；同时，通过滨水景观改造、旧城改造和文化中心的建设等手段，全面改善镇区环境，形成“两轴三片区、一心多节点”的镇区空间结构，打造“一环两轴、三心多点、三片辉映、绿色渗透”的景观格局（图39-6）。

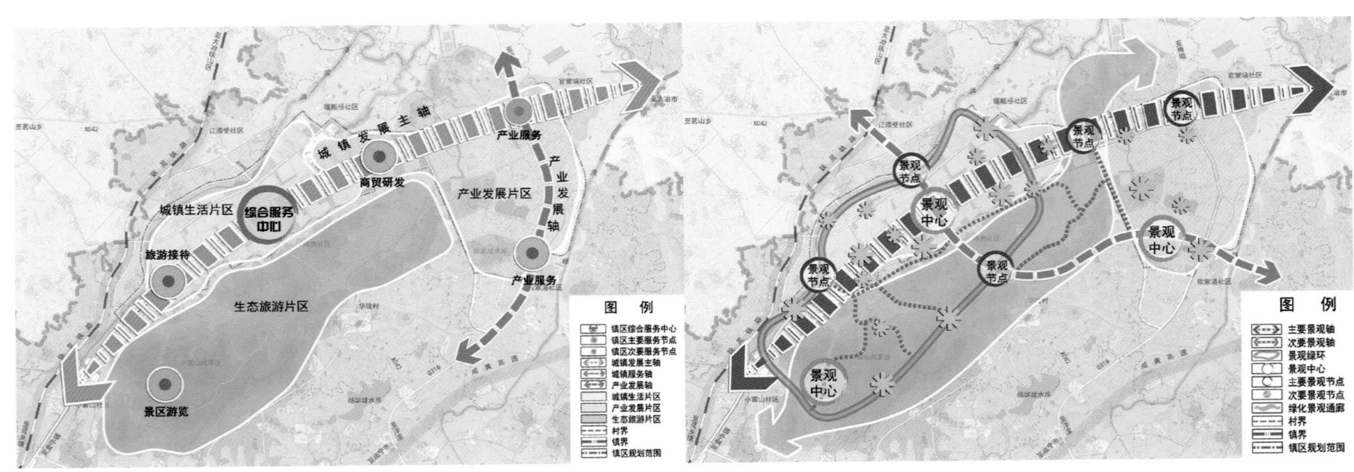

图39-6 镇区空间结构规划图及景观风貌规划图

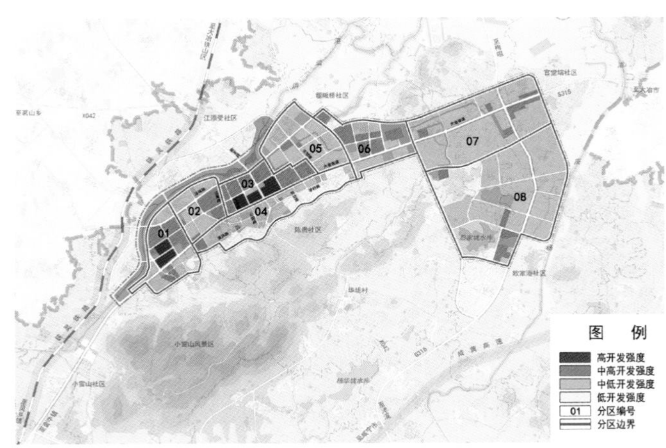

图39-7　镇区开发控制单元强度控制分区图

4.4　通过分区管控落实镇区用地管理

规划根据镇区土地利用情况严格划定“三区”（禁建区、限建区、适建区）“三线”（包括绿线、黄线、蓝线），指导用地布局和空间管控。同时，规划还从未来城镇用地综合管理的角度提出了“分区控制引导”策略，根据镇区地形地貌、街巷道路、规划空间结构和用地功能、地区环境保护要求等，将镇区共分为八个分区控制单元，并对各分区控制单元的用地属性、开发强度、建筑形式等方面提出具体引导措施，便于镇区用地管理及景观风貌控制（图39-7）。

5　规划编制思路及方法创新

湖北省“四化同步”示范乡镇试点规划，是在以往新型城镇化建设探索基础上的一次全新的尝试，更是一次突破性的实践。规划以小城镇为载体，深入研究小城镇在实现新型城镇化发展战略中能发挥的实际作用，具有实操性和示范性特征。本次规划也是对新型城镇化背景下城乡规划方法的一次创新尝试，共有以下五个方面的创新意义。

第一，规划立场的改变。从尊重小城镇发展特征出发，以小城镇资源本底条件和发展需求为根本，探索适合各地发展的实际路径，真正实践了“以人为本、因地制宜”的规划原则。

第二，规划理念的提升。规划提出了城乡互补协调发展、适度集聚有机疏散、绿色低碳生态健康、风貌独特文脉传承、环境友好资源节约、城镇发达乡村美丽、社会公平和谐发展、市场保障相互结合等一系列规划原则，不仅是对规划编制的高标准要求，更是从规划管理层面倡导了新的发展思路，为城乡统筹规划方法创新提供了新的视角与思路。

第三，组织模式的转变。本次试点规划采用市、县、镇三级协同规划组织模式，形成“镇主体、县把关、市督促”的工作模式，从而综合考虑规划编制与后期政策落实及资源配置的统一与协调，是自上而下落实“协同规划”的重要尝试。

第四，规划内容的创新。本次规划十分注重“多规协调”，要求同时编制镇域规划、镇区规划、土地利用规划专项、产业规划专项、美丽乡村规划专项、新型农村社区规划及近期建设规划等一系列规划，充分实现各个规划之间的衔接，在规划编制过程中将各类问题提前预判解决，从而实现全域规划与重点地区规划、综合规划与专项规划、远期谋划与近期实施、空间发展与土地限制等各个方面的紧密衔接，提升规划的可操作性。

最后，工作模式的转变。本次规划突破了以往办公室作业、自上而下的蓝图愿景式的规划模式，采用驻地工作、深入调研、频繁沟通等方式，协调各级政府诉求，考虑地方发展问题，最终实现了各层面需求的衔接。同时，我们还通过累计长达2个月的驻地工作模式，与地方规划机构和人员建立了良好的合作模式和深厚的友谊，探索出了一条合作共赢的规划工作模式。

作者单位：北京清华同衡规划设计研究院有限公司
执笔人：闫琳、曾婧
项目负责人：王健、闫琳
项目组成员：张军慧、刘津玉、曾　婧、徐殿根、谢盈盈、毕莹玉、黎攀、朱艳灵

40 “三区合一、山水拥城”的茶店镇规划

1 基本情况及现状特征

1.1 基本情况

茶店镇位于汉江南岸的丹江库区，北与郧县县城隔江相望，南距车城十堰19km，东邻青山镇，西接柳陂镇（图40–1）。镇域面积99km^2，下辖9个村，1个居委会，68个村民小组。其中，农村人口23674人，城镇人口1929人，镇域范围内大部分地区以农业为主。

茶店镇曾先后荣获湖北省“楚天明星镇”、湖北省“百强乡镇”、湖北省“小城镇建设先进单位”等荣誉称号。2008年茶店镇经省政府批准成立省管经济开发区，经过多年来的发展，郧县经济开发区已经形成了汽车及零部件、建筑建材、模具制造三大优势产业集群，工业增加值占全县总额的16.2%，工业总产值占全县总额的21.9%，税收占全县总额的12.4%，对全县经济的促进作用日益增强。

1.2 主要问题

茶店镇的发展主要面临以下四个问题，规划中予以了重点解决。

1.2.1 诉求多元化

茶店镇既是省“四化同步”示范乡镇试点，又是十堰市生态滨江新区重要组成部分和核心区所在区域，也是郧县城镇化和工业化主战场、城镇人口重点集聚区，同时还是省级开发区。镇域范围内包含了生态滨江新区核心区、郧县经济开发区、茶店镇旧镇区三区，多重角色造成了诉求的多元化，不同层级和各区之间的诉求势必存在相互矛盾、相互抵触的部分。如何理顺三者的关系，在空间、功能、管理等方面统筹三区的发展，将相互矛盾引导为相互协作，是规划必须解决的重点问题。

1.2.2 产业类别单一

茶店镇目前呈现以工业为主导的产业特征，农业与服务业发展相对滞后，农村经济以传统农业为主，形成明显的城乡产业二元结构。

1.2.3 城乡发展二元

社会化生产的城镇经济与以小生产为特点的农村经济并存：具体表现为省级经济开发区内的神河、荣发等大型现代企业与生产效率低下的农户散户耕作的经济形态并存。城镇道路、通信、卫生和教育等基础设施发达，而乡村地区基础设施落后，城乡发展呈现不平衡的二元结构。

1.2.4 生态环境保护压力大

茶店镇镇域北部的汉水以及其镇域范围内的神定河

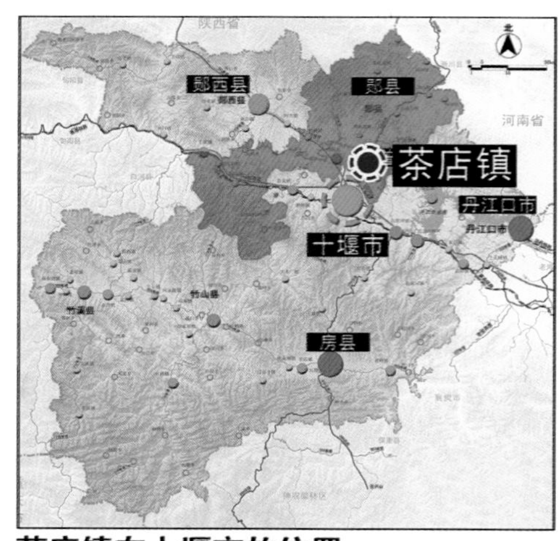

茶店镇在十堰市的位置

茶店镇在郧县的位置

图40–1 茶店镇区的位图

一部分均已经被纳入南水北调丹江口水库库区范围，而茶店镇现状环境保护基础设施建设滞后，且在神定河沿线分布着一定量的污染企业。随着镇域范围内城镇建设用地规模的增加，以及低丘缓坡区域的进一步开发，未来生态环境保护的压力非常大。

2　规划目标及定位

2.1　规划目标

深入学习十八大会议精神，落实省委省政府“四化同步”示范乡镇建设要求，促进经济、社会、资源环境和谐发展，促进农村与城镇协调发展，全面实现小康社会目标；充分发挥茶店镇的区位和产业优势，以建设“综合型生态滨江城镇”为核心，完善基础设施配套，大力发展新型工业和现代服务业，推动农业现代化和信息化建设，创造良好的人居生态环境，将茶店镇建设成为十堰市北部副中心、综合型生态滨江城镇。

2.2　发展定位

湖北省“四化同步”示范试点镇、南水北调中线水源前置库环境保护示范区、十堰市生态滨江新区核心组成部分和低山浅丘综合治理示范区、郧县城市功能拓展区和城市形象集中展示区。

3　“四化同步”发展模式

结合茶店镇发展现状，规划提出“工业化与城镇化互动、城镇化与农业现代化协调、信息化全面支撑”的“四化同步”发展模式（图40-2）。

（1）通过产业发展专项研究茶店产业发展背景和潜力，巩固既有优势产业，科学选择先进制造业和战略新兴产业门类，以省级经济开发区为依托，以园区为载体，结合城镇空间发展格局形成三个工业园区，打造集群优势，与城镇化发展良性互动。

（2）城乡产业链互相衔接，把农业单纯的种养与农副产品深加工对接，与涉农服务、休闲旅游相连接，打造“接二连三”的农工贸产业链，引入农业生态园的建设机制，打造集农业观光、休闲体验为一体的特色农业产业园区，盘活农村经济，提高农民收入，实现“以人

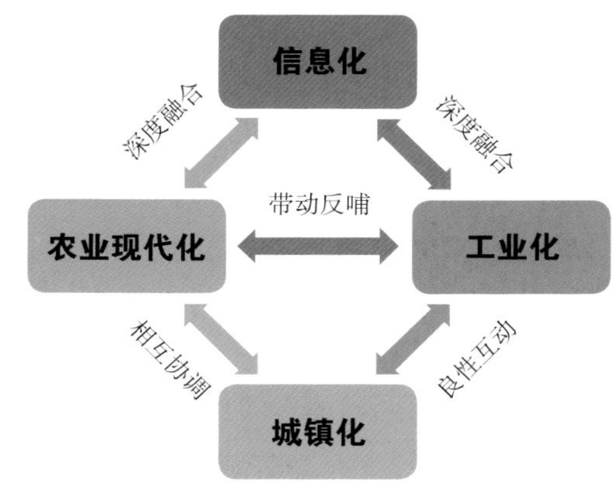

图40-2　四化同步关系示意图

为本”的城镇化；结合茶店城镇空间发展格局集中形成农旅特色发展区、生态农业发展区两个乡村发展区，维护城镇空间生态本底，提高城镇化可持续发展能力。

（3）全面架构信息服务体系，使信息化渗透工业、农业、城镇发展，实现农业信息化、工业智能化、城镇智慧化。推进云计算等新一代信息技术在工业各环节的应用，发展智能工业；通过物联网发展设施农业、精细农业；打造电子商务、电子政务等信息平台，实现信息化与城镇化的深度融合；最终实现全面的“四化同步”发展。

4　镇域规划布局及关键控制领域

4.1　镇域规划空间布局

镇域空间分为五大特色功能区：生态绿心、滨江新区核心区、茶店镇区、特色乡村发展区、生态保育区（图40-3、图40-4）。

4.1.1　生态绿心

生态绿心是整个茶店镇最重要的滨水空间和景观风貌核心，发展模式以生态修复、保护为主。着力修复生态、保护环境，滨水区域农村居民点转为绿色生态休闲空间，严格限制大规模开发建设。农村人口就近转移至滨江新区核心区安置，提升兼业水平，本地农村人口适当提供休闲度假服务。强化打造休闲新载体，近水区域适度开发旅游观光、休闲度假、康体养身、文化娱乐等休闲服务产品。

4.1.2　滨江新区核心区

滨江新区核心区定位为十堰市文化寻根、走向汉

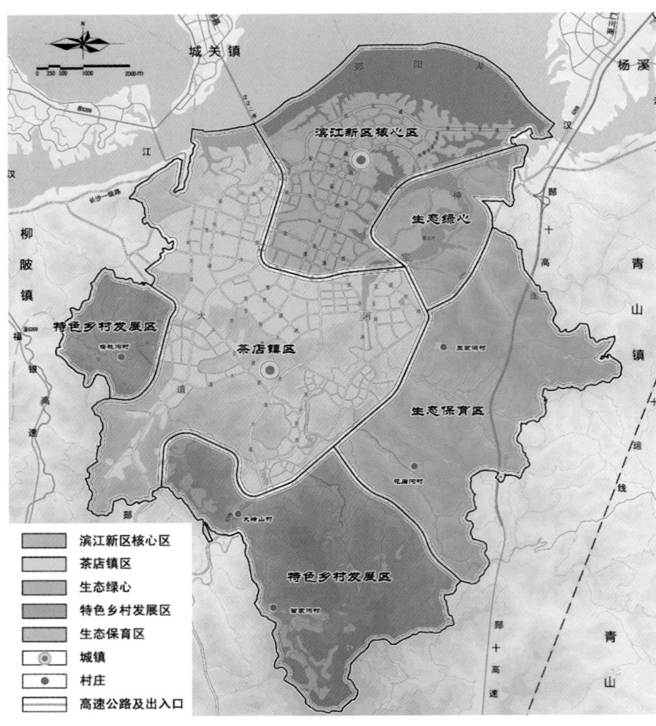

图40-3　镇域空间结构规划图

图40-4　镇域土地使用规划图

江、转型发展的首要战略节点；新一代山水生态城市风貌、南水北调工程的集中展示窗；以现代休闲旅游、城市公共服务为核心功能的生态型城市核心区。

发展模式以快速城镇化、集约化发展为主，结合十堰市发展的需求及其自身价值，重点发展行政服务、公共服务、商务办公、休闲度假、文化会展、生活居住等现代服务功能，打造十堰市的高品质生态型城市核心区。

4.1.3　茶店镇区

茶店镇区定位为镇域的公共服务中心，十堰向滨江拓展的重要产业承载地。

发展模式以工业带动、协调发展为主。依托政策和现状资源优势，大力发展第二产业，保证城镇发展空间，并预留工业发展空间；整合现有村庄，促进产业区、老镇区及周边村庄协调发展。

4.1.4　特色乡村发展区

特色乡村发展区包括樱桃沟村、大岭山村和曾家沟村。结合特色村庄的打造，定位为以生态旅游、休闲度假、生态农业等为主的特色乡村发展示范区。发展模式为以城带乡、城乡一体。建设新型农村社区，推动城镇优质公共服务向农村延伸。保护基本农田，夯实现代生态农业物质基础。以农业生态园的建设为载体，发展集有机农业、休闲观光、文化体验于一体的新型乡村产业。

4.1.5　生态保育区

生态保育区以低山丘陵为主，具有良好的自然资源，是支撑整个茶店镇生态环境质量体系的生态平衡区。发展模式以生态修复、保护为主。严格限制大规模建设，建设用地只减不增。逐步减少农村居住空间，将闲置的农村居住空间转为林地等绿色生态空间，引导农村人口向外疏解。

4.2　镇域规划关键控制领域

4.2.1　合理确定建设用地和人口规模

与十堰市层面、郧县层面、老镇区层面、经济开发区层面等各层面的已有规划相衔接，尽量满足各层面发展诉求，合理确定镇域范围内的城镇建设用地规模。

规划2030年镇域城镇建设用地约为23km^2，其中滨江新区核心区约8km^2，镇区（含经开区和老镇区）约15km^2；规划镇域人口规模25.6万人，其中城镇人口25万人（其中：滨江新区核心区13万人、镇区12万人），农村人口0.6万人，规划期末茶店镇基本实现全域城镇化。

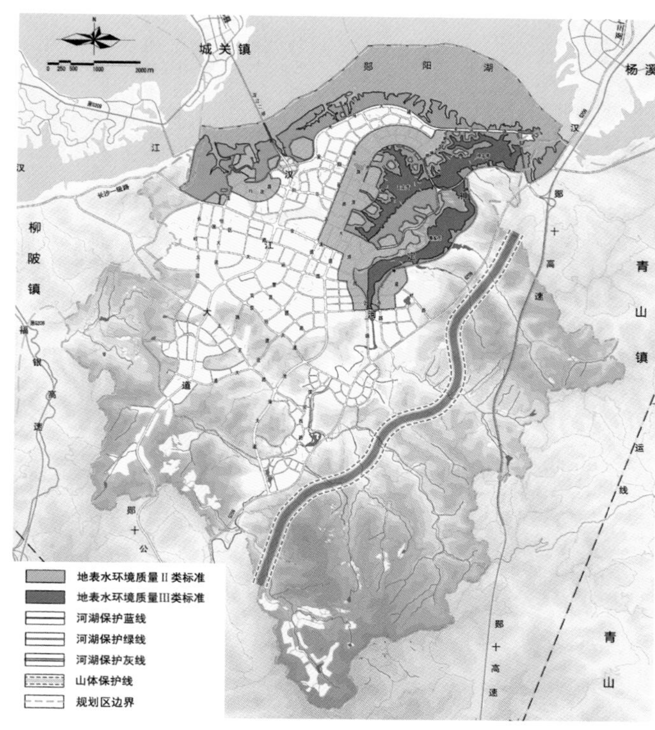

图40-5　镇域环境保护规划图

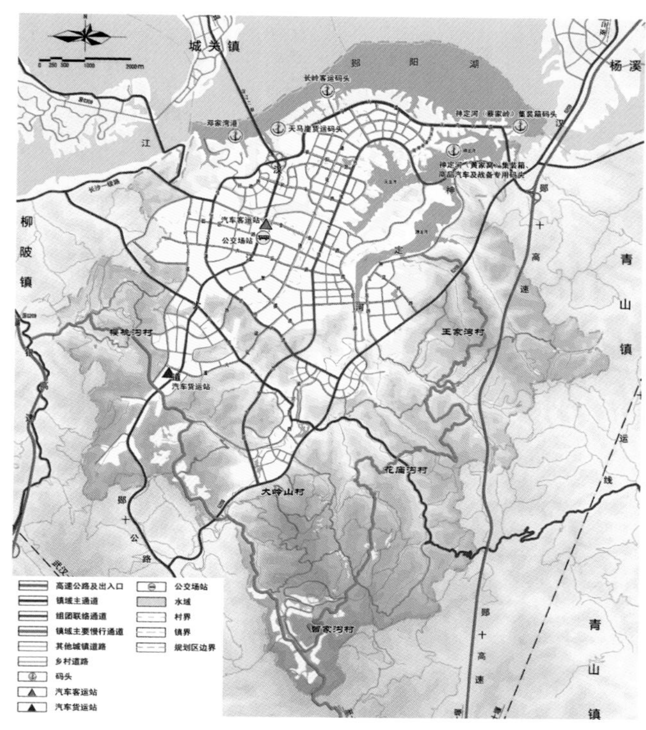

图40-6　镇域综合交通规划图

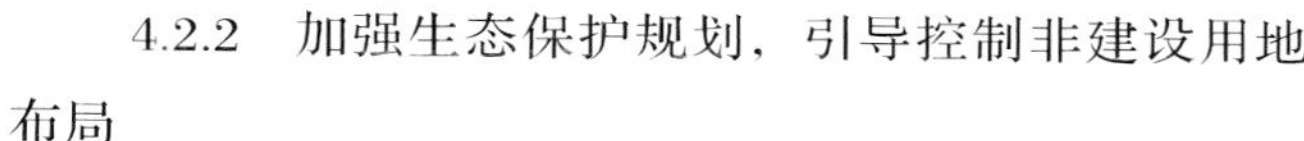

4.2.2　加强生态保护规划，引导控制非建设用地布局

对接《秦巴山片区区域发展与扶贫攻坚规划（2011—2020年）》，对镇域中的耕地、林地、水域等重要非建设用地进行合理、严格的管控。

对镇内的耕地进行严格保护，建立卡片、台账并对区域内的基本农田设立保护区标志牌，实行村主任负责制，严格执行用途区管理，实行“四保一高”管理措施，杜绝非农田建设占用保护区内耕地。

林地内的土地不得擅自改变用途，鼓励林地内影响林牧业生产的其他用地调整到适宜地区，进一步完善封山育林管理制度。

规划加强水污染防治和水土保持工作，以确保南水北调中线工程水质安全，提出了加强水污染防治、加强水土保持、保护水域面积等三方面的措施。同时，为了加强湖泊水系的保护和治理及山体的保护，在滨水地带划定蓝线、绿线和灰线，在镇域东南部分划定山体保护线（图40-5）。

此外，对园地、其他农用地、其他非建设用地等也提出了相应的控制要求。

4.2.3　完善综合交通系统，结合慢行交通组织镇域旅游系统

规划形成“两横两纵”四条镇域主要快速通道：长沙路—佳恒大道—天马大道、柳青公路—土天路—滨河西路—茶青公路、汉江大道—郧十一级路、209国道改线。此外，形成“一横一纵”两条组团快速联络通道：佳恒大道、沧浪大道（图40-6）。

依托镇域其他公路，形成两条主要慢行通道，形成慢行通道半环线，在主要慢行通道的基础上，依托乡村道路形成慢行通道支线，联系各乡村和旅游点，和主要慢行通道共同组成慢行交通网络，共同组成“五个特色旅游区、两类精品旅游线、多个生态旅游景点”的旅游区域布局结构的支撑点（图40-7）。

4.2.4　明确镇村等级规模结构，打造“一村一品”的镇村职能结构

规划茶店镇镇村等级结构体系将形成“1-1-2-3”结构，滨江新区核心区为第一等级；茶店镇区为第二等级；2个中心村：樱桃沟村和曾家沟村；3个一般村：大岭山村、花庙沟村和王家湾村。

结合镇村体系规模等级结构，以塑造“一村一品”

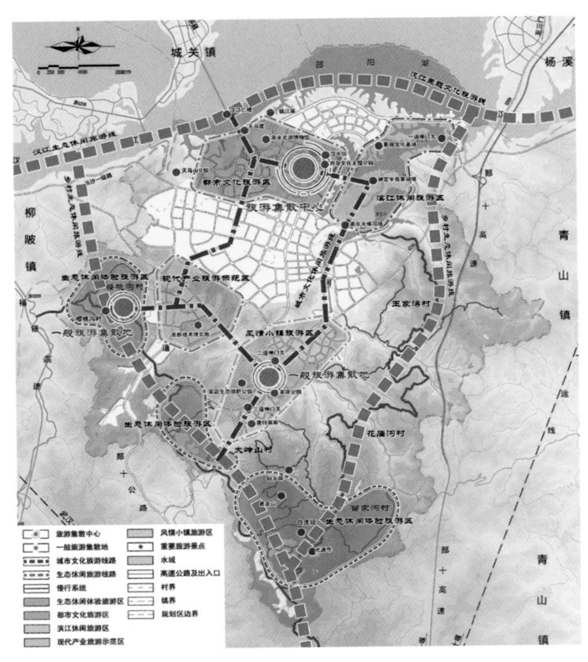

图40-7　镇域旅游规划图

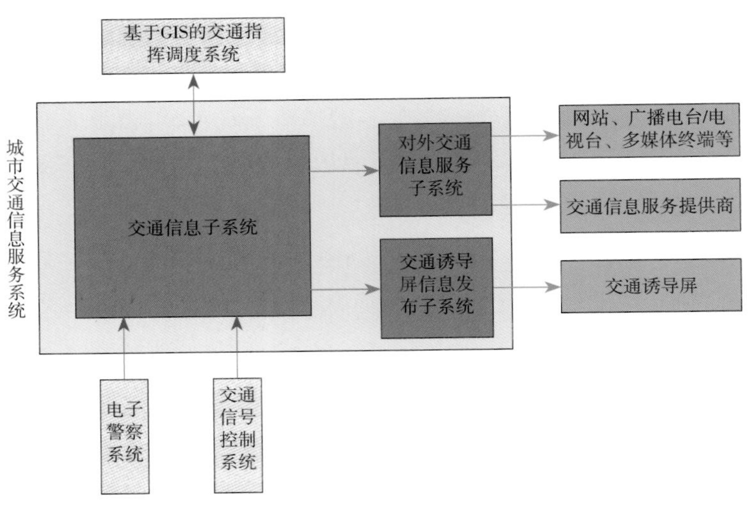

图40-8　交通信息化系统示意图

为发展目标，确定茶店镇镇村体系职能结构（表40-1）。

茶店镇镇村职能结构体系　　表40-1

等级	名称	主要职能	主导产业
十堰市新区	滨江新区核心区	区域公共服务中心	行政办公、商业商务、文化体育等现代服务业
中心镇区	茶店镇区	镇域政治、经济、文化中心，生态工业基地	专用车及汽车零部件、农产品加工、生物医药、商贸物流、休闲养身
中心村	樱桃沟村	生态旅游、休闲农业	乡村旅游、樱桃种植
	曾家沟村	生态农业、休闲度假	生态农业、休闲农业、农业科普
一般村	大岭山村	生态农业	野生动物养殖、生态家畜养殖
	花庙沟村	生态农业	板栗、核桃种植
	王家湾村	生态农业	无公害蔬菜种植、小水果种植

4.2.5　一体化配置各类设施，推进全域信息服务体系建设

规划整合利用现状公共服务设施和公用设施，加强与现有规划的衔接，实现设施的区域共建和共享。

此外，围绕社会民生、产业经济、城镇管理、基础设施、资源环境等五方面，建立全面立体感知、安全可靠传输、智能高效处理的信息服务体系（图40-8）。

5　镇区规划布局及特点

5.1　镇区规划空间布局

根据茶店镇区现状自然地形和建设条件及未来空间发展态势，规划形成"一带、双心、两轴、四组团"的空间结构，各功能片区之间相对独立，又通过道路、绿地水系有机联系。

5.1.1　生态景观带

神定河南北贯穿茶店镇，是茶店的重要景观资源，串联镇区的老镇组团、农产品加工产业组团、新型建材产业组团，向北穿过滨江新区核心区汇入汉江。利用丹江口水库扩区的契机，整治现状神定河，构建神定河生态景观带，沿线各个滨水区段赋予不同的功能。

5.1.2　城镇中心

镇区形成两大城镇服务中心：老镇服务中心和生产服务中心。老镇服务中心为整个茶店镇域服务，生产服务中心主要为茶店镇的工业企业服务。

5.1.3　城镇发展轴

规划镇区形成"十"字纵横发展轴：南北向的产业发展轴和东西向的综合服务发展轴。

产业发展轴以"郧十"一级公路为主要交通廊道，串联镇区的新兴产业组团、农产品加工产业组团及滨江新区核心区。

综合服务发展轴以土天路为主要交通廊道，连接新兴产业组团、生产服务中心、老镇组团、老镇服务中心。

5.2 镇区规划特点

5.2.1 提升镇区职能，建设十堰市滨江节点城镇

把握湖北省推动“四化同步”示范试点镇建设的契机，融入汉江流域城镇发展群，依托优越的交通优势和地理区位，建设十堰市滨江重要的节点城镇。

规划老镇组团在老镇区的基础上沿神定河拓展，老镇区现有的工业全部搬迁，建材类工业迁至新型建材产业组团，其余工业迁至新兴产业组团内。提升镇区职能，以生态居住、休闲养老、商业商贸功能为主，打造以川谷生态景观为特色的滨水风情小镇。

丰富老镇服务中心功能，结合神定河整治、滨水绿带建设，布置休闲养生、购物、电子商务、仓储配送、商贸配送、特色餐饮、民俗风情等中心功能，配套各项辅助设施和现代化生活社区，构筑现代化城镇新中心（图40–9）。

5.2.2 完善产业布局，实现产业突破

规划茶店镇区大力发展商贸物流、汽车零部件、食品加工、生物医药、新型建材、农产品加工等产业，结合现状发展基础和发展条件，将产业功能妥善安排在新兴产业组团、高新产业组团、农产品加工产业组团这三个组团中。

新兴产业组团利用政策及交通区位优势，形成以汽车零部件、机械加工、生物医药、现代物流等产业为主的特色产业集聚区，也是十堰—郧县联动发展的工业走廊的一部分。

农产品加工产业组团结合独特的山水资源，形成以农副产品加工、生物医药为主，配套生活与服务功能的现代化工业园区。

新型建材产业组团重点发展新型建材产业。该产业组团位置生态较为敏感，应设立企业准入门槛，最大程度地降低生态污染。

此外，结合新兴产业组团打造生产服务中心，包括专业市场、物流服务中心、日常生活服务、医疗、金融、工人活动中心等设施，为生产企业服务。

5.2.3 优化生态环境，建设宜居城镇

在湖北省建设生态省的发展战略背景下，茶店镇区兼顾新镇区建设发展与老镇区提升改造，并牢牢把握荆楚地方山水文化和特色风貌，优化并修复生态网络，建设现代化生态休闲宜居城镇。

结合镇区的总体用地布局和自然环境特色组织城镇绿地系统，形成“点”、“线”、“面”、“环”、“楔”相互渗透成网状的结构模式，形成“以山作衣，以湖为冠；以河化带，以园为扣；以路作骨，以廊为架；青山秀水，城绿交融”的绿地水系结构（图40–10）。

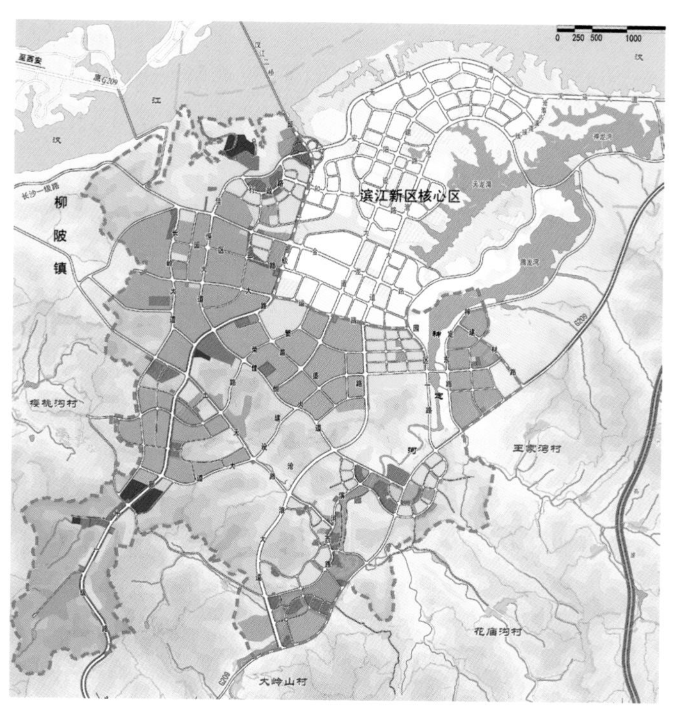

图40–9　镇区用地规划图

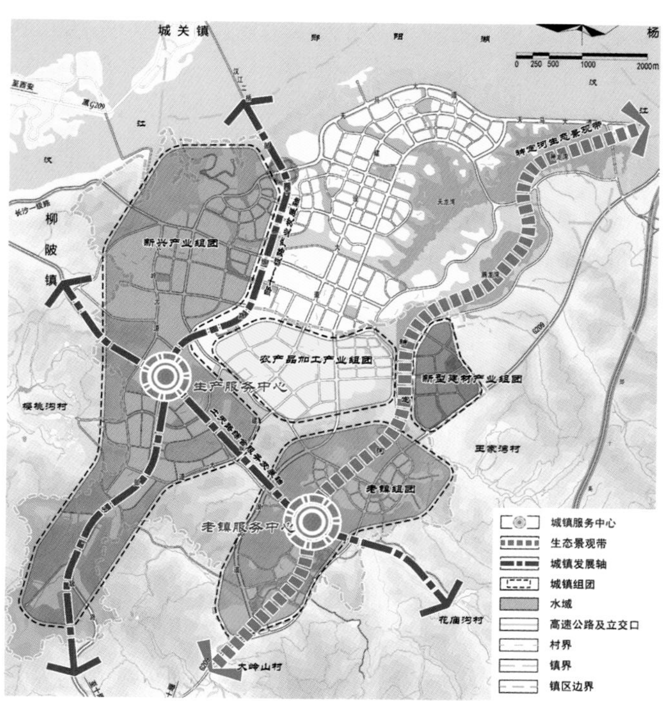

图40–10　镇区空间结构规划图

6 规划编制思路及方法创新

6.1 丰富的编制体系

在省委省政府对于“四化同步”试点镇规划建设要求的基础上，为了强化城乡功能与空间资源的整合，突破传统村镇体系规划，体现“全域谋划、城乡统筹”的发展思路，本规划在国内已经开展的全域城乡总体规划的内容的基础上进行了扩充和深化，共主要形成3个层面13本的成果。

（1）镇域层面：主要为《镇域规划》，规划范围为茶店镇镇域范围。此外还包括《土地利用专项规划》、《产业发展专项规划》、《人的城镇化专题》、《生态建设专题》、《区域协调专题》、《全域项目库》。

（2）镇区层面：《镇区建设规划》、《老镇组团控制性详细规划》。镇区控制性详细规划面积约为4km^2。

（3）村庄层面：《美丽乡村专项规划》、《樱桃沟村村庄建设规划》、《曾家沟村村庄建设规划》、《大岭山村村庄建设规划》。

6.2 全面的生态建设规划

本规划通过《生态建设专题》对茶店镇地质地貌、资源与环境等生态本底条件进行解读，确定资源、环境等影响生态安全的约束体系及制约因子，并结合相关规划要求建立茶店镇生态建设指标体系。然后对茶店镇的生态景观格局（包括生态景观及其演变过程分析以及生态敏感性综合分析）和生态系统容量（包括水资源、土地资源以及水环境和大气环境的容量分析）进行评估分析，并在此基础上进行生态功能分区和生态安全格局的构建以及生态空间管制策略的拟定。主要包括以下几方面内容。

（1）生态功能区划

通过集成RS、GIS技术对镇域生态敏感性进行评估分析，将茶店镇划分为5个生态功能区，并提出相应的发展要求：汉江水质保护与洪水调蓄生态功能区、神定河水质保护与洪水调蓄生态功能区、神定河东水源涵养与山林保育生态功能区、神定河西城镇生活与农业生产生态功能区、南部水源涵养与林业生产生态功能区。

（2）生态安全格局规划

通过对镇域地质地貌、资源与环境等生态本底条件进行解读，确定资源、环境等影响生态安全的约束体系及制约因子，构建“一城两源”、“一江一河两廊”的区域生态安全格局（图40-11）。

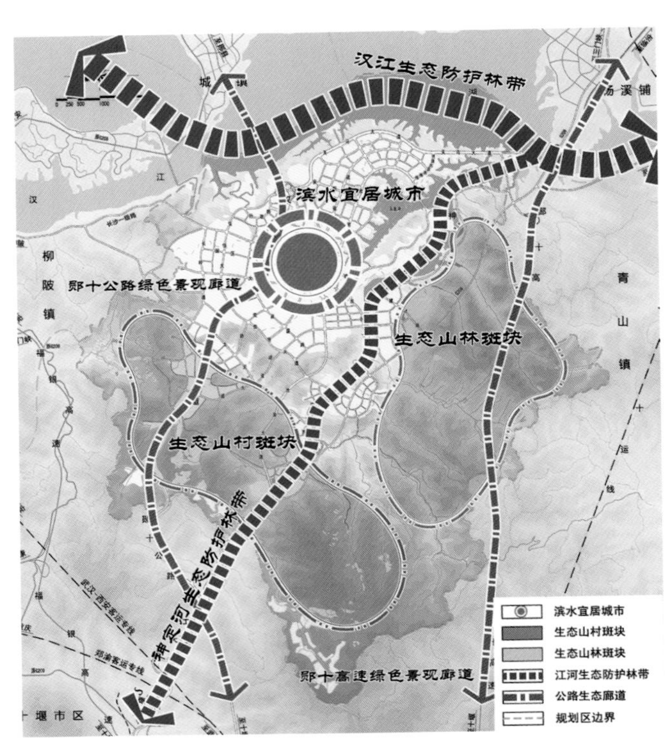

图40-11 镇域生态安全格局规划图

（3）生态系统容量测算

计算生态系统容量（包括水资源、土地资源以及水环境和大气环境的容量分析），进行镇域用地综合评定，确定镇域可开发建设用地容量。

（4）生态城镇建设策略

分别从交通、产业、能源、市政等方面拟定生态建设发展策略，提出低碳城市建设的发展理念和发展路径。

6.3 以人为本的“人的城镇化”

自党的“十八大”以来新型城镇化已成为经济社会发展的主导战略，新型城镇化的核心是让农民进城以及农民市民化。推进农民就地城镇化也是湖北省委省政府的重大决策部署和茶店镇迫切需要解决的现实问题。

在这个背景下，本规划通过《人的城镇化专题》对失地农民市民化这一课题进行了深入的研究，提出了失地农民市民化的原则要求与路径选择，以及推进失地农民市民化的具体措施（图40-12）。

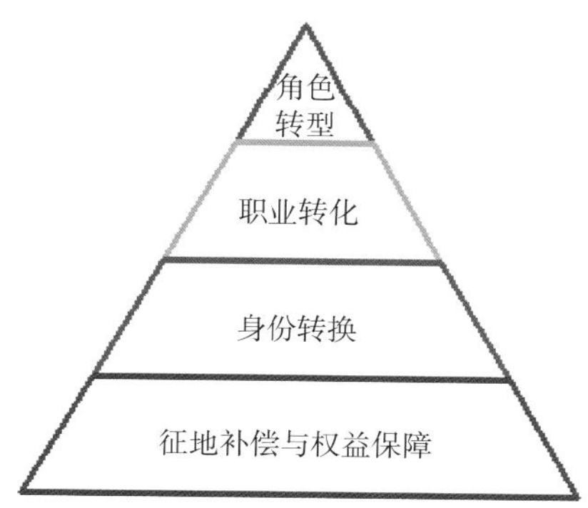

图40-12　失地农民市民化路径选择

本课题主要采用了两种研究方法：文献研究、实地调查与深度访谈。首先，课题组提炼和总结先发地区在新型城镇化发展过程中的有效措施和良好做法。其次，对茶店城镇化和失地农民市民化现状进行调研和个案访谈，总结茶店失地农民安置和市民化现状，存在的问题与挑战等。深度访谈主要采用了集体座谈和个别访谈的方法，包括集体座谈4次，主要对象有开发区管委会领导等；个案访谈22人，包括4个安置小区的22位失地农民家庭（图40–13、图40–14）。

研究提出以下四条主要农民市民化措施。

（1）完善土地管理和征地制度，探索农村股份合作社经营管理模式，着力保障失地农民权益和长远生计。

（2）完善失地农民住房和社会保障体系，提高救助帮扶力度，确保失地农民享有市民待遇。

（3）积极拓展就业渠道，鼓励扶持自主创业，推进失地农民职业转化。

（4）加强社区建设，创新社区治理和服务，促进农村生活方式和文明向城镇生活方式和文明转换。

6.4　“试点先行”的村庄建设规划

“试点先行”作为推进新农村建设的着力点，已经逐步成为决策者实施开发建设的重要手段。本次规划选取樱桃沟村、大岭山村、曾家沟村作为重点研究的对象，作为其他村庄开发建设的范本，主要具有四大规划特点（图40–15～图40–17）。

（1）一村一品的发展模式

一村一品既避免了千村一面的景象，又发展了各自的特色和示范作用。曾家沟村定位为农旅联动示范村，选择了“政府+企业+村集体+村民”的捆绑开发模

图40-13　问卷现场照片

图40-14　访谈现场照片

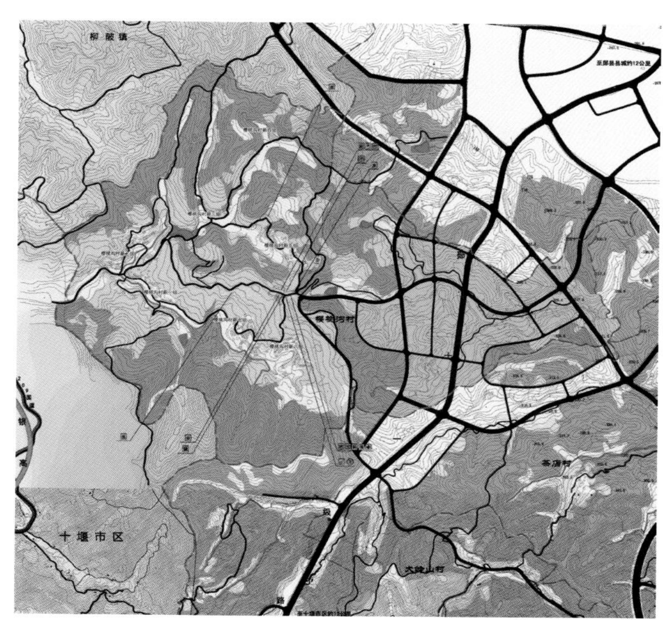

图40-15　樱桃沟村用地规划图

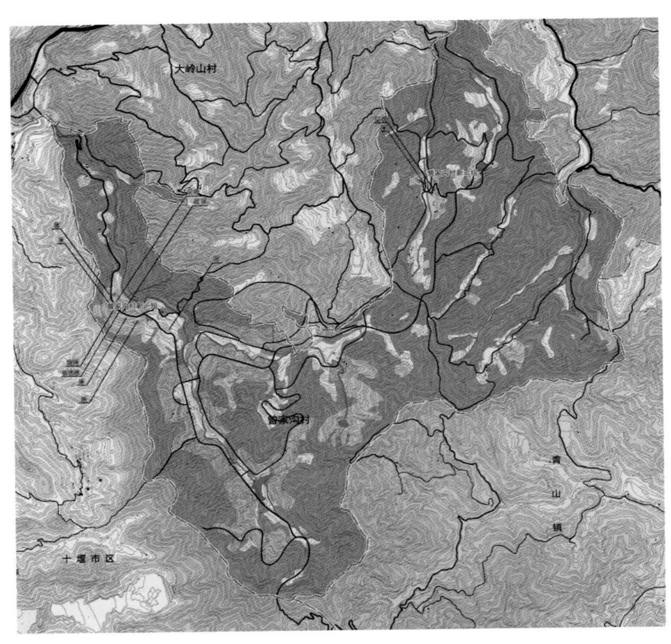

图40-16　曾家沟村用地规划图

图40-17　大岭山村用地规划图

式；樱桃沟村定位为民俗体验旅游村，突破传统的一家一户经营模式，与品牌旅行社合作，创立“小水果采摘+民俗文化体验+农家乐+酒店+旅行社”的特色共建模式；大岭山村定位为农林保育生态村，以生态优先为原则，探索绿色产业发展模式，建设生态环境稳定、景色优美、绿色低碳的城郊型生态乡村。

（2）因地制宜的空间布局

曾家沟村鼓励集中的组团模式，樱桃沟村鼓励分散的聚落模式，大岭山村则采用适度集中的街巷模式。

（3）尊重传统的风貌特色

在风貌发展上，尊重湖北当地传统，大力发展荆楚风格，在实践中，提取荆楚风格建筑要素，将其融入到建筑设计中。

（4）多样化的宅院模式

根据不同的住户要求发展多功能宅院模式，分为普通型和农家乐型。将生活性、生产性、仓储、服务性功能统筹考虑，不同类型的宅院在功能选择和功能配比上有所区分，以满足不同居民的多样化需求。

作者单位：上海同济城市规划设计研究院
执笔人：张逸平
项目负责人：王新哲
项目组成员：贾晓韡、付志伟、张逸平、罗杰、
康晓娟、彭灼、周青

参考文献

[1] 王昆欣．乡村旅游与社区可持续发展研究[M]．北京：清华大学出版社，2008.

[2] 张俊．集聚发展——城市化进程中小城镇的发展之路[M]．北京：中国电力出版社，2008.

[3] 郭焕成，郑健雄，吕明伟．乡村旅游理论研究与案例实践[M]．北京：中国建筑工业出版社，2010.

[4] 张泉，王晖，陈浩东．城乡统筹下的乡村重构[M]．北京：中国建筑工业出版社，2006.

[5] 胡锦涛．中国共产党第十八次全国代表大会报告[R]，2012.

[6] 陈佳贵，黄群慧等．中国工业化进程报告[M]．北京：中国科学出版社，2007.

[7] 冯献．中国工业化、信息化、城镇化和农业现代化的内涵与同步发展的现实选择和作用机理[M]．北京：中国农业科学院农业经济与发展研究所，2013.

[8] 辜胜阻．非农化与城镇化研究[M]．杭州：浙江人民出版社，1991.

[9] 陈锦富．中国当代小城镇规划精品集——综合篇（二）[M]．北京：中国建筑工业出版社，2003.

[10] 汪应洛．系统工程理论、方法与应用[M]．北京：高等教育出版社，2004.

[11] 杜栋，庞庆华，吴炎．现代综合评价方法与案例精选[M]．北京：清华大学出版社，2008.

[12] 余建英，何旭宏．数据统计分析与SPSS应用[M]．北京：人民邮电出版社，2003.

[13] 董祚继，吴运娟．中国现代土地利用规划——理论、方法与实践[M]．北京：中国大地出版社，2008.

[14] 仇保兴．实现我国有序城镇化的难点与对策选择[J]．城市规划学刊，2007（5）：61-67.

[15] 单卓然，黄亚平．“新型城镇化”概念内涵、目标内容、规划策略及认识误区解析[J]．城市规划学刊，2013（2）：16-21.

[16] 宋劲松，骆小虹．从“区域绿地”到“政策分区”——广东城乡区域空间管治思想的嬗变[J]．城市规划，2006（11）：51-56.

[17] 梅建明．进城农民的“农民市民化”意愿考察——对武汉市782名进城务工农民的调查分析[J]．华中师范大学学报（人文社会科学版），2006（11）：46-49.

[18] 吉新峰，周扬明．基于衰退产业退出的区域优势产业培育思路与对策研究[J]．经济问题探索，2007（6）：111-114.

[19] 程遥，杨博，赵民．关于我国中部地区城镇化发展特征及趋势的若干思考[J]．小城镇建设，2011（11）：34-39.

[20] 王建玲．努力实现乡镇企业向小城镇集中和集聚[J]．小城镇建设，2000（6）：36.

[21] 袁中金．河南省小城镇发展与建设的政策研究[J]．经济地理，2001（S1）：131-134.

[22] 庞永师．城市发展进程中周边小城镇规划建设研究——以广州市番禺区为例[J]．城市规划，2002（10）：44-47.

[23] 叶红，郑书剑等．经济转型小城镇“规划区”结构优化研究——以广州市增城派潭镇总体规划为例[J]．城市规划，2011（7）：49-53.

[24] 赵彬，丁志刚等．新时期城乡统筹下的小城镇规划初探——以常熟市沙家浜镇为例[J]．江苏城市规划，2007（2）：22-26.

[25] 陶特立，张金华等．区域协调，突出重点，注重特色，实现空间整合——常州市孟河镇总体规划解析[C]．// 规划50年——2006中国城市规划年会论文集（中册）：55-59.

[26] 韦亚平．二元建设用地管理体制下的城乡空间发展问题——以广州为例[J]．城市规划，2009（12）：32-38.

[27] 杨鹏等．中国实现“四化同步”的挑战：目标VS

制度[J]. 农业经济问题，2013（11）：87-96.

[28] 牛若峰. 中国农业产业化经营的发展特点与方向[J]. 中国农村经济，2002（5）：4-8.

[29] 郭晓鸣，廖祖君，付娆. 龙头企业带动型、中介组织联动型和合作社一体化三种农业产业化模式的比较[J]. 中国农村经济，2007（4）：40-47.

[30] 俞孔坚，李迪华等. 基于生态基础设施的城市空间发展格局——“反规划”之台州案例[J]. 城市规划，2009（9）：76-80.

[31] 康敬. 对产业发展规划编制的若干思考[J]. 城市规划，2011（5）：40-42.

[32] 王浩. 城乡统筹背景下镇域规划编制办法研究——以广东省四会市江谷镇总体规划为例[J]. 规划师，2013（6）：55-62.

[33] 黄幸婷，胡汉辉. 产业发展规划的范式研究[J]. 科学学与科学技术管理，2012，33（9）：66-73.

[34] 詹晓峰，徐峰. 基于产业经济学和城乡规划的湖南省小城镇产业发展规划研究[J]. 华中建筑，2012（12）：87-91.

[35] 曾祥添. 浅谈小城镇产业发展规划的编制方法[J]. 韶关学院学报，2008，29（4）：84-86.

[36] 陶宇，王志强. 产业发展规划编制方法初探——以杭州市江干区为例[J]. 浙江经济，2007（15）：46-47.

[37] 金波. 建设美丽乡村促进城乡融合[N]. 浙江日报，2010-08-27（1）.

[38] 陈锡文. 当前我国农村改革发展的形势 [N]. 人民日报，2010-08-13（16）.

[39] 林志明等. “多规协调”下的镇（乡）域村镇布局规划探索与实践[C]//2013中国城市规划年会论文集.

[40] 肖昌东等. 武汉市乡镇总体规划“两规合一”的核心问题研究及实践[J]. 规划师，2012（11）：85-90.

[41] 杨志恒. 中国空间规划体系框架构想[J]. 科学与管理，2011（5）：5-9.

[42] 张颖等. 关于城市总体规划与土地利用总体规划协调问题的探讨[J]. 南京农业大学学报（社会科学版），2007（7）：58-63.

[43] 王国恩等. 关于“两规”衔接技术措施的若干探讨——以广州市为例[J]. 城市规划学刊，2009（5）：20-27.

[44] 刘吉，李飞翔. 结合乡村旅游的村庄建设整治规划——以南京市六合区竹镇镇大张营村村庄建设规划为例[J]. 江苏城市规划，2007（12）：4-8.

[45] 陶德凯，彭阳，杨纯顺等. 城乡统筹背景下新农村规划工作思考——以南京市高淳县薛城村第九自然村村庄建设规划为例[J]. 规划师，2010（3）：50-54.

[46] 尹虹潘. 对城市吸引区范围界定的理论分析[J]. 财经研究，2005（11）：110-116.

[47] 杨翼. 是过渡模式还是目标模式?——析“离土不离乡”[J]. 中国农村经济，1985（10）：1-3.

[48] 杨庆媛，张占录. 大城市郊区农村居民点整理的目标和模式研究——以北京市顺义区为例[J]. 中国软科学，2003（6）：115-119.

[49] 李二超，韩洁. “四化”同步发展的内在机理、战略途径与制度创新[J]. 改革，2013（7）：152-159.

[50] 中共成都市委政策研究室课题组. 关于成都市推进“四化同步”发展的对策研究[J]. 西部经济管理论坛，2013（3）：79-81.

[51] 石楠. 论城乡规划管理行政权力的责任空间范畴——写在《城乡规划法》颁布实施之际[J]. 城市规划，2008（2）：9-15.

[52] 吕维娟，殷毅. 土地规划管理与城乡规划实施的关系探讨[J]. 城市规划，2013（10）：34-38.

[53] 高红. 村镇规划在城乡规划管理中的政策关系[J]. 城市规划，2008（7）：79-81.

[54] 汤海孺，柳上晓. 面向操作的乡村规划管理研究——以杭州市为例[J]. 城市规划，2013（3）：59-65.

[55] 王勇，李广斌. 我国城乡规划管理体制改革研究的进展与展望[J]. 城市问题，2012（12）：79-84.

[56] 颜强. 宪法视角下的村镇规划管理体制探讨[J]. 规划师，2012（10）：13-17.

[57] 刘永强，苏昌贵，龙花楼等. 城乡一体化发展背

景下中国农村土地管理制度创新研究[J]. 经济地理，2013（10）：138–144.

[58] 李广斌，王勇，袁中金. 城乡规划管理体制改革的思考——基于政治中委托代理理论的视角[J]. 经济体制改革，2009（2）：149–152.

[59] 黄艳华，曹月娥，周颖等. 我国农村土地规划管理问题及改革措施[J]. 安徽农业科学，2013，41（22）：9444–9458.

[60] 李东泉，陆建华，苟开刚等. 从政策过程视角论新时期我国城乡规划管理体系的构成[J]. 城市发展研究，2011（2）：1–5.

[61] 郭小聪. 集权与分权：依据、边界与制约[J]. 学术研究，2008（2）：48–55.

[62] 盛晨. 浅论村镇规划管理的问题与建议[J]. 科技资讯，2009（17）：229.

[63] 于立. 中国城市规划管理的改革方向与目标探索[J]. 城市规划学刊，2005（6）：64–68.

[64] 龙花楼，刘彦随，邹健. 中国东部沿海地区乡村发展类型及乡村性评价[J]. 地理学报，2009（4）：427–432.

[65] 黄亚平，林小如. 欠发达山区县域新型城镇化路径模式探讨[J]. 城市规划，2014（7）：17–22.

[66] 顾竹屹，赵民，张捷. 探索“新城”的城镇化之路[J]. 城市规划学刊，2014（3）：28–36.

[67] 雷波，张丽，夏婷婷等. 基于层次分析法的重庆市新农村生态环境质量评价模型[J]. 北京工业大学学报，2011，37（9）：1393–1399.

[68] 王富海. 以近期规划为规划改革的突破口[J]. 城市规划，2003（3）：16–19.

[69] 何明俊. 宏观调控与规划引导——政府行动规划的理论与方法探讨[J]. 城市规划，2004（7）：30–33.

[70] 王红. 引入行动规划改进规划实施效果[J]. 城市规划，2005（4）：41–46.

[71] 陈玮玮. 行动规划：完善城市近期建设规划的方法探索[J]. 规划师，2007（9）：85–88.

[72] 罗勇，刘洋，温雅，罗小虹. 转型背景下的“行动规划”[C]. // 中国城市规划学会，南京市政府. 转型与重构——2011中国城市规划年会论文集. 中国城市规划学会，南京市政府，2011：10.

[73] 何子张，李小宁. 行动规划的行动逻辑与规划逻辑——基于厦门实践的思考[J]. 规划师，2012（8）：63–67.

[74] 邹兵. 行动规划·制度设计·政策支持——深圳近10年城市规划实施历程剖析[J]. 城市规划学刊，2013（1）：61–68.

[75] 黄叶君，谢正观. 新农村建设的实施体系初探[J]. 城市规划，2009（5）：60–65.

[76] 荆万里，彭俊，刘浩. “三划耦合”方法在欠发达地区行动规划中的应用——以河南省遂平县城区近期行动规划为例[J]. 城市规划学刊，2010（1）：177–182.

[77] 武汉华中科大城市规划设计研究院主编. 武汉市五里界街“四化同步”示范乡镇系列规划[Z]，2014.

[78] 武汉市规划研究院主编. 武汉市武湖街“四化同步”示范乡镇系列规划[Z]，2014.

[79] 中国城市规划设计研究院主编. 武汉市奓山街“四化同步”示范乡镇系列规划[Z]，2014.

[80] 湖北省城市规划设计研究院主编. 襄阳市尹集乡“四化同步”示范乡镇系列规划[Z]，2014.

[81] 深圳蕾奥城市规划设计咨询有限公司主编. 襄阳市双沟镇“四化同步”示范乡镇系列规划[Z]，2014.

[82] 南京大学城市规划设计研究院有限公司主编. 宜昌市龙泉镇“四化同步”示范乡镇系列规划[Z]，2014.

[83] 上海市城市规划设计研究院主编. 枝江市安福寺镇“四化同步”示范乡镇系列规划[Z]，2014.

[84] 浙江省城乡规划设计研究院主编. 监利县新沟镇“四化同步”示范乡镇系列规划[Z]，2014.

[85] 浙江省城乡规划设计研究院主编. 汉川市沉湖镇“四化同步”示范乡镇系列规划[Z]，2014.

[86] 广东省城乡规划设计研究院主编. 仙桃市彭场镇“四化同步”示范乡镇系列规划[Z]，2014.

[87] 武汉华中科大城市规划设计研究院主编. 天门市

岳口镇"四化同步"示范乡镇系列规划[Z]，2014.
[88] 湖北省城市规划设计研究院主编．沙洋县官垱镇"四化同步"示范乡镇系列规划[Z]，2014.
[89] 武汉市规划研究院主编．黄梅县小池镇"四化同步"示范乡镇系列规划[Z]，2014.
[90] 中国城市规划设计研究院主编．潜江市熊口镇"四化同步"示范乡镇系列规划[Z]，2014.
[91] 广东省城乡规划设计研究院主编．鄂州市汀祖镇"四化同步"示范乡镇系列规划[Z]，2014.
[92] 城市科学规划设计研究院有限公司主编．嘉鱼县潘家湾镇"四化同步"示范乡镇系列规划[Z]，2014.
[93] 上海同济城市规划设计研究院主编．神农架林区松柏镇"四化同步"示范乡镇系列规划[Z]，2014.
[94] 武汉市规划研究院主编．广水市杨寨镇"四化同步"示范乡镇系列规划[Z]，2014.
[95] 武汉市规划研究院主编．恩施市龙凤镇"四化同步"示范乡镇系列规划[Z]，2014.
[96] 北京清华同衡规划设计研究院有限公司主编．大冶市陈贵镇"四化同步"示范乡镇系列规划[Z]，2014.
[97] 上海同济城市规划设计研究院主编．郧县茶店镇"四化同步"示范乡镇系列规划[Z]，2014.

附录：湖北省21个“四化同步”示范乡镇系列规划

1 武汉市江夏区五里界街规划

主编单位：武汉华中科大城市规划设计研究院

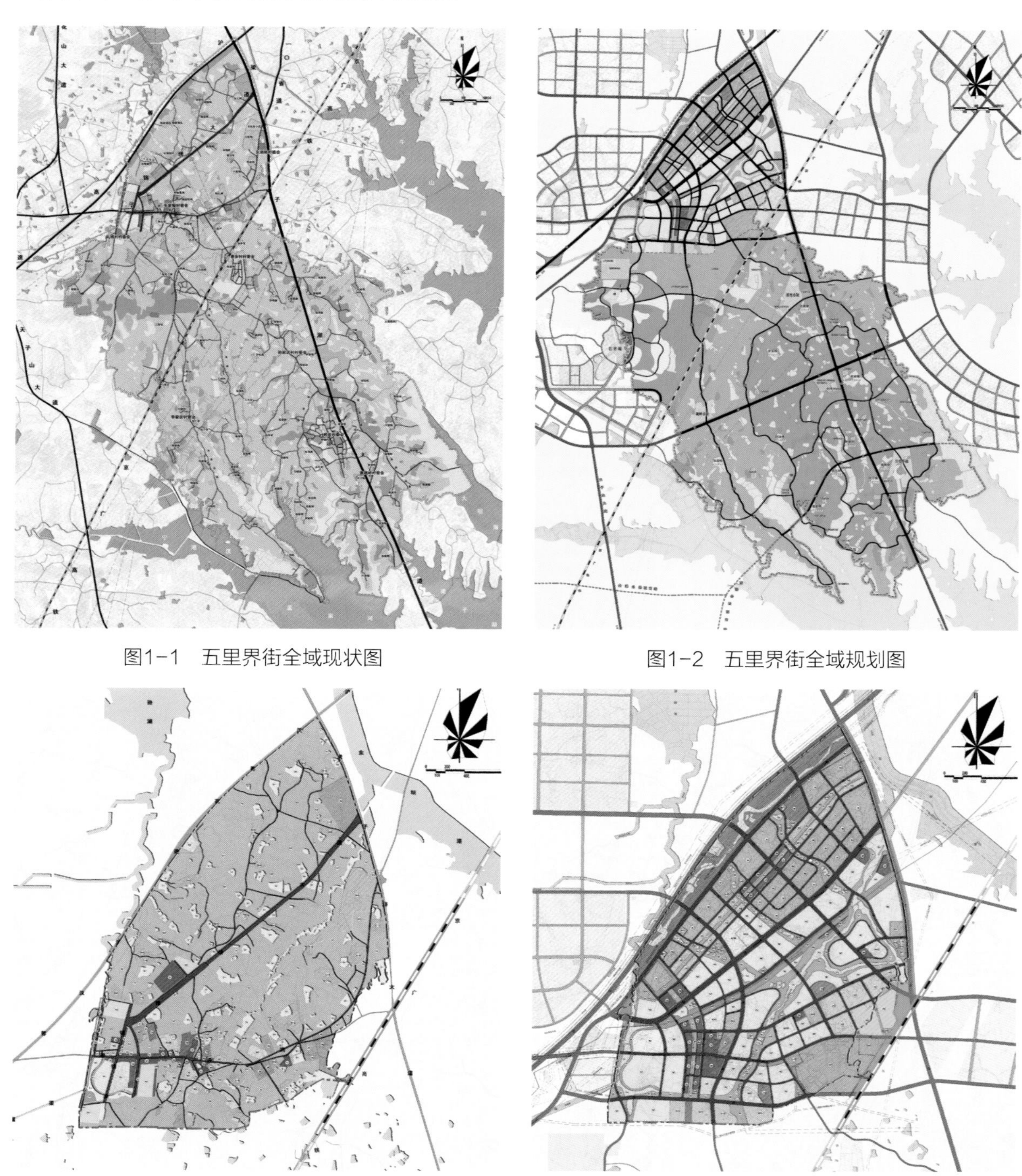

图1-1　五里界街全域现状图

图1-2　五里界街全域规划图

图1-3　五里界镇区现状图

图1-4　五里界镇区规划图

2 武汉市黄陂区武湖街规划

主编单位：武汉市规划研究院

图2-1 武湖街全域现状图

图2-2 武湖街全域规划图

图2-3　武湖镇区现状图

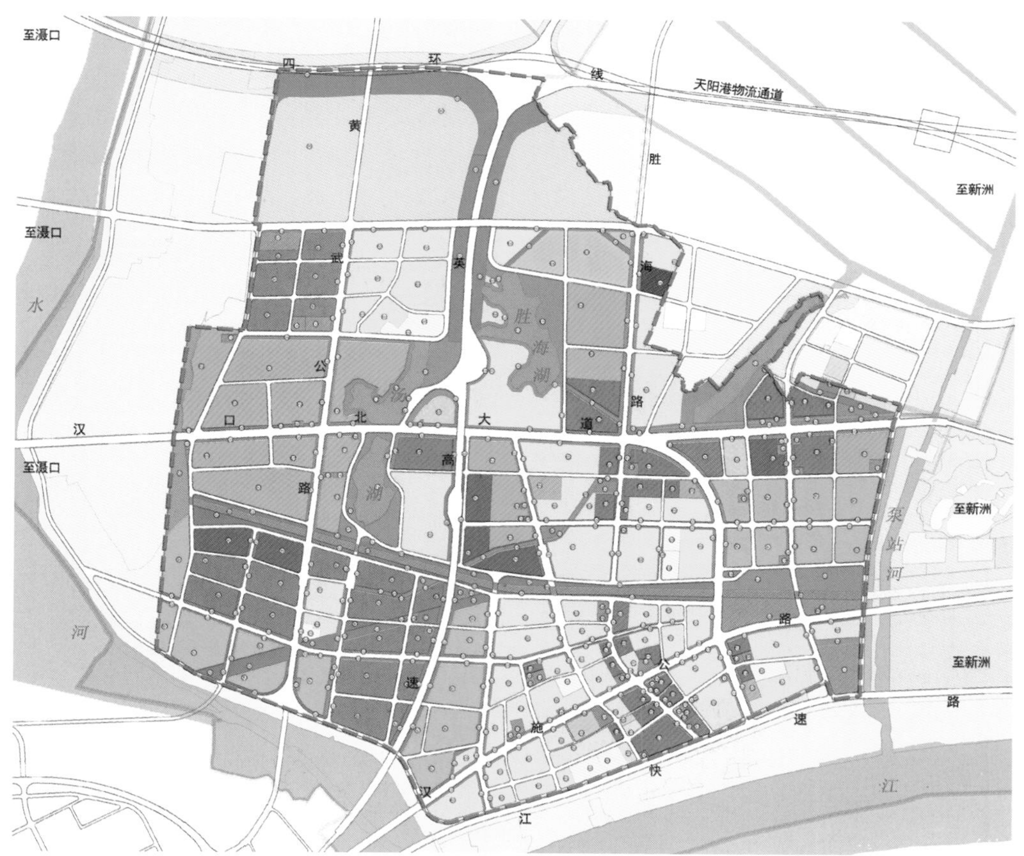

图2-4　武湖镇区规划图

3 武汉市蔡甸区奓山街规划

主编单位：中国城市规划设计研究院

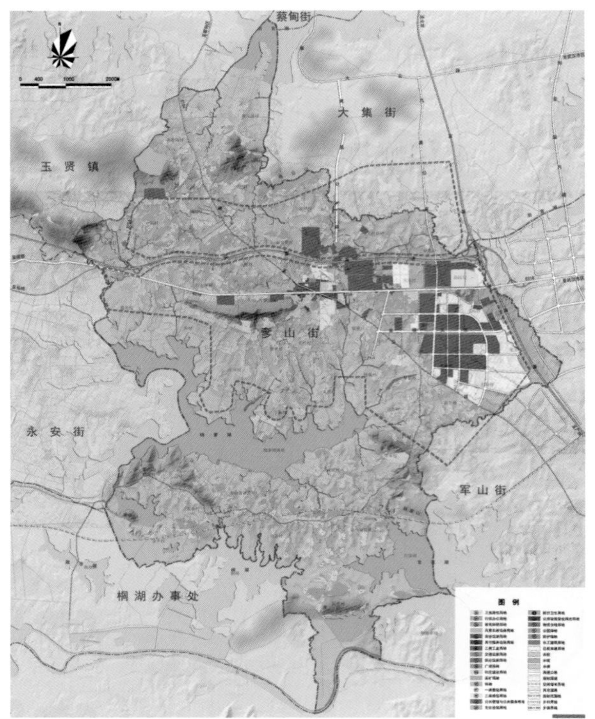

图3-1 奓山街全域现状图

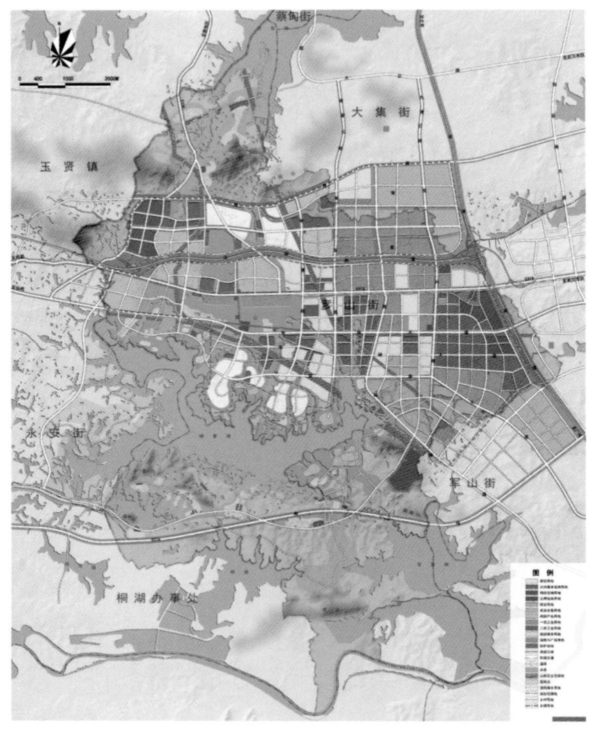

图3-2 奓山街全域规划图

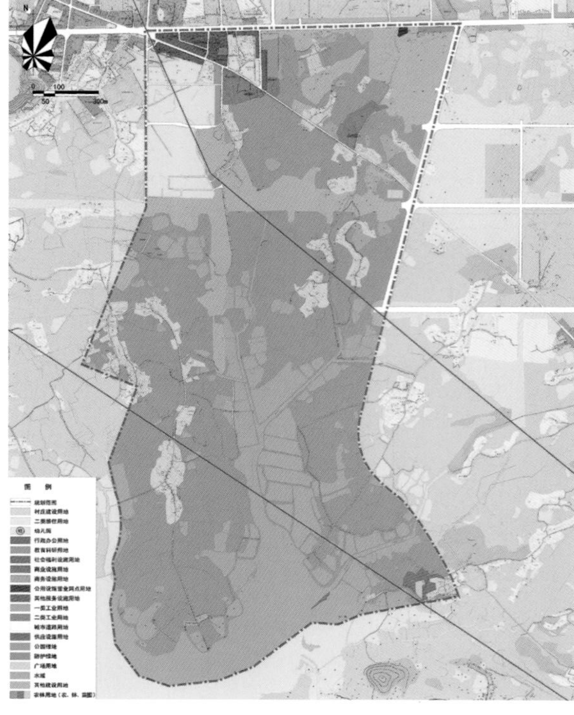

图3-3 奓山镇区现状图

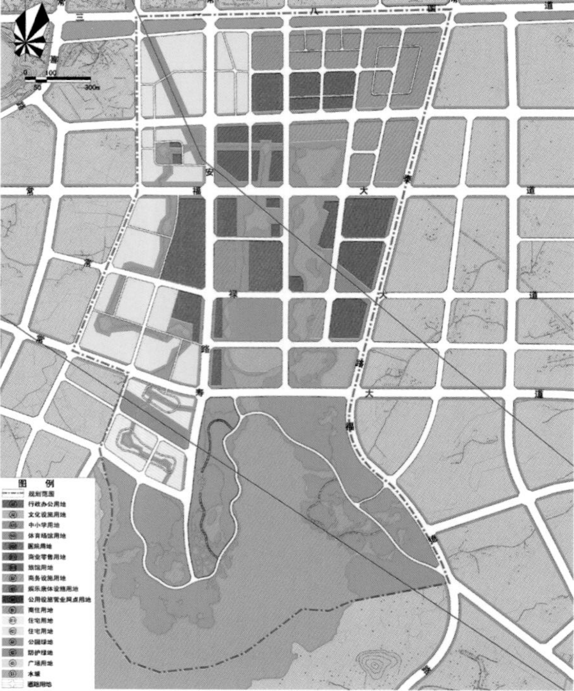

图3-4 奓山镇区规划图

4 襄阳市襄城区尹集乡规划

主编单位：湖北省城市规划设计研究院

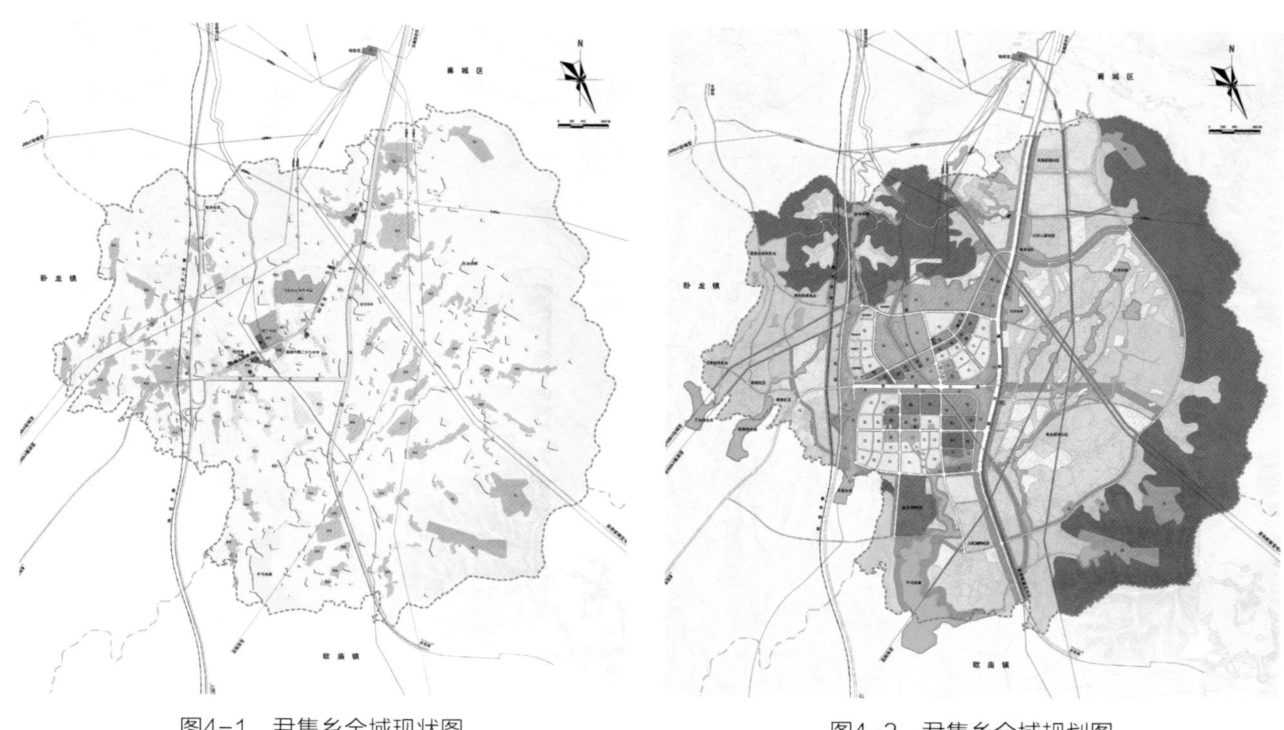

图4-1 尹集乡全域现状图

图4-2 尹集乡全域规划图

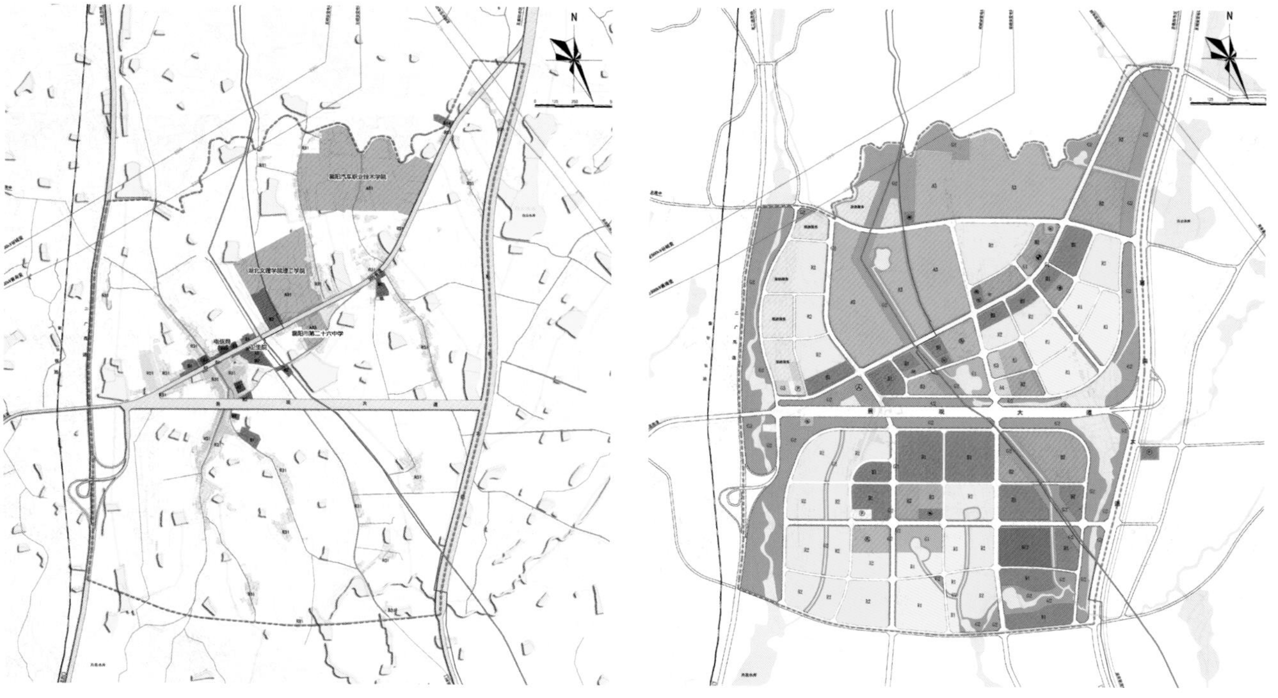

图4-3 尹集镇区现状图

图4-4 尹集镇区规划图

5 襄阳市襄州区双沟镇规划

主编单位：深圳蕾奥城市规划设计咨询有限公司

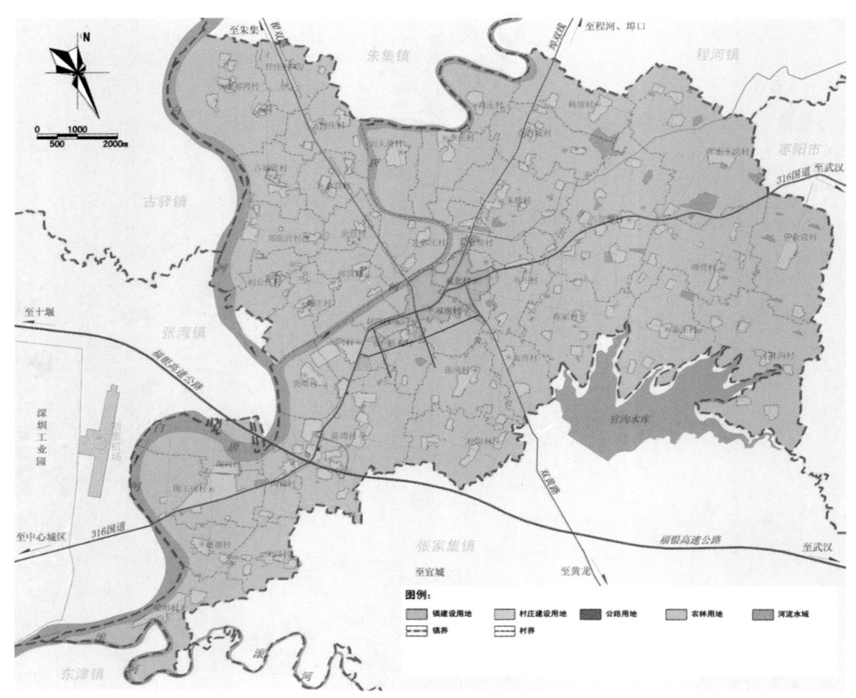

图5-1 双沟镇全域现状图

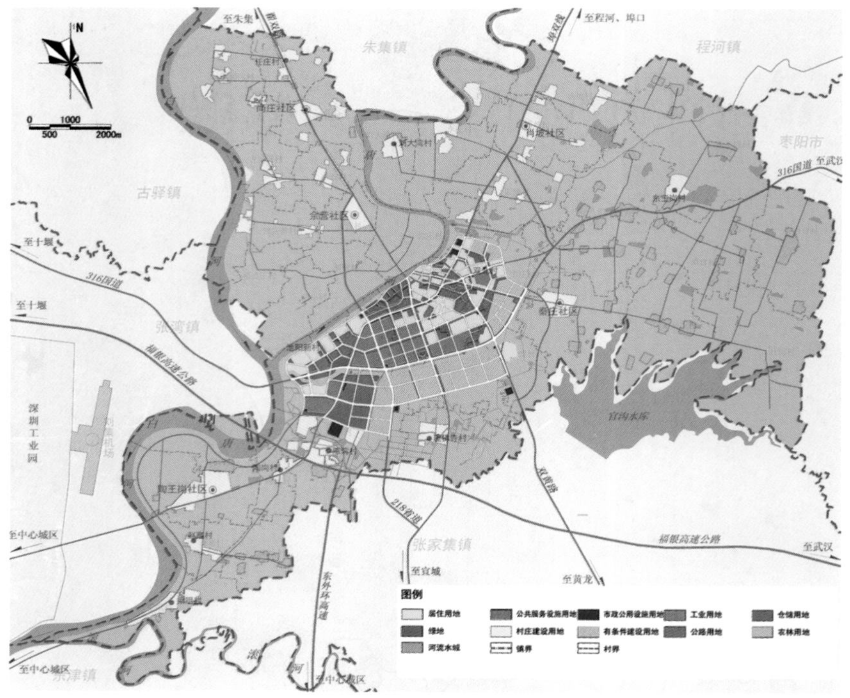

图5-2 双沟镇全域规划图

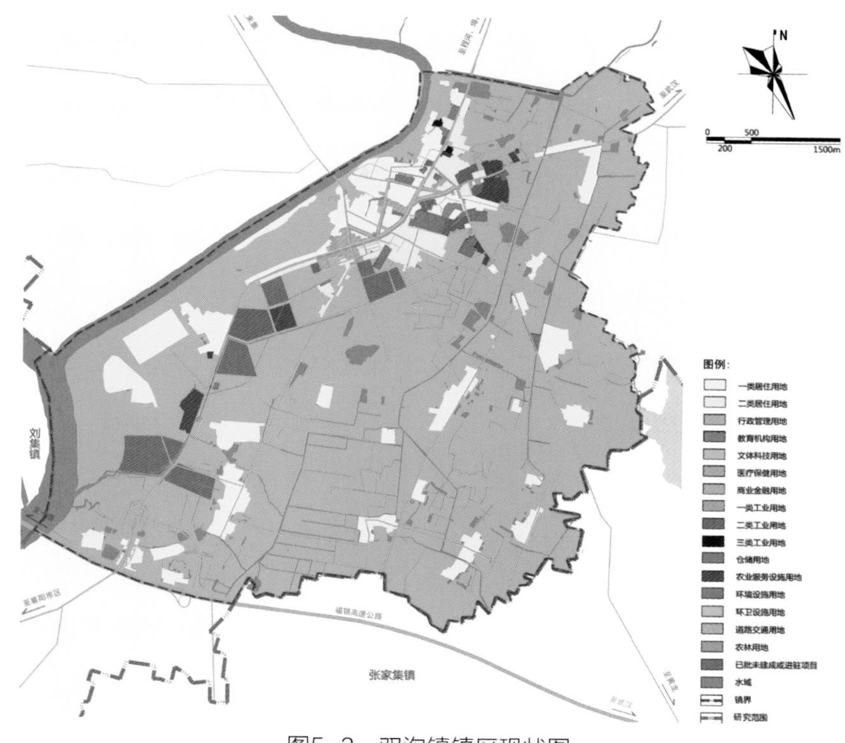

图5-3　双沟镇镇区现状图

图5-4　双沟镇镇区规划图

6 宜昌市夷陵区龙泉镇规划

主编单位：南京大学城市规划设计研究院有限公司

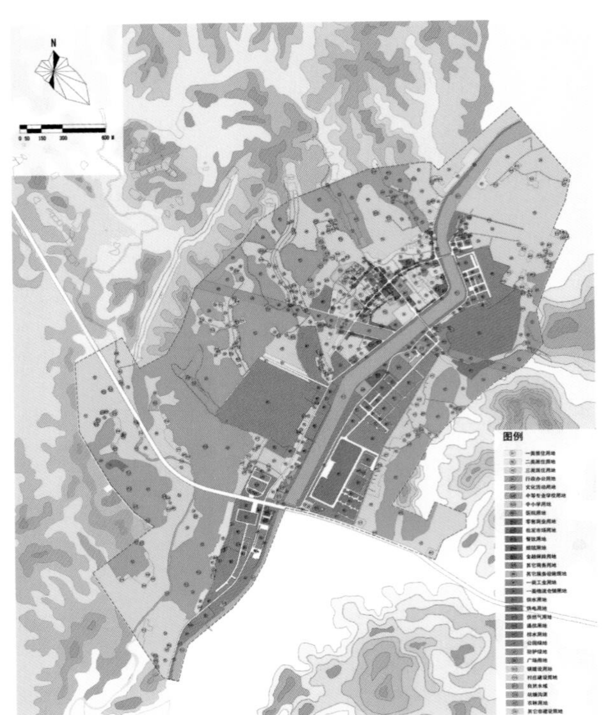

图6-1 龙泉镇全域核心区现状图

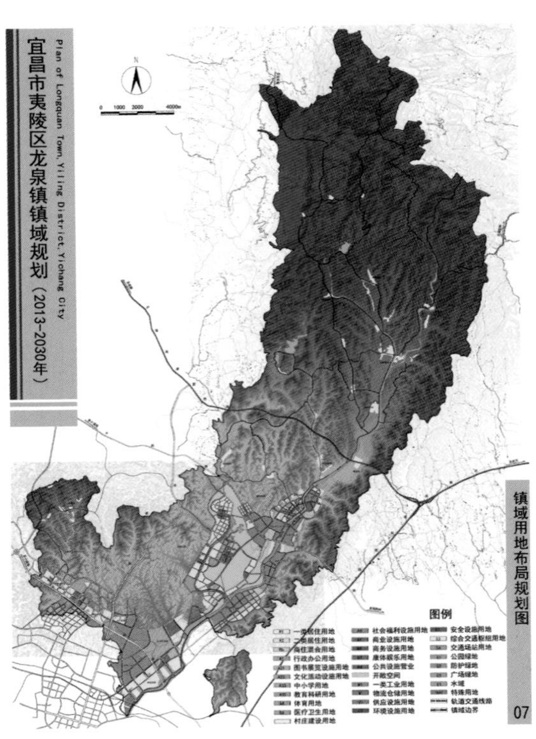

图6-2 龙泉镇全域规划图

图6-3 龙泉镇区现状图

图6-4 龙泉镇区规划图

7 宜昌市枝江市安福寺镇规划

主编单位：上海市城市规划设计研究院

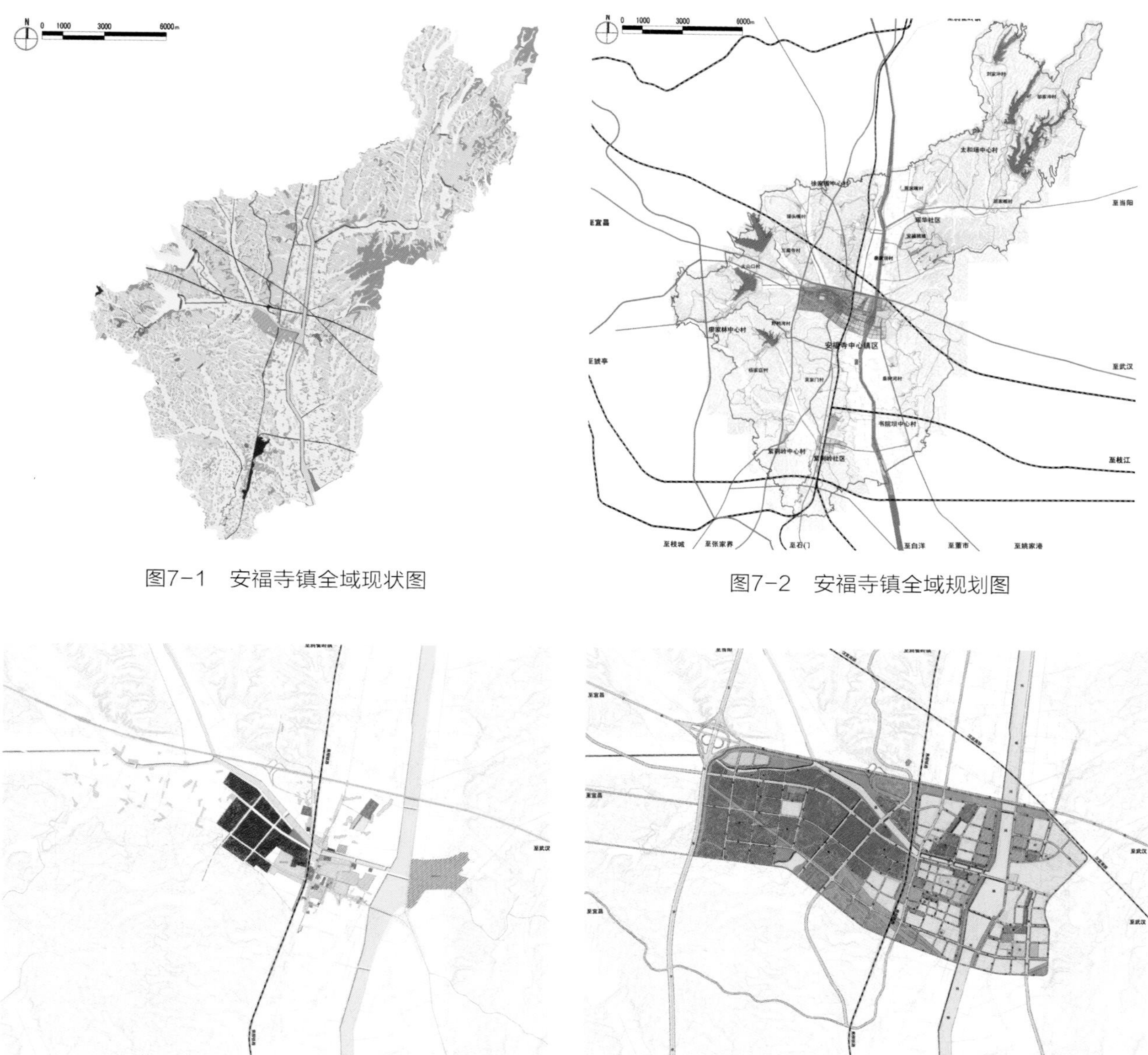

图7-1 安福寺镇全域现状图

图7-2 安福寺镇全域规划图

图7-3 安福寺镇区现状图

图7-4 安福寺镇区规划图

8 监利县新沟镇规划

主编单位：浙江省城乡规划设计研究院

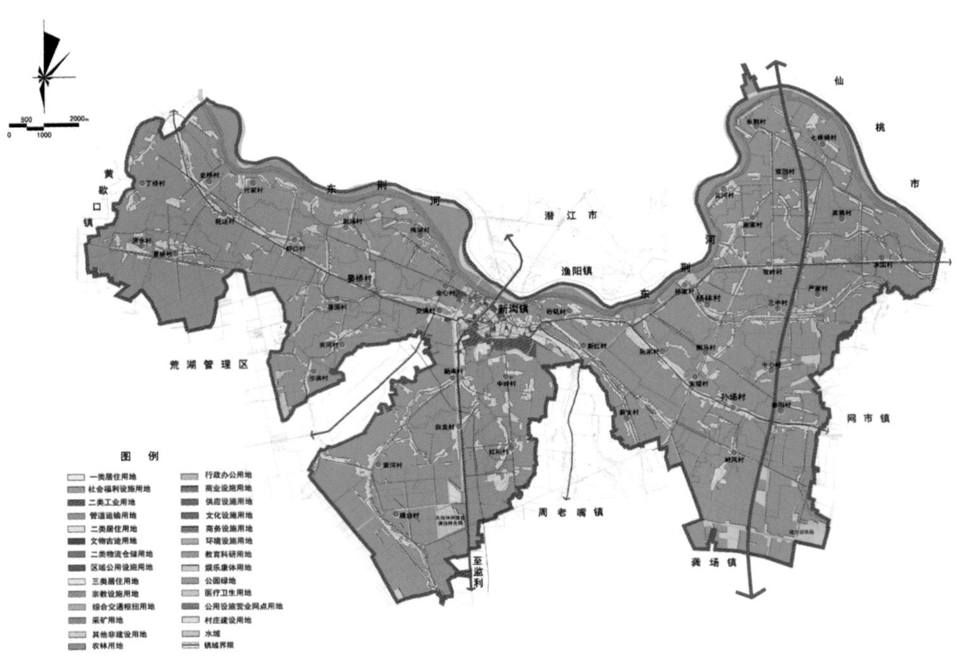

图8-1 新沟镇全域现状图

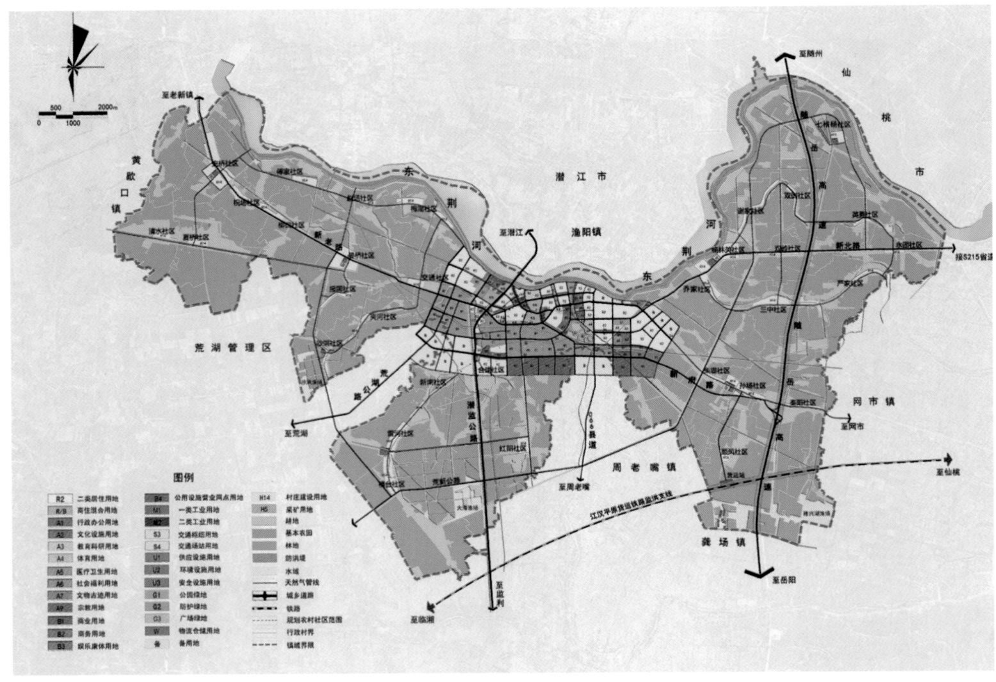

图8-2 新沟镇全域规划图

图8-3　新沟镇区现状图

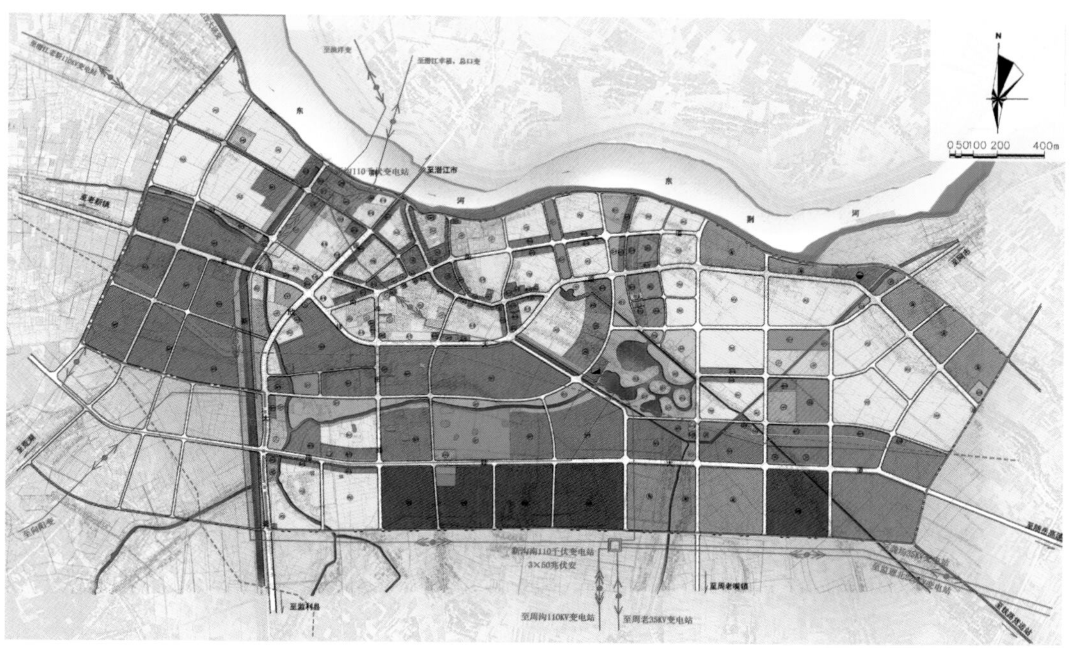

图8-4　新沟镇区规划图

9 汉川市沉湖镇规划

主编单位：浙江省城乡规划设计研究院

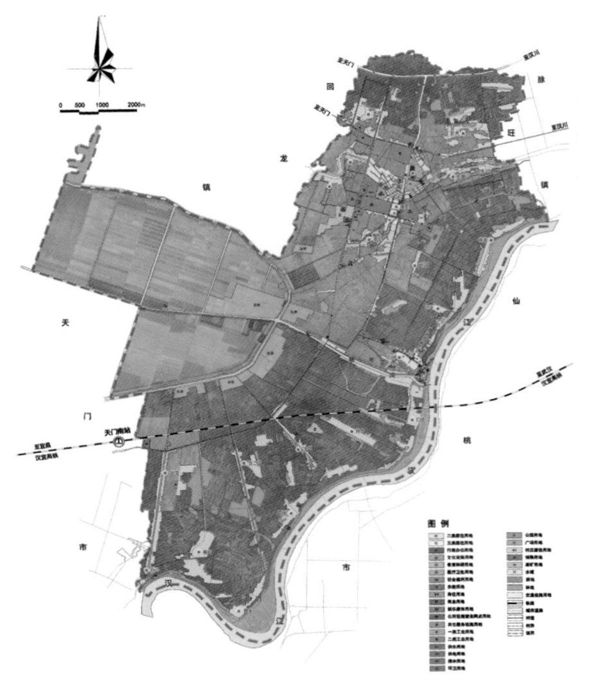

图9-1 沉湖镇全域现状图

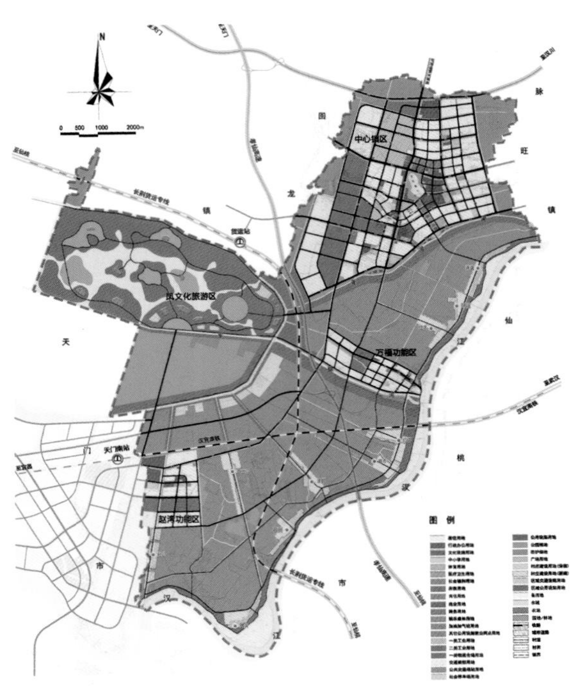

图9-2 沉湖镇全域规划图

图9-3 沉湖镇区现状图

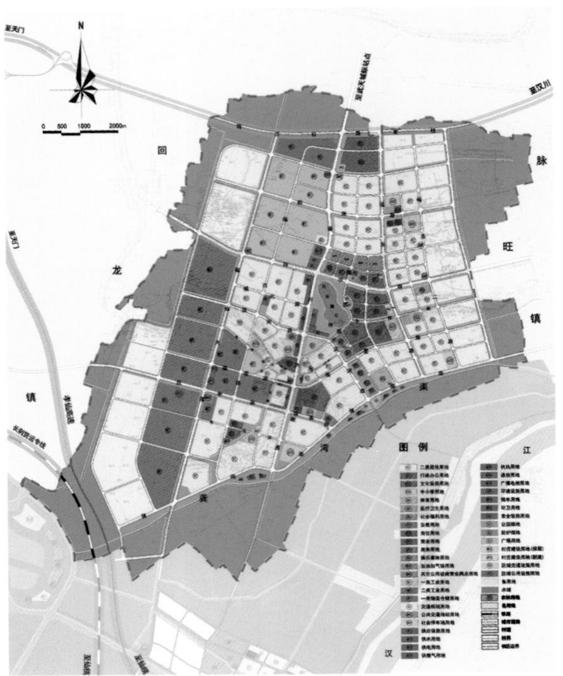

图9-4 沉湖镇区规划图

10　仙桃市彭场镇规划

主编单位：广东省城乡规划设计研究院

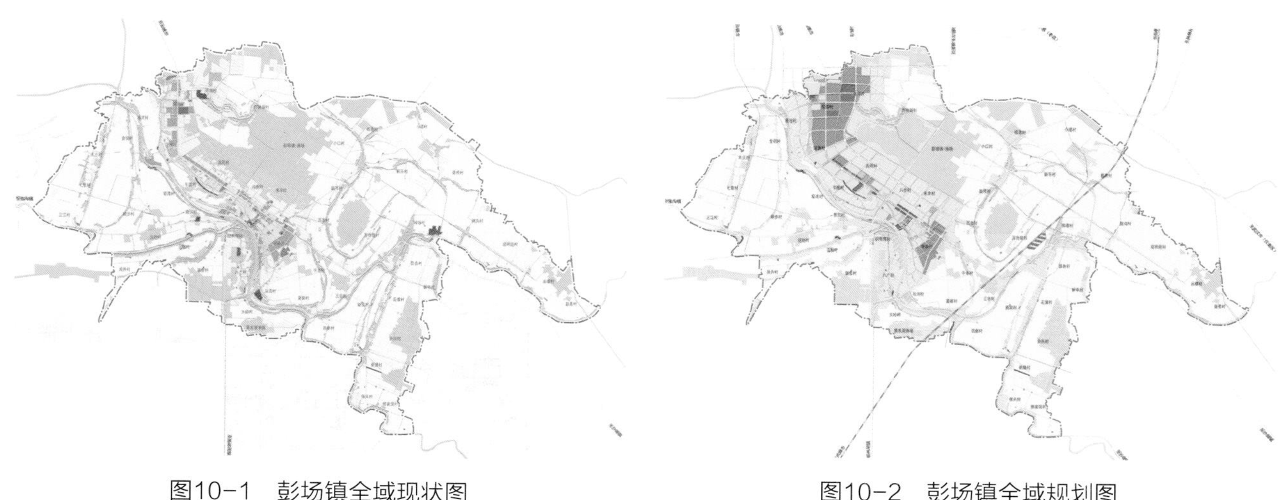

图10-1　彭场镇全域现状图　　　　图10-2　彭场镇全域规划图

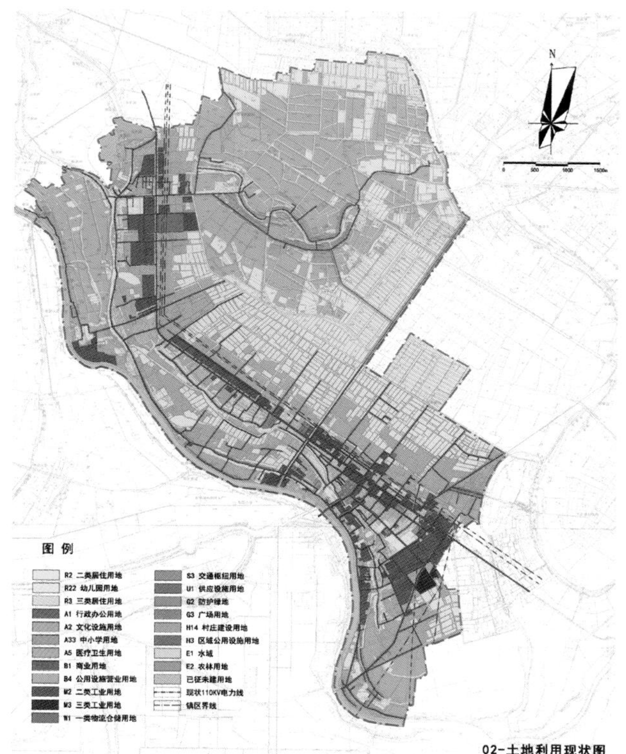

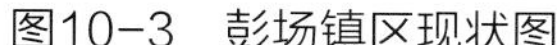

图10-3　彭场镇区现状图

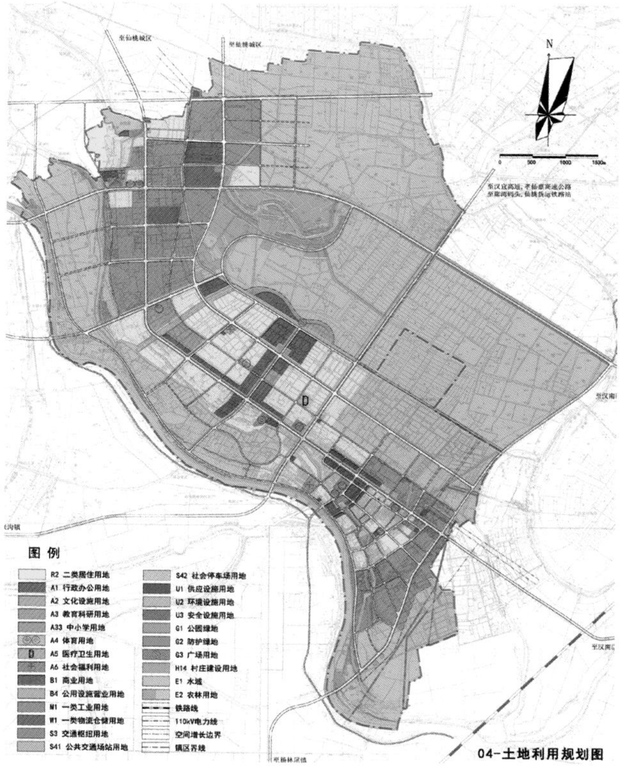

图10-4　彭场镇区规划图

11 天门市岳口镇规划

主编单位：武汉华中科大城市规划设计研究院

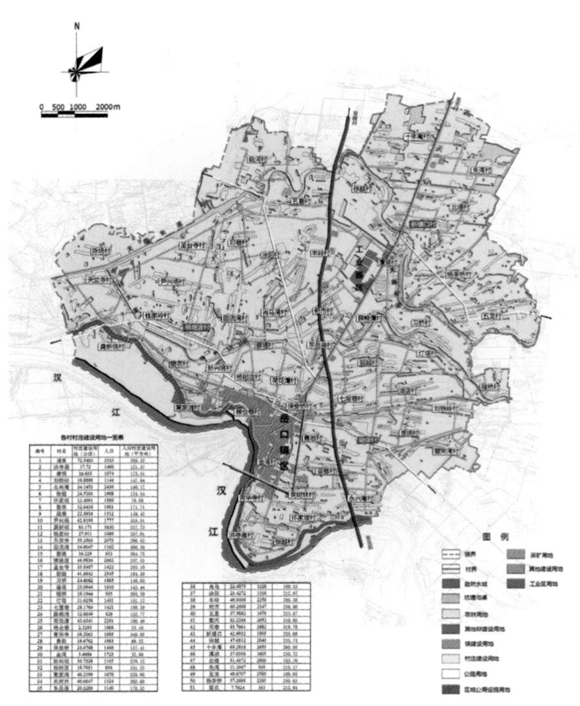

图11-1 岳口镇全域现状图

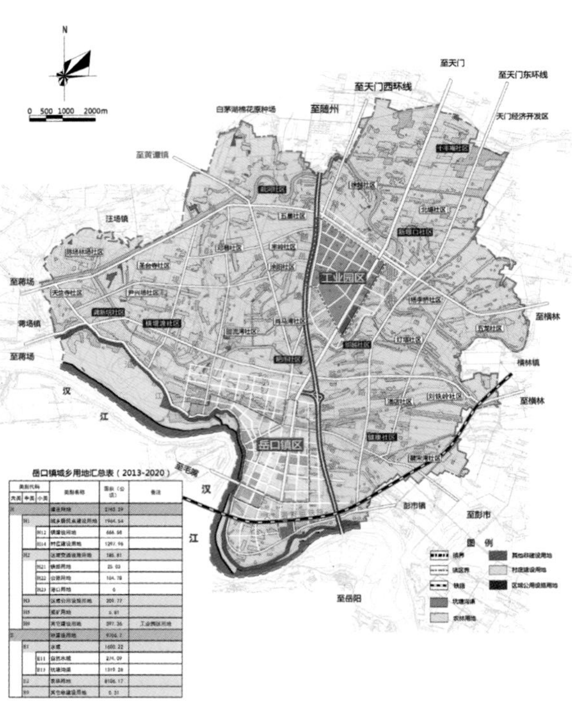

图11-2 岳口镇全域规划图

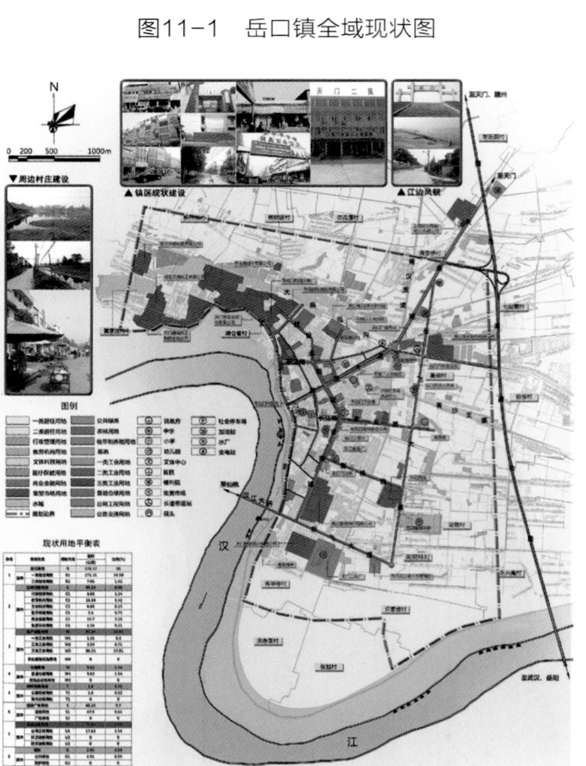

图11-3 岳口镇区现状图

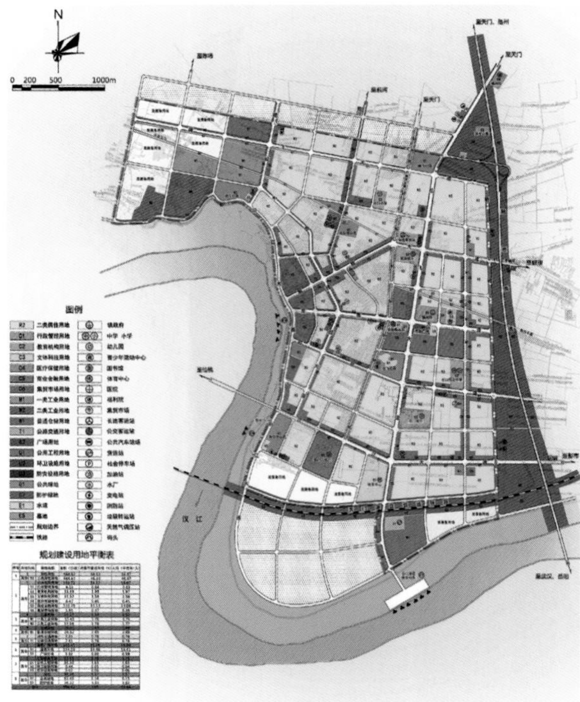

图11-4 岳口镇区规划图

12　沙洋县官垱镇规划

主编单位：湖北省城市规划设计研究院

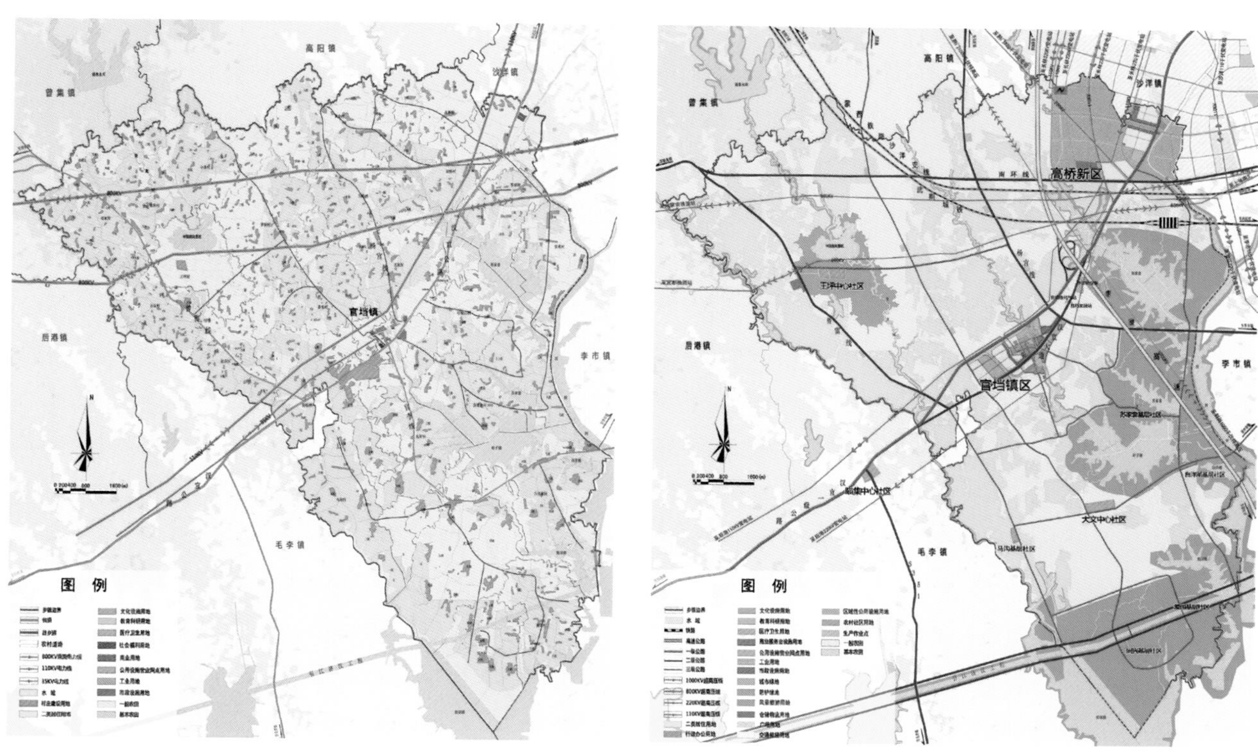

图12-1　官垱镇全域现状图

图12-2　官垱镇全域规划图

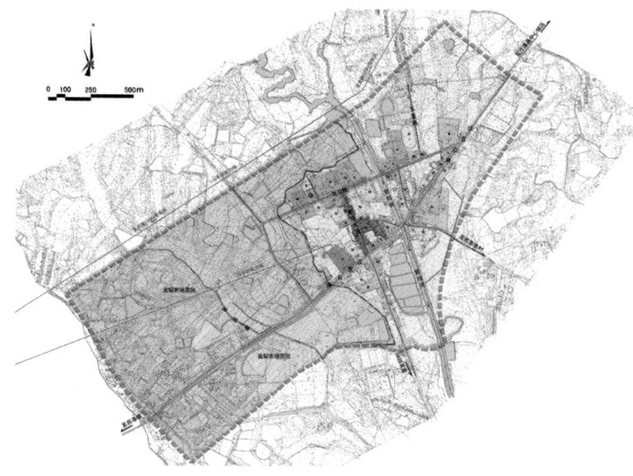

图12-3　官垱镇区现状图

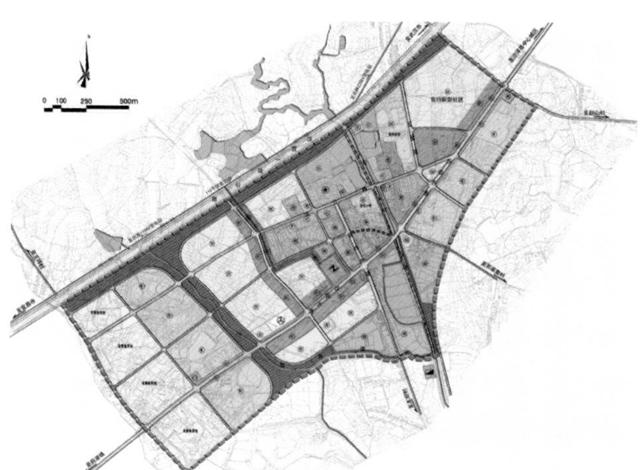

图12-4　官垱镇区规划图

13　黄梅县小池镇规划

主编单位：武汉市规划研究院

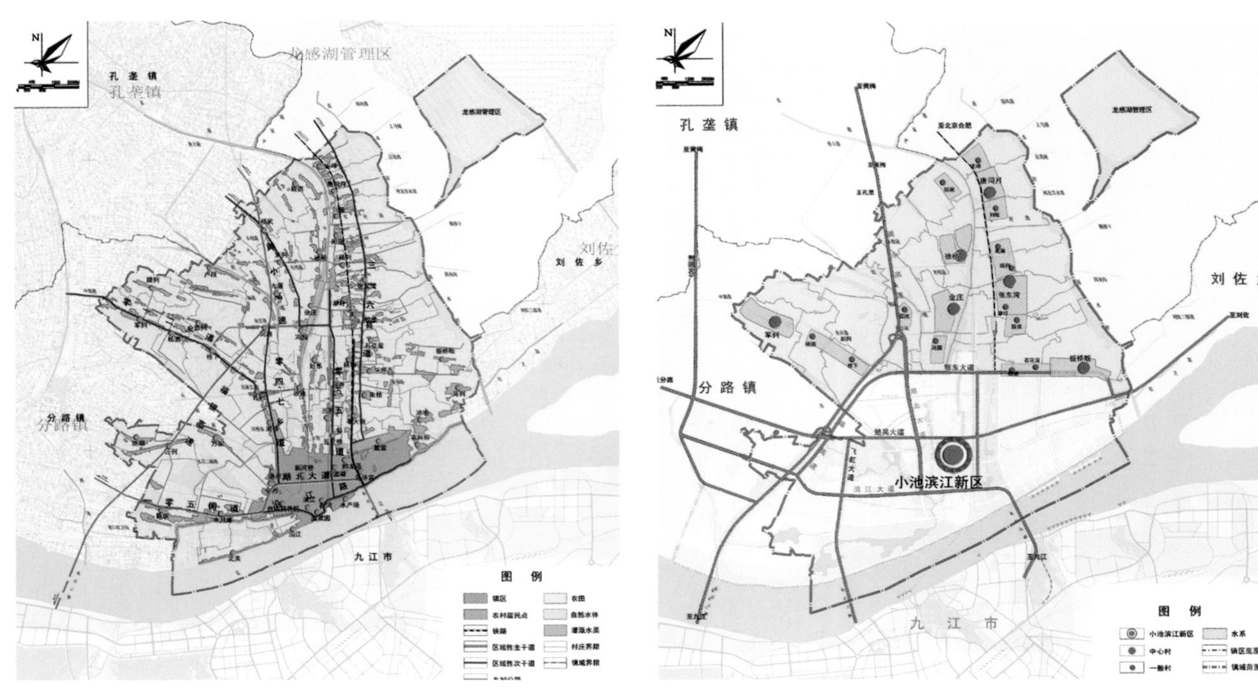

图13-1　小池镇全域现状图　　　　图13-2　小池镇全域规划图

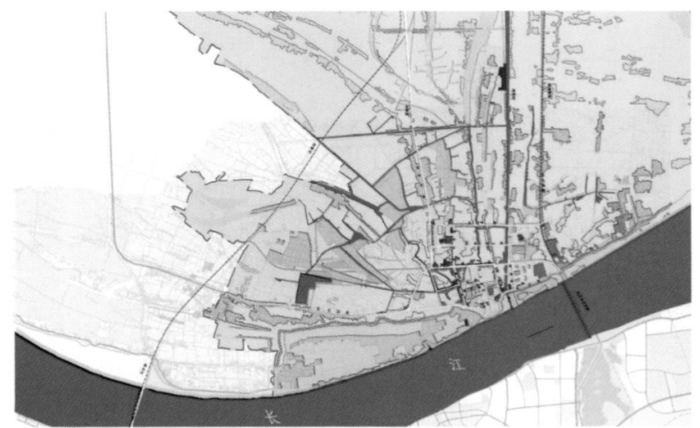

图13-3　小池镇区现状图

图13-4　小池镇区规划图

14　潜江市熊口镇规划

主编单位：中国城市规划设计研究院

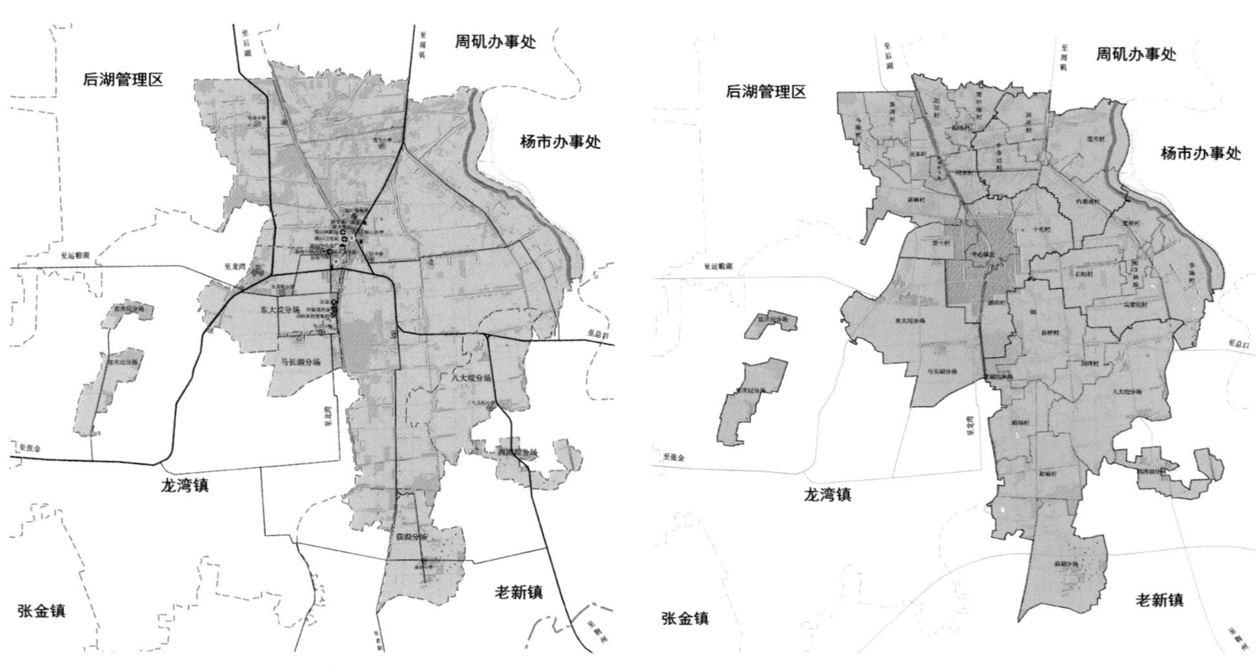

图14-1　熊口镇全域现状图　　　　图14-2　熊口镇全域规划图

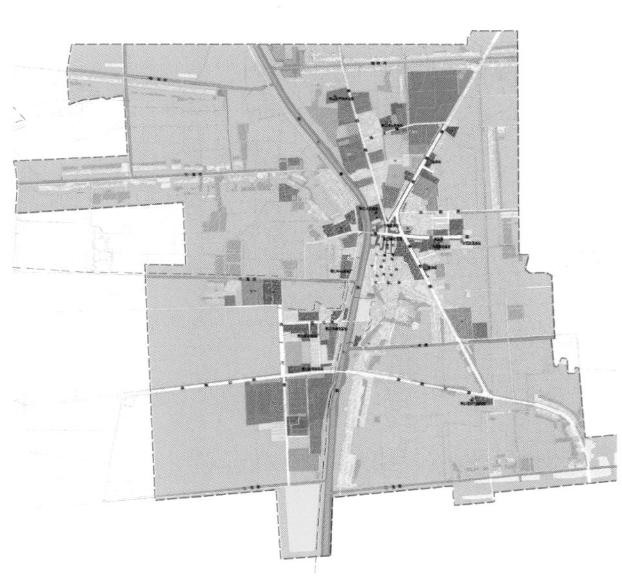

图14-3　熊口镇区现状图

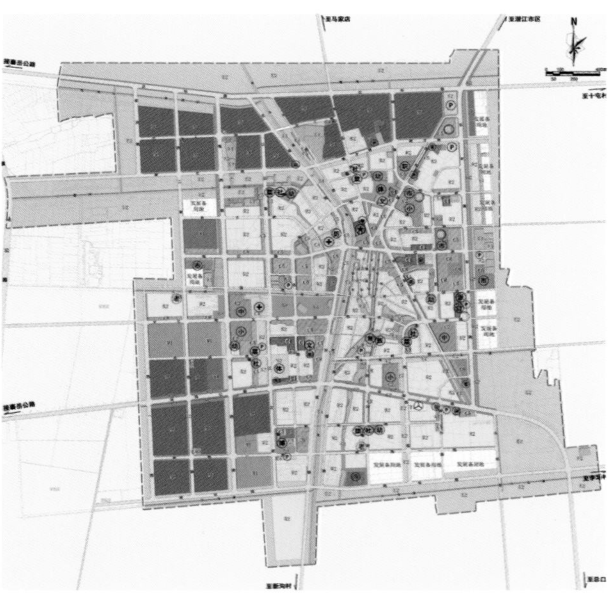

图14-4　熊口镇区规划图

15 鄂州市汀祖镇规划

主编单位：广东省城乡规划设计研究院

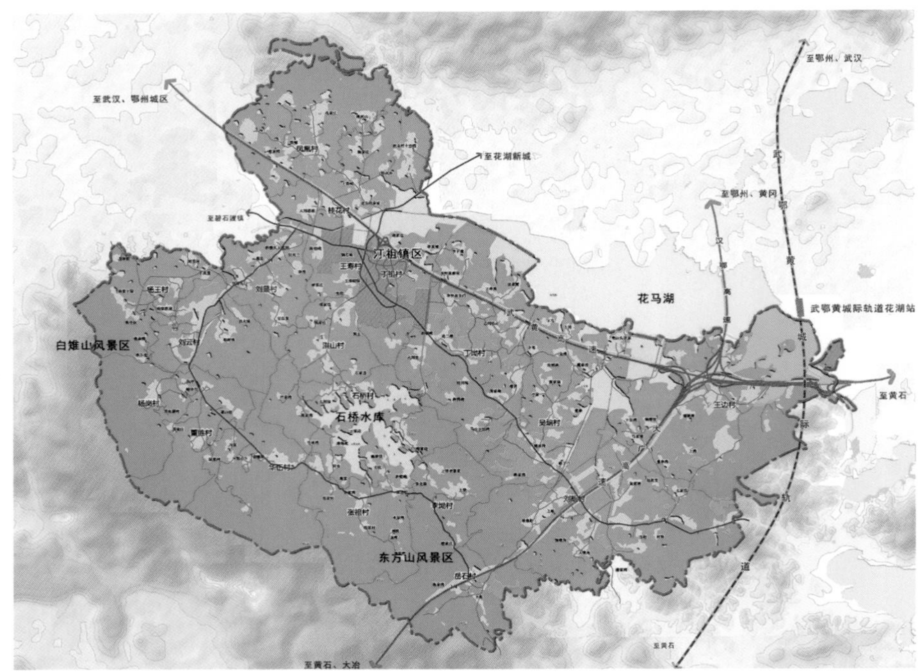

图15-1　汀祖镇全域现状图

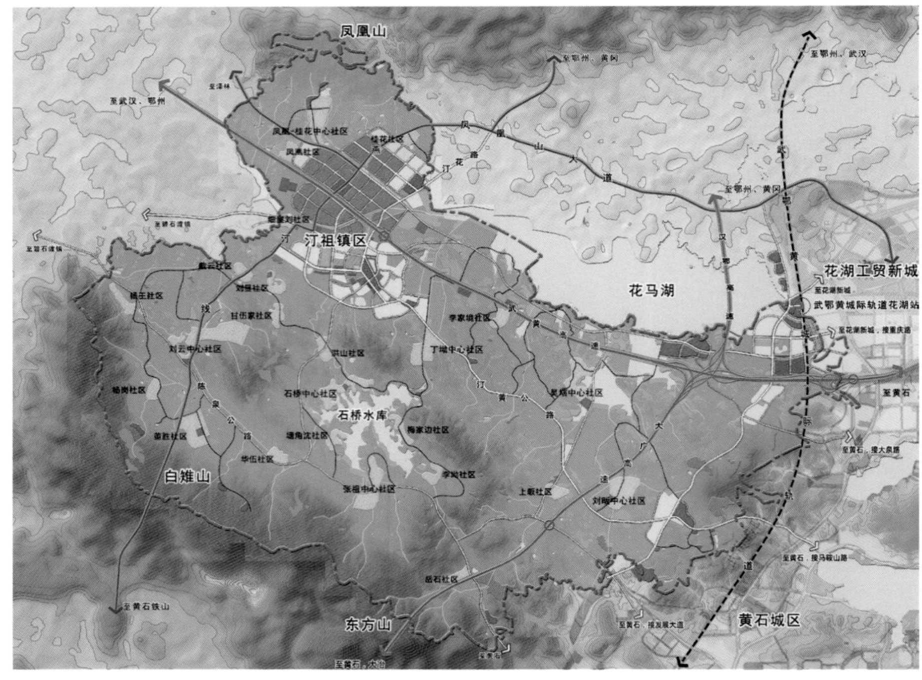

图15-2　汀祖镇全域规划图

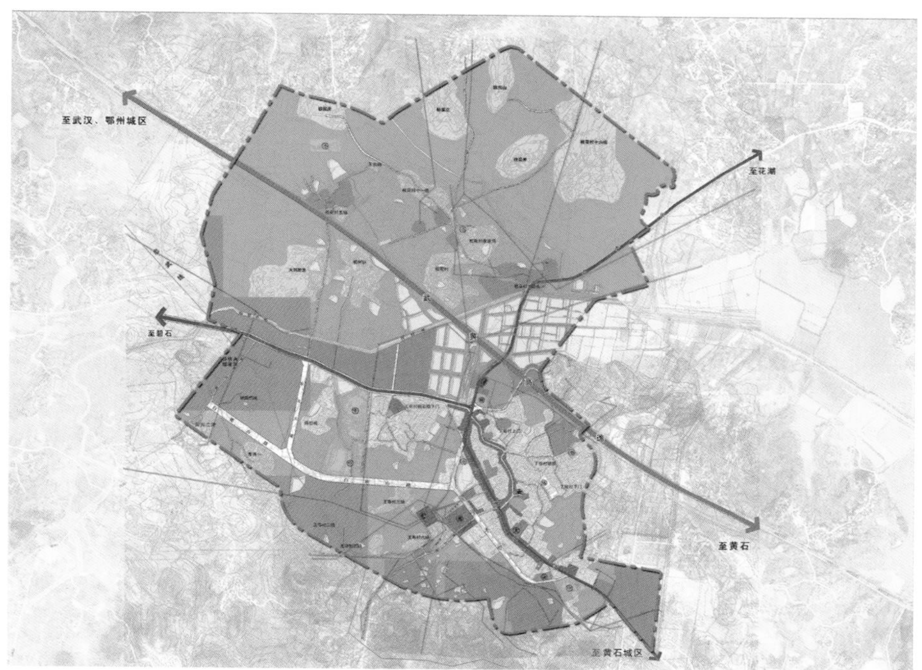

图15-3　汀祖镇区现状图

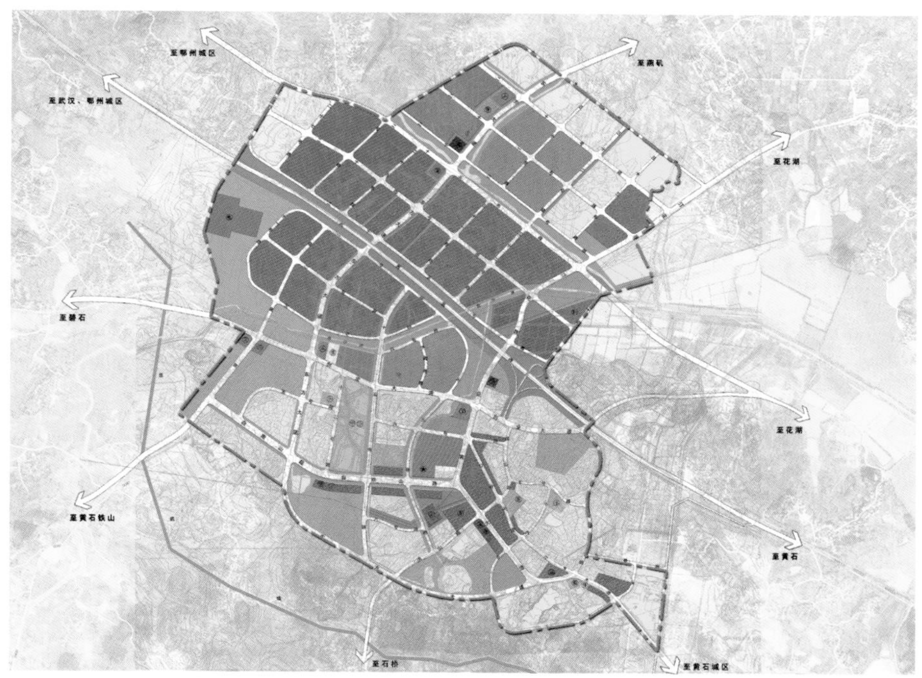

图15-4　汀祖镇区规划图

16 嘉鱼县潘家湾镇规划

主编单位：城市科学规划设计研究院有限公司

图16-1 潘家湾镇全域现状图

图16-2 潘家湾镇全域规划图

图16-3 潘家湾镇区现状图

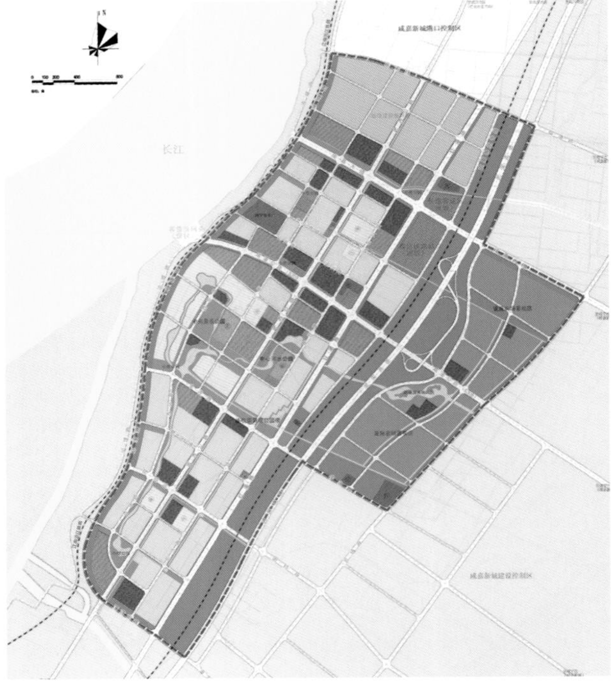

图16-4 潘家湾镇区规划图

17　神农架林区松柏镇规划

主编单位：上海同济城市规划设计研究院

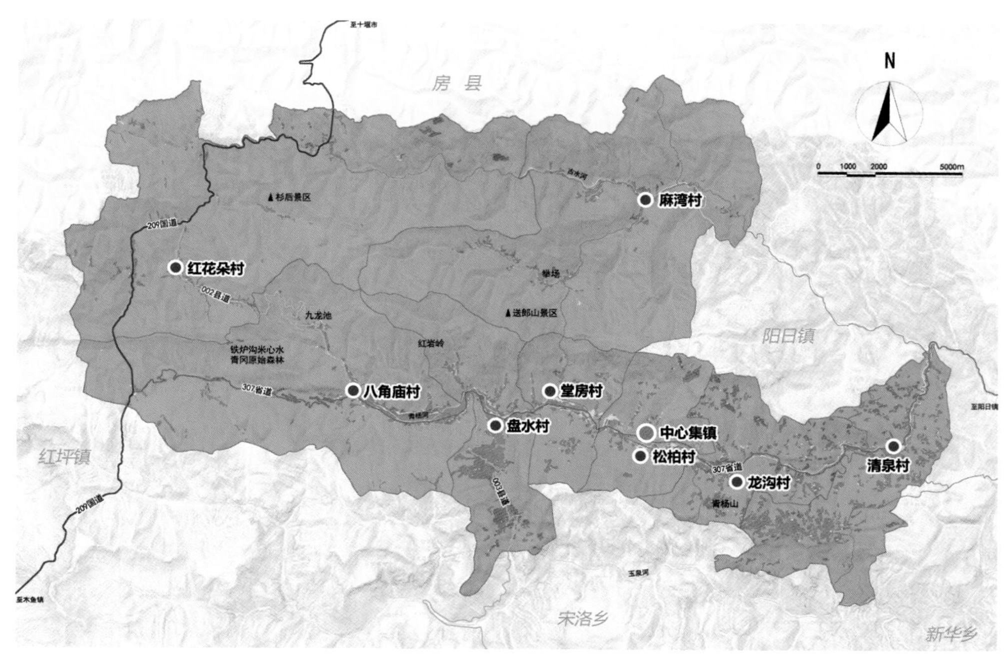

图17-1　松柏镇全域现状图

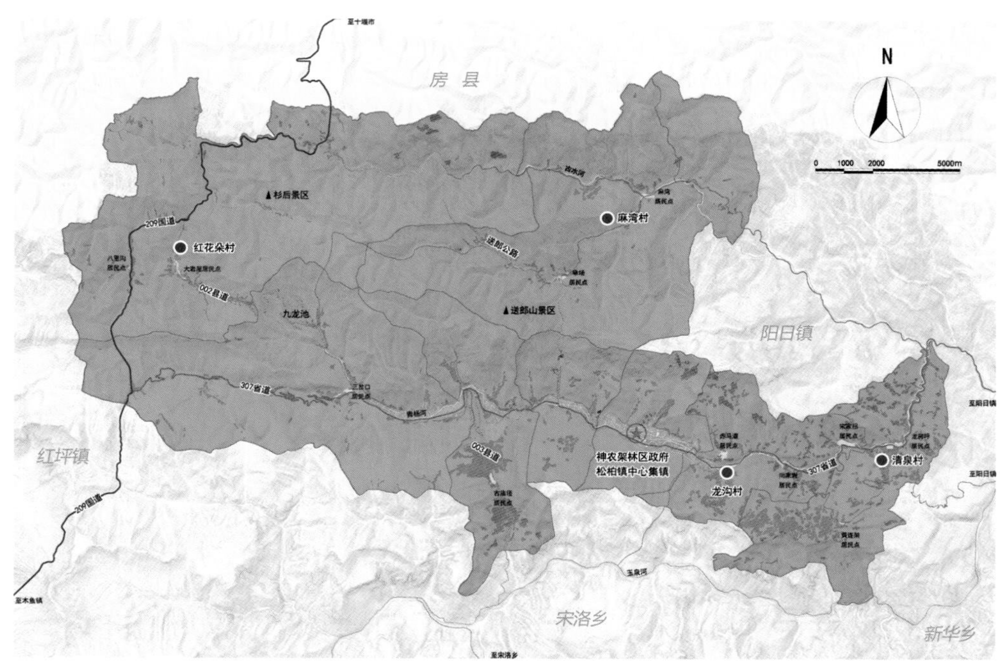

图17-2　松柏镇全域规划图

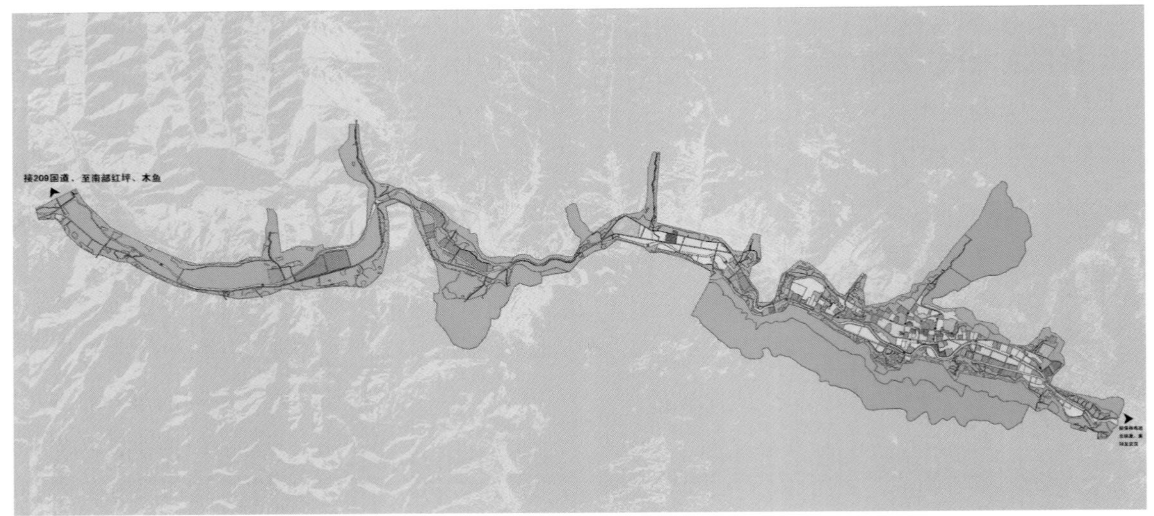

图17-3　松柏镇区现状图

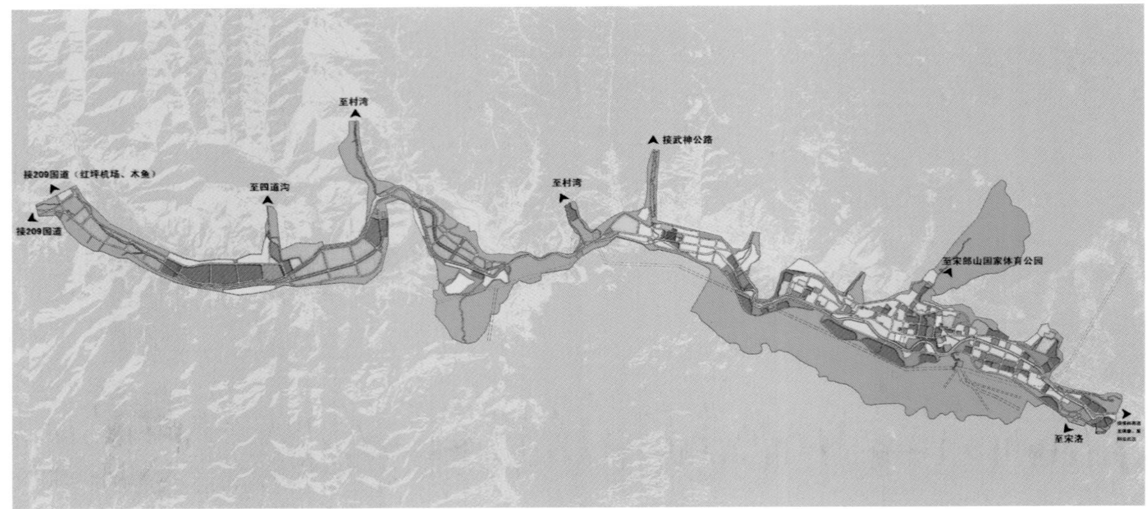

图17-4　松柏镇区规划图

18 广水市杨寨镇规划

主编单位：武汉市规划研究院

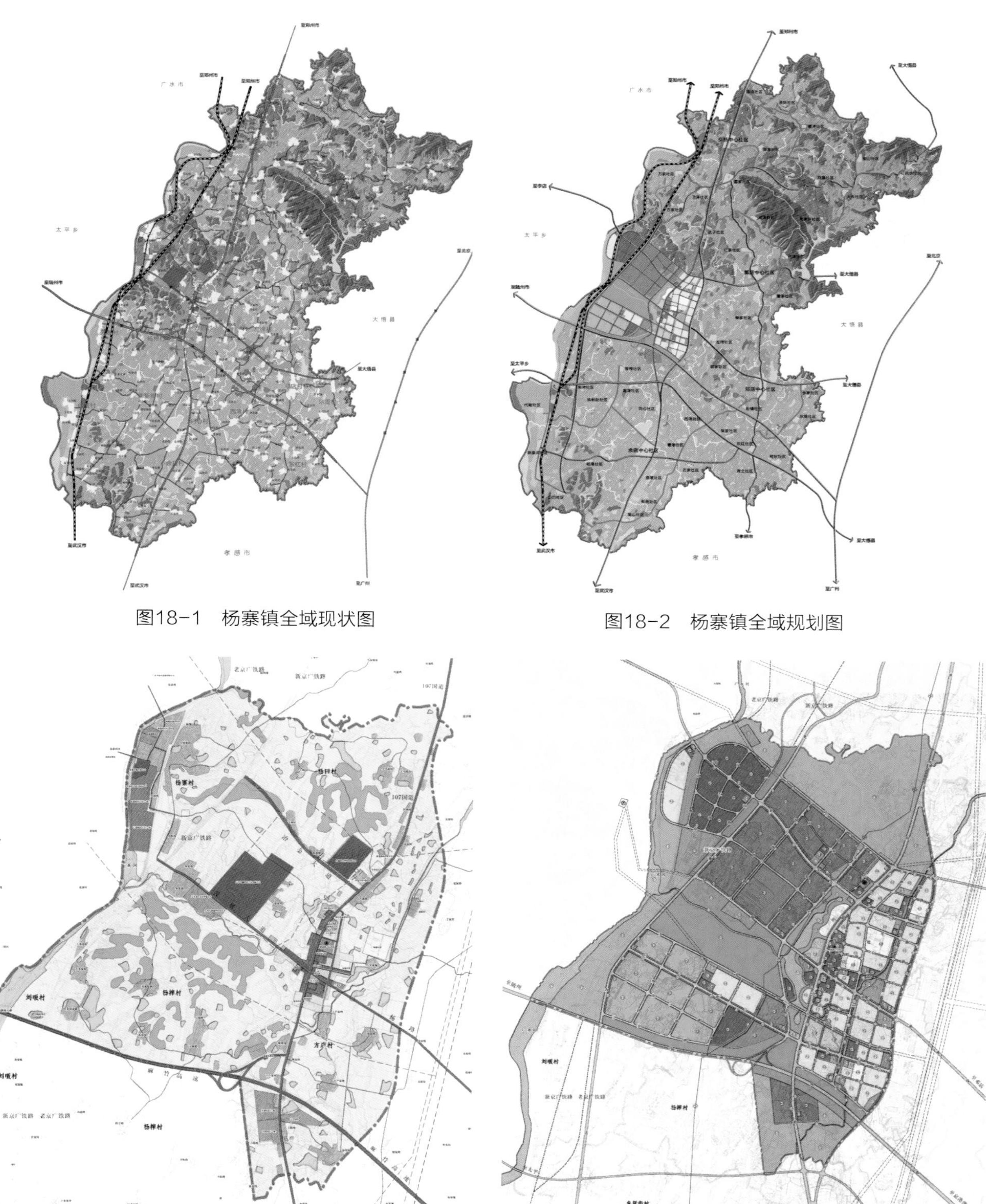

图18-1 杨寨镇全域现状图

图18-2 杨寨镇全域规划图

图18-3 杨寨镇区现状图

图18-4 杨寨镇区现状图

19 恩施市龙凤镇规划

主编单位：武汉市规划研究院

图19-1 龙凤镇全域现状图

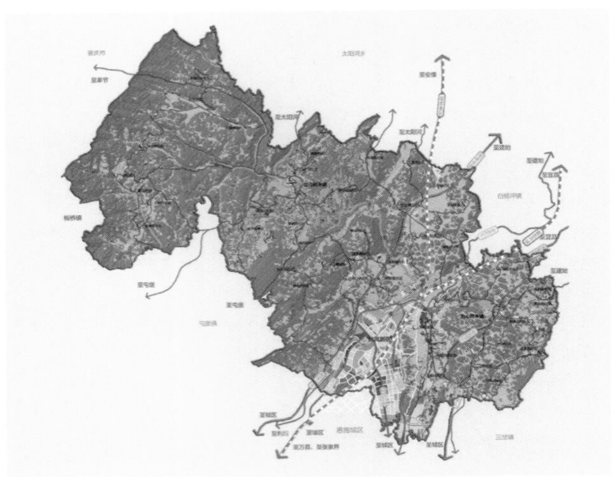

图19-2 龙凤镇全域规划图

图19-3 龙凤镇龙凤新区现状图

图19-4 龙凤镇龙马新市镇规划图

20 大冶市陈贵镇规划

主编单位：北京清华同衡规划设计研究院有限公司

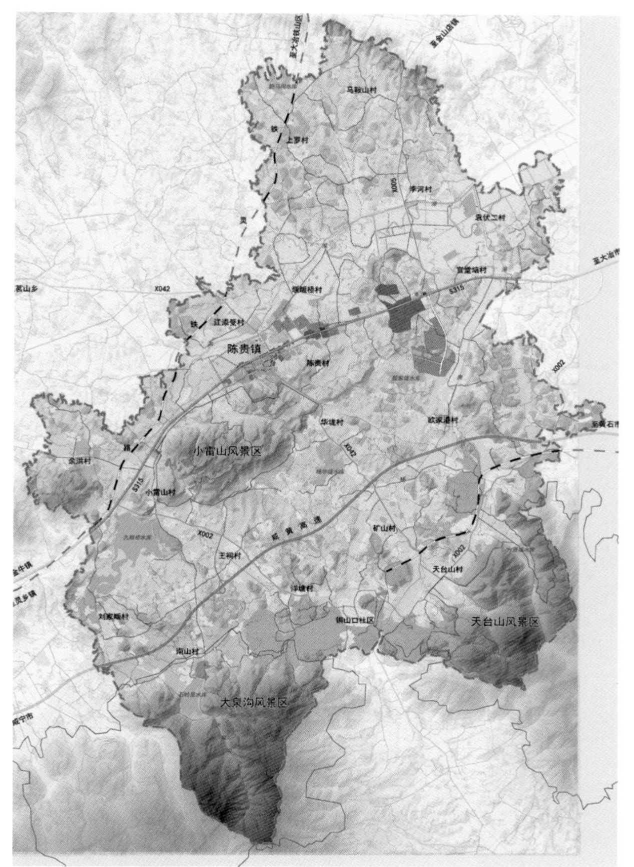

图20-1 陈贵镇全域现状图

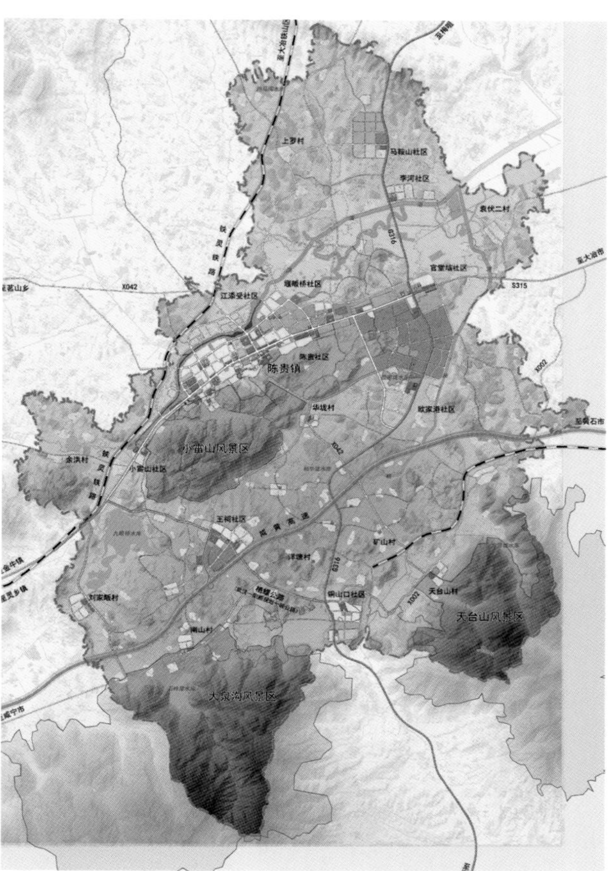

图20-2 陈贵镇全域规划图

图20-3 陈贵镇区现状图

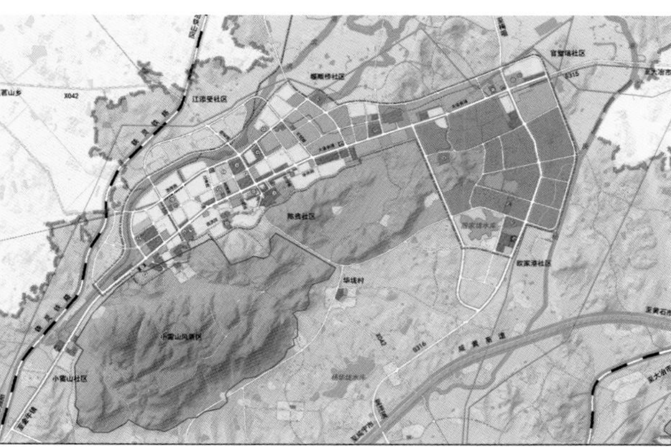

图20-4 陈贵镇区现状图

21 郧县茶店镇规划

主编单位：上海同济城市规划设计研究院

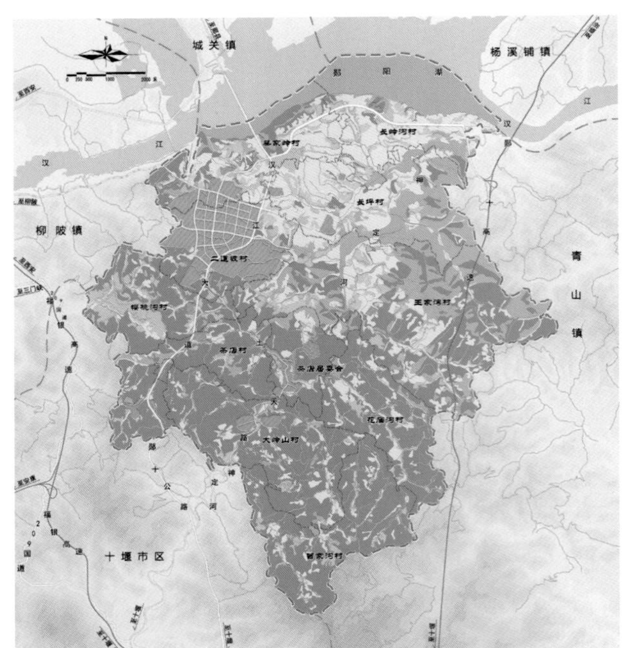

图21-1 茶店镇全域现状图

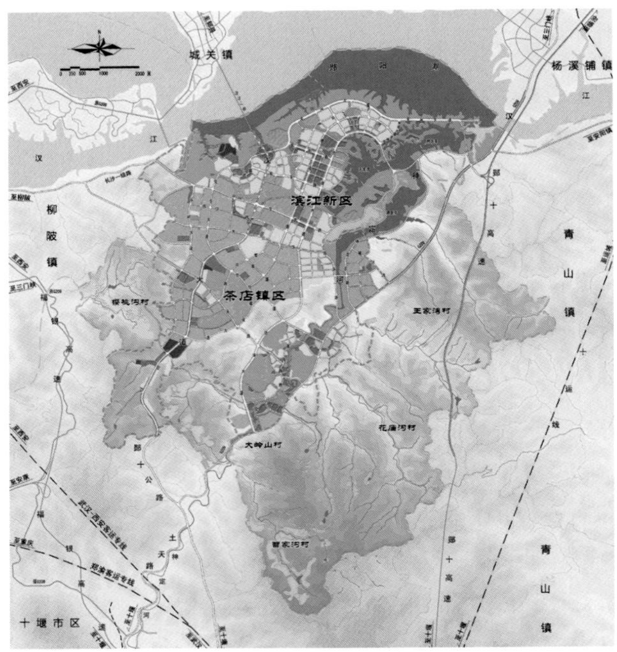

图21-2 茶店镇全域规划图

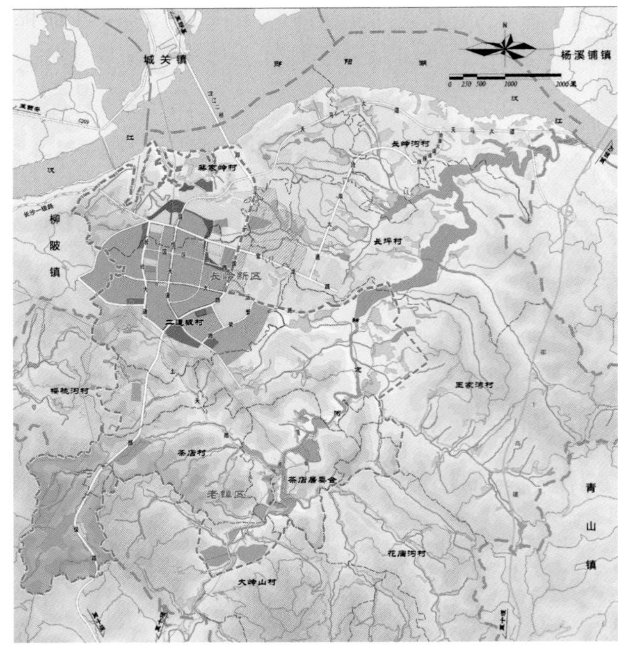

图21-3 茶店镇区现状图

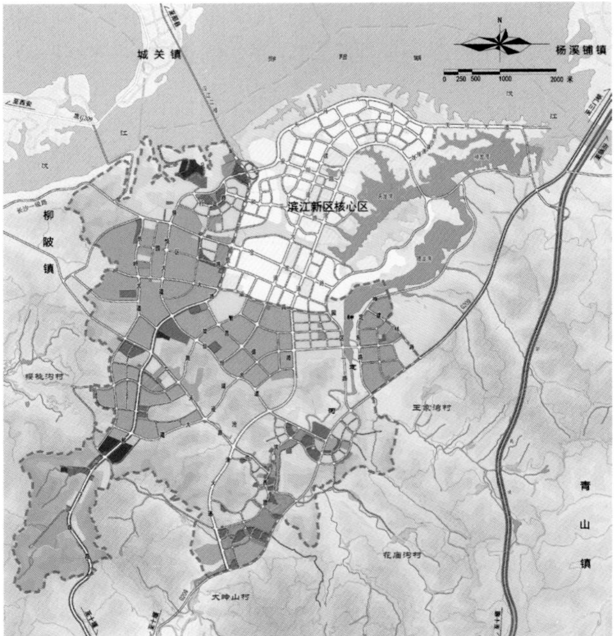

图21-4 茶店镇区规划图

后记：湖北省“四化同步”示范乡镇全域规划编制工作大事记

1. 2013年4月10日，湖北省委书记李鸿忠和省委常委、省委秘书长傅德辉，率省直有关部门领导到黄冈市武穴市石佛寺镇调研，省住房和城乡建设厅尹维真厅长陪同调研。李鸿忠书记指出：科学规划是搞好城镇化建设的重要前提和基础，在县城和乡镇总体规划修编的基础上，省级主管部门要编制全域规划编制导则，进一步完善、细化镇域全域规划，将规划工作向村级延伸，以现代理念统筹规划城镇建设、村庄建设，形成科学合理的村镇体系规划，引领推动城镇化健康发展，以城镇化引领“四化”同步协调发展。

2. 2013年4月12日，省住房和城乡建设厅尹维真厅长组织召开厅党组会，专题研究部署全省乡镇全域规划编制事宜，并确定由厅党组成员、总规划师童纯跃牵头组织村镇处，着手编制《湖北省镇域规划编制导则》，进一步规范镇域规划编制的程序、内容、方法和要求。

3. 2013年7月10日：湖北省住房和城乡建设厅组织召开《湖北省镇域规划编制导则》专家评审会，中国工程院院士邹德慈等9人组成的专家组一致通过。

4. 2013年7月14日：为全面贯彻落实好习近平总书记视察湖北时的重要讲话精神，进一步推进湖北省新农村建设和城乡一体化发展，湖北省委办公厅印发《省委办公厅 省政府办公厅关于开展全省“四化同步”示范乡镇试点的指导意见》（鄂办发〔2013〕21号）。

5. 2013年7月25日：省委张昌尔副书记组织召开全省“四化同步”示范乡镇试点工作启动会，省住房和城乡建设厅尹维真厅长、童纯跃总规划师参加了会议。省住房和城乡建设厅就做好规划编制工作阐述了新思路、新办法，提出了编制全域规划的原则、重点和任务要求。

6. 2013年8月15日：湖北省住房和城乡建设厅组织“四化同步”试点乡镇代表进行座谈，就规划编制前期准备工作进行沟通交流。

7. 2013年8月30日：湖北省住房和城乡建设厅组织省直相关部门就《湖北省镇域规划编制导则》（征求意见稿）进行座谈讨论征求意见。

8. 2013年9月2日：湖北省委财经办（省委农办）和住房和城乡建设厅在武汉联合召开会议，正式启动“四化同步”示范乡镇试点规划编制工作，研究工作方案及相关技术规定，部署安排相关工作。

9. 2013年9月4日：湖北省住房和城乡建设厅组织在住房和城乡建设部网站、省政府网站、省住房和城乡建设厅网站和《中国建设报》、《湖北日报》上发布《关于征集遴选湖北省“四化同步”示范乡镇试点镇村规划编制单位的公告》，面向全国公开征集、遴选规划编制单位。

10. 2013年9月10日：湖北省住房和城乡建设厅印发《关于做好“四化同步”示范乡镇试点规划编制准备工作的通知》（鄂建办〔2013〕185号），要求各地提前做好准备工作，了解试点乡镇基本情况、草拟地方规划发展思路、提出全域规划编制体系初步方案。

11. 2013年9月17日：湖北省住房和城乡建设厅和省委财经办（省委农办）共同组织对报名的全国43家规划编制机构进行资格遴选，共选出12家主导单位，12家合作单位。

12家主导单位：

北京清华同衡规划设计研究院有限公司

城市科学规划设计研究院有限公司

广东省城乡规划设计研究院

湖北省城市规划设计研究院

南京大学城市规划设计研究院有限公司

上海同济城市规划设计研究院

深圳蕾奥城市规划设计咨询有限公司

武汉华中科大城市规划设计研究院

武汉市规划研究院

中国城市发展研究院有限公司

中国城市规划设计研究院

浙江省城乡规划设计研究院

12家合作单位：

重庆大学城市规划与设计研究院

广州市城市规划勘察设计研究院

上海复旦规划建筑设计研究院有限公司

上海市城市规划设计研究院

上海同异城市设计有限公司

中咨城建设计有限公司

中国建筑技术集团有限公司

中国建筑设计研究院

中工武大设计研究有限公司

中南建筑设计院股份有限公司

中国中建设计集团有限公司

珠海市规划设计研究院

12. 2013年9月18日：湖北省住房和城乡建设厅印发《关于召开"四化同步"示范乡镇试点规划编制厅、市工作专班第一次会议的通知》（鄂建办〔2013〕187号）和《关于成立全省"四化同步"示范乡镇试点规划编制工作厅、市工作专班的通知》（鄂建文〔2013〕90号），明确"四化同步"示范乡镇试点规划编制厅、市工作专班成员和联络员，通报通过专家遴选并公示的规划编制单位名单，讨论和完善各地提出的所辖示范乡镇试点拟建立的规划编制体系，"四化同步"示范乡镇试点进行编制单位意向选择。

厅、市工作专班：

组长：

童纯跃　省住房和城乡建设厅党组成员、总规划师

成员：

马文涵　武汉市国土资源和规划局副局长

黄学杰　黄石市城乡建设委员会纪检组长

陈建斌　襄阳市城乡规划局副局长

余　丰　荆州市城乡规划局副局长

刘晓华　宜昌市规划局总工程师

邓念超　十堰市规划局总工程师

袁伟晋　孝感市城乡规划局副局长

钱武君　荆门市城乡规划局副局长

胡正国　鄂州市规划管理局副局长

马跃进　咸宁市城乡规划局总工程师

何学海　随州市城乡规划局副局长

张应坤　恩施州城市规划管理局副局长

刘中芹　仙桃市规划局局长

苏新平　潜江市城乡规划局副局长

望开全　神农架林区规划局局长

洪盛良　省住房和城乡建设厅城乡规划处处长

万应荣　省住房和城乡建设厅村镇建设处处长

13. 2013年9月25日：湖北省住房和城乡建设厅组织在武汉召开试点镇（第一批）与规划编制单位对接会，与经全国公开遴选出的规划编制主导单位进行了座谈，就不同责任主体代表提出的问题进行了解答，15个试点镇成功对接。

14. 2013年9月28日：住房和城乡建设部专家团在湖北武汉市蔡甸区奓山街、孝感市汉川市沉湖镇、咸宁市嘉鱼县潘家湾镇三个试点镇展开调研，就湖北省"四化同步"规划编制工作进行座谈。

15. 2013年9月29日：黄石市大冶市陈贵镇成功对接。

16. 2013年10月9日：第二批试点镇对接会召开，郧县茶店镇、广水市杨寨镇、仙桃市彭场镇成功对接。

17. 2013年10月17日：省委财经办（省委农办）、国土资源厅、测绘局、省住房和城乡建设厅联合召开专项协调会，就多规协调、基础地形图等问题达成一致意见。

18. 2013年10月21日：湖北省"四化同步"示范乡镇试点工作领导小组办公室印发《关于加强全省"四化同步"示范乡镇试点规划编制工作的通知》（鄂示范办发〔2013〕1号），要求各地提高认识，强化责任，确保规划编制工作按期保质完成。

19. 2013年11月13日：湖北省委财经办（省委农办）、国土资源厅、住房和城乡建设厅在襄阳市联合召开规划编制主导单位与土地利用规划编制单位对接会。

20. 2013年11月17日：湖北省住房和城乡建设厅组织召开宜昌市枝江市安福寺镇规划编制专家评议咨询会。

21. 2013年12月中旬：湖北省住房和城乡建设厅组织全省"四化同步"示范乡镇试点规划编制工作专班,分

四个组开展中期交叉检查。

22. 2013年12月24日：湖北省住房和城乡建设厅组织大冶市陈贵镇、监利县新沟镇、汉川市沉湖镇、蔡甸区奓山街所在市州、县市规划局和乡镇负责人座谈会，做好省级审查前准备工作。

23. 2014年1月3日：湖北省住房和城乡建设厅组织召开全省“四化同步”示范乡镇试点规划编制工作座谈会暨厅、市工作专班第五次会议，了解各地规划编制情况，制定省级审查工作方案。

24. 2014年1月21日：湖北省住房和城乡建设厅经省人民政府同意印发《湖北省镇域规划编制导则（试行）》（鄂建〔2014〕3号），进一步规范“四化同步”示范乡镇试点全域规划编制，引导镇村经济社会全面协调可持续发展。

25. 2014年1月21–22日：省“四化同步”示范乡镇试点工作领导小组办公室组织召开第一批全省“四化同步”示范乡镇试点规划审查会，审查了武汉市黄陂区武湖街、江夏区五里界街和宜昌市夷陵区龙泉镇、枝江市安福寺镇规划。

26. 2014年1月22日：省委副秘书长、省委财经办（省委农办）主任刘兆麟、省住房和城乡建设厅童纯跃总规划师组织召开省“四化同步”示范乡镇试点工作领导小组办公室成员会议。为进一步总结和梳理全域规划编制工作经验，固化编制湖北省乡镇全域规划的程序、内容、方法和要求，决定委托华中科技大学、湖北省城市规划设计研究院、武汉市规划研究院等单位编写《湖北省“四化同步”示范乡镇规划的探索与实践》一书，从而更好地指导全省所有乡镇的规划编制工作。

27. 2014年3月5–7日：省“四化同步”示范乡镇试点工作领导小组办公室组织召开第二批全省“四化同步”示范乡镇试点规划审查会，审查了襄阳市襄城区尹集乡、襄州区双沟镇、仙桃市彭场镇、孝感市汉川市沉湖镇、荆州市监利县新沟镇规划。

28. 2014年3月12–14日：省“四化同步”示范乡镇试点工作领导小组办公室组织召开第三批全省“四化同步”示范乡镇试点规划审查会，审查了神农架林区松柏镇、荆门市沙洋县官垱镇、天门市岳口镇、潜江市熊口镇、随州市广水市杨寨镇规划。

29. 2014年4月15–17日：省“四化同步”示范乡镇试点工作领导小组办公室组织召开第四批全省“四化同步”示范乡镇试点规划审查会，审查了十堰市郧县茶店镇、咸宁市嘉鱼县潘家湾镇、鄂州市鄂城区汀祖镇、黄石市大冶市陈贵镇、武汉市蔡甸区奓山街规划。

30. 2014年4月18日：省“四化同步”示范乡镇试点工作领导小组办公室印发《关于做好全省“四化同步”示范乡镇试点规划备案审批工作的通知》（鄂示范办法〔2014〕1号），开展21个示范乡镇试点镇村规划备案与审批工作。

31. 2014年6月：荆州市、襄阳市、十堰市、荆门市、鄂州市、仙桃市、潜江市、神农架林区分别审批了试点乡镇的规划，并提交省级备案。

32. 2014年7–11月：武汉等其他市州陆续完成了规划审批并提交备案。

33. 2014年12月30日：21个“四化同步”示范乡镇试点规划备案工作全部完成。

34. 2015年1月15日：《湖北省“四化同步”示范乡镇规划的探索与实践》样书送审。